Häckelmann · Petzold · Strahringer

Kommunikationssysteme

Springer

Berlin
Heidelberg
New York
Barcelona
Hongkong
London
Mailand
Paris
Singapur
Tokio

Heiko Häckelmann
Hans Joachim Petzold
Susanne Strahringer

Kommunikationssysteme

Technik und Anwendungen

Mit 333 Abbildungen

Dipl.-Wirtsch.-Inform. Heiko Häckelmann
aconis GmbH
Robert-Bosch-Straße 7
D-64293 Darmstadt
info@aconis.de

Prof. Dr. Hans Joachim Petzold
Dr. Susanne Strahringer
Technische Universität Darmstadt
FB 1, Betriebliche Kommunikationssysteme
Hochschulstraße 1
D-64289 Darmstadt

ISBN 3-540-67496-9 Springer-Verlag Berlin Heidelberg New York

Die Deutsche Bibliothek – CIP-Einheitsaufnahme
Häckelmann, Heiko: Kommunikationssysteme : Technik und Anwendungen / Heiko Häckelmann ; Hans J. Petzold ; Susanne Strahringer. – Berlin ; Heidelberg ; New York ; Barcelona ; Hongkong ; London ; Mailand ; Paris ; Singapur ; Tokio : Springer, 2000
ISBN 3-540-67496-9

Springer-Verlag Berlin Heidelberg New York
ein Unternehmen der BertelsmannSpringer Science+Business Media GmbH

Printed in Germany

Einbandgestaltung: MEDIO GmbH
Satz: Autorendaten

Gedruckt auf säurefreiem Papier SPIN: 10760602 7/3020 M – 5 4 3 2 1 0 –

Vorwort

Die eng mit der Informationsverarbeitung verbundene moderne Kommunikationstechnik hat neben der Verkehrstechnik die politischen und wirtschaftlichen Strukturen weltweit nachhaltig verändert. Nicht weniger tiefgreifend sind die Wirkungen auf das individuelle wirtschaftliche und soziale Verhalten des Menschen. Die Kenntnis der einem äußerst schnellen Wandel unterworfenen Kommunikationstechniken und die Fähigkeiten zu ihrer Anwendung haben für den Erfolg des Einzelnen eine immer stärkere Bedeutung.

Dieser Wandel ist zum einen gekennzeichnet durch neue Übertragungstechniken und globale Netze, die nahezu jeden Punkt der Erde erreichbar machen, und zum anderen durch Anwendungen, die zunehmend alle Lebensbereiche durchdringen und die bei der interpersonalen Kommunikation über einige tausend Kilometer hinweg den Teilnehmern ein Verhalten ermöglichen, als seien sie, nur durch eine Wand getrennt, einige Meter voneinander entfernt.

Bei den Anwendungen sind vor allem das World Wide Web mit seinen nahezu unbegrenzten Möglichkeiten der Informationsversorgung und des interaktiven Dialogs zwischen Dienstanbietern (Server) und -nachfragern (Clients), die elektronische Post (E-Mail) sowie die weitreichenden Formen des Daten- und Dokumentenaustauschs hervorzuheben. Ehemals eigenständige Techniken und Systemplattformen verschmelzen miteinander und vereinheitlichen sich.

Vor diesem Hintergrund erhalten die Anwendungen klassischer Weitverkehrsnetze wie Telefonie oder Videokonferenzen Einzug in die lokalen Netze von Unternehmen, während umgekehrt ehemals ausgesprochen lokale Anwendungen wie Workgroup- oder Workflow-Systeme über Weitverkehrsnetze betrieben werden. Begleitet werden diese Entwicklungen von steigenden Ansprüchen bei der Nutzung von Kommunikationssystemen, die sich in der Forderung nach nahezu uneingeschränkter Mobilität der Kommunikationspartner sowie Globalität der benutzten Systeme manifestieren. Mit den jüngsten Entwicklungen in der Mobilkommunikation versucht man, den in diesen Bereichen in den letzten Jahren deutlich gestiegenen Anforderungen gerecht zu werden.

Das vorliegende Buch versucht, das Gebiet der Kommunikationssysteme sowohl aus einer *technischen* wie auch aus einer *anwendungsorientierten* Perspektive darzustellen. Neben der Ausgewogenheit zwischen Technik

Ausgewogenheit

und Anwendung von Kommunikationssystemen wird zudem auch eine Ausgewogenheit zwischen *Bewährtem* und *Aktuellem* angestrebt. In den einzelnen Gebieten werden neben neueren Entwicklungen insbesondere jene „traditionellen" Sachverhalte betrachtet, die dem Verständnis von Konzepten und langfristigen Entwicklungen zuträglich sind. Dabei soll sich diese Auswahl weniger auf Themen beschränken, die sich unmittelbar in Produkten niedergeschlagen haben. Vielmehr wird auch auf diejenigen Bereiche eingegangen, die von ihrer konzeptionellen Relevanz die typischen Denkweisen einzelner Teilgebiete geprägt haben. In dieser Hinsicht wird der sich oftmals über Jahre hinweg erstreckenden, konzeptionell ausgereiften Entwicklungsarbeit internationaler Standardisierungsorganisationen eine große Bedeutung beigemessen. Auch wenn sich die Ergebnisse nicht immer kommerziell umsetzen ließen, so haben sie dennoch den Rahmen zukünftiger Entwicklungen abgesteckt, wie beispielsweise das ISO/OSI-Referenzmodell einer offenen Kommunikationsarchitektur oder der Dokumentenstandard ODA/ODIF.

Aufbau des Buches

Die aufgezeigten Ansprüche hinsichtlich der Ausgewogenheit zwischen Technik und Anwendung begründet die Auswahl der Themen wie auch die Gliederung des Stoffes.

Das Buch ist insgesamt in neun Teile gegliedert, von denen sich der erste (*Teil A*) mit allgemeinen Grundlagen von Kommunikationsnetzen und -architekturen beschäftigt. Ein zentrales Anliegen dieses Teiles ist es, begriffliche Grundlegungen zu treffen und Abgrenzungen in der teilweise sehr heterogenen und oft durch bewährte Produkte geprägten Begriffswelt vorzunehmen. Es schließt sich ein umfassender *Teil B* über die technischen Grundlagen an. Darauf bezugnehmend werden dann in den *Teilen C bis E* Protokolle, Standards und Funktionalitäten betrachtet, mittels derer die eigentliche Leistung der Übertragung von Nachrichten über ein Kommunikationssystem, also die Transportleistung, erbracht wird. Behandelt werden hier Themen wie HDLC, X.25, Frame Relay, ATM, xDSL, Ethernet, FDDI sowie das Internetworking. Weniger speziell sind dagegen die Ausführungen über Netzwerkbetriebssysteme und schließlich das Netzwerk- und Systemmanagement gehalten. *Teil F* stellt dann bereits den Übergang zu den anwendungsbezogenen Kapiteln her. Die dort betrachteten Weitverkehrs- und globalen Netze werden sowohl hinsichtlich der zugrundeliegenden technischen Aspekte als auch hinsichtlich der auf ihnen angebotenen Dienste und Anwendungen dargestellt. Bei den Themen ISDN und Mobilkommunikation schien die für ihr Gesamtverständnis gebotene geschlossene Darstellung die Vorteile einer Trennung zwischen technischen und anwendungsbezogenen Aspekten zu überwiegen. Die Darstellung des Internets konzentriert sich auf die für die Gestaltung von Anwendungen systemspezifischen Eigenschaften, wie die Organisation des WWW als Hypertextsystem und die Formen der Interaktion zwischen Kommunikationspartnern. Ebenso wie die diesen Netzen zugrundeliegenden Techniken, insofern sie auch in anderen Bereichen von Relevanz sind, bereits zuvor dargestellt wurden, erfolgt die Betrachtung der Anwendungen dieser Netze, wenn sie in anderen Kontexten von Bedeutung sind, erst in den darauffolgenden Teilen. Die *Teile G bis I* schließlich beschäftigen sich mit Kommunikationsanwendungen und Dokumenten. Neben den traditionellen monofunktionalen Anwendungen wie E-Mail, Verzeichnissystemen, Dateitransfer etc. werden hier Ansätze zur Strukturierung von Dokumenten mit Blick auf deren Austausch über Kommunikationssysteme vorgestellt sowie die multifunktionalen Kommunikationsanwendungen im Bereich des Workgroup sowie des Workflow Computings behandelt.

Abgrenzung

Nicht in allen Teilgebieten kann dem Ausgewogenheitsanspruch zwischen Technischem und Anwendungsbezogenem sowie zwischen Bewährtem und Aktuellem Rechnung getragen werden, ohne dabei durch übermäßige Stoffülle den Rahmen des Buches zu sprengen. Aus diesem Grund wurde beispielsweise das Thema Sicherheit nur am Rande betrachtet. Gerade dieses Gebiet ist geprägt durch umfangreiche Grundlagenarbeit aus dem Bereich der Kryptographie und einer Vielzahl hochaktueller, aber zum Teil zugleich auch sehr spezifischer Entwicklungen. Die einzelnen Teilgebiete weisen zudem sowohl einen stark technischen wie auch anwendungsorientierten Bezug auf. Insgesamt schien hier eine Reduktion auf einzelne Aspekte geboten, um zu vermeiden, daß durch massive Einschränkungen der Stoffpräsentation die Verständlichkeit gefährdet wird.

Ebenso wie der eine oder andere Leser das Thema Sicherheit vermissen wird, mag auch eine geschlossene Darstellung des Electronic Commerce fehlen. Hierzu ist allerdings zu bemerken, daß dessen Grundlagen, abgesehen von Sicherheitsaspekten, ohnehin betrachtet werden. Es handelt sich stets um Kommunikationssysteme, bei denen beschriebene Techniken eingesetzt werden und bei denen die darüber hinausgehenden Aspekte letztlich Themenstellungen bilden, mit denen sich die Betriebswirtschaftslehre in ihren einzelnen Teildisziplinen zu beschäftigen hat. Dieses hochaktuelle Gebiet wird insofern lediglich im Zusammenhang mit dem Themenbereich des Geschäftsdatenaustausches und des interaktiven Austauschs dynamischer Web-Seiten angesprochen.

Letztlich mag auch als Defizit empfunden werden, daß ein Thema wie das Internet, das als Beispiel für ein globales Kommunikationssystem vorgestellt wird, trotz seiner unbestrittenen Relevanz eine relativ knappe Darstellung erfährt. Dies ist zum einen darauf zurückzuführen, daß auch in diesem Themenbereich eine nur annähernd vollständige Darstellung ein Buch für sich erfordern würde (dieser gibt es viele) und zum anderen gerade hier viele Teilthemen losgelöst aus ihrem Bezug zum Internet entweder in den technischen Grundlagen oder im Rahmen der Anwendungen behandelt wurden. Gerade jüngste Entwicklungen, die aus dem Umfeld des Internets stammen, wie beispielsweise die Sprache XML, sollten nicht ausschließlich in ihrem ursprünglichen Kontext gesehen werden, wenn es um die richtige Einschätzung ihrer Potentiale geht. Folglich werden also einige Teilgebiete in anderen Zusammenhängen betrachtet. Aus dieser Problematik mag auch das an der einen oder anderen Stelle unterschiedlich empfundene Detaillierungsniveau resultieren.

Zielgruppe

Sowohl Studierende der Fachrichtungen Wirtschaftsinformatik, Informatik und Betriebswirtschaftslehre mit entsprechender Vertiefung als auch Praktiker aus dem TK- und DV-Bereich, die moderne Kommunikationstechnologien in ihren Grundlagen zu verstehen und in ihren Potentialen zu beurteilen haben, finden im vorliegenden Buch ein Einarbeitungs- und Nachschlagewerk. Dabei zielen Umfang und Detaillierungsgrad auf ein grundlegendes Verständnis der dargestellten Sachverhalte. Der im Bereich des kurzlebigen Produktwissens interessierte Leser sollte deshalb besser auf andere Werke zurückgreifen.

Literaturempfehlungen

Mit Blick auf die Stabilität der Inhalte wurde bewußt auf die Auflistung einer Vielzahl von Internet-Quellen verzichtet. Die meisten Ressourcen werden sich bereits bis zur Drucklegung des Buches massiv geändert haben. Zudem bietet das Web zu den im Rahmen dieses Buches behandelten Inhalten eine große Vielfalt und Menge an Quellen, so daß der Leser keine Schwierigkeiten haben wird, in kürzester Zeit vertiefende Informationen zu den unterschiedlichen Gebieten im WWW zu finden. In den Literaturempfehlungen wurde daher den traditionellen Printmedien der Vorzug gegeben.

Stoffauswahl

Für das vorliegende Buch wurde unter der erwähnten Zielsetzung eine enge Auswahl aus einer immensen Stofffülle getroffen in der Hoffnung, daß dem sich in die vielschichtigen Gebiete moderner Kommunikationssysteme einarbeitenden Leser eine Hilfestellung gegeben wird. Dabei sind die Autoren davon ausgegangen, daß auf ein angemessenes Grundlagenwissen im Bereich der inzwischen „traditionellen" Informationsverarbeitung zurückgegriffen werden kann. Die Beantwortung der Frage, ob die schwierige Aufgabe, ein Buch über Kommunikationssysteme mit der Vielfalt ihrer technischen Ausprägungen und zugleich der auf diesen Systemen betriebenen Anwendungen zu schreiben, gelungen ist, ist dem Leser anheim zu stellen. Anregungen zur Verbesserung, für Ergänzungen und auch Hinweise auf Schwachstellen nehmen wir gerne entgegen (z.B. unter heiko@haeckelmann.de), um die begonnene Arbeit mit einer Überarbeitung fortzusetzen. Wie auch immer man sich um das Gelingen eines Buches bemüht, so teilen wir mit K. Popper die überzeugende Erkenntnis: Ein Buch kann niemals fertig werden.

Darmstadt, im Mai 2000

Heiko Häckelmann
Hans Joachim Petzold
Susanne Strahringer

Inhaltsverzeichnis

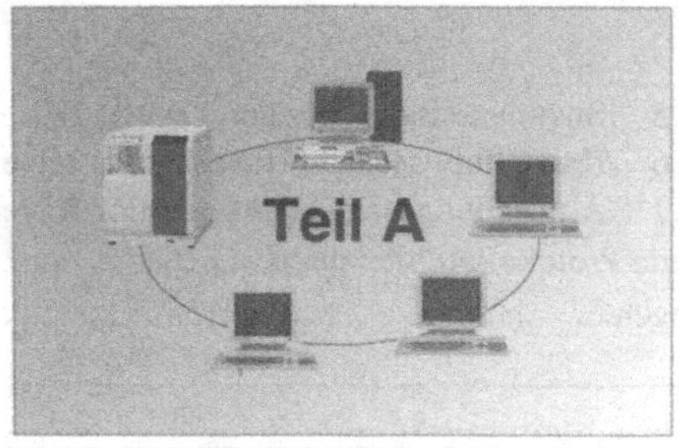

Kommunikationsnetze und -architekturen

Im ersten Kapitel werden zunächst grundlegende Begriffe und Zusammenhänge im Bereich der Kommunikationssysteme erläutert. Um dem Leser trotz der Komplexität des Themas einen strukturierten Überblick über die verschiedenen Problembereiche zu vermitteln, werden im zweiten Kapitel die Konzepte von Systemarchitekturen für Kommunikationssysteme untersucht. Der Notwendigkeit von Standards für die Realisierung offener Kommunikationssysteme wird durch das dritte Kapitel Rechnung getragen.

1 Einführung

1.1 Grundbegriffe

Kommunikation

Kommunikation ist in den wissenschaftlichen Disziplinen zu einem zentralen Begriff geworden, dessen Definitionen uneinheitlich sind. Im Allgemeinen versteht man unter *Kommunikation* den zweckgebundenen Transfer bzw. Austausch von Informationen zwischen *Kommunikationsteilnehmern* über ein *Kommunikationsmedium*.

Kommunikationsteilnehmer

Da Kommunikation grundsätzlich zielgerichtet ist, unterscheidet man zwischen der *Quelle*, von der die Information ausgeht, und einer oder mehreren *Senken*, welche diese empfangen. Bleibt die Rollenverteilung zwischen Quelle und Senke während des gesamten Kommunikationsablaufes unverändert, spricht man von *unidirektionaler Kommunikation*. Beispiel dafür ist der Rundfunk, bei dem ein Radiosender die Quelle und seine Hörer die Senken darstellen. Wechselt die Kommunikationsrichtung dagegen wie beim CB-Funk oder treten die Teilnehmer gleichzeitig als Quelle und Senke auf, handelt es sich um *bidirektionale Kommunikation*.

Kommunikationsformen

Kommunikationsteilnehmer können sowohl Menschen als auch Maschinen sein, so daß folgende *Kommunikationsformen* auftreten:

- interpersonale Kommunikation zwischen Menschen,
- Kommunikation zwischen Mensch und Maschine sowie
- Kommunikation zwischen Maschinen.

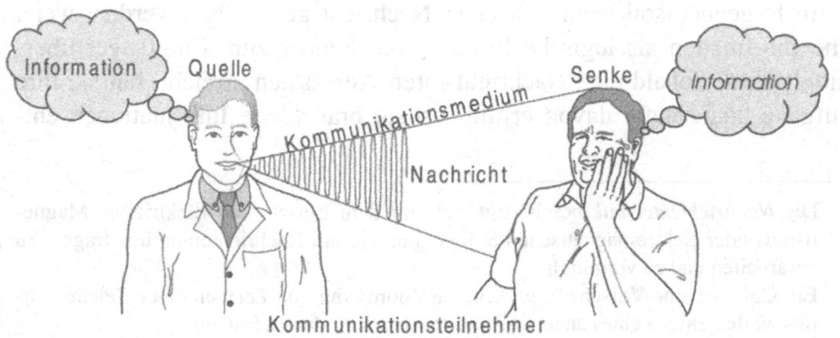

Abb. 1.1. **Beispiel für interpersonale Kommunikation**

Kommunikationsmedium

Das *Kommunikationsmedium* dient als Träger der zu übermittelnden Informationen, wobei dessen Beschaffenheit zum einen die mögliche Entfernung der Beteiligten zueinander vorgibt und zum anderen, welche Art von Information (Sprache, Text, Bilder, etc.) ausgetauscht werden kann.

So dient bei der *direkten* zwischenmenschlichen *Kommunikation* von Angesicht zu Angesicht vorwiegend Luft als Träger akustischer Wellen (vgl. Abb. 1.1), während räumliche Distanzen nur unter Zuhilfenahme anderer Medien wie z.B. eines Briefes zu überwinden sind.

Kommunikationssystem

Sieht man einmal von der Möglichkeit des Informationsaustausches per Post ab, ist die inzwischen als selbstverständlich wahrgenommene Voraussetzung für die *indirekte Kommunikation* räumlich entfernter Teilnehmer ebenso wie für die Kommunikation mit und zwischen Maschinen ein technisches *Kommunikationssystem.*

Kommunikationsnetz

Zentraler Bestandteil eines solchen Kommunikationssystems ist ein *Kommunikationsnetz,* das zwischen den angeschlossenen *Endgeräten* einen oder mehrere Übertragungswege bereitstellt und darüber hinaus die Ausführung standardisierter *Kommunikationsfunktionen* erlaubt. Für die Übertragungssteuerung, die Überwachung des Netzbetriebs und die Kopplung eigenständiger Netze werden evtl. netzinterne Geräte eingesetzt. Dabei handelt es sich überwiegend um spezialisierte Rechner.

Nachricht und Information

Da Kommunikationsnetze auf dem Einsatz *nachrichtentechnischer Verfahren*[1] basieren, müssen die zu übertragenden Informationen in geeigneter Form kodiert werden. Das heißt, die Beteiligten benötigen zur Verständigung eine gemeinsame Sprache bzw. ein kommunizierbares Zeichensystem (z.B. Schrift oder Code[2]). In diesem Zusammenhang stellen *Nachrichten* Zeichenfolgen oder kontinuierliche Funktionen dar, die anhand getroffener Festlegungen Informationen vom Typ Text, Bild, Video, Audio oder Daten repräsentieren.

Anders als in den Wirtschafts- und Sozialwissenschaften, wo durch die Semiotik[3] klar herausgearbeitete unterschiedliche Begriffsinhalte vorliegen, werden in der Technik die Begriffe „Nachricht" und „Information" häufig synonym gebraucht.

Im folgenden soll dann von einer Nachricht gesprochen werden, wenn eine Information als logische Einheit vom Sender zum Empfänger übermittelt wird. Sobald eine Nachricht ihren Adressaten erreicht, hat sie ihre Aufgabe unabhängig davon erfüllt, ob sie brauchbare Informationen ent-

---

1 Die *Nachrichtentechnik* beschäftigt sich mit dem Einsatz von Elektrizität, Magnetismus oder elektromagnetischen Schwingungen, um Nachrichten zu übertragen, zu verarbeiten und zu vermitteln.

2 Ein Code ist eine Vorschrift, welche die Zuordnung von Zeichen eines Zeichenvorrats zu denjenigen eines anderen Zeichenvorrats eindeutig festlegt.

3 Die *Semiotik* ist die Lehre von den Zeichen. Demnach ist eine Nachricht eine Zeichenfolge, der eine Bedeutung zugeordnet ist (semantische Ebene). Nachrichten beschreiben Sachverhalte. Eine Nachricht ist für den Empfänger bzw. Besitzer eine Information, wenn sie für ihn zweckorientiertes Wissen darstellt (pragmatische Ebene).

hält. Der Begriff Nachricht wird also verwendet, wenn die Übertragungstechnik betrachtet wird und der Kommunikationsaspekt im Vordergrund steht, der Begriff Information hingegen aus anwendungsorientierter Sicht und losgelöst von konkreten Formen ihrer Erscheinung und Übertragung.

Die Längen von Nachrichten fallen sehr verschieden aus. So kann die kurze Zeichenfolge „SOS" ebenso eine Nachricht darstellen wie ein Textdokument oder eine Datei[4], die zur Durchführung einer Verarbeitungsaufgabe an einen Rechner gesendet wird.

Kommunikationsformen

Bezüglich des Kommunikationsablaufes sowie der Beschaffenheit der zu übertragenden Informationen unterscheidet man die in Abb. 1.2 aufgeführten Kommunikationsformen, die teilweise auch kombinierbar sind. Ein (unidirektional ausgestrahltes) Fernsehprogramm ist beispielsweise sowohl der Video- als auch der Audiokommunikation zuzuordnen.

Daten

Eine Sonderstellung nimmt die ausschließlich zwischen Rechnern stattfindende *Datenkommunikation* ein. *Daten* sind in diesem Zusammenhang jede Art von Informationen, die nicht durch die menschlichen Sinne aufgenommen, sondern Computern zum Zwecke der Verarbeitung zugeführt werden bzw. von diesen stammen. Dabei handelt es sich um Manipulationsobjekte für Programme in Form von Buchstaben, Zahlen, Symbolen oder Gruppierungen davon.

Soweit Daten nicht zur Steuerung des Kommunikationsablaufes dienen (*Steuerdaten*), ist deren Semantik für die reine Übertragung belanglos. Einen Sinn erhalten sogenannte *Nutzdaten* erst im Kontext der Anwendung, die diese entsprechend interpretiert.

Kommunikationsform	Anwendung	Anforderungen
Textkommunikation	Telex, Teletex	▪ zeichenweise Übertragung ▪ Ankunftsbestätigung
Bildkommunikation	Telefax	▪ unterbrechungsfreie Verbindung ▪ Ankunftsbestätigung
Videokommunikation	Fernsehen	▪ störungsfreie Verbindung ▪ gute Bildqualität
Audiokommunikation	Radio, Fernsehen	▪ störungsfreie Verbindung ▪ gute Tonqualität
Sprachkommunikation	Telefonie	▪ unterbrechungs- und störungsfreie Verbindung ▪ gute Sprachqualität
Datenkommunikation	File Transfer, E-Mail, WWW	▪ hohe Übertragungsgeschwindigkeit ▪ Sicherheit

Abb. 1.2. Kommunikationsarten und damit verbundene Anforderungen

[4] Eine Datei stellt die Zusammenfassung digitaler Daten dar, die als sachbezogene Einheit auf einem externen Speicher eines Computers zum Lesen und/oder Schreiben abgelegt ist. Es kann sich um ein Programm, eine Menge zu verarbeitender Daten oder ein Dokument beliebigen Inhaltes handeln.

Anforderungen an Kommunikationsnetze

Die Eigenschaften und Möglichkeiten eines Kommunikationsnetzes werden maßgeblich durch die verwendeten Übertragungsmedien, Sende- und Empfangseinrichtungen sowie Übertragungsverfahren bestimmt. Dabei ist es von grundlegender Bedeutung, welche Kommunikationsformen und -funktionen unterstützt werden sollen, da sich hieraus jeweils unterschiedliche Anforderungen ergeben. Während die reibungslose Sprachkommunikation z.B. eine unterbrechungsfreie Verbindung mit guter Sprachqualität erfordert, wird bei der Datenkommunikation auf eine sichere Übertragung mit hoher Geschwindigkeit Wert gelegt. Vor diesem Hintergrund ist auch die historische Entwicklung von Kommunikationsnetzen zu sehen, bei der lange Zeit zwischen Telekommunikationsnetzen und Rechnernetzen unterschieden wurde.

TK-Netze

Telekommunikationsnetze waren in erster Linie auf die interpersonelle Kommunikation über große Entfernungen ausgelegt.[5] Das in seinen Ursprüngen noch handvermittelte analoge Telefonnetz entwickelte sich im Laufe des 20. Jahrhunderts zur bedeutendsten Einrichtung für die Sprach- und Bildkommunikation (Telefon und Telefax) zwischen räumlich entfernten Kommunikationsteilnehmern. Die technisch zu lösende Problemstellung konzentrierte sich hier im wesentlichen darauf, zeitlich parallel einer Vielzahl von Teilnehmern jeweils paarweise die Kommunikation über Wählverbindungen zu ermöglichen. Die Intention war also die Realisierung eines *Kommunikationsverbunds*.

Rechnernetze

Eine vollständig andere Ausgangslage war im Bereich der Computersysteme vorzufinden, wo *Rechnernetze* ursprünglich unter der Zielsetzung entwickelt wurden, Terminals über eine dauerhaft verfügbare, lokale Infrastruktur mit Mainframes zu verbinden. Mit dem Aufkommen von Arbeitsplatzrechnern (*PCs*) fanden *Rechnernetze* zunehmend als Verbundsysteme Verwendung, die neuartige Anwendungen zuließen:

- Beim *Datenverbund* kann auf die in einem Rechnernetz zentral oder verteilt gespeicherten Datenbestände zugegriffen werden. Dazu zählen nicht nur Datensätze im Sinne von Datenbanken, sondern auch Dateien, die ausführbare Programme bzw. Sprach-, Text-, Bild- oder sonstige Informationen enthalten.
- In einem *Funktionsverbund* bieten einzelne Endgeräte netzwerkübergreifend spezielle Funktionen an. Es handelt sich dabei um Dienstleistungen, die durch Hardwarekomponenten, wie spezielle Rechner oder Peripheriegeräte (z.B. Drucker, Zeichengeräte, Massenspeicher) sowie durch Software (z.B. Sprachübersetzer) angeboten werden. Auch die parallele Ausführung entkoppelbarer Komponenten von Anwendungssystemen kann dem Funktionsverbund zugerechnet werden.[6] Durch den Funktionsverbund soll die Leistungsfähigkeit des Gesamtsystems erhöht

[5] Der Begriff *Telekommunikation* bedeutet wörtlich: entfernte Kommunikation. Vgl. dazu Kap. 22.8.

[6] Eine häufig anzutreffende Form des Funktionsverbundes sind Client-Server-Systeme, bei denen in Komponenten untergliederte Anwendungssysteme durch kooperierende Prozesse auf verschiedenen Rechnern des Netzes ausgeführt werden.

und insbesondere die wirtschaftliche Nutzung teurer Betriebsmittel (Hard- und Software) verbessert werden.

- Ziel eines *Verfügbarkeitsverbundes* ist es, ein Mindestmaß an jederzeit betriebsbereiten Systemfunktionen zu gewährleisten. Dieser Verbund ist vor allem dann von Bedeutung, wenn der Ausfall einzelner Komponenten zu einer Unterbrechung des Systembetriebs mit hohem Schaden führen kann. In der Praxis sind unterschiedlich weitreichende Formen des Parallelbetriebs zu finden.
- Die Vermeidung von Kapazitätsüberlastungen ist Aufgabe des *Lastverbundes*. Die Übertragung von Aufgaben überlasteter Geräte an solche mit geringerer Auslastung ist eine anspruchsvolle Aufgabe und wird insbesondere in Großrechnernetzen angewendet.
- Rechnernetze können auch für den *Kommunikationsverbund* eingesetzt werden. Zu den Anwendungsschwerpunkten zählen insbesondere der Versand und Empfang von E-Mails sowie der Zugriff auf das Internet.

Datennetze

Um die geographisch sehr begrenzte Reichweite der lokalen Rechnernetze aufzuheben, wurden Ende der siebziger Jahre *Datennetze* als spezielle Telekommunikationsnetze aufgebaut, von denen das ausschließlich für den Rechnerverbund eingesetzte Netz *Datex-P* die größte Bedeutung erlangt hat. Weite Verbreitung fanden auch Techniken der Datenfernübertragung auf dem Telefonnetz, zum Teil in der Form von *Standleitungen*. Gemessen an heutigen Leistungen waren die Übertragungsgeschwindigkeiten bei vergleichsweise hohen Kosten sehr niedrig

Annäherung der Technologien

Erst durch die weitreichende Digitalisierung – insbesondere durch optoelektronische Übertragungstechniken – und die damit verbundene Erhöhung der Übertragungsgeschwindigkeiten wurden die Voraussetzungen für eine leistungsfähige Rechnerkommunikation über Telekommunikationsnetze geschaffen. Umgekehrt zeichnet sich insbesondere im Bereich lokaler Rechnernetze von Unternehmen ein Trend zu einer Integration klassischer Kommunikationsfunktionen wie Telefonie und Telefax ab. Begleitet wird diese Entwicklung durch eine Annäherung der eingesetzten Technologien – angefangen bei den Übertragungsmedien über die Übertragungsprotokolle[7] bis zu den Anwendungen.

Universalnetze

Auf diese Weise entwickeln sich die modernen Kommunikationsnetze von den ehemals auf bestimmte Übertragungsformen ausgerichteten Netzen zu *Universalnetzen* mit digitaler Übertragung. Diese Universalität führt wiederum zum Zusammenwachsen von Informationsverarbeitung und Kommunikation und ermöglicht dadurch die Realisierung gänzlich neuer *Kommunikationsanwendungen*.

Kommunikationsanwendungen

Darunter versteht man im allgemeinen sämtliche Dienste oder Programme zur Durchführung kommunikationsbezogener Benutzeraufgaben. Bei den auf TK-Netzen realisierten Anwendungen wie *Telefonie* und *Tele-*

---

[7] Die Regeln zur Realisierung von Teilfunktionen eines Kommunikationssystems werden zu logischen Einheiten zusammengefaßt und bilden *Protokolle*.

fax spricht man speziell von *Telekommunikationsdiensten* (kurz: *TK-Diensten*). Bei Rechnernetzen handelt es sich dagegen üblicherweise um *Anwendungsprogramme*. Sie ermöglichen die rechnergestützte Abwicklung bestimmter Kommunikationsfunktionen wie z.B. das Versenden eines Dokuments als Fax bzw. als E-Mail oder auch das Empfangen und Speichern von Nachrichten sowie deren Anzeige in aufbereiteter Form. Häufig werden Kommunikationsanwendungen auch generell als Dienst bezeichnet.

Neben der interpersonalen Kommunikation können Kommunikationsanwendungen auch dazu dienen, Nachrichten zwischen Rechnern zum Zweck der internen Weiterverarbeitung zu übertragen. Ein Beispiel dafür ist die Anwendung *„Dateiübertragung"* (*File Transfer*), mit der Dateien von einem Rechner des Netzes heruntergeladen oder durch Anweisung zu einem anderen Rechner übertragen werden können.

Endgeräte

An der Schnittstelle zu den Kommunikationsteilnehmern kommen die *Endgeräte* zum Einsatz. Ihre zentrale Aufgabe besteht darin, dem Benutzer die Ausführung der netzspezifischen Kommunikationsfunktionen zu ermöglichen. Daraus ergeben sich im wesentlichen folgende Aufgaben:

- Auf- und Abbau von Verbindungen zum Netz,
- Umsetzung von Nachrichten in Signale und umgekehrt,
- Senden und Empfangen von Nachrichten sowie
- Steuerung des Kommunikationsablaufes.

Übertragungstechnik

Je nach dem Typ des zugrundeliegenden Kommunikationsnetzes kann die Übertragungstechnik eines Endgerätes analog oder digital ausgelegt sein (vgl. Abb. 1.3).

Rechner als universelle Endgeräte

In der modernen Kommunikationstechnik sind herkömmliche Endgeräte wie Fernschreiber und Teletexgeräte weitgehend durch Rechner mit integrierten Netzwerkadaptern abgelöst worden. Gegenüber dedizierten Geräten bieten sie den Vorteil, universell einsetzbar und an sich ändernde Anforderungen anpaßbar zu sein. So lassen sich mit Rechnern Dokumente sowohl erstellen als auch in vielseitiger Form an andere Benutzer senden bzw. von diesen empfangen. Darüber hinaus ermöglichen vernetzte Rechner den Zugriff auf umfangreiche Informationsangebote und Datenbanken.[8]

Analoge Endgeräte	Digitale Endgeräte	Art der Kommunikation
Radio	Digitales Radio	Audiokommunikation
Fernseher	Digitaler Fernseher	Audio-/ Videokommunikation
Telefon	ISDN-Telefon	Sprachkommunikation
keine Entsprechung	ISDN-Bildtelefon	Sprach-/ Bildkommunikation
Fax	ISDN-Fax	Bildkommunikation
Rechner mit Modem	Rechner mit ISDN-Karte	Datenkommunikation
keine Entsprechung	Rechner mit Netzwerkadapter	Datenkommunikation

Abb. 1.3. Beispiele für analoge und digitale Endgeräte

[8] Dabei handelt es sich um eine typische Form der Mensch-Maschine-Kommunikation.

DEE und DÜE

Hinsichtlich des Geräteaufbaus können zwei logisch getrennte Funktionsbereiche identifiziert werden, die in der Regel auch physisch in Form von Teilkomponenten realisiert sind: Die *Datenendeinrichtung (DEE)* dient als Datenquelle und -senke. Sie ist demnach für die Erzeugung der ausgehenden sowie für die Verarbeitung der eingehenden Signale zuständig. In der *Datenübertragungseinrichtung (DÜE)* finden sich alle für die physikalische Übertragung netzspezifischen Funktionen. Sie übernimmt also die Funktion des Senders bzw. Empfängers und paßt dazu die Signale der DEE an die technischen Anforderungen des Kommunikationsnetzes an.[9]

Beispiel Faxgerät

Das Zusammenspiel dieser beiden Komponenten läßt sich am Beispiel eines Faxgerätes illustrieren: Die Datenendeinrichtung besteht in diesem Fall aus einem Scanner, der die zu faxenden Dokumentvorlagen digitalisiert, und einem Drucker, der die empfangenen Faxe zu Papier bringt. Als Datenübertragungseinrichtung kommt ein spezielles Modem zum Einsatz, das auf die Übertragung von Bitmaps ausgelegt ist.

Benutzerschnittstelle

Die Initiierung der Kommunikationsfunktionen eines Endgerätes nimmt der Benutzer über die *Benutzerschnittstelle* vor (vgl. Abb. 1.4). Die Steuerung erfolgt entweder direkt am Gerät oder über einen zwischengeschalteten Rechner. Die Schnittstelle wird durch die Art des Nachrichtenaustausches für die anwendungsbezogenen Teilfunktionen sowie durch die Form und zeitliche Abfolge der Funktionsauslösung beschrieben. Bei einem Faxgerät besteht die Bedienfolge für das Versenden z.B. aus den Schritten:

1. Einlegen des Dokumentes in den Papiereinzug,
2. Eingabe der Zielrufnummer über die Tastatur und
3. Drücken der Starttaste.

Standardisierung

Bei der Kommunikation über Rechner wird die Benutzerschnittstelle durch die Bedienkonzepte von Eingabegeräten wie Tastatur und Maus, durch das Bildschirmlayout und den Dialogablauf sowie die Interaktionsmöglichkeiten repräsentiert. Benutzerschnittstellen sind durch zahlreiche Normen und Industrie-Standards weitgehend festgelegt.

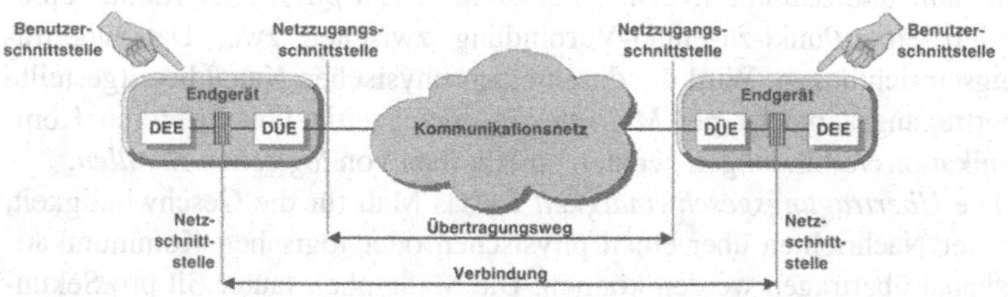

Abb. 1.4. Komponenten eines Kommunikationssystems

[9] In der englischen Literatur findet sich für die DEE die Bezeichnung *Data Terminal Equipment (DTE)*, die DÜE wird *Data Communication Equipment (DCE)* genannt.

Netzschnittstelle

Die Verbindung zwischen DEE und DÜE besteht aus mehreren parallel geführten Leitungen, über die digitale Daten- und Steuersignale ausgetauscht werden. Die damit verbundenen Festlegungen über das Zusammenwirken dieser beiden Komponenten bilden die *Netzschnittstelle*.

Ende-zu-Ende-Verbindung

Bei der Betrachtung einer sogenannten *Ende-zu-Ende-Verbindung* zwischen zwei Endgeräten sind lediglich die beteiligten DEEs relevant. Das Netz erscheint in diesem Fall transparent, da die inneren technischen Eigenschaften „durchsichtig" und nur indirekt in bezug auf die möglichen Reaktionen sowie die zu erwartenden Eigenschaften von Interesse sind, nicht aber in bezug auf die verwendeten Mechanismen. Eine *Kommunikationsverbindung* zwischen zwei DEEs kann als Bereitschaft interpretiert werden, nach bestimmten Regeln Daten auszutauschen.

Netzzugangs-schnittstelle

Nicht zu verwechseln mit der Netzschnittstelle ist die *Netzzugangsschnittstelle*, die dem Namen nach den Zugangspunkt einer DÜE zum Kommunikationsnetz spezifiziert. Dazu gehören die Art und Anzahl der Steckerkontakte, die elektrischen Eigenschaften und die Bedeutung der den Kontakten zugeordneten Signale. Beispiele dafür sind die Standards für TAE- und Westernstecker zum Anschluß von Fernsprech- und Faxgeräten.

Übertragungsweg

Es wurde bereits angesprochen, daß ein Kommunikationsnetz zwischen den angeschlossenen Endgeräten einen oder mehrere physikalische *Übertragungswege* bereitstellt. Je nach Netzstruktur besteht dieser aus einem durchgehenden *Übertragungsmedium* oder aber aus einer Reihe von Teilstrecken, die jeweils über netzinterne Vermittlungsgeräte verbunden sind und evtl. auf verschiedenartigen Medien basieren. Als Übertragungsmedium kommen sämtliche Materialien in Frage, die sich zur Übertragung von Signalen zwischen zwei Punkten eignen. In der Praxis werden dazu metallische Leiter, Glasfasern und elektromagnetische Wellen eingesetzt.

Kommunikations-kanal

Abstrahiert man von der physikalischen Ausprägung des Mediums, so wird ein Übertragungsweg als *Kommunikationskanal* bezeichnet. In Abhängigkeit von der Übertragungstechnik ist es evtl. möglich, auf einem Übertragungsweg bzw. einer Teilstrecke parallel mehrere Verbindungen zu realisieren. Man unterscheidet in diesem Fall physische und logische *Kommunikationskanäle* (*Nachrichtenkanäle*): Ein *physischer Kanal* repräsentiert eine Punkt-zu-Punkt-Verbindung zwischen zwei Datenübertragungseinrichtungen. Wird die durch einen physischen Kanal bereitgestellte Übertragungskapazität per *Multiplexing* gleichzeitig von mehreren Kommunikationsverbindungen genutzt, spricht man von *logischen Kanälen*.

Übertragungs-geschwindigkeit

Die *Übertragungsgeschwindigkeit* ist das Maß für die Geschwindigkeit, mit der Nachrichten über einen physischen oder logischen Kommunikationskanal übertragen werden können. Die Maßeinheit lautet Bit pro Sekunde (Bit/s) und wird mit den Präfixen k (kilo) für den Faktor 10^3, M (Mega) für den Faktor 10^6 oder G (Giga) für den Faktor 10^9 versehen. Jüngste optische Übertragungsverfahren liegen nahe an der Lichtgeschwindigkeit und bewegen sich damit im Terabit-Bereich (1TBit/s =10^{12} Bit/s). Als Synonyme werden die Begriffe *Übertragungsrate* oder *Bitrate* verwendet.

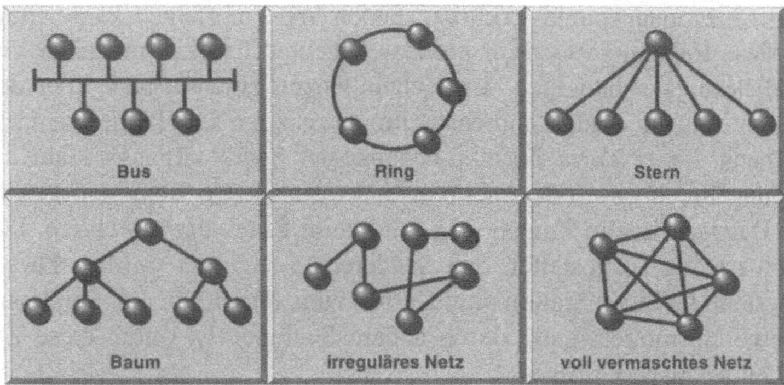

Abb. 1.5. Netztopologien

Topologie

Die räumliche Anordnung der Endgeräte und die Ausgestaltung der Übertragungswege zwischen diesen bezeichnet man als *Topologie* (vgl. Abb. 1.5). Bezüglich der daraus resultierenden Eigenschaften, wie der Art der Verbindung, dem Netzzugang und der räumlichen Ausdehnung unterscheidet man *Diffusionsnetze* und *Teilstreckennetze*.

Eigenschaften von Diffusionsnetzen

Ein Diffusionsnetz zeichnet sich dadurch aus, daß Nachrichten per *Rundsende-Verfahren* (*Broadcasting*) übertragen werden. Das heißt, die angeschlossenen Endgeräte, die sogenannten Stationen, empfangen sämtliche Nachrichten über den gemeinsamen Übertragungskanal und filtern die jeweils relevanten anhand bestimmter Kriterien wie der Zieladresse heraus.

Auch beim Rundfunk und Fernsehen wird ein Rundesende-Verfahren angewendet: Auf vielen, im elektromagnetischen Raum eingerichteten Kanälen überträgt eine Sendestation Nachrichten zu einer großen Anzahl von Empfangsstationen.

Prinzipiell kommt dieses Verfahren auch bei den leitergebundenen Bus- und Ringnetzen zur Anwendung. Diese unterscheiden sich von Rundfunk- und Fernsehnetzen vor allem dadurch, daß

- jede Station abwechselnd als Sender oder Empfänger auftreten kann,
- nur ein einziger Kanal für alle Stationen verfügbar ist,
- die Nachricht in Übertragungseinheiten, sogenannten Rahmen, mit festgelegter Länge untergliedert wird und
- die Kommunikation ausschließlich zwischen Rechnern stattfindet.

Bus und Ring unterscheiden sich voneinander neben ihrer räumlichen Struktur durch die *Ausbreitungsrichtung* der gesendeten Signale sowie die *Zugangsregelung*.

Ausbreitungsrichtung bei Diffusionsnetzen

Beim Bus breiten sich die Signale immer in beide Richtungen aus. Im Ring hingegen ist die Übertragung gerichtet. Ein zu übertragender Rahmen zirkuliert auf dem Ring und läuft zurück zur sendenden Station.

Zugangsregelung von Diffusionsnetzen

Die Zugangsregelung beschreibt das Verfahren, durch das eine Station über den Netzzugangspunkt exklusiv senden und empfangen kann. Beim Bus ist diese Regelung *stochastisch*. Das bedeutet, daß nur mit einer von der Netzbelastung abhängigen Wahrscheinlichkeit eine Aussage über den fehlerfreien Eingang eines Rahmens beim adressierten Empfänger gemacht werden kann. Trotz eines korrekt begonnenen Sendevorgangs kann die Übertragung durch eine oder mehrere andere sendende Stationen gestört werden. Dagegen ist die Zugangsregelung beim Ring *deterministisch*. Das Verfahren ist hier so gestaltet, daß Senderechte zugeteilt werden. Dieses Recht besteht für eine Station jeweils bis zum Abschluß des Sendevorgangs. Eine Beeinträchtigung durch andere Stationen ist durch diese Zugangsregelung ausgeschlossen.

Beim Bus gibt es keine zentrale Regelung für den Zugang zum Netz. Die „Verantwortung" für die erfolgreiche Durchführung eines Sendevorgangs liegt bei den Stationen selbst. Das Netz ist also *passiv*, da lediglich ein für alle Stationen zu benutzender Übertragungsweg bereitgestellt wird. Anders stellt es sich beim Ring dar, der als *aktives* Netz ausgelegt ist. Durch ein auf dem Medium kreisendes Bitmuster festgelegter Länge, das *Token*, wird den sendewilligen Stationen beim Umlauf eine Sendeberechtigung erteilt.

Eigenschaften von Teilstreckennetzen

Teilstreckennetze bestehen aus einer Menge von Vermittlungseinrichtungen und einer Menge von Punkt-zu-Punkt-Verbindungen zwischen diesen (vgl. Abb. 1.6). *Vermittlungseinrichtungen* haben die Aufgabe der abschnittsweisen Übertragung von Nachrichten durch Auswahl eines günstigen Weges durch das Netz. Für Vermittlungseinrichtungen existieren mehrere gleichbedeutende Begriffe wie *Vermittlungsrechner*, *Verbindungsrechner*, *Knotenrechner* und *Interface Message Prozessor* (*IMP*).

Typische Topologien von Teilstreckennetzen sind Stern, Baum, volle (komplette) Vermaschung und irreguläre (unregelmäßige) Strukturen.

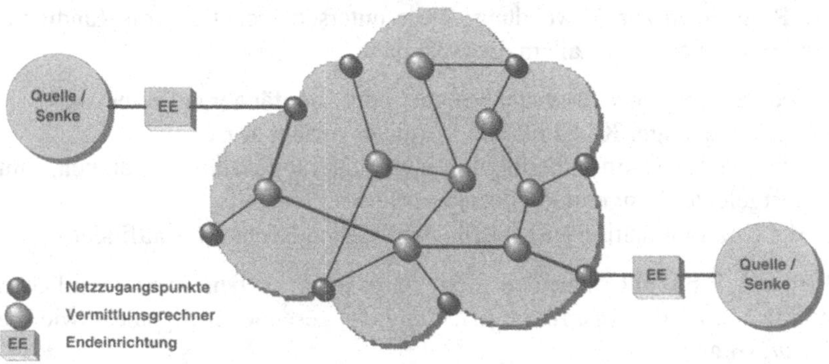

Abb. 1.6. Struktur von Teilstreckennetzen

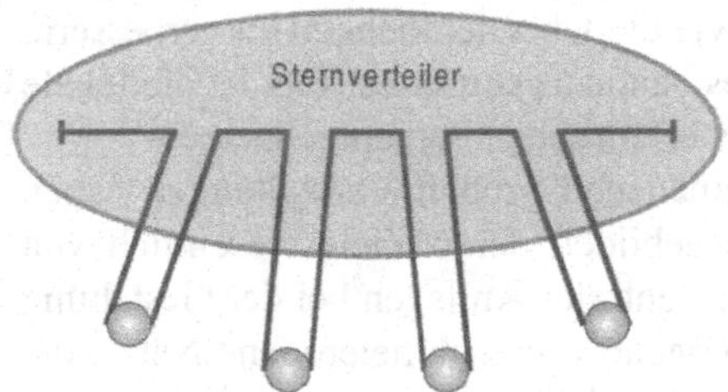

Abb. 1.7. Sternstruktur eines Bus-Netzes

Sternnetze

Bei einem *Sternnetz* sind alle Endgeräte direkt mit einem zentralen Vermittler verbunden, über den sämtliche Übertragungen laufen. Die Zentralisierung vereinfacht die Vermittlung zwischen den angeschlossenen Stationen und die Eliminierung fehlerhaft arbeitender oder nicht betriebsbereiter Stationen. Als problematisch kann sich diese Topologie bei Ausfall des zentralen Vermittlers erweisen, weil in diesem Fall das gesamte Netz funktionsunfähig wird. Klassische Beispiele für Sternnetze sind private Nebenstellennetze für den internen Fernsprechverkehr in Unternehmen oder öffentlichen Verwaltungen sowie Großrechnernetze.

Logische Topologien von Sternnetzen

In hohem Maße werden heute auf Netzen mit Sterntopologie Zugangsregelungen für Bus- und Ringtopologien simuliert, um die Auswirkungen von Störungen des Übertragungsmediums oder einzelner Stationen zu begrenzen. Durch aktive Stern- bzw. Ringleitungsverteiler (Konzentratoren) werden alle Leitungsabschnitte zwischen jeweils zwei Stationen über diese zentrale Einheit geführt. Leitungsfehler, Fehler in Netzwerkadaptern und auch Stationen, die keinen Netzbetrieb fordern, können hier leicht lokalisiert werden. Durch Überbrückung fehlerhaft arbeitender Stationen oder von Stationen, die keinen Zugang zum Netz wünschen, kann die Betriebsbereitschaft des Netzes auf einfache Weise jedoch unter Inkaufnahme eines deutlich höheren Verkabelungsaufwandes aufrecht erhalten werden. Im Gegensatz zum ursprünglichen Sternnetz mit zentralem Vermittler wird hier der Stern als Topologie für Diffusionsnetze verwendet. Das heißt, die Zugangsregelung ist nicht zugleich an eine bestimmte Topologie gebunden. Abb. 1.7 läßt erkennen, daß durch Verbinden der beiden Enden eines Busses auch auf einfache Weise ein Ring erzeugt werden kann.

Baumstrukturierte Netze

Baumstrukturierte Netze bestehen aus hierarchisch angeordneten disjunkten Teilnetzen. Die Stationen der Endteilnehmer befinden sich als Blattknoten auf der untersten Ebene des Baumes. Ursprünglich hatten die als Wurzelknoten der Unterbäume fungierenden Rechner (*Konzentratoren*) die Aufgabe, Verbindungen zwischen dem zentralen Vermittlungsrechner auf der obersten Ebene und den Stationen auf der untersten Ebene zu schalten. Bei den Teilnetzen auf der untersten Ebene handelte es sich um gleichartige, homogene Netze. Derartige Strukturen wurden gewählt, um im Vergleich zu Sternnetzen mit vielen Stationen vor allem das Zeitverhalten, die Verfügbarkeit, die Sicherheit sowie die Übersichtlichkeit zu verbessern. Markantestes Beispiel für ein solches baumstrukturiertes Netz ist die lokale und regionale Vermittlungsebene des öffentlichen Fernsprechnetzes.

Für die Vernetzung in Unternehmen und großen Verwaltungen haben sich baumstrukturierte Netze herausgebildet, deren Ziele wesentlich von den zuvor beschriebenen abweichen. Zentrales Anliegen bei der Gestaltung hierarchischer Strukturen ist es, homogene wie auch heterogene Netze, die häufig im Verlauf zurückliegender Entwicklungen entstanden, auf verschiedenen organisatorischen Ebenen (Arbeitsgruppen, Abteilungen, Gesamtunternehmen) zu verbinden und die entstehenden Teilnetze mit den Zielen hoher Zuverlässigkeit und Verfügbarkeit zu überwachen und zu steuern. Diese Funktionen werden von speziellen Komponenten, wie *Ringleitungsverteilern*, *Sternverteilern* und sog. *Hubs* übernommen.

Irreguläre und voll vermaschte Netze

Irreguläre und *voll vermaschte Netztopologien* sind die typischen Strukturen von Netzen mit Ausdehnungen von einigen wenigen bis zu einigen Tausend Kilometern. Vor allem gewachsene irreguläre Strukturen sind einfach und unbegrenzt erweiterbar. Voll vermaschte Netze werden eingesetzt, wenn schnelle Übertragungen gefordert werden. Hier kann jeder Vermittlungsrechner direkt zu jedem anderen Rechner Nachrichten übertragen. Das öffentliche Fernsprechnetz ist auf der obersten, für den Weitverkehr zuständigen Vermittlungsebene voll vermascht.

Wähl- vs. Festverbindung

Der Zugang zu Teilstreckennetzen kann durch Wählen der Teilnehmeradresse oder durch feste Schaltung einer Verbindung erfolgen. Wählverbindungen werden jeweils zur Erfüllung einer einzelnen Kommunikationsaufgabe hergestellt, z.B. für die Durchführung eines Ferngesprächs oder die Übertragung eines Fax-Dokumentes. Fest geschaltete Verbindungen werden als Mietleitungen für meistens unbegrenzte Dauer von den Betreibern öffentlicher Netze angeboten. Man spricht von Festverbindungen. Die Entscheidung für die Einrichtung einer Festverbindung wird vor allem durch die zu übertragende Nachrichtenmenge und die zeitlichen Anforderungen an die Übertragungsbereitschaft bestimmt.

Vermittlung

Teilstreckennetze können mit unterschiedlichen Formen der Vermittlung arbeiten. Unter Ausblendung weiterer Differenzierungen bedeutet Vermittlung das Aneinanderreihen von ausgewählten Teilstrecken zur Herstellung eines Übertragungsweges zwischen Sender und Empfänger. Die Auswahl einer jeweils „günstigen“ Teilstrecke erfolgt unter mehreren Wegealternativen. Zur Wegewahl (*Routing*) existieren verschiedene Verfahren.

Leitungsvermittlung

Bei der Leitungsvermittlung wird zwischen den Endgeräten eine durchgehende physikalische Verbindung geschaltet, die den Teilnehmern für die gesamte Dauer der Kommunikation exklusiv zur Verfügung steht. Der Kommunikationsvorgang gliedert sich in die Phasen Verbindungsaufbau, Nachrichtenübertragung und Verbindungsabbau. Sowohl das ehemalige analoge Fernsprechnetz als auch dessen Nachfolger, das digitale ISDN, sind leitungsvermittelt.

Speichervermittlung

Das Konzept der Speichervermittlung beruht auf dem Prinzip „store and forward". Wie bei Bus- und Ringnetzen, so wird auch hier die Nachricht in kleine und in ihrer Länge von dem jeweiligen Verfahren abhängige Übertragungseinheiten untergliedert. Die Übertragung erfolgt abschnittsweise vom Sender zum Empfänger nach vorheriger Zwischenspeicherung in Vermittlungsrechnern. Je nach Verfahren spricht man bei den Übertragungseinheiten von *Paketen, Datagrammen* oder *Zellen*. Wesentlich ist es, daß die Teilstrecken abwechselnd und dem Nachrichtenaufkommen entsprechend für unterschiedliche Nachrichtenübertragungen und damit in der Regel auch für unterschiedliche Sender verwendet werden. Die im Speicher abgelegten Nachrichtenelemente konkurrieren um die Bereitstellung von Übertragungskapazität der abgehenden Teilstrecken.

Vergleich

Leitungsvermittlung ist die dominierende Form bei der Sprachübertragung. Sie hat den erheblichen Nachteil, daß die bereitgestellte Übertragungskapazität meistens nur schlecht genutzt wird. Bei den modernen Hochleistungsnetzen mit Übertragungsleistungen im hohen Megabit- und unteren Gigabit-Bereich könnte durch Leitungsvermittlung die Kapazität nur bei der Übertragung großer Datenmengen oder bei der Bildübertragung für kurze Zeitabschnitte genutzt werden. Im Vergleich zu neuen Verfahren der Speichervermittlung scheidet sie daher als ungeeignet aus. Speichervermittelte Verfahren waren von Anfang an für die Nachrichtenübertragung zwischen Rechnern konzipiert. Insbesondere durch ATM, das durch eine isochrone Übertragung vergleichsweise kleiner Zellen[10] die Sprachübertragung zuläßt, ist die Bedeutung der Leitungsvermittlung rückläufig.

1.2 Klassifikation von Kommunikationsnetzen

Netztypen

Obwohl bereits dargelegt wurde, daß moderne Kommunikationsnetze als Universalnetze die Durchführung eines breiten Aufgabenspektrums zulassen, bestehen nach wie vor speziell für konkrete Anwendungssituationen konzipierte *Netztypen*. Beispielsweise werden nach dem Client-Server-Prinzip gestaltete verteilte Anwendungssysteme bevorzugt auf lokalen Netzen und Anwendungen zur interpersonalen Kommunikation auf öffentlichen Fernsprechnetzen sowie auf privaten Nebenstellen-Netzen realisiert.

Netzmerkmale

Die Beschreibung eines konkreten Kommunikationsnetzes umfaßt eine Reihe technischer und organisatorischer Eigenschaften, zwischen denen gegenseitige Abhängigkeiten bestehen. Zu den charakteristischen Merkmalen zählen insbesondere die technischen Zugangsmöglichkeiten, der räumliche Ausdehnungsbereich, die Versorgungsstruktur, die Topologie, die verwendete Übertragungstechnik einschließlich der erreichbaren Übertragungsgeschwindigkeit sowie nicht zuletzt die implementierten bzw. sinnvoll zu realisierenden Anwendungen.

---

[10] Bei ATM werden die Übertragungseinheiten als Zellen bezeichnet. Prinzipiell ist eine Zelle mit einem Paket vergleichbar. Vgl. dazu Kap. 14.3.2.

	Organisationsform	
Ausdehnung	öffentliche Netze	private Netze
Lokale Netze		▪ Lokale Rechnernetze mit - Token Ring, Ethernet, FDDI - ATM, TCP/IP ▪ Nebenstellennetze - TK-Anlagen ▪ Spezielle Inhouse Netze - Profibus - Controller Area Networks
Regional-/Stadtnetze	▪ Citynetze ▪ Bündelfunk	
Weitverkehrs-netze	▪ ISDN, Datex-P ▪ Breitband-ISDN ▪ Mobilfunknetze - D1, D2, E1, E2 - MODACOM	▪ nationale Corporate Networks - Amadeus - Netze großer Unternehmen
Globale Netze	▪ Rundfunk, Fernsehen ▪ internationaler Verbund von TK-Netzen ▪ Satellitennetze - Iridium ▪ Internet	▪ internationale Corporate Networks - IBM SNA - Swift

Abb. 1.8. Einteilung von Kommunikationsnetzen

Wegen der vielgestaltigen technischen Ausprägungen und des sich sehr schnell vollziehenden technischen Wandels, insbesondere bei den Übertragungstechniken, läßt sich kein durchgängig anwendbares und zugleich überschneidungsfreies Ordnungsschema finden. Die nachfolgenden Klassifizierungen orientieren sich daher an Gliederungsmerkmalen, die sich in der Praxis herausgebildet haben.

Klassifikations-schema

Üblich und auch zweckmäßig ist die grundlegende Unterscheidung in *öffentliche* und *private Kommunikationsnetze*. Mit nicht ganz vollständiger Belegung aller Merkmalsgruppen lassen sich diese beiden Netzkategorien nach ihrer räumlichen Ausdehnung wie folgt weiter untergliedern (vgl. Abb. 1.8):

- Lokale Netze (Local Area Networks, LANs),
- Regional-/Stadtnetze (Metropolitan Area Networks, MANs),
- Weitverkehrsnetze (Wide Area Networks, WANs) und
- Globale Netze (Global Area Networks, GANs).

1.2.1 Öffentliche Netze

Deregulierung

Der Begriff des öffentlichen Netzes stammt aus der Zeit, als in Deutschland alle Zuständigkeiten für den Netzbetrieb und das Dienstangebot in öffentlicher Hand lagen. Im Rahmen der schrittweisen Deregulierung, die zum 31. Dezember 1997 mit der vollständigen Privatisierung des Telekommunikationsmarktes ihren Abschluß fand, wurde der Telekommunikationsbereich der Deutschen Bundespost in die private Deutsche Telekom AG (DTAG) überführt. Neben der DTAG entstanden in schneller Folge zahlreiche weitere private Netzbetreiber.

Teilnahmebedingungen

Trotz dieser Veränderungen kann weiterhin von öffentlichen Netzen gesprochen werden, weil diese Betreiber dennoch ihre Dienste für die Öffentlichkeit anbieten. Jede private oder juristische Person hat ein Recht auf Teilnahme, wenn sie die vorgegebenen technischen und wirtschaftlichen Voraussetzungen für den Betrieb der eingesetzten Kommunikationsendgeräte erfüllt. Hierin besteht ein wesentlicher Unterschied zu den privaten Netzen mit einem geschlossenen Benutzerkreis.

Nach dem *Telekommunikationsgesetz* (*TKG*) vom 25. Juli 1996 sind öffentliche Netze zugleich Telekommunikationsnetze. Rechte und Pflichten der Betreiber öffentlicher Netze sowie die Anforderungen an den Betrieb eines Telekommunikationsnetzes sind im TKG geregelt. Alle über öffentliche Netze gewerblich erbrachten Leistungen gelten als *Telekommunikationsdienstleistungen.*

Offenheit

Öffentliche Netze sind offene Netze und ermöglichen eine Kommunikation „jeder mit jedem". Geräte und Verfahren zur Abwicklung der Kommunikation sind durch Standardisierung vereinheitlicht. Eine zentrale Eigenschaft aller öffentlichen Netze ist es, daß Verbindungen durch Wählen einer anschluß- oder personenbezogenen Nummer (Teilnehmernummer) hergestellt werden. Ein Sonderfall ist bei einigen Netzen die Möglichkeit der Herstellung dauerhafter Verbindungen (Festverbindungen) durch das „Schalten" von *Standleitungen.*

Ausdehnung

Zum Wesen öffentlicher Netze gehört die Kommunikation über größere Entfernungen. Nach dem Ausdehnungsbereich wurde bisher zwischen *Weitverkehrsnetzen* und *Regional-/Stadtnetzen* unterschieden. In jüngster Zeit entstehen darüber hinaus *Globale Netze.*

1.2.1.1 Globale Netze

Ziele

Ziel dieser Netze ist entweder die Massenkommunikation (Rundfunk und Fernsehen) oder Individualkommunikation in der Form einer weltweiten und ortsunabhängigen Versorgung der Teilnehmer mit Telekommunikationsdienstleistungen. Zur Individualkommunikation können jedoch auch ortsfeste Sende-/Empfangsstationen eingerichtet werden.

Satelliten

Als „Telekommunikationsanlagen" werden Satelliten eingesetzt, die geostationär (GEOs) oder umlaufend in mittlerer (MEOs) bzw. niedriger Flughöhe (LEOs) positioniert sind.[11] Sie zeichnen sich dadurch aus, daß die Teilnehmer weltweit über eine *personenbezogene Rufnummer* erreichbar sind. Teilweise wird die Kommunikation mit den Endteilnehmern über den Verbund mit nationalen Weitverkehrsnetzen angestrebt.

[11] Es bedeuten: GEO: Geostationary Earth Orbiter (36.000 km Flughöhe)
MEO: Medium Earth Orbiter (10.000 bis 15.000 km Flughöhe)
LEO: Low Earth Orbiter (700 bis 1.500 km Flughöhe)
Zu Mobilkommunikation vgl. Kap. 24.

Iridium

Diese sehr teuren Systeme befinden sich noch weitgehend in der Entwicklungsphase. Das erste mit LEOs betriebene satellitengestützte globale Mobilkommunikationssystem *Iridium* wurde von Motorola aufgebaut und nach technischen Anlaufschwierigkeiten 1998 in Betrieb genommen. Wegen der hohen Anschaffungskosten der Satellitenhandies und der teuren Verbindungsentgelte lag die Nutzung des Systems jedoch so weit unter den Erwartungen, daß das Projekt inzwischen eingestellt wurde.

Internet

Vertreter ortsgebundener globaler Netze ist das für die weltweite Kommunikation konzipierte *Internet.* Es besteht aus kontinentalen und interkontinentalen Verbindungen mit unterschiedlichen, insgesamt jedoch hohen Übertragungsgeschwindigkeiten. Die Vermittlungsrechner befinden sich in den großen Städten der einzelnen Kontinente. Im nationalen Bereich kommt bei der Internetkommunikation den Forschungsnetzen – in Deutschland dem Wissenschaftsnetz WIN – eine herausgehobene Bedeutung zu.

Der Zugang von Endbenutzern erfolgt häufig durch eine Verbindung mit den *Einwahlknoten* des Internet über nationale öffentliche Netze wie das ISDN (Integrated Services Digital Network). Bei lokalen Netzen wird die Anbindung dagegen weitgehend über zentrale Einwahllösungen bzw. Standleitungen realisiert. Große Unternehmen und Forschungseinrichtungen sind dagegen teilweise direkt mit einem Netzknoten verbunden.

1.2.1.2 Weitverkehrsnetze

Ausprägungen

Der Versorgungsbereich von Weitverkehrsnetzen erstreckt sich üblicherweise auf einen nationalen Raum. Sowohl die terrestrischen *Festnetze* als auch die *Mobilfunknetze* sind auf sehr große Teilnehmerzahlen ausgelegt, von denen ein hoher Anteil gleichzeitig miteinander kommunizieren kann.

Bekannteste Beispiele für *Festnetze* sind das moderne digitale Netz *ISDN*, das Datennetz *Datex-P*, das klassische Fernschreibnetz *Telex* sowie das noch junge und im weiteren Ausbau befindliche *Breitband-ISDN* mit sehr hohen Übertragungsgeschwindigkeiten. Zu den Mobilfunknetzen gehören die D- und E-Netze sowie das speziell für die Datenübertragung konzipierte Netz MODACOM.

Strukturen

Weitverkehrsnetze sind *Teilstreckennetze*, deren zentrale Eigenschaft darin besteht, Verbindungen zwischen Endteilnehmern abschnittsweise durch das Aneinanderreihen einzelner Übertragungswege herzustellen.

Die meisten Festnetze sind ebenso wie die Mobilfunknetze untereinander verbunden. Als nationale Netze bieten öffentliche Weitverkehrsnetze über *Auslandsvermittlungsstellen* die Möglichkeit zur internationalen Kommunikation mit anderen nationalen Netzen. Der Unterschied dieses internationalen Netzverbundes zu einem globalen Netz besteht darin, daß letztere a priori keine nationalen Grenzen kennen und keine das Land kennzeichnenden Verkehrsausscheidungsziffern (Länderkennzahl) als Bestandteil der Teilnehmernummer erforderlich sind.

1.2.1.3 Regional-/Stadtnetze (City-Netze)

Liberalisierung des Telekommunikationsmarktes

Die sich abzeichnende Liberalisierung des Telekommunikationsmarktes war für viele kommunale und regionale Versorgungsunternehmen aus den Bereichen Strom, Gas, Fernwärme aber auch für Sparkassen, Bauämter, Feuerwehren etc. ein Anlaß, ihre schon für interne Aufgaben betriebenen Kommunikationsnetze für den öffentlichen Betrieb auszubauen. Kostengünstige Möglichkeiten boten sich durch Mitverlegung von Lichtwellenleitern und Koaxialkabeln beim Bau von Versorgungsleitungen an. Auf diese Weise entstanden räumlich abgegrenzte leistungsfähige Netze im Ausdehnungsbereich großer Städte und auch größerer Regionen. Obwohl zur Hervorhebung der unterschiedlichen Ausdehnungsbereiche auch von Regionalnetzen gesprochen wird, werden die Betreiber überwiegend als *City Carrier* bezeichnet. Die durch das Telekommunikationsgesetz vorgeschriebene rechtliche Selbständigkeit führte dazu, daß ein großer Anteil der Netzbetreiber trotz wirtschaftlicher Abhängigkeit als Tochtergesellschaften von Versorgungsunternehmen agiert.[12]

Leistungsspektrum

Die hohe technische Leistungsfähigkeit der Netze und die in der Regel schon bestehende Kundennähe eröffnen den City Carriern ein breites Leistungsspektrum. In den einfachsten Fällen erstreckt sich das Angebot auf die Bereitstellung von unbeschalteten Leitungen („Dark Fiber") oder auf das Betreiben gesicherter Übertragungswege für andere Netzbetreiber. Anzutreffen sind aber auch zahlreiche Carrier, die neben dem Angebot herkömmlicher TK-Dienstleistungen individuelle Service-Leistungen und Mehrwertdienste anbieten.

Im Bereich der öffentlichen Netze haben die Regional-/Stadtnetze nach nur wenigen Jahren ihres Bestehens einen festen und auch im Wettbewerb wichtigen Platz eingenommen.

1.2.2 Private Netze

Zugangsbeschränkungen

Private Netze sind geschlossene Netze, zu denen nur ein begrenzter und autorisierter Teilnehmerkreis Zugang hat. Häufig wird bei diesen Netzen herstellerspezifische Hard- und Software eingesetzt, so daß ohne besondere Maßnahmen die Kommunikation mit Teilnehmern anderer Netze nicht möglich ist. Private Netze werden überwiegend in Unternehmen und öffentlichen Verwaltungen für Aufgaben der internen Kommunikation eingesetzt. Nach ihrem Ausdehnungsbereich können die privaten Netze zunächst in Lokale Netze, Stadtnetze und Weitverkehrsnetze gegliedert werden.

[12] Nach § 14(1) TKG wird eine Separierung der Telekommunikationsleistungen verlangt, wenn ein Unternehmen auf einem anderen Markt als der Telekommunikation eine marktbeherrschende Stellung hat. Da dies bei den Versorgungsunternehmen in der Regel der Fall ist, sind selbständige Betreibergesellschaften zu gründen.

1.2.2.1 Lokale Netze

Merkmale

Lokale Netze werden auf einem räumlich abgegrenzten Bereich (Großraumbüro, Gebäude, Gebäudegruppe) betrieben. Durch die eingesetzten Topologien, Leitungen und Übertragungsverfahren sind die Ausdehnungen und auch die Anzahl der Teilnehmer begrenzt. Übliche Anzahlen liegen im Bereich von 100 bis 1000 Teilnehmer je Netz.

Von ihrer Entstehung her und ihren speziellen Aufgaben können drei Klassen lokaler Netze voneinander abgegrenzt werden:

- Nebenstellennetze,
- Lokale Rechnernetze und
- spezielle Netze.

Nebenstellennetze

Bei *Nebenstellennetzen* handelt es sich um Wählnetze mit einem zentralen Vermittler, durch den der interne Nachrichtenaustausch zwischen den Teilnehmern und mit dem öffentlichen Fernsprechnetz über Amtsleitungen abgewickelt wird. Innerhalb des Netzes können gleichzeitig mehrere Verbindungen bestehen. Die modernen Nebenstellennetze sind aus den „internen" Telefonnetzen mit elektromechanischen Vermittlungseinrichtungen und analoger Übertragung hervorgegangen. Als Vermittler werden heute rechnergesteuerte Telekommunikationsanlagen eingesetzt, wobei die herkömmlichen analogen TK-Anlagen im kommerziellen Bereich bereits weitgehend durch ISDN-TK-Anlagen abgelöst wurden.

TK-Anlagen bewegen sich in einem sehr breiten Leistungsspektrum und werden für Netze von vier bis zu einigen tausend Teilnehmern angeboten. Zur Bewältigung des Nachrichtenaufkommens in sehr großen Organisationen können TK-Anlagen über *Querverbindungen* zusammengeschaltet werden. Die verwendeten Übertragungsprotokolle sowie die verfügbaren Dienste schließen die ISDN-Protokolle ein, haben aber bei großen Netzen eine erweiterte Funktionalität. Im Vergleich zu früheren Anlagen besitzen diese TK-Netze eine deutlich höhere Übertragungsgeschwindigkeit. Zentrale Anwendung ist die Sprachtelefonie.

Lokale Rechnernetze

Lokale Rechnernetze werden für geschlossene Teilnehmergruppen eingerichtet. Abteilungen oder Bereiche eines Unternehmens sind typische Organisationseinheiten, die sich zur Erfüllung ihrer Aufgaben eines solchen Netzes bedienen, beispielsweise das Rechnungswesen, der Vertrieb oder die Produktion. Anders als bei den Nebenstellennetzen kann hier zu einem Zeitpunkt nur ein Kommunikationsvorgang stattfinden.

Die Übertragungsgeschwindigkeiten übersteigen das mehr als 100-fache von Verbindungen in Nebenstellennetzen und liegen im Bereich von 16 MBit/s bis zu 1 GBit/s. Wegen ihrer besonderen Eignung zur Übertragung großer Datenmengen zwischen Rechnern spricht man bei diesen Netzen häufig von Datennetzen. Ihre zentralen Aufgaben liegen demnach im Daten- und Funktionsverbund von Rechnern. Die Erweiterung zur Sprachtelefonie ist in den nächsten Jahren zu erwarten.

Die Unterscheidung der verschiedenartigen lokalen Netze erfolgt in erster Linie nach den eingesetzten Zugangsverfahren, die zwar technische Eigenschaften beschreiben, deren Auswirkungen auf die Anwendungsmöglichkeiten allerdings sehr gering sind. Diese werden vielmehr durch die Funktionen von *Netzwerkbetriebssystemen* bestimmt, die auf allen Netzen mit den üblichen Zugangsregelungen aufsetzen können.

Intranets

Ein seit Mitte der 90er Jahre besonders attraktives Einsatzgebiet lokaler Netze ist die Realisierung von organisationsinternen Internetanwendungen durch *Intranets*. Sie sind durch eine standardisierte Organisation des Nachrichtentransports über die bekannten Protokolle TCP/IP (Telekommunikationsprotokoll/Internetprotokoll) und insbesondere durch die individuelle Anwendung WWW (World Wide Web) charakterisiert.

Internetworking

Um die Kommunikation über die Reichweite des Netzes hinaus zu ermöglichen, werden lokale Netze durch unterschiedliche Formen des *Internetworking* verbunden. Typisch ist die Verwendung eines Netzes mit hoher Übertragungsgeschwindigkeit als *Backbone-Netz*, an das sowohl die einzelnen lokalen Netze als auch *Endgerätecluster* über unterschiedliche Verbindungseinheiten (Verteiler, Konzentratoren, Switches) angeschlossen sind. In diesem Bereich bietet sich eine Vielzahl an Gestaltungsmöglichkeiten für die Netzinfrastruktur an. Als Backbones werden vor allem FDDI-Netze (Fiber Distributed Data Interface) und lokale ATM-Netze eingesetzt.

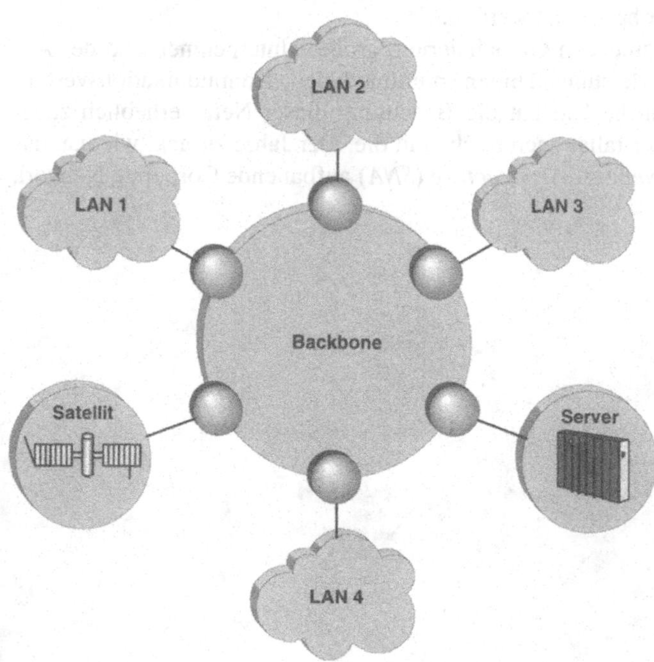

Abb. 1.9. Beispiel einer Netzstruktur mit Backbone

Spezielle Netze

Spezielle Netze werden insbesondere im Bereich der mechanischen und der verfahrenstechnischen Produktion eingesetzt, so in Betriebsdatenerfassungssystemen, Leitstandsystemen zur Fertigungssteuerung und Systemen zur digitalen numerischen Werkzeugmaschinensteuerung. Im Vergleich zu den universell einsetzbaren übrigen Netzarten ist die Funktionalität solcher Systeme eingeschränkt und spezialisiert. Als Beispiel für ein im Bereich der Fertigung eingesetztes Netz sei der PROFIBUS erwähnt.

1.2.2.2 Private Weitverkehrsnetze

Merkmale

Private Weitverkehrsnetze werden eingerichtet, wenn die Nachrichtenübertragung zwischen den Teilnehmern grundstücksüberschreitend ist, größere Entfernungen zwischen den Standorten vorliegen und das Netz in privater Verantwortung betrieben werden soll. Im Vergleich zu den öffentlichen Weitverkehrsnetzen sind die technischen Eigenschaften identisch oder unterscheiden sich nur hinsichtlich einiger Teilfunktionen.

Corporate Networks

Bei dieser Klasse von Netzen handelt es sich überwiegend um *Corporate Networks* (*CN*, *Unternehmensnetze*) zur nationalen und internationalen Verbindung von Zweigwerken, Niederlassungen von Unternehmen, Organisationseinheiten öffentlicher Verwaltungen, wissenschaftlichen Institute etc. Es kann davon ausgegangen werden, daß deutlich mehr als die Hälfte der Unternehmen mit über 500 Mitarbeitern Corporate Networks einsetzen. Sie sollen hier als repräsentativer Vertreter innerhalb der privaten Weitverkehrsnetze näher betrachtet werden.

Entwicklung

Mit der zunehmenden Globalisierung großer Unternehmen und der Anforderung nach leistungsfähigen multimedialen Kommunikationsverbindungen rund um die Uhr hat die Bedeutung dieser Netze erheblich zugenommen. Erste Installationen reichen in die 70er Jahre zurück, wie u.a. das auf der *System Network Architecture* (*SNA*) aufbauende Corporate Network der IBM.

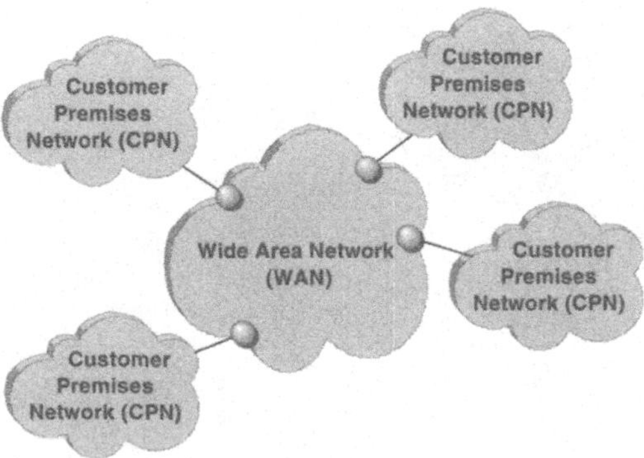

Abb. 1.10. Netzkomponenten von Corporate Networks

Netzkomponenten

Bei CNs sind zwei Arten von Netzkomponenten zu unterscheiden: die *Inhouse-Netze* (*Customer Premises Network, CPN*) mit ihren Endgeräten (*Customer Premises Equipment, CPE*) und das diese Netze verbindende standortübergreifende Weitverkehrsnetz (vgl. Abb. 1.10).

Inhouse-Netze können Nebenstellennetze oder integrierte lokale Netze sein. Für die standortübergreifende Vernetzung kann zwischen mehreren Verbindungsklassen gewählt werden. Die Verbindungsklasse legt die Form und die Art der zur Verbindung der Teilnetze eines Corporate Networks eingesetzten Netze fest. Vorherrschend ist hier die Verwendung öffentlicher Weitverkehrsnetze in der Form, daß ein öffentlicher Netzbetreiber die Aufgabe der gesicherten Übertragung zwischen den privaten Teilnetzen übernimmt und der CN-Betreiber die Anwendungen bereitstellt und unter seiner Verantwortung betreibt.

Literaturempfehlungen

Lipinski, K., Hrsg. (1999): Lexikon der Datenkommunikation, 5. Aufl., Bonn: MITP.

Plattner, B., Schulthess P. (1999): Rechnernetze, in: Rechenberg, P., Pomberger, G., Hrsg., Informatik-Handbuch, 2. Auflg., München und Wien: Hanser, S. 381-407.

Siegmund, G. (1999): Technik der Netze, 4. Auflg., Heidelberg: Hüthig.

Tanenbaum, A.S. (1998): Computernetzwerke, 3. Auflg., München: Prentice Hall.

2 Systemarchitekturen und Architekturmodelle

2.1 Merkmale und Aufgaben

Eine *Systemarchitektur* wird durch die Art, die Funktionalität und das Zusammenwirken einer Menge von vereinheitlichten Bauelementen (Modulen) beschrieben. Sie ist das geordnete Erscheinungsbild eines Systems oder Teilsystems, das zur Erfüllung schwieriger und üblicherweise komplexer Aufgaben dient.

Architektur- und Referenzmodelle

Architekturmodelle bilden den Rahmen für Entwurfsentscheidungen bei der Systementwicklung. Modelle, die ausschließlich als Bezugsrahmen für die zu implementierenden Strukturen und Funktionen gestaltet sind, werden als *Referenzmodelle* bezeichnet. Sie enthalten präzise Vorgaben mit unterschiedlich weitreichender Verbindlichkeit.

Grundlagen

Anlässe für die Entwicklung von Architekturmodellen waren vor allem die Heterogenität und Unverträglichkeit von Systemen im gesamten Bereich der Informations- und Kommunikationstechnik (IuK-Technik). Insofern bilden auch positive und negative Erfahrungen mit bestehenden Systemen sowie die aus theoretischer Problemdurchdringung gewonnenen Erkenntnisse die Grundlage solcher Modelle.

Einsatzbereiche

Heute gibt es zahlreiche Architekturmodelle in nahezu allen Bereichen, vor allem für Anwendungssysteme, Kommunikationssysteme, Datenbanksysteme, Client-Server-Systeme, Betriebssysteme, Rechner und auch für einzelne Hardwarekomponenten.

Interoperabilität und Portabilität

Mit Systemarchitekturen wird insbesondere das Ziel verfolgt, *Interoperabilität* und *Portabilität* zu gewährleisten. Die *Interoperabilität* ermöglicht die einfache Integration eines Systems in eine bestehende und von der jeweiligen Systemplattform (Hardware und Systemsoftware) unabhängige Anwendungsumgebung, während unter *Portabilität* die Übertragbarkeit eines Systems auf andere Plattformen und Organisationen anderer Anwender zu verstehen ist.

Weitere Qualitätskriterien

Darüber hinaus spielen auch Qualitätskriterien wie Übersichtlichkeit, Änderungsfreundlichkeit und gute Wartbarkeit sowie die Verbesserung der Austauschbarkeit einzelner Komponenten (Bauelemente) innerhalb des Systems eine wesentliche Rolle.

Offenheit

Systeme, deren Architektur allein schon die Forderungen nach Interoperabilität und Portabilität erfüllt, werden als *offene Systeme* bezeichnet.

Offenheit ist eine Systemeigenschaft, die in verschiedenen Abstufungen auftritt. Sie findet ihre stärkste Ausprägung bei Systemen, die sich streng an weit verbreiteten internationalen Standards orientieren. In der Praxis ist Offenheit ein unklarer Begriff, der für vieles verwendet wird. Ähnlich verhält es sich mit dem aus dem Amerikanischen übernommenen Architekturbegriff.

Für Kommunikationssysteme haben Systemarchitekturen vor allem aus zwei Gründen eine herausgehobene Bedeutung erlangt:

Offene Kommunikation

- Einem Architekturmodell folgende Systeme sind die notwendige Voraussetzung zu offener Kommunikation. Die Effektivität eines Kommunikationssystems steigt mit der Anzahl der Teilnehmer, die untereinander und mit anderen Systemen uneingeschränkt kommunizieren können.

Austauschbarkeit

- Durch die vereinheitlichte Funktionalität und die exakt definierten Schnittstellen für den Nachrichtentransport zwischen den Komponenten können einzelne Komponenten zuverlässig und vergleichsweise einfach ausgetauscht werden. Technologische Veränderungen und Anforderungen nach funktionalen Erweiterungen können dadurch mit vertretbarem Aufwand durchgeführt werden. Die Auswirkungen von Änderungen bleiben durch Anwendung des Prinzips der Lokalität begrenzt.

Verständigungsproblem

Die Notwendigkeit zur Entwicklung von *Kommunikationssystemarchitekturen* ergab sich aus der Forderung nach offener Kommunikation für die in ein Kommunikationssystem einzubindenden unterschiedlichen Endgeräte. Zur Lösung des mit dieser Aufgabe verbundenen „Verständigungsproblems“ bieten sich prinzipiell zwei Möglichkeiten an. Entweder man entwickelt eine Konvertierungseinheit, welche die Nachrichten so umsetzt, daß die andere Seite die Nachricht versteht und verarbeiten kann, oder man verwendet ein für alle Rechner einheitliches Regelsystem, d.h. eine Systemarchitektur, nach der die Nachrichten zu strukturieren und zu senden bzw. zu empfangen sind. Die Konvertierungslösung ist bei den üblicherweise sehr hohen Teilnehmerzahlen in Netzen wegen des übermäßigen Aufwands zur Bereitstellung der damit verbundenen Anzahl an Konvertierungseinheiten nicht praktikabel.

Das bei heterogenen Kommunikationspartnern in einem Netz auftretende Verständigungsproblem ist vergleichbar mit den Kommunikationsproblemen auf einer Konferenz, bei der die Teilnehmer unterschiedliche Sprachen sprechen. Man kann das Problem mit einer großen Anzahl von Übersetzern lösen, wobei jeweils ein Übersetzer nur von einer Sprache in eine andere übersetzen kann, oder man legt sich auf eine einheitliche Konferenzsprache mit einer verbindlichen Ablauforganisation fest, der sich jeder Teilnehmer zu unterwerfen hat. Die letztgenannte Lösung entspricht in Analogie der Verwendung einer Kommunikationssystemarchitektur.

Schichtenmodelle

Architekturmodelle für Kommunikationssysteme sind *Schichtenmodelle*. Zur Modellbildung werden alle für die Kommunikation erforderlichen Hard- und Softwarefunktionen nach ihrer funktionalen Nähe in vertikal angeordnete, miteinander kommunizierende *Schichten* (*Layer*) untergliedert. Die Schichtenbildung ist das grundlegende Strukturierungsprinzip für Kommunikationssystemarchitekturen und führt zu einer Modularisierung nach dem Prinzip der funktionalen Abstraktion. Die von den einzelnen Schichten wahrgenommenen Funktionen haben eine unterschiedliche „Nähe" zu der auf der untersten Schicht angesiedelten physikalischen Übertragung.

Abstraktion

Die oberen Schichten abstrahieren von der Technik des Nachrichtentransports und enthalten Festlegungen über die Inhalte der Komponenten und die Strukturen von Kommunikationsanwendungen. Beispielsweise wird ein E-Mail-System ohne jeglichen Bezug zur eingesetzten Technik des Nachrichtentransports beschrieben. Aus der Sicht der Anwendung ist es unwichtig, ob die Nachrichten über einen Satelliten, das ISDN oder das Datex-P-Netz übertragen werden, solange die Zuverlässigkeit der Übertragung und ein vorgegebenes Zeitverhalten gewahrt sind. Umgekehrt sind aus der Sicht der Transportfunktionen Struktur und Inhalt einer Nachricht nicht von Interesse.

Die für das Verständnis von Kommunikationssystemen wichtigen Funktionen, die Strukturierungsprinzipien von Schichtenmodellen und die wichtigsten Begriffe sollen nachfolgend anhand des bekannten ISO-OSI-Referenzmodells, kurz OSI-Modell, sowie der Kommunikationsprotokolle TCP/IP veranschaulicht werden.

2.2 ISO-OSI-Referenzmodell für offene Kommunikationssysteme

Relevanz

Obwohl das OSI-Modell bisher nicht geschlossen implementiert wurde und auch nicht die erwartete Akzeptanz gefunden hat, so ist es dennoch für die weitere Entwicklung sowie für die Einordnung und den Vergleich der in der Praxis anzutreffenden Architekturen grundlegend geworden.

2.2.1 Ziele und Modellstruktur

Rahmen

Das *OSI-Referenzmodell* (*Open Systems Interconnection*) wurde 1977 von der *ISO* (*International Standardization Organization*) verabschiedet. Die Intention dieses Modells liegt darin, die Regeln für die Funktionsweise der Kommunikation in heterogenen Systemen festzulegen. Freiheiten bestehen bei der Implementierung, u.a. beim Entwurf der Komponentenstruktur, der verwendeten Programmiersprache und der Gestaltung der Benutzungsoberfläche. Ein reales Kommunikationssystem, das den Spezifikationen des OSI-Modells folgt, gilt als offenes System. Aufgrund der Forderung nach weltweit offener Kommunikation gibt es notwendigerweise nur ein Architekturmodell für offene Kommunikation.

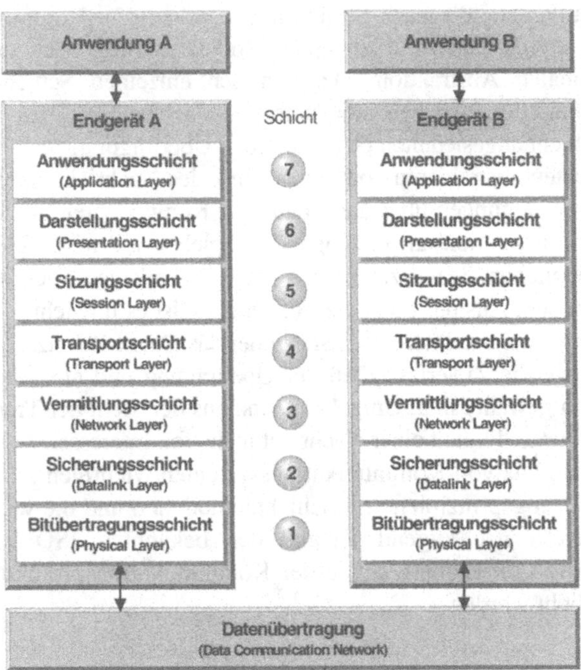

Abb. 2.1. Das ISO/OSI-Schichtenmodell

Schicht

Die Betrachtung des Modells erfordert eine Trennung in zwei Sichten: Eine vertikale Sicht und eine horizontale Sicht. Vertikal sind die zur Nachrichtenübertragung notwendigen Funktionen in sieben hierarchisch aufeinander aufbauende *Schichten* (*Layer*) gegliedert, deren Abstraktionsgrad von unten nach oben zunimmt (vgl. Abb. 2.1). Unten befinden sich die Schichten, die den Nachrichtentransport durchführen bis hin zur physikalischen Generierung der Signale. Auf den oberen Schichten sind die Kommunikationsanwendungen und die anwendungsnahen Funktionen angesiedelt.

Dienst

Jede untergeordnete Schicht erbringt einen *Dienst* (*Service*) für eine übergeordnete Schicht. Eine übergeordnete Schicht kann von der untergeordneten eine *Dienstleistung* anfordern. Der Dienst einer Schicht ist auf die lokalen, d.h. auf die in der Schicht verfügbaren Hilfsmittel begrenzt. Sind einer Schicht mehrere Schichten untergeordnet, so ist die erbrachte Dienstleistung das Resultat der Dienstleistungen aller untergeordneten Schichten.

Protokoll

Die Regeln einer Schicht werden zu logischen Einheiten (Sätze von Regeln und Formaten) zusammengefaßt und bilden die *Protokolle* einer Schicht. Bei den in Schichten gegliederten Protokollen spricht man auch von einem *Protokollstack*.

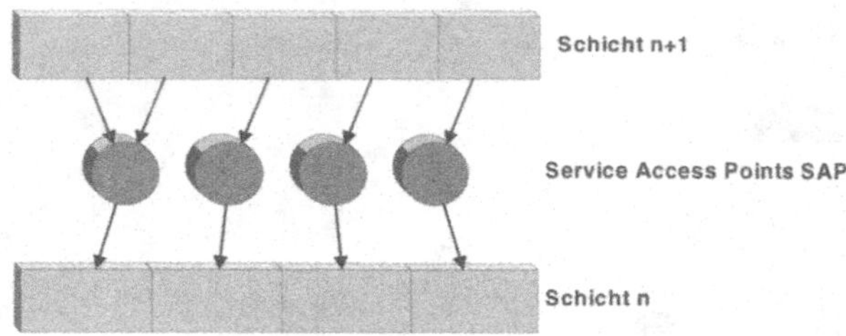

Abb. 2.2. Dienstzugangspunkte zwischen Instanzen

Zusammenspiel

Ein Protokoll beschreibt also jeweils eine Teilaufgabe bei der Kommunikation zwischen zwei Partnern. Eine Schicht besteht aus mindestens einem, in der Regel jedoch aus mehreren Protokollen. Innerhalb der Schichtenhierarchie nimmt die Anzahl der Protokolle sowohl nach oben als auch nach unten zu. Das bedeutet zugleich, daß auf den Schichten 4 und 5 vergleichsweise wenig Protokolle verfügbar sind. Die Verwendung der Protokolle beim Kommunikationsprozeß kann unterschiedlich gehandhabt werden:

1. Abhängig von der Anwendungsaufgabe wird *ein* Protokoll der Schicht ausgewählt. Dies gilt vor allem für die Anwendungsschicht 7, wo mehrere Anwendungen als Protokolle verfügbar sind. Beispiele dafür sind elektronische Post, Datei-Transfer, Verzeichnis-Dienste, Fernsprechen und Telefax. Bei den nicht-regulierten Diensten des öffentlichen Netzes treten an die Stelle solcher Protokolle spezifische Kommunikationsanwendungen.
2. Eines von mehreren alternativ verfügbaren Protokollen *muß* eingesetzt werden. Hier können als Beispiel die von der Art der Nachrichtenübertragung abhängigen Protokolle der Familie *IEEE 802.x* (*Institute of Electrical and Electronic Engineers*) für unterschiedliche Zugangsregelungen in lokalen Netzen angeführt werden.
3. In Abhängigkeit von der Ablaufsituation kann die Ausführung bestimmter Protokollkomponenten wegfallen.

Dienstzugangspunkt

An der Schnittstelle zur nächst höheren Ebene wird von einer Schicht an den *Dienstzugangspunkten* (Service Access Points, SAP) eine Menge von Dienstleistungen angeboten (vgl. Abb. 2.2). Am Dienstzugangspunkt wiederum kommen *Dienstprimitive* in der Form eines kurzen Dialogs zwischen den Schichten zur Ausführung. Damit ist die Ablauforganisation zwischen den Schichten festgelegt.

Nachrichtenaufbau

Die tatsächlich übertragenen Nachrichten bestehen jeweils aus der eigentlichen *Nutzinformation* (Nutzdaten) und einem vorangestellten *Nachrichtenkopf* mit den Steuerinformationen für die einzelnen Schichten (z.B. Empfänger- und Absenderadresse, Nachrichtenlänge sowie Reihenfolge-Nr. des Nachrichtenpakets).

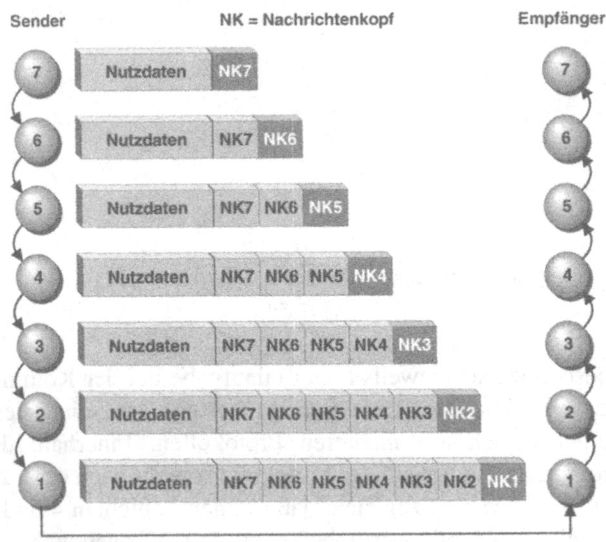

Abb. 2.3. Aufbau einer Nachricht

Nachdem die Datenendeinrichtung eine zu übertragende Nachricht an das Kommunikationssystem übergeben hat, wird sie beim Durchlaufen der einzelnen Schichten jeweils um einen Nachrichtenkopf ergänzt wie in Abb. 2.3 dargestellt. Die als schichtspezifische Nachrichtenköpfe hinzugefügten Steuerinformationen werden von den weiter unten befindlichen Schichten zusammen mit den ursprünglichen Nutzdaten als Ganzes betrachtet und stellen für diese wiederum Nutzdaten dar. Nachdem auf der untersten Ebene die physikalische Übertragung stattgefunden hat, werden die Nachrichtenköpfe auf der Seite des Empfängers von unten nach oben wieder entfernt.

Instanz

In dem alle Schichten durchlaufenden konkreten Kommunikationsprozeß werden die Dienste durch *Instanzen* realisiert. Instanzen sind aktive Elemente, die von ihrer technischen Realisierung abstrahieren. Auf der untersten Schicht sind die Instanzen generell durch Hardware realisiert. Die darüberliegende Sicherungsschicht verwendet sowohl Hardware als auch Softwareimplementierungen. Alle darüber angesiedelten Instanzen sind Softwareinstanzen.

Die zuvor getroffene Aussage, daß eine Schicht Dienste erbringt, muß folglich dahingehend präzisiert werden, daß diese nicht durch die Schicht schlechthin, sondern durch mehrere Instanzen erbracht werden. Zu klären bleibt nun noch der Zusammenhang zwischen Protokoll und Instanz.

Ein Protokoll ist ein Satz von Regeln und Formaten, der das Kommunikationsverhalten der Instanzen bei der Funktionsausführung beschreibt.

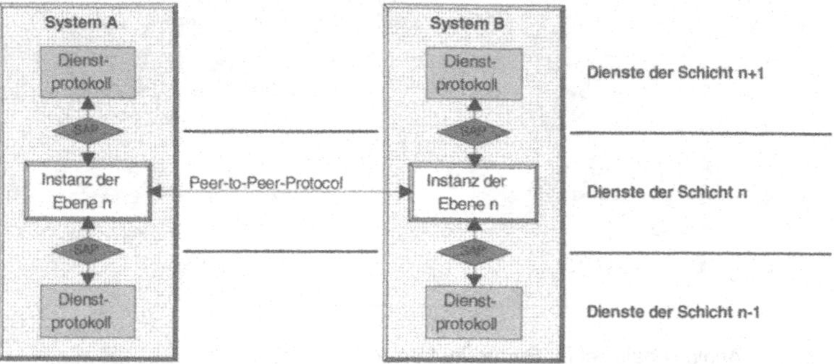

Abb. 2.4. Prinzip der vertikalen und horizontalen Kommunikation

Horizontale Kommunikation

Zur Kommunikation zwischen zwei Teilnehmern gehören auf jeder Schicht mindestens zwei *gleichgestellte Instanzen*. Sie werden als *Partnerinstanzen* bezeichnet und die damit durchgeführte *horizontale Kommunikation* als *Peer-to-Peer-Kommunikation*. Dabei findet kein physikalischer Nachrichtenaustausch statt, sondern die Schichten verhalten sich nur so, als würden sie untereinander kommunizieren, wobei lediglich die logische Sicht der gleichgestellten Instanzen zugrunde liegt (vgl. Abb. 2.4).

Beispiel der horizontalen Kommunikation

Zum Beispiel überträgt ein Mailprogramm auf der Anwendungsschicht aus seiner Sicht eine Nachricht geschlossen an die Anwendungsschicht des Empfängers. Tatsächlich wird die Nachricht aber über mehrere Schichten von oben nach unten geleitet und physikalisch in der Regel über mehrere Vermittlungsstellen übertragen. Zur Durchführung fordert der Mailingprozeß sukzessiv Dienstleistungen der untergeordneten Schichten an. Dabei kommt es jeweils zur Peer-to-Peer-Kommunikation zwischen korrespondierenden Schichten der Partner. Die funktionalen Entsprechungen erstrekken sich also jeweils auf gleiche Schichten der Kommunikationspartner.

Analogie zur horizontalen Kommunikation

Dieser schwierige Sachverhalt läßt sich wieder durch Analogie zu zwei in unterschiedlichen Sprachen kommunizierenden Konferenzteilnehmern veranschaulichen (vgl. Abb. 2.5): Jeder Teilnehmer kommuniziert mit seinem Partner, obwohl keiner die Worte des anderen unmittelbar versteht. Beide bedienen sich jeweils eines Übersetzers, der in eine für beide Partner verbindliche Sprache übersetzt. Die Festlegung der Sprache ist ausschließlich Aufgabe der Übersetzer. Entscheidend für die Wahl der Sprache ist lediglich, daß sie eine semantisch korrekte „horizontale" Kommunikation gewährleistet. Die tatsächliche Nachrichtenübertragung verläuft somit über zwei vertikale Schichten vom Konferenzteilnehmer zum Übersetzer, die wiederum Partnerinstanzen sind. Schließlich können auf der untersten Schicht zur Überbrückung einer größeren Entfernung zwei funktional gleiche, technische Übertragungseinrichtungen zur Übertragung der übersetzten Nachrichten verwendet werden.

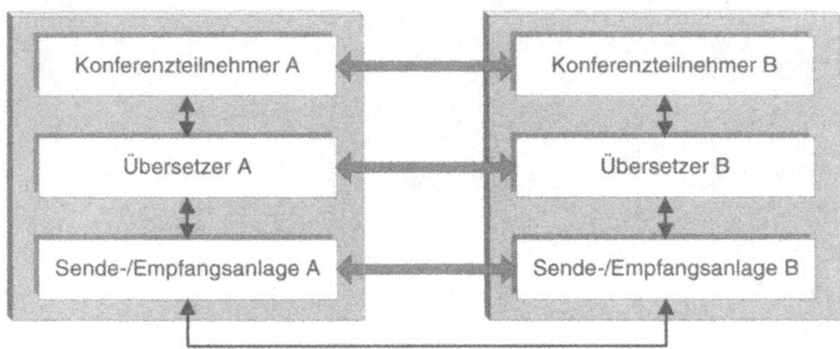

Abb. 2.5. Analogiebeispiel für Partnerinstanzen

2.2.2 Aufgaben der Schichten

Bedingt durch die Forderung nach Allgemeingültigkeit des Modells und durch die Vielzahl unterschiedlicher Netze und Einsatzgebiete wurde eine Vielzahl von Protokollen entwickelt. Diese breite Funktionalität vollständig bis ins Detail darzustellen, ist im Rahmen dieses Buches nicht möglich, so daß die Betrachtung der Aufgaben hier nur in verallgemeinerter Form erfolgen kann. Wichtige in den unteren Schichten eingebundene Verfahren der Übertragungstechnik sowie Kommunikationsanwendungen und -protokolle werden an späterer Stelle näher betrachtet.

2.2.2.1 Bitübertragungsschicht (Physical Layer)

Übertragung eines Bitstroms

Die *Bitübertragungsschicht* hat die grundlegende Aufgabe, die zu übertragenden Binärzeichen (Bits) physikalisch zu generieren und über den Nachrichtenkanal zu übertragen. Dazu ist mit elektrischen, mechanischen und funktionellen Mitteln eine Verbindung aufzubauen, zu erhalten und wieder abzubauen. Die Generierung bezieht sich auf die Erzeugung von unterschiedlichen Signalen für die Binärzeichen 0 und 1 mit festgelegten physikalischen Eigenschaften, wie Spannung und Laufzeit. Unter anderem sind auf dieser Schicht Standards für die Datenübertragungseinrichtung (DÜE) mit Geräte- und Leitungsschnittstellen implementiert.

2.2.2.2 Datensicherungsschicht (Data Link Layer)

Gesicherte Übertragung

Die Übertragung einzelner Bits auf der physikalischen Ebene kann fehlerhaft sein. Aufgabe der *Datensicherungsschicht* ist es daher, den sicheren Transport von Nachrichten auf Teilstrecken zu garantieren. Eine Teilstrekke wird durch zwei direkt miteinander verbundene Netzknoten gebildet. Unter Nachrichten sind auf dieser Ebene logische Gruppierungen von Bits zu verstehen, die als Rahmen bezeichnet werden.

Zur Fehlererkennung wird in jedem Rahmen eine Prüfzahl mitübertragen, die durch einen Algorithmus aus der Nutzinformation (Nutzdaten) gebildet wird. Falls auf der Seite des Empfängers ein Fehler erkannt wird, ergreift dieser eine durch das eingesetzte Protokoll festgelegte Maßnahme zur Fehlerbehebung. Eines der am häufigsten angewendeten Verfahren besteht darin, daß der Empfänger nach einer negativen Korrektheitsprüfung den Absender benachrichtigt und eine Wiederholung der Übertragung initiiert. Bei einem nicht behebbaren Fehler wird der gesamte Übertragungsprozeß beendet. Die Sicherungsmaßnahmen betreffen jeweils nur eine Teilstrecke des Netzes. Es kann nicht gewährleistet werden, daß alle abgesendeten Rahmen vollständig und in korrekter Reihenfolge beim Empfänger eingehen. Diese Aufgabe muß notwendigerweise von einer höheren Schicht übernommen werden.

Flußregelung

Weiterhin ist die Sicherungsschicht dafür zuständig, Stauungen durch Geschwindigkeitsunterschiede zwischen den jeweiligen Partnerinstanzen zu verhindern. Die Gefahr besteht darin, daß die Speicherkapazität des Empfängers nicht ausreicht und durch einen *Überlauf* Nachrichten verlorengehen. In vergleichbarer Weise kann dieses Problem zwar auch in übergeordneten Schichten auftreten, allerdings hat es hier eine herausgehobene Bedeutung. Die erforderliche Überwachung mit der Anpassung von Sende- und Empfangsgeschwindigkeit wird als *Flußregelung* bezeichnet.

Medienzugangskontrolle

Schließlich gehört in lokalen Netzen die *Medienzugangskontrolle* zu den Aufgaben der Sicherungsschicht. Hierbei geht es darum, den Mehrfachzugriff sendender Endeinrichtungen auf ein gemeinsames Übertragungsmedium zu regeln. Typisch hierfür sind Netze, die nach dem Rundsendeverfahren arbeiten.

2.2.2.3 Vermittlungsschicht (Network Layer)

Realisierung von Ende-zu-Ende-Verbindungen

Durch die Protokolle der *Vermittlungsschicht* werden Ende-zu-Ende-Verbindungen zwischen den Endeinrichtungen realisiert. Wesentlich für diese Verbindungen ist es, daß die Nachrichten über eine Folge von Teilstrecken mit jeweils gesicherter Übertragung geführt werden. Das heißt, die Protokolle dieser Schicht müssen die gesamte Netzstruktur bei den Entscheidungen über die Steuerung des Nachrichtenflusses berücksichtigen. Die Teilstrecken des Netzes bilden für die Protokolle der Vermittlungsschicht ein *Kommunikationssubnetz*, das als reines *Transportsystem* lediglich Aufgaben des Nachrichtentransports ohne jeglichen Bezug zur Anwendung übernimmt und folglich nur die Protokolle der unteren 3 Schichten benötigt.

Routing

In Teilstreckennetzen besteht eine Vielzahl von Möglichkeiten, eine Nachricht zwischen sendenden und empfangenden Endgeräten über die Vermittlungsrechner zu übertragen. Mit der Anzahl der Netzknoten wächst die Anzahl der Wegalternativen sehr schnell. Anhand der Empfängeradresse hat jeder Vermittlungsrechner die Aufgabe, eine günstige Teilstrecke zu bestimmen. Die einzelnen Wege bilden dann durch Aneinanderreihung den

Weg durch das Netz. Die Technik wird als *Verkehrslenkung* (*Leitwegbestimmung, Routing*) bezeichnet. Als günstig gilt ein Übertragungsweg, wenn die Nachrichten bei möglichst ausgeglichener Netzbelastung schnell und zuverlässig übertragen werden. Die Bestimmung optimaler Wege im strengen Sinne ist wegen sich ständig und kurzfristig ändernder Netzbelastungen mit vertretbarem Aufwand nicht möglich. Für das mathematisch attraktive Problem der Verkehrslenkung wurden zahlreiche Verfahren mit einer Vielzahl einfacher und auch komplexer Algorithmen entwickelt, deren Einsatz auch von der Vermittlungsart beeinflußt wird.

Internetworking

Durch die bereits weit vorangeschrittenen und noch weiter zunehmende Verbindung von Netzen sowohl innerhalb von Organisationen als auch zwischen Organisationen hat die Aufgabe der Vermittlung zwischen unterschiedlichen Netzen im Rahmen des *Internetworking* eine erhebliche Bedeutung erlangt. Wegen der üblicherweise heterogenen Netze mit unterschiedlichen Übertragungsverfahren, Topologien und Zugangsregelungen handelt es sich hierbei um anspruchsvolle Problemstellungen, die über die Vermittlung innerhalb homogener Netze weit hinausgehen.

Überlastungssteuerung

Neben der Verkehrslenkung ist die *Überlastungssteuerung* die zweite große Aufgabe der Vermittlungsschicht. Sie wird bei der speicherorientierten Vermittlung erforderlich, wenn das Paketaufkommen auf dem gesamten Netz die Übertragungskapazität und insbesondere die Speicher- und Verarbeitungskapazität der Vermittlungsrechner übersteigt. Folgen können der Paketverlust oder der vollständige Netzzusammenbruch sein. Die Vermeidung solcher Situationen ist Aufgabe der Verkehrslenkung und auch der Flußregelung durch die übergeordnete Transportschicht.

Die Funktionalität der Vermittlungsschicht wird bei Teilstreckennetzen generell benötigt. Wie noch dargestellt wird, entfällt diese Schicht bei den heute noch weitgehend nach der Protokollfamilie IEEE 802.x gestalteten lokalen Netzen ohne Vermittlung.

2.2.2.4 Transportschicht (Transport Layer)

Gewährleistung einer Dienstgüte

Die *Transportschicht* stellt das Bindeglied zwischen den anwendungsbezogenen und den nachrichtentechnischen Schichten (Kommunikationssubnetz) dar und hat Funktionen zu übernehmen, die für die Zuverlässigkeit, die Leistungsfähigkeit und die Wirtschaftlichkeit des gesamten Kommunikationssystems wesentlich sind. Diese auf die Einhaltung vorgegebener Qualitätsanforderungen und die Verbesserung der durch die Vermittlungsschicht erreichten *Dienstgüte* ausgerichteten Maßnahmen stehen im Mittelpunkt. Den übergeordneten Anwendungsschichten stellt die Transportschicht eine standardisierte Kommunikationsschnittstelle zur Verfügung, wodurch unter anderem die wichtige Anpassung der gerade auf den unteren Ebenen häufigen technischen Veränderungen oder der Wechsel zu einem anderen Transportsystem wesentlich erleichtert wird.

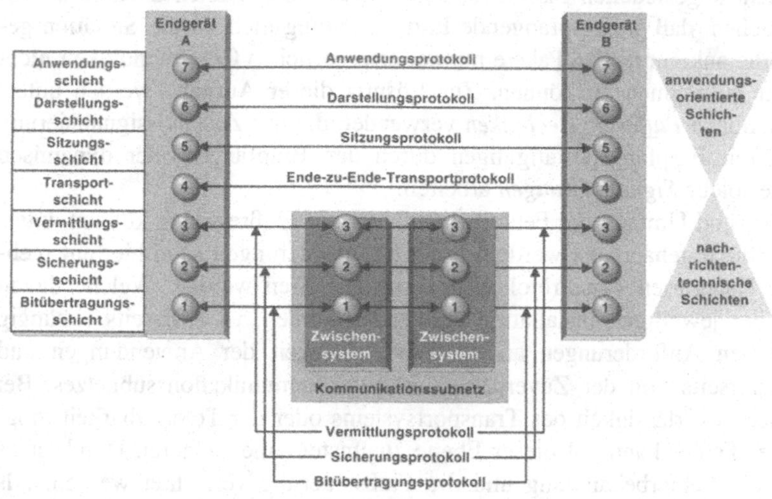

Abb. 2.6. Aufteilung des ISO/OSI-Schichtenmodells in Schichten des Transportsystems und anwendungsbezogene Schichten

Echte Ende-zu-Ende-Verbindungen

Durch die Protokolle der Transportschicht werden „echte" Ende-zu-Ende-Verbindungen realisiert. Demzufolge sind diese Protokolle, wie auch diejenigen aller übergeordneten Schichten nur in den Endgeräten installiert. Dagegen werden in Teilstreckennetzen die Protokolle der unteren drei Schichten sowohl in den Rechnern der Endeinrichtungen als auch in den Vermittlungsrechnern benötigt.

Bevor die Übertragung von Nutzinformationen beginnen kann, muß die sendende Endeinrichtung mit der als Empfänger adressierten Einrichtung eine Verständigung über deren Empfangsbereitschaft herbeiführen. Dieser als *Verbindungsaufbau* bezeichnete Vorgang wird durch das Versenden von Verbindungsaufbaupaketen und Bestätigungen realisiert. In ähnlicher Weise erfolgt der *Verbindungsabbau*. Zwischen diesen beiden Vorgängen liegt die Aufgabe der Verwaltung und Überwachung der bestehenden Verbindung. Während der Nachrichtenübertragung können Fehler auftreten, die von der darunter liegenden Vermittlungsschicht nicht erkannt werden können und folglich nur durch die Transportschicht behebbar sind, beispielsweise eine Verbindungsunterbrechung, der Verlust von Paketen, die fehlerhafte Ankunftsreihenfolge der fortlaufend numerierten Pakete oder das Auftreten von Duplikaten.

Flußregelung

Neben der Fehlerbehandlung wird die Zuverlässigkeit durch eine korrekt arbeitende *Flußregelung* wesentlich beeinflußt. Die Flußregelung wurde bereits als Protokollaufgabe der Sicherungsschicht besprochen. Während es dort um die Vermeidung von Überläufen bei den Vermittlungsrechnern von jeweils zwei Teilstrecken geht, ist es Aufgabe von den auf der Transportschicht angesiedelten Instanzen, den Verlust von Paketen dadurch auszuschließen, daß die empfangende Endeinrichtung nicht in die Situation gerät, die ankommenden Pakete mit der erforderlichen Geschwindigkeit nicht mehr aufnehmen zu können. Zur Lösung dieser Aufgabe werden unterschiedliche *Pufferungstechniken* verwendet, die mit Zustandssignalisierung und mit Empfangsbestätigungen durch den Empfänger oder dynamisch ohne solche *Signalisierungen* arbeiten.

Art und Umfang der Fehlerbehandlung und Flußregelung können unterschiedlich gehandhabt werden. Je nach Anforderungen kann hier auf mehrere Kategorien von Protokollen zurückgegriffen werden. Welche davon bei der jeweiligen Installation verwendet werden, ist einerseits abhängig von den Anforderungen an die Zuverlässigkeit der Anwendungen und andererseits von der Zuverlässigkeit des Kommunikationssubnetzes. Bei hoher Zuverlässigkeit des Transportsystems oder der Tolerierbarkeit möglicher Fehler kann auf dieser Ebene zugunsten eines höheren Durchsatzes auf die Fehlerbehandlung und die Flußsteuerung verzichtet werden. Als Beispiel seien hier Multimedia-Anwendungen auf Netzen im niedrigen und mittleren Ausdehnungsbereich erwähnt.

Multiplexing

Schießlich besteht eine wichtige Aufgabe der Transportsteuerung in einer möglichst effizienten Nutzung der vorhandenen Übertragungskapazitäten. Zum einen geht es darum, Anforderungen an die Übertragungsleistung zu realisieren, die vom Subnetz über *einen einzigen* Übertragungskanal nicht realisierbar sind, und zum anderen um die Auslastung virtueller Verbindungen, wenn das Lastaufkommen deutlich niedriger ist, als die mögliche Übertragungsleistung. Situationsabhängig kann zu diesem Zweck auf zwei *Multiplexverfahren* zurückgegriffen werden: das Aufwärts- und das Abwärts-Multiplexing (vgl. Abb. 2.7).

Beim *Aufwärts-Multiplexing* verwenden mehrere Transportverbindungen nur einen Kanal des Subnetzes. Dabei werden so viele Verbindungen aktiver Anwendungen zusammengefaßt, wie durch die Kapazität des betreffenden Kanals bedient werden können. Würde man dagegen für jede Anwendung eine eigene Verbindung aufbauen, so entstünden teure Wartezeiten durch ungenutzte Kapazitäten auf den Verbindungen des Subnetzes.

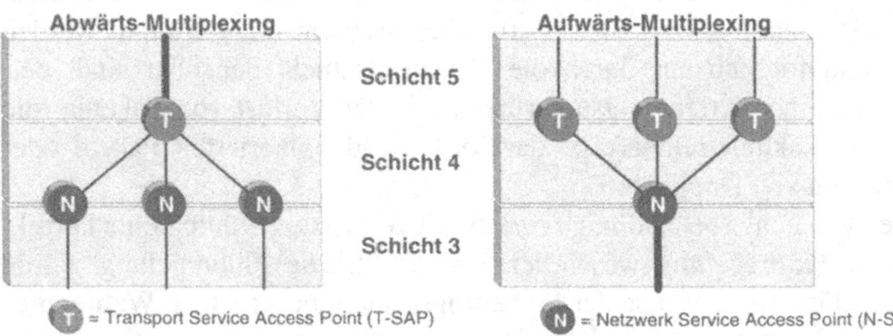

Abb. 2.7. Multiplexing von Transportverbindungen

Die umgekehrte Situation führt zur Anwendung des auch Splitting genannten *Abwärts-Multiplexings*. Eine hohe Leistungsanforderung einer Transportverbindung wird hier durch Aufteilung über mehrere Verbindungen erfüllt.

2.2.2.5 Sitzungsschicht (Session Layer)

Kommunikationssteuerung

Die *Sitzungsschicht* steuert und synchronisiert die Nachrichtenübertragung zwischen kooperierenden Partnern. Sie wird dementsprechend auch als Kommunikationssteuerungsschicht bezeichnet. Eine Sitzung ist eine logische Arbeitseinheit von bestimmter Dauer, während der eine Anwendungsaufgabe gelöst wird, z.B. die Übertragung einer E-Mail oder einer Datei, die Durchführung von Buchungen auf einer entfernten Datenbank oder das Recherchieren auf einer Online-Datenbank. Im Gegensatz zu allen untergeordneten Schichten haben die hier angesiedelten Funktionen eine Nähe zur Anwendung, die von dem Typ der jeweiligen Anwendung bestimmt wird. Zu einem solchen Typ können Dialoganwendungen oder Client-Server-Anwendungen gehören.

Sitzungen und Transportverbindungen

Ähnlich wie bei der Transportschicht werden von den Instanzen dieser Schicht Sitzungen aufgebaut, verwaltet und wieder abgebaut. Normalerweise stimmen die Verbindungsdauern der Transport- und der Sitzungsschicht überein. Es gibt jedoch Anwendungssituationen, in denen während einer Sitzung unterschiedliche Transportverbindungen aufgebaut werden oder umgekehrt während einer Transportverbindung wiederholt Sitzungen auf- und abgebaut werden. Tritt z.B. ein Fehler auf einer bestehenden Transportverbindung auf, so kann durch die Sitzungsschicht eine neue Verbindung aufgebaut werden, ohne die Sitzung zu unterbrechen. Bei zeitlich aufeinanderfolgenden, meist kurzen Sitzungen, wie bei Abfragen zentraler Datenbanken, kann es wirtschaftlich sein, eine bestehende Transportverbindung für die wiederholte Nutzung aufrecht zu erhalten.

Sicherheit

Die drei zentralen Funktionen zur Durchführung einer Sitzung, nämlich Verbindungsaufbau, Nachrichtenübertragung und Verbindungsabbau[13] sind hier angesiedelt. Das *Verbindungsaufbauprotokoll*, die *Log-in-Prozedur*, übernimmt einen Teil der Sicherheitsaufgaben, indem es eine Paßwort- und Zugriffsrechteüberprüfung des Teilnehmers durchführt. Vor dem Beginn der Sitzung werden neben den Sicherheitsangaben weitere Parameter, wie die Abrechnungsnummer (Account-Nummer), die Adresse des Kommunikationspartners und ggf. Datei- oder Prozeßnamen etc. überprüft. Bei Verbindungen mit wechselseitiger Sende- und Empfangsmöglichkeit wird auf dieser Schicht durch die Dialogsteuerung festgelegt, wer wann senden darf. Damit auch während einer längeren Kommunikation bei einem Fehler des Netzes die Kommunikation wieder geordnet aufgenommen werden kann,

[13] Die Funktionen von Auf- und Abbau sowie der Übertragung sind hier streng zu unterscheiden von den entsprechenden Funktionen auf der Sicherungsschicht, wo die damit verbundenen Vorgänge auf Teilstrecken betrachtet werden.

d.h. ohne grundsätzlich von vorne beginnen zu müssen, werden geeignete *Synchronisationspunkte* zum Wiederaufsetzen festgelegt. Darüber hinaus ist es möglich, die Kommunikation an einem beliebigen Punkt für einige Zeit zu unterbrechen und später wieder fortzusetzen.

2.2.2.6 Darstellungsschicht (Presentation Layer)

Darstellung von Daten

Auf der *Darstellungsschicht* sind die Syntax und Semantik der übertragenen Nachrichten von Bedeutung. Auf dieser Ebene sind sämtliche Aufgaben zu bewältigen, die mit der Darstellung von Zeichen und Datenstrukturen zu tun haben. Dazu gehört vor allem die Konvertierung interner Darstellungsformen der Endgeräte in eine einheitliche Standarddarstellung des Netzwerks.

Zeichenkodierung

Verschiedene Rechner arbeiten mit verschiedenen Kodierungen für Zeichenketten[14], Zahlen und andere Datentypen. Damit dennoch jeder Rechner mit jedem anderen Rechner kommunizieren kann, ohne daß sich einzelne Anwendungen mit Fragen der Kodierung und erforderlichen Konvertierungen beschäftigen müssen, bietet es sich an, eine gemeinsame Darstellungsmethode als „Sprache des Netzwerks" zwischen den Kommunikationspartnern einzuführen.[15]

Geschwindigkeit und Sicherheit

Schließlich sind als weitere Aufgaben der Darstellungsschicht die Reduzierung der zu übertragenden Bits durch Datenkompression sowie die Gewährleistung von Vertraulichkeit und Authentizität durch die Anwendung kryptographischer Verfahren hervorzuheben.

2.2.2.7 Anwendungsschicht (Application Layer)

Kommunikationsaufgaben

In der Anwendungsschicht konkretisieren sich die vom Netz zu realisierenden Kommunikationsaufgaben. Der Zweck des Netzes wird durch die Anwendungen nach außen sichtbar. Bei den als Protokoll standardisierten Anwendungen zur Erfüllung von Kommunikationsaufgaben kann es sich z.B. um eine Dateiübertragung (File Transfer), die Vergabe eines Verarbeitungsauftrags an einen spezialisierten, leistungsfähigeren Rechner (Job Transfer) oder um den Versand eines Dokumentes per E-Mail handeln.

---

14 Die meisten Rechner verwenden heute die Zeichenkodierung nach dem internationalen Alphabet Nr. 5 (American Standard Code for Information Interchange, ASCII), andere benutzen das EBCDIC-Alphabet von IBM (Extended Binary Coded Decimal Interchange Code).

15 Zur Zeit gibt es nur eine offizielle Norm für die Darstellung der Informationen im Netz: ASN.1 (Abstract Syntax Notation Number One). In ASN.1 wird die abstrakte Transfersyntax der Daten beschrieben, d.h. der Wertebereich und die Bedeutung von Daten. Die konkrete Transfersyntax, d.h. die Kodierung der Daten in transportierbare Bytes, wird durch die Basic Encoding Rules festgelegt. Allerdings wird ASN.1 in der Praxis nur wenig eingesetzt, da heute noch vorwiegend proprietäre Protokolle verwendet werden.

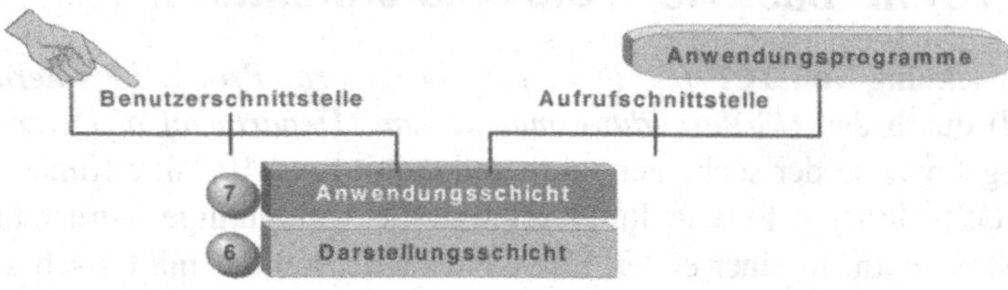

Abb. 2.8. Schnittstellen der Anwendungsschicht zur Umgebung

Kommunikation in Anwendungen

Prinzipiell unterscheidet sich ein Protokoll der Anwendungsschicht als Dienst nicht von den Diensten der übrigen Schichten. Die Anwendungsinstanzen kommunizieren in zwei Richtungen: nach unten mit den Instanzen der Darstellungsschicht und nach oben mit unterschiedlichen lokalen Anwendungen, beispielsweise mit der Rechnungsschreibung, der Bestellrechnung, dem Mahnwesen oder der Textverarbeitung. Diese Prozesse haben zunächst nichts mit Kommunikation zu tun. Ein durch eine Textverarbeitung erstelltes Dokument kann lokal verwendet, aber auch durch E-Mail an einen oder mehrere Teilnehmer verschickt werden. Ähnlich verhält es sich mit den durch ein Anwendungssystem erstellten Rechnungen. Sie lassen sich traditionell mit der „gelben Post" oder aber über ein Kommunikationssystem per *EDIFACT* (*Electronic Data Interchange for Administration, Commerce and Transport*) versenden. Die jeweils benutzten Anwendungsprotokolle des OSI-Referenzmodells werden somit Teil der gesamten Anwendung. Informationsverarbeitung und Kommunikation sind in modernen Anwendungen eng miteinander verbunden.

Schnittstellen

Die Protokolle der Anwendungsschicht verfügen nach oben und damit zugleich zur Umgebung des Kommunikationssystems über standardisierte Schnittstellen, die von Programmen, welche über einen Dienst dieser Schicht kommunizieren wollen, und von Benutzern, die unmittelbar eine Kommunikationsanwendung für ihre Aufgabe einsetzen möchten (z.B. E-Mail) exakt einzuhalten sind (Abb. 2.8).

Dienstelemente

Die Realisierung von Kommunikationsanwendungen erfordert neben ihrer inhaltlichen Ausgestaltung durch Eingabe von Texten, Daten oder Bildern bestimmte, für ihre Ausführung notwendige Dienstelemente, die in gleicher und deshalb allgemeiner Form von mehreren Anwendungen benötigt werden. Hierzu gehören u.a. die Identifizierung und Authentifikation der Kommunikationspartner, der Verbindungsauf- und -abbau (Assoziationen) zur darunter liegenden Darstellungsschicht, die Störungsbehandlung mit Wiederanlauf, die Bestimmung der akzeptablen Dienstgüte (z.B. zulässige Verbindungsaufbauzeit, tolerierbare Fehlerraten, zulässige Antwortzeiten) und die Festlegung von Verfahren zur Kostenzuordnung. Diese Aufgaben werden von der Anwendungsschicht teilweise an untergeordnete Protokollschichten delegiert, hauptsächlich an die Sitzungsschicht.

2.3 TCP/IP-basierte Protokollarchitekturen

Historie

Die Entwicklung von *TCP/IP* (*Transmission Control Protocol / Internet Protocol*) durch das *US-Verteidungsministerium* (*Department of Defence, DoD*) begann Ende der sechziger Jahre und damit rund 10 Jahre früher als die des OSI-Modells. Entwicklungsziel war die weiträumige Vernetzung von Großrechnern. In einer ersten Phase entstand 1969 das militärisch und von einigen großen amerikanischen Universitäten genutzte *ARPANET*. Es handelte sich um ein verbindungsorientiertes Netz mit einem eigens entwickelten, paketvermittelnden Übertragungsverfahren. Die Weiterentwicklung setzte schon kurz danach in 1973 mit dem weitreichenden Ziel ein, heterogene paketvermittelte Netze zu verbinden. Es entstanden die Protokolle TCP und IP.

In 1983 erfolgte die Umstellung des ARPANET auf TCP/IP. Zugleich wurde das Netz in zwei selbständige Netze aufgeteilt; das militärisch genutzte *MILNET* und das privat genutzte ARPANET. Die in beiden Netzen realisierten frühen Formen von TCP/IP bilden die Basis des heutigen *Internets*, das inzwischen aus einer sehr großen Anzahl unterschiedlicher Weitverkehrsnetze besteht. Da diese Protokolle auch in lokalen Netzen eingesetzt werden können, spricht man hier zur Abgrenzung gegenüber dem globalen Internet von *Intranets*.

TCP/IP wurde als Protokollfamilie zur Telekommunikation für das Betriebssystem UNIX entwickelt und sollte die Forderungen nach Einfachheit und hoher Zuverlässigkeit erfüllen. Hinter dem Begriff TCP/IP verbergen sich mehrere, teilweise alternativ einsetzbare Protokolle, die wegen ihrer starken und weltweiten Verbreitung ein hohes Maß an offener Kommunikation auf den Schichten des Nachrichtentransports und der Vermittlung gewährleisten.

TCP/IP und ISO/OSI

Ein Vergleich mit dem mächtigen OSI-Modell kann nur eingeschränkt erfolgen, denn TCP/IP bildet keine geschlossene Architektur von der physikalischen Nachrichtenübertragung bis hin zu den Kommunikationsanwendungen. Vielmehr kann sich eine Gegenüberstellung nur auf die schichtenmäßige Einordnung der TCP/IP-Protokollfunktionen in die Hierarchie des OSI-Modells erstrecken. Die Gegenüberstellung zeigt dann auch, daß die Funktionen von TCP sehr genau der Transportschicht und IP der Vermittlungsschicht zuzuordnen sind.

Damit erhebt sich die Frage, durch welche Protokolle die Anwendungsschichten und die darunter liegenden Schichten der Sicherung und der physikalischen Übertragung realisiert sind, um die notwendige geschlossene Kommunikationsarchitektur zu erreichen.

Anstelle der drei anwendungsorientierten schichten im OSI-Modell findet man in TCP/IP-basierten Architekturen jeweils nur eine, in der Regel nicht weiter untergliederte Protokollschicht. Dabei sind zwei Ausprägungen anzutreffen.

<table>
<tr><th>OSI-Architektur</th><th colspan="3">TCP/IP-basierte Architektur</th></tr>
<tr><td>Anwendung</td><td rowspan="3">Netzwerk-betriebs-system</td><td colspan="2" rowspan="3">Internet-Anwendungsprotokolle
▪ Electronic Mail (Simple Mail Transfer Protocol, SMTP)
▪ Dateiübertragung (File Transfer Protocol, FTP)
▪ Telnet
▪ Hypertext (Hypertext Transfer Protocol, HTTP)</td></tr>
<tr><td>Darstellung</td></tr>
<tr><td>Sitzung</td></tr>
<tr><td>Transport</td><td colspan="3">Transmission Control Protocol, TCP
User Datagram Protocol, UDP</td></tr>
<tr><td>Vermittlung</td><td>Internet Control Message Protocol, ICMP</td><td>Internet Protocol, IP</td><td>Adress Resolution Protocol, ARP</td></tr>
<tr><td>Sicherung</td><td colspan="3" rowspan="2">z.B. X.25, ATM, Frame Relay, ISDN</td></tr>
<tr><td>Bitübertragung</td></tr>
</table>

Abb. 2.9. TCP/IP basierte Architektur im Vergleich zur OSI-Architektur

Kommunikationsanwendungen

Spezielle, für TCP/IP entwickelte Kommunikationsanwendungen setzen direkt auf TCP auf. Zu den traditionellen Anwendungsprotokollen gehören das Protokoll *Telnet* zur *Terminalemulation*, das *Simple Message Transfer Protocol* (*SMTP*) für *E-Mail* und das *File Transfer Protocol* (*FTP*) für die *Dateiübertragung*. Zahlreiche weitere Anwendungsprotokolle sind in den folgenden Jahren hinzugekommen, unter denen das *World Wide Web* (*WWW*) mit dem *Hypertext Transfer Protocol* (*HTTP*) eine herausragende Bedeutung erlangt hat. Funktionen, die in der Sitzungsschicht des ISO-Modells enthalten sind, finden sich hier unmittelbar in den Anwendungsprotokollen. Aufgrund der vorgegebenen Darstellungskonventionen können die Funktionen der Darstellungsschicht entfallen.

Netzwerkbetriebssysteme

Ein Netzwerkbetriebssystem setzt über eine für das jeweilige System spezifischen Kommunikationsschnittstelle, einem sogenannten *Socket*, direkt auf TCP/IP auf. Alle unter dem jeweiligen Netzwerkbetriebssystem laufenden Anwendungen können dadurch über das Netz Nachrichten versenden und empfangen, was insbesondere für die Realisierung von Client-Server-Systemen von grundlegender Bedeutung ist. Während ursprünglich der Netzbetrieb unter TCP/IP auf UNIX beschränkt war, können heute durch die Socket-Schnittstellen alle bekannten Betriebssysteme (z.B. Windows NT, Novell Netware) über TCP/IP kommunizieren. Dieser Sachverhalt ist einer der Gründe dafür, daß TCP/IP heute weltweit die Vormachtstellung unter den Transportprotokollen einnimmt. Netzwerkbetriebssysteme enthalten neben einer Vielzahl zum Betrieb lokaler und verteilter Anwendungen notwendiger Funktionen auch solche, die den Protokollfunktionen der Anwendungsschichten des OSI-Modells entsprechen.

Kompatibilität zu Netzen

Unterhalb des Internetprotokolls IP bieten sich unterschiedliche Möglichkeiten für die Wahl des Netzes an. Voraussetzung ist, daß für den Aufbau der Schnittstelle zu IP ein sogenannter *Treiber* (Schnittstellensoftware) verfügbar ist. Je nach Reichweite des Netzes können hier alle Protokolle der gängigen Weitverkehrs-, City- und lokalen Netze angebunden werden.

Insbesondere durch die Möglichkeit der Anbindung unterschiedlicher Netze wird deutlich, daß damit auf die jeweiligen Erfordernisse des Anwenders abgestimmte Architekturen gestaltet werden können.

Literaturempfehlungen

Bues, M. (1994): Offene Systeme: Strategien, Konzepte und Techniken für das Informationsmanagement, Berlin, Heidelberg, New York: Springer.

Comer, D. (1998): Computernetzwerke und Internets, München: Prentice Hall.

Gerdsen, P., Kröger P. (1994): Kommunikationssysteme 1: Theorie, Entwurf, Meßtechnik, Berlin u.a.: Springer.

Kerner, H. (1995): Rechnernetze nach OSI, 3. Auflg., Bonn u.a., Addison-Wesley.

Sinz, E.J. (1999): Architektur von Informationssystemen, in: Rechenberg, P., Pomberger, G., Hrsg., Informatik-Handbuch, 2. Auflg., München und Wien: Hanser, S. 1035-1047.

Tanenbaum, A.S. (1998): Computernetzwerke, 3. Auflg., München: Prentice Hall.

Tietz, W., Hrsg. (1991): CCITT-Empfehlungen der V-Serie und der X-Serie, Datenübermittlungsnetze: Offene Kommunikationssysteme, Band 4.1 und 4.2, 6. Aufl., Heidelberg: v. Decker.

3 Standardisierung

3.1 Aufgaben und Formen

Definition

„Standards bestehen aus technischen Spezifikationen oder anderen präzisen Kriterien in der Form dokumentierter Vereinbarungen, die als Regeln, als Orientierungshilfen oder als Definitionen charakteristischer Sachverhalte verwendet werden sollen. Sie sollen sicherstellen, daß Gegenstände, Produkte, Prozesse und Dienstleistungen ihre Zwecke besser erfüllen.“[16]

Das Wesen der Standardisierung besteht in der *Vereinheitlichung von Objekten,* wobei ein Objekt ein beliebiges, standardisierungswürdiges Phänomen der realen Welt sein kann, z.B. eine Bildschirmtastatur, eine Smartcard, ein Verschlüsselungsverfahren, eine Programmiersprache oder ein Verfahren zur Qualitätssicherung.

Voraussetzungen

Voraussetzung zur Entwicklung von Standards ist ein hohes Maß an Wiederholbarkeit und Generalisierbarkeit des zugrunde liegenden Sachverhalts. Standards überdecken die gesamte technische Welt mit unterschiedlicher Bedeutung auf einer Vielzahl von Fachgebieten. In der Informations- und Kommunikationstechnik bilden sie eine grundlegende Voraussetzung zur Realisierung offener, wirtschaftlicher und flexibler Systeme.

Begriffsvielfalt

Der Begriff Standardisierung begegnet uns auf unterschiedliche Weise. Man spricht von de-iure-Standards, Normen, Hersteller-Standards, Industrie-Standards, de-facto-Standards, nationalen und internationalen Standards und auch von Standard-Software, die aufgrund ihrer besonderen Merkmale jedoch außerhalb dieser Betrachtungen bleiben soll. All diesen Begriffen ist gemeinsam, daß es sich um vereinheitlichte Verfahren, Anlagen oder Anlagenkomponenten handelt.

De-iure-Standards

Im engeren Sinn liegt ein Standard nur dann vor, wenn die darin getroffenen Festlegungen von einer nationalen oder internationalen Standardisierungsinstitution verabschiedet und veröffentlicht sind. Im deutschen Sprachraum werden diese *„de-iure-Standards“*[17] in der Regel als *Normen* bezeichnet und in breitem Umfang als verbindlich anerkannt.

[16] International Organization for Standardization (ISO): Introduction to ISO, http://www.iso.ch/infoe/intro/htm, 1999, S. 1, Übersetzung v. Verf.

[17] Der Begriff de-iure-Standard ist bei genauer Betrachtung unzutreffend, da Normen von Institutionen verabschiedet werden, die keine gesetzgebenden Befugnisse haben, und die Standards auch nicht über die Kraft von Gesetzen, Verordnungen oder Erlassen verfügen.

Hersteller-Standards

Hersteller-Standards sind unternehmensinterne Vereinheitlichungen und nur in großen Unternehmen zu finden. Die Mitarbeiter sind in der Regel zur Einhaltung verpflichtet. Es gibt zahlreiche Beispiele, in denen Hersteller-Standards auch außerhalb des Unternehmens, oft gestützt durch eine dominierende Marktposition, breite Akzeptanz gefunden haben und auch die Basis für eine förmliche Normung bildeten. Ein bekanntes Beispiel für einen Hersteller-Standard ist die *System Application Architecture* (SAA) der IBM, deren Komponente *Common User Access* (CUA) als Regelwerk für die Gestaltung von Benutzeroberflächen zugleich eine unternehmensübergreifende Akzeptanz erlangt hat.

Industrie-Standards

Von größerer Reichweite sind *Industrie-Standards*. Sie entstehen durch den breiten Einsatz bewährter Verfahren oder durch gezielte Entwicklung. Das wohl signifikanteste Beispiel sind die weltweit akzeptierten und bereits vorgestellten Kommunikationsprotokolle TCP und IP. Industrie-Standards werden häufig durch Institutionen verabschiedet, in denen Hersteller und Anwender zusammenarbeiten und zu deren Aufgaben auch die Entwicklung grundlegender Methoden und Verfahren gehören. Als bekannte Beispiele können die *Internet Engineering Task Force* (IETF), der die umfassende Standardisierung des Internets obliegt, die *Open Systems Foundation* (*OSF*) der UNIX-Anwender und die *Object Management Group* (OMG)[18] erwähnt werden. Die Bedeutung von Industrie-Standards ist oft größer als die von den Standardisierungsinstitutionen verabschiedeten Standards. Als Weiterführung bilden Industrie-Standards oft die Grundlage für de-iure-Standards.

De-facto-Standards

Bei *de-facto-Standards* handelt es sich um Vereinheitlichungen, die eine hohe Verbreitung erfahren haben mit einer Bedeutung, die einer der zuvor genannten Formen von Standards nahe kommt. Sie werden nicht gezielt als Standard entwickelt.

Nationale und internationale Standards

Schließlich ist zwischen *nationalen* und *internationalen Standards* zu unterscheiden, die sowohl de-iure-Standards, Industrie-Standards oder in selteneren Fällen auch Hersteller-Standards sein können. Durch die Internationalisierung der Wirtschaft und großer Unternehmen übersteigt die Bedeutung der internationalen Standards die der nationalen inzwischen deutlich. Häufig werden internationale Standards unverändert als nationale Standards übernommen. Mit dem Aufbau der Europäischen Gemeinschaft sind als eine spezielle Form internationaler Standards *europäische Standards* entwickelt worden. Ihr Ziel ist es, die wirtschaftliche Entwicklung und damit zugleich die Vereinigung Europas zu fördern. Die Standardisierungsaufgaben werden von zahlreichen fachspezifischen Institutionen wahrgenommen. Um das Ziel der Standardisierung, nämlich eine weltweite Gültigkeit und Akzeptanz sicherzustellen, arbeiten nationale, europäische und internationale Institutionen eng zusammen.

---

18 Von dieser Vereinigung wurde der bekannte Standard CORBA (Common Object Request Broker) als Architektur für verteilte Systeme entwickelt.

3.2 Entwicklung von Standards

Motivation

Die Forderungen nach Standardisierung beruhen weitgehend auf den Anforderungen des Marktes. Offenheit und Interoperabilität von Systemen unterschiedlicher Hersteller sowie die Wirtschaftlichkeit der Herstellung durch große Mengen gleichartiger Produkte sind hier vorrangig zu nennen. Daneben bestehen umfassende Anforderungen nach Standardisierung auf dem Gebiet der Sicherheit, wo das öffentliche Interesse nach Schutz der Gesundheit im Vordergrund steht, wie beispielsweise beim Arbeitsschutz oder im Bauwesen

Initiatoren

Mit Ausnahme der Hersteller- und der de-facto-Standards geht die förmliche Standardisierung von Verbänden und Vereinigungen der Wirtschaft und der Verbraucher, von staatlichen Institutionen oder auch von großen Herstellern aus. Diesen Organisationen obliegt es, den Standardisierungsorganisationen die Aufgabenstellung inhaltlich darzustellen sowie Notwendigkeit und Nutzen zu begründen.

Standardisierungen durchlaufen mehrere Phasen, die von Organisation zu Organisation unterschiedlich sein können, in ihren Kernaufgaben jedoch weitgehend gleich sind.

Zur Veranschaulichung von Standardisierungsprozessen werden die Vorgehensweisen der zuvor erwähnten ISO und die Internet-Standardisierung durch das IETF nachfolgend mit ihren wesentlichen Schritten vorgestellt.

3.2.1 Standardisierung durch die ISO

Entwicklungsprozeß

Standards werden innerhalb der ISO durch *Technical Commitees* (TC) und *Subcommittees* (SC) entwickelt. Der Entwicklungsprozeß durchläuft dabei die folgenden sechs Phasen:

Phase 1: Vorschlag (Proposal Stage)
Phase 2: Vorbereitung (Preparatory Stage)
Phase 3: Behandlung in Gremien (Commitee Stage)
Phase 4: Erkundung (Enquiry Stage)
Phase 5: Verabschiedung (Approval Stage)
Phase 6: Veröffentlichung (Publication Stage)

Projektbeginn

In der *Vorschlagsphase* wird ein Standardisierungsvorhaben zum Projekt erklärt und einem Projektleiter zur Betreuung zugewiesen. Voraussetzung dafür ist, daß mindestens fünf Mitglieder des TC/SCs der Behandlung des Vorhabens als Projektaufgabe zustimmen.

Draft Proposal

Die Bearbeitung des Standardisierungsvorschlags setzt in der *Vorbereitungsphase* ein. Sie schließt mit einem dem Stand der Technik entsprechenden Standardisierungsvorschlag als *Draft Proposal* ab.

Draft International Standard

Der Draft Proposal bildet die Ausgangsbasis für die Bearbeitung in verschiedenen *Gremien.* Stellungnahmen werden eingeholt und der Standardisierungsvorschlag wird solange durch untergeordnete Gremien (SCs) modifiziert, bis die Zustimmung des technischen Komitees (TC) erreicht ist. Als Arbeitsergebnis wird ein *Draft International Standard* (*DIS*) vorgelegt.

Final Draft International Standard

In dem mehrstufigen Verfahren schließt sich in der *Erkundungsphase* eine auf fünf Monate begrenzte Dauer für Stellungnahmen zum Draft International Standard durch alle Gremien des ISO-Zentral-Sekretariats an. Wenn der DIS eine Zustimmung mit einer Zweidrittelmehrheit findet, erfolgt die Weiterleitung als *Final Draft International Standard* (*FDIS*) an alle ISO-Institutionen und verläßt damit das Zentralsekretariat. Anderenfalls wird der DIS an die Gremien der TC/SC zur erneuten Behandlung zurückverwiesen.

International Standard

In der *Verabschiedungsphase* werden Stellungnahmen bis zur Revision des Standards zurückgestellt, wenn dieser mit einer Dreiviertelmehrheit aller abgegebenen Voten *und* einer Zweidrittelmehrheit des TC/SC innerhalb einer Frist von zwei Monaten angenommen wird. Durch Zustimmung wird der FDIS zum *International Standard.* Bei Verweigerung der Zustimmung wird auch hier an das TC/SC zurückverwiesen, und die Bearbeitung setzt wieder mit Phase zwei, der Vorbereitungsphase, ein. Der Standardisierungsprozeß schließt mit der Veröffentlichung durch das ISO-Zentral-Sekretariat ab. Dabei dürfen noch geringfügige redaktionelle Änderungen des bestätigten FDIS vorgenommen werden.

Revision

Es liegt im Wesen technischer Entwicklungen, daß der einer Standardisierung zugrundegelegte Stand der Technik Veränderungen unterliegt. Zur Sicherstellung der Aktualität eines Standards ist das TC/SC zur Revision nach spätestens fünf Jahren gehalten. Im Rahmen dieser Revision kann der Standard in seiner bisherigen Form bestätigt, einer veränderten Technik angepaßt oder gänzlich zurückgezogen werden.

Für den Anwender stellen sich jeweils zwei grundlegende Entscheidungsprobleme: Zum einen ist es die generelle Entscheidung für einen bestimmten Standard und zum anderen ist es die Entscheidung für ein Produkt mit der Implementierung des Standards.

Qualitätssicherung

Die Erfahrung zeigt, daß Implementierungen nicht nur Abweichungen aufweisen, sondern auch fehlerhaft sein können. Um für den Anwender eine hohe Zuverlässigkeit zu erreichen, hat die ISO herstellerunabhängige Testverfahren entwickelt und diese Verfahren selbst wieder standardisiert. Durch die Tests sollen zwei wesentliche Sachverhalte überprüft werden: Zum einen gilt es nachzuweisen, daß die Implementierung dem Standard vollständig entspricht (*Conformance Testing*) und zum anderen, daß die Implementierung mit denen anderer Hersteller verträglich ist (*Interoperability Testing*). Die Durchführung solcher Tests wird unabhängigen Testzentren übertragen, die auf bestimmte Arten standardisierter Produkte spezialisiert sind. In Europa ist es beispielsweise Aufgabe der Telekommunikationsgesellschaften, Testzentren für OSI-Implementierungen einzurichten.

3.2.2 Internet-Standardisierung durch die IETF

Zuständigkeiten

Während die Standardisierung bei der ISO das Hauptanliegen darstellt, ist sie im Internet Aufgabe einer Unterorganisation der an der Spitze stehenden *Internet Society (ISOC).* Die Zuständigkeit für die umfangreichen Standardisierungsaufgaben liegt bei der *Internet Engineering Task Force* (*IETF*), die in der mehrstufigen Organisation dem *Internet Architecture Board* (*IAB*) untergeordnet ist. Der direkt der ISOC unterstellte IAB darf lenkend auf die Standardisierungsprozesse eingreifen und ist bei Meinungsverschiedenheiten anzurufen.

Organisation

Die Initiativen zur Entwicklung von Internet-Standards geht überwiegend von *Arbeitsgruppen* (*Working Groups*) aus, die für unterschiedliche Themenbereiche eingerichtet sind. Solche Themenbereiche sind u.a. Application, Network Management, Routing und Security. Mitglieder dieser Gruppen sind Anwender mit entsprechendem Interesse an den jeweiligen Aufgabenstellungen. Jede Gruppe wird von einem Gebietsleiter geführt. Die Mitgliedschaft in den Gruppen ist informell und beruht letztlich auf der aktiven Mitarbeit der auf den Treffen jeweils Anwesenden. Die Steuerung und Koordination der praktischen Standardisierungstätigkeiten aller Gruppen erfolgt durch die *Internet Engineering Steering Group* (IESG), einem fachlich sehr kompetenten Gremium, das aus dem Vorsitzenden des IETF und den Gebietsleitern besteht. Die Aufgaben der IESG konzentrieren sich auf die Durchführung der verschiedenartigen Standardisierungsprojekte, während die Arbeit der IETF grundlegender Art ist und auf den technischen Fortschritt ausgerichtet ist.

Entwicklungsprozeß

Wie bei der ISO durchlaufen Standards mehrere Entwicklungsphasen. *Ein wesentlicher Unterschied besteht vor allem darin, daß Internet-Standards auf den verschiedenen Stufen ihrer Entwicklung Implementierungen und Tests voraussetzen.*

Proposed Standard

Der erste Entwurf ist der *Proposed Standard.* Er basiert auf einer breit akzeptierten Spezifikation, für die Implementierungen zwar erwünscht, jedoch nicht Voraussetzung sind. Die IESG kann Implementierungen und Einsatzerfahrungen verlangen, wenn der Standard zentrale Internetfunktionen betrifft. Nach der Überprüfung und Billigung durch das IESG wird der Proposed Standard als *Experimental* oder *Prototyp* zur Stellungnahme veröffentlicht. Das Stadium des Proposed Standards darf zwei Jahre nicht überschreiten und eine Dauer von mindestens sechs Monaten nicht unterschreiten.

Draft Standard

Der Proposed Standard wird von der IESG zum *Draft Standard* erhoben, wenn mindestens zwei voneinander unabhängige Implementierungen vorliegen und die Portabilität sichergestellt ist. Auch hier gelten Fristen. Die obere Grenze liegt bei zwei Jahren und die untere bei 4 Monaten. Bei Überschreitung der Zwei-Jahres-Frist wird der Draft Standard in das Stadium des Proposed Standards zurückgestuft.

Internet Standard

Nach positiver Beurteilung des Draft Standards, einer angemessenen Anzahl (mindestens zwei) weiterer Implementierungen, der Zustimmung durch die IESG und der Akzeptanz in den übrigen Unterorganisationen der ISOC wird der Standard zum *Internet Standard* erklärt.

Request for Comments

Eine besondere Bedeutung für die Verbreitung von Spezifikationen und Standards kommt dem *Request for Comments* (*RFC*, *„Bitte um Kommentar“*) zu, dessen Struktur selbst im RFC 1111 festgelegt ist. RFCs sind ein Instrument zur Veröffentlichung von Standards, Empfehlungen und wichtigen Hinweisen.

Die Art des jeweiligen Inhalts wird durch ein Akronym gekennzeichnet. So weist die Buchstabenfolge STD mit einer nachfolgenden dreistelligen Ziffernfolge auf einen Standard hin. Die Bezugnahme zu Internetstandards erfolgt in der Regel durch Angabe des RFCs. So finden sich beispielsweise das File Transfer Protocol (FTP) unter RFC 959 und das Simple Mail Transfer Protocol (SMTP) unter RFC 821. Sehr häufig bilden als RFCs veröffentlichte Empfehlungen den Ausgang von Standardisierungen, indem die IESG diese aufgreift, um nach eingehender Überprüfung zunächst Proposed Standards zu entwickeln.

RFCs werden über das Internet allen interessierten Benutzern bereitgestellt. Die einzelnen RFC-Dateien können über die RFC-Nummer oder einen den Inhalt kennzeichnenden Suchbegriff aufgerufen werden.

WWW-Konsortium

Da das World Wide Web (WWW) im Internet eine herausgehobene Bedeutung erlangt hat, sind diesbezüglich spezielle Standardisierungsaufgaben entstanden, die über die herkömmliche Internet-Standardisierung hinausgehen. Zur Vorbereitung der damit verbundenen Aufgaben sowie zur Entwicklung neuer, und wie die Erfahrung zeigt, vielseitiger Technologien wurde 1994 das *WWW-Konsortium* (*W3C*) durch eine gemeinsame Initiative des MIT/LCS (Massachusetts Institute of Technology, Laboratory for Computer Science), des CERN (Conseil Europèen pour la Recherche Nucléaire, Genf) und des französischen Instituts INRIA (Institut National de Recherche en Informatique et Automatique) gegründet. Der Sitz des W3C ist das MIT in Bosten. Niederlassungen wurden bereits ein Jahr nach der Gründung am französischen INRIA und der deutschen GMD (Gesellschaft für Mathematik und Datenverarbeitung) eingerichtet. Das W3C kooperiert eng mit der für die Verabschiedung zuständigen Internet Engineering Task Force zusammen, indem es Standardisierungsvorschläge unterbereitet und auch Entwürfe vorlegt.

3.3 Träger der Standardisierung

nationale und internationale Standards

Obwohl sich die förmliche Standardisierung auf die ISO als oberste internationale Organisationen konzentriert, so sind an der Entwicklung und Verabschiedung von Standards eine Vielzahl weiterer internationaler und nationaler Organisationen beteiligt. Die Organisationen arbeiten eng zusammen, um dem immer wichtigeren Ziel nach weltweiter Vereinheitlichung nahe zu kommen. Von besonderer Bedeutung ist dabei stets eine enge Abstimmung mit der ISO. Neue Standardisierungen werden deshalb zunehmend als nationale, europäische und weltweite Standards gleichzeitig veröffentlicht. Standards, die sowohl für Deutschland, die Europäische Union als auch weltweit verbindlich festgelegt sind, tragen die Bezeichnung DIN EN ISO xxx, wobei xxx die Nummer des jeweiligen Standards ist. Als Beispiele seien die bekannten Standards zur Qualitätssicherung DIN EN ISO 9000 bis 9004 erwähnt.

Ist es noch in das Ermessen der nationalen Standardisierungsorganisationen gestellt, von der ISO durchgeführte Standardisierungen als nationale Standards vollständig oder teilweise zu übernehmen, so ist für die Länder der EU vertraglich festgelegt, daß neu entwickelte Standards im EU-Raum europäische und nationale Standards zugleich (DIN EN xxxx) sind und daß nationale Standards durch europäische abgelöst werden.

Empfehlungen

Neben den als Standards verabschiedeten Dokumenten spielen *Empfehlungen* eine weitere, oft herausragende und die Bedeutung von Standards übersteigende Rolle. Unter den solche Empfehlungen erarbeitenden Organisationen ist an erster Stelle die International Telecommunication Union (ITU) zu nennen, die 1993 aus dem bekannten CCITT (Comité Consultatif International Télégraphique et Téléphonique hervorging.

	Organisationen		
	national	weltweit	europäisch
Standardisierung	DIN	ISO	CEN
	DKE	IEC	ETSI
	ANSI		CENELEC
	BSI		
Entwicklung v. Empfehlungen	VDE	ITU	CEPT
	FTZ		
	BZT		

Abb. 3.1. Wichtige Organisationen auf dem Gebiet Standardisierung und Empfehlungen

Abkürzungen:
- ANSI: American National Standards Institute
- BSI: British Standards Institute
- BZT: Bundesamt für Zulassungen in der Telekommunikation
- CEN: Comité Européen de la Normalisation
- CENELEC: Comité Européen de la Normalisation Electrotechnique
- CEPT: Conférence Européenne des Administrations des Postes et des Télécommunications
- DKE: Deutsche Kommission für Elektrotechnik
- DIN: Deutsches Institut für Normung
- FTZ: Forschungs- und Technologiezentrum der Deutschen Telekom
- IEC: International Electronical Commission
- ISO: International Organization for Standardization
- ITU: International Telecommunication Union
- VDE: Verband Deutscher Elektrotechniker

Die ITU ist eine Unterorganisation der UNO und setzt sich aus den nationalen Fernmeldeverwaltungen als stimmberechtigten Mitgliedern sowie industriellen und wissenschaftlichen Organisationen mit beratenden Funktionen zusammen. Die Empfehlungen sind meistens für die Hersteller von Geräten zur Telekommunikation und für die Netzbetreiber bindend.

Zusammenarbeit

Der Gliederung der Standards folgend ist zwischen internationalen, europäischen und nationalen Organisationen mit spezifischen Aufgabenschwerpunkten auf dem Gebiet der Informations- und Kommunikationstechnik zu unterscheiden.

Die Zusammenarbeit auf dem Gebiet der Standardisierung zwischen den in Abb. 3.1 aufgeführten Institutionen und denen der ISOC war bisher nur schwach ausgeprägt. Gemessen an der Bedeutung des Internets zeichnet sich jedoch eine Ausweitung in Richtung ISO ab, um den steigenden Anforderungen nach Offenheit und Interoperabilität verstärkt zu entsprechen. Obwohl Internetstandards den Industrie-Standards zuzurechnen sind, nehmen sie mehr und mehr den Charakter von Normen an.

3.4 Bedeutung der Standardisierung

Entscheidungsgrundlage

Wegen der starken Durchdringung unseres gesamten Lebensbereichs mit IuK-Technik hat die Standardisierung eine außerordentlich hohe Bedeutung erlangt. Die Entscheidung über den Einsatz von Standards ist entweder vorgeschrieben oder eine systemtechnische und wirtschaftliche Notwendigkeit.

Systemtechnisch ist Standardisierung die Voraussetzung für Offenheit mit ihren zentralen Merkmalen der Interoperabilität und Portabilität. *Wirtschaftlich* bedeutet der Einsatz von Standards die Vermeidung hoher Kosten für Eigenentwicklungen und großen Problemen bei deren Wartung und Pflege. In vielen Fällen bieten sich für den Anwender zum Einsatz von Standards keine Alternativen. Wer über das Internet Nachrichten austauschen will, muß das Protokoll TCP/IP einsetzen, um Teilnehmer in dem weltweiten Netzverbund zu werden.

Organisatorische Notwendigkeit

Mit der Größe von Organisationen nimmt die Bedeutung der Anwendung von Standards zu. Immer häufiger sind einzelne Unternehmenseinheiten (Betriebe) landes-, europa- oder auch weltweit organisatorisch so zu verbinden, daß ein zuverlässiger und ungehinderter Informationsaustausch stattfinden kann. Hierzu sind Normen oder stabile Industrie-Standards erforderlich.

Standards bestimmen in zunehmendem Maße fachliche Problemlösungen und organisatorische Abläufe. Der Einsatz von Standards führt einerseits zum Verlust an organisatorischer Individualität, andererseits ist er zugleich Voraussetzung für die notwendige organisatorische Stabilität und Flexibilität. Komponenten mit standardisierten Schnittstellen erlauben wegen der lokal begrenzten Wirkungen ihren schnellen und zuverlässigen

Austausch (Flexibilität), weil die Funktionen der übrigen Komponenten nicht beeinflußt werden (Stabilität). So hat z.B. der Austausch eines Token-Ring-Protokolls gegen ein Ethernet-Protokoll als Zugangsregelung im Transportsystem einer Kommunikationsarchitektur keinen Einfluß auf die *Funktionen* einer Kommunikationsanwendung.

Lebensdauer

Standards sind *Konstruktionselemente* in allen Bereichen der Informations- und Kommunikationstechnik. Für den Entwickler und auch den Anwender stellen sich schwierige Entscheidungsprobleme bei der Frage nach dem „richtigen" Standard. Man muß sich dabei bewußt sein, daß die Lebensdauer eines Standards begrenzt ist und in vielen Bereichen wegen der sehr schnellen technischen Entwicklung eine Lösung für eine kurz begrenzte Zeit sein kann.

Das zentrale Problem konzentriert sich auf die Frage: *„Welcher Standard erfüllt die Anforderungen möglichst langfristig am besten ?"*

Zur Lösung einer Aufgabe stehen häufig mehrere und oft im Wettbewerb miteinander stehende Standards zu Verfügung. Die einen setzen sich durch und lassen eine lange Lebensdauer erwarten, andere verlieren an Akzeptanz und damit oft sehr schnell an Bedeutung. Wichtig ist es zu erkennen, welche Hersteller welche Standards mit welchem Engagement unterstützen. Die Gefahr folgeträchtiger Fehlentscheidungen aufgrund der unzulänglichen Einschätzung technischer Entwicklungen ist groß.

Standards in der Kommunikationstechnik

Den Kern der Standards in der Kommunikationstechnik bilden eine Vielzahl von Protokollen, die sich in den hierarchisch aufgebauten Protokollstacks den verschiedenen Schichten zuordnen lassen. Einen tendenziellen Einblick über die Anzahl der Protokolle gibt das bekannte *Sanduhrmodell*, in dem unter Bezug auf das ISO/OSI-Modell für die sieben Schichten der Umfang der Standardisierungen veranschaulicht wird (vgl. Abb. 3.2).

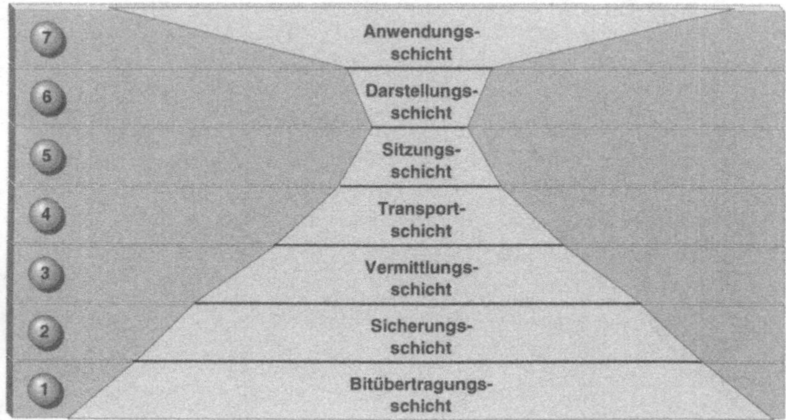

Abb. 3.2. Sanduhr-Modell

Unübersehbar finden sich demnach die meisten Protokolle auf der Anwendungsschicht (7) und der physikalischen Schicht. Auf der physikalischen Schicht (1) wird die große Anzahl der Standards vor allen durch die technisch und unterschiedlich gestalteten Übertragungsverfahren, die Vielzahl genormter Kabel und die Schnittstellen zwischen den Endgeräten und den Netzzugangspunkten bestimmt.

Auf Standards mit zentraler Bedeutung wird in nachfolgenden Kapiteln jeweils bei der Behandlung der zugrunde liegenden Anwendungen und Funktionskomponenten eingegangen.

Neben den standardisierten Protokollen erstreckt sich ein weiterer wesentlicher Anteil standardisierter Komponenten auf die Kommunikationsendgeräte, wie z.B. die Strahlungsintensität von Bildschirmen, die Gestaltung von Tastaturen oder die Abmessungen von Geräteeinschüben.

Literaturempfehlungen

Gray, P.A. (1993): Open Systems: Offene Systeme als Unternehmensstrategie, London und New York: McGraw-Hill.

Petzold, H.J. (1994): Standardisierung als Instrument zur Gestaltung offener Informations- und Kommunikationssysteme großer Unternehmen, in: Schiemenz, B., Wurl, H.-J., Hrsg., Internationales Management, Wiesbaden: Gabler, S. 161-178.

Scheller, M. et al. (1994): Internet: Werkzeuge und Dienste, Heidelberg: Springer.

Siegmund, G. (1999): Technik der Netze, 4. Auflg., Heidelberg: Hüthig, S. 27-37.

Wende, I. (1999): Normen und Spezifikationen, in: Rechenberg, P., Pomberger, G., Hrsg., Informatik-Handbuch, 2. Auflg., München und Wien: Hanser, S. 1093-1109.

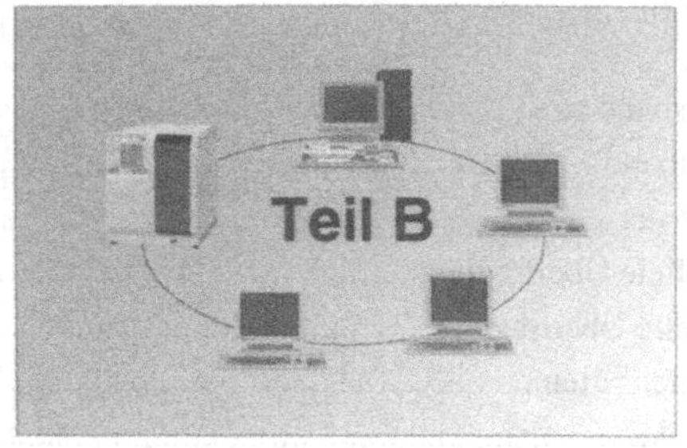

Technische Grundlagen

Die bei der Datenübertragung auftretenden Phänomene und Gesetzmäßigkeiten beruhen auf Sachverhalten, die sich weitgehend unabhängig von den konkreten Ausprägungen einzelner Kommunikationssysteme behandeln lassen. Im folgenden werden daher zunächst einige Grundlagen der Nachrichtentechnik vorgestellt, deren Kenntnis für das Verständnis der zahlreichen Techniken und neuer Entwicklungen vorausgesetzt werden muß. Des weiteren werden allgemeine Konzepte und Verfahren der transportorientierten Schichten von Kommunikationsnetzen behandelt, wobei sich die Gliederung am bereits vorgestellten OSI-Schichtenmodell orientiert.

4 Signaltheorie

Ein *Signal* ist die kodierte Darstellung einer Information durch einen Parameter (Amplitude, Phase, Frequenz, Impulsdauer) einer zeitveränderlichen physikalischen Größe (Strom, Spannung, Feldstärke).

Signal

4.1 Signalformen

Signale lassen sich nach verschiedenen Kriterien unterteilen. Nachrichtentechnisch sind Determiniertheit, Kontinuität, Dauer sowie Leistungsaufnahme und Energieverbrauch eines Signals von Bedeutung.

Determiniertheit von Signalen

Während in der Praxis auftretende, *stochastische Signale* nichtperiodisch und schwankend bezüglich Frequenz und Amplitude sind, läßt sich der Verlauf der für die Nachrichtentheorie wichtigen *deterministischen Signale* mathematisch durch Zeitfunktionen bzw. durch äquivalente Amplitudenspektralfunktionen beschreiben. Nach der zeitlichen Dauer untergliedert man deterministische Signale weiter in endliche, *transiente Signale* (z.B. Signal eines Einschaltvorgangs) und unendliche, *periodische Signale* (z.B. Sinus- und Taktsignal).

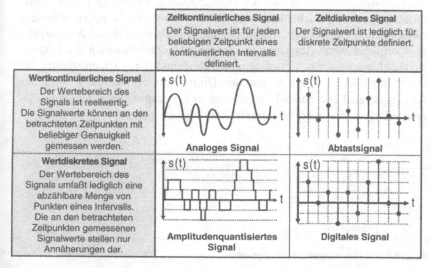

	Zeitkontinuierliches Signal Der Signalwert ist für jeden beliebigen Zeitpunkt eines kontinuierlichen Intervalls definiert.	**Zeitdiskretes Signal** Der Signalwert ist lediglich für diskrete Zeitpunkte definiert.
Wertkontinuierliches Signal Der Wertebereich des Signals ist reellwertig. Die Signalwerte können an den betrachteten Zeitpunkten mit beliebiger Genauigkeit gemessen werden.	s(t) t **Analoges Signal**	s(t) t **Abtastsignal**
Wertdiskretes Signal Der Wertebereich des Signals umfaßt lediglich eine abzählbare Menge von Punkten eines Intervalls. Die an den betrachteten Zeitpunkten gemessenen Signalwerte stellen nur Annäherungen dar.	s(t) t **Amplitudenquantisiertes Signal**	s(t) t **Digitales Signal**

Abb. 4.1. Klassifikation von Signalen nach der Kontinuität des Signalverlaufs

Bezeichnung	kleinste Informationseinheit	Anzahl der Zustände
binäres Signal	1 Bit	zwei: 0 / 1
ternäres Signal	1 Triple	drei: high / medium / low
quaternäres Signal	1 Quartett = 2 Bits	vier: 0 / 1 / 2 / 3
okternäres Signal	1 Oktett = 4 Bits	acht: 0 / 1 / 2 / 3 / 4 / 5 / 6 / 7 / 8

Abb. 4.2. Wertebereiche von digitalen Signalen

Kontinuität von Signalen

Bezüglich der Kontinuität unterscheidet man zwischen *kontinuierlichen* und *diskreten Signalen*, wobei sich diese Attribute sowohl auf den Zeitverlauf als auch auf den Wertebereich beziehen können (vgl. Abb. 4.1).

Wertigkeit von Signalen

Je nachdem, welche Größe der Wertebereich eines digitalen Signals aufweist, lassen sich unterschiedlich viele Zustände darstellen (vgl. Abb. 4.2). Die durch digitale Endgeräte verbreitete zweiwertige Binärform ist letztendlich auf eine Folge von Nullen und Einsen zurückzuführen, wobei man die kleinste Informationseinheit, also die atomaren Zustände „0“ und „1“ bzw. „ein“ oder „aus“, als *Bit* bezeichnet.

4.2 Signalumwandlung

Notwendigkeit

Damit ein Empfänger Nachrichten originalgetreu erhält, muß er die ankommenden Signale richtig interpretieren. Voraussetzung dafür ist die Abstimmung der Signalform mit dem Sender. In Abhängigkeit von der Übertragungstechnik und den beteiligten Endgeräten erfordert das Senden und Empfangen von Signalen daher evtl. eine oder mehrere Umwandlungen von einer Signalklasse in eine andere. Abb. 4.3 zeigt die möglichen Transformationen.

Analog-Digital- und Digital-Analog-Wandlung

Die für die Kommunikation relevanten Signaltransformationen sind die *Analog-Digital-Wandlung* und die *Digital-Analog-Wandlung*. Beide Transformationen lassen sich nicht unmittelbar vornehmen, sondern erfordern zwei Teilschritte: Bei der *Analog-Digital-Wandlung* wird das Ausgangssignal zunächst durch Abtastung in äquidistanten Zeitabständen zeitdiskretisiert und das erhaltene Abtastsignal anschließend durch Quantisierung der Werte digitalisiert. Im Rahmen der *Digital-Analog-Wandlung* wird das Ausgangssignal erst durch Interpolation in ein amplitudenquantisiertes Signal transformiert und dieses durch Glättung analogisiert.

	Ergebnissignal			
Ausgangssignal	analog	abgetastet	amplitudenquantisiert	digital
analog	identisch	Abtastung	Quantisierung	A/D-Wandlung
abgetastet	Interpolation	identisch		Quantisierung
amplitudenquantisiert	Glättung		identisch	Abtastung
digital	D/A-Wandlung		Interpolation	identisch

Abb. 4.3. Transformation von Signalen

4.3 Energie und Leistung von Signalen

Die Frage, wie analoge oder digitale Signale tatsächlich physikalisch übertragen werden können, führt zu einer Betrachtung der eingesetzten Energie bzw. der erbrachten Leistung am Beispiel eines einfachen Leitungsmodells.

Ohmsches Gesetz

Der ohmsche Widerstand R einer elektrischen Leitung berechnet sich aus dem Quotienten der angelegten Spannung U und der Stromsärke I:

$$R = \frac{U(t)}{I(t)}$$

Energie

Die in dem Zeitintervall t_1 bis t_2 am Widerstand R geleistete Energie E berechnet sich durch:

$$E = \int_{t_1}^{t_2} U(t)I(t)dt = \frac{1}{R}\int_{t_1}^{t_2} U^2(t)dt = R\int_{t_1}^{t_2} I^2(t)dt$$

Leistung

Aus dem Verhältnis Energie pro Zeiteinheit ergibt sich die am Widerstand R abgegebene mittlere Leistung P:

$$P = \frac{E}{\Delta t} = \frac{R}{\Delta t}\int_{t_1}^{t_2} I^2(t)dt \quad mit\, \Delta t = t_2 - t_1$$

Energiesignal vs. Leistungssignal

Wenn die durch ein Signal *s(t)* am Widerstand *R* abgegebene *Energie E* über einem unendlichen Zeitintervall $t_1=-\infty$ bis $t_2=+\infty$ positiv und endlich ist, handelt es sich um ein *Energiesignal*. Wenn die durch ein Signal *s(t)* am Widerstand *R* eingesetzte mittlere elektrische *Leistung P* über einem unendlichen Zeitintervall $t_1=-\infty$ bis $t_2=+\infty$ positiv und endlich ist, spricht man von einem *Leistungssignal*. Beispiele dazu zeigt Abb. 4.4.

Signal	Signalfunktion $s(t) = I(t)$	Energie und Leistung
Rechteckimpuls	$s(t) = \begin{cases} A & falls\ 0 \le t \le T \\ 0 & sonst \end{cases}$	$E = R\int_0^T A^2 dt = R A^2 T$ $P=0$ ⇨ Energiesignal
Exponentialsignal	$s(t) = \begin{cases} Ae^{-\alpha t} & falls\ 0 \le t \\ 0 & sonst \end{cases}$	$E = R\int_0^\infty A^2 e^{-2\alpha t} dt = -R\frac{A^2}{2\alpha} e^{-2\alpha t}\Big\vert_0^\infty = \frac{R A^2}{2\alpha}$ $P=0$ ⇨ Energiesignal
Gleichsignal	$s(t) = A \quad \forall t$	$P = \frac{R}{t}\int_0^\infty A^2 dt = R A^2$ $E=\infty$ ⇨ Leistungssignal
Sinussignal	$s(t) = A \sin 2\pi t$	$P = \frac{R}{t}\int_0^\infty A^2 \sin^2 2\pi t\, dt = R\frac{A^2}{2}$ $E=\infty$ ⇨ Leistungssignal

Abb. 4.4. Energie und Leistung zeitkontinuierlicher Signale

Zeitkontinuierliche Signale

Aufgrund des Zusammenhangs $E=P\times\Delta t$ wird die mittlere Leistung P eines Energiesignals im unendlichen Zeitintervall ($\Delta t \rightarrow \infty$) Null. Ein Energiesignal kann daher kein Leistungssignal sein. Es ist leicht nachzuvollziehen, daß aperiodische Signale den Energiesignalen zuzurechnen sind. Dagegen erfordert ein Leistungssignal im unendlichen Zeitintervall ($t \rightarrow \infty$) unendlich viel Energie E und kann somit kein Energiesignal sein. In diese Kategorie fallen Gleichsignale und periodische Signale.

Zeitdiskrete Signale

Die bisherigen Ausführungen lassen erkennen, daß sich die Menge der zeitkontinuierlichen Signale disjunkt in Energie- und Leistungssignale einteilen läßt. Betrachtet man dagegen zeitdiskrete Signale, beträgt im unendlichen Zeitintervall sowohl die abgegebene Energie als auch die Leistung Null. Es handelt sich hierbei also weder um Energie- noch um Leistungssignale (vgl. Abb. 4.5).

Praktische Relevanz

Die Tatsache, daß eine physikalische Signalübertragung ohne den Einsatz von Energie nicht möglich ist, weist darauf hin, daß zeitdiskrete – *also auch digitale* – Signale nicht direkt über physische Kanäle übertragbar sind. Die Probleme der analogen Signalübertragung müssen daher zwangsläufig auch im Kontext der heute überwiegend eingesetzten Digitaltechnik Beachtung finden. Ebenso wie physisch übertragene Signale sind letztendlich auch sämtliche Übertragungsmedien analog.

Signal	Signalverlauf	Energie und Leistung
Zeitdiskretes Signal	s(t), t	$P=0$ ⇨ kein Leistungssignal $E=0$ ⇨ kein Energiesignal

Abb. 4.5. Energie und Leistung eines zeitdiskreten Signals

Literaturempfehlungen

Schürmann, B. (1997): Rechnerverbindungsstrukturen: Bussysteme und Netzwerke, Braunschweig und Wiesbaden: Vieweg, S. 1-14.

Vogel, P. (1999): Signaltheorie und Kodierung: Vom Beispiel zu den Grundlagen, Berlin: Springer.

Wolf, D. (1999): Signaltheorie: Modelle und Strukturen, Berlin: Springer.

5 Übertragungsmedien

Klassifikation

Übertragungsmedien bilden die Basis für die Realisierung von Kommunikationsnetzen und werden im ISO/OSI-Schichtenmodell daher noch unterhalb der Bitübertragungsschicht angeordnet. Grundsätzlich unterscheidet man *leitungsgebundene* und *leitungsungebundene Übertragungsmedien* (vgl. Abb. 5.1). Zur ersten Kategorie zählen sämtliche physisch in Form von Leitungen vorhandenen Medien, wobei man eine weitere Einteilung in *metallische* und *nichtmetallische Leiter* vornehmen kann. Metallische Leiter bestehen aus einer oder mehreren Kupferadern, über die Nachrichten mit Hilfe elektrischen Stroms übertragen werden, während nichtmetallische Leiter Glasfaserkabel darstellen, die Signale optisch als Lichtwellen weiterleiten. Leitungsungebunden sind dagegen Funk- und Infrarotlichtwellen wie sie bei Funk- bzw. Infrarotübertragungen verwendet werden.

leitungsgebundene Übertragungsmedien	metallische Leiter	Verdrillte Kupferkabel, Koaxialkabel
	nichtmetallische Leiter	Glasfaserkabel
leitungsungebundene Übertragungsmedien	Funkwellen	Mittelwellen, Kurzwellen, Ultrakurzwellen
	Lichtwellen	Infrarotlicht

Abb. 5.1. Kategorisierung von Übertragungsmedien

5.1 Metallische Leiter

Leiterkonstruktion

Metallische Leiter stellen im Bereich der Kommunikationsnetze das älteste und am weitesten verbreitete Übertragungsmedium dar. Je nach Einsatzgebiet existieren unterschiedliche Ausprägungen, die sich insbesondere durch die *Leiterkonstruktion* unterscheiden. Diese legt fest, aus wie vielen Adern ein Kabel besteht, wie diese zueinander angeordnet sind und wie die Ummantelung konzipiert ist. Die *Isolationsummantelung* eines Leiters schützt diesen hauptsächlich vor mechanischen Beanspruchungen und elektrischen Störeinflüssen, während die *äußere Ummantelung* eines Kabels den Adern darüber hinaus auch Schutz vor Abrieb, Temperatureinflüssen, Feuer und sonstigen Belastungen bieten soll.

Die Beantwortung der Frage, welches Übertragungsmedium im Hinblick auf die Qualität der Signalübertragung für welche Einsatzgebiete geeignet ist, erfordert eine Betrachtung der physikalischen Eigenschaften.

5.1.1 Physikalische Eigenschaften

Idealer Signalverlauf

Kein Übertragungsmedium transportiert ein Quellsignal originalgetreu mit geraden Linien und scharfen Ecken zum Empfänger, wie es in Abb. 5.2 idealisiert dargestellt ist.

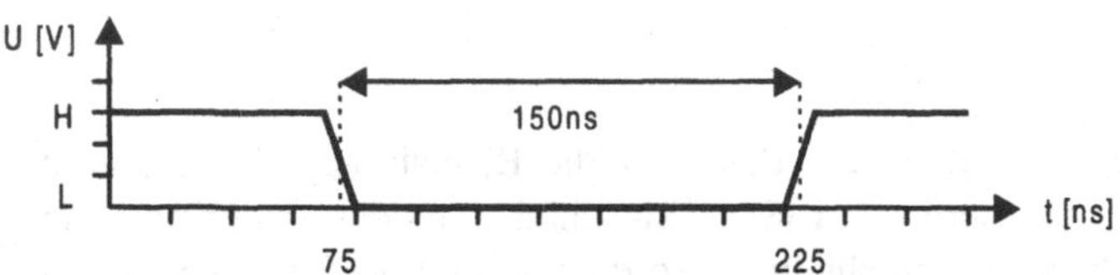

Abb. 5.2. Signalverlauf eines idealen Signals

Tatsächlicher Signalverlauf

Würde man z.B. ein ideales Rechtecksignal übertragen, käme dieses aufgrund der systemimmanenten Eigenschaften der verwendeten Leitung beim Empfänger nicht als solches an, sondern würde eher langsam ansteigen und wieder abfallen. Durch äußere *Störeinflüsse* könnten weitere ungewollte Abweichungen vom Original auftreten (vgl. Abb. 5.3).

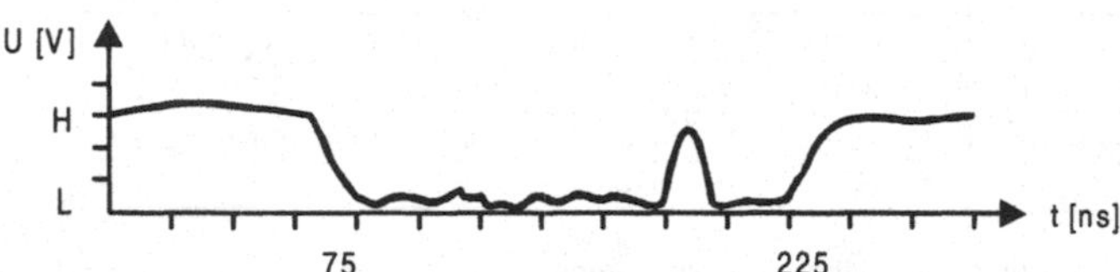

Abb. 5.3. Signalverlauf eines real übertragenen, gestörten Signals

Charakteristika einer Leitung

Eine zweiadrige Leitung der *Länge l* ist dadurch gekennzeichnet, daß der *Widerstand R* und die *Induktivität L* bei Kurzschluß der beiden Leiter am Ausgang gemessen werden. Betrachtet man die Adern als Kondensator, weisen sie die *Kapazität C* auf. In Abhängigkeit von der Isolation zwischen den Leitern ergibt sich der *Leitwert G*. Eine Leitung mit konstantem Leiterquerschnitt und -abstand sowie einer gleichmäßigen Isolation zwischen den Leitern bezeichnet man als *homogen*. Die Eigenschaften von Leitungen lassen sich vergleichen, indem man die Größen *R,L,C* und *G* auf die normierte Leitungslänge von einem km bezieht. Das resultierende Tupel (R',L',C',G') bezeichnet man als *Leitungsbelag*.

Ersatzschaltbild

Stellt man sich eine Leitung in infinitesimal kleine Abschnitte zerlegt vor, lassen sich ihre elektrischen Eigenschaften durch ein *RLC-Vierpol* mit konzentrierten Elementen veranschaulichen, die reell kontinuierlich über die Leitung verteilt sind. Stellt man zusätzlich den Leitwert G als Widerstand dar, ergibt sich das in Abb. 5.4 dargestellte Ersatzschaltbild.

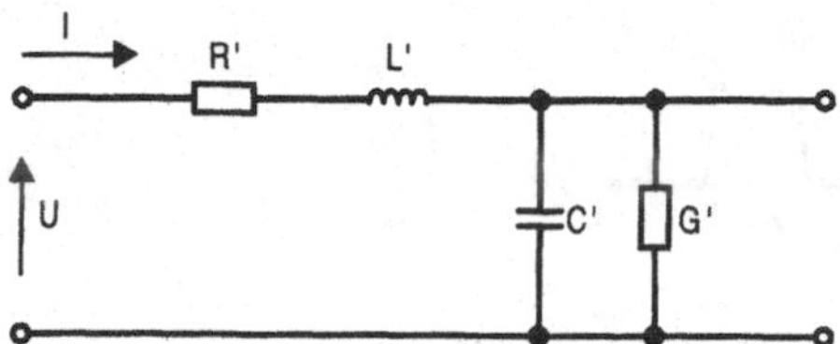

Abb. 5.4. Einfaches Ersatzschaltbild einer Leitung

Störanfälligkeit

Wie gravierend sich vorhandene Störeinflüsse auf die Übertragungsqualität auswirken, hängt insbesondere vom *Rauschabstand* zwischen dem Originalsignal und dem Störsignal ab. Einen entscheidenden Einfluß darauf haben zum einen der *Ausgangspegel* des Originalsignals und zum anderen die *Dämpfungseigenschaften* des Mediums.

Dämpfung

Die *Dämpfung (Attenuation)* entspricht dem Verhältnis zwischen Ausgangs- und Eingangsleistung eines Signals in Abhängigkeit von dem Abstand zwischen Sender und Empfänger. Die Maßeinheit ist das Dezibel (dB). Seien P_S die am Anfang einer Leitung angelegte und P_E die am Ende der Leitung zur Verfügung stehende Leistung, dann bezeichnet man den Wert

$$a = 10\lg\frac{P_S}{P_E}$$

als Dämpfung. Aussagen über die charakteristische Dämpfung eines Mediums beziehen sich nicht nur auf eine bestimmte Leitungslänge, sondern auch auf eine *Referenzfrequenz*, da der Dämpfungswert mit der Signalfrequenz zunimmt.

Notwendigkeit einer Verstärkung

Von praktischer Relevanz ist der Dämpfungswert insbesondere bei der Frage, wie weit zwei über eine Leitung verbundene Geräte maximal voneinander entfernt liegen dürfen, damit der Empfänger die Signale des Senders noch korrekt erkennen kann. Um größere Distanzen zu überbrücken, muß man in entsprechenden Abständen Zwischenverstärker (Repeater) einsetzen, die eine Aufbereitung der Signale vornehmen (vgl. Abb. 5.5).

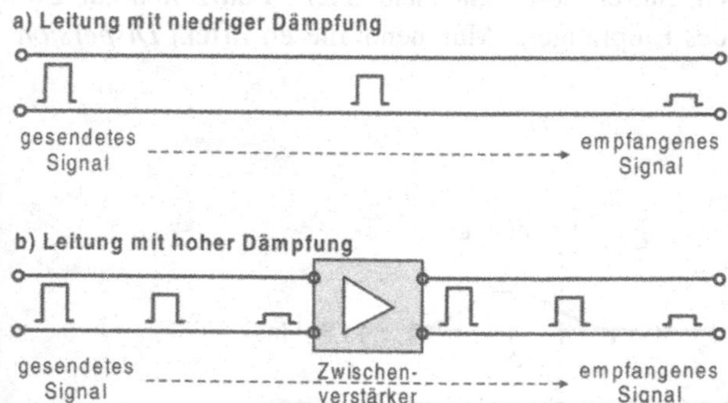

Abb. 5.5. Notwendigkeit von Zwischenverstärkern auf Leitungen mit hoher Dämpfung

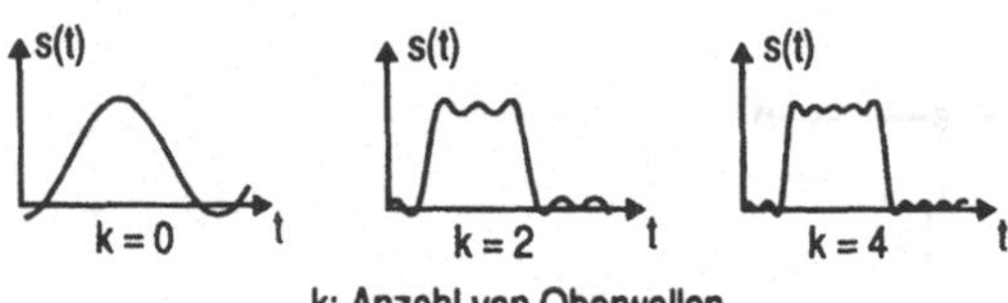

Abb. 5.6. Auswirkung der Bandbreitenbeschränkung eines Mediums

Bandbreite

Zerlegt man ein digitales Rechtecksignal in seine Spektralanteile (vgl. Abb. 5.6), weisen diese theoretisch beliebig hohe Frequenzen auf. Wenn ein Signal also originalgetreu beim Empfänger ankommen sollte, müßte das verwendete Übertragungsmedium ein unendlich breites Frequenzspektrum ungedämpft übertragen können. Praktisch ist dies jedoch nicht möglich, da sich jede Leitung wie ein *Kettentiefpaß* verhält, der Signalanteile mit zunehmender Frequenz immer stärker dämpft. Die obere Grenzfrequenz ergibt sich aus der Leitungslänge sowie der *spezifischen Induktivität* und *Kapazität* der Leitung:

$$f_{\max} = \frac{1}{2\pi\, l_k \sqrt{L'C'}}$$

Den Frequenzbereich, den eine Leitung unverzerrt übertragen kann, nennt man *Bandbreite*. Je größer die Bandbreite eines Mediums ist, desto mehr Oberwellen eines Signals können übertragen werden und desto besser ist dessen Annäherung an das Quellsignal.

Signallaufzeit

Im Idealfall entspricht die Geschwindigkeit v, mit der sich Signale ausbreiten, der Lichtgeschwindigkeit c im Vakuum (c = 300.000 km/s). Tatsächlich führen jedoch leiterspezifische, dielektrische Verluste zu einer zeitlichen Verzögerung um 20 bis 40% gegenüber diesem Maximalwert. Das Verhältnis zwischen den Größen v und c nennt man auch *Verkürzungsfaktor* (*Nominal Velocity of Propagation, NVP*). Aus dem Kehrwert der Signalgeschwindigkeit ergibt sich die *Signallaufzeit* T pro km Leitungslänge.

Dispersion

Da sich die in der Praxis auftretenden Signale über ein Frequenzband erstrecken und somit aus einer Reihe von Elementarsignalen unterschiedlicher Frequenz bestehen, führen deren unterschiedliche Laufzeiten zur Unschärfe auf der Seite des Empfängers. Man nennt diesen Effekt *Dispersion* (Abb. 5.7).

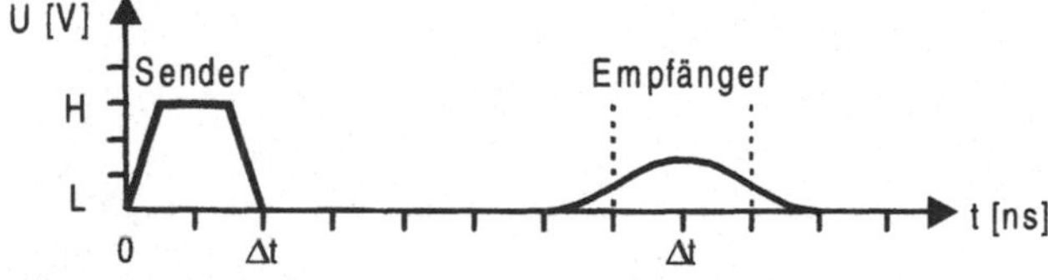

Abb. 5.7. Verwischen eines Rechtecksignals durch Dispersion

Frequenz	Periodendauer	Wellenlänge
50 Hz	20 ms	6.000 km
1 MHz	1 µs	300 m
300 MHz	3,3 ns	1 m
1 GHz	1 ns	0,3 m

Abb. 5.8. Zusammenhang zwischen Frequenz, Periodendauer und Wellenlänge

Lange Leitungen

Aufgrund der hohen Ausbreitungsgeschwindigkeit sind die Signallaufzeiten auf kurzen Übertragungsstrecken vernachlässigbar klein (vgl. Abb. 5.8). Bei langen Leitungen machen sich die Laufzeiten und spezifischen Welleneigenschaften jedoch insbesondere in Form von Signalreflexionen an den Medienenden bzw. -übergängen nachteilig bemerkbar. In diesem Fall reicht das oben dargestellte *einfache Leitungsmodell* – bestehend aus *einem* Widerstand, *einem* Kondensator und *einer* Spule – nicht mehr aus. Statt dessen greift man auf ein *verteiltes Wellenleitermodell* zurück, das eine Leitung als Serie von identischen RLC-Vierpolen darstellt (vgl. Abb. 5.9).

Wellenwiderstand

Schließt man an eine durch einen verteilten Wellenleiter modellierte Übertragungsstrecke als Signalquelle einen Sender mit einer idealen Spannungsquelle und als Empfänger einen einfachen Abschlußwiderstand R_A an, kann man die am Leitungsende auftretenden Signalreflexionen durch den Reflexionsfaktor r beschreiben. Dieser liegt im Bereich -1 bis +1 und berechnet sich durch

$$r = \frac{R_A - Z_W}{R_A + Z_W},$$

wobei Z_w den sogenannten *Wellenwiderstand* oder auch die *Impedanz* des Mediums darstellt. In komplexer Schreibweise läßt sich die Impedanz mit Hilfe der Kreisfrequenz $\omega = 2\pi f$ folgendermaßen darstellen:

$$\underline{Z}_W = \sqrt{\frac{R' + j\omega L'}{G' + j\omega C'}} \quad mit\ j = \sqrt{-1}$$

Der in der Praxis relevante Betrag wird per Definition in Ohm angegeben und berechnet sich wie folgt:

$$Z_W = |\underline{Z}_W| = \sqrt[4]{\frac{R'^2 + \omega L'^2}{G'^2 + \omega C'^2}}\ [\Omega]$$

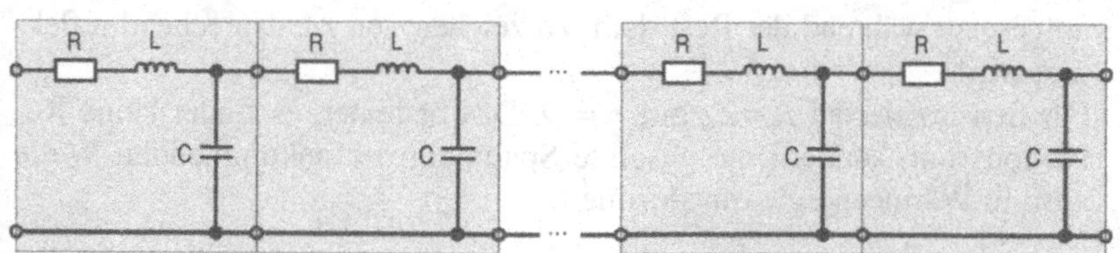

Abb. 5.9. Ersatzschaltbild einer Leitung bestehend aus RLC-Vierpolen

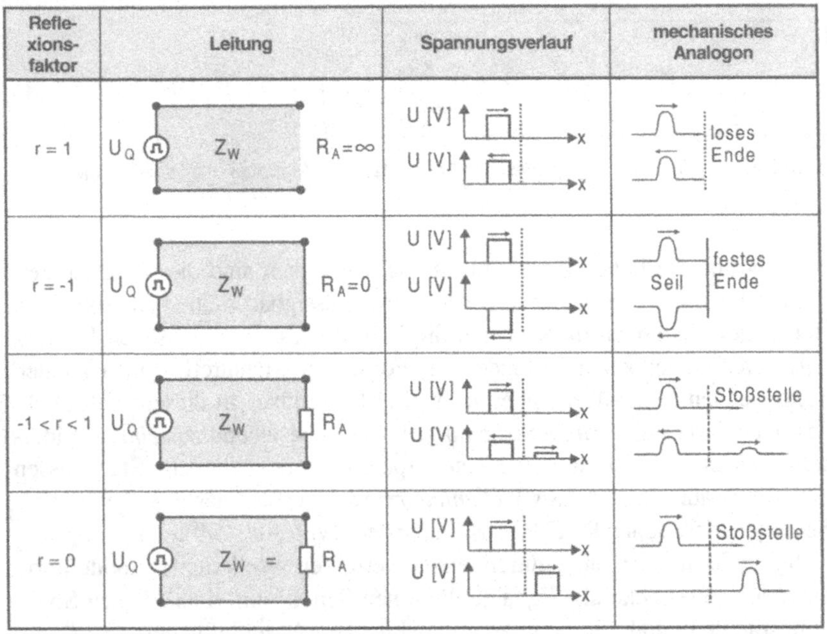

Reflexionsfaktor	Leitung	Spannungsverlauf	mechanisches Analogon
r = 1	U_Q Z_W $R_A=\infty$	U [V] x U [V] x	loses Ende
r = -1	U_Q Z_W $R_A=0$	U [V] x U [V] x	Seil festes Ende
-1 < r < 1	U_Q Z_W R_A	U [V] x U [V] x	Stoßstelle
r = 0	U_Q Z_W = R_A	U [V] x U [V] x	Stoßstelle

Abb. 5.10. Reflexionen am Leitungsende in Abhängigkeit vom Reflexionsfaktor r

Veranschaulichung

Abb. 5.10 zeigt verschiedene Formen von Leitungsabschlüssen und die damit verbundenen Reflexionen. Vergleicht man eine Leitung mit einem Seil, auf dem sich eine Wellenbewegung fortsetzt, lassen sich Parallelen zu den Gesetzen der Mechanik ziehen, da das Seilende je nach seiner Befestigung im übertragenen Sinne wie der Wellenwiderstand wirkt.

- Bleibt das Leitungsende offen, entspricht dies einem unendlich großen Abschlußwiderstand $R_A=\infty$. Der Reflexionsfaktor beträgt demnach $r = 1$ und die ankommende Welle wird vollständig reflektiert.
- Bei einem Kurzschluß am Leitungsende beträgt der Abschlußwiderstand $R_A=0$. Daraus ergibt sich der Reflexionsfaktor $r = -1$, so daß die Spannung der reflektierten Welle den gleichen Betrag, aber das umgekehrte Vorzeichen der ankommenden Welle aufweist.
- Im Bereich zwischen den beiden Extremen $0 \leq R_A \leq \infty$ fällt ein Teil der Spannung über dem Abschlußwiderstand ab und wird in Wärmeenergie umgesetzt, während der Rest dem Vorzeichen von r entsprechend reflektiert wird.
- Für den Sonderfall $R_A=Z_W$ gilt $r = 0$. Das bedeutet, es findet keine Reflexion statt, sondern die gesamte Spannung der ankommenden Welle wird in Wärmeenergie transformiert.

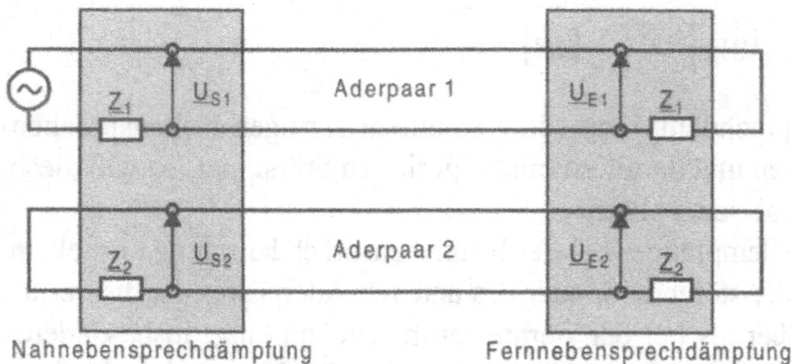

Abb. 5.11. Nah- und Fernnebensprechdämpfung

Bei Reflexionen handelt es sich letztendlich um zu vermeidende Störquellen. Im Hinblick auf die Leitungsqualität ist daher nicht der absolute Impedanzwert von Bedeutung, sondern eine möglichst gleichmäßige Verteilung. Druckstellen oder Knicke eines Kabels können bereits negative Auswirkungen darauf haben und unerwünschte Reflexionen verursachen, welche die Leistungsfähigkeit verringern. Man spricht von einer *optimalen Leitungsanpassung*, wenn der Abschlußwiderstand so gewählt wird, daß er dem Wellenwiderstand Z_W der Leitung entspricht. Bei Busnetzen ist diese Maßnahme jeweils an beiden Leitungsenden erforderlich.

Optimale Leitungsanpassung

Die *Störempfindlichkeit* eines Mediums gibt an, inwieweit ein Quellsignal bei der Übertragung durch äußere bzw. benachbarte Signale beeinflußt werden kann. Bei der Beurteilung der Störempfindlichkeit metallischer Leiter beschränkt man sich in der Regel auf nebeneinander liegende Adern. Hier entstehen induktive Kopplungen dadurch, daß der Stromfluß innerhalb eines Leiters ein magnetisches Feld hervorruft und dieses wiederum Spannungen in den Adern induziert, die innerhalb seines quadratisch an Intensität abnehmenden Wirkungsbereiches liegen. Darüber hinaus treten auch induktive oder kapazitive Kopplungen gegen den Erdleiter auf.

Störempfindlichkeit

Als ein zusammenfassendes Maß für diese als *Übersprechen* (*Crosstalk*) bezeichneten Phänomene gibt die *Nebensprechdämpfung* an, inwieweit ein Signal, das durch ein bestimmtes Aderpaar läuft, ein zweites Aderpaar beeinflußt. Im Detail unterscheidet man zwischen der Nah- und Fernnebensprechdämpfung (vgl. Abb. 5.11).

Nebensprechdämpfung

Wird am Eingang des einen Aderpaares durch eine Spannungsquelle mit dem Innenwiderstand $\underline{Z}_I$ die Spannung $\underline{U}_{S1}$ angelegt und durch Kopplung am nahen Ende des anderen Aderpaares die Spannung $\underline{U}_{S2}$ hervorgerufen, beträgt die *Nahnebensprechdämpfung (Near End Crosstalk, NEXT)*:

Nahnebensprechdämpfung

$$a_n = 20\lg\left|\frac{\underline{U}_{S1}}{\underline{U}_{S2}}\right| + 10\lg\left|\frac{\underline{Z}_1}{\underline{Z}_2}\right| \quad [dB]$$

In Analogie dazu ergibt sich die *Fernnebensprechdämpfung (Far End Crosstalk)* aus dem Verhältnis der Spannungen an den jeweils fernen Enden der beiden Aderpaare:

Fernnebensprechdämpfung

$$a_f = 20\lg\left|\frac{\underline{U}_{E1}}{\underline{U}_{E2}}\right| + 10\lg\left|\frac{\underline{Z}_1}{\underline{Z}_2}\right| \quad [dB]$$

Eine hohe Nebensprechdämpfung führt zu einem geringen Nebensprechen zwischen Aderpaaren und damit zu einem geringen Störsignal, so daß diese Werte möglichst groß sein sollten.

Auswirkungen

Da sich der Signalempfänger bei der Nahnebensprechdämpfung am selben Ende befindet wie der störende Sender des anderen Aderpaares, ist die verursachte Störung größer als bei der Fernnebensprechdämpfung. Insbesondere, wenn zwei benachbarte Aderpaare für den Hin- und Rückkanal einer Verbindung verwendet werden, kann sich die Nahnebensprechdämpfung als Echo auf dem jeweils anderen Kanal bemerkbar machen. Um dies zu verhindern, werden sogenannte Echo-Kompensationsschaltkreise eingesetzt.

Signal-Rauschverhältnis

Wenn S die Signalenergie und N die Rauschenergie darstellt, bezeichnet man den Quotienten S/N als *Signal-Rausch-Verhältnis* (*Signal to Noise Ratio*). Da diese Größe in der Regel in der Maßeinheit Dezibel angegeben wird, bedarf es folgender Umrechnung:

$$y\,[dB] = 10 \cdot \log_{10}\frac{S}{N}$$

Übertragungsrate

Ausgehend von der maximalen Bandbreite und dem Signal-Rausch-Verhältnis eines Kanals läßt sich dessen maximale Übertragungsrate (Datenrate) nach folgender Gleichung von Shannon berechnen:

$$D_{\max} = B \cdot \log_2\left(1 + \frac{S}{N}\right) \; [Bit/s]$$

Demnach können über einen Telefonkanal mit einer Bandbreite von 3 kHz und einem Rauschabstand von 30 dB maximal 30 kBit/s übertragen werden.

ACR

Da das *Dämpfungs-Nahnebensprechdämpfungs-Verhältnis* (*Attenuation to Crosstalk Ratio, ACR*) proportional zum Signal-Rauschverhältnis ist, wird es in der Praxis häufig zur Beurteilung der Qualität eines Kabels herangezogen. Zum einen führt eine niedrige Kabeldämpfung zu einem hohen Signalpegel, und zum anderen bewirkt eine hohe Nahnebensprechdämpfung ein geringes Störsignal. Das ACR läßt sich somit als Maß für die Systemreserve eines Verkabelungssystems heranziehen.

EMV

Die bisher betrachtete Störfestigkeit alleine reicht nicht aus, um eine Aussage darüber machen zu können, ob ein Gerät, eine Anlage oder ein System in einem elektromagnetisch beeinflußten Umfeld zufriedenstellend arbeitet. Unter *elektromagnetischer Verträglichkeit* (*EMV*) versteht man die Eigenschaft, sowohl resistent gegenüber äußeren Störeinflüssen zu sein, als auch selbst keine elektromagnetischen Störungen nach außen abzugeben, die den Betrieb von Geräten im direkten Umfeld beeinträchtigen können.

EMVG

Seit 1996 gilt europaweit das *Gesetz über die elektromagnetische Verträglichkeit von Geräten* (*EMVG*), das der bereits 1992 durch eine EG-Kommission erlassenen *EMV-Richtlinie* Rechtsverbindlichkeit verleiht. Ziel dieser Richtlinie war eine Angleichung der verschiedenen nationalen Rechtsvorschriften im Hinblick auf den EU-Binnenmarkt. Produkte, bei denen der Hersteller die EMV-Konformität garantiert, tragen das sogenannte *CE-Zeichen*. In den Standards EN 55022 und EN 60555 sind sowohl für Geräte als auch für die dazugehörigen Kabel die zulässigen Emissionswerte beschrieben.

5.1.2 Niederfrequenzkabel

Niederfrequenzkabel bestehen aus schneckenförmig umeinander gewundenen, isolierten Kupferadern mit konstantem Querschnitt und Abstand. Man unterscheidet folgende Bauformen (vgl. Abb. 5.12).

Sternvierer

Beim *Sternvierer* sind jeweils vier Adern ohne jegliche Abschirmung um sich gemeinsam verdrillt. Dieser Kabeltyp wurde in der Vergangenheit im wesentlichen im Teilnehmerbereich öffentlicher Telefonnetze verwendet, da er aufgrund seiner geringen Nebensprechdämpfung für die Datenübertragung ungeeignet ist. Im Hinblick auf die zunehmende Integration von Netzen verliert er auch in Telefonnetzen an Bedeutung.

UTP

UTP ist die Abkürzung für *Unshielded Twisted Pair* und bezeichnet Kabel, die aus zwei oder vier jeweils verdrillten, aber gegeneinander ungeschirmten Aderpaaren bestehen. Die Einstreuung in benachbarte Leitungspaare wird durch diese Anordnung zwar reduziert, ermöglicht aber dennoch nur niedrige Übertragungsraten auf kurzen Entfernungen.

S-UTP

Werden die Adern gemeinsam von einem statischen Gesamtschirm aus Folie oder Geflecht umgeben, lassen sich äußere Störeinflüsse reduzieren und damit das EMV-Verhalten verbessern. Man spricht in diesem Fall von *Screened Unshielded Twisted Pair* (*S-UTP*). Induktionen durch benachbarte Adern werden dadurch allerdings nicht verhindert. In der Praxis existieren Kabel vom Typ S-UTP mit zwei oder vier Aderpaaren.

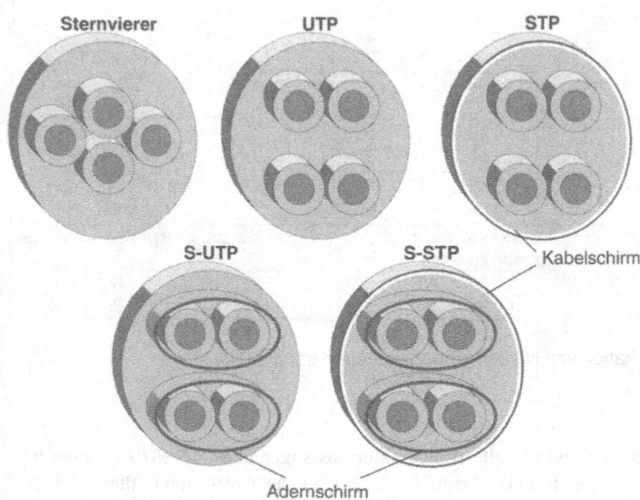

Abb. 5.12. Bauformen von Niederfrequenzkabeln

STP

STP bedeutet *Shielded Twisted Pair* und bietet gegenüber UTP eine zusätzliche Folienabschirmung der einzelnen Aderpaare und somit eine hohe Nebensprechdämpfung. STP-Kabel eignen sich besonders für Datenübertragungen im Vollduplex, da Störungen beim gleichzeitigen Senden und Empfangen vermieden werden.

S-STP

Kabel vom Typ *Screened Shielded Twisted Pair (S-STP)* weisen im Gegensatz zu STP noch einen zusätzlichen Gesamtschirm aus Geflecht auf, der einen besseren Schutz vor äußeren Einflüssen bietet.

Vorteile von TP

Twisted Pair Kabel zeichnen sich allgemein durch niedrige Anschaffungskosten und einen geringen Verlegeaufwand aus. Letzterer ergibt sich aufgrund des kleinen Durchmessers, der Flexibilität und des geringen Gewichts des Kabels sowie der einfachen Verbindungstechnik.

Standards

Mehrere Gremien haben sich mit der Standardisierung von Niederfrequenzkabeln beschäftigt. Im europäischen Raum hat sich weitgehend der von den Dachverbänden *Electronics Industries Association* (*EIA*) und *Telecommunications Industries Association* (*TIA*) verabschiedete *EIA/TIA 568 Commercial Building Wiring Standard* durchgesetzt, der fünf *Kategorien* unterscheidet (vgl. Abb. 5.13).[19]

Bauart	Leiter-durchmesser	Leiter-widerstand	Referenz-frequenz	Nebensprech-dämpfung	Dämpfung	Wellen-widerstand
Kategorie 1		TK-Kabel für niederfrequente Übertragung unter 1 MBit/s (z.B. Analogtelefon)				
UTP	0,51 mm	93,8 Ω	–	nicht spezifiziert	nicht spezifiziert	nicht spezifiziert
	0,64 mm	59,1 Ω				
Kategorie 2		Datenkabel für kleine Übertragungsraten bis zu 4 MBit/s auf kurzen Strecken (z.B. ISDN, Token Ring)				
UTP	0,51 mm	93,8 Ω	1 MHz	nicht spezifiziert	22,3 dB/km	84-113 Ω
	0,64 mm	59,1 Ω				
Kategorie 3		Netzwerkkabel für mittlere Übertragungsraten bis zu 10 MBit/s und Entfernungen bis zu 100m				
S/UTP	0,51 mm	93,8 Ω	1 MHz	41 dB	55,8 dB/km	85-115 Ω
	0,64 mm	59,1 Ω	16 MHz	23 dB	131,2 dB/km	85-115 Ω
Kategorie 4		verlustarme Netzwerkkabel für mittlere Übertragungsraten bis zu 20 MBit/s und Entfernungen bis zu 100m				
STP	0,51 mm	93,8 Ω	1 MHz	56 dB	21,3 dB/km	85-115 Ω
			20 MHz	36 dB	101,7 dB/km	85-115 Ω
	0,64 mm	59,1 Ω	1 MHz	56 dB	18,1 dB/km	85-115 Ω
			20 MHz	36 dB	78,8 dB/km	85-115 Ω
Kategorie 5		besonders verlustarme Netzwerkkabel für große Übertragungsraten bis zu 100 MBit/s und Entfernungen bis zu 100m				
S/STP	0,51 mm	93,8 Ω	1 MHz	62 dB	20,7 dB/km	85-115 Ω
	0,64 mm	59,1 Ω	100 MHz	32 dB	219,8 dB/km	85-115 Ω

Abb. 5.13. Klassifikation von Niederfrequenzkabeln nach EIA/TIA

19 *Underwriter Labs* (*UL*) entwickelte mit Anixter das sogenannte *Level-Programm* mit einer Einteilung von Kabeln in die Level I – V. Nach einer Abstimmung dieser Klassifikation mit den EIA/TIA-Kategorien und Übernahme des Begriffs „Kategorie" sind die heute relevanten Kategorien 3 bis 5 bei beiden identisch. Gleiches gilt für den nationalen (ISO/IEC 11801) und europäischen Standard (EN 50173).

Einsatzgebiete

Bedingt durch die zunehmende Verbreitung von Hochgeschwindigkeitsnetzen mit Übertragungsraten ab 100 MBit/s aufwärts haben UTP- und STP-Kabel eine rasante Entwicklung erfahren. Wegen ihrer großen Bandbreite eignen sie sich im Bereich lokaler Netze zur Realisierung einer universell einsetzbaren Infrastruktur für Netze auf der Basis von Token Ring, Ethernet, Fast-Ethernet, ATM oder ISDN. Der maximale Frequenzbereich heutiger Kabel liegt bei 600 Megahertz (MHz). Die theoretisch erreichbare Übertragungsgeschwindigkeit beträgt 950 MBit/s pro Aderpaar. Bei vier Paaren wäre folglich eine Bitrate von annähernd 4 GBit/s möglich.

Da die etablierten Standards somit nicht mehr den aktuellen Möglichkeiten entsprechen, gibt es bereits seit Ende 1996 verschiedene Vorschläge nationaler Gremien, die bisherige Grenze von 100 MHz heraufzusetzen. Der deutsche Entwurf sieht eine Erweiterung um die Klasse 6 für Übertragungsfrequenzen bis zu 200 MHz und die Klasse 7 für Übertragungsfrequenzen bis zu 600 MHz vor. Die damit verbundenen Anforderungen erfüllen nur hochwertige S/UTP- oder S/STP-Kabel. Trotz internationaler Akzeptanz dieses Ansatzes werden endgültige Entscheidungen frühestens in 2000 getroffen.

5.1.3 Hochfrequenzkabel

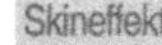

Bei der Übertragung hochfrequenter Signale tritt ein physikalisches Phänomen auf, das man sich bei der Bauform von Koaxialkabeln zu Nutze gemacht hat: Der sogenannte *Skineffekt* besagt, daß der Strom bei hohen Frequenzen überwiegend nur noch in einer dünnen Schicht an der Leiteroberfläche fließt, da die Stromdichte zur Mitte hin exponentiell abnimmt. Das bedeutet, ein hohler Leiter ist für hohe Frequenzen fast so gut geeignet wie ein massiver Leiter gleichen Durchmessers.

Leiteraufbau

Ein *Koaxialkabel* besteht aus einem Kupferdraht (Seele) als Kern, der, isoliert durch ein Dielektrikum, peripher von einem eng geflochtenen Außenleiter ummantelt wird (vgl. Abb. 5.14). Das optimale Verhältnis zwischen den Durchmessern von Innen- und Außenleiter beträgt 3,6.[20]

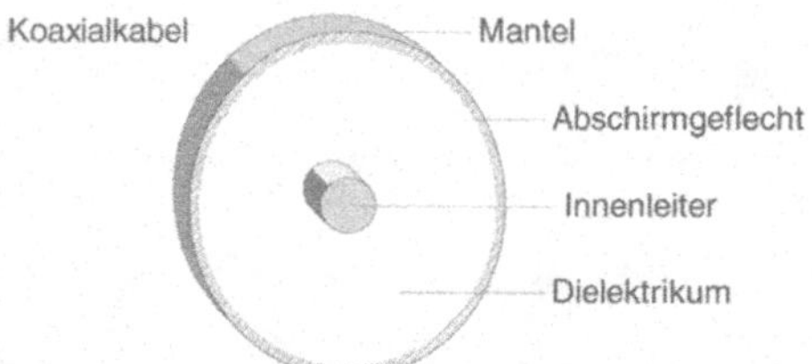

Abb. 5.14. Geometrischer Aufbau eines Koaxialkabels

[20] Neben der weit verbreiteten einfachen Bauform gibt es auch Spezialkabel, die entweder mehr als eine Seele (Twinax-Kabel) oder mehr als einen Außenleiter verwenden.

Eigenschaften

Da das Magnetfeld im Inneren des Außenleiters vernachlässigbar gering ist, bleibt der Innenleiter ohne Beeinflussung durch den Außenleiter. Elektromagnetische Störstrahlungen wirken auf beide Leiter gleichermaßen und heben sich somit nahezu auf. Aufgrund der konzentrischen Bauform strahlt ein Koaxialkabel auch bei hohen Signalfrequenzen kaum Eigenenergie ab, so daß bei hoher Rauschunempfindlichkeit Übertragungen mit hohen Bandbreiten möglich sind. Im Hinblick auf ihre Impedanz unterscheidet man folgende drei Typen von Koaxialkabeln:

Standards

- *93-Ohm-Koaxialkabel* finden unter der Kurzbezeichnung *RG 62* ausschließlich im Bereich von IBM 3270 Terminals Verwendung.
- *75-Ohm-Koaxialkabel* werden nach dem Standard IEEE 802.7 in Breitbandnetzen eingesetzt und ermöglichen Übertragungsraten im Bereich von 300 MBit/s bei einer Kabellänge von 1,5 km.
- *50-Ohm-Koaxialkabel* nach dem CSMA/CD-Standard IEEE 802.3 dienen häufig der Verkabelung lokaler Netze, wobei sich je nach Bauform Übertragungsraten von bis zu 50 MBit/s auf einer Länge von 1,5 km erreichen lassen.

5.2 Lichtwellenleiter

Lichtwellenleiter (*LWL*) sind optische Systeme, die Daten in Form von elektromagnetischen Wellen im Bereich des sichtbaren Lichts übertragen.

5.2.1 Physikalische Eigenschaften

Brechung von Licht

Das Grundprinzip basiert auf folgendem physikalischen Gesetz über die Brechung von Licht an der Grenzfläche zweier optischer Medien mit unterschiedlichem Brechungsindex: Wenn Licht aus einem optisch dichten Medium in einem flachen Winkel auf die Grenzfläche zu einem optisch weniger dichten Medium mit geringerem Brechungsindex trifft, erfolgt eine Totalreflexion, ohne daß Licht in das optisch dünnere Medium eintritt.

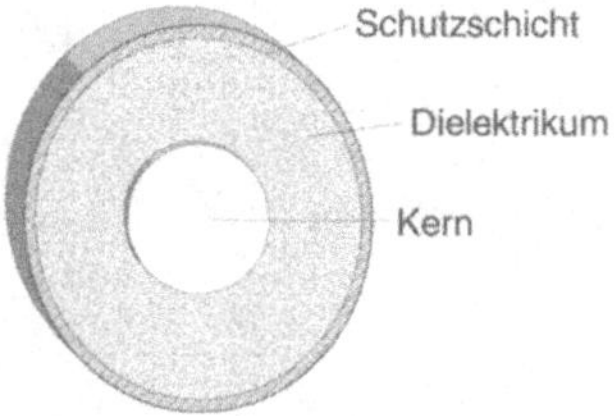

Abb. 5.15. Geometrischer Aufbau eines Glasfaserkabels

Leiteraufbau

Dadurch, daß Lichtwellenleiter aus einer extrem dünnen, lichtdurchlässigen Faser bestehen, die durch einen Mantel mit geringerem Brechungsindex umgeben ist, werden die gesendeten Lichtimpulse mittels mehrfacher totaler Reflexion im Inneren entlang geführt. Bei hochwertigen Leitern besteht der lichtleitende Kern aus *Glasfaser*, bei billigeren aus *Kunststoff*. Damit das Innere des Kabels mechanisch möglichst wenig beansprucht wird, wird der Mantel zusätzlich in eine Schutzschicht aus Kunststoff gebettet, die Druck- und Zugbelastungen aufnimmt (vgl. Abb. 5.15).

Lichtquellen

Als Lichtquelle dient entweder eine LED oder eine Laserdiode. Beide emittieren Licht, wenn sie von elektrischem Strom durchflossen werden.

- Eine *LED* (*Light Emitting Diode*) erzeugt *inkohärentes Licht* mit einer spektralen Breite von etwa 40 nm, wobei die Strom-Lichtleistungs-Kennlinie linear verläuft. Auf Entfernungen von 10 bis 20 km lassen sich Übertragungsraten von etwa 100 MBit/s erreichen.
- Eine *Laserdiode* strahlt dagegen *kohärentes*, *gebündeltes Licht* mit einer spektralen Breite von 2 nm ab. Die Strom-Lichtleistungs-Kennlinie steigt ab dem sogenannten Schwellenstrom stark an, was besonders für digitale Übertragungen von Vorteil ist. Mit Hilfe von Laserdioden können Distanzen zwischen 5 und 200 km überbrückt und Übertragungsraten von bis zu 30 GBit/s erreicht werden.

Empfänger

Empfängerseitig werden *Halbleiterfotodioden* eingesetzt, um das einfallende Licht wieder in elektrische Signale zurückzuwandeln. Während im Ruhezustand nur der sogenannte Dunkelstrom fließt, wird beim Auftreffen von Photonen ein zusätzlicher Strom erzeugt. Dieser wird zunächst verstärkt und anschließend einer Frequenzgangkorrektur unterzogen.

Verbindungstechnik

Für die Verbindung der einzelnen optischen Komponenten gibt es zwei verschiedene Techniken. Die Kopplung zweier LWL-Stränge erfolgt mittels eines unlösbaren Spleißes, indem die präparierten und genau zueinander justierten Faserenden in einem elektrischen Lichtbogen bei ca. 2000° K direkt miteinander verschweißt werden. Der Anschluß von Sender und Empfänger an das Kabel erfolgt dagegen grundsätzlich über spezielle Stekker, die entweder vor Ort konfektioniert oder bereits im Labor mit einem kurzen Faserende (Pigtail) versehen und dann per Spleißtechnik mit dem LWL verbunden werden.

Störanfälligkeit

Dadurch, daß Glasfaserkabel keinen Strom führen, sind sie inhärent sicher bezüglich elektromagnetischer Störeinflüsse. Aufgrund der isolierenden Eigenschaft von Glas sind Eingang und Ausgang einer Übertragungsstrecke galvanisch voneinander getrennt, so daß typische Probleme metallischer Leiter, wie z.B. Potentialdifferenzen und Nebensprechen, entfallen.

Dämpfung

Aufgrund der Absorption des Lichtes im Medium und unvermeidlicher Verunreinigungen der Glasfaser, die eine Streuung des Lichts bewirken, unterliegen auch Lichtsignale einer *Dämpfung*, die zum einen von der Entfernung und zum anderen von der Wellenlänge des verwendeten Lichtes abhängt.

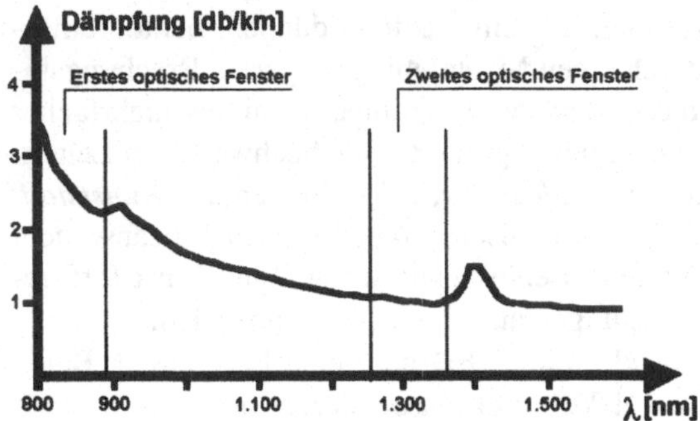

Abb. 5.16. Dämpfung des Lichts im Glas als Funktion der Wellenlänge

Die in Abb. 5.16 dargestellte Kurve zeigt zwei lokale Minima bei 850 nm (*erstes optisches Fenster*) und bei 1.300 nm (*zweites optisches Fenster*). Aufgrund der relativ hohen Dämpfung im ersten optischen Fenster kann eine LWL-Strecke bei einer Wellenlänge von etwa 850 nm maximal 500-1.000 m lang sein. Das zweite optische Fenster bei 1.300 nm weist im Vergleich zum ersten eine um 70% geringere Dämpfung auf.

Dämpfungsbudget

Neben dem Lichtwellenleiter selbst tragen auch alle anderen Komponenten einer LWL-Strecke zur Dämpfung der Signale bei. Damit der Empfänger die Daten erkennen kann, muß die Leistung der senderseitig eingespeisten Lichtimpulse so dimensioniert sein, daß trotz der Dämpfung die minimale Empfindlichkeit des Empfängers überschritten wird. Die Differenz der beiden Leistungswerte, das sogenannte *Dämpfungsbudget*, gibt an, wie groß die Verluste aller Komponenten zusammen maximal sein dürfen. Durch die Angabe der Werte in der Einheit Dezibel (dB) läßt sich die Gesamtdämpfung durch einfache Addition berechnen (vgl. Abb. 5.17).

Komponente	Dämpfung		
Multimode-Faser			
50,0/125 µm		1,0 - 1,5	dB/km
62,5/125 µm		1,0 - 1,5	dB/km
100,0/125 µm		1,0 - 4,0	dB/km
Monomode-Faser			
9,0/125 µm		0,4 - 1,0	dB/km
Stecker		0,2 - 1,0	dB/Stecker
Spleiße		0,1 - 0,3	dB/Spleiße
Optischer Bypass	maximal	2,5	dB/Bypass
	typisch	0,7 - 1,5	dB/Bypass
Faserübergang			
von 62,5 µm auf 50,0 µm		2,2	dB/Übergang
von 100,0 µm auf 62,5 µm		2,3	dB/Übergang

Abb. 5.17. Dämpfungswerte einiger FDDI-Komponenten

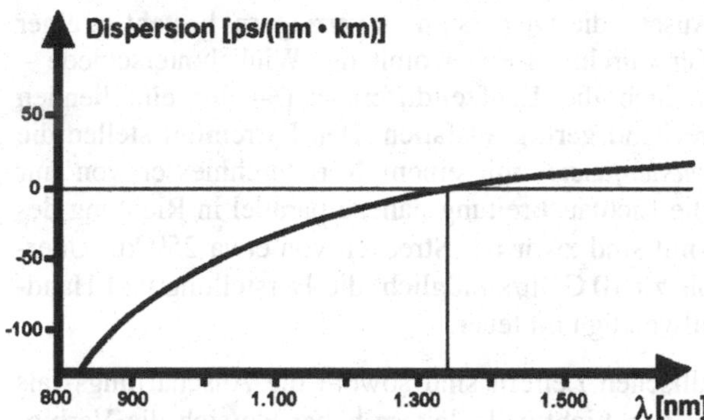

Abb. 5.18. Dispersion des Lichts im Glas als Funktion der Wellenlänge

Dispersion

Ein weiteres zentrales Problem der Signalübertragung über Lichtwellenleiter resultiert aus der Abhängigkeit der Signallaufzeit vom Eintrittswinkel des Lichtstrahls in den Leiter. Es ist leicht nachzuvollziehen, daß der zurückzulegende Weg um so kürzer ist, je weniger Reflexionen erfolgen, also je flacher das Licht eintritt. Da verschiedene Lichtstrahlen verschiedene Winkel und damit unterschiedliche lange Laufzeiten aufweisen, verwischt das beim Empfänger eintreffende Signal. Dieser wie auch bei metallischen Leitern als Dispersion bezeichnete Effekt unterschiedlicher Signallaufzeiten *Dispersion* variiert mit der Wellenlänge des verwendeten Lichtes (vgl. Abb. 5.18).

5.2.2 Typen

Moden

Die Wege, die das Licht unter den zulässigen Eintrittswinkeln in den Kern nehmen kann, nennt man *Moden*. Anhand der möglichen Anzahl von Moden unterscheidet man drei LWL-Arten (vgl. Abb. 5.19):

Multimodenfasern

- Die einfachsten, nach dem beschriebenen Grundkonzept aufgebauten *Multimodenfasern* weisen einen relativ großen Kerndurchmesser von 50 bis 200 µm auf. Die daraus resultierende Dispersion verbreitert Lichtimpulse um etwa 50 ns/km, wodurch die realisierbare Übertragungsrate bei einer Länge von 1 km auf etwa 30 MBit/s beschränkt ist. Derartige LWL eignen sich nur für kurze Entfernungen und niedrige Datenraten.

Gradientenfasern

- Bei *Gradientenfasern* fällt der Brechungsindex des Kernmaterials von innen nach außen ab, so daß alle Strahlen immer zur Kernmitte hin gebrochen werden. Die Dispersion ist deutlich geringer als bei Multimodenfasern, da die Strahlen trotz des relativ großen Kerndurchmessers von etwa 50 µm auf die Mittellinie fokussiert werden. Positiv wirkt sich auch die Tatsache aus, daß die Ausbreitungsgeschwindigkeit von Licht in optisch dünnerem Material höher ist. Auf einem 1 km langen Leiter verbreitert sich ein Lichtimpuls somit nur noch um etwa 0.25 ns, womit eine Übertragungsrate von 1 GBit/s realisierbar ist.

Monomodenfasern

- Der erfolgreichste Ansatz, die Dispersion zu verringern, besteht in einer Minimierung des Kerndurchmessers, womit die Winkelunterschiede – und infolge dessen auch die Laufzeitdifferenzen – der einfallenden Lichtstrahlen entsprechend gering ausfallen. Den Extremfall stellen die sogenannten *Monomodenfasern* mit einem Kerndurchmesser von nur 5µm dar, in denen die Lichtausbreitung nahezu parallel in Richtung des Leiters erfolgt. Hiermit sind zwar auf Strecken von etwa 250 km Übertragungsraten von bis zu 10 GBit/s möglich, die Herstellung und Handhabung ist jedoch aufwendig und teuer.

Lichtwellenleiter vs. metallische Leiter

Im Vergleich zu metallischen Leitern sind sowohl die Anschaffungs- als auch die Verlegekosten von Lichtwellenleitern höher, da sich die Verbindungstechnik, insbesondere die Realisierung von Verzweigungen, aufwendig gestaltet. Da auch Lichtwellenleiter auf langen Strecken eine elektrische Signalverstärkung erfordern, benötigt man in jedem Verstärker eine Sende-/Empfangseinheit, die eine Umwandlung zwischen Lichtsignalen und elektrischen Signalen vornimmt. Weiterhin sind Lichtwellenleiter empfindlicher als metallische Leiter und die Schaltungen der Sender und Empfänger komplizierter. Dennoch werden Lichtwellenleiter in der Praxis aufgrund ihrer geringen Störanfälligkeit und der hohen Übertragungsleistungen insbesondere für Langstreckenverbindungen in WANs und Telekommunikationsnetzen verwendet. Aber auch zur Verlegung in der Nähe von Hochspannungsleitungen, Industrieanlagen oder anderen elektromagnetischen Störquellen sowie in explosionsgefährdeten Umgebungen sind sie besonders geeignet.

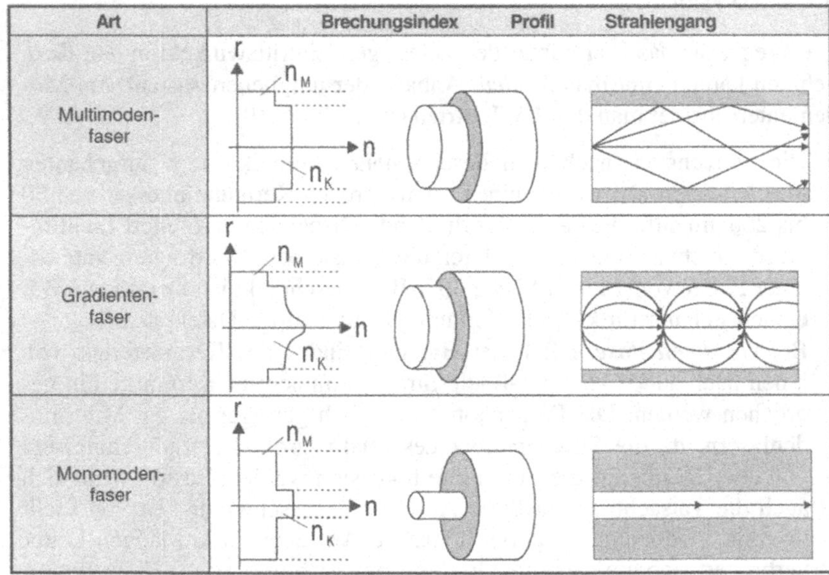

Abb. 5.19. Arten von Lichtwellenleitern

5.3 Leitungsungebundene Übertragungsstrecken

Falls das Verlegen von leitungsgebundenen Übertragungsmedien nicht möglich oder zu aufwendig ist, stellt evtl. die *Freiraumübertragung* eine wirtschaftliche Alternative dar. Dabei dient als Träger eine elektromagnetische Welle, der das zu übertragende Signal aufmoduliert wird. Je nachdem, welches Frequenzspektrum verwendet wird, unterscheidet man hochfrequente Wellen, Mikrowellen, Infrarotlicht und sichtbares Licht.

Freiraumübertragung

Der Einsatz von Lichtwellen als Träger beschränkt sich auf Anwendungen über kurze Distanzen, bei denen eine direkte Sichtverbindung zwischen Sender und Empfänger besteht. Dazu zählen insbesondere Rechnernetze, die sich auf einem Gelände über mehrere Gebäude ausdehnen. Für die im Freien zu führenden Übertragungsstrecken erweisen sich Verbindungen mit Hilfe von Laser- oder Infrarotsendern und -empfängern häufig als kostengünstiger gegenüber leitergebundenen Strecken.

Lichtwellen

Größere Entfernungen im freien Raum lassen sich mit Hilfe von Funkstrecken überbrücken. Die im Rahmen von *erdgebundenen Funkverbindungen* und *Satellitenverbindungen* verwendeten Mikrowellen liegen im Frequenzbereich zwischen etwa 150 MHz und 300 GHz. Die Zuteilung der Frequenzbänder mit zulässigen Sendeleistungen erfolgt durch die ITU nach Ländern und Anwendungsgebieten. Um die durch das vorgegebene Frequenzspektrum beschränkte Bandbreite mehrfach nutzen zu können, schränkt man die Sendeleistung jeweils so ein, daß nur ein räumlich begrenzter Bereich abgedeckt wird.

Satelliten

Für interkontinentale Funkübertragungen werden Kommunikationssatelliten eingesetzt. Diese empfangen Nachrichten auf einem bestimmten Frequenzband und setzen sie mit Hilfe von Transpondern zur Rückübertragung auf die Erde auf ein anderes Frequenzband um. Eine solche Trennung von Aufwärtsstrahl *(Uplink)* und Abwärtsstrahl *(Downlink)* ist erforderlich, um Interferenzen zu vermeiden (vgl. Abb. 5.20). Je nachdem, wie stark der Sender den Abwärtsstrahl bündelt, lassen sich verschieden große Regionen bis zu ganzen Kontinenten ausleuchten. Während die ersten Satelliten noch eine großflächige Abstrahlcharakteristik aufwiesen, können moderne Punktstrahler auf ein Gebiet von nur wenigen hundert Kilometern Durchmesser gerichtet werden. Grundsätzlich hängt die maximale Reichweite eines Satelliten auch von seinem Abstand zur Erde ab.

Kommunikationssatelliten

Geostationäre Satelliten befinden sich in einer Höhe von 36.000 km und umkreisen die Erde mit derselben Winkelgeschwindigkeit, mit der sie auch selbst rotiert. Infolge dessen stehen sie immer über einem festen geographischen Punkt. Damit der aufwärts gerichtete Strahl einer Bodenstation nicht mehrere Satelliten erreicht, müssen diese in einem gewissen Mindestabstand voneinander positioniert werden. Je nachdem, welches der drei für die kommerzielle Nutzung festgelegten Frequenzbänder verwendet wird, liegt der notwendige Winkelabstand zwischen 1° und 4°, womit die Anzahl geostationärer Satelliten auf 90 bis maximal 360 beschränkt ist.

Geostationäre Satelliten

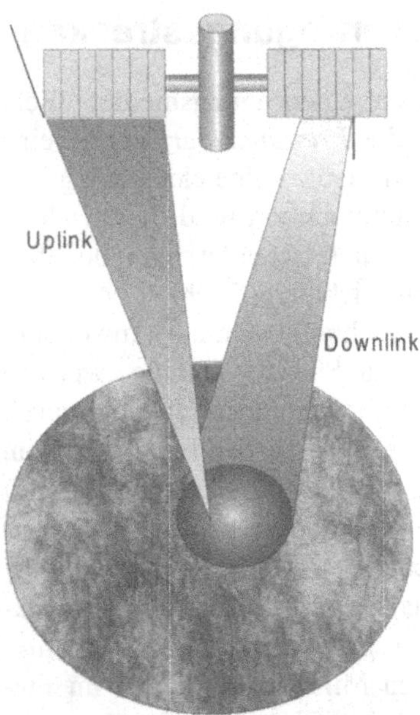

Abb. 5.20. Trennung des Auf- und Abwärtsstrahls bei Satelliten

Übertragungsrate

In der Regel verteilt ein Satellit die verfügbare Bandbreite von 500 MHz auf mehrere Transponder, so daß je Kanal eine Datenübertragungsrate von bis zu 50 MB/s möglich ist. Im Rahmen von Telekommunikationsnetzen werden diese physischen Kanäle üblicherweise weiter in logische Kanäle mit jeweils 64 kBit/s unterteilt. Trotz dieser hohen Übertragungsleistungen zeigt ein Vergleich mit der Glasfaserübertragung, daß eine einzige Glasfaser eine höhere Leistung bietet, als alle bisher gestarteten Satelliten zusammen. Zudem macht sich die Satellitenübertragung bei der Sprachkommunikation durch die relativ langen Signallaufzeiten von etwa 0,25 bis 0,3 s negativ bemerkbar, die dadurch zustande kommen, daß sich Signale mit Lichtgeschwindigkeit, also 300.000 km/s ausbreiten. Im Vergleich dazu sind bei erdgestützten Funkübertragungen lediglich knapp 3µs/km und bei Koaxialverbindungen ungefähr 5 µs/km Verzögerung für die Ausbreitung der Signale zu verzeichnen.

Tieffliegende Satelliten

Tieffliegende Satelliten (LEOs) umkreisen die Erde in einem Abstand von 700 bis 1.500 km, also deutlich näher als geostationäre. Dadurch bewirkt man kürzere Signallaufzeiten, was für das Einsatzgebiet der globalen Mobilkommunikation von Bedeutung ist.

Satelliten vs. Lichtwellenleiter

Grundsätzlich bieten Satelliten den Vorteil, daß die Übertragungskosten entfernungsunabhängig sind. Die Übertragungsrate von 50 MBit/s je Kanal und eine niedrige Fehlerrate machen den Einsatz insbesondere in Gebieten mit einer schwachen Infrastruktur interessant. Hier nehmen sie bei der Realisierung von Weitverkehrsnetzen eine dominierende Rolle ein.

Literaturempfehlungen

Chimi, E. (1998): High-Speed Networking: Konzepte, Technologien, Standards, München und Wien: Hanser, S. 5-23.

Deutsch, B. (1998): Elektrische Nachrichtenkabel: Grundlagen, Kabeltechnik, Kabelanlagen, Publicis MCD.

Dittrich, J., v. Thienen, U. (1999): Moderne Datenverkabelung, 2. Auflg., Bonn: MITP.

Grimm, E., Nowak, W. (1989): Lichtwellenleitertechnik, Heidelberg: Hüthig.

Kohling, A. (1996): CE-Konformitätskennzeichnung: EMV-Richtlinie und EMV-Gesetz: Anforderungen an Hersteller und Auswirkungen auf Produkte, 3. Auflg., Berlin: VDE.

Mahlke, G., Gössing, P. (1998): Lichtwellenleiterkabel: Grundlagen, Kabeltechnik, Anlagenplanung, Publicis MCD.

Proebster, W. (1998): Rechnernetze: Technik, Protokolle, Systeme, Anwendungen, München und Wien: Oldenbourg, S. 59-78.

Schürmann, B. (1997): Rechnerverbindungsstrukturen: Bussysteme und Netzwerke, Braunschweig und Wiesbaden: Vieweg, S. 43-59.

6 Physikalische Übertragung

Es wurde bereits angesprochen, daß es sich bei den durch ein Kommunikationsnetz bereitgestellten *Nachrichtenkanälen* um konkrete Übertragungswege handelt, über die jeweils Verbindungen zwischen den Quellen und Senken hergestellt werden. Eine genauere Betrachtung des Begriffs „Nachrichtenkanal" erfordert eine Trennung zwischen *physikalischen* und *logischen Kanälen*. Der physische Kanal wird durch das Medium repräsentiert, also z.B. eine Kupferader eines mehradrigen Kabels, ein Koaxialkabel oder auch einen Lichtwellenleiter. Abb 6.1 zeigt den Fall, daß auf einem *physikalischen Kanal* mehrere *logische Kanäle* im Sinne von Verbindungen realisiert sind, am Beispiel einer Telefonanlage, bei der über einen Bus parallel mehrere Gespräche geführt werden.[21]

Kommunikationskanal

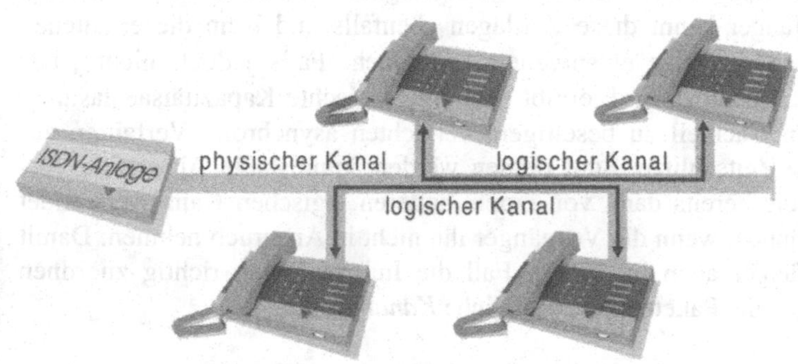

Abb 6.1. Physischer und logischer Kanal

6.1 Bandbreitenzuteilung

Die Aufteilung der verfügbaren Übertragungskapazität des physischen Kanals auf die einzelnen logischen Kanäle kann nach unterschiedlichen Prinzipien erfolgen. Man unterscheidet dabei grundsätzlich zwischen Basisband- und Breitband-Übertragungssystemen.

---

21 Bei ISDN-Anlagen werden über den internen S_0-Bus mehrere logische Kanäle realisiert. Vgl. dazu Kap. 22.5.1.

6.1.1 Basisband

Bei der *Basisbandübertragung* steht das gesamte Frequenzspektrum jeweils ausschließlich einem Übertragungskanal zur Verfügung. Der logische Kanal ist hier also zugleich physikalischer Kanal. Diese Technik wird bei Niederfrequenzkabeln und 50-Ohm-Koaxialkabeln eingesetzt.

Zeitmultiplexverfahren

Um zumindest annähernd zeitgleich mehrere logische Kanäle zu realisieren, verwendet man *Zeitmultiplexverfahren* (*TDM*, *Time Division Multiplexing*). Ihr Prinzip besteht darin, die Bandbreite in kurze Zeitschlitze (Zeitintervalle) zu untergliedern und diese den verschiedenen logischen Kanälen zuzuordnen. Je Zeitintervall wird ein festgelegter Multiplexrahmen übertragen, der wiederum einen festgelegten Anteil einer Nachricht transportiert. Dadurch, daß die realisierten logischen Kanäle nacheinander bedient werden, wird der Übertragungsvorgang einer Nachricht durch die Übertragungen der anderen Kanäle unterbrochen. Aufgrund der sehr kurzen Abfolge der einzelnen Zeitschlitze entsteht jedoch der Eindruck einer kontinuierlichen Übertragung auf unterschiedlichen permanenten Verbindungen.

Wie Abb 6.2 zeigt, gibt es *synchrone* und *asynchrone Zeitmultiplexverfahren*. Erstere sind dadurch gekennzeichnet, daß für die Zuordnung der Zeitschlitze zu den einzelnen logischen Kanälen eine feste Reihenfolge vorgegeben ist. Jedem logischen Kanal steht die physikalische Verbindung also immer nur während der dafür festgelegten Abschnitte zur Verfügung. Der Empfänger kennt diese Zeitlagen ebenfalls und kann die erhaltenen Informationen wieder entsprechend zuordnen. Falls jedoch nicht jedes Zeitintervall genutzt wird, ergibt sich eine schlechte Kapazitätsauslastung. Um diesen Nachteil zu beseitigen, verzichten asynchrone Verfahren auf ungenutzte Zeitschlitze. Statt dessen werden äquidistante Abschnitte vorgegeben, die bereits dann von einem anderen logischen Kanal verwendet werden können, wenn die Vorgänger ihn nicht in Anspruch nehmen. Damit der Empfänger auch in diesem Fall die Informationen richtig zuordnen kann, tragen die Pakete eine zusätzliche *Kanalkennung*.

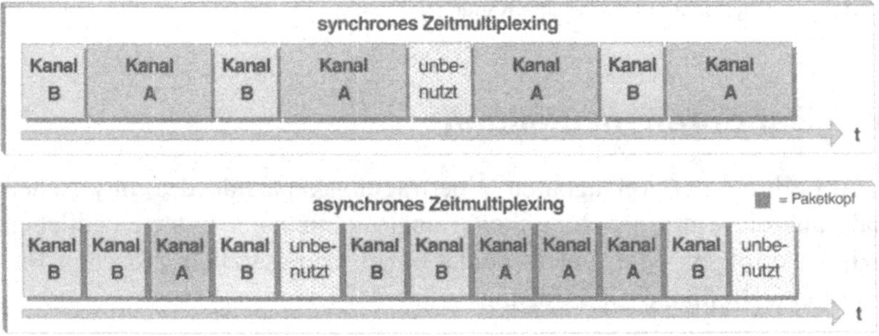

Abb 6.2. Bandbreitenzuteilung durch Zeitmultiplexverfahren.

6.1.2 Breitband

Frequenzmultiplex-verfahren

Breitband-Übertragungssysteme nutzen *Frequenzmultiplexverfahren* und ermöglichen somit zeitgleich mehrere logische Kanäle auf demselben physikalischen Medium.[22] Das gesamte Frequenzspektrum wird in einzelne Bänder aufgeteilt und ein zu übertragendes Signal so moduliert, daß seine Frequenz innerhalb des entsprechenden Frequenzbandes liegt (vgl. Abb. 6.3).

Der Empfänger muß die auf einem Kanal gesendeten Informationen durch einen Frequenzfilter isolieren und anschließend in die ursprüngliche Frequenzlage zurücktransformieren. Da Frequenzfilter nur eine endliche Steilheit aufweisen, werden zwischen den einzelnen Bändern Grenzbänder freigehalten, um gegenseitige Störungen zu vermeiden.

Frequenzmultiplexverfahren finden insbesondere bei analogen Übertragungssystemen wie Fernsehen und Rundfunk Verwendung, die auf Breitband-Koaxialkabeln oder Funkübertragungsstrecken basieren.

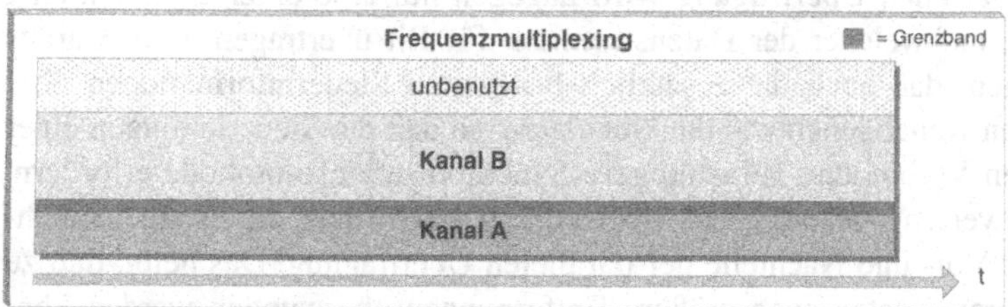

Abb. 6.3. Bandbreitenzuteilung durch Frequenzmultiplexverfahren.

6.2 Datenparallelität

Falls wie z.B. bei einem mehradrigen Kabel mehrere physikalische Verbindungen bestehen, können Bitströme auch parallel in Gruppen von mehreren Bits übertragen werden.

6.2.1 Parallele Übertragung

Prinzip

Im Falle der *parallelen Übertragung* verwendet man eine der Anzahl gleichzeitig zu übertragender Bits entsprechende Menge von Leitungen zwischen den zwei Endgeräten.[23] Darüber hinaus werden zusätzliche Takt- und Steuerleitungen zur Synchronisation und zur schnellen Abwicklung des zugrunde liegenden Kommunikationsprotokolls eingesetzt. Durch die

[22] Falls der Begriff Breitbandübertragung als Pendant zu Schmalbandübertragung verwendet wird, sind damit Übertragungstechniken mit Geschwindigkeiten im MBit-Bereich zu verstehen.

[23] Je nach Bedarf werden heutzutage über 8, 16, 32 oder 64 Kanäle entsprechend viele Bits parallel übertragen.

Parallelisierung der Übertragung hat man zwar den Vorteil einer entsprechend hohen Datenübertragungsrate, auf der anderen Seite entstehen jedoch hohe, proportional mit der Übertragungsrate und der Leitungslänge wachsende Leitungskosten.

Skew-Effekt

Weiterhin entsteht ein technisches Problem durch den sogenannten *Skew-Effekt* zwischen den Datenleitungen. Er ist dadurch gekennzeichnet, daß die einzelnen Signale unterschiedliche Laufzeiten und damit auch unterschiedliche Ankunftszeiten beim Empfänger aufweisen. Folglich muß bei der Übertragung einer Bitgruppe solange gewartet werden, bis auch das langsamste Bit eingetroffen ist. Da sich dieser Effekt mit der Länge der Leitung verschärft, werden parallele Verbindungen in der Praxis ausschließlich zur Überbrückung kurzer Entfernungen eingesetzt, wie z.B. bei dem Anschluß von Peripheriegeräten (Drucker, Laufwerke, etc.) an einen Rechner.

6.2.2 Serielle Übertragung

Prinzip

Bei der *seriellen Übertragung* wird dagegen nur eine einzige Verbindung benötigt, auf welcher der Datenstrom Bit für Bit übertragen wird. Daraus ergibt sich, daß auch die zusätzlich benötigten Steuerinformationen über denselben Kanal gehen wie die Nutzdaten, so daß die Steuerleitungen einer parallelen Verbindung aufwendigere Synchronisationsprotokolle erfordern. Eine Bewertung der seriellen Übertragung erhält man durch die Umkehrung der Vor- und Nachteile der parallelen Übertragung. Das heißt, daß zu vertretbaren Kosten auch größere Entfernungen überwunden werden können, ohne daß eine Synchronisation parallel anliegender Signale erforderlich wäre. Aus diesem Grund findet die serielle Übertragung derzeit auch standardmäßig bei der Rechnerkommunikation in lokalen Netzen und Weitverkehrsnetzen Verwendung.

6.3 Leitungsbetriebsarten

Je nachdem, zu welchem Zeitpunkt des Kommunikationsablaufes eine Datenendeinrichtung als Sender oder Empfänger auftreten kann, unterscheidet man die Leitungsbetriebsarten *Simplex, Halbduplex und Duplex.*

Simplex-Betrieb

- Der *Simplex-Betrieb* basiert auf einer unidirektionalen Verbindung vom Sender zum Empfänger, wie sie vor allem bei den Broadcast-Diensten Fernsehen und Radio üblich ist.

Halbduplex-Betrieb

- Beim *Halbduplex-Betrieb* steht zwar ebenfalls zu jedem Zeitpunkt nur ein unidirektionaler Kanal zur Verfügung, jedoch mit dem Unterschied, daß nach einem vorgegebenen Protokoll in den Endgeräten die Richtung des Informationsflusses geändert werden kann. Die Rolle des Senders und des Empfängers wird dabei im Wechselbetrieb zwischen den beteiligten Kommunikationspartnern getauscht. Ein Beispiel hierfür findet man bei der Kommunikation über CB-Funkgeräte.

Duplex-Betrieb

- Der *Duplex-Betrieb* ermöglicht den beteiligten Kommunikationspartnern das gleichzeitige Senden und Empfangen. Um jederzeit Nachrichten in beide Richtungen auszutauschen, benötigt man entweder einen entsprechenden *Duplex-Kanal* oder, falls dieser aufgrund technischer Einschränkungen des Übertragungsmediums nicht realisierbar ist, einen Hin- und einen Rückkanal. Eine klassische Anwendung, die auf dem Duplex-Betrieb basiert, ist die Telefonie. Darüber hinaus finden sich auch in der Datenfernübertragung weitgehend Duplexverbindungen.

6.4 Analogtechnik

Architektur

Abb. 6.4 zeigt das Modell eines *analogen Übertragungssystems*. Die miteinander verbundenen Endgeräte können analog oder digital sein. Im einfachsten Fall kommunizieren zwei Analoggeräte über einen analogen Kommunikationskanal. Das bekannteste Beispiel hierfür stellt das ehemalige analoge Fernsprechnetz dar, in dem Verbindungen über eine zweiadrige Kupferdrahtleitung durch Gleichspannung aufgebaut und mit Hilfe von Filtern auf einen Übertragungsbereich von 30 Hz bis 3 kHz beschränkt wurden.

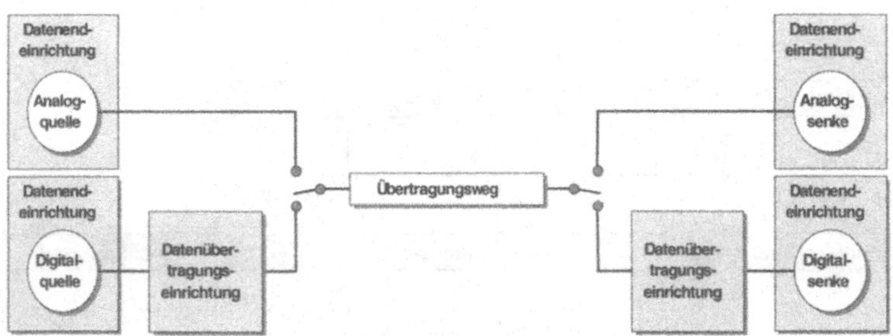

Abb. 6.4. Modell eines analogen Übertragungssystems

6.4.1 Modulation

Notwendigkeit der Signalumwandlung

Für den Austausch digitaler Nachrichten über analoge Übertragungswege werden *Datenübertragungseinrichtungen* benötigt, die eine entsprechende Signalumsetzung vornehmen. Auf der Seite des sendenden Endgerätes müssen die digitalen Signale in Analogsignale transformiert werden, die den physikalischen Anforderungen des Übertragungsweges gerecht werden. Empfängerseitig sind die ankommenden Signale dann wieder in die ursprüngliche digitale Form zurückzuwandeln. Bei der Signalumsetzung bedient man sich der Technik der Modulation.

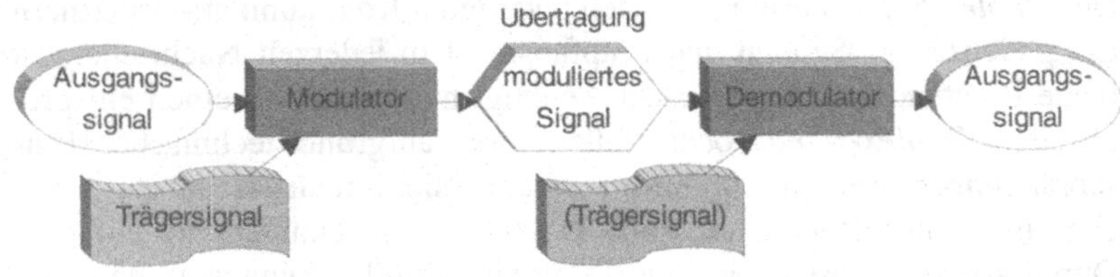

Abb 6.5. Ablaufschema der Modulation

Definition

Unter *Modulation* versteht man die Änderung von Signalparametern eines Trägersignals durch ein modulierendes Signal. Bei der Rückgewinnung des Ausgangssignals aus dem modulierten Signal spricht man von *Demodulation* (vgl. Abb 6.5).[24]

Modulator und Demodulator

Da eine Datenübertragungseinrichtung bei der Signalumsetzung im wesentlichen aus den Komponenten Modulator und Demodulator besteht, hat sich dafür das Kurzwort *Modem* (Modulator/ Demodulator) etabliert.

Entscheidend für die Technik eines Modems ist die Beschaffenheit des Trägersignals. Während bei der digitalen Übertragung diskontinuierliche Pulsträger eingesetzt werden, verwendet man im Bereich der analogen Übertragung kontinuierliche Trägersignale in Form von pSinusschwingungen.

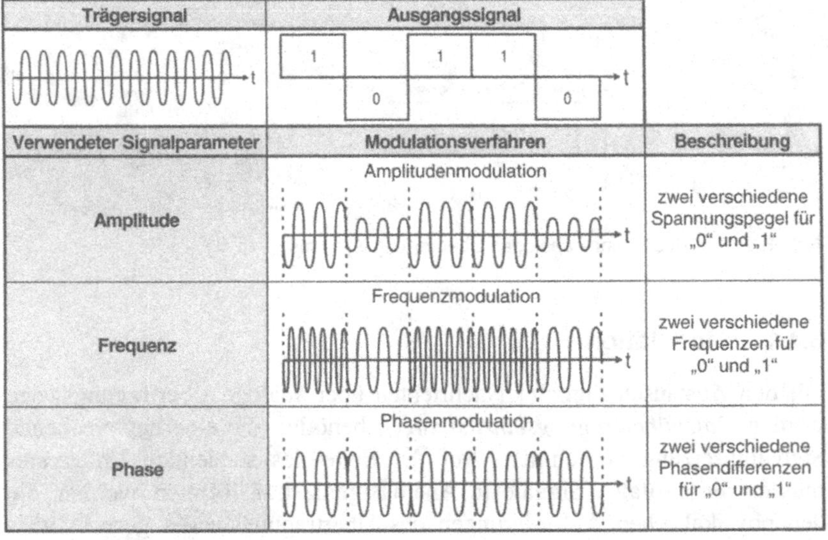

Trägersignal	Ausgangssignal	
t	1 0 1 1 0 t	
Verwendeter Signalparameter	**Modulationsverfahren**	**Beschreibung**
Amplitude	Amplitudenmodulation t	zwei verschiedene Spannungspegel für „0" und „1"
Frequenz	Frequenzmodulation t	zwei verschiedene Frequenzen für „0" und „1"
Phase	Phasenmodulation t	zwei verschiedene Phasendifferenzen für „0" und „1"

Abb 6.6. Einfache Modulationsverfahren für die analoge Übertragung digitaler Daten

24 Auch in analogen Breitbandübertragungssystemen erfolgt die Überführung von Signalen in höhere Frequenzlagen durch Modulation.

Als variable Parameter für die Modulation kommen hier Amplitude, Frequenz und Phase des Trägers in Frage (vgl. Abb 6.6). In der Praxis findet die Amplitudenmodulation (AM) nur selten Verwendung. Insbesondere im Rahmen der Rechnerkommunikation dominieren die Verfahren der Frequenz- und Phasenmodulation (FM u. PM), wobei letztere in verschiedenen Ausprägungen vorzufinden ist.

Phase-Shift Keying

Beim *Single Bit Phase-Shift Keying (Single Bit PSK)* wird jede Eins durch eine 90°-Phasenänderung dargestellt und jede Null durch eine Verschiebung um 270°. Eine Verdopplung der Übertragungsgeschwindigkeit läßt sich dadurch erzielen, daß man pro Übertragungsschritt 2 Bits darstellt, indem man die Phase der Trägerwelle in vier gleich große Intervalle um 45°, 135°, 225° und 315° unterteilt. Dieses Verfahren nennt man entsprechend *Quaternäre Phasenmodulation* oder auch *Dibit PSK*. Eine weitere Steigerung erzielt man durch die gleichzeitige Übertragung von 3 Bits mit Hilfe der *Okternären Phasenmodulation (Tribit PSK)* oder gar dem 16-fachen PSK mit 4 Bits je Phasenänderung.

Grundsätzlich kann sich die Phasenänderung entweder auf den Referenzträger oder auf die vorhergehende Phase beziehen. Die Vorteile der Phasenmodulation liegen in einer hohen Störsicherheit und einer geringen benötigten Bandbreite. Auf der anderen Seite fällt der Aufwand für die Modulation und Demodulation entsprechend höher aus.

Quadraturamplitudenmodulation

Eine Kombination aus Phasenmodulation und Amplitudenmodulation stellt die *Quadraturamplitudenmodulation (QAM)* dar. Hierbei werden zwölf Phasenänderungen von jeweils 30 Grad benutzt, von denen acht eine feste Amplitude haben, während bei den restlichen vier zwischen zwei Pegeln variiert wird. Daraus ergeben sich 16 verschiedene Kombinationen, mit denen sich 4 Bit darstellen lassen. Das zugrunde liegende Prinzip läßt sich anhand eines zweidimensionalen Diagramms, dem sogenannten *Phasenstern* oder *Strahlendiagramm*, veranschaulichen (vgl. Abb 6.7).

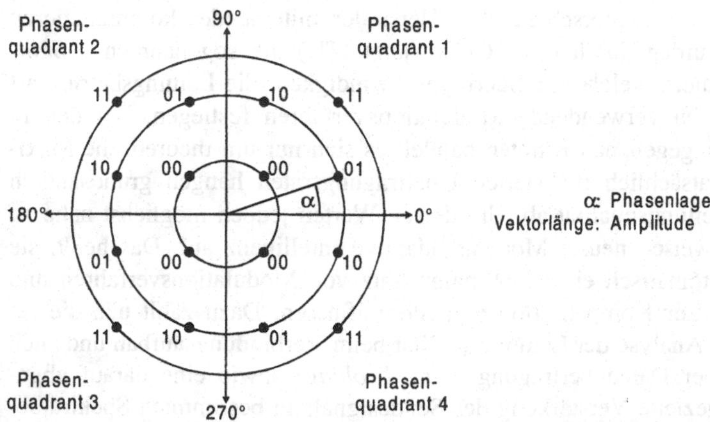

Abb 6.7. Phasenstern der Quadraturamplitudenmodulation

Phasenstern

Für jeden Punkt gilt: Der Winkel α, der durch die x-Achse und den Vektor vom Ursprung zum betrachteten Punkt gebildet wird, repräsentiert die Phasendifferenz des modulierten Signalwertes gegenüber der Phase des Trägers, und die Länge des Vektors entspricht der Amplitude. Die erlaubten Kombination sind durch die markierten Punkte hervorgehoben und mit der zugehörigen Bitfolge beschriftet. Die Abbildung zeigt, daß die beschriebene Modulation drei verschiedene Amplitudenwerte und zwölf verschiedene Phasenwerte verwendet. Durch eine gleichmäßige Verteilung der Abstände zwischen den Punkten in der Ebene erreicht man eine Maximierung der Störabstände. Beim Fernsehen wird die Quadraturamplitudenmodulation zur Übertragung des Farbsignals benutzt.

6.4.2 Übertragungsgeschwindigkeit

Schrittgeschwindigkeit

Eine Betrachtung der vorgestellten Modulationsverfahren im Hinblick auf die Übertragungsgeschwindigkeit zeigt, daß zum einen die je Übertragungsschritt darstellbare Informationsmenge von Bedeutung ist. Zum anderen stellt die *Schrittgeschwindigkeit* eine maßgebliche Größe dar, da sie die Anzahl der pro Sekunde durchgeführten Übertragungsschritte angibt. Gemessen wird die Schrittgeschwindigkeit in Baud (Bd) und wird daher oft auch als *Baudrate* bezeichnet.

Übertragungsrate

Unmittelbar aus der Schrittgeschwindigkeit und dem Wertebereich des Übertragungssignals erhält man die *Übertragungsrate*, auch *Bitrate* genannt. Sie gibt die in Bit/s gemessene Informationsmenge an, die ein Kanal pro Zeiteinheit übertragen kann. Sofern es sich um binäre Signale handelt, sind Baudrate und Bitrate identisch. In diesem Fall gilt: 1 Bd = 1 Bit. Wenn gemäß der Basis der Modulation mehr als ein Bit pro Schritt dargestellt werden kann, ist die Bitrate um den entsprechenden Faktor höher als die Baudrate.

6.4.3 Modemstandards

Konzepte

Damit Modems unterschiedlicher Hersteller miteinander kommunizieren können, wurden durch das CCITT (jetzt ITU) die sogenannten *V-Standards* definiert, welche die Schrittgeschwindigkeit, die Leitungsbetriebsart sowie das zu verwendende Modulationsverfahren festlegen. Bei den in Abb. 6.8 angegebenen Bitraten handelt es sich nur um theoretische Maxima. Die tatsächlich realisierten Übertragungsraten hängen grundsätzlich von der Leitungsqualität ab. Um diesen Werten jedoch möglichst nahe zu kommen, weisen neuste Modems adaptive Intelligenz auf. Das heißt, sie wählen automatisch einen optimalen Satz von Modulationsverfahren und Techniken zur Kompensation von Störeinflüssen. Dazu zählt u.a. die regelmäßige Analyse der Leitungsqualität beim Verbindungsaufbau und auch während der Datenübertragung (*Line Probing*) sowie eine darauf abgestimmte, gezielte Verstärkung des Sendesignals in bestimmten Spektralbereichen zur Unterdrückung von Verzerrungen (*Pre-Emphasis*).

Norm	Baudrate [Bd]	Betriebsart	Maximale Bitrate [Bit/s]	Modulationsart
V.21	300	Duplex	300	FM
V.22	600	Duplex	1.200	PM
V.22bis[25]	600	Duplex	2.400	QAM
V.23	1.200	Halbduplex	1.200	FM
V.26	1.200	Duplex	2.400	PM
V.26bis	1.200	Halbduplex	2.400	PM
V.27	1.600	Duplex	4.800	PM
V.27bis	1.600	Duplex	4.800	PM
V.32	2.400	Duplex	9.600	QAM
V.32bis	3.600	Duplex	14.400	QAM
V.32terbo	4.800	Duplex	19.200	QAM
V.34	7.200	Duplex	28.800	QAM

Abb. 6.8. Übertragungsraten einiger V-Standards zur Datenübertragung per Modem

Fehlerkorrektur

Um die Übertragungssicherheit und den Datendurchsatz weiter zu erhöhen, führen Modems eine Fehlerkorrektur und eine Datenkompression durch. Als Protokolle haben sich hierzu insbesondere das *Microcom Networking Protocol (MNP)* und *V42/V.42bis* etabliert. MNP ist ein herstellerspezifisches Protokoll für eine fehlerfreie, blockorientierte Verbindung von Modems. Die damit erzielbare Erhöhung des Datendurchsatzes beträgt bis zu 300%. V.42 ist dagegen das Fehlerkorrekturprotokoll der ITU, bei dem kleine Blöcke im Fehlerfall automatisch erneut gesendet werden. V.42bis stellt zusätzlich ein Kompressionsverfahren bereit, das eine Steigerung der Übertragungsrate auf bis zu 400% erlaubt.

Grenzen der Analogtechnik

Den höchsten Entwicklungsstand bilden V.90-Modems, die mit einer theoretisch erreichbaren Übertragungsgeschwindigkeit von 56 kBit/s nahe an die ISDN-Geschwindigkeit von 64 kBit/s herankommen. Dennoch weisen alle vorgestellten Verfahren zur Datenübertragung in analogen Kommunikationsnetzen ein systemimmanentes Problem auf: Die verwendete Technik wurde ursprünglich für das Fernsprechnetz konzipiert und kann aufgrund der beschränkten Bandbreite sowie der Rausch- und Verzerrungseigenschaften analoger Übertragungsstrecken den Anforderungen der Datenkommunikation bezüglich Übertragungsgeschwindigkeit und -qualität nicht genügen.

Entfernungsproblem

Um die Dämpfung in der Leitung zu kompensieren, benötigen analoge Stromkreise Verstärker. Da die Kompensation jedoch nie exakt sein kann und die auftretenden Fehler kumuliert werden, nimmt die Verzerrung analoger Signale auf Verbindungen über lange Strecken mit vielen Verstärkern merklich zu. Infolge dessen lassen sich höhere Übertragungsgeschwindigkeiten nur über kurze Entfernungen realisieren. Vor diesem Hintergrund stellt der Einsatz von Analogmodems mittlerweile nur dann noch eine Lösung dar, wenn keine Zugänge zu digitalen Netzen vorhanden sind.

---

[25] Das Suffix „bis" stammt aus dem französischen und bedeutet „die zweite" Auflage oder Version.

Vorteile von Rechtecksignalen

Digitale Signale können dagegen aufgrund ihrer Diskretisierung nahezu exakt regeneriert werden, falls entsprechende Redundanzen mitübertragen und Fehlerkorrekturverfahren eingesetzt werden. Im Zuge des Zusammenwachsens von Datennetzen und Fernsprechnetzen wird die Digitaltechnik daher nicht nur in Rechnernetzen, sondern weitgehend auch in ehemals analogen Telekommunikationsnetzen eingesetzt.[26]

6.5 Digitaltechnik

Architektur

Abb. 6.9 veranschaulicht den Aufbau eines *digitalen Übertragungssystems*. Während eine Digitalquelle mit einer Digitalsenke direkt über einen Digitalkanal kommunizieren kann, ist zwischen einer Analogquelle und einem Digitalkanal eine Analog-Digital-Wandlung und auf der Gegenseite eine Digital-Analog-Wandlung erforderlich. Diese Signalumsetzung erfolgt in der Regel durch den Einsatz digitaler Modulationsverfahren, die im Gegensatz zu den bereits vorgestellten analogen Verfahren auf Pulssignalen basieren.

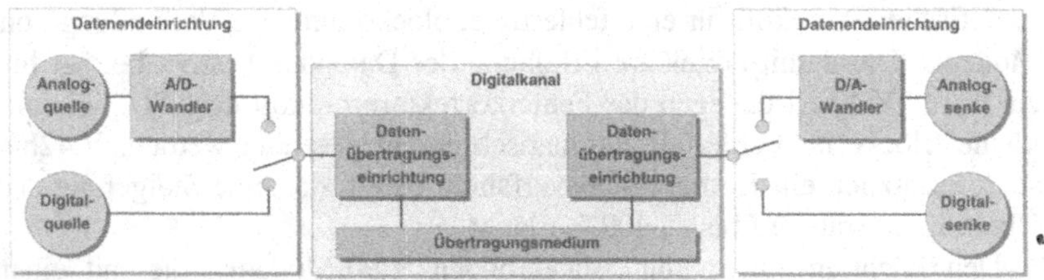

Abb. 6.9. Modell eines digitalen Übertragungssystems

6.5.1 Modulation

Redundanz

Als veränderlicher Parameter für die Modulation dient entweder die Amplitude, die Phase, die Frequenz oder die Pulsdauer. Betrachtet man lediglich die Zeitfunktion eines pulsmodulierten Signals ohne direkte Bezugnahme auf die Phasenlage, ergeben die Pulsfrequenzmodulation und die Pulsphasenmodulation das gleiche Bild. Dennoch finden sich in beiden Fällen Unterschiede in dem für die Rückgewinnung des Signals bedeutsamen Frequenzspektrum. Bei der Pulsmodulation entstehen zu jeder der Spektrallinien des unmodulierten Pulses Seitenbänder. Infolge dessen trägt ein pulsmoduliertes Signal die Nachricht vielfach, so daß einerseits eine höhere Bandbreite benötigt wird, aber andererseits auch eine hohe Redundanz vorliegt, die zugunsten einer höheren Fehlertoleranz genutzt werden kann.

[26] Zur Digitalisierung des öffentlichen Fernsprechnetzes vgl. Kap. 22.4

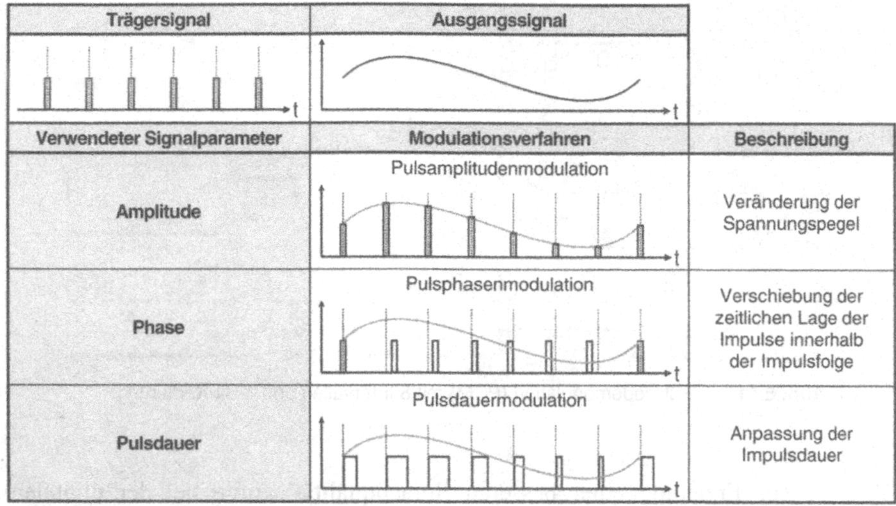

Trägersignal
Ausgangssignal
t
t
Verwendeter Signalparameter
Modulationsverfahren
Beschreibung
Amplitude
Pulsamplitudenmodulation
Veränderung der Spannungspegel
Phase
Pulsphasenmodulation
Verschiebung der zeitlichen Lage der Impulse innerhalb der Impulsfolge
Pulsdauer
Pulsdauermodulation
Anpassung der Impulsdauer

Abb. 6.10. Pulsmodulationsverfahren

Aufgrund der Übertragung pulsmodulierter Signale im Basisband ist ein Frequenzmultiplex nicht möglich. Bei einer sehr kurzen Impulsdauer kann jedoch die Zeit zwischen jeweils zwei Impulsen nach dem Prinzip des Zeitmultiplex zur Übertragung weiterer Nachrichten genutzt werden.

Multiplexing

Der Anforderung, daß die über einen Digitalkanal übertragenen Signale stets einen diskreten Wertebereich aufweisen müssen, wird in der Praxis durch die im Rahmen der Modulation durchgeführte Quantisierung entsprochen. Man nennt diesen Vorgang auch *Quellenkodierung*.

Quellenkodierung

Eine bevorzugte Technik für die Abtastung und Kodierung von Sprache ist die *Pulscodemodulation (PCM)*. Im Gegensatz zu den oben vorgestellten Verfahren der Pulsmodulation wird hier der Trägerpuls dazu verwendet, um das analoge Quellsignal in äquidistanten Zeitabschnitten abzutasten. Durch eine vorgegebene Unterteilung des zulässigen Frequenzbereichs in eine feste Anzahl von Intervallen kann jeder Abtastwert eindeutig zugeordnet und mit einem entsprechenden Code dargestellt werden (vgl. Abb. 6.11). Der daraus resultierende Bitstrom läßt sich nun übertragen.

Pulscodemodulation

Auf der Seite des Empfängers werden zunächst die diskreten Einzelwerte durch entsprechende Dekodierung zurückgewonnen, um daraus dann das analoge Ausgangssignal per Interpolation zu reproduzieren. Dieser Wert ist mit einer vom verwendeten Code abhängigen Streuung an das Eingangssignal angenähert. Die Qualität der Übereinstimmung mit dem Original hängt dabei insbesondere von der Abtastfrequenz und der Genauigkeit der Quantisierung – also der Anzahl der Intervalle – ab.

Sprachübertragung

Bei der analogen Sprachübertragung wird z.B. das Frequenzband von 300 Hz bis 3400 Hz benutzt, so daß nach dem Abtasttheorem für eine sinnvolle Erfassung des Sprachsignals mindestens 6.800 Abtastungen pro Sekunde erfolgen müssen.

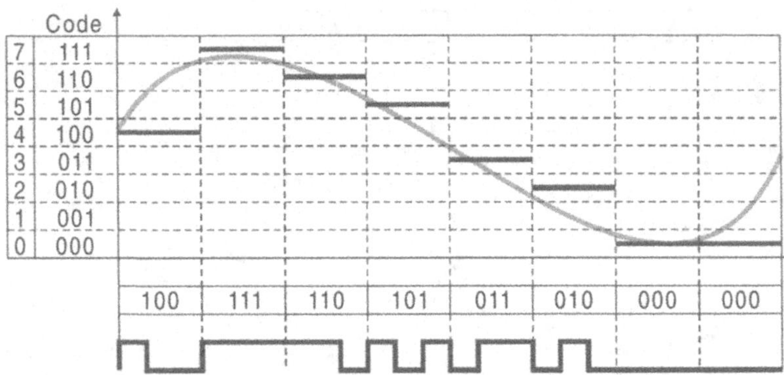

Abb. 6.11. Pulscodemodulation (PCM) mit 8 Intervallen und 3-Bit-Kodierung

Zur Erzielung einer besseren Sprachqualität wurde bei der digitalen Fernsprechübertragung die Abtastfrequenz sogar auf 8000 Hz festgelegt, wodurch man bei einer Quantisierung in 256 Stufen (8 Bit) eine notwendige Übertragungsrate von 64 kBit/s erhält.[27]

Reduktion der Datenmenge

Sofern sich die Abtastwerte eines Analogsignals nur geringfügig ändern, führt die Pulscodemodulation dazu, daß ein hoher Anteil redundanter Informationen übertragen wird. In diesem Fall läßt sich die Datenmenge dadurch reduzieren, daß man die vorhandenen Kenntnisse über den zu erwartenden Signalverlauf für die Rekonstruktion der Einzelwerte nutzt, indem basierend auf Vorhersagewerten lediglich die jeweilige Differenz zu den tatsächlichen Abtastwerten kodiert und übertragen wird.

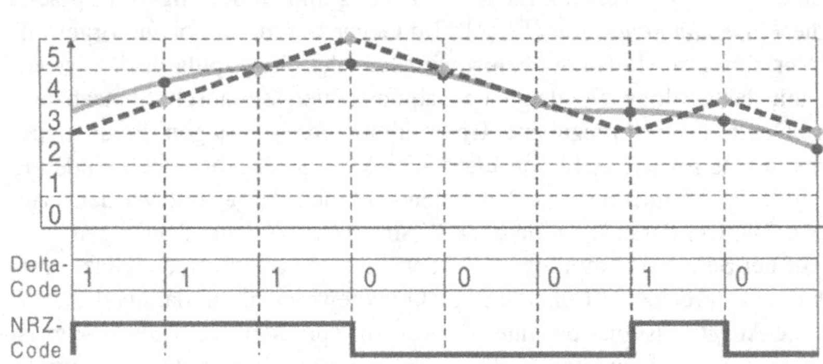

Abb. 6.12. Deltamodulation

[27] Zu digitalen Sprachdiensten vgl. Kap. 22.8.1.

Deltamodulation

Bei der *Deltamodulation* wird als Vorhersagewert jeweils der gerade gemessene Signalwert zugrunde gelegt. Die Kodierung erfolgt mit nur einem Bit und gibt lediglich an, welches Vorzeichen die Differenz zwischen dem tatsächlichen und dem angenäherten Signal trägt. Eine logische „1" bedeutet, daß der aktuelle Abtastwert über dem kodierten Wert liegt und somit ein steigender Signalverlauf erwartet wird. Der Vorhersagewert wird dementsprechend mit einem positiven Impuls auf den nächst höheren Quantisierungswert gebracht. Umgekehrt hat eine logische „0" eine entsprechende Korrektur nach unten zur Folge, wenn der aktuelle Abtastwert unter dem kodierten Wert liegt. Als Ergebnis erhält man somit eine Sägezahnkurve wie in Abb. 6.12 dargestellt.

Adaptive Deltamodulation

Die Deltamodulation kann zu nicht hinnehmbaren Fehlern führen, wenn sich das Ausgangssignal in aufeinanderfolgenden Perioden in einer Weise ändert, daß mehrere Quantisierungsstufen übersprungen werden und die Vorhersagewerte nicht mehr schnell genug nachgezogen werden. Bessere Ergebnisse liefert die *Adaptive Deltamodulation* (*ADM*), bei der jeder n-te gleichlautende Code eine gröbere Einteilung des Quantisierungsbereichs bewirkt und der erste davon abweichende Wert wieder eine entsprechende Verfeinerung. Wird z.B. ein binärer Code verwendet, wird demnach die Anzahl der Quantisierungsstufen bei zwei aufeinanderfolgenden 1-Bits (0-Bits) halbiert (verdoppelt) und bei dem ersten 0-Bit (1-Bit) wieder verdoppelt (halbiert).

Differenz-Pulscode-modulation

Aufgrund des sägezahnartigen Kurvenverlaufs kann weder die reine noch die adaptive Deltamodulation waagrechte Signalverläufe exakt wiedergeben. Abhilfe schafft hier die *Differenz-Pulscodemodulation.* Als Kompromiß zwischen Pulscodemodulation und Deltamodulation wird zum einen der Differenzwert mehrstufig quantisiert und zum anderen der Quantisierungsbereich nicht äquidistant, sondern nach einer vorgegebenen Häufigkeitsverteilung eingeteilt.

Das Hauptanwendungsgebiet der Differenz-Pulscodemodulation liegt bei der Übertragung von Fernsehsignalen. Aufgrund der relativen Unempfindlichkeit des menschlichen Auges gegenüber Helligkeitsstörungen können große Differenzwerte gröber quantisiert werden als kleine, so daß sich für die Bildübertragung 16 Quantisierungsstufen als ausreichend erwiesen haben. Gegenüber PCM mit 256 Stufen führt das Differenz-Verfahren bei subjektiv gleicher Bildqualität zu einer Halbierung der benötigten Bitrate.

Einen Nachteil, den sowohl die Deltamodulation als auch die Differenz-Pulscodemodulation aufweisen, ist die im Vergleich zu PCM erhöhte Fehleranfälligkeit, da das Differenzsignal eine Fehlerfortpflanzung bewirkt. Aus diesem Grund wird entweder ein besonders störungsfreier Übertragungskanal benötigt oder es sind zusätzliche Vorkehrungen zur Fehlererkennung und -korrektur zu treffen.

6.5.2 Leitungskodierung

Qualitätsmerkmale

Da intern jeder Digitalkanal letztlich auf einem analogen Übertragungsweg basiert, muß in den Datenübertragungseinrichtungen eine entsprechende Umsetzung des zu übertragenden Bitstroms auf die Gegebenheiten des Übertragungsmediums vorgenommen werden. Man nennt dies dementsprechend *Leitungskodierung*. Die Qualität eines Kodierungsverfahrens läßt sich anhand folgender Merkmale beurteilen:

- Da viele Leitungen Signale mit niedrigen Frequenzen nur schlecht übertragen können, sollte der *Gleichstromanteil* eines kodierten Signals möglichst gering sein.
- Die durchschnittliche Anzahl von Signalübergängen während einer Bitdauer, die sogenannte *Modulationsrate*, gibt die benötigte Bandbreite vor und sollte daher möglichst gering ausfallen.
- Um Sender und Empfänger auf einen gemeinsamen Signaltakt zu synchronisieren, ließe sich theoretisch ein Taktgeber verwenden. Einige Verfahren umgehen diesen Mehraufwand durch *selbsttaktende Signale*, indem sie synchron zum Sendetakt einen regelmäßigen Wechsel zwischen den Pegeln für 0 und 1 vornehmen. Der Empfänger kann diesen Takt dann aus den Flanken des Signals rekonstruieren.

In der Praxis existiert eine Vielzahl von Kodierungsverfahren, von denen einige im folgenden exemplarisch dargestellt und hinsichtlich ihrer Qualität für den praktischen Einsatz beurteilt werden (vgl. Abb. 6.13).

NRZ-Code

Der einfach aufgebaute *NRZ-Code* (*Non Return To Zero*) ist an dieser Stelle eher aus didaktischer Sicht interessant, da er zur Veranschaulichung der Problemstellung beitragen kann. Auf dem Prinzip, den Spannungspegel während eines Bitintervalls konstant auf einem festgelegten, von Null Volt verschiedenen Wert zu halten, basieren folgende drei Verfahren.

NRZ-L: „L" steht für „Level" und bedeutet, daß es jeweils für das 0- und 1-Bit einen definierten Pegel gibt.

NRZ-M: Hier wird für jedes 1-Bit am Anfang des Bitintervalls eine Flanke erzeugt, während der Pegel bei einem 0-Bit unverändert bleibt. Der Name „NRZ-M" rührt daher, daß die 1-Bits durch eine Pegeländerung „markiert" werden.

NRZ-S: In Analogie zu NRZ-M wird bei NRZ-S für jedes 0-Bit eine Flanke erzeugt, wobei „S" für „Space" steht.

Allen NRZ-Verfahren ist gemeinsam, daß sie die Bandbreite gut ausnutzen. Im weiteren Vergleich weisen NRZ-S und NRZ-M gegenüber NRZ-L den Vorteil auf, daß es sich um differentielle Kodierungen handelt. Das bedeutet, daß nicht der absolute Spannungswert ausschlaggebend ist, sondern lediglich der Übergang zwischen zwei Spannungsniveaus. Dadurch, daß solche Wechsel zuverlässiger erkannt werden können, lassen sich störungsbedingte Fehlinterpretationen einzelner Bits vermeiden.

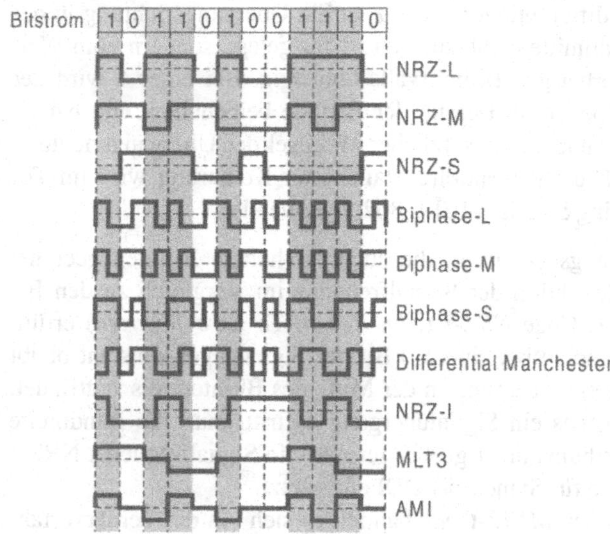

Abb. 6.13. NRZ-Leitungscodes

Auf der anderen Seite zieht bei NRZ-M (NRZ-S) ein falsch interpretiertes 1-Bit (0-Bit) nach sich, daß die darauffolgende Bitsequenz komplett falsch erkannt wird. Da weiterhin die Möglichkeit der Bitsynchronisation fehlt und der Gleichstromanteil relativ hoch ausfällt, sind die NRZ-Kodierungen wenig für Datenübertragungen geeignet. In der Praxis werden sie in erster Linie für digitale magnetische Aufzeichnungen und den Anschluß lokaler Peripheriegeräte verwendet.

Biphase-Codes

Die Nachteile der NRZ-Kodierungen sollen durch die sogenannten *Biphase-Verfahren* behoben werden. Sie basieren auf dem Ansatz, innerhalb eines jeden Bitintervalls mindestens einen Spannungswechsel vorzunehmen, so daß ein Bit grundsätzlich durch zwei aufeinanderfolgende Phasen identifiziert werden kann. Im einzelnen unterscheidet man folgende Formen:

Biphase-L: Ein 1-Bit wird durch eine in der Intervallmitte fallende und ein 0-Bit durch eine dort steigende Flanke dargestellt. Logisch entspricht der Code einer XOR-Verknüpfung des Taktsignals mit dem Ausgangssignal. Biphase-L ist auch als *Manchester-Codierung* bekannt und dient als Leitungscode für Ethernet (IEEE 802.3).

Biphase-M: Am Beginn eines Intervalls findet grundsätzlich ein Spannungswechsel statt. Ein zusätzlicher Übergang in der Intervallmitte markiert ein 1-Bit, während dieser bei einem 0-Bit fehlt.

Biphase-S: Das Prinzip entspricht Biphase-M, allerdings ist die Bedeutung des Übergangs in der Intervallmitte umgekehrt, da dieser jeweils ein 0-Bit kennzeichnet, bzw. ein 1-Bit, wenn er fehlt.

Diff-Biphase: Beim differentiellen Ansatz ist die Übergangsrichtung in der Intervallmitte nicht für 0 und 1 festgelegt, sondern vom Wert des vorherigen Bitintervalls abhängig. Bei einer 1 wird der Signalpegel am Beginn der Periode beibehalten, und bei einer 0 findet ein zusätzlicher Wechsel der Übergangsrichtung statt. Die Differentielle Manchester Kodierung wird im Token Ring Standard IEEE 802.5 verwendet.

NRZ-I-Code

Eine effiziente Leitungscodierung, die auch für höhere Bitraten geeignet ist, erfordert eine Reduktion der Signalfrequenz im Vergleich zu den Biphase-Verfahren. Der Code *NRZ-I* (*Non Return To Zero Inverted*) erfüllt diese Anforderung, indem bei einem 0-Bit der Signalpegel konstant bleibt und bei einem 1-Bit ein Übergang in der Mitte des Bitintervalls stattfindet. Da hier je Bit höchstens ein Signalübergang auftritt, muß die Bandbreite des Übertragungsmediums nicht größer sein als die Signalfrequenz. NRZ-I wird als Leitungscode für Standard-FDDI eingesetzt.

MLT3-Code

Bei dem sogenannten *MLT3-Code* handelt es sich um ein Ternärverfahren, bei dem Signale durch die drei Spannungspegel +U0, 0V und -U0 dargestellt werden. Eine Änderung des Signals um ΔU0 wird als logische „1" interpretiert, während der Pegel bei einem 0-Bit unverändert bleibt. Somit gibt es in einer Periode vier mögliche Signalwechsel, durch die im Vergleich zu NRZ-I die gleiche Datenmenge bei halber Periodenlänge übertragen werden kann. MLT3 wird daher für FDDI auf Twisted Pair-Leitungen eingesetzt.

AMI-Code

Auch der *AMI-Code* (*Alternate Mark Inversion*) ist ein dreiwertiger Leitungscode. Hier werden die 1-Bits jeweils abwechselnd durch einen positiven bzw. negativen Signalwert markiert, der über das ganze Bitintervall gehalten wird. 0-Bits werden dagegen durch ein fehlendes Signal (0 Volt) dargestellt. AMI wird u.a. im Schmalband-ISDN verwendet.

Literaturempfehlungen

Chimi, E. (1998): High-Speed Networking: Konzepte, Technologien, Standards, München und Wien: Hanser, S. 23-33.

Kerner, H. (1995): Rechnernetze nach OSI, 3. Auflg., Bonn u.a.: Addison-Wesley, S. 75-96.

Mäusl, R. (1995): Digitale Modulationsverfahren, 4. Auflg., Heidelberg: Hüthig.

Proebster, W. (1998): Rechnernetze: Technik, Protokolle, Systeme, Anwendungen, München und Wien: Oldenbourg, S. 79-108.

Schürmann, B. (1997): Rechnerverbindungsstrukturen: Bussysteme und Netzwerke, Braunschweig und Wiesbaden: Vieweg, S. 14-43.

7 Rahmenbildung

7.1 Aufgaben

Synchronisation

Bei den oben dargestellten Verfahren der Leitungskodierung wurde bereits die Notwendigkeit einer Synchronisation zwischen Sender und Empfänger angesprochen. Eine reine Bitsynchronisation, die den Empfänger den Signaltakt erkennen läßt, reicht jedoch noch nicht aus, um die Datenübertragung abzuwickeln. Zum einen muß der Empfänger bekanntgeben, wann er für die Aufnahme neuer Daten bereit ist, und zum anderen muß der Sender Anfang und Ende einer Übertragungssequenz kenntlich machen.

Fehlersicherung

Darüber hinaus stellt die Bitübertragungsschicht nur eine ungesicherte Übertragung von Bitströmen zur Verfügung, während auf der Vermittlungsschicht die zu übertragenden Daten in Form von Paketen vorliegen, die möglichst zuverlässig ankommen sollen. Das heißt, eine gesendete Menge von Nachrichteneinheiten soll mit einer hohen Wahrscheinlichkeit den Empfänger erreichen und möglichst keine Fehler aufweisen.

Rahmen

Vor diesem Hintergrund werden auf der Sicherungsschicht diskrete Rahmen gebildet, die zusätzlich zu den Nutzdaten der übergeordneten Ebene Prüfinformationen für die Fehlererkennung und Steuerzeichen für die Synchronisation sowie die Regelung des Kommunikationsablaufes zwischen Sender und Empfänger enthalten: *Ein Rahmen (Frame) besteht aus einer Folge von Bits, die an beiden Enden durch reservierte Synchronisations- sowie Steuerzeichen begrenzt wird.* Als Synonym wird auch der Begriff „Block" verwendet.

7.2 Rahmentypen

Der Aufbau eines Rahmens kann entweder zeichenorientiert oder bitorientiert sein. Die Struktur wird im Detail durch das zugrunde liegende *Leitungsprotokoll* festgelegt.

7.2.1 Zeichenorientierte Rahmen

BSC

Eines der ersten synchronen Leitungsprotokolle für Einzelleitungen wurde in den 60er Jahren unter dem Namen *BSC* (*Binary Synchronous Communi-*

cation) von IBM entwickelt. Es handelt sich dabei um ein zeichenorientiertes Verfahren, das der Gruppe der sogenannten *Basic-Mode-Verfahren* zuzuordnen ist und folgende Eigenschaften aufweist:

- Zwischen Sender und Empfänger ist ein Alphabet vereinbart, das spezielle Synchronisationszeichen sowie Steuerzeichen für die Bildung von Nutzdatenblöcken enthält.
- Die Länge eines Nutzdatenblocks muß ein Vielfaches der Zeichenlänge des Alphabets aufweisen.
- Zur Unterscheidung zwischen Nutz- und Steuerdaten dürfen innerhalb der Nutzdatenblöcke keine Steuerzeichen auftreten.

Rahmenaufbau

Abb. 7.1 stellt den Aufbau eines BSC-Rahmens dar. Zunächst wird der Empfänger durch zwei bis vier Synchronisationszeichen *SYN* (*Synchronization*) auf Gleichlauf gebracht (synchronisiert). Darauf wird die zeichenweise Übertragung der Nutzdaten mit dem Steuerzeichen *STX* (*Start of Text*) eingeleitet, und im Anschluß an diese wird als Endemarkierung das Steuerzeichen *ETX* (*End of Text*) gesendet. Zum Abschluß der Sequenz folgen zwei Prüfzeichen (*BCC, Block Check Character*), die zur Fehlersicherung dienen.

...	Synchronisation		Start	Nutzdaten				Ende	Fehlersicherung		...
...	SYN	SYN	STX	DA	DA	...	DA	ETX	BCC	BCC	...

Abb. 7.1. Serielle synchrone Übertragung eines Nutzdatenblocks mit BSC

SYN:	Synchronization	- Synchronisationszeichen
STX:	Start of Text	- Beginn der Nutzdaten
DA:	Data	- Nutzdaten
ETX:	End of Text	- Ende der Nutzdaten
BCC:	Block Check Character	- Prüfzeichen

Falls die zu übertragenden Nutzdaten länger als der Datenblock eines Rahmens sind, lassen sich Folgen von Teilblöcken bilden. In diesem Fall wird das Ende eines einzelnen Blocks durch das Steuerzeichen *ETB* (*End of Text Block*) markiert und lediglich der letzte mit ETX abgeschlossen (vgl. Abb. 7.2).

...	Synchronisation		Start	Nutzdaten				Ende	Fehlersicherung		...
...	SYN	SYN	STX	DA	DA	...	DA	ETB	BCC	BCC	
	SYN	SYN	STX	DA	DA	...	DA	ETB	BCC	BCC	
						...					
	SYN	SYN	STX	DA	DA	...	DA	ETX	BCC	BCC	...

Abb. 7.2. Serielle synchrone Übertragung von Nutzdaten in Teilblöcken mit BSC

ETB: End of Text Block - Ende eines Nutzdatenblocks

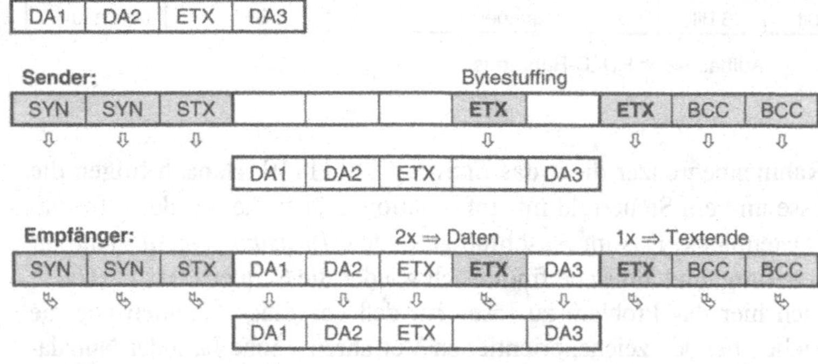

Abb. 7.3. Prinzip des Bytestuffing

Zeichenstopfen

Um zu verhindern, daß innerhalb der Nutzdaten Zeichen auftreten, die der Empfänger fälschlicherweise als Steuerzeichen interpretiert, wird bei der Bildung der Datenblöcke das sogenannte *Zeichenstopfen* (*Bytestuffing*) verwendet (Abb. 7.3).

Jedes Zeichen, das nach dem vereinbarten Alphabet einem ETB bzw. ETX entspricht, wird doppelt gesendet und kann somit durch den Empfänger als Datum erkannt werden. Der ursprüngliche Zeichenstrom wird dadurch wiederhergestellt, daß jedes zweite aufeinanderfolgende Zeichen ETB bzw. ETX entfernt wird. Lediglich das letzte einzeln auftretende Steuerzeichen wird tatsächlich als solches aufgefaßt.

7.2.2 Bitorientierte Rahmen

transparente Übertragung

Da die Zeichenorientierung der Basic-Mode-Verfahren für eine uneingeschränkte Rechnerkommunikation nicht geeignet ist, wurden bitorientierte Leitungsprotokolle entwickelt. Ihr Vorteil besteht darin, daß damit beliebige binäre Zeichenfolgen übertragbar sind, also sowohl Zeichen als auch Ton und Bild. Man spricht in diesem Zusammenhang von *transparenter Übertragung*.

Rahmenaufbau

Ein bitorientierter Rahmen besteht aus einer Bitfolge beliebiger Länge, dessen Anfang und Ende durch ein spezielles binäres Zeichenmuster (*Flag*) gekennzeichnet wird (vgl. Abb. 7.4). Die Bitfolge für die Rahmenbegrenzung darf jedoch nicht selbst im Rahmen auftreten.

HDLC

Das bedeutendste Protokoll dieser Klasse ist das *High-Level Data Link Control* Protocol (*HDLC*). Dabei handelt es sich um eine Weiterentwicklung der von IBM im Rahmen der *SNA* (*System Network Architecture*) spezifizierten *SDLC-Prozedur* (*Synchronous Data Link Control*). Von HDLC wiederum existieren inzwischen zahlreiche Varianten in verschiedenen Bereichen der Kommunikationswelt.

	Flag	Adresse	Steuerfeld	Nutzdaten	Fehlersicherung	Flag	
...	01111110	8 Bit	8 Bit	Variabel	16 Bit	01111110	...

Abb. 7.4. Aufbau eines HDLC-Rahmens

Als Rahmenbegrenzer dient das *Startflag* 01111110. Danach folgen die Zieladresse und ein Steuerfeld mit Informationen über die Art der Information im Datenblock. Das im Anschluß gesendete *Prüfsummenfeld* dient zur Fehlersicherung, und am Ende findet sich wieder die Sequenz 01111110.

Bitstopfen

Da auch hier das Problem zu lösen ist, daß das Flag – ähnlich wie die Steuerzeichen bei den zeichenorientierten Verfahren – innerhalb der Nutzdaten auftreten und zur Fehlinterpretation beim Empfänger führen kann, bedient man sich hier mit dem *Bitstopfen* (*Bitstuffing*) einer vergleichbaren Technik. Innerhalb der Nutzdaten fügt der Sender nach allen fünf aufeinander folgenden 1-Bits immer ein 0-Bit ein. Auf diese Weise wird aus der Folge 01111110 das Bitmuster 011111010. Der Empfänger nimmt derartige Änderungen automatisch wieder zurück und erhält so die Ausgangsfolge.

7.3 Fehlererkennung

In den bisherigen Ausführungen wurde unterstellt, daß Bitströme fehlerfrei übertragen werden können. Im Kontext der Übertragungsmedien wurde jedoch bereits darauf hingewiesen, daß tatsächlich alle technischen Geräte und physikalischen Übertragungsmedien trotz technischer Vorkehrungen zur Reduzierung der Bitfehlerwahrscheinlichkeit[28] fehlerbehaftet sind.

Bitfehler

So gibt z.B die Deutsche Telekom für ihre öffentlichen Netze eine auf Langzeituntersuchungen basierende physikalische Bitfehlerwahrscheinlichkeit von 10^{-4} bis 10^{-7} an. Durchschnittlich ist also pro übertragenen 10^{4} bis 10^{7} Bits lediglich mit einem falschen Bit zu rechnen. Allerdings zeigen empirische Untersuchungen, daß Übertragungsfehler nicht gleichmäßig verteilt auftreten, sondern eher lange fehlerfreie Zeiten durch kurze Perioden mit Fehlerhäufungen unterbrochen werden. Eine zuverlässige Fehlererkennung wird durch solche Bündelstörungen erschwert, da Einzelbitfehler leichter zu identifizieren sind als fehlerhafte Bitfolgen. Prinzipiell ist es nicht möglich, die Korrektheit eines alleinstehenden Bits festzustellen, weil sowohl der tatsächliche als auch der fehlerhafte Wert im zulässigen Wertebereich liegen. Im Rahmen der Fehlerprüfung sind deshalb stets Folgen binärer Zeichen zu betrachten.

Fehlermanagement

Das Fehlermanagement, also die Prüfung, Erkennung und gegebenenfalls die automatische Behebung von Fehlern, muß von allen Protokoll-

---

[28] Die Bitfehlerwahrscheinlichkeit gibt an, mit welcher Wahrscheinlichkeit ein übertragenes Bit fehlerhaft beim Empfänger ankommt. Der Kehrwert entspricht also der Anzahl von Bits, die im statistischen Mittel übertragen werden können, ohne daß ein Fehler auftritt.

schichten wahrgenommen werden, in der die Dienste der untergeordneten Schicht zu unsicher erscheinen. Von besonderer Bedeutung ist diese Aufgabe jedoch auf der Sicherungsschicht. Sie dient dazu, mit Hilfe geeigneter Maßnahmen die gesicherte physikalische Übertragung eines Bitstroms auf einer Punkt-zu-Punkt-Verbindung zu realisieren.

7.3.1 Zeichenweise Paritätssicherung

Paritätsbit

Ein Fehlererkennungsverfahren, das bei zeichenorientierter Übertragung auf der Ebene des zugrunde liegenden Alphabets ansetzt, ist die *zeichenweise Paritätssicherung*. Hier enthält jedes zu übertragende Zeichen als redundante Zusatzinformation ein Paritätsbit, das die Anzahl der 1-Bits auf eine gerade (*gerade Parität*) bzw. ungerade (*ungerade Parität*) Anzahl ergänzt. Wird genau ein Bit verfälscht, also z.B. aus einer „0" eine „1", ändert sich entsprechend die Parität, und der Fehler wird erkannt. Dies gilt ebenfalls für jede andere ungerade Anzahl von Bitfehlern, so daß mit Hilfe dieser Information die Rate der unerkannten Bitfehler auf rund 10% des Wertes ohne Sicherung sinkt. Um eine weitere Verringerung der Bitfehlerwahrscheinlichkeit zu erzielen, werden in der Regel allerdings weitere Vorkehrungen gegen Übertragungsfehler getroffen.

7.3.2 Blockweise Paritätssicherung

Prinzip

Bei den Verfahren mit *blockweiser Paritätssicherung* werden die Nutzdaten eines Rahmens en bloc betrachtet und die dafür berechnete Prüfzahl an das Rahmenende angefügt. Der Empfänger ermittelt diese Prüfzahl nach demselben Algorithmus wie der Sender und kann durch einen Vergleich der beiden Werte die Korrektheit der Daten kontrollieren. Im Fehlerfall hängt die Reaktion des Empfängers vom Übertragungsprotokoll ab: Am einfachsten sind die später detailliert beschriebenen Verfahren zur Übertragungswiederholung. Soweit der Übertragungscode mit Redundanz versehen ist, kann zunächst versucht werden, den korrekten Nutzdateninhalt zu rekonstruieren.

Blocksicherung durch Längsparität

Bei der *Blocksicherung durch Längsparität* erfolgt die logische Gruppierung nicht zeichenweise, sondern indem über alle Zeichen hinweg jeweils die Bits der gleichen Position zusammengefaßt werden. Abb. 7.5 zeigt dies am Beispiel dreier Zeichen. Das resultierende Paritätszeichen hat wie die Nutzdaten ebenfalls eine Zeichenlänge von 8 Bit und ist wie folgt aufgebaut: Das i-te Bit entspricht der Parität aller i-ten Bits der Nutzdaten. Das erste Bit korrespondiert also mit allen Bits an Position eins etc.

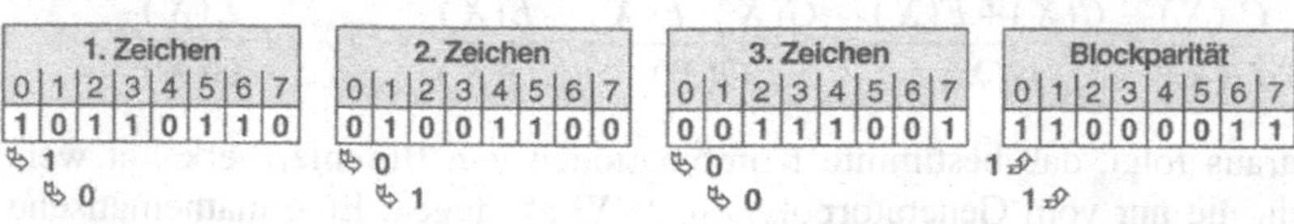

Abb. 7.5. Beispiel für die blockweise Paritätssicherung mit gerader Längsparität

Beurteilung

Die Leistungsfähigkeit der Sicherung durch Blockparität ist ähnlich zu bewerten wie die der Zeichenparität, wobei sie mit zunehmender Länge des zu sichernden Rahmens abnimmt. In der Praxis wird dieses Verfahren kaum angewendet, da jede gerade Anzahl verfälschter Bits unerkannt bleibt, was angesichts des möglichen Auftretens von Bündelstörungen nicht vertretbar ist.

Blocksicherung durch Summenbildung

Interpretiert man die Zeichen eines Rahmens als numerische Werte, kann man eine Prüfsumme durch Addition aller Zeichen ermitteln. Je nachdem, wieviel Platz für die Blocksicherung zur Verfügung steht, muß geregelt sein, wie bei einem Überlauf zu verfahren ist. Üblicherweise hat die resultierende Summe eine Länge von ein bis zwei Zeichen.

7.3.3 Zyklische Prüfsummenbildung

Konzept

Eine Erweiterung des Paritätsverfahrens stellt die *zyklische Prüfsummenbildung* (*Cyclic Redundancy Check*, *CRC*) dar. Damit lassen sich verschiedene Gruppen von Bits überprüfen, soweit dies für die Fehlererkennung sinnvoll ist. Das Konzept des Verfahrens besteht darin, eine zu übertragende Folge $c_i (i=0..k-1)$ von k Bits wie folgt als Polynom aufzufassen:

$$N(X) = \sum_{i=0}^{k-1} c_i \cdot x^i$$

Auf der Basis dieser Annahme geht man nach folgendem Schema vor:

1. Sender und Empfänger vereinbaren ein Generatorpolynom $G(X)$ vom Grad r.
2. Der Sender ermittelt den Rest $R(X)$ der Division des Nachrichtenpolynoms $N(X)$ durch das Generatorpolynom $G(X)$, so daß gilt: $N(X)\cdot X^r = G(X)\cdot F(X) + R(X)$
3. Der Sender überträgt das Codepolynom $C(X) = G(X)\cdot F(X)$ sowie das Restpolynom $R(X)$.
4. Der Empfänger dividiert das erhaltene Codepolynom $C'(X)$ durch $G(X)$. Falls der Rest Null ergibt, war die Übertragung fehlerfrei. In diesem Fall kann das Nachrichtenpolynom aus den beiden Polynomen $C(X)$ und $R(X)$ wieder rekonstruiert werden: $N(X)\cdot X^r = C(X) + R(X)$

Erkennung von Fehlern

Falls das Codepolynom falsch übertragen wurde, läßt sich der Fehler durch das Polynom $E(X)$ beschreiben: $C'(X) = C(X) + E(X)$. Bei der Division durch das Generatorpolynom bleibt also genau dann ein Rest, wenn die Division von $E(X)$ durch $G(X)$ einen Rest läßt:

$$\frac{C'(X)}{G(X)} = \frac{C(X)+E(X)}{G(X)} = \frac{G(X)\cdot F(X)}{G(X)} + \frac{E(X)}{G(X)} = F(X) + \frac{E(X)}{G(X)}$$

Daraus folgt, daß bestimmte Kombinationen von Bitfehlern erkannt werden, die nur vom Generatorpolynom $G(X)$ abhängen. Eine mathematische Analyse mit Hilfe von Bitfiltern ermöglicht die Auswahl geeigneter Generatorpolynome in Abhängigkeit von der maximalen Länge eines Nutzdatenblocks. In der Praxis werden die in Abb. 7.6 dargestellten Polynome des Grads 8, 16 oder 32 verwendet. Da die Berechnung der Prüfinformation mit Hilfe einfacher Schieberegister zu realisieren ist und damit ebenso schnell wie die Übertragung von Informationen durchgeführt werden kann, wird das CRC-Verfahren bereits weitgehend als Hardwarebaustein zur Fehlerüberprüfung bei der Datenübertragung eingesetzt.

CRC-Verfahren	Generatorpolynom
HEC:	X^8+X^2+X+1
CRC-16:	$X^{16}+X^{15}+X^2+1$
CRC-CCITT:	$X^{16}+X^{12}+X^5+1$
CRC-32:	$X^{32}+X^{26}+X^{23}+X^{22}+X^{16}+X^{12}+X^{11}+X^{10}+X^8+X^7+X^5+X^4+X^2+X+1$

Abb. 7.6. Generatorpolynome gängiger CRC-Verfahren
HEC Header Error Correction
CRC Cyclic Redundancy Check

Literaturempfehlungen

Chimi, E. (1998): High-Speed Networking: Konzepte, Technologien, Standards, München und Wien: Hanser, S. 40-43.

Proebster, W. (1998): Rechnernetze: Technik, Protokolle, Systeme, Anwendungen, München und Wien: Oldenbourg, S. 159-165.

Schürmann, B. (1997): Rechnerverbindungsstrukturen: Bussysteme und Netzwerke, Braunschweig und Wiesbaden: Vieweg, S. 69-97.

Tanenbaum, A.S. (1998): Computernetzwerke, 3. Aufl., München: Prentice Hall, S. 196-208.

8 Flußkontrolle

Problemstellung

Nachdem gezeigt wurde, wie ein einzelner Rahmen übertragen und auf Korrektheit geprüft werden kann, sollen nun Verfahren zur Steuerung des Kommunikationsablaufs für eine Folge von Rahmen betrachtet werden. Neben möglichen Übertragungsfehlern ist dabei zu berücksichtigen, daß beim Empfänger aufgrund von Geschwindigkeitsunterschieden und begrenzter Speicherkapazität keine Überflutungen entstehen, die zum Verlust von Paketen führen. Dies erfordert die Abstimmung folgender drei Geschwindigkeiten:

1. die Geschwindigkeit, mit der die Quelle die Daten zur Verfügung stellt,
2. die Geschwindigkeit, mit der Daten über eine Verbindung von der Quelle zur Senke transportiert werden und
3. die Geschwindigkeit, mit der die Senke die Daten aufnimmt.

Flußkontrolle

Falls (1) < (2) oder (2) < (3) ist, müssen lokale Maßnahmen zur *Flußkontrolle* ergriffen werden. Dazu zählen insbesondere Zwischenspeicher, deren Dimensionierung auf das Verhältnis der anzugleichenden Geschwindigkeiten abgestimmt sein muß.

Anforderungen an das Übertragungsprotokoll

Gilt (1) > (3), dann sind Rückmeldungen des Empfängers notwendig, die Aufschluß darüber geben, wann er für den Eingang neuer Rahmen bereit ist. Die dazu erforderlichen Abläufe werden durch das Übertragungsprotokoll festgelegt, an das folgende grundlegende Anforderungen zu stellen sind:

- Im Hinblick auf eine *schnelle* Übertragung soll die Übertragungszeit, also die Zeitspanne zwischen der Bereitstellung der Daten beim Sender und der Verfügbarkeit beim Empfänger, möglichst klein sein.
- Um die Kanalkapazitäten effizient zu nutzen und damit einen möglichst hohen Datendurchsatz zu erreichen, sollte die Übertragungsprozedur selbst ein gutes Zeitverhalten aufweisen. Der für die Steuerung und Kontrolle des Datenverkehrs entstehende Overhead sollte also möglichst niedrig sein.

8.1 Echoüberwachung

Prinzip

Bei der *Echoüberwachung (Echo Checking)* handelt es sich um ein Verfahren, das insbesondere für die Anbindung von Terminals an Großrechner eingesetzt wird. Das Prinzip besteht darin, die empfangenen Daten wieder an den Sender zurückzuschicken, damit dieser die Richtigkeit der Übertragung erkennen kann. Dazu wird jedes einzelne durch den Benutzer am Terminal eingegebene Zeichen asynchron zum Host geschickt[29] und von dort reflektiert. Erst das gespiegelte Zeichen wird auf dem Bildschirm dargestellt. Aufgrund des gleichzeitig benötigten Hin- und Rückkanals stellt diese Prozedur eine Spezialform des Duplex-Betriebs dar.

Nachteile

Abgesehen davon, daß bei der Datenübertragung nicht einzelne Zeichen sondern Rahmen bestehend aus Bit- bzw. Zeichenfolgen zu transportieren sind, weist die Echoüberwachung einige erhebliche Nachteile auf:

- Auf der Seite des Senders ist für die gesendeten und wieder reflektierten Daten eine überwachende und steuernde Einheit erforderlich.
- Die Kapazität des Übertragungskanals wird mindestens zur Hälfte mit redundanten Informationen belegt.
- Im statistischen Mittel ist die Hälfte aller senderseitig erkannten Fehler auf eine falsche Übertragung der reflektierten Daten zurückzuführen, obwohl die gesendeten Daten beim Empfänger korrekt angekommen sind.

8.2 Automatische Wiederholungsanforderung

Grundprinzip

Falls es dem Empfänger möglich ist, anhand der mitübertragenen redundanten Informationen die Korrektheit der eingehenden Rahmen zu identifizieren, kann er dies dem Sender durch eine *positive Quittung* (*Acknowledgement*, *ACK*) mitteilen. Erst wenn der Sender eine solche Bestätigung für den vorhergehenden Block erhalten hat, sendet er den nächsten. Den Ablauf einer Übertragung nach diesem Prinzip veranschaulicht Abb. 8.1.

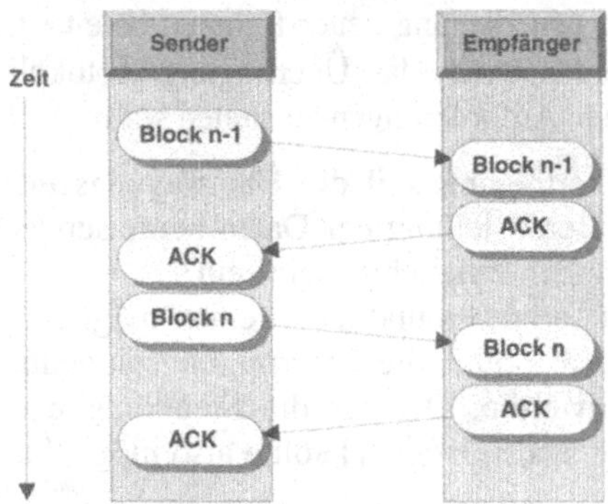

Abb. 8.1. Ablaufschema der blockorientierten Übertragung mit Empfangsbestätigung

[29] Bei dieser Übertragungsart spricht man auch von einem Start-Stop-Betrieb, da jedem zu übertragenden Zeichen ein zusätzliches Startbit und Stopbit hinzugefügt wird. Synchronisation besteht nur für die Dauer eines Zeichens. Die Zeiträume zwischen zwei Übertragungen sind asynchron – also nicht festgelegt.

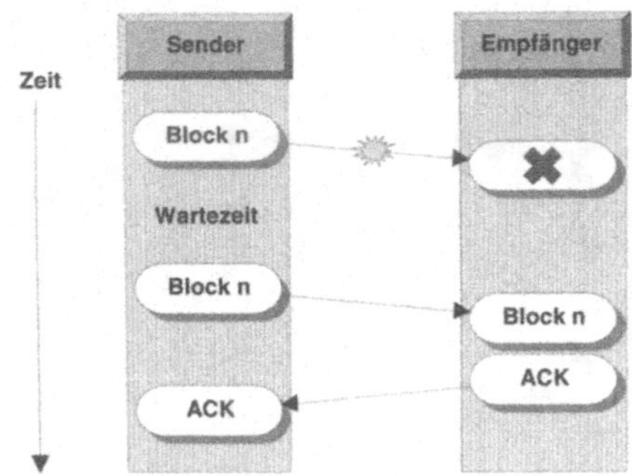

Abb. 8.2. Zeitüberschreitung bei der Datenübertragung

Zeitüberwachung

Da der Empfänger seinerseits nicht imstande ist zu erkennen, ob ein Datenblock – in diesem Fall als Quittung – verloren gegangen ist, arbeitet der Sender mit einer Zeitüberwachung (vgl. Abb. 8.2): Anhand der Geschwindigkeit des Übertragungssystems wird eine maximale Zeitspanne festgelegt, die das Senden eines Blocks mit anschließender Rückmeldung dauern darf. Mit Hilfe eines Timers kontrolliert der Sender nun, ob diese Zeit überschritten wird, um dann entsprechende Maßnahmen einzuleiten.

Ein solcher *Timeout* kann zwei Ursachen haben: Entweder ist der letzte Rahmen beim Empfänger nicht korrekt angekommen, oder auf umgekehrtem Weg ist die Bestätigung des Empfängers an den Sender fehlgeschlagen. In beiden Fällen sieht das Grundprinzip der *Automatischen Wiederholungsanforderung* (*Automatic Repeat Request, ARQ*) eine erneute Übertragung vor.

Alternierende Bestätigung

Damit der Empfänger feststellen kann, ob eine Folge von Blöcken in der richtigen Reihenfolge angekommen ist, werden diese mit absoluten Zahlen oder sich wiederholenden Zahlenfolgen (z.B. von 1 bis 8) numeriert. Falls die Rahmen abwechselnd die Zahlen „0“ und „1“ tragen, spricht man von *alternierender Bestätigung*.

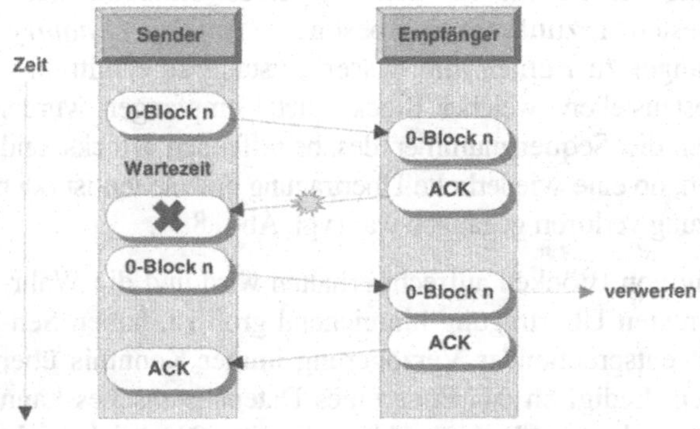

Abb. 8.3. Erkennung doppelt gesendeter Datenblöcke bei alternierender Bestätigung

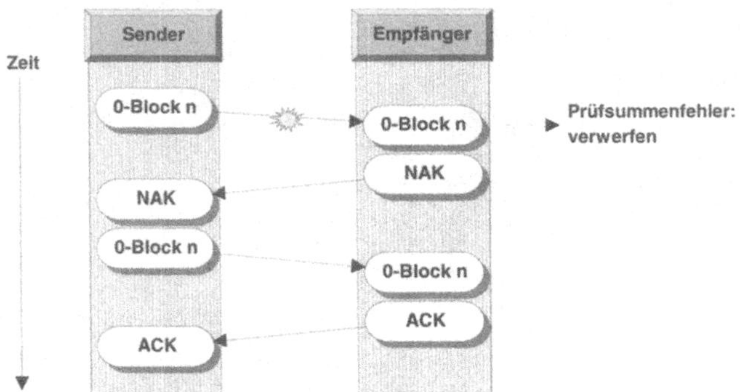

Abb. 8.4. Negative Quittung bei Übertragungsfehler

Notwendigkeit von Sequenznummern

Die Notwendigkeit einer solchen Numerierung bei Verlust der Quittung durch den Empfänger veranschaulicht Abb. 8.3: Im Normalfall überträgt der Sender abwechselnd einen 0-Block und einen 1-Block. Bei einer Zeitüberschreitung geht er davon aus, daß der letzte Block gar nicht oder fehlerhaft angekommen ist und sendet diesen erneut. Anhand der Sequenznummer erkennt der Empfänger, ob es sich um einen bereits erhaltenen Block oder einen neuen handelt. Ein Block, der ein zweites Mal empfangen wird, obwohl er bereits korrekt vorliegt, wird ignoriert, und trotzdem wird eine Bestätigung an den Sender geschickt.

Falls ein Block zwar beim Empfänger ankommt, dieser aber anhand der Prüfsumme einen Übertragungsfehler feststellt, wird eines der folgenden Verfahren zur Fehlerbehebung eingesetzt:

Fehlerbehebung

- Der Empfänger verwirft den Block und sendet keine Bestätigung. Nach Überschreitung der vorgegebenen Zeit (Timeout) reagiert der Sender durch Übertragungswiederholung.
- Eine Variante, bei der diese Wartezeit verkürzt wird, besteht darin, daß der Empfänger mit einer *negativen Quittung (Negative Acknowledgement, NAK)* antwortet (vgl. Abb. 8.4).
- Ansonsten könnte die Maßnahme für den Fall eines Timeouts beim Sender auch darin bestehen, zunächst eine besondere *Anfrage (Enquiry, ENQ)* an den Empfänger zu richten, um dessen Zustand zu ermitteln – insbesondere, um festzustellen, welcher Block zuletzt empfangen wurde. Als Antwort erhält er die Sequenznummer des betreffenden Blocks und kann somit überprüfen, ob eine wiederholte Übertragung einzuleiten ist oder nur die letzte Bestätigung verloren gegangen war (vgl. Abb. 8.5).

Verbindungsabbau

Solange die Übertragung von Blöcken aufrecht erhalten wird und die Wahrscheinlichkeit einer korrekten Übertragung hinreichend groß ist, haben Sender und Empfänger mit entsprechender Verzögerung immer Kenntnis über den Zustand des anderen. Lediglich das Ende eines Datenaustausches kann evtl. nicht mehr erkannt werden, da der letzte Absender einer Nachricht nicht wissen kann, ob diese bei der Gegenstelle tatsächlich angekommen ist.

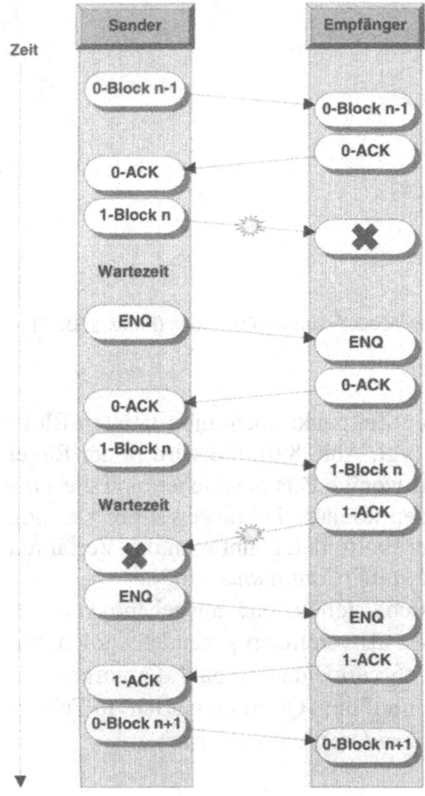

Abb. 8.5. Bestätigung mit Sequenznummer

In der Praxis wird dieses Problem dadurch behoben, daß eine nicht quittierte Beendigungsanforderung mit einer vereinbarten Anzahl von Wiederholungen (z.B. dreimal) gesendet wird, ohne dann noch auf weitere Bestätigungen zu warten.

8.3 Kontinuierliche Wiederholungsanforderung

Sende- und Empfangsspeicher

Obwohl das oben dargestellte Verfahren der automatischen Wiederholungsanforderung eine sichere Datenübertragung ermöglicht, weist es den Nachteil auf, daß durch das Warten des Senders auf die Bestätigungen ein hoher Zeitaufwand entsteht. Wirksamer ist es, mehrere Blöcke ohne Quittierung zu senden. Dies setzt jedoch voraus, daß der Sender jeden übertragenen Block solange als Kopie in einer Sendeliste vorhält, bis er vom Empfänger die zugehörige Bestätigung erhält. Letzterer bewahrt seinerseits alle Identifizierungen empfangener Blöcke in einer Empfangsliste auf.

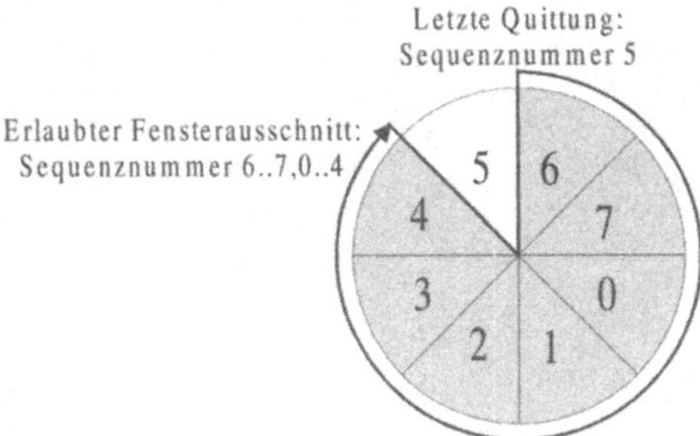

Abb. 8.6. Sendefenster bei kontinuierlicher Wiederholungsanforderung (Puffergröße 7)

Fenster-mechanismus

Die Anzahl der zu einem beliebigen Zeitpunkt noch unbestätigten Blöcke bezeichnet man als *Fenstergröße* (vgl. Abb. 8.6). Sie wird in der Regel so begrenzt, daß für die Identifikation wenige Bits ausreichen und die Puffer entsprechend klein gehalten werden können. Da in gewissem Umfang eine kontinuierliche Datenübertragung stattfindet, nennt man das Verfahren *kontinuierliche Wiederholungsanforderung (Continuous ARQ)*.

Selektive und rückwirkende Wiederholung

Der Fenster-Mechanismus muß sicherstellen, daß ausgehend von der letzten Bestätigung nicht mehr Rahmen als vereinbart gesendet werden, um ein Überlaufen des Empfangspuffers zu vermeiden. Sobald die vorgegebene Grenze erreicht ist, muß der Sender auf eine Quittung warten. In Fehlersituationen kann *selektiv* oder *rückwirkend* wiederholt werden.

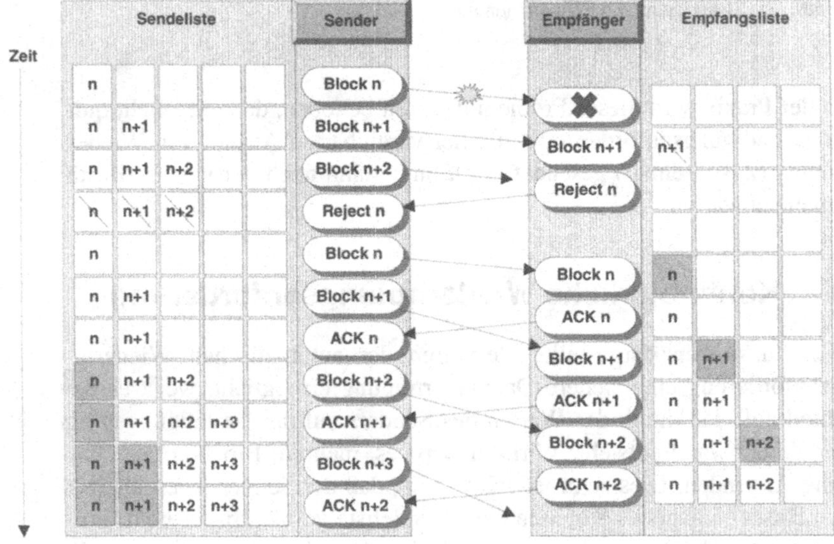

Abb. 8.7. Kontinuierliches ARQ mit Fenstergröße 3 und rückwirkender Wiederholung

- Bei dem Verfahren der *rückwirkenden Wiederholung* (*Go-Back-N-ARQ*) fordert der Empfänger den Sender im Fehlerfall explizit auf, die Übertragung von dem Block an zu wiederholen, der als letzter noch korrekt empfangen wurde. (vgl. Abb. 8.7). Dieses Verfahren ist zwar wenig leistungsfähig, es vereinfacht allerdings die Abarbeitung der empfangenen Blöcke, weil hier auf eine Sortierung verzichtet werden kann. Aufgrund der Tatsache, daß es auch bei mehreren Fehlern relativ stabil bleibt, wird es in der Praxis bevorzugt eingesetzt.
- Bei der *selektiven Wiederholung* (*Selective Retransmission*) wird ein noch nicht bestätigter Block erneut gesendet, sobald eine Bestätigung für einen nachfolgenden Rahmen beim Sender eintrifft (vgl. Abb. 8.8).

Piggy-backed Acknowledgement

Falls zwei Stationen wechselseitig Daten austauschen, lassen sich die Quittungen auch in den in Gegenrichtung gesendeten Blöcken unterbringen. Dadurch wird zwar deren Aufbau unübersichtlicher, man spart jedoch Übertragungskapazität. Anschaulich wird dieses Verfahren *Huckepack-Quittierung (Piggy-backed Acknowledgement)* genannt.

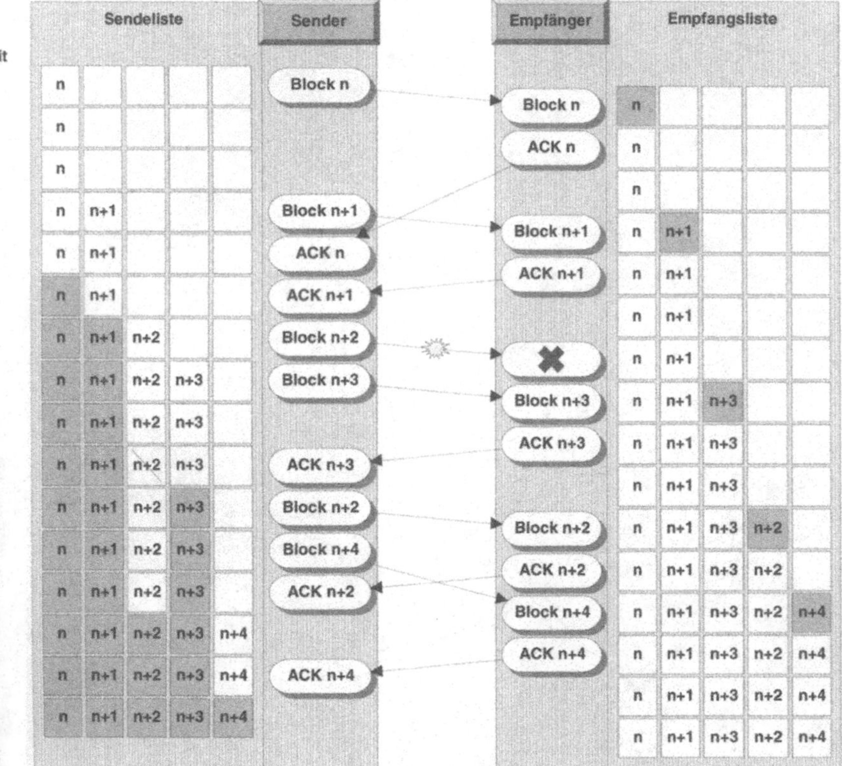

Abb. 8.8. Kontinuierliches ARQ mit der Fenstergröße 2 und selektiver Wiederholung

Literaturempfehlungen

Proebster, W. (1998): Rechnernetze: Technik, Protokolle, Systeme, Anwendungen, München und Wien: Oldenbourg, S. 166-172.

Tanenbaum, A.S. (1998): Computernetzwerke, 3. Auflg., München: Prentice Hall, S. 208-243.

9 Medienzugangsverfahren

Problemstellung

Bei den bisherigen Betrachtungen standen die Organisation des Übertragungsprozesses zwischen Sender und Empfänger sowie dessen Zuverlässigkeit im Vordergrund. Hier wird nun gezeigt, wie in lokalen Netzen der Zugang der Stationen zum Übertragungsmedium erfolgen kann. Parallel mit der Entwicklung lokaler Netze wurden für diese Aufgabe eine Vielzahl von Verfahren entwickelt, von denen sich einige wenige bewährt haben.

Erreichbarkeit

Aufgrund der räumlich begrenzten Ausdehnung besteht eine wesentliche Eigenschaft lokaler Netze in der dauerhaften Verfügbarkeit der Infrastruktur und somit der ständigen Erreichbarkeit aller aktiven Stationen. Auf den kurzen Entfernungen eines LANs, die selten mehr als 10 km erreichen, stehen im Vergleich zu den meisten Weitverkehrsnetzen hohe Übertragungsgeschwindigkeiten zur Verfügung, die sich meistens im Bereich von 100 MBit bis zu einem GBit bewegen. Vorherrschend ist die Realisierung als Diffusionsnetz, bei dem nach dem Prinzip des *Rundrufverfahrens (Broadcasting)* die von einem Rechner abgesendeten Nachrichten mit kurzer Verzögerung alle übrigen Rechner erreichen. Bekannteste Beispiele für diese Form der Nachrichtenübertragung sind Rundfunk und Fernsehen. Von einem Punkt aus übertragene Nachrichten können entweder von allen Stationen gemeinsam oder selektiv von einer bzw. einigen wenigen Stationen empfangen werden.

Adressierung

Zur Adressierung einer Station wird der Nachricht eine Empfängeradresse mitgegeben. Durch Vergleich der eigenen Stationsadresse mit der Adresse in der Nachricht erkennt die Datenübertragungseinrichtung die an sie gerichteten Rahmen; die übrigen ignoriert sie.

Sendeberechtigung

In lokalen Netzen konkurrieren die einzelnen Stationen in der Regel um die Berechtigung zum Senden. Bevor es zum Nachrichtenaustausch zwischen zwei oder mehreren Stationen kommen kann, ist nach einem vorgegebenen Verfahren festzulegen, wer wann wie lange senden darf. Zu einem Zeitpunkt, wo mehrere Stationen gleichzeitig senden wollen, besteht das Problem darin, daß mehrere Anforderungen für eine gemeinsame Ressource – das Übertragungsmedium – vorliegen und diese nach einem fairen Verfahren einer der anfordernden Stationen zuzuteilen ist. Bei den für die Aufgabe der Zuteilung sowie für die Kontrolle des vollständigen und korrekten Empfangs der Rahmen entwickelten Verfahren spricht man von *Medienzugangssteuerung* (*MAC, Medium Access Control*). Im ISO/OSI-Modell bilden sie als *MAC-Ebene* eine Subebene der Sicherungsschicht.

Klassifikation

Medienzugangsverfahren verfolgen das Ziel, die vorhandenen Übertragungsressourcen möglichst gleichmäßig an alle aktiven Stationen zu verteilen. Im Hinblick auf ihre Determiniertheit unterscheidet man zwei Klassen von Verfahren: deterministische und stochastische.

9.1 Deterministische Verfahren

Eigenschaften

Bei *deterministischen Verfahren* erfolgt der Zugriff einer Station auf das Übertragungsmedium durch einen Mechanismus, der stets nur einer sendewilligen Station das Medium exklusiv zur Übertragung eines Rahmens zuteilt. Sobald eine Station das Medium belegt, kann keine andere, die sich protokollgerecht verhält, den Zugriff ebenfalls beanspruchen. Durch Festlegung der Reihenfolge und Limitierung der Größe des zu übertragenden Rahmens gibt es für jede sendewillige Station eine obere Zeitgrenze bis zum Erhalt der Sendeerlaubnis. Diese Eigenschaft ist besonders für Echtzeitanwendungen von Bedeutung.

Implementierungen

Das mit Abstand wichtigste deterministische Verfahren ist das nach IEEE 802.5 standardisierte *Token Passing Verfahren*, dessen bekannteste Implementierung der *Token Ring* von IBM darstellt. Die im ISO-Standard 9314 spezifizierte Zugangssteuerung des *Fiber Distributed Data Interface* (FDDI) basiert auf einer Weiterentwicklung des Token Passings. Zur Betrachtung des Grundprinzips soll an dieser Stelle das bereits Anfang der 70er Jahre entwickelte Verfahren dienen, obwohl es in dieser Form keine praktische Bedeutung mehr hat.[30]

Grundprinzip

Als Netztopologie liegt ein Ring zugrunde, der sich aus gerichteten Punkt-zu-Punkt-Verbindungen zwischen den Stationen zusammensetzt. Der Zugriff auf den Ring wird über eine Berechtigungsmarke, das sogenannte *Token*, gesteuert. Dabei handelt es sich um einen speziellen Rahmen ohne Nutzdaten, der außer der Anfangs- und Endemarkierung (*Start* und *End Delimiter*) lediglich ein Steuerzeichen für den Zugriff (*Access Control*) enthält. Solange kein Sendewunsch ansteht, kreist das Token um den Ring, indem es aktiv von Station zu Station weitergeleitet wird. Nur diejenige Station, die gerade das Token empfängt, hat zu diesem Zeitpunkt die Erlaubnis zu senden. Dazu belegt sie das Token durch Markierung des Zugriffsfeldes und sendet direkt im Anschluß die anstehenden Daten (vgl. Abb. 9.1).

Jeder Rahmen passiert nacheinander jede Station und umkreist somit genau einmal den Ring. Die Weiterleitung von Rahmen erfolgt jeweils bitseriell zwischen zwei Nachbarstationen, wobei durch Anhebung des Signalpegels eine Regenerierung vorgenommen wird. Anhand eines belegten Tokens kann eine Station erkennen, daß Nutzdaten folgen, und überprüft dann, ob die mitgelieferte Adresse mit der eigenen übereinstimmt. In diesem Fall wird die enthaltene Nachricht in den dafür vorgesehenen Puffer kopiert.

[30] Die Zugangsregelung von FDDI wird ausführlich in Kap. 21.5.2 behandelt.

Das Frei-Token kreist. S ist sendewillig.

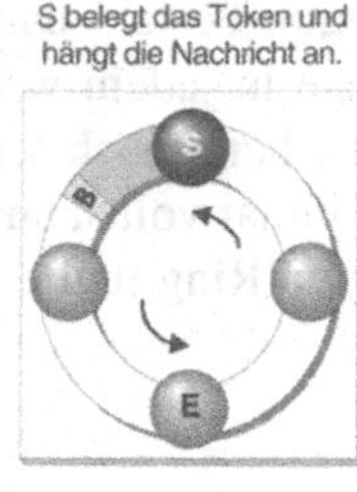

S belegt das Token und hängt die Nachricht an.

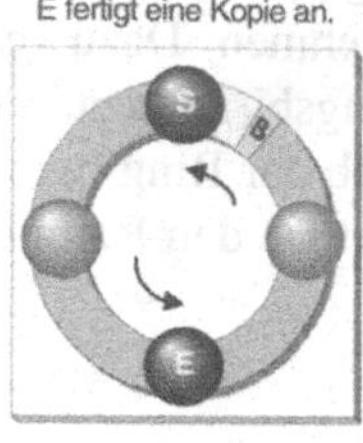

Die Nachricht füllt den Ring. E fertigt eine Kopie an.

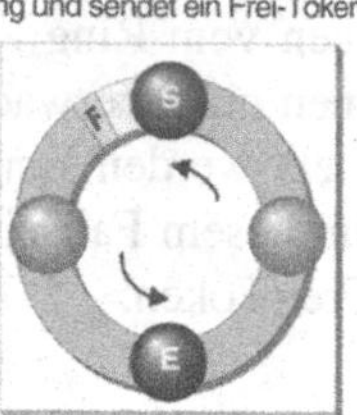

S nimmt die Nachricht vom Ring und sendet ein Frei-Token.

Abb. 9.1. Prinzip des Token Passing Verfahrens

Antwort an Sender

Bei der Weitergabe des Rahmens setzt die adressierte Station zwei Statusbits, um den Sender über die Korrektheit der Adresse und den Empfang des Rahmens zu informieren (vgl. Abb. 9.2). Sobald der Sender den Rahmen wieder erhält, überprüft er ihn auf Vollständigkeit und Korrektheit. Bei der Feststellung eines Fehlers wird die Übertragung wiederholt. Ansonsten wird der Rahmen vom Ring genommen und das Token wieder freigegeben.

Zeitbeschränkung

Um alle Stationen gleichberechtigt zu behandeln und damit eine Monopolisierung des Rings durch einzelne Stationen zu verhindern, darf eine Station meistens nur einen Rahmen, gegebenenfalls mit einer Wiederholung im Fehlerfall senden. Im Fall, daß die maximal zulässige Dauer (*Time Holding Token, THT*), die eine Station über das Token verfügen darf, erreicht ist oder keine weiteren Rahmen mehr zu senden sind, wird das belegte Token wieder in ein Frei-Token umgewandelt. Diese Aufgabe übernimmt eine aktive Station, die als ***Monitorstation*** für die Erkennung und Behandlung von Fehlersituationen verantwortlich ist.

Monitorstation

In periodischen Zeitabständen (*Timer Active Monitor, TAM*) signalisiert der Monitor durch einen speziellen Rahmen (*Active_Monitor_Present*) allen übrigen Stationen seine Existenz. Diese setzen daraufhin jeweils einen Timer (*Timer Standby Monitor, TSM*), dessen Ablauf ohne eine weitere Nachricht des Monitors darauf aufmerksam macht, daß er abgeschaltet wurde oder eine Störung im Ring vorliegt. Diejenige Station, welche dies (zuerst) feststellt, versucht, den Ring zu initialisieren und die Monitorfunktion zu übernehmen. Dazu sendet sie den Steuerrahmen *Claim_Token*. Umkreist dieser den Ring, ohne daß zwischendurch ein anderer Rahmen die Station passiert, wird sie zum neuen Monitor und generiert ein Token.

Addressbit	Copybit	
	C = 0	C = 1
A = 0	Adressat nicht vorhanden oder abgeschaltet	Unzulässige Kombination
A = 1	Adressat vorhanden, aber Rahmen nicht angenommen	Adressat vorhanden und Rahmen kopiert

Abb. 9.2. Informationen im Rahmenstatus beim Token Passing

Eine weitere Aufgabe der Monitorstation besteht darin, verwaiste Rahmen vom Ring zu nehmen. Dazu setzt sie in jedem weitergeleiteten Rahmen ein Überwachungsbit, anhand dessen beim nächsten Passieren festgestellt werden kann, ob der Ring bereits einmal vollständig umkreist wurde. In diesem Fall nimmt sie den Rahmen vom Ring und ersetzt ihn durch ein Frei-Token.

9.2 Stochastische Verfahren

Abgrenzung

Stochastische Verfahren unterscheiden sich von den deterministischen grundlegend dadurch, daß sie nicht koordinierend sondern konkurrierend ausgelegt sind. Das heißt, eine sendende Station hat das Übertragungsmedium nicht exklusiv für die vollständige Übertragung eines Rahmens zur Verfügung, sondern kann nur mit einer von der Belastungssituation des Netzes abhängigen Wahrscheinlichkeit davon ausgehen, daß ein gesendeter Rahmen beim Empfänger ankommt. Der Grund dafür liegt in der Art der Zuteilung des Übertragungsmediums an sendewillige Stationen.

Entwicklung

Ähnlich wie bei den deterministischen Verfahren fand auch bei den stochastischen Verfahren eine Entwicklung statt, an deren Ende sich *ein* bedeutsamer Standard etabliert hat: CSMA-CD (*Carrier Sense Multiple Access with Collision Detection*) ist eine Weiterentwicklung von CSMA und im Rahmen des Ethernet-Standard ISO 8802.3 bzw. IEEE 802.3 definiert. Als Zugangsregelung in dem am weitesten verbreiteten Lokalen Netz *Ethernet* hat es sich gegenüber anderen Verfahren als deutlich überlegen gezeigt. Die Behandlung stochastischer Verfahren konzentriert sich deshalb auf die Vorstellung von CSMA-CD.

Grundprinzip

Die traditionelle Topologie der CSMA-Protokolle ist der Bus, auf dem sich vom jeweiligen Sender ausgehend die Signale in beide Richtungen ausbreiten. Nach dem Prinzip des Broadcastings können alle angeschlossenen Stationen die gesendeten Rahmen empfangen. Wie beim Ring werden durch die Empfängeradresse im Rahmen einzelne Stationen oder Gruppen adressiert. Ein auf dem Bus befindlicher Rahmen wird nur von den adressierten Stationen in einen dafür vorgesehenen Empfangspuffer kopiert, die übrigen „hören" nur mit. Wie es der Name bereits andeutet, gliedert sich die Zugangsregelung in die zwei Komponenten CSMA und CD.

CSMA

Zunächst ist die zentrale Frage zu beantworten, wie eine sendewillige Station den Zugang zum Medium erhält. Unabhängig vom Vorliegen einer Sendeanforderung hört jede aktive Station ständig das Medium ab (*Carrier Sense*[31]). Dadurch kann sie feststellen, ob es entweder frei oder durch eine laufende Übertragung belegt ist.

[31] Die Bezeichnung Trägererkennung (*Carrier Sense*) ist historisch bedingt, da die erste Implementierung eines Ethernet als Funk-LAN der Universität von Hawaii realisiert wurde, womit eine Breitbandübertragung auf der Basis von Trägerfrequenzen vorlag.

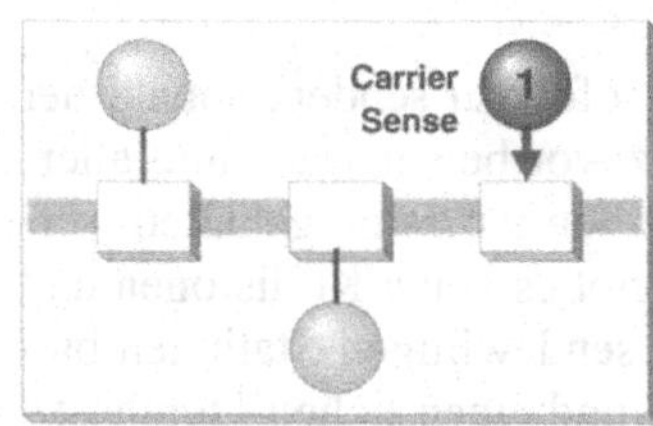

1. Eine sendewillige Station stellt fest, daß der Kanal frei ist.

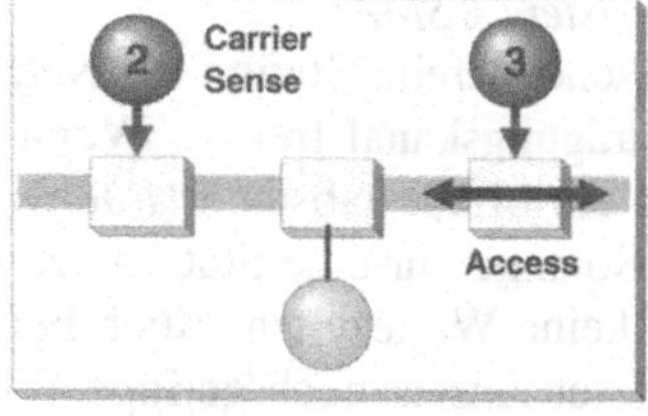

2. Eine weitere Station stellt ebenfalls fest, daß der Kanal frei ist.
3. Die erste Station beginnt zu senden.

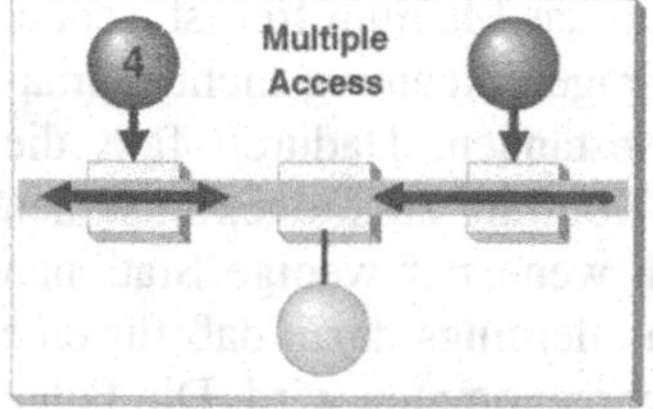

4. Die zweite Station beginnt zu senden. Es liegt ein Mehrfachzugriff vor.

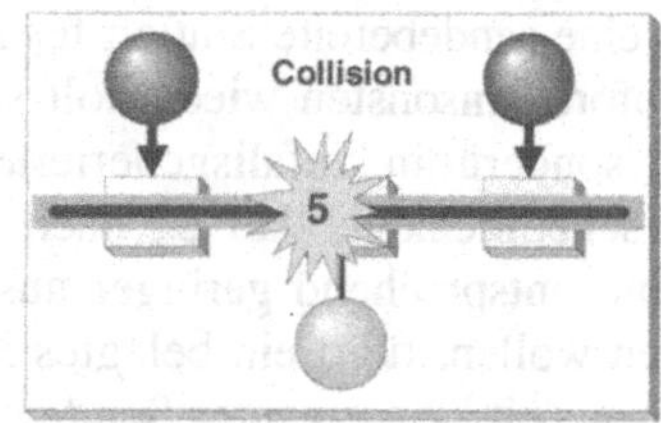

5. Es kommt zur Kollision und die gesendeten Rahmen zerstören sich gegenseitig.

Abb. 9.3. Mehrfachzugriff beim CSMA

Mehrfachzugriff

Sobald eine sendewillige Station den Zustand „frei" feststellt, kann sie grundsätzlich die Übertragung starten. Allerdings ist durch dieses als *Listen Before Talking* genannte Verhalten nicht gewährleistet, daß keine Kollisionen auftreten können. In der Zeitspanne vom Beginn einer Übertragung bis zur Ankunft des Signals bei der am weitesten entfernten Station kann eine zweite Station den Kanal noch als unbelegt vorfinden und zu senden beginnen (vgl. Abb. 9.3). Bei einem solchen Mehrfachzugriff (*Multiple Access*) treffen die von unterschiedlichen Stationen gesendeten Rahmen aufeinander, und die Signale zerstören sich durch Überlagerung gegenseitig.

Laufzeiten

Eine Station muß nach dem Senden eines Rahmens das Medium also solange abhören, bis sie sicher ist, daß alle anderen Stationen ihre Übertragung festgestellt haben. Damit die Rückmeldung über eine mögliche Signalkollision rechtzeitig ankommt, muß der kleinste zulässige Rahmen (64 Byte Nutzdaten) die gesamte Länge des Übertragungsmediums innerhalb eines definierten Zeitraums (*Round Trip Delay*) in zweifacher Richtung durchlaufen können.

Netzausdehnung

In Abhängigkeit von der Ausbreitungsgeschwindigkeit des Mediums definiert diese Signallaufzeit daher die maximale Ausdehnung eines Netzes. Ein Netzwerk bzw. Netzwerksegment, in dem alle Stationen gemeinsam auf ein Medium zugreifen, nennt man in diesem Kontext auch *Kollisionsdomäne* (*Collision Domain*).

Persistenz

Um Konfliktsituationen zu vermeiden, gibt es unterschiedliche Strategien für die Wahl des Sendezeitpunktes und dafür, wie beharrlich eine Station versucht, anstehende Daten auf das Medium zu geben.

- *1-persistent CSMA:*
  Jede sendebereite Station im Netz beginnt sofort zu senden, sobald der Übertragungskanal frei ist. Wenn der Bus zuvor belegt war, muß allerdings ein Mindestabstand (*Interframe Gap*) von 9.6 µs eingehalten werden. Solange nur eine Station senden will, gibt es keine Kollisionen und auch keine Wartezeiten. Auch bei wenigen sendewilligen Stationen bietet dieser Ansatz noch geringe Wartezeiten und einen hohen Durchsatz. Übersteigt die Netzlast jedoch einen gewissen Prozentsatz, sinkt die Leistung deutlich ab.
- *Non-persistent CSMA:*
  Falls eine sendebereite Station feststellt, daß das Medium frei ist, sendet sie sofort. Ansonsten wiederholt sie die Trägererkennung nicht permanent, sondern in zufallsgenerierten Zeitabständen. Dadurch fällt die Wahrscheinlichkeit, daß es nach einem Konflikt zu Folgekollisionen kommt, entsprechend geringer aus.[32] Auch wenn nur wenige Stationen senden wollen, führt ein belegtes Medium allerdings dazu, daß für eine gewisse Zeit kein erneuter Sendeversuch vorgenommen wird. Die Folge sind unnötige Wartezeiten und damit ein niedriger Durchsatz.
- *P-persistent CSMA:*
  Die Hartnäckigkeit einer Station, einen anstehenden Rahmen zu senden, wird durch den Persistenzwert p festegelegt. Sobald das Medium frei ist, wird die Übertragung lediglich mit einer Wahrscheinlichkeit von p gestartet. Ansonsten wird eine vordefinierte Zeitspanne gewartet und die Trägerkennung erneut durchgeführt. Auf diese Weise wird das Zeitfenster, in dem Kollisionen auftreten können, verkleinert. Als Faustregel gilt, daß das Produkt aus der Anzahl der Stationen im Netz und dem Persistenzwert p einen Wert kleiner gleich 1 haben sollte, um auch bei hoher Netzlast wenige Kollisionen zu verzeichnen.

Ein Vergleich der drei Ansätze zeigt, daß die Vermeidung von Kollisionen grundsätzlich mit einer Erhöhung der Wartezeit zwischen zwei Sendeversuchen einhergeht. Aus diesem Grund ist es sinnvoll, das 1-persistente CSMA zu verwenden und gleichzeitig eine schnelle Konfliktlösung zu realisieren.

Kollisionserkennung

Gegenüber dem reinen CSMA weist das CSMA/CD folgende Verbesserung auf: Dadurch, daß alle aktiven Stationen ständig die Vorgänge auf dem Medium verfolgen, ist jede in der Lage, Kollisionen zu erkennen. Tritt diese Situation ein, sendet diejenige Station, die den Konflikt als erste bemerkt – das kann eine der beteiligten Stationen oder eine dazwischen liegende sein – sofort ein eindeutig zu identifizierendes Störsignal (*Jam-Signal*), das alle übrigen Stationen zum sofortigen Abbruch der Übertragung auffordert. Das weitere Vorgehen richtet sich nach dem 1-persistenten CSMA.

---

[32] Gibt man den einzelnen Stationen für die Berechnung der Wartezeiten verschiedene Grenzwerte vor, kann man zusätzlich eine Art Prioritätenvergabe realisieren.

Kritik

Es ist leicht nachvollziehbar, daß der Durchsatz bei den stochastischen Zugangsverfahren mit zunehmender Netzbelastung fällt. In der Praxis hat sich gezeigt, daß das Auftreten von Kollisionen auch bei hoher Netzlast noch in einem vertretbaren Bereich liegt, so daß CSMA-CD aufgrund seiner Einfachheit den anderen Zugangsverfahren überlegen ist. Den Fällen, wo das Leistungsverhalten durch Kollisionen unvertretbar wird, muß durch Reduzierung der Anzahl Stationen und einer Unterteilung in eigenständige Netze mit eigenen Adreßräumen (*Kollisionsdomänen*) begegnet werden. Diese verkleinerten Netze können dann als Teilnetze durch Brücken wieder zu einem kooperierenden Gesamtnetz verbunden werden.

Literaturempfehlungen

Kauffels, F.-J. (1996): Lokale Netze: Grundlagen, Standards, Perspektiven, 8. Auflg., Bergheim: Datacom, S. 327-440.

Kerner, H. (1995): Rechnernetze nach OSI, 3. Auflg., Bonn u.a.: Addison-Wesley, S. 403-120.

Larisch, D. (1997): Netzwerkpraxis für Anwender, München und Wien: Hanser, S. 137-146.

Proebster, W. (1998): Rechnernetze: Technik, Protokolle, Systeme, Anwendungen, München und Wien: Oldenbourg, S. 109-154.

Tanenbaum, A.S. (1998): Computernetzwerke, 3. Auflg., München: Prentice Hall, S. 261-358.

10 Vermittlung

Diffusionsnetze vs. Teilstreckennetze

Im Teil A wurde bereits eine Untergliederung in Diffusionsnetze und Teilstreckennetze vorgenommen. Zu den Diffusionsnetzen gehören neben den Funknetzen vor allem die lokalen Netze mit den zuvor beschriebenen Zugangsverfahren. Der Weg zwischen Sender und Empfänger ist hier schon dadurch festgelegt, daß meistens nur ein Übertragungsweg zur Verfügung steht. Anders verhält es sich bei den *Teilstreckenetzen*, die von ihrem Ausdehnungsbereich her Regionalnetze oder Weitverkehrsnetze sind. Hier ist kein fester Übertragungsweg zwischen den Kommunikationspartnern eingerichtet. Es besteht vielmehr eine sehr große Anzahl theoretisch möglicher Wege, über die Nachrichten zwischen den Partnern übertragen werden können (vgl. Abb. 10.1). Die Entscheidung über den im konkreten Fall einzusetzenden Übertragungsweg erfolgt über *Vermittlungsknoten*[33]. Die abschnittsweise Festlegung von Teilstrecken wird als *Wegewahl* (*Routing*) bezeichnet und gehört neben der Überlaststeuerung zu den zentralen Aufgaben der Vermittlungsknoten. Die zahlreichen interessanten Verfahren zur Wegewahl werden in *Vermittlungsprotokollen* beschrieben.

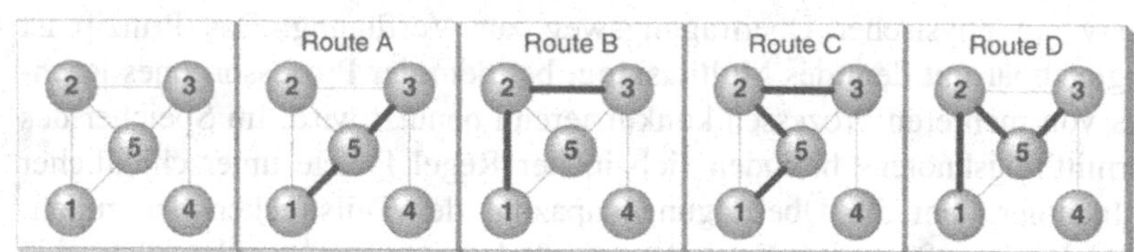

Abb. 10.1. Beispiel für die Wegalternativen innerhalb eines vermaschten Netzes

10.1 Vermittlungsarten

Klassifikation

Eine signifikante und grundlegende Unterscheidung ist die in Leitungs- und Speichervermittlung. Die Speichervermittlung gliedert sich nochmals in die verbindungsorientierte und die verbindungslose Vermittlung (vgl. Abb. 10.2).

---

33 Gebräuchliche Synonyme für Vermittlungsknoten sind Vermittlungsrechner, Verbindungsrechner, Knotenrechner und *Interface Message Prozessor* (*IMP*).

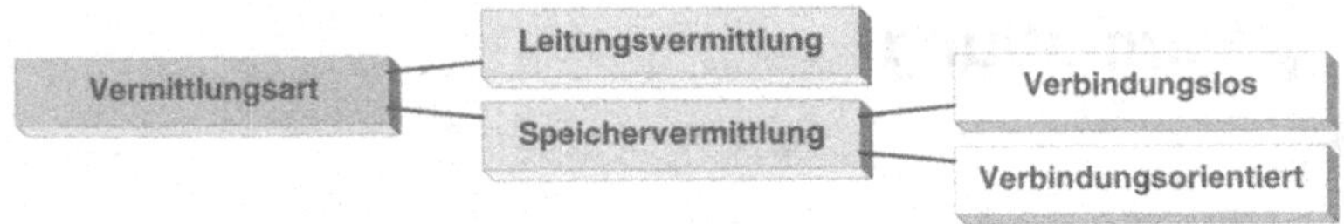

Abb. 10.2. Vermittlungsarten

Leitungsvermittlung

Leitungsvermittelte Verbindungen sind über Vermittlungsrechner *geschaltete Verbindungen,* die exklusiv den beteiligten Kommunikationspartnern bis zu dem von diesen initiierten Verbindungsabbau zur Verfügung stehen. Die Intensität und Dauerhaftigkeit der Nutzung wird durch die physisch als Endteilnehmer verbundenen Partner bestimmt. Die Leitungsvermittlung ist die älteste Form der Herstellung einer Verbindung und wurde von Beginn an bei den Fernsprech- und Telexnetzen benutzt.

Speichervermittlung

Speichervermittlung bedeutet generell, daß die als Pakete oder einer Paketvariante übertragenen Nachrichtenkomponenten in den Vermittlungsrechnern abschnittsweise zwischengespeichert werden. Nach Prioritäten und Verfügbarkeit einer geeigneten Teilstrecke wird das Paket dem Speicher entnommen und weitergeleitet.

Verbindungsorientierte Speichervermittlung

Bei der *verbindungsorientierten Speichervermittlung* erfolgt wie bei der Leitungsvermittlung ein einmaliger Verbindungsauf- und abbau. Im Gegensatz dazu handelt es sich dabei jedoch um eine logische (virtuelle) Verbindung, da physisch immer nur diejenigen Teilstrecken der Verbindung zugeordnet sind, auf denen gerade eine Übertragung stattfindet. Sämtliche Pakete durchlaufen auf dem Weg zum Empfänger immer dieselben Vermittlungsknoten. Der Teilnehmer hat den Eindruck, als stünde für ihn exklusiv ein physischer Übertragungsweg zur Verfügung. Das Prinzip ist vergleichbar mit dem des Multitasking, bei dem der Prozessor eines Rechners von mehreren Prozessen konkurrierend benutzt wird. Im Speicher des Vermittlungsknotens befinden sich in der Regel Pakete unterschiedlicher Teilnehmer. Um die Übertragungskapazität der Teilstrecken der zunehmend leistungsfähigeren Netze bestmöglich zu nutzen, werden über eine Teilstrecke Pakete unterschiedlicher Teilnehmer bzw. Pakete aus unterschiedlichen Nachrichten übertragen.

Das mit Abstand dominierende Verfahren war über lange Zeit der nach dem Protokoll X.25 als Datenübertragungsdienst mit Paketvermittlung realisierte Dienst Datex-P. Er wurde vorwiegend für Rechnerverbindungen im Weitverkehr eingesetzt und hat dort wegen seiner Zuverlässigkeit und der Orientierung der Kommunikationssoftware an diesem Dienst einen festen Platz. Das bis vor kurzem mit einer Übertragungsleistung von 64 kBit/s betriebene Netz hat zwischenzeitlich eine Geschwindigkeitserhöhung auf 1,92 MBit/s erfahren. Neuere verbindungsorientierte Übertragungstechniken sind ATM (Asynchronous Transfer Mode) und das X.25 ähnliche Frame Relay.

Verbindungslose Speichervermittlung

Ohne vorherigen Verbindungsaufbau zwischen den Endteilnehmern arbeitet die *verbindungslose Speichervermittlung*. Die Übertragungseinheiten werden hier üblicherweise als Datagramme bezeichnet. Sie unterscheiden sich nicht wesentlich von Paketen. Kennzeichnend für diese als Datagrammvermittlung (*Datagram Switching*) bezeichnete Form der Speichervermittlung ist es, daß die Datagramme eines Senders auf unterschiedlichen Wegen zum Endteilnehmer gelangen können. Bei der auch hier von den Vermittlungsrechnern durchzuführenden Wegewahl für die Weiterleitung zwischengespeicherter Datagramme wird in der Regel das Ziel verfolgt, deren Durchlaufzeit zu minimieren und Überlastsituationen auf Teilstrecken zu vermeiden. Die verbindungslose Vermittlung kann dazu führen, daß durch gegenseitiges Überholen die Datagramme nicht in der gesendeten Reihenfolge beim Empfänger eintreffen. Im Rahmen einer *Sequenzkontrolle* muß der Empfänger die korrekte Folge anhand der jeweils zugeordneten Sequenznummer überprüfen und gegebenenfalls wiederherstellen. Der Systemaufwand ist durch die im Vergleich zur verbindungsorientierten Vermittlung aufwendigere Wegewahl und durch die Sequenzkontrolle höher und kann die genannten Vorteile gegenüber dem Nachteil von Engpässen auf einzelnen Teilstrecken durch die generelle Festlegung des Übertragungsweges für alle Pakete einer Nachricht wieder aufheben.

10.2 Wegewahl

Aufgaben

Aufgabe der Wegewahl (*Routing*) ist es, aus den bestehenden Wegalternativen anhand eindeutiger Entscheidungskriterien einen optimalen Weg zu ermitteln. In der Regel wird ein hoher Datendurchsatz angestrebt, indem ein Minimum für die Anzahl der zu überwindenden Teilstrecken gesucht wird. Dadurch verbessert sich zum einen die Gesamtwartezeit der Datenpakete in den Speichern der Vermittlungsrechner, zum anderen wird die benötigte Übertragungskapazität gering gehalten. Bezüglich der *Verbindungsart* sind folgende Rahmenbedingungen zu berücksichtigen:

- Da eine *leitungsvermittelte Verbindung* für die gesamte Dauer der Kommunikation bestehen bleibt, muß ein entsprechender Weg nur einmal vor dem Aufbau festgelegt werden. Einschränkungen bezüglich der Wegalternativen ergeben sich insbesondere dadurch, daß bereits bestehende Verbindungen den ihnen jeweils zugewiesenen Kommunikationskanal exklusiv nutzen und somit aus den Betrachtungen auszuschließen sind.
- Auch bei der *verbindungsorientierten Speichervermittlung* wird die Route einer virtuellen Verbindung einmalig im Voraus festgelegt. Im Vergleich zur Leitungsvermittlung besteht für den Routing-Algorithmus jedoch ein wesentlicher Unterschied darin, daß Teilstrecken gerade bestehender Verbindungen zeitversetzt mitbenutzt werden können.
- Die *verbindungslose Speichervermittlung* erfordert dagegen für jedes einzelne Datagramm eine erneute Wegewahl, so daß an den Routing-

Algorithmus höhere Anforderungen bezüglich des Zeitbedarfs für eine Entscheidung zu stellen sind.

Klassifikation

Im Hinblick auf die Art der Informationen, anhand derer eine Wegentscheidung getroffen wird, unterscheidet man adaptive und nichtadaptive Routingverfahren.

Nichtadaptive Verfahren

Bei den *nichtadaptiven Routingverfahren* werden vorab Entscheidungen durch Generierung entsprechender Wegetabellen aufgrund von Messungen und Schätzungen des zu erwartenden Datenverkehrs getroffen und bei Bedarf abgerufen. Die Aufstellung solcher *Routing-Tabellen* erfolgt insbesondere unter Berücksichtigung

- der Topologie des Netzes,
- der aktuell gemessenen und erwarteten Leitungsbelastungsverhältnisse,
- der Anzahl an Leitungen und ihrer Übertragungsgeschwindigkeit sowie
- der evtl. unterschiedlichen Prioritäten für die einzelnen Teilnehmer.

Die Bezeichnung „nichtadaptiv" geht darauf zurück, daß nur statische Informationen über das Netz als Entscheidungsgrundlage dienen. Der zum Zeitpunkt der Wegentscheidung im Netz herrschende Zustand wird also nicht beachtet.

Adaptive Verfahren

Adaptive Routingverfahren sind dagegen in der Lage, zusätzlich zu den genannten statischen Kriterien aktuelle Informationen über die Situation im Netz zu berücksichtigen und bei Bedarf Wegänderungen vorzunehmen. In diesem Zusammenhang sind unter anderem folgende Faktoren relevant:

- der Ausfall von Leitungen und Netzknoten,
- die Kenntnis alternativer Wege unter Umgehung betroffener Netzregionen,
- die aktuelle Auslastung der Leitungen sowie
- die aktuelle Länge der Warteschlangen vor den Netzknoten.

Voraussetzung für die Berücksichtigung solcher Faktoren ist, daß im Rahmen einer Netzwerkverwaltung die benötigten Daten erfaßt und an die Netzknoten weitergeleitet werden. Da jedoch für die Übertragung derartiger Kontrollinformationen Übertragungskapazitäten verbraucht werden, ist es eventuell sinnvoll, sich auf lokale Informationen der benachbarten Rechnerknoten zu beschränken. Man spricht in diesem Fall von *lokalen Verfahren* – im Gegensatz zu *globalen Verfahren*, die auf Informationen über das gesamte Netz zurückgreifen und eine entsprechende Menge an Kontrollinformationen aufweisen.

10.3 Überlaststeuerung

Problem

Eng mit der Wegewahl ist auch das Problem der Überlaststeuerung verbunden. Wenn im gesamten Netz mehr Datenpakete zu übertragen sind, als mit Hilfe der vorhandenen Kapazitäten verarbeitet werden können, kommt es zu einer *Netzüberlastung*. Die Erklärung des Phänomens der Überlast erfordert eine genauere Betrachtung der Vorgänge in den Knotenrechnern des Kommunikationssubnetzes. Jeder Knoten verfügt über eine Reihe von Eingangs- und Ausgangsleitungen für den ankommenden und abgehenden Datenverkehr mit den benachbarten Rechnern sowie einen *Puffer* zur Zwischenspeicherung von Datenpaketen. Nach dem Prinzip „store and forward" werden sämtliche über die Eingangsleitungen ankommenden Pakete zunächst im Puffer zwischengespeichert und anschließend über die entsprechende Ausgangsleitung weitergesendet. Sobald vom adressierten Nachbarknoten eine Bestätigung über den korrekten Empfang eingeht, kann der zugehörige Pufferplatz wieder freigegeben werden.

Ursache

Eine *Überlastsituation* entsteht dann, wenn der vorhandene Puffer eines Knotens schneller gefüllt wird, als die darin enthaltenen Datenpakete weitergeleitet werden können. Sobald der Puffer vollständig belegt ist, können von keiner Eingangsleitung mehr Daten empfangen werden. Das bedeutet jedoch, es kann auch keine Bestätigung über den korrekten Empfang bereits abgesendeter Datenpakete empfangen werden. Infolge dessen bleibt der gesamte Puffer gesperrt, so daß der Knoten blockiert ist. Wenn ein überlasteter Empfänger kein Datenpaket mehr annimmt, kann der Sender den zugehörigen Pufferplatz nicht freigeben. Die Stausituation kann sich somit weiter auf die Nachbarknoten ausbreiten. Im ungünstigsten Fall tritt schließlich ein *Deadlock* ein. Das heißt, mehrere Knoten blockieren sich gegenseitig und verharren dauerhaft im Stillstand. Diese Situation liegt z.B. dann vor, wenn ein Knoten nicht agieren kann, bevor ein zweiter wieder empfangsbereit ist, dieser aber darauf wartet, an den ersten senden zu dürfen.

Behebung

Zur Behandlung des Überlastproblems existieren verschiedene Strategien, die entweder darauf abzielen, Staus von Anfang an zu vermeiden, oder die aufgetretene Überlast im Rahmen einer Fehlerbehandlung schrittweise wieder abzubauen. Die Vermeidung von Staus basiert darauf, die vorhandenen Pufferkapazitäten durch Vorabzuweisung so zu verteilen, daß jedes eingehende Datenpaket auch tatsächlich zwischengespeichert werden kann. Bei der Fehlerbehebung wird dagegen versucht, die Lastquelle durch entsprechende Kontrollinformationen dazu zu veranlassen, solange weniger Datenpakete zu senden, bis die Stausituation wieder behoben ist.

Vermeidung

Oft findet auch die auf der Transportschicht der Kommunikationsarchitektur anzusiedelnde *Flußkontrolle* als Strategie zur Vermeidung von Deadlocks Verwendung. Während die Überlaststeuerung dafür sorgt, daß das Netz den auftretenden Datenverkehr bewältigen kann, ist es Gegenstand der Flußkontrolle, den Datenverkehr von Ende-zu-Ende-Verbindungen zu regeln. Durch sie wird verhindert, daß ein Sender Daten andauernd schneller überträgt, als der Empfänger sie aufnehmen kann. Dazu ist allerdings eine direkte Rückkopplung vom Empfänger zum Sender erforderlich, um diesem bei Bedarf mitzuteilen, daß keine weiteren Pufferkapazitäten zur Annahme von Daten zur Verfügung stehen.

Literaturempfehlungen

Borowka, P. (1996): Internetworking: Konzepte, Komponenten – Protokolle, Einsatzszenarios, Bergheim: Datacom, S. 227-248.

Chimi, E. (1998): High-Speed Networking: Konzepte, Technologien, Standards, München und Wien: Hanser, S. 47-52.

Kauffels, F.-J. (1996): Lokale Netze: Grundlagen, Standards, Perspektiven, 8. Auflg., Bergheim: Datacom, S. 257-277.

Proebster, W. (1998): Rechnernetze: Technik, Protokolle, Systeme, Anwendungen, München und Wien: Oldenbourg, S. 181-202.

Tanenbaum, A.S. (1998): Computernetzwerke, 3. Auflg., München: Prentice Hall, S. 359-498.

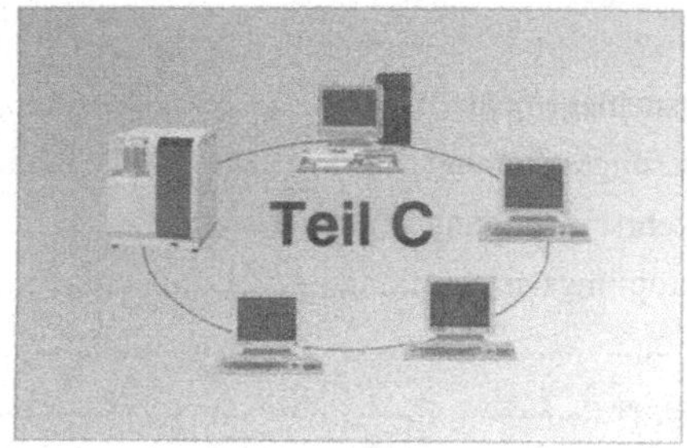

Wichtige Protokolle und Standards

Nachdem im Teil B die technischen Grundlagen für die Realisierung von Transportsystemen behandelt wurden, stellt sich nun die Frage, wie sich die vorgestellten Konzepte und Verfahren konkret in Protokollen und Standards niederschlagen. Im Folgenden werden wichtige Realisierungen auf der Ebene der Transportsysteme beschrieben und ihr Einsatz in der Praxis geschildert.

11 Highlevel Data Link Control Protocol

Bei der Behandlung des Themas Sicherungskonzepte wurde bereits angesprochen, daß es zwei Generationen von Leitungsprotokollen für die gesicherte Übertragung von Daten zwischen zwei Stationen über einen physikalischen Kanal gibt.

Zeichenorientierte Verfahren

Zu den zeichenorientierten Verfahren, bei denen die zu übertragenden Datenblöcke mit Hilfe festgelegter Steuerzeichen gebildet werden, zählen herstellerspezifische Protokolle wie *BSC* (*Binary Synchronous Communication*) von IBM, *MSV* (*Medium Speed Version*) von Siemens und *DDCMP* (*Digital Data Communication Message Protocol*) von DEC.

Bitorientierte Verfahren

Der verbreitete Ansatz basiert auf bitorientierten Rahmen und umfaßt neben Funktionen zum Auf- und Abbau von Verbindungen sowie zur Fehlererkennung auch Maßnahmen zur Flußkontrolle unter Verwendung von Sequenznummern. Das von der ISO standardisierte *HDLC* (*High-Level Data Link Control*) stellt die Grundlage für die meisten heute im Einsatz befindlichen Leitungsprotokolle dar. Dazu zählen:

- ADCCP (Advanced Data Communications Control Protocol), eine Weiterentwicklung der ANSI
- LAP-B (Link Access Procedure Balanced) für X.25-Netze
- LAP-D (Link Access Procedure for the D-Channel), das Sicherungsprotokoll im D-Kanal des ISDN
- LAP-M (Link Access Procedure for Modems) für Modemverbindungen
- LLC Typ 2 (Logical Link Control) im Bereich OSI-konformer LANs

11.1 Stationstypen

Um verschiedene Konfigurationen von Übertragungssystemen zu berücksichtigen, definiert das HDLC-Protokoll drei verschiedene Typen von Datenstationen:

- Primärstationen,
- Sekundärstationen und
- kombinierte Stationen.

Primärstation

Eine *Primärstation* (*P-Station*, *Primary Station*) stellt ein logisches Modell einer Datenstation dar, die für die Steuerung und Kontrolle der Datenübertragung verantwortlich ist. D.h., sie übernimmt den Auf- und Abbau von Verbindungen und behebt Fehlersituationen. Übertragen auf das Beispiel eines Terminalnetzes wäre der zentrale Host die Primärstation.

Sekundärstation

Eine *Sekundärstation* (*S-Station*, *Secondary Station*) stellt dagegen ein logisches Modell einer passiven Datenstation dar, die von der Primärstation gesteuert wird. Ein Beispiel hierfür wäre ein hostgesteuertes Terminal.

Kombinierte Station

Eine *kombinierte Station* (*C-Station*, *Combined Station*) vereint die Funktionalitäten der ersten beiden Stationstypen und tritt nur in Verbindung mit weiteren C-Stationen auf. Alle C-Stationen sind im Hinblick auf die Steuerung des Kommunikationsablaufes gleichberechtigt. Zu dieser Kategorie zählen z.B. benachbarte Knoten eines Paketvermittlungsnetzes.

11.2 Betriebsarten

In Abhängigkeit von den verwendeten Stationstypen unterscheidet HDLC drei verschiedene Betriebsarten der Kommunikation:

- den Normal Response Mode (NRM),
- den Asynchronous Response Mode (ARM) und
- den Asynchronous Balanced Mode (ABM).

Normal Response Mode

Der *Normal Response Mode* wird bei unsymmetrischen Verbindungen eingesetzt. Unsymmetrisch bedeutet in diesem Kontext, daß nicht gleichberechtigte Stationen miteinander kommunizieren, also eine P-Station mit einer oder mehreren S-Stationen. Dementsprechend eignet sich diese Betriebsart insbesondere für Punkt-zu-Mehrpunkt-Verbindungen, bei denen eine zentrale Einheit (z.B. ein Host) eine Reihe untergeordneter Stationen (z.B. Terminals) durch Polling steuert.

Asynchronous Response Mode

Bei zwei gleichberechtigten Stationen, die über eine Punkt-zu-Punkt-Verbindung jeweils in beide Richtungen einen unsymmetrischen Datenstrom realisieren, kommt der *Asynchronous Response Mode* zum Einsatz. Hier darf die S-Station zeitlich asynchron ohne vorherige Aufforderung senden, nachdem die Verbindung durch die P-Station aufgebaut wurde.

Asynchronous Balanced Mode

Die symmetrische Kommunikation zweier benachbarter C-Stationen in einem Paketvermittlungsnetz erfolgt im *Asynchronous Balanced Mode*. Aus Gründen der Effizienz sind die Datenströme in der Form integriert, daß mit einem Kommando des einen P/S-Stationspaares gleichzeitig eine Antwort auf die zuvor gestellte Anfrage der anderen C-Station übermittelt werden kann.

11.3 Rahmenaufbau

Rahmentypen

Es gibt drei verschiedene Arten von HDLC-Rahmen:

- *Unnumbered Frames* (*U-Frames*) sind Steuerrahmen ohne Sequenznummer und dienen in erster Linie dem Auf- und Abbau von Datenverbindungen.

- *Information Frames* (*I-Frames*) transportieren Nutzdaten.
- *Supervisory Frames* (*S-Frames*) sind numerierte Steuerrahmen für die Übertragungsphase, die den Empfang von I-Frames positiv oder negativ quittieren und die weitere Empfangsbereitschaft signalisieren.

Alle Rahmen weisen grundsätzlich den gleichen Aufbau auf. D.h., abgesehen von der Länge des Informationsfeldes für die Nutzdaten befinden sich dieselben Felder an denselben Stellen (vgl. Abb. 11.1).

Feldinhalte

Als *Rahmenbegrenzer* dient die reservierte Bitkombination 01111110, deren weiteres Auftreten innerhalb der Nutz- und Steuerdaten durch Bitstopfen verhindert wird. Die Bedeutung des *Adress-Feldes* ist abhängig von der Art des Rahmens: Bei einem vom Initiator einer Verbindung bzw. vom Sender einer Nachricht ausgehenden Befehl enthält es die Adresse der Zielstation. Handelt es sich dagegen um eine Antwort des Empfängers, entspricht die Adresse dessen Kennung. Das *Steuerfeld* trägt Informationen zur Überwachung und Steuerung der Datenübertragung, wobei durch das erste und gegebenenfalls das zweite Bit der Rahmentyp festgelegt wird. Das Datenfeld enthält eine beliebige Anzahl von Nutzdatenbits und wird im Hinblick auf Übertragungsfehler durch das nachfolgende Prüfsummenfeld abgesichert, das auf dem zyklischen Code mit dem Generatorpolynom $x^{16}+x^{12}+x^5+1$ basiert.

	Anfang	Adresse	Steuerfeld	Nutzdaten	Prüfsumme	Ende	
...	01111110	8 Bit	8 Bit	variabel	16 Bit	01111110	...
	Flag	A-Feld *Address*	C-Feld *Control*	I-Feld *Information*	FCS-Feld *Frame Check Sequence*	Flag	

	0	1	2	3	4	5	6	7	Anweisung	Befehl	Antwort
U-Frame	1	1	1	1	P	1	0	0	Set ABM	•	
	1	1	0	0	P	0	1	0	Disconnect	•	
	1	1	0	0	F	1	1	0	Unnumbered Acknowledge		•
	1	1	1	0	F	0	0	1	Frame Reject		•
	1	1	1	1	F	0	0	0	Disconnected Mode		•
I-Frame	0	N(S)			P	N(R)			Information	•	
S-Frame	1	0	0	0	F	N(R)			Receive Ready		•
	1	0	1	0	F	N(R)			Receive Not Ready		•
	1	0	0	1	F	N(R)			Reject		•

Abb. 11.1. Aufbau eines HDLC-Rahmens und Kodierung des HDLC-Steuerfeldes

Legende:

P	Aufruf (*Polling*)
F	Ende (*Final*)
N	Sequenznummer (*Number*)
S	Sender (*Sender*)
R	Empfänger (*Receiver*)
N(S)	Sequenznummer Sender
N(R)	Sequenznummer Empfänger

11.4 Verbindungsaufbau und -abbau

Die Steuerung des Verbindungsaufbaus und -abbaus erfolgt mit Hilfe von U-Frames. Folgende Befehle und Antworten stehen hierfür zur Verfügung:

Verbindungsaufbau

Mit Hilfe des Befehls *Set Asynchronous Balanced Mode* (*SABM*) leitet die initiierende Station den Verbindungsaufbau ein. Auf beiden Seiten werden infolge dessen das Sendefolgeregister V(S) und das Empfangsfolgeregister V(R) auf Null gesetzt. Dabei handelt es sich um Zählerregister für die Numerierung der Rahmen, die zur Übertragungssteuerung in beiden Richtungen ausgetauscht werden. Die Ablehnung einer SABM-Anfrage erfolgt mit der Antwort *Disconnected Mode (DM)*. Der Gegenseite wird so mitgeteilt, daß keine Verbindung aufgebaut wird. Die Bestätigung eines Verbindungsaufbauwunsches wird mit der Antwort *Unnumbered Acknowledge* (*UA*) gegeben. Erst wenn diese auf der anderen Seite eintrifft, gilt die Verbindung als hergestellt.

Verbindungsabbau

Der Befehl *Disconnect* (*DISC*) dient dazu, eine bestehende Verbindung ordnungsgemäß wieder zu beenden. Er kann von beiden Stationen verwendet werden und muß dann wie ein SABM zunächst durch eine Unnumbered Acknowledge bestätigt werden. Falls die eine Station noch Daten sendet, während die andere die Verbindung bereits abbricht, gehen diese Daten verloren. Den damit verbundenen Verlust durch einen erneuten Verbindungsaufbau und wiederholte Datenübertragung zu kompensieren, ist Aufgabe der höheren Schichten (i.d.R. der Transportschicht).

Fehlerhafte Rahmen

Empfängt eine Station einen Rahmen, der zwar formal korrekt, inhaltlich aber nicht sinnvoll ist (z.B. ein Disconnect ohne vorheriges SABM), teilt sie dies dem Sender über die Antwort *Frame Reject* (*FRMR*) mit und veranlaßt dadurch eine Unterbrechung der Sendefolge. Eine Fortsetzung der Übertragung ist nur nach einer Initialisierung aller Register möglich, so daß die Verbindung evtl. erneut aufgebaut werden muß. Die genaue Fehlerbeschreibung wird durch drei Bytes innerhalb der Nutzdaten übermittelt.

11.5 Datenübertragung

Fenstergröße

Nachdem ein Verbindungsaufbau positiv quittiert wurde, beginnt die Phase der Datenübertragung, die bei HDLC auf dem Prinzip der kontinuierlichen Wiederholungsanforderung basiert. D.h., innerhalb der vorgegebenen Fenstergröße können mehrere Rahmen gesendet werden, ohne eine direkte Quittung abzuwarten. Bei terrestrischen Übertragungen sind die Felder für die Sequenznummern 3 Bit lang und damit auf eine Fenstergröße von 7 ausgelegt. Für Satellitenübertragungen verwendet man dagegen aufgrund der längeren Übertragungszeiten eine Fenstergröße von 127, also 7 Bit lange Sequenznummern.

Zählerregister

Jeder Informationsrahmen wird im N(S)-Feld mit dem Wert des Sendefolgeregisters V(S) versehen, das die Sequenznummer des nächsten zu übertragenden Rahmens trägt und nach dem Senden entsprechend inkrementiert wird. Der Empfänger vergleicht die erhaltene Rahmennummer mit dem Wert seines Empfangsfolgeregisters V(R). Bei Übereinstimmung wird dieses entsprechend erhöht und mit dem Antwortrahmen *Receive Ready* (*RR*) eine positive Bestätigung an den Sender übermittelt, wobei das N(R)-Feld die Nummer des nächsten erwarteten Rahmens enthält.

Bidirektionale Übertragung

Zur Nutzung beider Übertragungsrichtungen im Vollduplex können I-Rahmen auch bidirektional übertragen werden. In diesem Fall werden Bestätigungen für die aus der einen Richtung empfangenen Rahmen den in Gegenrichtung laufenden I-Frames per Huckepack-Quittierung im N(R)-Feld mitgegeben.

11.6 Fehlermechanismen

Übertragungsfehler

Falls eine Station einen Rahmen mit der falschen Sequenznummer oder mit einem anhand der Prüfsumme festgestellten Bitübertragungsfehler erhält, kann sie den Sender über einen *Reject-Frame* (*REJ*) darüber informieren. Anhand der mitübertragenen Folgenummer wird dem Sender mitgeteilt, daß alle Rahmen mit höherer Nummer ignoriert werden und die Übertragung ab dem angeforderten Rahmen zu wiederholen ist. Zur Identifikation der noch vor dieser Fehlermeldung gesendeten Rahmen werden die wiederholten Rahmen mit einem P-Bit im Steuerfeld markiert und vom Empfänger durch ein gesetztes F-Bit in der Antwort bestätigt. Bis zur vollständigen Behebung der Fehlersituation darf der Empfänger keine Kommandos mehr senden, da diese ebenfalls durch ein P-Bit gekennzeichnet sind.

Empfangs-bereitschaft

Falls der Empfänger den Datenstrom bremsen möchte, antwortet er dem Sender mit einem *Receive Not Ready* (*RNR*). Dieser Steuerrahmen quittiert zwar alle I-Frames bis zur Nummer N(R)-1 positiv, untersagt aber bis auf weiteres die Übertragung aller darauf folgenden Rahmen. Sobald die Empfangsbereitschaft wiederhergestellt ist, wird dies über die Antwort *Receive Ready* (*RR*) signalisiert, wobei die Empfangsfolgenummer angibt, welche Sequenznummer als nächstes erwartet wird.

Time-Out-Steuerung

Ein automatischer Fehlermechanismus, der zusätzlich Verwendung findet, ist die *Time-Out-Steuerung*. Beim Senden eines I-Frames wird ein Timer mit einer fest vorgegebenen Zeitspanne ΔT gestartet, der beim Eintreffen der zugehörigen Quittung wieder zurückgesetzt wird. Falls das Zeitintervall jedoch verstreicht, ohne daß eine Bestätigung eingeht, wird von einem Übertragungsfehler ausgegangen und alle ausstehenden Rahmen erneut gesendet. Nach mehrfacher (i.d.R. dreifacher) Wiederholung dieses Vorgangs gilt die Verbindung als unterbrochen.

Literaturempfehlungen

Badach, A. (1997): Integrierte Unternehmensnetze: X.25, Frame Relay, ISDN, LANs und ATM, Heidelberg: Hüthig, S. 81-92.

Kauffels, F.-J. (1996): Lokale Netze: Grundlagen, Standards, Perspektiven, 8. Aufl., Bergheim: Datacom, S. 479-482.

Kerner, H. (1995): Rechnernetze nach OSI, 3. Aufl., Bonn u.a.: Addison-Wesley, S. 111-134.

Proebster, W. (1998): Rechnernetze: Technik, Protokolle, Systeme, Anwendungen, München und Wien: Oldenbourg, S. 173-177.

Schürmann, B. (1997): Rechnerverbindungsstrukturen: Bussysteme und Netzwerke, Braunschweig und Wiesbaden: Vieweg, S. 269-273.

Tanenbaum, A.S. (1998): Computernetzwerke, 3. Aufl., München: Prentice Hall, S. 243-246.

12 X.25

Ursprünglich beschrieb die Empfehlung X.25 auf den unteren drei Schichten des OSI-Modells die Schnittstelle zwischen einer Datenendeinrichtung DEE und einer Datenübertragungseinrichtung DÜE, die als Zugangsknoten in ein öffentliches Paketvermittlungsnetz dient. Der erste Vorschlag wurde bereits 1976 durch das damalige CCITT im Orange Book veröffentlicht und bis 1993 mehrfach durch die Nachfolgeorganisation ITU überarbeitet. Dabei wurde auch eine Erweiterung vorgenommen, die eine direkte Kommunikation zwischen Endgeräten unterstützt.

Anwendung

12.1 Protokollschichten

Die Abläufe innerhalb des Transportsystems sind in X.25 ebensowenig spezifiziert wie das Protokoll, nach dem die Gegenstelle mit dem Netz kommuniziert. Im folgenden wird die vereinfachende Annahme getroffen, daß beide Endgeräte über X.25-Schnittstellen mit dem Netz verbunden sind. Abb. 12.1 zeigt den logischen Aufbau von X.25 und das Zusammenspiel der Protokolle auf den unteren drei Schichten.

Festlegungen

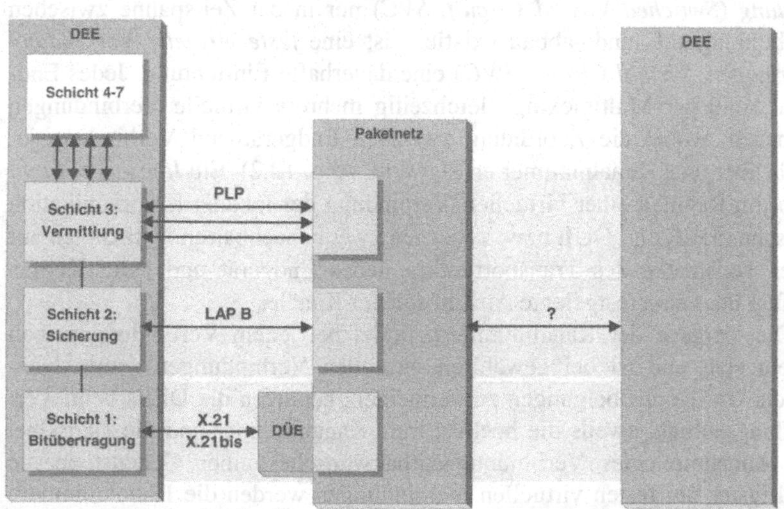

Abb. 12.1. Protokolle und logischer Aufbau des Standards X.25

X.21

Die physikalischen Eigenschaften der Datenübertragungseinrichtungen sowie die Belegung der Verbindungsstecker sind in der Empfehlung *X.21* zusammengefaßt, die speziell für den Zugang zu öffentlichen Netzen entworfen wurde. Falls die anzuschließenden Endgeräte diese Schnittstelle nicht implementiert haben, gilt statt dessen die Empfehlung *X.21bis*, die zu dem weltweit verbreiteten Standard V.24/RS-232C kompatibel ist, allerdings nur Übertragungsgeschwindigkeiten bis zu 9,6 kBit/s zuläßt.

LAP-B

Auf der Sicherungsschicht wird zur Gewährleistung einer fehlerfreien Übertragung und vollständigen Auslieferung von Daten das Verfahren *LAP B* (*Link Access Procedure Balanced*), eine Variante des HDLC-Protokolls, eingesetzt. Das „B" für „Balanced" besagt, daß die kommunizierenden Stationen gleichberechtigt sind und somit beide einen Übermittlungsabschnitt auf- und wieder abbauen dürfen.

PLP

Die Vermittlungsschicht stellt mit Hilfe des *Packet Layer Protokolls* (*PLP*) Funktionen zur Verfügung, um über logische Kanäle virtuelle Verbindungen zwischen Endeinrichtungen aufzubauen und darüber eine sichere Übertragung von Datenpaketen abzuwickeln. Da hierbei von netzinternen Vorgängen abstrahiert wird, bleiben Mechanismen für das Routing und den Aufbau virtueller Verbindungen innerhalb des Transitsystems unberücksichtigt. Im folgenden wird das PLP der Vermittlungsschicht näher vorgestellt.

12.2 Verbindungen

Bei der Kommunikation zweier X.25-Teilnehmer ist die Unterscheidung zwischen Kanälen und Verbindungen von grundlegender Bedeutung.

Verbindungen und Kanäle

Eine *virtuelle Verbindung* stellt die Ende-zu-Ende-Verbindung zweier DEEs über das Transportsystem dar. Während eine *gewählte virtuelle Verbindung* (*Switched Virtual Circuit, SVC*) nur in der Zeitspanne zwischen Verbindungsauf- und -abbau existiert, ist eine *feste virtuelle Verbindung* (*Permanent Virtual Circuit, PVC*) eine dauerhafte Einrichtung. Jedes Endgerät kann per Multiplexing gleichzeitig mehrere virtuelle Verbindungen aufbauen, wobei die Zuordnung zwischen Endgerät und Verbindung jeweils über eine Kanalnummer erfolgt (vgl. Abb. 12.2). Ein *logischer Kanal* dient im Rahmen einer virtuellen Verbindung der lokalen Kommunikation zwischen DEE und DÜE bzw. zwischen zwei benachbarten Netzknoten auf einer Teilstrecke des Transportnetzes. Jedes Endgerät und jeder Knoten verfügt über eine festgelegte Anzahl solcher Kanäle.

Kanalnummern

Die Vergabe der Kanalnummern findet bei jedem Verbindungsaufbau erneut statt und ist bei gewählten virtuellen Verbindungen somit dynamisch. Um Doppelbelgungen zu vermeiden, benutzen die DEEs beim Verbindungsaufbau jeweils die höchste freie Kanalnummer und die DÜEs bei der Annahme eines Verbindungsaufbauwunsches einer Gegenstelle die niedrigste. Bei festen virtuellen Verbindungen werden die Kanalnummern bereits bei der Einrichtung fest zugeordnet.

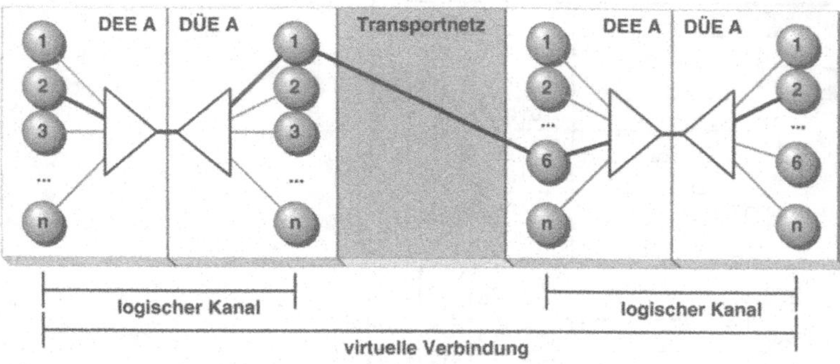

Abb. 12.2. Logische Kanäle und virtuelle Verbindungen von PLP

12.3 Paketaufbau

Grundformat

Abb. 12.3 zeigt den grundsätzlichen Aufbau eines PLP-Paketes und dessen Einbettung in den Nutzdatenbereich eines LAP-B-Rahmens. Der *Paketkopf* besteht aus 3 Bytes, die den jeweiligen Dienst, die Kanalnummer und den Pakettyp spezifizieren. Im Bereich der *Nutzdaten* des PLP-Paketes finden sich in Abhängigkeit vom zugrunde liegenden Pakettyp evtl. weitere Informationen. Das Kennzeichen für das *Grundformat* (*General Format Identifier, GFI*) im ersten Oktett des Paketkopfes enthält Angaben darüber,

- ob das Paket Benutzerdaten oder Steuerinformationen trägt (Q-Bit),
- ob eine Ende-zu-Ende Bestätigung erforderlich ist (D-Bit) und
- welche Kapazität der Empfangs- und Sendefolgezähler auf der Sicherungsebene aufweisen (0..7 oder 0..127).

GFI	LKG	LKN	TYP	INFO
qdkk	4 Bit	8 Bit	8 Bit	variabel

Anfang	Adresse	Steuerfeld	Nutzdaten	Prüfsumme	Ende
01111110	8 Bit	8 Bit	variabel	16 Bit	01111110

Abb. 12.3. Paketformat von X.25/PLP

Legende: GFI Grundformat (*General Format Identifier*)
– q Flag für die Art der Paketdaten
0: Benutzerdaten
1: Steuerdaten für eine PAD-Einrichtung nach X.29
– d Flag für die Notwendigkeit einer Bestätigung (*Delivery Confirmation*)
0: nicht erforderlich, 1: erforderlich
– k Kapazität der Empfangs- und Sendefolgezähler
01: Numerierung von 0..7
10: Numerierung von 0..127
LKG Logische Kanalgruppennummer (0..15)
LGN Logische Kanalnummer (0..255)
TYP Pakettyp (vgl. Abb. 12.4)

Pakettyp	Kennung							
Restart Request	1	1	1	1	1	0	1	1
Restart Confirmation	1	1	1	1	1	1	1	1
Call Request	0	0	0	0	1	0	1	1
Call Accepted	0	0	0	0	1	1	1	1
Clear Request	0	0	0	1	0	0	1	1
Clear Confirmation	0	0	0	1	0	1	1	1
Data	P(R)			M	P(S)			0
Interrupt	0	0	1	0	0	0	1	1
Interrupt Confirmation	0	0	1	0	0	1	1	1
Receive Ready	P(R)			0	0	0	0	1
Receive Not Ready	P(R)			0	0	1	0	1
Reset	0	0	0	1	1	0	1	1
Reset Confirmation	0	0	0	1	1	1	1	1
Diagnostic	1	1	1	1	0	0	0	1

Abb. 12.4. X.25/PLP-Pakettypen

Kanalnummer

Die Kanalnummer setzt sich zusammen aus der *logischen Kanalgruppennummer* (0..15) und der *logischen Kanalnummer* (0..255). Aus den beiden Wertebereichen ergibt sich somit eine maximale Anzahl von 4096 gleichzeitig nutzbaren Kanälen. Die verschiedenen Pakettypen werden im folgenden detailliert behandelt.

12.4 Pakettypen

Im Hinblick auf die Steuerung des Kommunikationsablaufes werden Pakete für die Initialisierung, den Verbindungsauf- und -abbau, die Datenübertragung, das Senden von Datagrammen, die Flußkontrolle sowie die Fehlerdiagnose unterschieden (vgl. Abb. 12.4).

Initialisierung

Mit Hilfe der Anforderung *Restart Request*, die direkt von der zugehörigen DÜE durch ein *Restart Confirmation* bestätigt wird, werden alle logischen Kanäle an der Schnittstelle DEE/DÜE initialisiert. Infolge dessen werden alle Wählverbindungen aufgelöst und die Festverbindungen zurückgesetzt (vgl. Abb. 12.5).

Feld	Länge								Feldinhalt
INFO	8 Bit								Grund für den Restart
	0	0	0	0	0	0	0	0	• Gesamtauslösung durch die DEE
	0	0	0	0	0	0	0	1	• Örtlicher Ablauffehler
	0	0	0	0	0	0	1	1	• Netz überlastet
	0	0	0	0	0	1	1	1	• Netz wieder betriebsbereit
	8 Bit								Diagnose

Abb. 12.5. Steuerinformationen für einen Restart bei X.25/PLP

Feld	Länge	Feldinhalt
INFO	4 Bit	Länge der Adresse der rufenden DEE
	4 Bit	Länge der Adresse der gerufenen DEE
	8 Bit	Adresse der gerufenen DEE
	8 Bit	Adresse der rufenden DEE
	0 0 6 Bit	Länge des Feldes zur Angabe von Leistungsmerkmalen
	max. 63 Bytes	Leistungsmerkmale
	max. 16 Bytes	Angaben des rufenden Teilnehmers

Abb. 12.6. Steuerinformationen für einen Verbindungsaufbau bei X.25/PLP

Der Grund für eine solche Initialisierung kann z.B. eine Netzwerküberlastung oder ein örtlicher Ablauffehler sein und wird innerhalb der Paketinformationen verschlüsselt mitgeteilt. Bei Bedarf können im Feld *Diagnose* zusätzliche Angaben gemacht werden.

Verbindungsaufbau

Der Aufbau virtueller Wählverbindungen wird durch ein Paket vom Typ *Call Request* eingeleitet, das bei der empfangenden DEE als ankommender Anruf interpretiert wird (vgl. Abb. 12.6). Da X.25 für verschiedene Netze mit verschiedenen Leistungsmerkmalen konzipiert wurde, können die dafür notwendigen Steuerinformationen bei Bedarf im Bereich der Paketinformationen übermittelt werden. Weiterhin kann der rufende Teilnehmer zusätzliche Angaben machen, um z.B. die Protokollvarianten höherer Schichten zu beschreiben. Soll eine Verbindungsanforderung angenommen werden, sendet die gerufene Station ein Paket des Typs *Call Accepted.* Mit dessen Ankunft beim Initiator gilt die Verbindung als hergestellt.

Verbindungsabbau

Für den regulären Abbau einer Verbindung wird ein Paket vom Typ *Clear Request* gesendet, das darauf von der Gegenstelle mit der Bestätigung *Clear Confirmation* quittiert wird (Abb.12.7).

Feld	Länge								Feldinhalt
INFO	8 Bit								Grund der Auslösung
	0	0	0	0	0	0	0	0	• Auslösung durch die DEE
	0	0	0	0	0	0	0	1	• Gegenstelle belegt
	0	0	0	0	0	0	1	1	• Ungültige Leistungsmerkmalanforderungen
	0	0	0	0	0	1	0	1	• Netz überlastet
	0	0	0	0	1	0	0	1	• Störung der Gegenstelle
	0	0	0	0	1	0	1	1	• Zugang gesperrt
	0	0	0	0	1	1	0	1	• Ziel nicht erreichbar
	0	0	0	1	0	0	0	1	• Ablauffehler der Gegenstelle
	0	0	0	1	0	0	1	1	• Örtlicher Ablauffehler
	0	0	0	1	0	1	0	1	• Leitwegstörung
	0	0	0	1	1	0	0	1	• Zustimmung der Gebührenübernahme nicht vereinbart
	0	0	1	0	0	0	0	1	• Inkompatibel (unverträgliches Ziel)
	0	0	1	0	1	0	0	1	• Annahme von „Fast Select" nicht vereinbart

Abb. 12.7. Steuerinformationen für einen Verbindungsabbau bei X.25/PLP

Übertragung

Nach dem Aufbau einer Verbindung können beide DEEs unabhängig voneinander Datenpakete senden und empfangen. Im Gegensatz zu Steuerpaketen kommt hier dem Feld Pakettyp die Aufgabe der Flußkontrolle zu, da es in Analogie zum LAB-B-Protokoll die Sequenznummern P(S) und P(R) der als nächstes ein- und ausgehenden Datenpakete enthält. Standardmäßig beträgt die Fenstergröße 2, sie kann allerdings in Absprache der Teilnehmer geändert werden. Zusätzlich enthält das Feld Pakettyp noch das sogenannte *Folgepaket-Bit (More Data Bit)*, das Auskunft darüber gibt, ob es sich um das letzte Paket handelt (M=0) oder weitere Daten zu erwarten sind, die mit den bisher empfangenen eine logische Einheit bilden (M=1).

Unterbrechungen

Während der Phase der Datenübertragung kann eine DEE der Gegenstelle eine Nachricht zukommen lassen, indem sie ein Paket vom Typ *Interrupt* sendet, wobei im Bereich der Nutzdaten Benutzerangaben für die Unterbrechung zu finden sind. Der Empfang einer solchen Nachricht muß mit der Bestätigung *Interrupt Confirmation* beantwortet werden. Solange dies nicht geschehen ist, dürfen keine weiteren Unterbrechungen gesendet werden, da aufgrund der fehlenden Sequenznummern für diesen Pakettyp keine Zuordnung von Nachricht und Antwort möglich ist.

Flußkontrolle

Vergleichbar zu LAP-B verfügt auch X.25/PLP über Mechanismen zur Flußkontrolle. Auf jedem logischen Kanal kann einzeln der Status der Empfangsbereitschaft signalisiert werden. Um die Gegenstelle daran zu hindern, auf einem Kanal weitere Pakete zu senden, wird ein *Receive Not Ready* übermittelt, mit dem gleichzeitig alle empfangenen Pakete ausschließlich desjenigen mit der angegebenen Folgenummer P(R) quittiert werden. Erst wenn die Station wieder empfangsbereit ist und dies durch ein *Receive Ready* bekannt gibt, darf die Gegenstelle das Senden fortsetzen. Falls eine Station Pakete empfängt, aber keine zu sendenden Daten vorliegen, kann die Quittierung auch mit Hilfe eines entsprechenden *Receive Ready* erfolgen.

Reininitialisierung

Wenn eine Verbindung in einen definierten Ausgangszustand versetzt werden soll, kann eine DEE oder DÜE einen *Reset* einleiten. Infolge dessen werden nach einer Bestätigung durch *Reset Confirmation* sämtliche Zähler auf Null gesetzt und alle noch im Netz befindlichen Pakete verworfen.

Feld	Länge								Feldinhalt
INFO	8 Bit								Grund der Rücksetzung
	0	0	0	0	0	0	0	0	• Rücksetzung durch die DEE
	0	0	0	0	0	0	0	1	• Gegenstelle gestört
	0	0	0	0	0	0	1	1	• Ablauffehler der Gegenstelle
	0	0	0	0	0	1	0	1	• Örtlicher Ablauffehler
	0	0	0	0	0	1	1	1	• Netz überlastet
	0	0	0	0	1	0	0	1	• Ferne DEE wieder betriebsfähig
	0	0	0	0	1	1	1	1	• Netz wieder betriebsfähig
	0	0	0	1	0	0	0	1	• Unverträgliches Ziel (ferne DEE inkompatibel)
	8 Bit								Diagnose

Abb. 12.8. Steuerinformationen für einen Reset bei X.25/PLP

Anschließend ist es nicht mehr möglich festzustellen, welche Pakete den Empfänger noch nicht erreicht haben. Im Nutzdatenfeld wird der Grund für die Reinitialisierung angegeben. Wie bei einem Restart können auch hier im Feld *Diagnose* Zusatzangaben gemacht werden (Abb. 12.8).

12.5 Protokollablauf

Abb. 12.9 zeigt exemplarisch den zeitlichen Ablauf der im Rahmen einer Verbindung übertragenen Pakettypen und die Einteilung des Protokollablaufs in die drei aufeinander folgenden Phasen Verbindungsaufbau, Datentransfer und Verbindungsabbau.

Reihenfolgeproblem

Da unterschiedliche Routen im Netz und die damit verbundenen Laufzeiten dazu führen können, daß sich Pakete gegenseitig überholen und nicht in der ursprünglichen Reihenfolge zum Zielknoten gelangen, ist es Aufgabe des Netzes, die richtige Reihenfolge wiederherzustellen.

Frühzeitige Quittierung

Weiterhin läßt das Zeitdiagramm erkennen, daß das Netz einen Teil der Funktionen wie das Quittieren von Paketen durch die Gegenstelle bereits im Voraus übernimmt. Das heißt, eine Station erhält schon eine Bestätigung über abgesendete Pakete, bevor diese ihr Ziel erreicht haben.

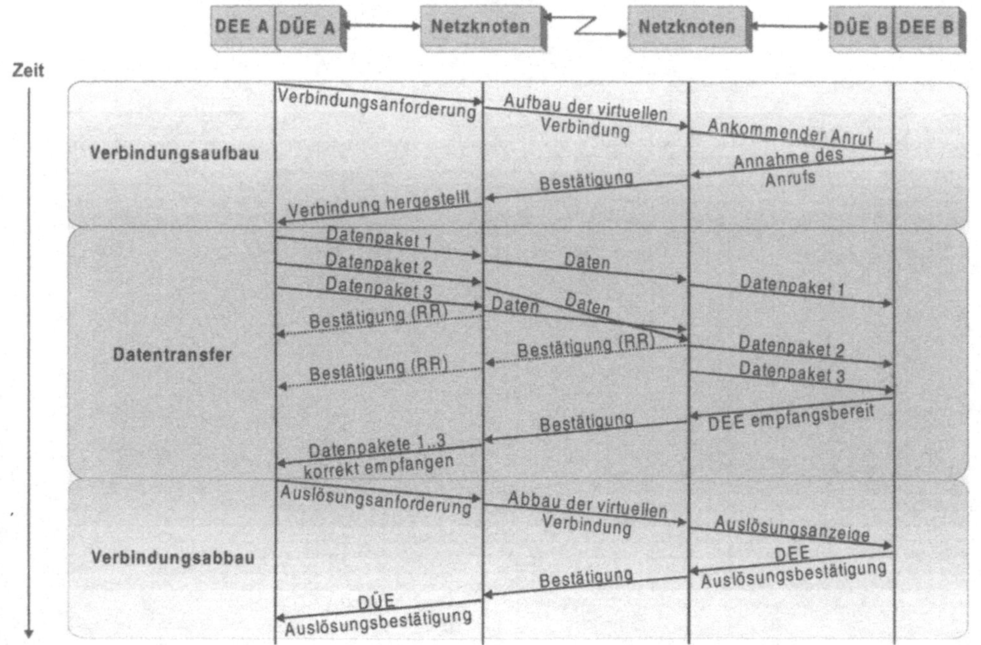

Abb. 12.9. Beispiel für den Kommunikationsablauf mit X.25/PLP

Wenn ein Paket allerdings im Netz verloren geht oder anhand der Prüfsumme ein Übertragungsfehler festgestellt wird, ist die bereits gelieferte Quittung ungültig. Da letztere nicht mehr zurückgenommen werden kann, läßt sich diese Situation durch die feststellende DÜE nur per Reset lösen. Das Prinzip der frühzeitigen Quittierung ermöglicht somit zwar eine bessere Ausnutzung der Leitungskapazitäten, aber auf der anderen Seite müssen die Netzknoten über ausreichend dimensionierte Puffer verfügen, um alle weitergeleiteten Pakete solange zwischenzuspeichern, bis sie vom Empfänger tatsächlich bestätigt wurden.

Literaturempfehlungen

Badach, A. (1997): Integrierte Unternehmensnetze: X.25, Frame Relay, ISDN, LANs und ATM, Heidelberg: Hüthig, S. 93-122.

Chimi, E. (1998): High-Speed Networking: Konzepte, Technologien, Standards, München und Wien: Hanser, S. 91-94.

Georg, O. (2000): Telekommunikationstechnik: Handbuch für Praxis und Lehre, 2. Auflg., Berlin u.a.: Springer, S. 302-308.

Proebster, W. (1998): Rechnernetze: Technik, Protokolle, Systeme, Anwendungen, München und Wien: Oldenbourg, S. 258-262.

Siegmund, G. (1999): Technik der Netze, 4. Auflg., Heidelberg: Hüthig, S. 284-309.

13 Frame Relay

Überblick

Frame Relay ist ein Übertragungsverfahren, das Anfang der neunziger Jahre von dem Herstellergremium *Frame Relay Forum* als paketvermittelnder Datenzubringerdienst für ISDN entwickelt und später von der ITU-T sowie dem ANSI standardisiert wurde. Inzwischen hat sich Frame Relay zu einem bedeutenden Standard für Weitverkehrsnetze entwickelt.

Während das als Vorgänger einzustufende X.25 mit seinen aufwendigen Maßnahmen zur Fehlerkorrektur darauf ausgelegt ist, Datenpakete zuverlässig über unsichere Übertragungswege wie analoge Telefonleitungen zu transportieren, konnte man bei der Entwicklung von Frame Relay von anderen technologischen Voraussetzungen ausgehen. Bei den niedrigen Fehlerraten heutiger WANs sind Möglichkeiten, verlorene oder fehlerhaft übertragene Datenpakete erneut zu übertragen, nicht mehr in dem Maße notwendig wie bei X.25. Entsprechende Vorkehrungen werden weitgehend den Anwendungsprotokollen der höheren Ebenen überlassen, während Frame Relay selbst lediglich die Gültigkeit der Adressen sowie das Auftreten von Bitfehlern überprüft. Im Vordergrund steht die Unterstützung hoher Übertragungsgeschwindigkeiten auf der Grundlage leistungsfähiger Endsysteme.

Prinzip

Vor diesem Hintergrund wurde Frame Relay als sogenannte *Fast Packet Technologie* ausgelegt, deren Grundprinzip darin besteht, die Datenpakete verschiedener Sende- bzw. Empfangsstationen nach statistischen Gesichtspunkten über eine Leitung zu multiplexen. Dabei bewegen sich die Bitraten zwischen 64 kBit/s und 45 MBit/s.

13.1 Exkurs: Frame Switching und Frame Relaying

Framedienste

Im Kontext X.25 wurde bereits dargelegt, wie spezielle Leitungsprotokolle für die gesicherte Übertragung von Paketen im Nutzdatenbereich von Rahmen eingesetzt werden. In der Empfehlung Q.922 wird für *Framedienste* (*Frame Mode Bearer Services*) die Prozedur LAP-F (*Link Access Procedure – Frame Mode*) als eine Erweiterung des im ISDN-D-Kanal eingesetzten Protokolls *LAP-D* (*Link Access Procedure for the D-Channel*) spezifiziert.

Aufbau von LAP-F

Die Funktionalität von LAP-F läßt sich anhand der zu erfüllenden Aufgaben in zwei aufeinander aufbauende Teile gliedern: Das *LAP-F Core* stellt mit Funktionen für die transparente Übertragung von Rahmen den Kern des Protokolls dar, während die ergänzende Fehlerkontrolle und Flußsteuerung dem *LAP-F Control* zuzuordnen sind.

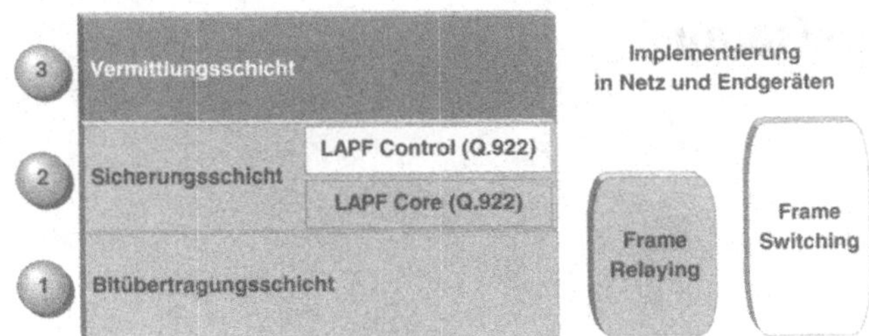

Abb. 13.1. Einordnung der Framedienste in das ISO/OSI-Modell

Nach der ITU-Empfehlung I.122 werden zwei Konzepte für Framedienste unterschieden (Abb. 13.1):

- Frame Switching und
- Frame Relaying.

Frame Switching

Frame Switching setzt voraus, daß LAP-F sowohl in den Endgeräten als auch in den Netzknoten vollständig nach Q.922 implementiert ist. Dabei stellt LAP-F Core den Entitäten von LAP-F Control einen Übertragungsdienst zur Verfügung, und letzteres übernimmt die Fehlerkontrolle und Flußsteuerung zwischen den Endgeräten.

Frame Relaying

Im Gegensatz dazu wird beim *Frame Relaying* auf das LAP-F Control verzichtet und nur der Protokollkern implementiert. Der Name „Relaying" deutet darauf hin, daß durch das Netz lediglich eine transparente Überbrükkung der Rahmen stattfindet. Da die Aufgabe der Fehlerkontrolle und Flußsteuerung hier auf der Basis von Ende-zu-Ende-Verbindungen zu realisieren ist, gibt es die Möglichkeit, in den Endgeräten entweder das LAP-F Control zu implementieren oder statt dessen ein anderes Protokoll einzusetzen.

Rahmenformat

Im ersten Fall weisen die zu übertragenden Rahmen das gleiche Format auf wie beim Frame Switching, wobei das Steuerfeld auf dem Weg durch das Netz transparent durchgereicht und nur vom adressierten Endgerät ausgewertet wird. Ansonsten kann man auf das Steuerfeld verzichten und die PDU (Protocol Data Unit) eines entsprechenden Protokolls der höheren Schicht im Bereich der Nutzdaten transportieren (vgl. Abb. 13.2).

Rahmenaufbau nach LAP-F

Flag	Adresse	Steuerfeld	Nutzdaten	Prüfsumme	Flag

Rahmenaufbau beim Frame Switching

Flag	Adresse	Steuerfeld	Nutzdaten	Prüfsumme	Flag

Rahmenaufbau beim Frame Relaying

Flag	Adresse	Nutzdaten	Prüfsumme	Flag

Abb. 13.2. Rahmenformat für das Frame Switching und Frame Relaying

13.2 Netzstruktur

Aufbau

Ein Frame-Relay-Netz ist üblicherweise ein WAN, das aus einer Reihe von vermaschten Knoten, den sogenannten *Frame Handlern*, besteht. Die Anschaltung lokaler Netze erfolgt mit Hilfe von Servern oder Routern, die den Dienst Frame Relay nach Q.922 unterstützen und über eine Zugangsleitung mit einer Datennetzabschlußeinrichtung (DNAE) des Frame-Relay-Netzes verbunden sind (vgl. Abb. 13.3).

Zugangsschnittstelle

Die durch Frame Relay definierte Zugangsschnittstelle zwischen einem Endgerät und einem Frame Handler wird auch als *Frame Relay User Network Interface* (*FR-UNI*) oder einfach *Frame Relay Interface* (*FRI*) bezeichnet. Sie beschreibt zum einen die physikalischen Eigenschaften der Zugangsleitung und die verwendete Übertragungsgeschwindigkeit auf der Bitübertragungsschicht. Zum anderen legt sie das statistische Multiplexing der am Zugang gebündelten Datenströme über das Leitungsprotkoll LAP-F fest. Wie bei X.25 oder ISDN erfolgt auch hier die Datenübertragung verbindungsorientiert über virtuelle Verbindungen, die hier *Data Link Connection* (*DLC*) genannt werden.

Verbindungsarten

Es werden sowohl permanente (*Permanent Virtual Circuits*, *PVC*) als auch vermittelte virtuelle Verbindungen (*Switched Virtual Circuits*, *SVC*) unterstützt. Im Hinblick auf die zentrale Anwendung, nämlich die Kopplung lokaler Netze, wird Frame Relay meistens für Festverbindungen angeboten, die auf Wunsch zeitweise oder dauerhaft durch den Netzbetreiber eingerichtet werden. Im Gegensatz dazu ist bei Wählverbindungen ein Verbindungsauf- und -abbau erforderlich. Im Rahmen des Verbindungsaufbaus können die Endgeräte vereinbaren, welche Protokolle auf den höheren Ebenen verwendet werden sollen. Im weiteren Verlauf bleiben diese für das Frame-Relay-Netz transparent.

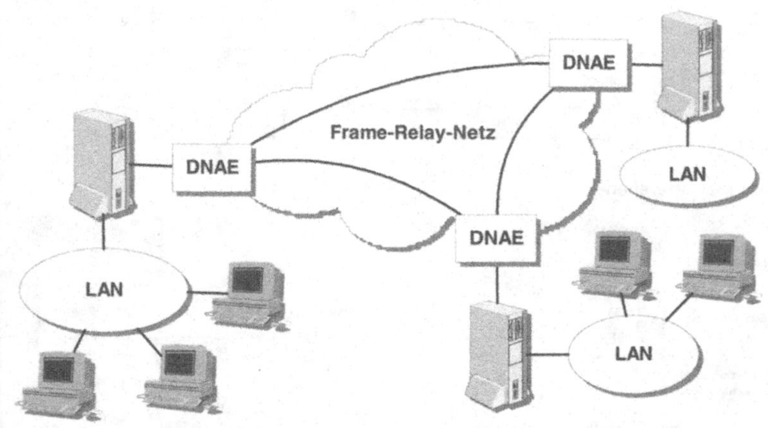

Abb. 13.3. LAN-Kopplung per Frame Relay
DNAE: Datennetzabschlußeinrichtung

13.3 Protokollschichten

Um einerseits die Übertragung von Nutzdaten und andererseits die netzinternen Funktionen zur Verbindungssteuerung logisch voneinander zu trennen, unterscheiden Framedienste zwei Ebenen (vgl. Abb. 13.4):

- die Control Plane (C-Plane) und
- die User Plane (U-Plane).

Control Plane

Die Realisierung der *Control Plane* ist sowohl für das Frame Switching als auch für das Frame Relaying identisch. Auf dieser Ebene erfolgt der Auf- und Abbau vermittelter virtueller Verbindungen sowie die Fehlererkennung- und -behandlung virtueller Festverbindungen. Der dafür erforderliche Austausch von Steuerinformationen zwischen Endgerät und Netzknoten wird als Zugangssignalisierung bezeichnet und findet auf separaten Verbindungen statt. Das zugehörige Signalisierungsprotokoll ist in den Standards ITU-T Q.933 und ANSI T.617 definiert. Für die gesicherte Übertragung der Signalisierungspakete auf der zweiten OSI-Schicht wird das Protokoll LAP-D nach ITU-T Q.921 eingesetzt.

User Plane

Auf der Ebene der *User Plane* wird der eigentliche Framedienst zwischen den Endgeräten in Form von Frame Switching oder Frame Relaying mit den bereits beschriebenen Unterschieden realisiert. Für Frame Relay ist nach dem gleichnamigen Konzept lediglich der Kern des LAP-F-Protokolls definiert, um durch den geringen Protokolloverhead entsprechende Geschwindigkeitsvorteile zu erzielen.

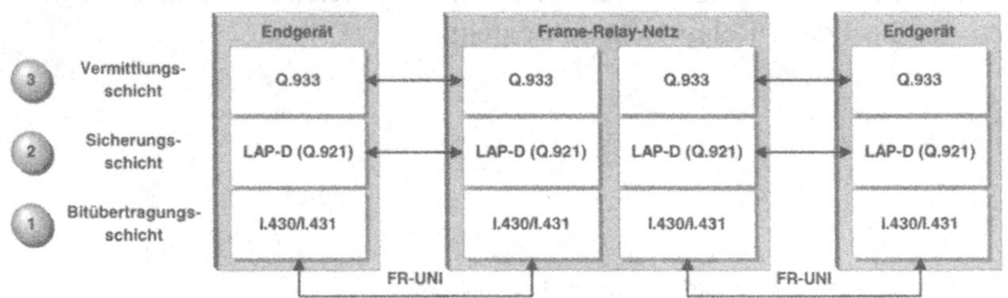

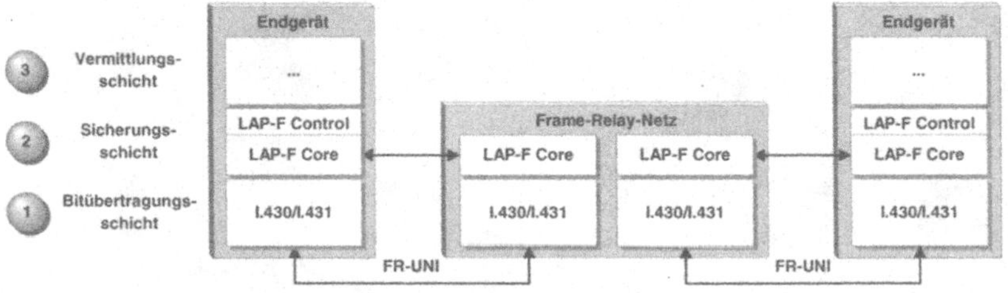

Abb. 13.4. Protokollschichten von Frame Relay

13.4 Rahmenformat

Aufbau

Der Aufbau eines Frame-Relay-Rahmens ist einfach: Zwischen den beiden HDLC-typischen Rahmenbegrenzern befindet sich außer den Nutzdaten und einer *Prüfsumme* zur Bitfehlererkennung lediglich ein Adreßfeld, das wiederum in weitere Subfelder unterteilt ist (vgl. Abb. 13.5).

Adreßlänge

Die Länge des Adreßfeldes beträgt standardmäßig zwei Bytes, ist aber nach Bedarf zwischen 2 und 4 Bytes konfigurierbar. Die konkrete Länge innerhalb eines vorliegenden Rahmens kann der Empfänger dynamisch feststellen: Jedes Byte des Adreßfeldes trägt im letzten Bit einen Indikator namens *Extended Address*. Ist dieser Null, erstreckt sich der DLCI auch auf das nachfolgende Byte.

Rahmentyp

Das Flag *Command/Response* (*C/R*) gibt Auskunft darüber, ob ein Rahmen einen Befehl an den Empfänger oder eine Rückantwort in umgekehrter Richtung enthält. Dies ist eine Information, die nicht durch die Netzknoten interpretiert wird, sondern nur für die Endgeräte relevant ist.

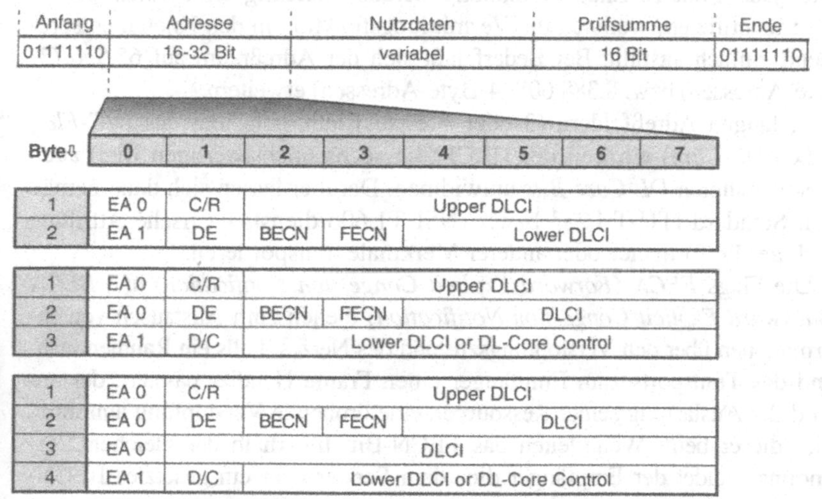

Abb. 13.5. Aufbau eines Rahmens in LAP-F Core

Legende:

EA	Indikator für nachfolgendes Adreßbyte (*Extended Address*) 0 : nachfolgendes Byte gehört zur Adresse 1: letztes Adreßbyte
C/R	Rahmentyp C: Befehl (*Command*) R: Antwort (*Response*)
DLCI	Verbindungsnummer (*Data Link Connection Identifier*)
DE	Flag für Prioritätssteuerung 0: normal, 1: niedrig (*Discard Eligibility*)
FECN	Indikator für Netzverstopfung auf dem Weg zum Empfänger (*Forward Explicit Congestion Notification*)
BECN	Rückmeldung einer Netzverstopfung an den Sender (*Backward Explicit Congestion Notification*)
D/C	Adreßtyp der sechs höchstwertigen Bits D: DLCI, C: DL-Core

Verbindungsnummer

Die Identifikation virtueller Verbindungen erfolgt mit Hilfe von Verbindungsnummern (*Data Link Connection Identifier, DLCI*). Letztlich stellt jeder Frame Handler einen Multiplexknoten mit Vermittlungsfunktion dar, der für jede physikalische Eingangsleitung eine eigene Routingtabelle führt. Diese gibt für jeden möglichen Eingangswert des DLCI die entsprechende physikalische Ausgangsleitung und den zugehörigen Ausgangs-DLCI an. Steht ein Rahmen zur Weiterleitung an, wird sein DLCI-Wert ausgelesen und nach der Routingtabelle mit der korrespondierenden Ausgangs-DLCI auf der festgelegten Ausgangsleitung weitergesendet. Somit läßt sich eine Ende-zu-Ende-Verbindung aus einer Reihe von DLCIs beschreiben.

Adreßraum

Bei einer Größe des Adreßfelds von zwei Bytes besteht der DLCI aus 10 Bits, womit sich 1024 Verbindungen unterscheiden lassen. Neben dem reservierten DLCI 0 für die Signalisierung sind bereits weitere Adressen für den internen Gebrauch bestimmt. Da die Reichweite eines DLCI standardmäßig lokal auf eine Zugangsschnittstelle beschränkt ist, gibt es auf dieser Ebene eigentlich keine netzweit eindeutige Zuordnung. Es ist aber auch denkbar, Frame-Relay-Netze mit globaler Adressierung zu realisieren. In diesem Fall wird jede Ende-zu-Ende-Verbindung bereits eindeutig über einen DLCI-Wert identifiziert, wodurch die Vermittlungsfunktion in den Knoten entsprechend einfach ausfällt. Bei Bedarf läßt sich der Adreßraum auf 65.536 (3-Byte-Adressen) bzw. 8.388.608 (4-Byte-Adressen) erweitern.

D/C-Flag

In langen Adreßfeldern (3 oder 4 Bytes) läßt sich über das *D/C-Flag* (*DLCI/DL-Core*) ein Teil des DLCI (die sechs höchstwertigen Bits) auch zu sogenannten *DL-Core-Bits* umwidmen. Darüber lassen sich dann gemäß dem Standard ITU-T I.233 bzw. ANSI T1.606 dienstspezifische Attribute bzgl. der Performance oder anderer Merkmale transportieren.

Verstopfungsanzeige

Die Flags *FECN* (*Forward Explicit Congestion Notification*) und *BECN* (*Backward Explicit Congestion Notification*) dienen zum Austausch von Informationen über den Verstopfungszustand des Netzes. Falls ein Rahmen während des Transports zum Empfänger einen Frame Handler passiert, der anhand der Auslastung seiner Ressourcen eine drohende Verstopfung annimmt, setzt dieser beim Weiterleiten das FECN-Bit. Innerhalb der gleichen Verbindung meldet der Empfänger dies dem Sender über ein gesetztes BECN-Bit zurück, um eine Drosselung der Sendegeschwindigkeit zu veranlassen.

Prioritätssteuerung

Rahmen mit einer niedrigen Priorität können durch Setzen des Flags *Discard Eligibility* markiert werden. Im Falle einer Netzüberlastung werden sie verworfen und müssen erneut gesendet werden. Übersteigt die durch ein Endgerät gesendete Anzahl von Rahmen eine zuvor festgelegte Größe, behandelt das Netz diese automatisch mit niedriger Priorität.

Nutzdaten

Das Informationsfeld eines Frame-Relay-Rahmens kann Nutzdaten variabler Länge beinhalten. Die maximale Größe ist ein Systemparameter, der sich zwischen 262 und 4096 Bytes bewegen darf und bei Verbindungsaufbau zwischen den beteiligten Endgeräten vereinbart wird. Somit können Nachrichten verschiedenster Protokolle (TCP/IP, IPX, HDLC, X.25) gekapselt und transportiert werden.

13.5 Verstopfungsmanagement

Notwendigkeit

Aufgrund des minimalistischen Systemkonzeptes, auf der Sicherungsschicht zugunsten eines besseren Durchsatzes auf aufwendige Funktionen zur Fehler- und Flußsteuerung zu verzichten, sind Frame-Relay-Netze grundsätzlich anfällig für Überlastungen. Dies erfordert zusätzliche Mechanismen zur Vermeidung, Erkennung und Behebung von Verstopfungen.

Techniken

Im Rahmen eines Verstopfungsmanagements werden bei Frame Relay folgende Techniken eingesetzt:

- Zulassungssteuerung,
- Verkehrserzwingung sowie
- Verstopfungsanzeige und Reaktionen.

13.5.1 Zulassungssteuerung

Vermeidung im Voraus

Das Prinzip der Zulassungssteuerung besteht darin, Überlastungen im Voraus zu vermeiden, indem nur so viele Verbindungen zugelassen werden, wie anhand der verfügbaren Netzressourcen zuverlässig bedient werden können. Dabei wird das Ziel verfolgt, eine hohen Durchsatz bei geringer Verzögerung und ausgeglichener Inanspruchnahme des Netzes durch die Endteilnehmer zu erreichen. Das bedeutet, kein zugelassener Anwender soll die beschränkten Kapazitäten des Netzes zu Lasten anderer übermäßig beanspruchen können.

Verbindungs-anforderungen

Zu diesem Zweck übermittelt jede Endeinrichtung bereits bei der Anforderung einer vermittelten Verbindung folgende Eckdaten über den darauf zu erwartenden Datenverkehr:

- die pro Zeitintervall durchschnittlich benötigte und vom Netz zu garantierende Übertragungsrate (*Committed Information Rate*, *CIR*) gemessen in Bit/s,
- die bei Lastschüben (*Bursts*) kurzfristig auftretende und vom Netz unter normalen Betriebsbedingungen transportierte Datenmenge (*Committed Burst Size*, B_c) gemessen in Bit sowie
- die zusätzlich zur Burstrate maximal zulässige Datenmenge (*Excess Burst Size*, B_e), für die jedoch keine Übertragungsgarantie geboten werden kann.

Kapazitätskontrolle

Zwischen der Länge des betrachteten Zeitintervalls T_c sowie den Parametern CIR und B_c besteht der Zusammenhang B_c = CIR x T_c. Anhand dieser Angaben ermittelt das Netz die erforderliche Bandbreite und entscheidet unter Berücksichtigung der aktuell verfügbaren Restkapazitäten über die Zulassung oder Ablehnung des Verbindungswunsches.

13.5.2 Verkehrserzwingung

Überschreitungen

Um Überlastsituationen zu verhindern, reicht die Zulassungssteuerung alleine nicht aus. Die angegebenen Parameter werden als Erfahrungswerte in der Regel mit Wahrscheinlichkeiten behaftet sein, und infolge dessen werden Überschreitungen der erwarteten Verkehrslast auftreten. Damit die Stabilität des Netzes auch bei nicht vereinbarungsgemäßem Verhalten einzelner Endeinrichtungen aufrechterhalten bleibt, werden die ausgehandelten Verbindungseigenschaften netzseitig erzwungen.

Verkehrssteuerung

Diese Aufgabe übernimmt ein Steuerungsmechanismus, der nach dem Prinzip des *Traffic Enforcements* direkt an der Zugangsschnittstelle auf der Ebene einzelner Verbindungen greift. Sobald eine Endeinrichtung beginnt, auf einer virtuellen Verbindung Daten zu senden, wird im Eingangsknoten des Netzes ein Timer gestartet und das innerhalb des vorgegebenen Zeitintervalls T_c übertragene Datenvolumen ermittelt. Der Betrachtungszeitraum wiederholt sich nicht periodisch, sondern wird nur bei einer erneuten Übertragung wieder gestartet. Sobald ein neuer Rahmen am Eingang des Knotens zur Übertragung ansteht, wird folgende Fallunterscheidung getroffen:

- Falls die aktuelle Datenmenge kleiner als die zulässige Burstrate B_c ist, werden die zugehörigen Rahmen garantiert durch das Netz transportiert.
- Bewegt sich das Datenvolumen im Intervall $[B_c,..., B_c+B_e]$, wird im Adreßfeld des betroffenen Rahmens das DE-Flag für die Übertragung mit niedriger Priorität gesetzt, so daß dieser bei Überlastsituationen im Netz verworfen werden kann.
- Wird die maximal zulässige Datenmenge B_c+B_e überschritten, wird der Rahmen bereits direkt im Eingangsknoten verworfen.

Verkehrsformung

Eine Möglichkeit für Endeinrichtungen, das Verwerfen von Rahmen durch das Netz zu vermeiden, besteht darin, nach dem gleichen Prinzip wie die Frame Handler auf den offenen Verbindungen eine Überwachung der Datenströme vorzunehmen und aktiv für die Einhaltung der ausgehandelten Verkehrsparameter zu sorgen. Diejenigen Rahmen, deren unmittelbares Senden eine Überschreitung der zulässigen Datenmenge bewirken würde, werden bereits in der Endeinrichtung zwischengespeichert und erst dann an das Frame-Relay-Netz weitergeleitet, wenn die Hochlast wieder abgebaut ist. Man nennt diese Vorgehensweise dementsprechend *Verkehrsformung* (*Traffic Shaping*).

13.5.3 Verstopfungsanzeige

Explizite Anzeige

Treten trotz der vorbeugenden Maßnahmen Engpässe im Netz auf, verfügt Frame Relay über Vorkehrungen, dies den aktiven Endeinrichtungen mitzuteilen und dort eine Reduktion der verursachten Last anzustoßen. Die Meldung einer sich durch die Übertragung eines Rahmens anbahnenden Verstopfung bezeichnet man als explizite Anzeige (*Explicit Congestion Notification*). Damit diese Warnung noch rechtzeitig vor einem tatsächlichen Stau den Verursacher erreicht, muß die Bedingung für eine Auslösung so ausgelegt sein, daß ihm noch ausreichend Zeit für eine Reaktion verbleibt.

Erkennung von Überlastungen

Die Möglichkeit der expliziten Verstopfungsanzeige wurde bereits angesprochen. Ein Frame Handler setzt das FECN-Bit genau dann, wenn die binäre Entscheidung über das baldige Eintreten eines Staus positiv ausfällt. Das ist dann der Fall, wenn mehr als die Hälfte der in einem vorgegebenen Zeitraum T_0 empfangenen Rahmen ein gesetztes FECN-Bit aufweisen. Dadurch, daß der Empfänger eines entsprechenden Rahmens dies dem Sender durch ein gesetztes BECN-Bit unmittelbar zurückmeldet, kann dieser Maßnahmen zur Lastreduktion einleiten. Dies obliegt den Protokollschichten oberhalb von LAP-F Core.

Beurteilung der Netzlast

Ansonsten zieht auch eine Endeinrichtung zur Beurteilung der aktuellen Netzbelastung nicht die FECN-Bits einzelner Rahmen heran, sondern ermittelt den Durchschnittswert wie die Frame Handler über den Beobachtungszeitraum T_0.

Beobachtungszeitraum

Da durch diese Vorgehensweise eine gewisse Zeitspanne zwischen der Entdeckung einer Überlastung und der entsprechenden Reaktion beim Auslöser vergeht, sollte das Intervall T_0 der Umlaufzeit des Netzes entsprechen.

Für den Fall, daß bereits die Lastschwelle eines Netzknotens erreicht wird und eine Rückmeldung durch den Adressaten nicht mehr möglich ist, tritt als Variation der BECN das *Consolidated Link Layer Management* (CLLM) in Kraft. Der überlastete Knoten erzeugt einen Rahmen mit einer CLLM-Nachricht und adressiert diesen an den Sender. Dieser kann anhand der in der Nachricht übermittelten Information über die überlasteten virtuellen Verbindungen und die Ursache der Stauungen entsprechende Maßnahmen ergreifen.

13.6 Kritik

Hoher Durchsatz

Angesichts der innerhalb des Informationsfeldes zu übertragende Menge von bis zu 4 Kbyte an Benutzerdaten ergibt sich ein sehr geringer Protokolloverhead, so daß mit Frame Relay bei gleicher Bandbreite bis zu 30% mehr an Nutzdaten übertragen werden können als mit X.25.

Keine Echtzeitübertragung

Im Hinblick auf die Anwendungsmöglichkeiten bringen die langen Datenpakete jedoch den Nachteil mit sich, daß die Wahrscheinlichkeit unterschiedlicher Übertragungsverzögerungen sehr hoch ist, womit Frame Relay für die Echtzeitübertragung multimedialer Daten nicht geeignet ist. So werden die Sprachsignale bei der gleichzeitigen Übertragung von Daten und Sprache nur mit merkbarem *Jitter* empfangen.

LAN-Kopplung

Im Bereich der reinen Datenübertragung hat sich Frame Relay während der vergangenen Jahre jedoch als bevorzugtes Übertragungsprotokoll im Weitverkehrsbereich etabliert – insbesondere für die leistungsfähige Kopplung von LANs über verschiedene Standorte hinweg.

Literaturempfehlungen

Badach, A. (1997): Integrierte Unternehmensnetze: X.25, Frame Relay, ISDN, LANs und ATM, Heidelberg: Hüthig, S. 169-192.

Chimi, E. (1998): High-Speed Networking: Konzepte, Technologien, Standards, München und Wien: Hanser, S. 315-334.

Goralski, W. (1999): Frame Relay for High-Speed Networks, Wiley.

Held, G. (1998): Frame Relay Networking, Wiley.

Siegmund, G. (1999): Technik der Netze, 4. Auflg., Heidelberg: Hüthig, S. 310-313.

Weppler, G. (1997): Frame-Relay-Netze: Technik, Netzdesign, Anwendungen, Berlin: VDE.

14 Asynchronous Transfer Mode

ATM als Universaltechnologie

Seit Beginn der Datenkommunikation werden Übertragungstechnologien weitgehend nach den Entfernungsklassen der damit realisierten Netze unterschieden: Während für die Kommunikation in Weitverkehrsnetzen dedizierte Verbindungen zwischen den Teilnehmern fest eingerichtet oder per Signalisierung aufgebaut werden müssen, basieren herkömmliche lokale Netze weitgehend auf dem Prinzip verbindungsloser Broadcastsendungen. ATM (*Asynchronous Transfer Mode*) wurde zwar ursprünglich als WAN-Technologie für die Spezifikation des B-ISDN entworfen, dann aber auch für den Bereich der Lokalen Netze adaptiert. Somit stellt ATM eine universelle Plattform für Breitbandnetze dar, welche die historische Trennung verschiedener Netztechnologien aufhebt und dabei die Vorteile beider Seiten verbindet.

14.1 Konzept

ATM-Zellen

Das Grundprinzip von ATM stellt das Switching von Zellen (*Cell Relay*) dar. Zellen sind besonders kleine Pakete fester Länge (53 Bytes), die lediglich aus einem kurzen Zellenkopf (5 Bytes) und dem Nutzlastteil bestehen. Sie bieten den Vorteil einer besseren Bandbreitenausnutzung, da sie sich wesentlich effizienter als Pakete variabler Größe verarbeiten lassen.

ATM-Switches

Die Übertragung in einem ATM-Netz erfolgt verbindungsorientiert, wobei sogenannte ATM-Switches die sonst nur im Weitverkehrsbereich übliche Vermittlung übernehmen. Dazu verfügen sie über eine Reihe von Ein- und Ausgangsports, die durch eine interne Vermittlungsfunktion jeweils so miteinander verbunden werden, daß ankommende Zellen in Richtung ihres Ziels weitergelangen.

Netzstruktur

Ein ATM-Netz besteht aus einem oder mehreren Switches, die über ein vermaschtes Netz miteinander verbunden sind. Jede ATM-Endeinrichtung ist jeweils an einen dedizierten Port eines ATM-Switches angeschlossen, so daß die ATM-Vermittlung alle Nachrichten direkt am Port des adressierten Teilnehmers abliefern kann. Das heißt, es existiert kein einzelnes Medium, auf das alle Stationen gemeinsam zugreifen, sondern die Abholung, der Transport und die Zustellung von Nachrichten ist ausschließlich Aufgabe der ATM-Switches. Der im Rahmen einer Ende-zu-Ende-Verbindung zwischen zwei ATM-Endeinrichtungen zurückgelegte Weg setzt sich demnach aus einem oder mehreren Leitungsabschnitten des Netzes zusammen, die über entsprechend geschaltete Switches passiert werden.

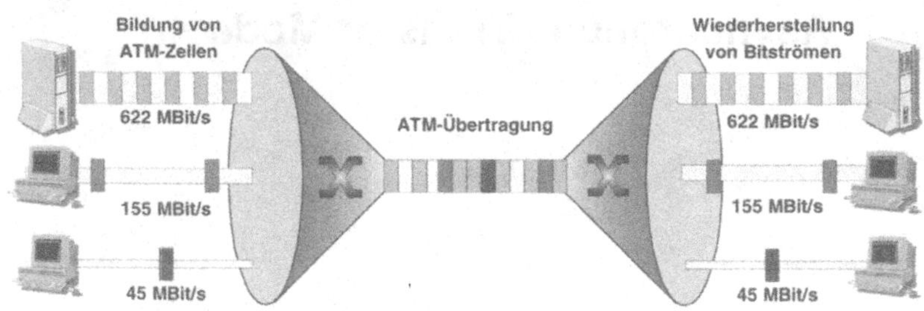

Abb. 14.1. Zeitmultiplex des ATM

Zeitmultiplex

Zur Übertragung setzt ATM ein synchrones Zeitmultiplexverfahren ein, bei dem ein Zeitschlitz genau der Länge einer Zelle entspricht. Auf jedem Netzabschnitt werden ununterbrochen Zellen übertragen. Falls Nutzdaten anstehen, belegen diese nach Bedarf freie Zeitschlitze. Ansonsten werden speziell markierte Leerzellen gesendet (vgl. Abb. 14.1). Diese Technik bietet den Vorteil, daß die Architektur der switchinternen Vermittlung massiv parallel ausgelegt werden konnte und somit alle Zellen, die gleichzeitig an den Eingangsports eintreffen, auch gleichzeitig im gemeinsamen Takt an die zugehörigen Ausgangsports vermittelt werden. Die Bezeichnung „asynchron" ist dadurch begründet, daß aufeinanderfolgende Nutzzellen einer logischen Verbindung zeitlich unabhängig voneinander übertragen werden.

Switchkapazität

Dadurch, daß die switchinterne Vermittlungskapazität jeweils ein Vielfaches der Bandbreite eines jeden Ports beträgt, ist die Höhe der pro Teilnehmer verfügbaren Bitrate unabhängig von der Anzahl der aktiven Stationen. Jede Verbindung wird im Rahmen eines Signalisierungsvorgangs über einen separaten Steuerungskanal initiiert. Dabei werden insbesondere die für den betreffenden Dienst erforderlichen Verkehrsparameter verhandelt.

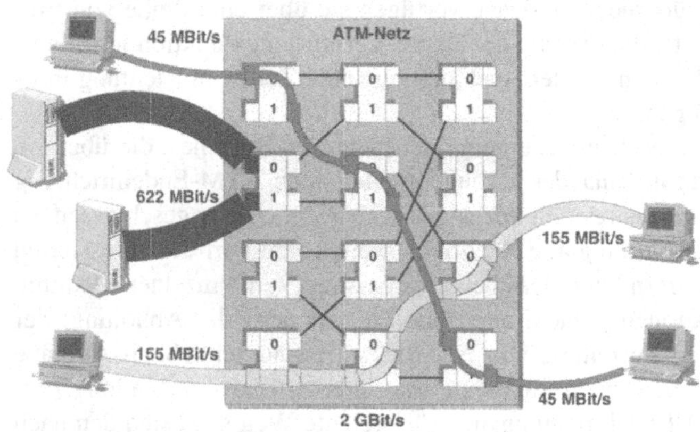

Abb. 14.2. Prinzip der ATM-Vermittlung

So kann ein Teilnehmer eine gewisse Bandbreite mit einer maximalen Übertragungsverzögerung anfordern, die während des gesamten Kommunikationsvorgangs garantiert wird, falls die auf dem Übertragungspfad liegenden Switches zum Zeitpunkt der Verbindungsanfrage über ausreichende Kapazitäten verfügen (vgl. Abb. 14.2). Im Vergleich zu einem herkömmlichen LAN tritt also eine zentrale Senderechtsvergabe an die Stelle eines Medienzugangsverfahrens, und gleichzeitig wird durch die dedizierte Zuteilung von Übertragungskapazitäten die Bandbreitenbeschränkung des Shared-Media-Prinzips aufgehoben.

Bandbreitengarantie

14.2 Netzschnittstellen

Ebenso wie Frame Relay verzichtet ATM netzintern auf eine Fehlerkontrolle der transportierten Nutzdaten sowie auf Funktionen zur Flußsteuerung. Um Überflutungen des Netzes zu vermeiden, wird diese Aufgabe durch die Endeinrichtungen übernommen. In den Switches werden lediglich die Zellköpfe auf Korrektheit geprüft und fehlerhafte Zellen bei Bedarf verworfen. Daraus resultiert die Notwendigkeit, zwei logische Schnittstellen zwischen ATM-Geräten zu unterscheiden (vgl. Abb. 14.3):

Fehlerkontrolle und Flußsteuerung

- die Netzzugangsschnittstelle und
- die Netzknoten-Schnittstelle.

Die *Netzzugangsschnittstelle* (*User to Network Interface, UNI*) beschreibt den Zugang einer ATM-Endeinrichtung zum ATM-Netz, also die Schnittstelle zwischen einer Endeinrichtung und einem ATM-Switch. Je nachdem, ob es sich um den Anschluß an ein privates oder öffentliches ATM-Netz handelt, spricht man von einem *Private* oder *Public User to Network Interface*. An der UNI-Schnittstelle erfolgt die Signalisierung entweder auf Basis der ITU-Spezifikation Q.2931 oder anhand einer der Spezifikationen des ATM-Forums, die in der neusten Version (UNI 4.0) zu Q.2931 weitgehend kompatibel ist, darüber hinaus aber einige Erweiterungen umfaßt.

Netzzugangsschnittstelle

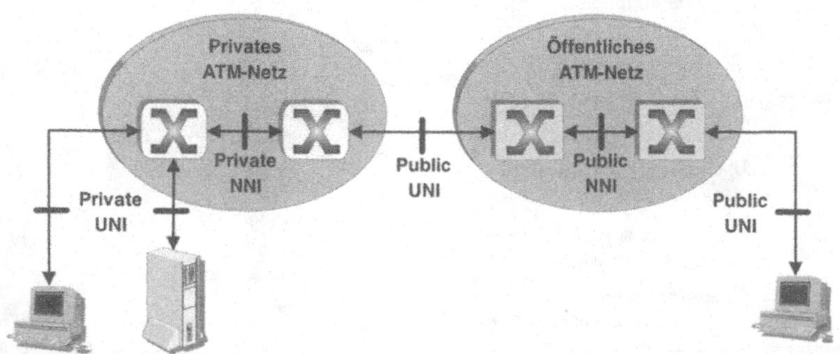

Abb. 14.3. Schnittstellen in privaten und öffentlichen ATM-Netzen

Netzknoten-Schnittstelle

Die Schnittstelle zwischen ATM-Switches untereinander bezeichnet man als *Netzknoten-Schnittstelle* (*Network Node Interface, NNI*). In Weitverkehrsnetzen wird sie mit dem von der ITU entwickelten Protokoll B-ISUP (*Broadband Integrated Services Digital Network User Part*) realisiert. Für private ATM-LANs wird dagegen bevorzugt das entsprechende Protokoll des ATM-Forums, *Protocol for Network Node Interface* (*PNNI*), eingesetzt. Es bietet den Vorteil, daß bereits Funktionen für die Routenselektion und die Bandbreitenüberwachung enthalten sind, welche bei B-ISUP vom Hersteller der Netzknoten eigenständig implementiert werden müssen.

14.3 Protokollschichten

Abb. 14.4 zeigt das Architekturmodell des in vier Schichten gegliederten ATM. Ähnlich wie bei Frame Relay wird vertikal unterschieden zwischen:

- der Benutzer-Ebene und
- der Signalisierungs-Ebene.

Ebenen

Die Benutzer-Ebene (*User Plane*) umfaßt Protokolle für die Übertragung von Nutzinformationen zwischen ATM-Endeinrichtungen mit Hilfe entsprechender *Nutzzellen*. Die Aufgabe der Signalisierungs-Ebene (*Control Plane*) besteht dagegen darin, über separate ATM-Signalisierungsverbindungen Nutzverbindungen auf- und abzubauen sowie zu überwachen. Zusätzlich gibt es eine Management-Ebene (*Management-Plane*), auf der ebenfalls über Signalisierungsverbindungen Management-Informationen bzgl. der bestehenden Nutzverbindungen ausgetauscht werden.

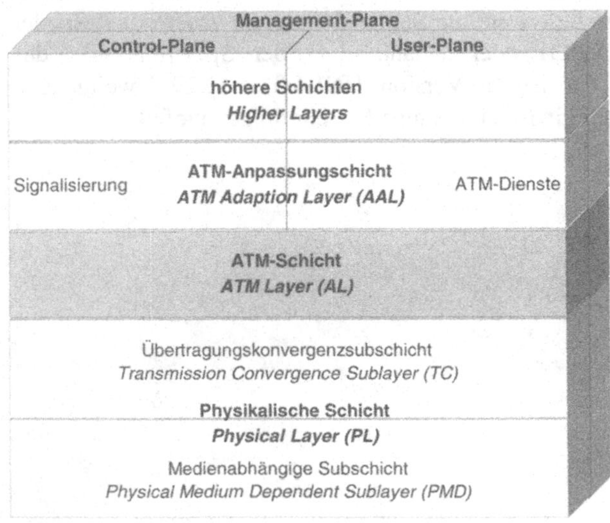

Abb. 14.4. Schichtenmodell von ATM

14.3.1 Physikalische Schicht

Die physikalische Schicht wird nochmals in zwei Subschichten unterteilt:

- die Übertragungskonvergenzsubschicht und
- die medienabhängige Subschicht.

Die untere der beiden Subschichten (*Physical Medium Dependent Sublayer, PMDS*) definiert eine Reihe von Standards für die physikalische Bitübertragung auf verschiedenen Medien und mit verschiedenen Geschwindigkeiten. Dazu zählen zum einen die ITU-Standards für öffentliche WANs: die Koaxialkabel bzw. verdrillten Kupferkabel der Plesiochronen Digitalen Hierarchie (PDH) und die Monomode-Glasfaserkabel der Synchronen Digitalen Hierarchie (SDH). Zum anderen wurden vom ATM-Forum auch für den LAN-Bereich geschirmte und ungeschirmte verdrillte Kupferkabel (STP und UTP) sowie Multimode-Glasfaserkabel als ATM-Übertragungsmedien spezifiziert.

Physical Medium Dependent

Die *Übertragungskonvergenzsubschicht* (*Transmission Convergence, TC*) dient insbesondere dazu, die zu sendenden ATM-Zellen bei Bedarf in Übertragungsrahmen des jeweiligen Transportmediums einzubetten (z.B. SDH-Rahmen). Darüber hinaus berechnet die TC-Schicht die Prüfsumme des Zellkopfes (*Header Error Check, HEC*) und verschlüsselt diesen in einer Form, daß dieser auch bei beliebigen Bitkombinationen innerhalb der Nutzdaten eindeutig erkannt werden kann.

Transmission Convergence

14.3.2 ATM-Schicht

Zellentransport

Die Aufgabe der ATM-Schicht besteht darin, die von der darüber liegenden Anpassungsschicht erhaltenen Daten in ATM-Zellen zu kapseln und diese an ihre Zieladresse zu transportieren. Um die durch die Anwendung gestellten Anforderungen an die Verbindungsqualität (*Quality of Service, QoS*) zu erfüllen, werden im Rahmen der Signalisierung zunächst die gewünschten Serviceparameter ausgehandelt. Im Anschluß an den Verbindungsaufbau werden dann ATM-Zellen aus verschiedenen Verbindungen in einen kontinuierlichen Zellenfluß gemultiplext. Zur Kontrolle der zugesagten Verbindungsparameter laufen dabei parallel entsprechende Kontrollmechanismen ab.

14.3.2.1 Hierarchische Übertragung

Virtuelle Kanäle und Kanalverbindungen

Es wurde bereits dargestellt, daß eine Ende-zu-Ende-Verbindung zwischen zwei ATM-Endeinrichtungen aus einer Serie von Leitungsabschnitten besteht, die auf dem Weg vom Ursprung zum Ziel über die festgelegten ATM-Switches passiert werden. Eine solche Verbindung bezeichnet man als *Virtuelle Kanalverbindung* (*Virtual Channel Connection, VCC*), während eine Teilverbindung *Virtueller Kanal* (*Virtual Channel, VC*) genannt wird. Anders formuliert, sind Virtuelle Kanäle aufeinanderfolgende ATM-Strecken, die in der Summe eine Virtuelle Kanalverbindung ergeben (vgl. Abb. 14.5). Kanalverbindungen weisen folgende Charakteristika auf:

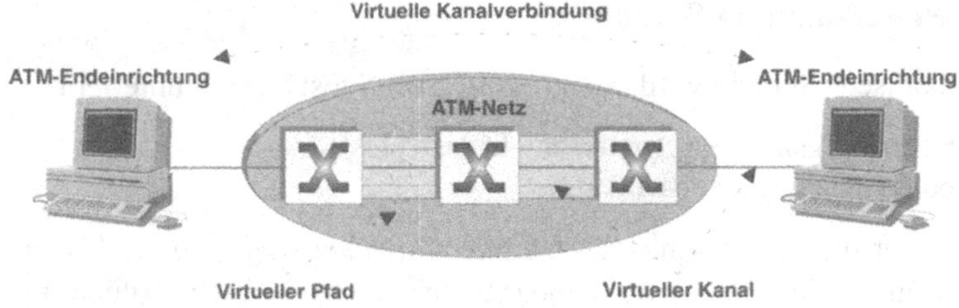

Abb. 14.5. Virtuelle Kanäle und Pfade in ATM

- Sie können dynamisch vermittelt werden (*Switched Virtual Channel Connection, SVCC*) oder fest eingerichtet sein (*Permanent Virtual Channel Connection, PVCC*).
- Für jede Kanalverbindung werden zwischen Endeinrichtung und Netz Verkehrsparameter wie die verfügbare Bitrate ausgehandelt. Eine Einhaltung dieser Vereinbarung wird durch das Netz kontrolliert.
- Zusätzlich werden Service-Parameter (Quality of Service) wie die Übertragungsverzögerung oder die Verlustrate festgelegt.
- Das Netz gewährleistet, daß die Reihenfolge der ATM-Zellen auf dem Weg zum Empfänger erhalten bleibt.

Virtuelle Pfade

Führen mehrere Virtuelle Kanäle über denselben Weg, werden sie zu einem *Virtuellen Pfad* (*Virtual Path, VP*) zusammengefaßt. Virtuelle Pfade bieten den Vorteil, daß alle darin enthaltenen Virtuellen Kanäle als logische Einheit betrachtet und transparent vermittelt werden können. Das Management, also die Verbindungssteuerung und -überwachung wird dadurch erheblich vereinfacht. Bezieht man die physikalische Schicht in die Betrachtung mit ein, ergibt sich für eine ATM-Strecke die in Abb. 14.6 dargestellte Übertragungshierarchie.

Virtuelle Pfadverbindungen

In Analogie zu Virtuellen Pfaden dienen *Virtuelle Pfadverbindungen* (*Virtual Path Connections, VPCs*) zur Bündelung mehrerer Kanalverbindungen. Ansonsten weisen sie die gleichen bereits genannten Eigenschaften auf. Aus Anwendungssicht können zwei Endeinrichtungen über eine Virtuelle Pfadverbindung parallel auf mehreren Kanälen komplexe Kommunikationsvorgänge abwickeln. Ein Beispiel dafür wäre eine Multimedia-Kommunikation mit Video, Audio und Daten, bei der für jede Informationsform eine eigene Kanalverbindung verwendet wird.

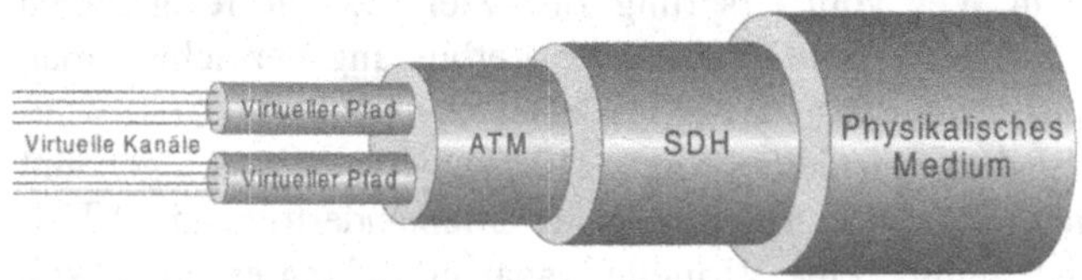

Abb. 14.6. Übertragungshierarchie von ATM

14.3.2.2 Zellenaufbau

Zellentypen

Eine ATM-Zelle besteht aus einem 5 Bytes langen Kopf und einem 48 Bytes umfassenden Nutzdatenteil. Der Aufbau des Zellkopfes variiert geringfügig in Abhängigkeit vom zugrunde liegenden Schnittstellentyp. Die an der Netzzugangsschnittstelle eingesetzten UNI-Zellen beinhalten ein Feld zur Flußkontrolle, das bei den netzinternen NNI-Zellen fehlt. Dafür verfügen letztere über ein größeres Adreßfeld zur Kanalidentifikation (vgl. Abb. 14.7). Im Detail haben die Kopffelder folgende Aufgaben.

Generic Flow Control

Das aus vier Bits bestehende Feld zur *Datenflußkontrolle* (*Generic Flow Control, GFC*) dient zur Steuerung lokal begrenzter Funktionen bezüglich der Netzbelastung. Der Inhalt des Feldes ist nur an der Netzzugangsschnittstelle gültig und wird beim Verlassen des lokalen ATM-Switches durch die Pfadidentifikation überschrieben.

VPI/VCI

Im Anschluß an das GFC folgt das ATM-Adreßfeld bestehend aus Identifikatoren für den virtuellen Pfad (*Virtual Path Identifier, VPI*) und den virtuellen Kanal (*Virtual Channel Identifier, VCI*). An der UNI weist ein VPI/VCI-Paar eine Länge von 24 Bit auf. Damit können parallel über 16 Millionen Verbindungen adressiert werden. An der NNI lassen sich mit 28 Bit etwa 268 Millionen Sitzungen realisieren. Bestimmte Kombinationen sind für besondere Zwecke reserviert. Das Paar VPI=0/VCI=5 kennzeichnet beispielsweise Signalisierungszellen.

UNI

Byte	7	6	5	4	3	2	1	0
1	Datenflußkontrolle GFC				Pfadidentifikation VPI			
2	Pfadidentifikation VPI				Kanalidentifikation VCI			
3	Kanalidentifikation VCI							
4	Kanalidentifikation VCI				Nutzlasttyp PT			CLP
5	Zellkopfprüfsumme HEC							

5 Bytes Kopf	48 Bytes Nutzdaten

NNI

Byte	7	6	5	4	3	2	1	0
1	Pfadidentifikation VPI							
2	Pfadidentifikation VPI				Kanalidentifikation VCI			
3	Kanalidentifikation VCI							
4	Kanalidentifikation VCI				Nutzlasttyp PT			CLP
5	Zellkopfprüfsumme HEC							

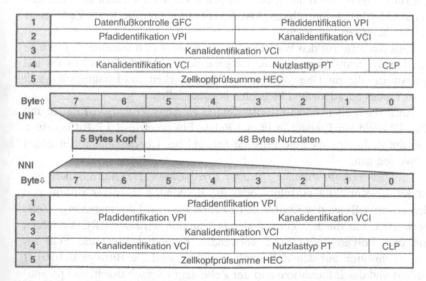

Abb. 14.7. Aufbau einer ATM-Zelle

Legende:

GFC	Generic Flow Control	Datenflußkontrolle
VPI	Virtual Path Identifier	Pfadidentifikation
VCI	Virtual Channel Identifier	Kanalidentifikation
PT	Payload Type	Nutzlasttyp
CLP	Cell Loss Priority	Zellenverlust-Priorität
HEC	Header Error Check	Zellkopfprüfsumme

Bit 1: Zellentyp		Bit 2: EFCI		Bit 3: AAL5-Indikator	
0	Nutzzelle	0	normale Last	0	weitere Zelle folgt
0		0		1	letzte Zelle
0		1	Überlast	1	
0		1		0	weitere Zelle folgt
Bit 1: Zellentyp		**Bit 2: Zellentyp**		**Bit 3: Inhalt**	
1	Sonderzelle	0	OAM F5-Zelle	0	Segment
1		0		1	Ende-zu-Ende
1		1	andere Zelle	0	Resource-Management
1		1		1	reserviert

Abb. 14.8. Kodierung des Feldes Payload Type

Legende:
EFCI Explicit Forward Congestion Control
AAL5 ATM Abstraction Layer 5
OAM Operations, Administration and Maintenance
OAM F5 OAM-Flow 5

Nutzlast-identifikation

Anhand des ersten von drei Bits der Nutzlastidentifikation (*Payload Type, PT*) kann zwischen gewöhnlichen Nutzzellen und Managementzellen zur Verkehrs- oder Betriebsüberwachung unterschieden werden (vgl. Abb. 14.8). Bei Nutzzellen hat das *EFCI-Bit* (*Explicit Forward Congestion Control*) die gleiche Aufgabe wie das FECN-Bit in Frame-Relay-Netzen. Es signalisiert dem Empfänger, ob es auf dem Weg durch das Netz zu einer Überlastsituation gekommen ist. Das dritte Bit wird speziell bei Diensten der ATM-Abstraktionsschicht AAL5 verwendet, um die letzte Zelle einer Nachricht zu kennzeichnen.

Falls das erste Bit den Wert Eins hat, handelt es sich um eine Sonderzelle mit Management-Informationen. Aufgabe der OAM-F5-Zellen[34] ist es beispielsweise, die zur Überwachung der Verfügbarkeit und Leistungsfähigkeit eines Kanals erforderlichen Meßdaten bereitzustellen.

Zellenverlust-Priorität

Auch das Zellenverlust-Prioritätsfeld (*Cell Loss Priority, CLP*) hat mit dem DE-Feld ein Pendant in Frame Relay. Ein gesetztes CLP-Bit bedeutet, daß die Zelle eine niedrige Priorität hat und bei Überlastsituationen zuerst verworfen wird.

Zellenkopf-prüfsumme

Die *Zellenkopfprüfsumme* (*Header Error Check, HEC*) ermöglicht entweder die Korrektur einzelner oder die Erkennung mehrerer Bitfehler in den ersten 4 Bytes des Kopfes. Im zweiten Fall wird die zugehörige Zelle verworfen. Für die Berechnung der Prüfsumme wird das CRC-Verfahren mit dem Polynom x^8+x^2+x+2 verwendet. Zusätzlich dient das Feld zur Synchronisation auf den Zellenanfang. Dazu wird die Bitfolge 01010101 addiert und das Informationsfeld der Zelle derart verschlüsselt, daß potentielle HEC-Sequenzen schnell erkannt werden können.

[34] Für den Informationsfluß zur Betriebsüberwachung in ATM-Netzen sind die fünf OAM-Flüsse (*Operations, Administration and Maintenance*) F1 bis F5 definiert. Der Informationsfluß F5 wird auf der Ebene von Kanälen zum Management von Segmenten und Ende-zu-Ende-Verbindungen verwendet.

14.3.3 ATM-Anpassungsschicht

Notwendigkeit

Mit der Entwicklung von ATM wurde insbesondere die Zielsetzung verfolgt, eine integrierende Technologie für verschiedenartigste Anwendungen und Anforderungsprofile zu realisieren. Um die dafür erforderliche Anpassungsfähigkeit mit der Einheitlichkeit des auf der ATM-Schicht zur Verfügung stehenden Transportdienstes in Einklang zubringen, wurde als Schnittstelle zu den höheren Schichten die *ATM-Anpassungsschicht* (*ATM Adaption Layer, AAL*) eingerichtet.

AAL-Dienstklassen

Angesichts der zum Zeitpunkt der Festlegung des Standards bereits existierenden und in Zukunft noch zu erwartenden Vielfalt von Anwendungsdiensten war es nicht möglich, eine universelle Anpassungsschicht zu definieren, die sämtliche Anforderungen erfüllt. Die ITU-T nahm daher eine Unterteilung der bereitzustellenden Dienste in vier *AAL-Dienstklassen* vor. Grundlage dieser Klassifikation waren die Kriterien,

- ob zwischen Quelle und Ziel ein Zeitbezug besteht, also eine Synchronisation erforderlich ist,
- ob eine konstante Übertragungsgeschwindigkeit benötigt wird und
- welcher Modus der Ende-zu-Ende-Verbindung zugrunde liegt (verbindungsorientiert oder verbindungslos).

AAL-Varianten

Ausgehend von diesen Dienstklassen wurden ursprünglich fünf Varianten der Anpassungsschicht definiert, später allerdings zwei davon wieder zusammengefaßt. Da die in Abb. 14.9 dargestellte Zuordnung nicht als Standard festgeschrieben ist, sind auch andere Kombinationen denkbar.

Implementierung

Aufgrund der Tatsache, daß die verschiedenen AAL-Varianten dienstspezifisch sind, kommen sie ausschließlich in Endeinrichtungen zum Einsatz. Dabei ist je nach der unterstützten Anwendung und Funktionalität in der Regel nur die jeweils benötigte Ausprägung der AAL implementiert. Derzeit zeichnet sich in der Praxis eine Priorisierung der Variante AAL 5 für alle Arten von Anwendungen ab.

	Klasse A	Klasse B	Klasse C	Klasse D
Zeitbezug	erforderlich		nicht erforderlich	
Bitrate	konstant	variabel		
Verbindungsmodus	verbindungsorientiert			verbindungslos
Anwendung	Isochrone Audio-/Video-Kommunikation	Audio-/Video-anwendungen mit variabler Bitrate	Datenkommu-nikation im WAN	Datenkommu-nikation im LAN/MAN
	(Telefonie, Videodienste)	(Videokonfe-renzen)	(Frame Relay, Datex-P)	(Ethernet, FDDI, Datex-M)
AAL-Variante	1	2	3/4, 5	3/4

Abb. 14.9. Dienstklassen der ATM-Anpassungsschicht

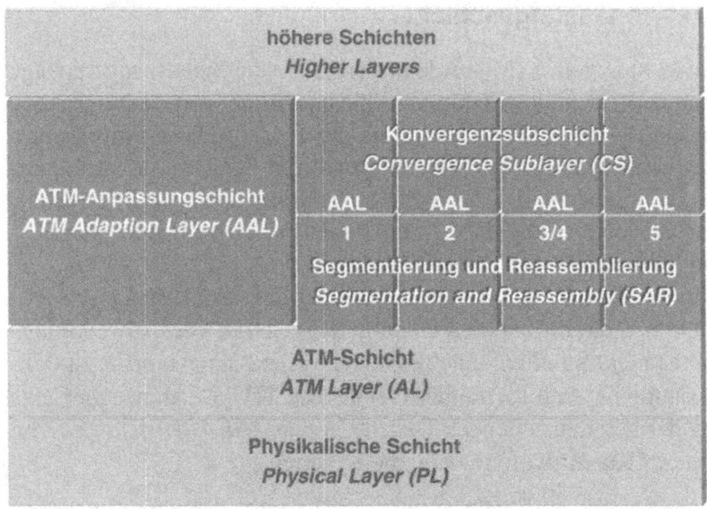

Abb. 14.10. Aufbau der ATM-Anpassungsschicht

Wie Abb. 14.10 zeigt, ist jede der fünf Anpassungsschichten nochmals in zwei Subschichten unterteilt:

- die Konvergenzsubschicht und
- die Schicht für das Segmentieren und Reassemblieren.

Konvergenz-subschicht

Als Schnittstelle zu den anwendungsorientierten Schichten übernimmt die *Konvergenzsubschicht* (*Convergence Sublayer*) dienstspezifische Zusatzfunktionen wie das Erkennen verlorener bzw. in falscher Reihenfolge eintreffender Zellen durch die Verwendung von Sequenznummern oder die Synchronisation durch den Einsatz von Zeitmarken.

SAR-Subschicht

Dem Namen entsprechend übernimmt die *SAR-Subschicht* (*Segmentation and Reassembly*) die ATM-gerechte Segmentierung der zu übertragenen Nachrichten in Nutzdatenblöcke von 48 Bytes, die anschließend auf der ATM-Schicht mit einem Header zu Zellen ergänzt werden. Auf der Seite des Empfängers sorgt sie durch Reassemblierung der Zelleninhalte für eine entsprechende Wiederherstellung.

14.4 Dienstklassen der Anpassungsschicht

14.4.1 Dienste der AAL 1

Leitungsemulation

Die Anpassungsschicht AAL 1 ermöglicht die synchrone Übertragung von Datenströmen mit konstanter Bitrate. Da für entsprechende Dienste in herkömmlichen Netzen bevorzugt leitungsvermittelte Verbindungen verwendet werden, spricht man auch von *Leitungsemulation* (*Circuit Emulation*).

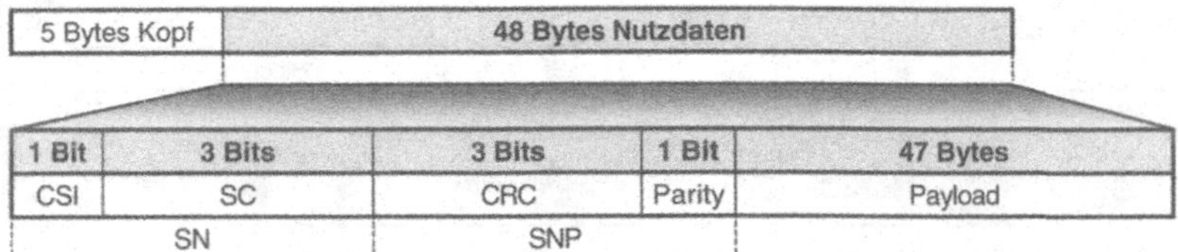

Abb. 14.11. Inhalt einer ATM-Zelle mit SAR-PDU

Legende:

CSI	Convergence Sublayer Indication oder	Flag für strukturierte Daten Zeitstempel des Senders
SC	Sequence Count	Sequenznummernzähler
CRC	Cyclic Redundancy Check	Prüfsumme
SN	Sequence Number	Sequenznummer
SNP	Sequence Number Protection	Sequenznummersicherung
PDU	Protocol Data Unit	Kopf + Nutzdaten

Anforderungen

Zu den typischen Diensten der AAL 1 zählen asynchrone und synchrone Datenfestverbindungen der Plesiochronen und Synchronen Digitale Hierarchie sowie die Übertragung von isochronen Video- und Sprachsignalen. Somit sind an das Transportsystem folgende Anforderungen zu stellen:

- Mit Hilfe von Pufferspeichern sind Bitverluste und unterschiedliche Abstände zwischen Bitfolgen zu kompensieren, die durch die Segmentierung des Bitstroms in ATM-Zellen und deren asynchrone Übertragung entstehen können, wenn Zellenverluste oder variierende Verzögerungszeiten (*Cell Delay Variation, CDV*) auftreten.
- Damit der Empfänger trotz der durch die Pufferung bedingten zeitlichen Entkopplung die Möglichkeit hat, sich auf die Sendefrequenz zu synchronisieren, müssen neben den Nutzdaten auch die Taktinformation übermittelt werden.
- Für die Wiederherstellung einer evtl. vorhandenen Struktur der zu übertragenden Daten benötigt der Empfänger zusätzlich entsprechende Strukturinformationen.

Eigenschaften

Das AAL-Protokoll ist in der Lage, sowohl kontinuierliche Bitströme als auch bytestrukturierte Daten zu übertragen, wie sie beispielsweise bei der PCM-kodierten Sprachkommunikation anfallen. Fehlerhaft übertragene oder verlorene Daten werden nicht korrigiert oder erneut beim Sender angefordert, sondern von der Benutzer-Ebene an die Management-Ebene gemeldet, um dort bei Bedarf entsprechende Maßnahmen einzuleiten.

SAR-PDU

Abb. 14.11 zeigt, wie auf platzsparende Weise die erforderlichen Steuerinformationen in einer SAR-PDU untergebracht werden: Das erste Byte des Nutzdatenbereichs einer ATM-Zelle wird weitgehend für den gesicherten Transport einer Sequenznummer verwendet. Das Feld *Sequence Count* (*SC*) umfaßt 3 Bits, womit sich die Sequenznummern von 0 bis 7 unterscheiden lassen. Durch die Auswertung dieses Feldes kann die Konvergenzsubschicht des Empfängers Rückschlüsse ziehen, ob eine Sequenz von SAR-PDUs vollständig und in der richtigen Reihenfolge angekommen ist und wie viele Zellen im Fehlerfall verloren gegangen sind.

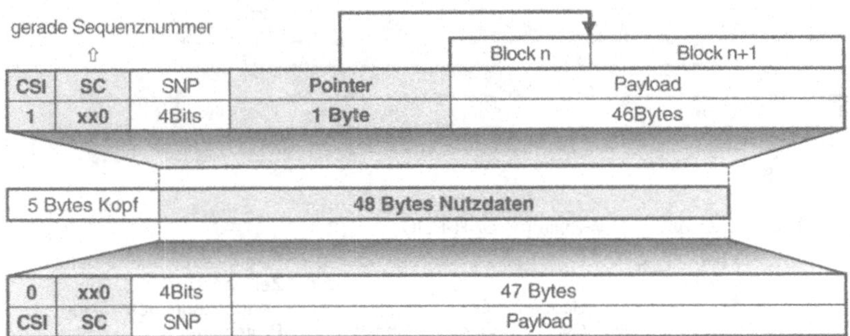

Abb. 14.12. Inhalt einer ATM-Zelle mit SAR-PDU für strukturierte Daten

Die Korrektheit der ersten Bytehälfte wird durch einen 3 Bit langen CRC-Code gesichert, der auf dem Generatorpolynom x^3+x+1 basiert, und abschließend wir das Byte zu einer geraden Bitparität ergänzt.

Strukturierte Daten

Das *CSI-Bit* (*Convergence Sublayer Indication*) ist ein Flag mit wechselnder Bedeutung: Bei Zellen mit einer geraden Sequenznummer (SC = xx0) gibt es an, ob ein reiner Bitstrom oder bytestrukturierte Nutzdaten vorliegen (vgl. Abb. 14.12). Im ersten Fall ist das CSI-Bit gelöscht, und die 47 Bytes des Payload-Bereichs sind vollständig mit Nutzdaten belegt. Ein gesetztes CSI-Bit markiert dagegen das Vorliegen des Pointer-Formats für strukturierte Daten: Hier dient das erste Byte des Payload-Bereichs der SAR-PDUs 0, 2, 4 und 6 jeweils als Zeiger auf den Anfang des nächsten logischen Datenblocks innerhalb der nächsten 93 Bytes der Nutzdaten. Diese setzen sich zusammen aus den restlichen 46 Bytes der Pointer-PDU und den 47 Bytes in der nachfolgenden SAR-PDU mit ungerader Sequenznummer.

Zeitstempel

Bei einer ungeraden Sequenznummer sind die CSI-Bits mehrerer aufeinanderfolgender Zellen als Bitfolge zu interpretieren, die den Zeitstempel (*Synchronous Residual Timestamp, SRTS*) des Senders zur empfängerseitigen Synchronisation darstellt. Als Referenz wird die Datenrate des ATM-Netzes herangezogen und im Zeitstempel lediglich die Abweichung der Frequenz des lokalen Zeitgebers angegeben. Anhand dieser Information und des Zugriffs auf die Netzwerkuhr (*Network Clock*) kann der Empfänger seinen Taktgeber mit der Anwendungsdatenrate des Senders synchronisieren.

14.4.2 Dienste der AAL 2

Minizellen

Die Anpassungsschicht AAL 2 bietet einen Dienst für verzögerungssensitive Anwendungen, die niedrige Bitraten in variabler Höhe benötigen. Das Prinzip der AAL 2 besteht darin, per Multiplexing mehrere Verkehrsströme innerhalb einer virtuellen ATM-Kanalverbindung zu bündeln. Dazu werden die zu übertragenden Daten in Minizellen aufgeteilt, die aus einem 3 Bytes langen Header und bis zu 45 Bytes an Nutzdaten bestehen. Die Größe des Nutzdatenbereichs kann nach Vereinbarung auf 64 Bytes ausgedehnt werden.

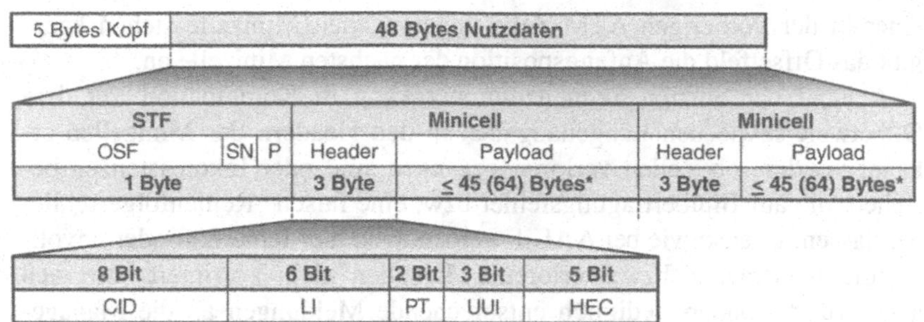

Abb. 14.13. Einbettung von Minizellen der AAL 2 in eine ATM-Zelle

Legende:		
STF	Start Field	Steuerinformation
OSF	Offset Field	Offset zum Anfang der nächsten Zelle
SN	Sequence Number	alternierende Sequenznummer (0..1)
P	Parity	Paritätsbit
CID	Channel ID	Kanal innerhalb des Zellenstroms
LI	Length Indicator	Länge der Nutzlast
PT	Payload Type	Flag: Daten oder Management
UUI	User-to-User Info	dienstespezifische Informationen
HEC	Header Error Check	Fehlerkontrolle
*	Falls eine Minizelle mehr als 44 Bytes an Nutzdaten enthält, wird sie auf zwei aufeinander folgende ATM-Zellen verteilt.	

Aufbau

Den Aufbau einer Minizelle und deren Einbettung in eine ATM-Zelle zeigt Abb. 14.13. Der Minizellen-Header umfaßt folgende Felder:

- Der *Kanalidentifikator* (*Channel Identifier*, *CID*) kennzeichnet den Benutzerkanal innerhalb einer AAL2-Verbindung. Dabei ist der Kanal 1 für die Verhandlung der QoS-Parameter wie die maximale Verzögerung oder die Zellenverlustrate und die Kanäle 2 bis 7 für interne Zwecke reserviert. Die Werte 8 bis 255 stehen für Benutzerkanäle zur Verfügung.
- Der *Längenindikator* (*Length Indicator*, *LI*) gibt den Umfang des Nutzdatenanteils der Minizelle an, und anhand des Feldes *Payload Type* (*PT*) wird zwischen regulären Nutzdaten sowie Managementinformationen unterschieden, die zur Steuerung des AAL2-Kanals dienen.
- Über das Feld *User-to-User Indication* (*UUI*) können Informationen zur Realisierung dienstespezifischer Funktionen ausgetauscht werden.
- Die Sicherung des Headers gegen Übertragungsfehler erfolgt mit Hilfe einer *CRC-Prüfsumme* und dem Generatorpolynom x^5+x+1.

Einbettung in ATM-Zellen

Durch das Prinzip der Minizellen wird die feste Zellengröße von ATM unterwandert und ein selbsteingrenzender Datenfluß realisiert. Da eine Minizelle evtl. kleiner oder größer als eine ATM-Zelle ist, kann diese eine oder mehrere ganze oder geteilte Minizellen transportieren.

Die Einbettung der Minizellen erfolgt mit einem geringen Overhead von nur einem Byte, dem *Start Field* (*STF*). Dieses setzt sich aus einem Offset, einer binären Sequenznummer für eine alternierende Wiederholungsanforderung und einem Paritätsbit für eine ungerade Parität des Headerbytes zusammen. Da am Anfang des Nutzdatenbereichs auch der zweite Teil einer in der vorherigen ATM-Zelle angefangenen Minizelle stehen kann, gibt das Offsetfeld die Anfangsposition der nächsten Minizelle an.

Fehlererkennung

Anhand der binären Sequenznummer kann in Kombination mit dem Offsetwert sowie den Längenangaben in den Headern der Minizellen erkannt werden, ob Zellen verloren gegangen sind oder Inkonsistenzen bestehen, die auf Bitübertragungsfehler bzw. eine falsche Reihenfolge schließen lassen. Ebenso wie bei AAL 1 werden auch hier fehlerhaft oder unvollständig übertragene bzw. verlorene Minzellen nicht korrigiert bzw. neu angefordert, sondern lediglich entsprechende Meldungen an die Management-Ebene geliefert.

14.4.3 Dienste der AAL 3/4

Daten-kommunikation

Die ATM-Anpassungsschichten 3 und 4 wurden ursprünglich getrennt für die Dienste der Klasse C und D definiert, dann aber aufgrund einer weitgehenden Übereinstimmung zusammengelegt. Beide Klassen sind für die Datenkommunikation mit variabler Bitrate und ohne Zeitbezug spezifiziert. Der Unterschied besteht darin, daß für die verbindungsorientierten Dienste der Klasse C per Signalisierung ein expliziter Verbindungsauf- und -abbau stattfindet, der für die verbindungslosen Dienste der Klasse D nicht erforderlich ist. Da die Signalisierung allerdings zu den Aufgaben der Steuerungsebene (Control Plane) zählt, hat dies keinen Einfluß auf die Protokolldateneinheiten und die Funktionalität des Protokolls für den Datentransfer auf der Benutzerebene (User Plane).

Konvergenz-subschicht

Bei AAL 3/4 wird die Konvergenzsubschicht nochmals in einen dienstespezifischen (*Service Specific Convergence Sublayer, SSCS*) und einen gemeinsamen Teil (*Common Part Convergence Sublayer, CPCS*) gegliedert (vgl. Abb. 14.14).

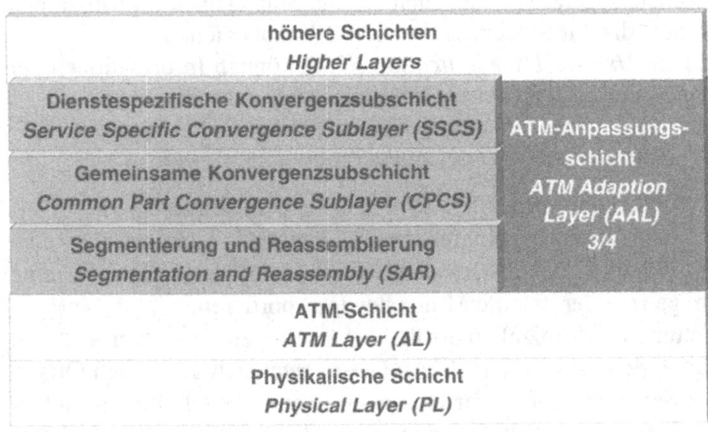

Abb. 14.14. Aufbau der ATM-Anpassungsschicht AAL 3/4

Die allgemeine Konvergenzsubschicht ist für alle auf AAL 3/4 basierenden Dienste identisch. Sie erkennt insbesondere Übertragungsfehler und Zellenverluste und meldet diese an die höheren Schichten weiter. Dazu zählt als erstes die dienstespezifische Konvergenzsubschicht, deren Aufgabe es ist, Mechanismen zur Verbesserung der Zuverlässigkeit des Transportsystems bereitzustellen, indem erkannte Fehler behoben werden. Eine Implementierung dieser Subschicht erfolgt nur dann, wenn die Qualitätsanforderungen des entsprechenden Dienstes dies notwendig machen. Ein Beispiel dafür stellt das Signalisierungsprotokoll *SSCOP* (*Service Specific Connection Oriented Protocol*) für Breitband-ISDN dar.[35] Auch bei anderen verbindungsorientierten Diensten der Klasse C ist das in der Regel der Fall. Den verbindungslosen Diensten der Klasse D reicht auf dieser Ebene dagegen die Funktionalität der nicht garantierten Übertragung, so daß ein direkter Zugriff auf die CPCS-Teilschicht erfolgen kann.

Übertragungsmodi

Im Detail bietet die Konvergenzsubschicht die Möglichkeit, Datenpakete mit einer festen oder variablen Länge zwischen 1 und 65535 Bytes zu übertragen. Dabei wird zwischen zwei Modi unterschieden:

- dem Strömungsmodus und
- dem Nachrichtenmodus.

Nachrichtenmodus

Der *Nachrichtenmodus* (*Message Mode*) ist für verbindungslose Übertragungen konzipiert, wobei die von den höheren Schichten an der Schnittstelle zur Anpassungsschicht übergebenen Pakete (*AAL Service Data Units, AAL-SDUs*) je nach den Größeneigenschaften unterschiedlich verarbeitet werden (vgl. Abb. 14.15): Große Pakete variabler Länge werden durch Segmentierung und Reassemblierung so unterteilt, daß sie sich mittels einer oder mehrerer SSCS-PDUs übertragen lassen. Kurze Pakete konstanter Länge werden dagegen zunächst in einem Puffer zwischengespeichert und so zu Blöcken zusammengefaßt, daß mehrere AAL-SDUs gemeinsam in einer SSCS-PDU übertragen werden können. Falls lediglich die Teilschicht CPCS implementiert ist, werden die AAL-SDUs direkt auf CPCS-PDUs abgebildet.

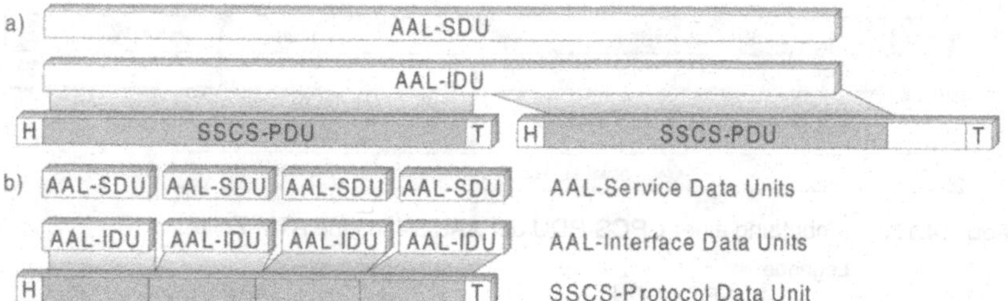

Abb. 14.15. Bildung von SSCS-PDUs im Nachrichtenmodus von AAL 3/4

35 Zu B-ISDN vgl. Kapitel 22.10.

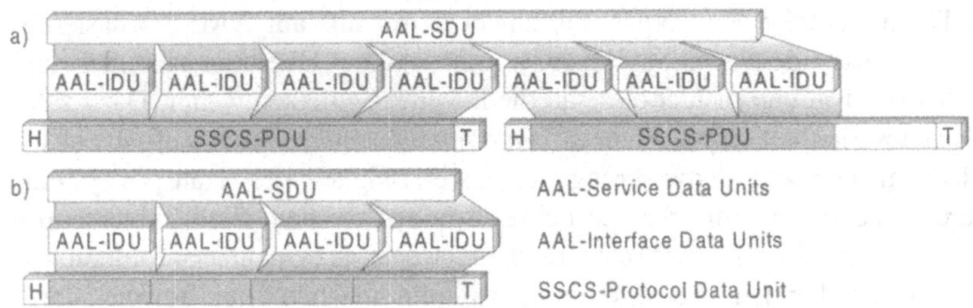

Abb. 14.16. Bildung von SSCS-PDUs im Strömungsmodus von AAL 3/4

Strömungsmodus

Der *Strömungsmodus (Streaming Mode)* ist auf das kontinuierliche Senden von Daten nach dem Prinzip verbindungsorientierter, paketvermittelter Netze ausgelegt. Eine AAL-SDU kann somit in einer oder mehreren AAL-IDUs übertragen werden, wobei die jeweils zusammengehörigen IDUs voneinander zeitlich unabhängig sein können (vgl. Abb. 14.16). Auch hier kann bei Bedarf eine große AAL-SDU mit Hilfe von Segmentierung und Reassemblierung auf mehrere SSCS-PDUs verteilt werden. Alternativ steht eine Pipeline-Funktion zur Verfügung, welche es der Konvergenzschicht ermöglicht, bereits PDUs weiterzusenden, bevor die zugehörige AAL-SDU vollständig vorliegt. Auf diese Weise kann die Größe des für die Zwischenspeicherung erforderlichen Puffers reduziert werden. Auch hier gilt, daß die AAL-SDUs den CPCS-SDUs entsprechen, falls sie SSCS-Teilschicht nicht implementiert ist.

CPCS

In der CPCS werden die eingehenden Daten zunächst mit Füllbytes (*Padding-Bytes*) auf ein ganzzahliges Vielfaches von 4 Bytes ergänzt und mit einem jeweils 4 Bytes langen Header und Trailer versehen (vgl. Abb. 14.17).

Header					Trailer		
CPI	B-Tag	BA-Size	Payload	PAD	AL	E-Tag	Length
1 Byte	1 Byte	2 Byte	0 – 65535 Bytes	0-3 Bytes	1 Byte	1 Byte	2 Bytes

2	4 Bits	10 Bits	44 Bytes	6 Bits	10 Bits
ST	SN	MID	Payload	LI	CRC

5 Bytes Kopf	48 Bytes Nutzdaten

Abb. 14.17. Einbettung einer CPCS-PDU der AAL 3/4 in eine ATM-Zelle

Legende:

	CPCS-PDU		SAR-PDU
CPI	Common Part Indicator	ST	Segment Type
B-Tag	Beginning Tag	SN	Sequence Number
BA-Size	Buffer Allocation Size Indication	MID	Multiplexing Identification
PAD	Padding-Bytes	LI	Length Indicator
AL	Alignment Field	CRC	Cyclic Redundancy Check
E-Tag	Ending Tag		

CPCS-Header

Der CPCS-Header umfaßt drei Felder:

- Der *Common Part Indicator* (*CPI*) legt die Versionsnummer der verwendeten AAL fest und gibt damit insbesondere die Einheit der Felder für die Pufferspeicherreservierung (BA-Size) und die PDU-Länge (Length) in Bytes oder entsprechenden Zehnerpotenzen vor. Derzeit ist nur der Wert 0 definiert, der als Einheit das Byte festlegt.
- Das Feld *B-Tag* (*Beginning Tag*) ist eine Art Sequenznummer, die innerhalb einer CPCS-PDU mit dem *E-Tag* (*Ending Tag*) des Trailers übereinstimmen und in der nachfolgenden PDU einen abweichenden Wert aufweisen muß. Dies wird erreicht, indem der Wert von PDU zu PDU jeweils um Eins erhöht und per Modulodivision durch 256 auf die Größe eines Bytes beschränkt wird. Die Kombination der beiden Marken verhindert, daß bei Verlust der letzten Zelle einer PDU und der ersten Zelle der nächsten PDU die vorliegenden Daten fälschlicherweise als eine PDU an die höhere Schicht weitergeleitet werden.
- Das Feld *BA-Size* (*Buffer Allocation Size Indication*) gibt dem Empfänger die Größe des zu allokierenden Pufferspeichers vor. Im Strömungsmodus kann BA-Size einen größeren Wert als die Länge der CPCS-PDU annehmen, während sich im Nachrichtenmodus beide Angaben entsprechen. Mit den zwei Byte des Feldes läßt sich ein Wertebereich zwischen 1 und 2^{16}-1 = 65.535 darstellen.

CPCS-Trailer

Neben dem bereits angesprochenen Ending-Tag beinhaltet der CPCS-Trailer zwei weitere Felder: Das *Trennungsfeld* (*Alignment Field, AL*) hat lediglich die Aufgabe, den Trailer auf die Länge von 4 Bytes zu ergänzen, und die zwei Bytes des Längenfeldes geben den Umfang des PDU-Informationsfeldes an.

SAR

Im Anschluß an die beschriebene Aufbereitung der Nachrichten übernimmt die SAR-Subschicht die Segmentierung der variablen CPCS-PDUs. Diese werden in Segmente mit einer festen Länge von 44 Bytes aufgeteilt und wiederum zwischen einem jeweils 2 Bytes langen Header und Trailer gekapselt. Die resultierende SAR-PDU weist damit wieder die ATM-typische Nutzdatenlänge von 48 Bytes auf. Im einzelnen enthält der SAR-Header folgende Steuerinformationen:

SAR-Header

- Das *Segmenttypen-Identifikationsfeld* (*Sequence Type, ST*) kennzeichnet die logische Position des Segments innerhalb der Nachricht (vgl. Abb. 14.18). Erstreckt sich diese über mehrere PDUs, wird zwischen dem Anfang (*Begin of Message, BOM*), einer Fortsetzung (*Continuation of Message, COM*) und dem Ende (*End of Message, EOM*) unterschieden. Paßt die Nachricht dagegen vollständig in eine PDU, handelt es sich um eine Einsegment-Nachricht (*Single Segement Message, SSM*).
- Mit Hilfe des 4 Bit langen *Sequenznummernfeldes* lassen sich Sequenznummern im Bereich von 0 bis 15 verwenden. Jeder SAR-PDU, die zur Übertragungssequenz einer Nachricht gehört, wird in ansteigender Reihenfolge ein Wert modulo 16 zugeordnet. Auf der Seite des Empfängers kann so der vollständige und korrekte Eingang der PDUs geprüft werden.

Segmenttyp	Kodierung des ST-Feldes	Bedeutung	Zulässige Werte des Längenfeldes
BOM	10	Begin of Message	44
COM	00	Continuation of Message	44
EOM	01	End of Message	4..44 63: Abbruch
SSM	11	Single Segment Message	8.44

Abb. 14.18. Segmenttypen in AAL 3/4

- Über das *Multiplex-Identifikationsfeld* (*Multiplexing Identification, MID*) können mehrere CPCS-Verbindungen über eine virtuelle ATM-Verbindung realisiert werden. Dabei wird je Multiplexkanal immer dieselbe MID verwendet, um empfängerseitig alle zusammengehörigen SAR-PDUs wieder zuordnen zu können.

SAR-Trailer

In das Informationsfeld wird zunächst die CPCS-PDU eingetragen und die evtl. verbleibenden Bytes mit Nullen aufgefüllt, falls es sich um das letzte Segment einer Folge (Typ EOM) oder um eine Einzelsegment-Nachricht (Typ SSM) handelt. Der abschließende Trailer umfaßt zwei weitere Felder:

- Das Längenfeld enthält die Angabe über den Umfang der Nutzdaten im Informationsfeld. Je nach Segmenttyp sind unterschiedliche Werte zulässig (vgl. Abb. 14.18). Einen Sonderfall stellt der Wert 63 dar. Dieser kennzeichnet eine spezielle *Abbruch-PDU* (*Abort-PDU*), die der Sender übermittelt, falls die Übertragung frühzeitig abgebrochen wird.
- Das Prüfsummenfeld dient zur Erkennung von Bitfehlern innerhalb des gesamten Segmentes inklusive der Steuerinformationen. Als Generatorpolynom für die CRC-10-Summe dient: $x^{10}+x^9+x^5+x^4+1$.

14.4.4 Dienste der AAL 5

SEAL

AAL 5 wurde als einzige Anpassungsschicht nicht von der ITU-T selbst entworfen, sondern von einem Konsortium der Computer- und Kommunikationsindustrie. Das Ziel der Entwicklung war es, die Anpassungsschicht AAL 3/4 stark zu vereinfachen und dabei insbesondere den Protokolloverhead von insgesamt fast 20% zu verringern. Dementsprechend erhielt diese Schicht ursprünglich die Bezeichnung *SEAL* (*Simple Efficient Adaption Layer*) und wurde später von der ITU-T als AAL 5 in den Standard aufgenommen. Im direkten Vergleich weist AAL 5 folgende Verbesserungen gegenüber AAL 3/4 auf:

- Dadurch, daß die Länge der CPCS-PDU bereits auf ein ganzzahliges Vielfaches von 48 gebracht wird, paßt diese direkt in den Payload-Bereich einer ATM-Zelle und die Segmentierung auf der SAR-Schicht entfällt vollständig.
- Die Steuerinformationen werden weitgehend in einem 8 Bytes langen CPCS-Trailer untergebracht, und der CPCS-Header entfällt ganz.

- Aufgrund der paßgenauen Segmentierung in ATM-Zellen kann es nicht passieren, daß der CPCS-Trailer sich über zwei ATM-Zellen erstreckt. Entsprechende Fehlerquellen und Korrekturmaßnahmen sind somit überflüssig.
- Da grundsätzlich die binäre Information reicht, ob zu einer Nachricht weitere Segmente folgen oder nicht, wird für die entsprechende Signalisierung ein einzelnes Bit im *PT-Feld* (*Payload Type*) des ATM-Zellenheaders verwendet (vgl. Abb. 14.8). Das Typenfeld ST der SAR-PDU von AAL 3/4 kann so entfallen.

CPCS-Trailer

Der Aufbau einer CPCS-PDU reduziert sich somit auf die in Abb. 14.19 dargestellte Form: Über das erste Byte des Trailers (*User-to-User Information, UU*) können zwischen Ende-zu-Ende-Verbindungen spezifische Steuerinformationen ausgetauscht werden. Das *CPI-Byte* (*Common Part Indicator*) dient lediglich zur Ausrichtung des Trailers auf eine 8 Byte-Grenze. Das *Längen-Feld* gibt den Umfang der Nutzdaten ohne Padding-Bytes und Trailer an. Und das abschließende *CRC-Feld* dient zur Fehlersicherung, wobei hier ein leistungsfähiges Polynom der Basis 32 verwendet wird.

AAL 5 vs. AAL 3/4

Da das MID-Feld von AAL 3/4 gestrichen wurde, verfügt AAL5 nicht über die Möglichkeit des Multiplexings von Segmenten innerhalb eines ATM-Kanals. Aufgrund des leistungsfähigen Konzepts der virtuellen Pfade und Kanäle auf der ATM-Schicht ist dies allerdings kein Verlust. Ansonsten zeigt sich die Effizienz dieser Anpassungsschicht insbesondere bei der Übertragung längerer Nachrichten: Von n Nachrichten-Segmenten, die in Form von ATM-Zellen übertragen werden, belegen n-1 den vollen Nutzdatenbereich von 48 Bytes. Nur die letzte Zelle, die durch das gesetzte Bit im PT-Feld des Zellenkopfes erkannt wird, enthält im CPCS-Trailer die benötigten Steuerinformationen.

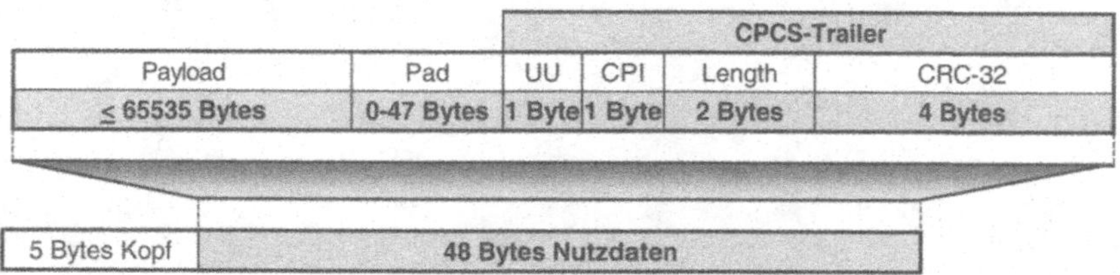

Abb. 14.19. Einbettung einer CPCS-PDU der AAL 5 in eine ATM-Zelle

Legende: UU User-to-User Information
CPI Common Part Indicator
CRC Cyclic Redundancy Check

Literaturempfehlungen

Badach, A. (1997): Integrierte Unternehmensnetze: X.25, Frame Relay, ISDN, LANs und ATM, Heidelberg: Hüthig, S. 193-278.

Chimi, E. (1998): High-Speed Networking: Konzepte, Technologien, Standards, München und Wien: Hanser, S. 194-250.

Claus, J., Siegmund, G., Hrsg. (1999): Das ATM-Handbuch: Grundlagen, Planung, Einsatz, Loseblattwerk in 2 Ordnern, Heidelberg: Hüthig.

Georg, O. (2000): Telekommunikationstechnik: Handbuch für Praxis und Lehre, 2. Auflg., Berlin u.a.: Springer, S. 471-522.

Siegmund, G. (1997): ATM – Die Technik, 3. Auflg., Heidelberg: Hüthig.

Zenk, A. (1999): Lokale Netze: Technologien, Konzepte, Einsatz, 6. Auflg., München: Addison-Wesley, S. 159-169.

15 xDSL

Weltweit sind etwa 700 Millionen Telefonleitungen installiert, über die eine Milliarde Teilnehmer versorgt werden. Vor diesem Hintergrund stellt der Einsatz von Zugangstechnologien, die auf der vorhandenen Leitungsinfrastruktur aufbauen, für die Betreiber zwar einen strategischen Vorteil dar; allerdings handelt es sich bei der Verkabelung um Schmalband-Übertragungsmedien, die für Sprachübertragungen mit einer Bandbreite von 4 kHz ausgelegt sind. Infolge dessen werden im Bereich der Datenkommunikation mit Hilfe moderner Modems der V-Serie in Abhängigkeit von der Leitungsqualität lediglich Übertragungsraten von maximal 56 kBit/s erreicht.

Ausgangssituation

15.1 Überblick

Unter der Zielsetzung, dennoch TV-Programme und Video-Abrufdienste über Kupferkabel realisieren zu können, wurde von Bell Communications Research (Bellcore) als erste *xDSL-Technologie* bereits 1987 die *Digital Subscriber Line (DSL)* entwickelt. Nachdem die Forschung und Entwicklung auf diesem Gebiet jedoch einige Zeit gedämpft worden war, gewann DSL erst im Zuge der Liberalisierung der Telekommunikationsmärkte in den 90er Jahren wieder an Aufmerksamkeit. Angesichts der Tatsache, daß sich zunehmend ein Bedarf an deutlich höheren Übertragungsleistungen abzeichnet, eine Neuverkabelung der Teilnehmeranschlüsse mit Lichtwellenleitern aber zu kosten- und zeitintensiv sein würde, zeigen Netzbetreiber und Telefongesellschaften inzwischen Interesse daran, auf den konventionellen Leitungen zwischen Vermittlungsstelle und Teilnehmer durch effiziente Leitungscodes und Übertragungstechnologien größtmögliche Bitraten zu erzielen.

Historie

Mit Hilfe der xDSL-Technologien lassen sich auf Twisted Pair Leitungen Übertragungsraten im Megabit-Bereich realisieren, wobei die tatsächlich erreichbare Kapazität durch die jeweils gegebene Qualität und Länge der Leitung begrenzt wird. In Testprojekten wurden auf einer Entfernung von 300m bereits bis zu 52 MBit/s erreicht. Zu den xDSL-Technologien zählen:

Überblick

- DSL: Digital Subscriber Line,
- ADSL: Asymmetric Digital Subscriber Line,
- HDSL: High-Bit-Rate Digital Subscriber Line,
- RADSL: Rate-Adaptive Digital Subscriber Line,
- VDSL: Very-High-Bit-Rate Digital Subscriber Line.

Grundsätzlich unterscheiden sich die verschiedenen Ansätze durch

- die zulässige Entfernung zwischen Teilnehmer und Netzzugangspunkt,
- die Anzahl der benötigten Leitungen und
- das Verhältnis der Kapazitäten zwischen dem Hinkanal vom Teilnehmer zum Netz *(Upstream)* und dem Rückkanal in umgekehrter Richtung *(Downstream)*.

15.2 Restriktionen der analogen Telefontechnik

Eingeschränkte Bandbreite

Konventionelle Telefonleitungen bestehen aus ungeschirmten verdrillten Kupferadern (UTP) mit einer Bandbreite von 1.1 MHz. Während für analoge Sprachübertragungen lediglich der Bereich unterhalb von 4 kHz benutzt wird, verwenden die xDSL-Technologien die Bandbreite oberhalb von 25 kHz. Dabei erweisen sich jedoch zwei durch die Anforderungen der Telefonie bedingte Konstruktionseigenschaften als Hindernis:

- Aufladespulen (Loading Coils) und
- offene Abzweigungen (Bridged Taps).

Aufladespulen

Da die Dämpfung von Signalen in Kupferkabeln proportional zur Frequenz und der zurückgelegten Entfernung zunimmt, wurden in einigen Ländern auf langen Leitungsabschnitten *Aufladespulen* eingesetzt, die Frequenzen oberhalb von 4 kHz herausfiltern und lediglich die Sprachfrequenzen verstärkt weiterleiten. Diese Filterung optimiert zwar die Sprachübertragung, verhindert aber die Möglichkeit des Einsatzes von xDSL-Technologien. In den USA betrifft dies über 20% der Leitungen, die man nach dem gleichnamigen Prinzip *(Loading)* als „geladen" (loaded) bezeichnet.

Offene Abzweigungen

Eine weitere problematische Einrichtung sind *offene Abzweigungen*, die entlang von Telefonleitungen installiert werden, um diese später flexibel nutzen zu können. Da zum Zeitpunkt der Kabelverlegung keine statische Teilnehmerstruktur besteht, behält man sich so die Möglichkeit vor, die Kabelführung bei Bedarf in eine andere Richtung zu leiten oder neue Anschlüsse anzubinden. Nachrichtentechnisch bewirken offene Abzweigungen jedoch eine Verzerrung und Reflexion der Signale sowie eine erhöhte frequenzabhängige Dämpfung. Unter anderem aus diesem Grund sind xDSL-Technologien auf moderne digitale Signalverarbeitung angewiesen.

15.3 Digital Subscriber Line

Symmetrisches Verfahren

Die *Digital Subscriber Line* (*DSL*) stellt die Basistechnologie sämtlicher xDSL-Varianten dar und findet auch im Basisanschluß des Schmalband-ISDN Verwendung. Im Hinblick auf die Kapazitäten für den Hin- und Rückkanal vom Teilnehmer zum Netz bzw. entgegengesetzt handelt es sich bei DSL um ein symmetrisches Verfahren, mit dem in beide Übertragungsrichtungen Bitraten von 192 kBit/s erreicht werden.

15.3.1 Architektur

Transceiver

Grundlage einer DSL-Konfiguration sind zwei *Transceiver*, die über zwei Parallelleiter miteinander verbunden sind, wobei der Transceiver im Netzzugangsknoten als Master dem Slave im Teilnehmerbereich Zeit- und Steuerinformationen liefert.

Echokompensation

Da die Übertragung bei DSL im Vollduplex stattfindet, müssen technische Vorkehrungen zur *Echokompensation* (*Echo-Cancellation*, *EC*) getroffen werden. Allgemein versteht man unter dem Echo sämtliche unerwünschte Energie, die insbesondere durch Reflexionen des übertragenen Signals an den Diskontinuitätspunkten der Leitung sowie die Nahnebensprechdämpfung NEXT verursacht wird und im Receiver das echte, von der Gegenstelle empfangene Signal überlagert. Um das NEXT in Grenzen zu halten, beschränkt sich DSL auf das Frequenzspektrum von 0 bis 80 kHz. Die echofreie Übertragung erfolgt durch das Zusammenspiel der drei Komponenten Hybrid, Echo Canceller und Equalizer im DSL-Transceiver (vgl. Abb. 15.1).

Komponenten

Der *Hybrid* leitet zum einen die Sendesignale vom Transmitter zur Leitung und zum anderen die Empfangssignale von der Leitung zum Receiver. Der *Echo Canceller* zieht das Echo vom Empfangssignal ab, um so das vom entfernten Transmitter gesendete Signal zu rekonstruieren. Der *Equalizer* versucht, die Verfälschungen, die das Signal während der Übertragung erfahren hat, zu korrigieren und den Zeittakt wiederherzustellen.

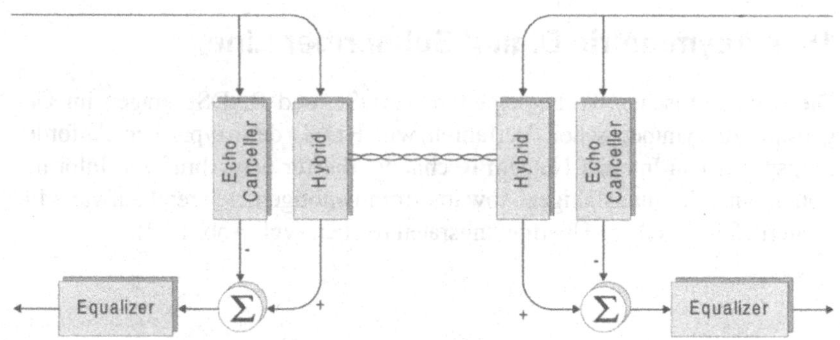

Abb. 15.1. Komponenten eines DSL-Transceivers

15.3.2 Leitungscode

2B1Q

Mit Hilfe des verwendeten Leitungscodes *2B1Q* (*Two Binaries, One Quaternary*) werden jeweils zwei aufeinanderfolgende Datenbits durch ein quaternäres Symbol übertragen. Dabei gibt das erste Bit das Vorzeichen und das zweite Bit den Betrag des Symbols an; die Umsetzung des resultierenden Symbols in einen entsprechenden Spannungswert erfolgt nach dem ANSI-Standard T1.601 (vgl. Abb. 15.2).

Bit 1	Bit 2	Symbol	Signalwert [V]
1	0	+3	+2,50
1	1	+1	+0,83
0	1	-1	-0,83
0	0	-3	-2,50

Bitfolge					
10	01	00	11	01	10

Abb. 15.2. 2B1Q-Codierung

15.3.3 HDSL

Verbesserungen

Bei dem Nachfolger von DSL, der *High-Bit-Rate Digital Subscriber Line* (*HDSL*), handelt es sich ebenfalls um eine symmetrische Übertragungstechnik, die auf der 2B1Q-Codierung und der Echokompensation basiert. Damit lassen sich bei dem Einsatz zweiadriger Leitungen Bitraten bis zu 1.5 MBit/s auf Strecken von bis zu 4.5 km erzielen. Falls drei Leitungen zur Verfügung stehen, erreicht man sogar bis zu 2 MBit/s. Systembedingt eignet sich HDSL für den symmetrischen Datenverkehr, wie er insbesondere bei LAN-Kopplungen oder auch Remote-Backup-Lösungen auftritt.

15.4 Asymmetric Digital Subscriber Line

Anwendung

Die asymmetrischen Technologien wie ADSL und RADSL tragen im Gegensatz zu symmetrischen Verfahren wie HDSL dem typischen Anforderungsprofil von Internet-Nutzern Rechnung, die für den Abruf von Informationen einen leistungsfähigen Abwärtsstrom benötigen, während aufwärts für Steuerbefehle niedrige Übertragungsraten reichen (vgl. Abb. 15.3).

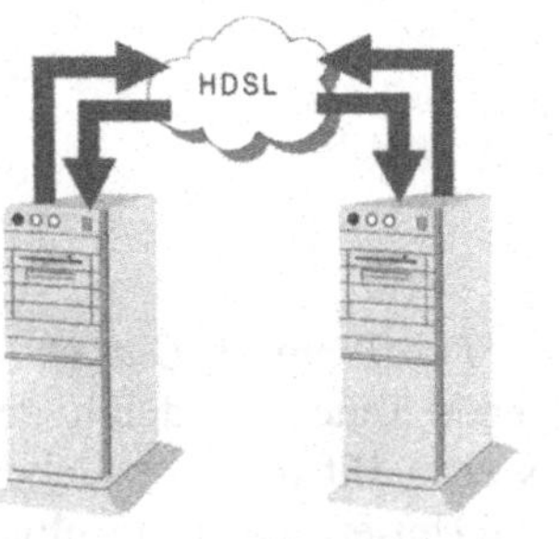

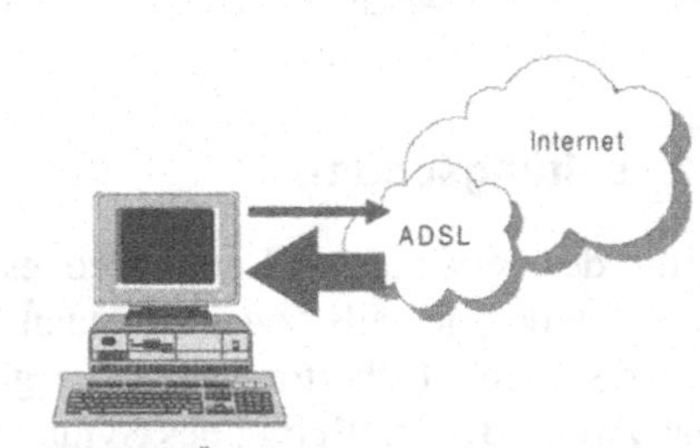

Abb. 15.3. Symmetrische und asymmetrische xDSL-Techniken

15.4.1 Übertragungseigenschaften

Asymmetrische Kapazitätsverteilung

Die bereits 1989 von Bellcore entworfene *Asymmetric Digital Subscriber Line* (*ADSL*) ist die derzeit am meisten verfolgte asymmetrische xDSL-Technologie. Der technische Vorteil dieses Verfahrens besteht darin, daß die durch das Nebensprechen bedingten Einschränkungen der symmetrischen Übertragung überwunden werden. Aus diesem Grund kann sich die Übertragungsrate des Abwärtskanals in Abhängigkeit von der Qualität und der Länge der zugrunde liegenden Leitung im Bereich zwischen 1.5 und 9 MBit/s bewegen, während vom Teilnehmer zum Netz lediglich zwischen 16 kBit/s und 1 MBit/s zur Verfügung stehen. Abb. 15.4 enthält eine Übersicht möglicher Kapazitäten für den Abwärtskanal.

Maximale Entfernung	Übertragungsrate Downstream
2.7 km	9 MBit/s
3.5 km	6 MBit/s
4.8 km	2 MBit/s
5.5 km	1.5 MBit/s

Abb. 15.4. Mögliche Übertragungsraten von ADSL

15.4.2 Architektur

Kanalaufteilung

Parallel zu den zwei Datenkanälen stellt ADSL auch den herkömmlichen Sprachkanal für den Telefondienst zur Verfügung. Die Realisierung der drei physischen Kanäle über die gemeinsame Leitungsinfrastruktur zwischen Vermittlungsstelle und Endteilnehmer erfolgt entweder per Frequenzmultiplex oder per Echokompensation.

Beim *Frequenzmultiplex (Frequency Division Multiplexing, FDM)* wird die verfügbare Bandbreite von 1 MHz auf drei durch schmale Grenzbänder getrennte Frequenzbänder aufgeteilt (vgl. Abb. 15.5). Technisch anspruchsvoller aber effizienter ist die *Echokompensation (Echo-Cancellation, EC)*, die eine Überlagerung der Frequenzbänder von Aufwärts- und Abwärtskanal erlaubt, so daß beide bereits bei 25 kHz beginnen können (vgl. Abb. 15.6).

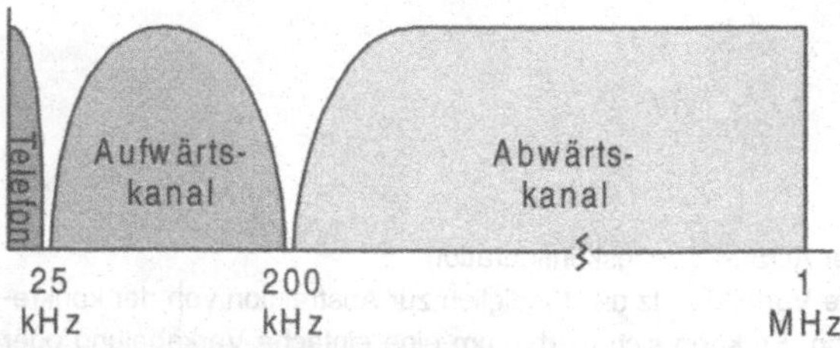

Abb. 15.5. Einteilung des Frequenzbandes bei ADSL mit Frequenzmultiplex

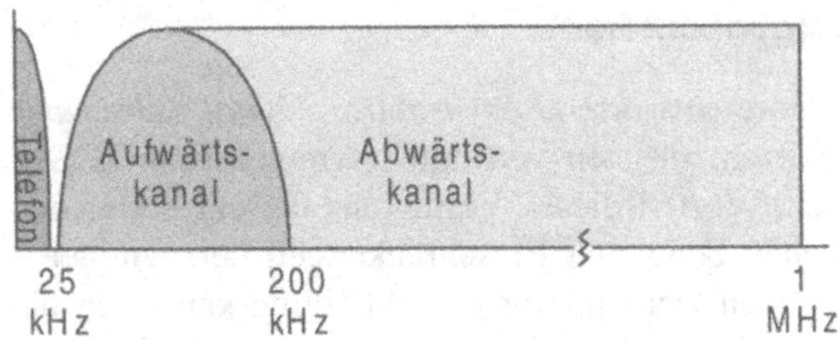

Abb. 15.6. Einteilung des Frequenzbandes bei ADSL mit Echokompensation

Splitter

Die auf beiden Seiten erforderliche Trennung zwischen Datenübertragung und Telefonie übernimmt ein *Splitter*, der die Frequenzen unterhalb von 25 kHz abspaltet. Telefonate, die ein ADSL-Teilnehmer über einen direkt daran angeschlossenen Apparat führt, werden durch den korrespondierenden Splitter der Vermittlungsstelle direkt in das öffentliche Telefonnetz weitergeleitet (vgl. Abb. 15.7).

ADSL-Übertragungseinheiten

Im übrigen regeln sowohl eine netz- als auch eine teilnehmerseitige *ADSL-Übertragungseinheit* (*ADSL Transmission Unit*, *ATU*) den Zugang zum eigentlichen ADSL-Netz. Beim Teilnehmer *(Remote Site)* heißt sie konsequent *ATU-R (ADSL Transmission Unit Remote Site)* und ist in verschiedenen Ausprägungen denkbar: Einzelne Rechner lassen sich entweder über ein externes ADSL-Modem oder eine interne ADSL-Karte anschließen, lokale Netzwerke dagegen über spezielle ADSL-Router.

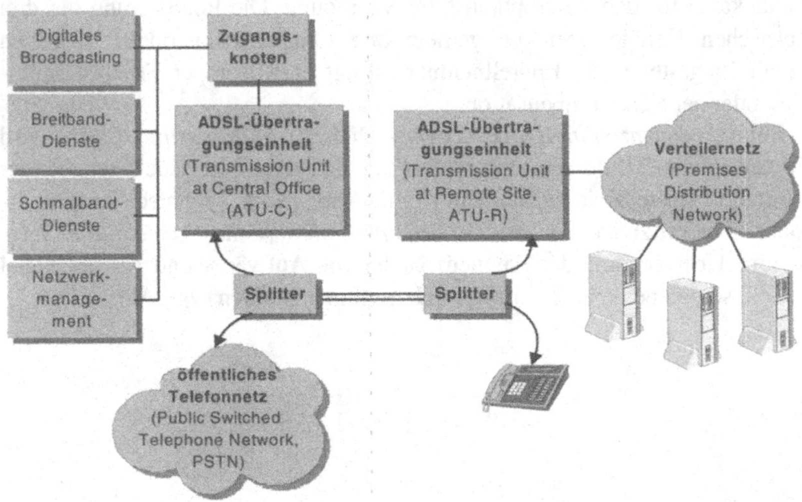

Abb. 15.7. Architektur einer ADSL-Zugangskonfiguration
Das dargestellte Verteilernetz dient lediglich zur Abstraktion von der konkreten Konfiguration. Es kann sich hierbei um eine einfache Verkabelung oder aber ein klassisches LAN wie Ethernet oder auch ein ATM-Netz handeln.

Auf der Seite des Netzbetreibers liegt eine vergleichbare Konfiguration vor – mit dem Unterschied, daß an die Übertragungseinheit (*ADSL Transmission Unit Central Office, ATU-C*) ein *Zugangsknoten (Access Node)* angeschlossen ist, über den der Zugriff auf die durch das ADSL-Netz angebotenen Breitband- und Schmalbanddienste abgewickelt wird. Neben der Konzentration mehrerer ADSL-Anschlüsse übernimmt der Zugangsknoten auch die evtl. notwendigen Protokollkonvertierungs- und Vermittlungsfunktionen.

15.4.3 Leitungscodes

Als Grundlage der Leitungskodierung wurden zwei auf der Quadraturamplitudenmodulation basierende Modulationsverfahren entwickelt:

- Discrete Multitone und
- Carrierless Amplitude and Phase Modulation (CAP).

Discrete Multitone

Das Grundprinzip von *Discrete Multitone* (*DMT*) besteht darin, bei der Initialisierung eines ADSL-Modems die insgesamt verfügbare Bandbreite in eine Reihe diskreter Subkanäle zu unterteilen, um auf diesen jeweils den maximalen Datendurchsatz zu realisieren (vgl. Abb. 15.8). Nach dem derzeitigen Stand von ADSL wird der Abwärtskanal aus 256 Subkanälen von 4 kHz gebildet, indem im Rahmen eines *Anpassungsprozesses (Adaption Process)* anhand des *Signal-Rausch-Abstands* (*Signal Noise Relation, SNR*) die Qualität der einzelnen Subkanäle gemessen und die unter Berücksichtigung dieser Restriktion mit der Quadraturamplitudenmodulation erzielbare Bitrate ermittelt wird. Auf diese Weise konzentriert sich die Datenübertragung auf die Subkanäle mit guten Übertragungseigenschaften, während diejenigen mit einer hohen Signalverfälschung nur in reduziertem Maße genutzt werden.

Falls ein ADSL-Modem auf eine feste Bitrate eingestellt ist, versucht es, die für die Übertragung genutzten Subkanäle so zu bündeln, daß die resultierende Gesamtbitrate der vorgegebenen entspricht. Falls die Qualität der Subkanäle dazu zu nicht ausreicht, meldet das Modem einen Fehler.

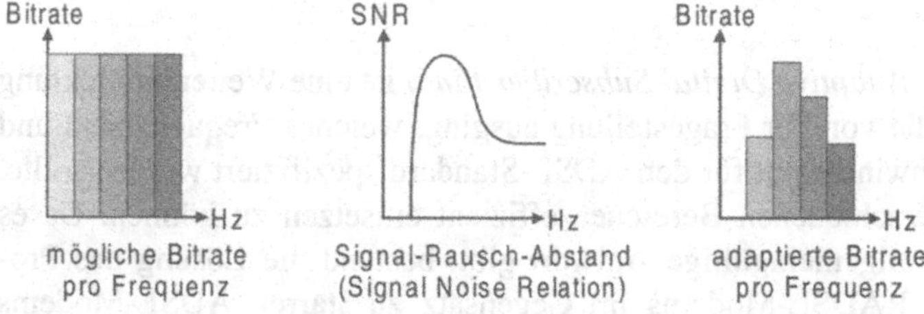

Abb. 15.8. Prinzip der Kanalanpassung von DMT
Die Abbildung zeigt den typischen Verlauf des Signal-Rausch-Abstandes von Telefonleitungen. Gründe dafür sind zum einen die mit hohen Frequenzen zunehmende Dämpfung und zum anderen die Auswirkungen der bereits angesprochenen Konstruktionseigenschaften wie offene Zweige.

Carrierless Amplitude and Phase Modulation

Die trägerlose Amplituden- und Phasenmodulation *CAP* (*Carrierless Amplitude and Phase Modulation*) wurde von AT&T ursprünglich unter der Zielsetzung entwickelt, ATM-LANs auf einer Twisted-Pair-Verkabelung zu implementieren. Das Prinzip besteht darin, am Trägersignal wie bei der Quadraturamplitudenmodulation sowohl Amplituden- als auch Phasenänderungen vorzunehmen. Teile des so modulierten Signals werden zunächst im Speicher gepuffert, dann zu einer modulierten Welle addiert und diese dann übertragen, wobei der Träger selbst unterdrückt wird, da er keine Informationen enthält und vom Empfänger rekonstruiert werden kann.

Da CAP im Gegensatz zu DMT nicht nur eine geringere Komplexität und eine bessere Leistungscharakteristik bietet, sondern neben Hochbitraten auch gleichzeitig die klassische Telefonie und ISDN unterstützt, hat es sich in der Praxis durchgesetzt, obwohl DMT von der für ADSL zuständigen ANSI-Gruppe T1E1.4 als Modulationstechnik festgelegt wurde.

15.4.4 VDSL

Entfernungsklassen

VDSL (Very High Bit Rate Digital Subscriber Line) kann als besondere Form von ADSL gesehen werden. Der einzige Unterschied besteht darin, daß es für kürzere Distanzen spezifiziert ist, auf denen sich deutlich höhere Übertragungsraten realisieren lassen als mit ADSL. Diese liegen zwischen 13 MBit/s und 52 MBit/s für den Aufwärtskanal (vgl. Abb. 15.9) sowie zwischen 1,5 MBit/s und 2,3 MBit/s für den Abwärtskanal.

Maximale Entfernung	Übertragungsrate Downstream
0.3 km	52 MBit/s
0.9 km	26 MBit/s
1.4 km	13 MBit/s

Abb. 15.9. Mögliche Übertragungsraten von VDSL

15.4.5 RADSL

Dynamische Anpassung

RADSL (Rate Adaptive Digital Subscriber Line) ist eine Weiterentwicklung von ADSL, die von der Fragestellung ausging, welches Frequenzband und welche Geschwindigkeit für den ADSL-Standard spezifiziert werden sollte, um ihn in verschiedenen Bereichen effizient einsetzen zu können. Da es darauf keine allgemeingültige Antwort gibt, bestand die Lösung des Problems darin, RADSL-Modems im Gegensatz zu starren ADSL-Modems mit der Fähigkeit auszustatten, eine dynamische Anpassung der Übertragungsrate an die Qualität der Leitung vorzunehmen. Angesichts der Tatsache, daß sich RADSL-Modems problemlos auch als ADSL-Modem betreiben lassen, könnte sich das Verfahren in der Praxis als endgültige Realisierungsform von ADSL etablieren.

Literaturempfehlungen

Berezak-Lazarus, N. (1999): ADSL: Auf der Überholspur durch die Multimedia-Welt, Bonn: MITP.

Führer, D. (1999): ADSL: High-Speed Multimedia per Telefon, Heidelberg: Hüthig.

Chimi, E. (1998): High-Speed Networking: Konzepte, Technologien, Standards, München und Wien: Hanser, S. 146-159.

Mertz, A., Pollakowski, M. (1999): xDSL & Access Networks: Grundlagen, Technik + Einsatzaspekte von HDSL, ADSL und VDSL, Markt & Technik.

Summers, Ch.K. (1999): ADSL: Standards, Implementation and Architecture, CRC Press.

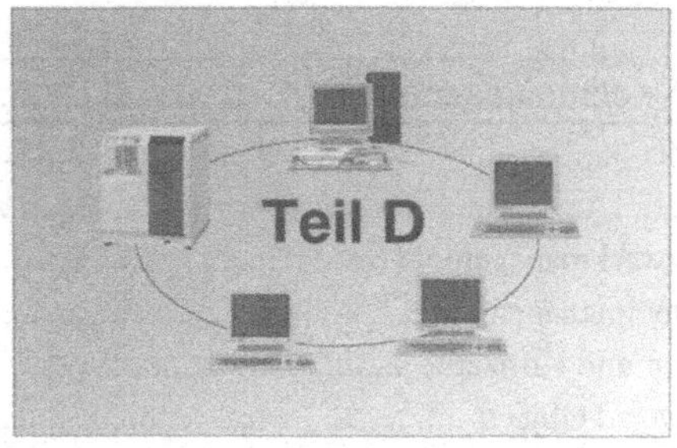

Betrieb von Rechnernetzen

Der Betrieb von Rechnernetzen bringt Aufgaben und Probleme mit sich, die weit über Einzelentscheidungen bezüglich der einzusetzenden Netzwerktechnologien hinausgehen. Die in der Praxis vorzufindenden Systeme sind häufig durch eine Heterogenität der eingesetzten Protokolle, Verfahren und Standards geprägt, die sich auf alle Komponenten von der Infrastruktur bis zu den Endeinrichtungen erstreckt. Vor diesem Hintergrund beschäftigt sich das Thema Internetworking mit Konzepten zur Integration der einzelnen Teilsysteme zu einer Gesamtlösung. Anschließend wird der Aufbau von Netzwerkbetriebssystem behandelt, die sowohl die Möglichkeiten zur Gestaltung der Kommunikationsanwendungen eines Netzwerks als auch den damit verbundenen Administrationsaufwand nicht unerheblich beeinflussen. Eng damit verbunden sind die inzwischen umfangreichen Konzepte des Netzwerk- und Systemmanagements, die abschließend vorgestellt werden.

16 Internetworking

Räumliche Grenzen

Solange ein Rechnernetz ein geschlossenes System darstellt, beschränkt sich der Austausch von Nachrichten auf die angeschlossenen Geräte. In diesem Fall handelt es sich also ähnlich wie bei einem einzelnen Rechner um eine „Informations- und Kommunikationsinsel". Um Zugriff auf die Daten und Betriebsmittel anderer Rechnernetze zu erhalten sowie über die Grenzen des eigenen Rechnernetzes hinweg mit Teilnehmern anderer Netze kommunizieren zu können, verbindet man Rechnernetze untereinander zu einem sogenannten *Internetzwerk* (*Internetwork*).

16.1 Begriffsabgrenzung

Physikalische Verbindung

Sämtliche Aspekte, die sich mit der Netzwerkkopplung sowie der Anbindung einzelner Rechner an Netzwerke beschäftigen, werden unter dem Oberbegriff *Internetworking* zusammengefaßt. Die beiden wesentlichen Voraussetzungen, die für eine netzwerkübergreifende Kommunikation erfüllt sein müssen, sind eine physikalische Verbindung zwischen den betroffenen Netzen sowie die Kompatibilität der jeweils verwendeten Kommunikationsprotokolle. Im Hinblick auf die Ausgestaltung der physikalischen Verbindung lassen sich folgende Varianten des Internetworkings unterscheiden:

- direkter oder lokaler Verbund,
- Remote-Verbund über ein Backbone oder
- Remote-Verbund über ein WAN.

Bei einem lokalen Verbund werden mehrere aneinandergrenzende LANs zu einem Gesamtnetz gekoppelt. Sind die zu verbindenden LANs dagegen *räumlich getrennt*, handelt es sich um einen Remote-Verbund. Dabei gestaltet sich das Zwischensystem komplexer als bei einem lokalen Verbund, da zur Überbrückung der Distanz eine Transitverbindung benötigt wird. Wie Abb. 16.1 zeigt, wird in diesem Fall für jede Schnittstelle zwischen LAN und Transitsystem je ein Koppelelement benötigt. Remote-Koppelelemente werden also grundsätzlich nur paarweise eingesetzt.

Kompatibilität der Protokolle

Bezüglich der Kompatibilität der eingesetzten Kommunikationsprotokolle spricht man bei der Verbindung gleichartiger Teilnetze wie z.B. zwei Ethernet-Segmenten von einem *homogenen Internetzwerk*. Die Kopplung eines Ethernet mit einem Token Ring stellt dagegen ein *heterogenes Internetzwerk* dar.

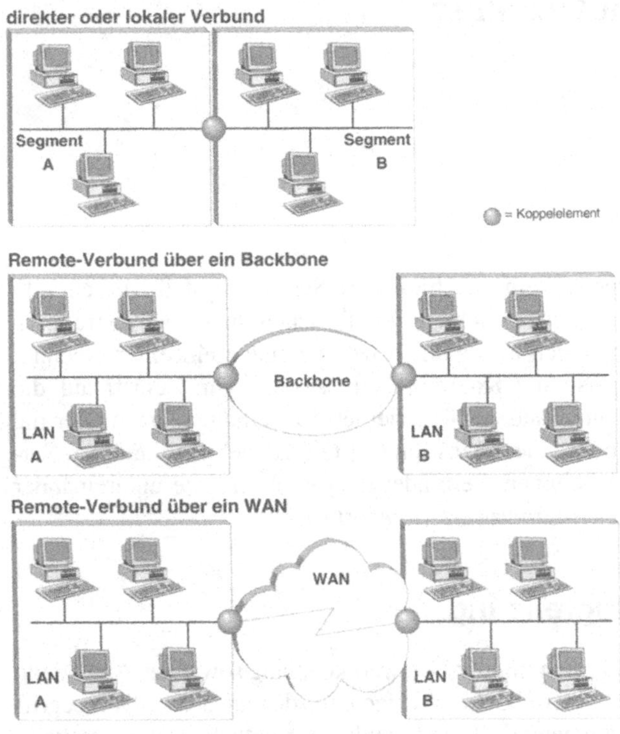

Abb. 16.1. Formen der LAN-Kopplung

Kompatibilität der Protokolle

Von grundlegender Bedeutung für das Internetworking ist eine Unterscheidung zwischen Endeinrichtungen und Zwischensystemen. Während *Endeinrichtungen* in erster Linie zur Realisierung von Anwendungen dienen, arbeiten *Zwischensysteme* als Koppelelemente zwischen den verbundenen Netzwerken. Ihre Aufgabe besteht im wesentlichen darin, bei dem Übergang von einem Teilnetz in ein anderes die notwendigen Anpassungen bzgl. der spezifischen Eigenschaften vorzunehmen und Nachrichten zielgerichtet weiterzuleiten.

16.2 Zielsetzungen

Strukturierung

Auch in homogenen LANs kann der Einsatz von Koppelelementen sinnvoll sein. Broadcastnetze bringen mit zunehmender Größe eine Reihe systemimmanenter Nachteile mit sich, die bei einer Segmentierung in kleinere Teilnetze nicht auftreten. Aus diesem Grund sind die zum Einsatz kommenden Zwischensysteme nicht nur als Koppelelemente zu betrachten, sondern übernehmen gleichzeitig auch die Funktion von Separatoren.

Ziele des Internetworking		
LAN-Erweiterung	**Fehler- und Lastbeschränkung**	**Verbesserung der Administration**
Verlängerung eines LANs	Separierung von Fehlern	Netzwerk-strukturierung
Erhöhung der Stationsanzahl	Separierung von lokalem Verkehr	Hierarchisches Netzmanagement
Verbindung von entfernten LANs	Sicherheitsaspekte	Sicherheitsaspekte

Abb. 16.2. Ziele des Internetworking

Aufgrund des engen Zusammenhangs lassen sich dieselben Ziele, die mit einer Strukturierung von Rechnernetzen verfolgt werden, auch als Ziele des Internetworking betrachten (vgl. Abb. 16.2).

LAN-Erweiterung

Die Komplexität lokaler Netze wird wesentlich durch die räumliche Ausdehnung und die Anzahl angeschlossener Stationen begrenzt. Werden die durch die technischen Rahmenbedingungen determinierten, maximal zulässigen Werte überschritten, muß das gesamte LAN in sogenannte *Subnetze* oder *Segmente*[36] aufgeteilt und diese über Koppelelemente miteinander verbunden werden, wobei in jedem Segment wieder die maximale Ausdehnung und Anzahl von Stationen erlaubt ist. Auch die Verbindung von entfernten LANs dient letztendlich der LAN-Erweiterung. Zur Überbrükkung der Distanz wird hier jedoch ein zusätzliches Transportmedium benötigt, da keine direkte Kopplung möglich ist.

Fehlerbeschränkung

Je größer ein Netz ist, desto anfälliger ist es für Störungen, da jede angeschlossene Station den Datenverkehr erhöht und eine potentielle Fehlerquelle darstellt. Die Wahrscheinlichkeit, daß ein Fehler wie z.B. der Ausfall einer Endeinrichtung auftritt und infolge dessen andere angeschlossene Rechner beeinträchtigt werden, wächst mit der Anzahl der Stationen. Als Separatoren ermöglichen geeignete Zwischensysteme die Definition von Filtern, um auftretende Fehlerpakete, Überschwemmungen mit Broadcastnachrichten und Überlastsituationen auf einzelne Segmente zu beschränken.

Lastreduzierung

Weiterhin bewirken Subnetze auch eine Lastreduzierung. Bei steigender Anzahl angebundener Endgeräte mit kommunikationsintensiven Anwendungen kann die auftretende Netzlast bereits weit vor dem Erreichen der maximal zulässigen Stationszahl kritische Werte annehmen, wodurch die Antwortzeiten exponentiell zunehmen. Je größer ein LAN ist, um so wahrscheinlicher existieren strukturelle Bereiche, in denen ein Großteil der Kommunikation lokal stattfindet. In Unternehmen beschränkt sich der Austausch von

36 Einige Autoren sprechen lediglich im Falle einer Repeater-Kopplung von Segmenten und im Falle einer Brückenkopplung von Subnetzen. Hier werden die Begriffe „Segment", „Subnetz" und „Teilnetz" jedoch als Synonyme verwendet.

Nachrichten z.B. häufig auf Arbeitsgruppen oder Abteilungen. Dieser lokale Verkehr kann durch entsprechende Segmentierung jeweils intern gehalten werden und belastet somit nicht das gesamte Netz, sondern lediglich das betroffene Subnetz.

Sicherheit

Als Broadcastnetze sind LANs informationsverteilende Systeme. Da kritische Daten unter Sicherheitsaspekten generell keine Ausbreitung über mehr als die unbedingt erforderlichen Netzteile erfahren sollten, sind Subnetze mit gefährdeten Rechnern sowie Anwendungen, die kritischen Datenverkehr aufweisen, daher auch bei ansonsten niedriger Gesamtlast durch geeignete Koppelelemente von anderen Netzbereichen zu separieren.

Verbesserung der Administration

Nicht zuletzt können auch organisatorische oder betriebliche Gründe für die Strukturierung eines großen LANs in Teilnetze sprechen, da Fehlersuche und Netzwerkmanagement mit wachsender Größe komplexer werden. Eine Unterteilung in LAN-Segmente ermöglicht ein dezentrales Management und eine getrennte Analyse der einzelnen Subnetze. Darüber hinaus lassen sich durch den Einsatz „intelligenter" Koppelelemente Agentenfunktionen implementieren, die regelmäßig Statusmeldungen über die einzelnen Teilnetze an eine zentrale Managementkonsole senden, um dort Informationen für ein Management des Gesamtnetzes bereitzustellen.

Inwieweit diese Zielsetzungen im Einzelfall tatsächlich umgesetzt werden, hängt entscheidend von der konkreten Realisierung der Netzwerkkopplung sowie den Eigenschaften der verwendeten Koppelelemente ab.

16.3 Architektur

Modell

In der Einführung wurde das ISO/OSI-Schichtenmodell als Softwarearchitektur für die Kommunikation zwischen Endsystemen beschrieben. Abb. 16.3 zeigt eine Erweiterung dieses Modells um die Struktur eines Zwischensystems, wobei angenommen wird, daß sich die beiden Endsysteme auf den unteren N Schichten unterscheiden, während die Protokolle der darüber liegenden Ebenen kompatibel sind.[37]

Austauschbarkeit von Protokollen

Eine Instanz der Ebene N+1 eines Endsystems bedient sich zur Kommunikation mit ihrer Partnerinstanz derjenigen Dienste, die ihr von der N-ten Schicht bereitgestellt werden. Dem Schichtenprinzip entsprechend ist dabei nicht von Belang, *wie* diese Dienste implementiert sind. Somit kann der aus den unteren N Schichten bestehende Protokollstapel gegen einen anderen ausgetauscht werden, solange an der Schnittstelle zur Schicht N+1 die gleichen Dienste erbracht werden.

Zwischensysteme

Bei der Kopplung von Netzen, die auf den unteren N Schichten andere Protokolle aufweisen, bildet das Zwischensystem die jeweiligen Protokollstapel aufeinander ab. Eine Entscheidung über die Art des zu verwendenden Zwischensystems hängt somit wesentlich von der Kompatibilität der in den kommunizierenden Endsystemen eingesetzten Protokolle ab.

[37] Bei der Kopplung homogener Netze gilt N=0.

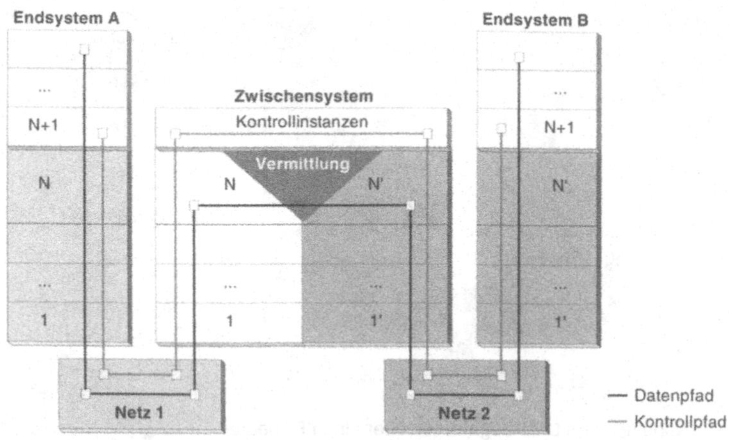

Abb. 16.3. Architekturmodell einer Netzwerkkopplung

Beispiel

Das Funktionsprinzip wird in Abb. 16.3 dargestellt: Eine von Netz 1 empfangene Nachricht durchläuft im Zwischensystem zunächst die Schichten 1 bis N, wird dann an die Vermittlungskomponente weitergereicht und verläßt das Zwischensystem wieder über die Schichten N' bis 1' zum Netz 2.

Koppelebene

Koppelelemente bestehen meist aus einem dedizierten Rechner, der direkt an die zu koppelnden Netze angeschlossen ist und dessen Kommunikationssoftware die netzspezifischen Protokolle bis zur Schicht des Netzzusammenschlusses, der sogenannten *Koppelebene*, sowie die zur Abbildung erforderlichen Koppelfunktionen realisiert. Anhand der Position der Koppelebene im ISO/OSI-Schichtenmodell unterscheidet man vier verschiedene Ausprägungen, die im folgenden näher betrachtet werden:

- Repeater,
- Bridges,
- Router und
- Gateways.

16.3.1 Repeater

Aufgaben

Ein *Repeater* schließt lokale Netze auf der physikalischen Ebene zusammen (vgl. Abb. 16.4). Als reiner Signalverstärker und Pegelumsetzer führt er eine Bitregenerierung durch und leitet Bitströme unverzögert zwischen den verbundenen Teilnetzen weiter. Somit stellt ein Repeater das schnellstmögliche Zwischensystem dar, bildet keine potentiellen Engpässe in verbundenen Netzen und bleibt für die kommunizierenden Instanzen in den Endsystemen unsichtbar.

Eigenschaften

Durch eine Repeaterkopplung werden die Übertragungsmedien der Teilnetze physikalisch zu einem einzigen Übertragungsmedium zusammengeschlossen. Parallele Bitströme in den Teilnetzen sind somit nicht möglich.

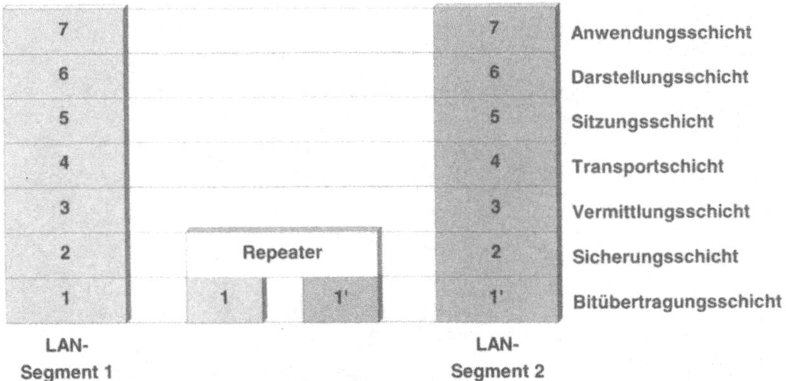

Abb. 16.4. Kopplung von LAN-Segmenten über einen Repeater

Die Last im Verbundnetz ergibt sich aus der Summe der Teilnetzlasten, wodurch sich die Netzverfügbarkeit für die einzelnen Teilnehmer verschlechtert. Aus diesem Grund dienen Repeater hauptsächlich zur räumlichen Ausdehnung von LANs, wobei sie auch den Einsatz verschiedenartiger Übertragungsmedien wie z.B. Kupfer und Glasfaser in einem dann als hybrid bezeichneten LAN ermöglichen.

16.3.2 Bridge

Aufgaben

Bridges (Brücken) verbinden Netze, die sich in den unteren beiden Ebenen des OSI-Schichtenmodells unterscheiden (vgl. Abb. 16.5). Je nachdem, auf welcher Subebene der Sicherungsschicht die Kopplung stattfindet, unterscheidet man MAC-Bridges und LLC-Bridges. In der Praxis finden MAC-Bridges die weiteste Verbreitung. Hier können die Subnetze sowohl verschiedene physikalische Eigenschaften als auch unterschiedliche Medienzugangsverfahren aufweisen, müssen aber dasselbe LLC-Protokoll verwenden. Ein Beispiel dafür wäre die Kopplung von Segmenten, die auf Ethernet und Token Ring basieren.

Eigenschaften

Neben der Signalverstärkung und einer Überwindung der Restriktionen bezüglich Segmentlänge und Stationszahl führt eine Bridge sämtliche Funktionen der MAC-Ebene (beider Seiten) aus. Somit werden die gesendeten Rahmen z.B. auch auf ihre Länge und die Korrektheit der Prüfsumme kontrolliert. Durch Kollisionen oder Übertragungsfehler entstandene fehlerhafte Rahmen werden nicht weitergeleitet, so daß Fehler auf das jeweils betroffene Subnetz begrenzt bleiben. Da die Bearbeitung der Rahmen eine Verarbeitungszeit im Bereich von Mikro- bis Millisekunden in Anspruch nimmt, stellt eine Bridge bei hohem subnetzübergreifendem Verkehr einen potentiellen Engpaß dar.

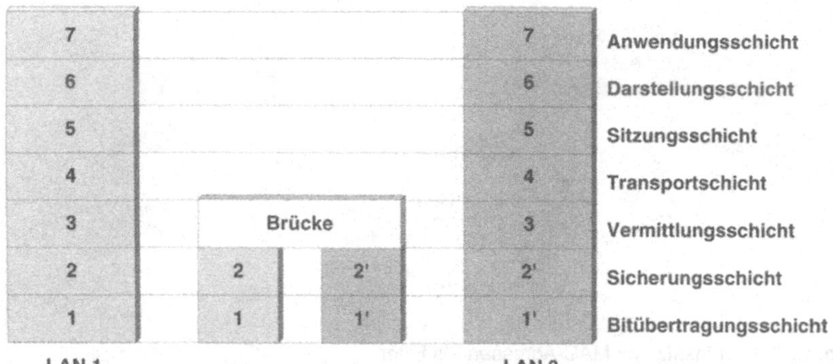

Abb. 16.5. Kopplung von LANs über eine Bridge

MAC-Adresse

Eine Hauptaufgabe von Bridges besteht vor allem in der Filterung von Datenpaketen zur Entkopplung des lokalen vom subnetzübergreifenden Verkehr. Anstatt alle Datenpakete wahllos von einem zum anderen Teilnetz zu übertragen, werden vielmehr nur diejenigen weitergeleitet, deren Empfänger sich außerhalb des lokalen Segmentes befinden. Die Grundlage für eine entsprechende Transportentscheidung stellt als zentrale Information der zweiten Schicht die MAC-Adresse dar. Jeder Netzwerkadapter verfügt über diese weltweit eindeutige, physikalische Hardwareadresse, die sich aus einem Identitätscode des Herstellers und einer herstellerspezifischen Nummer zusammensetzt.

Filterung

Da es sich bei einem LAN üblicherweise um ein Broadcastnetz handelt und somit jeder gesendete MAC-Rahmen in jedem Endsystem empfangen wird, können alle angeschlossenen Rechner über die MAC-Adresse die jeweils an sie adressierten Nachrichten identifizieren. Eine Bridge enthält für jeden Port[38] eine Tabelle mit den MAC-Adressen der an dem zugehörigen LAN angeschlossenen Stationen und kann somit durch einen Vergleich mit der MAC-Adresse eines eingehenden Rahmens feststellen, ob es sich bei dem adressierten Gerät um eine lokale Station handelt oder nicht (vgl. Abb. 16.6). Zur Gewährleistung der Kommunikationsfähigkeit werden sämtliche Rahmen weitergeleitet, bei denen diesbezüglich keine eindeutige Entscheidung getroffen werden kann. Sowohl Broadcastnachrichten als auch Rahmen mit unbekannter Zieladresse werden daher grundsätzlich als subnetzübergreifender Verkehr behandelt.

Transparenz

Ein Vorteil der Netzkopplung auf relativ niedriger Ebene besteht in der Protokolltransparenz nach oben. Da der Zusammenschluß unabhängig von der Implementierung oberhalb der Sicherungsschicht erfolgt, werden die höheren Protokollebenen nicht interpretiert. Somit ist bei einer Bridgekopplung die resultierende Subnetzstruktur aus der Sicht eines Endgerätes unsichtbar.

[38] Ein Port stellt den Anschlußpunkt eines Subnetzes an ein Koppelelement dar.

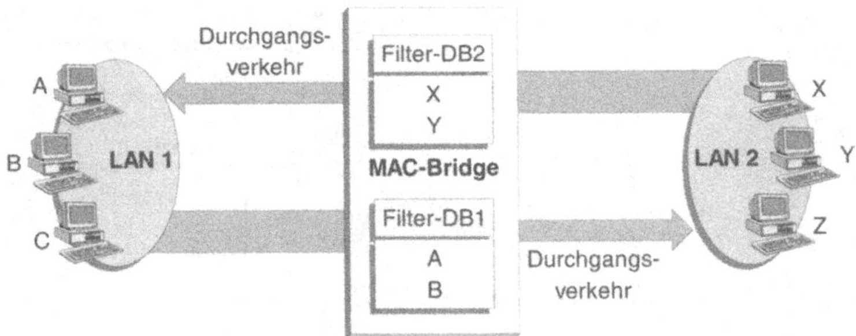

Abb. 16.6. Einsatz von MAC-Adressen als Filter

16.3.3 Router

Aufgaben

Router verbinden Subnetze auf der dritten Ebene des ISO/OSI-Schichtenmodells (vgl. Abb. 16.7). Da auf der Vermittlungsschicht Protokolle zur Wegewahl angesiedelt sind, muß ein Router in der Lage sein, Adreßangaben unterschiedlicher Protokolle zu interpretieren. Im Gegensatz zu protokolltransparenten Brücken sind Router also protokollabhängig und gehören daher entweder einer bestimmten Protokollfamilie an oder können als sogenannte Multiprotokoll-Router mehrere Protokollstapel verarbeiten.

Eigenschaften

Da die hierarchisch aufgebauten Adressen der Vermittlungsschicht eindeutig die Lage eines Endsystems im Netz bestimmen, können Router optimale Wege für die Übertragung von Datenpaketen ermitteln, wobei durch den Einsatz adaptiver Routingverfahren Kriterien wie Netzauslastung, Gebühren, Datendurchsatz, Wartezeiten etc. berücksichtigt werden können. Die dazu benötigten Informationen speichert ein Router in einer speziellen Routing-Tabelle, in der jedem Subnetz eine Zeile zugeordnet wird. Neben zwei Spalten für die jeweils beste Route sowie einer Alternative, die in Sonderfällen wie einem Leitungsausfall verwendet werden kann, enthält eine Routing-Tabelle auch noch zusätzliche Kontrollangaben über die Qualität der Routen (Kosten, Übertragungsdauer etc.) oder die Zeitspannen seit der letzten Aktualisierung.

Aktualisierung von Routing-Tabellen

In kleinen Netzen können Routing-Tabellen manuell gepflegt werden. Innerhalb großer Verbundsysteme werden sie dagegen von den Routern selbst erstellt und später nach Bedarf eigenständig aktualisiert. Dazu muß jeder Router den benachbarten Routern die über ihn direkt erreichbaren Subnetze mitteilen. Der Austausch derartiger Routing-Informationen wird sukzessive fortgesetzt, bis alle Router im Gesamtnetz ihre Routing-Tabelle vervollständigt haben. Bei einer Änderung der Optimalitätsbedingungen sind von der Umschaltung auf einen Alternativweg in der Regel mehrere Router betroffen, wodurch kurzzeitig hohe Verwaltungslasten entstehen können.

Abb. 16.8 veranschaulicht den Nachrichtentransport bei dem Einsatz von Routern in einem Netzwerkverbund.

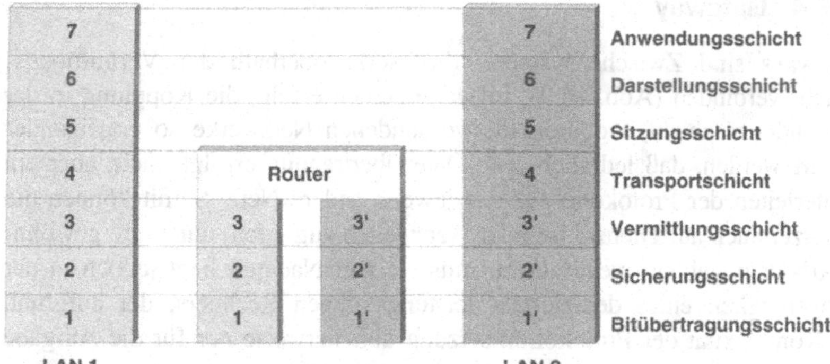

Abb. 16.7. Kopplung von LANs über einen Router

Beispiel

Eine Station in LAN 1 erzeugt eine Nachricht und versieht sie auf Schicht 3 mit der eigenen Netzwerkadresse und der Netzwerkadresse des Zielrechners, der sich in LAN 2 befindet. Auf Schicht 2 erhält die Nachricht zusätzlich die eigene MAC-Adresse des LAN-Adapters sowie die MAC-Adresse des Routers 1. Dieser empfängt die Nachricht und interpretiert auf Schicht 3 die Netzwerkadressen. Anhand seiner Routing-Tabelle erkennt er, daß der beste Weg zu LAN 2 über LAN 3 führt und leitet die Nachricht an den nächsten Router auf dem Weg dorthin weiter, indem er die Nachricht auf Schicht 2 mit seiner MAC-Adresse und der MAC-Adresse des Ziel-Routers versieht. Von Router 2 aus gelangt die Nachricht schließlich zur Zielstation.

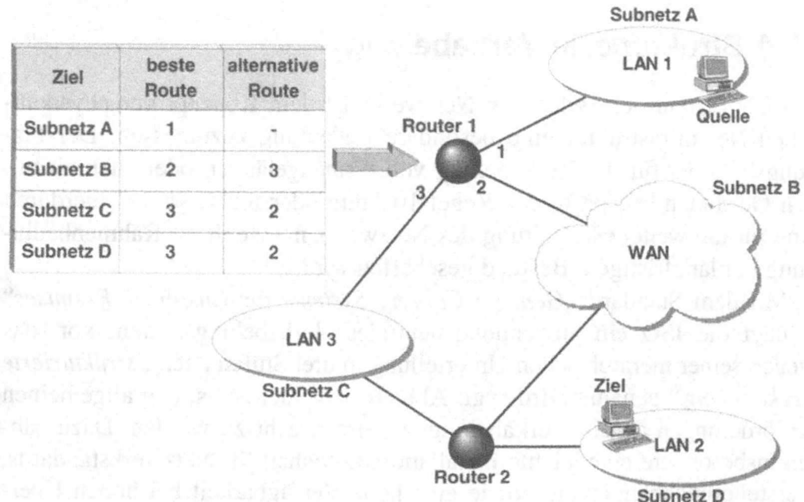

Ziel	beste Route	alternative Route
Subnetz A	1	-
Subnetz B	2	3
Subnetz C	3	2
Subnetz D	3	2

Abb. 16.8. Einsatz von Routern in einem Netzwerkverbund

16.3.4 Gateway

Aufgaben

Gateways sind Zwischensysteme, die Netze oberhalb der Vermittlungsschicht verbinden (Abb. 16.9). Im allgemeinen erfolgt die Kopplung in der Anwendungsschicht, wodurch die verbundenen Netzwerke so voneinander isoliert werden, daß lediglich eine Datenübertragung erfolgt, nicht aber ein Weiterleiten der Protokolle auf das jeweils andere Netz. Somit können die Benutzer auch auf Dienste fremder Netzwelten zugreifen, ohne ihre gewohnte Arbeitsumgebung wechseln zu müssen. Der Nachteil liegt jedoch in der Notwendigkeit eines dedizierten, leistungsfähigen Rechners, der aufgrund der Komplexität der Protokollumsetzung üblicherweise nur für die Aufgabe als Gateway nutzbar ist.

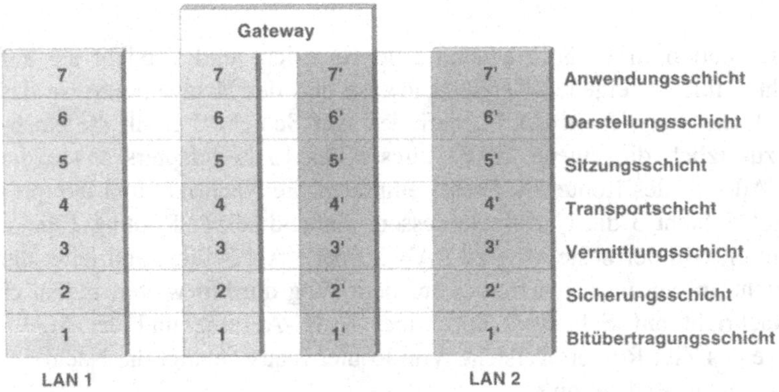

Abb. 16.9. Kopplung von Rechnernetzen über ein Gateway

16.4 Strukturierte Verkabelung

Bedeutung der Netzinfrastruktur

Bei der Planung eines lokalen Netzwerks ist dem Konzept der physikalischen Netzinfrastruktur eine besondere Bedeutung zuzumessen. Der Planungshorizont für die Verkabelung von Firmengeländen oder auch einzelnen Gebäuden beträgt in der Regel 10 Jahre oder mehr, so daß hierdurch eine für die weitere Gestaltung des Netzwerks maßgebliche Rahmenbedingung mit langfristigem Bestand geschaffen wird.

Standard

Mit dem Standard *„Generic Cabling Systems for Customer Premises"* schlägt die ISO ein anwendungsneutrales Verkabelungssystem vor, das wegen seiner hierarchischen Unterteilung in drei Stufen auch *„strukturierte Verkabelung"* genannt wird (vgl. Abb. 16.10). Ziel ist es, den allgemeinen Anforderungen an ein Verkabelungssystem gerecht zu werden. Dazu zählen insbesondere eine leichte Installation, Offenheit für Netzwerkstandards, Herstellerunabhängigkeit, sowie eine hohe Verfügbarkeit bei hohen Übertragungsleistungen.

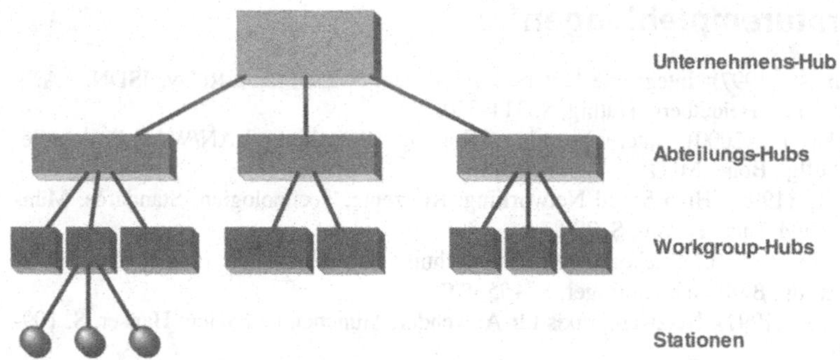

Abb. 16.10. Prinzip der strukturierten Verkabelung

Die *Primärverkabelung* – auch Gebäudeverkabelung genannt – umfaßt alle Kabelverbindungen zwischen Gebäuden. Sie wird in der Regel unterirdisch verlegt und sollte eine Kabellänge von 1.500 m nicht überschreiten. Zu den Anforderungen an die Primärverkabelung zählen eine hohe Ausfallsicherheit, geringe Störanfälligkeit und eine hohe Bandbreite auch über größere Entfernungen. Aus diesem Grund bietet sich eine redundant ausgeführte Ring- oder Sternstruktur unter Verwendung von Glasfaserkabeln an. Innerhalb der einzelnen Gebäude geht die Primärverkabelung in die Sekundärverkabelung über, wobei die Schnittstelle über einfache Konzentratoren oder Switches realisiert werden kann.

Primärverkabelung

Die *Sekundärverkabelung* führt die Gebäudeverkabelung (Primärverkabelung) und die Etagenverkabelung (Tertiärverkabelung) zusammen, indem sie den jeweiligen Gebäudeverteiler mit den zugehörigen Etagenverteilern verbindet. Auch die Sekundärverkabelung wird häufig stern- oder ringförmig ausgelegt. Für die Verlegung der Kabel, die nicht länger als 500 m sein sollten, bieten sich die Schächte für die Energieversorgung an. Gerade hier ist aber darauf zu achten, daß die verwendeten Kabel einstreusicher gegenüber elektromagnetischer Strahlung sind. Da die Anforderungen der Sekundärverkabelung mit denen der Primärverkabelung weitgehend übereinstimmen, werden auch hier häufig Lichtwellenleiter eingesetzt.

Sekundärverkabelung

Die flächendeckende horizontale Verkabelung auf den Etagen wird als *Tertiärverkabelung* bezeichnet. Sie reicht jeweils von einem Etagenverteiler bis zu den Anschlußdosen für die Endgeräte. Je nach Ausprägung des Etagenverteilers lassen sich mehrere bzw. alle Endgeräte einer Etage zu einem oder mehreren Subnetzen (Segmenten) zusammenfassen oder auch in sternförmiger Topologie direkt anschließen. Die entsprechenden Punkt-zu-Punkt-Verbindungen werden über sogenannte *Patchfelder* im Verteilerschrank hergestellt. Als Übertragungsmedium kommen derzeit üblicherweise Kupferkabel der Kategorie 5 mit Frequenzen bis zu 100 MHz zum Einsatz. Die Kabellängen zu den Endgeräten werden auf etwa 100 m beschränkt.

Tertiärverkabelung

Literaturempfehlungen

Badach, A. (1997): Integrierte Unternehmensnetze: X.25, Frame Relay, ISDN, LANs und ATM, Heidelberg: Hüthig, S. 311-320.

Borowka, P. (2000): Internetworking: Routing, Switching, LAN/WAN-Protokolle, 3. Aufl., Bonn: MITP.

Chimi, E. (1998): High-Speed Networking: Konzepte, Technologien, Standards, München und Wien: Hanser, S. 79-87.

Georg, O. (2000): Telekommunikationstechnik: Handbuch für Praxis und Lehre, 2. Aufl., Berlin u.a.: Springer, S. 465-470.

Larisch, D. (1997): Netzwerkpraxis für Anwender, München und Wien: Hanser, S. 109-136.

Schürmann, B. (1997): Rechnerverbindungsstrukturen: Bussysteme und Netzwerke, Braunschweig und Wiesbaden: Vieweg, S. 285-305.

Zenk, A. (1999): Lokale Netze: Technologien, Konzepte, Einsatz, 6. Aufl., München: Addison-Wesley, S. 329-354.

17 Netzwerkbetriebssysteme

Die Architektur des ISO-OSI-Modells und TCP/IP-basierte Architekturen sind für den zuverlässigen Nachrichtenaustausch zwischen solchen Partnern konzipiert, die prinzipiell gleiche Rollen haben. Das heißt, daß eine Endeinrichtung sowohl Sender als auch Empfänger von Nachrichten gleichartiger Kommunikationsanwendungen sein kann. Beispielsweise können Kommunikationsteilnehmer Dateien oder E-Mails senden *und* empfangen.

Rollenverteilung

In verteilten Systemen, vor allem in *Client-Server-Systemen*, nehmen vernetzte Rechner durch die jeweilige Aufgabenverteilung festgelegte Rollen wahr. Eine Rolle ist durch die Art der arbeitsteiligen Aufgabe bestimmt, beispielsweise durch die im Netz zentralisierte Datenhaltung oder durch das Drucken über einen gemeinsamen Drucker. Die Aufgabenverteilung auf unterschiedliche Komponenten des Netzes erfordert sowohl besondere Systemfunktionen als auch spezielle Kommunikationsformen, die von Netzwerkbetriebssystemen (NBS) bereitgestellt werden. Anwendungssysteme werden heute weitgehend nach dem Client-Server-Konzept entwickelt. In den in der Praxis anzutreffenden Kommunikationssystemarchitekturen haben die für lokale Netze entwickelten NBS folglich eine herausragende Bedeutung. Leistungsfähigkeit, Zuverlässigkeit und Sicherheit der Kommunikationsprozesse werden durch diese Systeme wesentlich beeinflußt.

Client-Server-Systeme

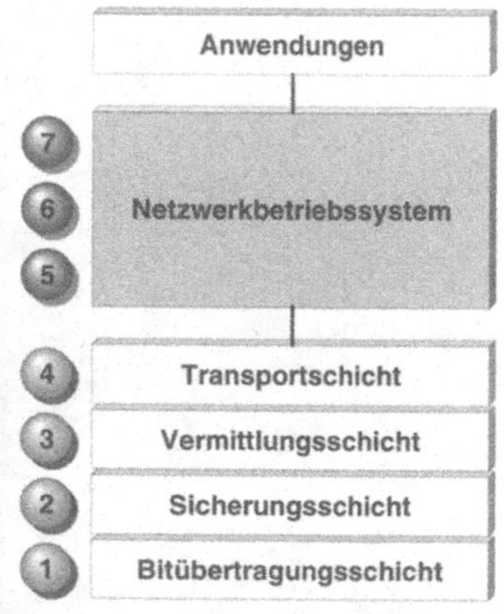

Abb. 17.1. Kommunikationsarchitektur mit Netzwerkbetriebssystemen

Architektur

Betrachtet man das Zusammenwirken der Funktionskomponenten innerhalb von NBS, so läßt sich wiederum ein allgemeines Architekturschema für diese Systeme aufzeigen, dessen Betrachtung im Vordergrund dieses Abschnitts stehen soll (vgl. Abb. 17.1). NBS haben Schnittstellen zum Transportsystem, für dessen obere Schicht häufig das Telekommunikationsprotokoll TCP eingesetzt wird. Je nach Hersteller des NBS können jedoch auch proprietäre Protokolle verwendet werden. Bekanntestes Beispiel dafür ist das für große lokale Netze konzipierte NBS *Novell Netware* mit den Protokollen *SPX* (*Sequenced Packet Exchange Protocol*) auf der Transportschicht und *IPX* (*Internetwork Packet Exchange Protocol*) auf der Vermittlungsschicht.

17.1 Exkurs: Client-Server-Systeme

Prinzipien

Die Wirkungsweise von Client-Server-Systemen (C/S-Systeme) ist durch die beiden Prinzipien *kooperative Verarbeitung* und *Aufgabendezentralisierung* gekennzeichnet. Dabei bedeutet Aufgabendezentralisierung die Übertragung von Teilaufgaben auf einzelne Rechner (Verteilung). Die kooperative Verarbeitung gewährleistet dabei eine organisierte Zusammenarbeit zwischen den an der arbeitsteiligen Erfüllung einer Aufgabe beteiligten Rechnern.

Rollenverteilung

Die Rollenverteilung in Client und Server orientiert sich daran, ob ein Rechner *Dienste* anfordert (Client) oder anbietet (Server). Im Rahmen von Auftragsbeziehungen kommunizieren die zur Durchführung der einzelnen Teilaufgaben stattfindenden Prozesse miteinander. Die Kommunikation zwischen den Prozessen (*Interprozeßkommunikation*) erfolgt in der Regel über ein Netzwerk[39]. Auf einen Server können mehrere Clients zugreifen.

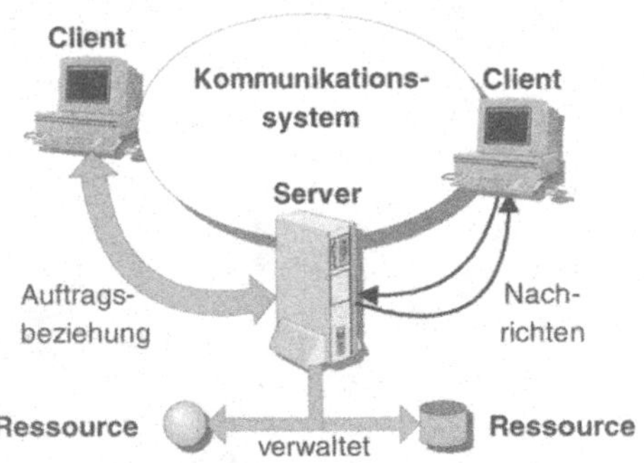

Abb. 17.2. Das Client-Server-Prinzip

39 Wenngleich unüblich, können kommunizierende Client- und Serverprozesse auch auf nur einem Rechner und damit auch ohne Rechnernetz durchgeführt werden.

Dedizierte Server

Dedizierte Server sind Rechner, die ausschließlich Serveraufgaben erfüllen. Welche Teilaufgaben von Clients selbst ausgeführt und welche an Server übertragen werden, hängt von der Systemorganisation ab und ist nicht zu verallgemeinern. Es gibt unterschiedliche Formen der Verteilung, deren Organisation für den Benutzer transparent ist. Das heißt, der Benutzer erkennt nicht, welche Rechner für ihn an welchen Teilaufgaben arbeiten. Er hat den Eindruck, als würde das Anwendungssystem auf nur einem Rechner ausgeführt. In der Praxis haben folgende Serverdienste eine breite Anwendung erfahren:

Datenbank-Server

- Ein *Datenbank-Server (Database Server)* bietet Clients über eine standardisierte Schnittstelle die Möglichkeit, deskriptiv formulierte Anweisungen (z.B. SQL-Anweisungen) an eine Datenbank zu stellen.

Datei-Server

- Ein *Datei-Server (File Server)* verwaltet eine große Anzahl Dateien in einer hierarchisch gegliederten Verzeichnisstruktur. Zu seinen Hauptaufgaben gehören die Manipulationen von Dateien als Ganzes (z.B. Ändern, Löschen, Kopieren), die Verwaltung von Verzeichnis- und Dateiattributen sowie die Gewährleistung des Mehrfachzugriffs.

Druck-Server

- *Druck-Server (Print Server)* werden für den zentralisierten Ausdruck von Dokumenten eingesetzt und können mehrere Netzwerkdrucker verwalten. Die Übertragung zu druckender Dokumente erfolgt als Druckdatei vom Client zum Server. Druck-Server können in Datei-Server integriert sein.

Kommunikations-Server

- Für die Realisierung von Verbindungen zwischen mehreren lokalen Netzen, zwischen lokalen Netzen und Hosts oder zwischen lokalen und öffentlichen Netzen werden *Kommunikations-Server* eingesetzt. Ihre Aufgabe besteht dabei überwiegend in der erforderlichen Anpassung unterschiedlicher Protokolle.

Mail-Server

- *Mail-Server* bilden eine Zwischenstation für Dokumente auf dem Weg zwischen Mail-Client und Adressat bzw. zwischen Absender und Mail-Client. Sie verwalten Eingangs- und Ausgangspostkörbe sowie Adressenverzeichnisse. Für die im Ausgangspostkorb anstehenden Dokumente veranlassen sie die Übertragung zu dem (den) Empfänger(n). Eingehende Dokumente werden im Eingangspostkorb der jeweils adressierten Clients abgelegt und können von diesen zur Einsichtnahme oder Bearbeitung abgerufen werden.

Fax-Server

- Die Aufgabe eines *Fax-Servers* ist mit der eines Mail-Servers vergleichbar – mit dem Unterschied, daß als Dokumenttyp Faxe zugrunde liegen. Die Optionen für die Art des Versandes und die Behandlung eingehender Dokumente sind ähnlich umfangreich. Nach außen kommunizieren Fax-Server in der Regel nur mit dem Fernsprechnetz (i.d.R. ISDN).

Boot-Server

- Die Inbetriebnahme eines Rechners erfolgt durch Ausführung eines Basisladeprogramms, das üblicherweise auf dem Bootsektor eines externen Speichers (z.B. Festplatte oder Diskette) abgelegt ist und von dort in den Hauptspeicher übertragen wird. Ein *Boot-Server* bietet die Möglichkeit, den Bootvorgang eines Clients über das Netz abzuwickeln. So lassen sich sogenannte „Diskless-Workstations" realisieren, die insbesondere aus Sicherheitsgründen auf externe Speicher wie Diskettenlaufwerke oder CD-Roms verzichten.

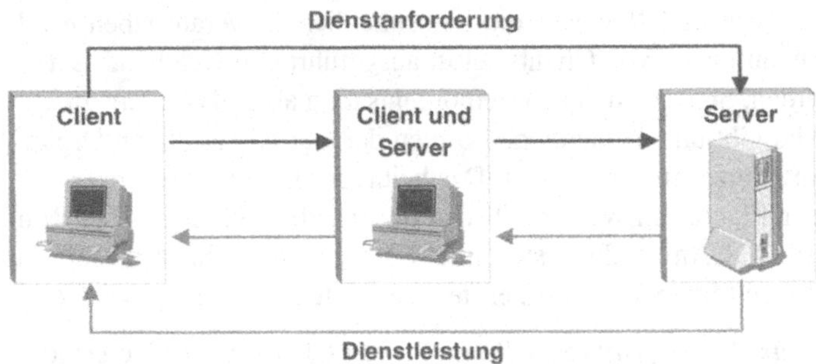

Abb. 17.3. Asymmetrie der Rollen in Client-Server-Systemen

Asymmetrie der Rollen

Innerhalb eines C/S-Systems können sich die Rollen während der Ausführung ändern, und zwar in der Weise, daß ein Server seinerseits Dienste eines anderen Servers anfordert und damit die Rolle eines Clients übernimmt. Man spricht hier von *Asymmetrie* der Rollen. In der Praxis gibt es nicht selten Aufgabenverteilungen, bei denen ein Client sowohl von einem „reinen" Server Dienstleistungen anfordert als auch von einem Rechner der beide Rollen in sich vereint (vgl. Abb. 17.3).

Client-Server-Architektur

Für Client-Server-Systeme haben sich verschiedene *Architekturen* herausgebildet, unter denen sich für datenorientierte Anwendungssysteme eine vertikale Gliederung in die drei Schichten Präsentation, Logik und Daten als zweckmäßig erwiesen hat (vgl. Abb. 17.4). Als Systemkomponenten einer Schicht sind logisch zusammengehörige Teilaufgaben zu verstehen. Weitere vertikale oder auch horizontale Untergliederungen dieser Komponenten können situationsabhängig realisiert werden und sind häufig im Bereich der Datenhaltung anzutreffen.

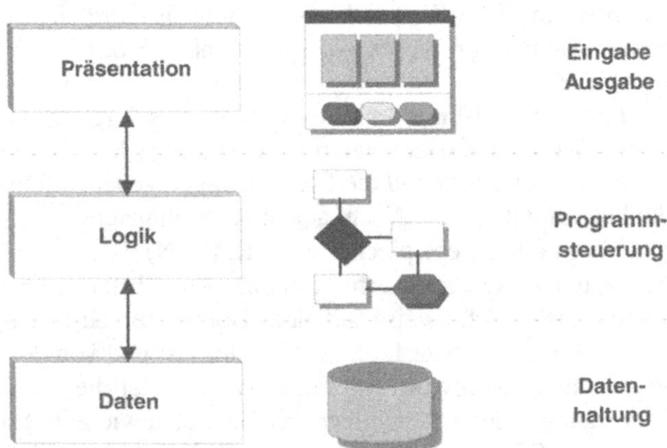

Abb. 17.4. Komponentenmodell von Anwendungen

Client- und Serverprozesse einer logisch geschlossenen Anwendung kommunizieren zwischen den Schichten über klar definierte Schnittstellen. Art und Zusammenwirken der Komponenten bestimmen die *Client-Server-Architektur*.

Aufteilung in Client und Server

Meistens wird die Logikkomponente (algorithmischer Teil der Anwendung) mit der Präsentationskomponente (Oberfläche) als Client zusammengefaßt und die Datenkomponente als Server realisiert. Alle Lese- und Schreiboperationen von Daten, die auf einem solchen Datenbankserver abgelegt sind, werden durch Clientprozesse ausgelöst. Sie führen jeweils zu einem Auftrag an den Server, der die angeforderten Daten zur Verarbeitung bereitstellt bzw. die Ergebnisse speichert.

Zentralisierung und Dezentralisierung

Das Client-Server-Konzept führt gegenüber der zentralisierten Verarbeitung auf einem einzigen Rechner zur Aufgabendezentralisierung mit der Ausführung auf unterschiedlichen Rechnern innerhalb des Netzes. Dabei kommt es allerdings auch wieder zu einer Zentralisierung, indem gleichartige Teilaufgaben für ein Bündel von Clients als Dienstleitungen von Servern zusammengefaßt werden. Die Zentralisierung ermöglicht zugleich wieder eine Spezialisierung der ausführenden Rechner und Softwarekomponenten, z.B. durch den Einsatz eines besonders leistungsfähigen Rechners oder durch Software, die bestimmte Sicherheitsanforderungen erfüllt. Zentralisierung und Dezentralisierung bedingen sich bei den Entwurfsentscheidungen für Client-Server-Systeme gegenseitig.

Vorteile

Gegenüber den ehemals für Großrechner konzipierten monolithischen Anwendungssystemen liegen die Vorteile der Client-Server-Systeme vor allem in Verbesserungen von Leistungsfähigkeit, Übersichtlichkeit, Wartbarkeit und Robustheit sowie der Möglichkeit, in Organisationen die DV-Leistungen in den Bereichen zu erbringen, wo sie benötigt werden. Unter Inkaufnahme eines erhöhten Koordinationsaufwandes können neben der Dezentralisierung der Verarbeitung auch Teilaufgaben der Anwendungsentwicklung und des Systembetriebs dezentralisiert werden.

Anwendung

Die Kommunikationsanwendungen im Internet sind durchgängig nach dem Client-Server-Prinzip realisiert. Große Organisationen und Service Provider bieten über die von ihnen betriebenen Server, wie Mail-Server, Datei-Server oder WWW-Server, Dienstleistungen für Clients des gesamten Internets an.

17.2 Architektur von Netzwerkbetriebssystemen

Aufgaben

Netzwerkbetriebssysteme haben zwei zentrale Aufgaben: Sie müssen sowohl den Ablauf innerhalb der vernetzten Rechner als auch die Kommunikation zwischen den Rechnern steuern und überwachen. Demnach ist es auch zweckmäßig, zwischen Komponenten

- für den lokalen Betrieb und
- für den Netzwerkbetrieb

grundlegend zu unterscheiden. Die Komponenten für den lokalen Betrieb entsprechen denen der traditionellen Betriebssysteme und werden unabhängig von der Vernetzung benötigt. Erst durch die Netzwerkkomponenten wird das Betriebssystem zum Netzwerkbetriebssystem. Sie übernehmen vielfältige anwendungsnahe Aufgaben der Kommunikation. Ein wesentlicher Anteil davon entfällt auf Funktionen, die mit denen der Sitzungsschicht des OSI-Modells vergleichbar sind.

NBS als Aufsatz

Ein Rückblick auf die noch junge Entwicklung zeigt, daß lokale und Netzwerkbetriebsfunktion zunächst von jeweils eigenständigen Systemen wahrgenommen wurden. Eine solche Lösung bot sich an, weil die meisten Rechner unvernetzt betrieben wurden. Für vernetzte Rechner wurde dann die erforderliche zusätzliche Funktionalität durch „Netzwerkbetriebssysteme" erbracht, die als Erweiterung des lokalen Betriebssystems (z.B. MS-DOS oder OS/2) installiert wurden. Von ihrem Funktionsumfang her waren diese Systeme auch wegen ihres konzeptionellen Ansatzes keineswegs mit heutigen NBS vergleichbar. Beispiele solcher frühen, inzwischen nicht mehr auf dem Markt verfügbaren Systeme sind der *LAN-Manager*, *Net View* und *Vines* des Herstellers Banyan.

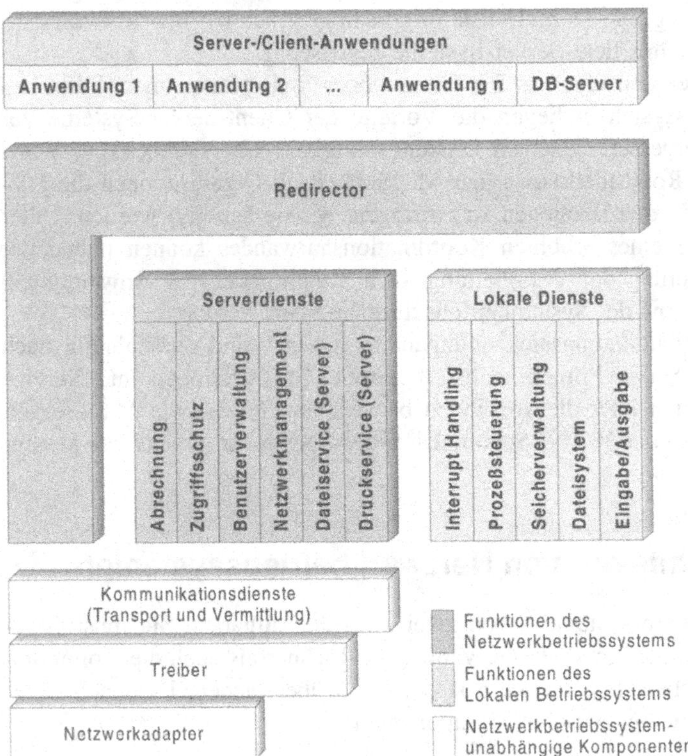

Abb. 17.5. Architekturmodell für die Serverkomponenten eines Netzwerkbetriebssystems

NBS als Komplettlösung

Mit der schnellen Ausweitung der Vernetzung von Rechnern zeigte sich bald, daß dieser zweigeteilte Ansatz wenig leistungsfähig war und insbesondere die gestiegenen Anforderungen nach Zuverlässigkeit und Sicherheit nicht erfüllte. Moderne Netzwerkbetriebssysteme integrieren die lokalen und kommunikationsbezogenen Funktionen und zeichnen sich durch deutlich höhere Leistungen aus. Je nach Ausstattung und Leistungsfähigkeit der Rechner, insbesondere der Server, kann in einem lokalen Netz durchaus eine drei- bis vierstellige Anzahl von Stationen betrieben werden. Zugleich erlauben diese Systeme aber auch den Betrieb unvernetzter Einzelplatzrechner, wobei zwangsläufig ein Überschuß an Systemfunktionen in Kauf zu nehmen ist. Als Beispiele für Netzwerkbetriebssysteme dieser Art seien *Windows NT* und *Windows 2000* von Microsoft sowie *Netware* von Novell erwähnt.

Der Versuch, ein allgemeines Architekturmodell für Netzwerkbetriebssysteme zu entwerfen, wird in Abb. 17.5 und Abb. 17.6 unternommen. Reale Systeme weisen hinsichtlich des Funktionsumfangs der Systemkomponenten und auch hinsichtlich der herstellerspezifischen Terminologie häufig Unterschiede auf.

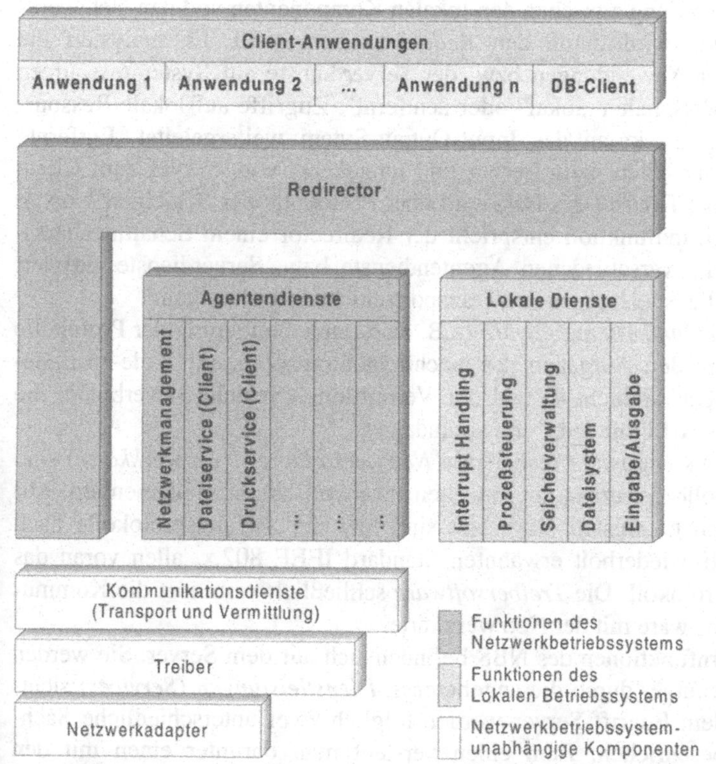

Abb. 17.6. Architekturmodell für die Clientkomponenten eines Netzwerkbetriebssystems

17.3 Systemkomponenten

Komponenten für den lokalen Betrieb

Für den lokalen Betrieb stehen die Komponenten *Programmunterbrechungsbehandlung* (Interrupt Handling), *Prozeßverwaltung, Speicherverwaltung, Dateisystem* und *Input/Output-System* im Mittelpunkt und nehmen die mit traditionellen Betriebssystemen vergleichbaren Aufgaben wahr. Dazu gehören vor allem die Steuerung der konkurrierend auszuführenden Prozesse, die Verwaltung des Hauptspeichers, die Verwaltung der Dateien mit Daten und Programmen sowie die Verwaltung der dem Rechner zugeordneten lokalen Betriebsmittel wie z.B. Festplatten, Disketten und Drucker. Aus der Sicht dieser Komponenten ist es weitgehend unerheblich, ob es sich um Aufgaben handelt, die der Benutzer auf „seinem" Rechner – also lokal – ausführt oder um Kommunikationsaufgaben. Unabhängig von der jeweiligen Aufgabe sind Prozesse zu starten, zu steuern und zu beenden. Es sind Programmunterbrechungen zu behandeln, und es ist Hauptspeicher für Programme und Daten bereitzustellen. Das gilt in gleicher Weise auch für den Server, dessen Prozesse ebenso zu steuern sind, oder der über sein lokales Input-Output-System Daten zwischen dem Hauptspeicher und einem Plattenspeicher zu übertragen hat. Letztendlich ist es der Prozessor, durch den Aufgaben unterschiedlichster Inhalte auszuführen sind.

Redirector

Die Verbindung zwischen den lokalen Komponenten und den Netzwerkkomponenten wird durch den *Redirector* hergestellt. Er analysiert die Zugriffe der Anwendungen bzw. der Serverdienste auf Systemressourcen nach den Merkmalen „lokal" oder „entfernt". Zugriffe auf lokale Ressourcen werden direkt an das Input-Output-Sytem weitergeleitet. Entfernte Zugriffe vom Client zum Server und umgekehrt vom Server zum Client erfolgen über Dienste des NBS und über Protokolle der Schichten 1 bis 4. In seiner Grundfunktion entspricht der Redirector einem Schaltmechanismus, der die verschiedenen Agentendienste bzw. Serverdienste aktiviert und auch Dienstleistungen der Transportschicht anfordern kann.

Kommunikationssoftware

Die *Kommunikationssoftware* (z.B. eine Implementierung der Protokolle TCP/IP) mit den Aufgaben des Nachrichtentransports auf Ende-zu-Ende-Verbindungen (Schicht 4) und der Vermittlung (Schicht 3) verbindet die Dienste des NBS mit dem Netzwerkadapter.

Netzadapter

In dem als Hardware realisierten *Netzwerkadapter* (*Netzwerkkarte*) sind die Protokolle der ersten und zweiten Protokollschicht implementiert. Mit Abstand am häufigsten eingesetzt sind hier die Zugangsprotokolle nach dem bereits wiederholt erwähnten Standard IEEE 802.x, allen voran das Ethernet-Protokoll. Die *Treibersoftware* schließlich verbindet die Kommunikationssoftware mit der Netzwerkkarte.

Serverdienste

Die Kernfunktionen des NBS befinden sich auf dem Server. Sie werden für den Benutzer durch die angebotenen *Dienstleistungen* (*Services*) sichtbar. Mit dem Begriff Server werden folglich zwei unterschiedliche Sachverhalte beschrieben: Zum einen versteht man darunter einen mit den Funktionen des Servers ausgestatteten Rechner und zum anderen die Softwarekomponenten, welche die Funktionen des Servers ausführen. Im Mittelpunkt der *Serverdienste* steht der Datei-Server (File-Server), der sowohl Dienstleistungen für Clients als auch für verschiedene Server/Clients erbringt, wie Datenbank-Server (meistens SQL-Server), Mail-Server, Fax-Server oder Druck-Server.

Agenten

Die zur Kooperation mit dem Server relevanten Funktionen der Clients werden von *Softwareagenten* wahrgenommen. Unter einem solchen Agenten versteht man eine weitgehend autonome Softwarekomponente, die eine logisch geschlossene Aufgabe durch Kooperation mit anderen Komponenten durchführt.[40] Agentendienste lassen sich in anwendungsbezogene und anwendungsneutrale Dienste unterscheiden. *Anwendungsbezogene Dienste* stehen in unmittelbarem Zusammenhang mit bestimmten Arten von Anwendungen. So hat beispielsweise der Druckservice die Aufgabe, die vom Druck-Server auf einem zentralen Drucker auszugebende Datei zum Server zu übertragen. Dem Datenbankservice obliegt u.a. der Transport von SQL-Anweisungen zum SQL-Server. *Anwendungsneutrale Dienste* werden unabhängig von den verschiedenen Anwendungen ausgeführt. Mit Ausnahme der Aufgaben des Netzwerk- und Systemmanagements handelt es sich um Aufgaben, die im ISO-OSI-Modell der Sitzungsschicht (Schicht 5) zugeordnet sind. Hierzu gehören vor allem die Aufgaben des Sitzungsauf- und -abbaus, das Accounting zur Erfassung von Abrechnungsdaten und Sicherheitsmaßnahmen zur Gewährleistung von Zugangs-, Zugriffs- und Ablaufsicherheit.

Netzwerkmanagement

Dem Netzwerkmanagement werden alle Aufgaben zur Einrichtung und Erweiterung von Netzwerken sowie zur Erhaltung der Systemzuverlässigkeit und Leistungsverbesserung zugerechnet. Das Systemmanagement hingegen beschäftigt sich mit der Verwaltung und dem Betrieb der Endgeräte. Sie reichen von der Inventarisierung und Lizenzverwaltung bis zur Überwachung des Leistungsverhaltens der angeschlossenen Rechner.

Die Komponenten des hierarchisch aufgebauten Netzwerk- und Systemmanagements sind sowohl in Clients als auch in Servern installiert. Die dort erfaßten Daten werden nach unterschiedlichen Vorauswertungen von übergeordneten Managementkomponenten abgefragt und zu zentralisierten Ergebnissen verarbeitet. Die Aufgaben des Netzwerkmanagements sind Bestandteil der NBS. Vor allem für das einheitliche Management untereinander verbundener heterogener NBS werden zunehmend Systeme von spezialisierten Herstellern eingesetzt.

[40] Um die in der Praxis sehr unterschiedlichen Begriffe für häufig gleiche Sachverhalte zu umgehen, wird hier der Begriff des Agenten verwendet. Damit können zugleich die kommunikationsbezogenen Aufgaben der Clients besser geordnet werden.

Literaturempfehlungen

Dadam, P. (1996): Verteilte Datenbanken und Client/Server-Systeme: Grundlagen, Konzepte und Realisierungsformen, Berlin u.a.: Springer.

Larisch, D. (1997): Netzwerkpraxis für Anwender, München und Wien: Hanser, S. 263-310.

Niemann, K.D. (1996): Client/Server-Architektur: Organisation und Methodik der Anwendungsentwicklung, Wiesbaden und Braunschweig: Vieweg.

Petzold, H.J., Schmitt, H.-J. (1993): Verteilte Anwendungen auf der Basis von Client-Server-Architekturen, in: HMD 170, S. 79-92.

Schill, A. (1993): Basismechanismen und Architekturen für Client-Server-Anwendungen, in: HMD 174, S. 8-24.

Steinmetz, R., Schmutz, H., Nehmer J. (1990): Netz-Betriebssystem/verteiltes Betriebssystem, in: Informatik-Spektrum 13 (1990), S. 38-39.

Tanenbaum, A.S. (1995): Verteilte Betriebssysteme, München: Prentice Hall.

Zenk, A. (1999): Lokale Netze: Technologien, Konzepte, Einsatz, 6. Auflg., München: Addison-Wesley, S. 529-988.

18 Netzwerk- und Systemmanagement

Die Beherrschbarkeit von Netzwerktechnologien wird häufig falsch eingeschätzt. Während ein kleines Netz mit einigen Dutzend angeschlossenen Geräten noch überschaubar ist, stellt das Management mehrerer Tausend vernetzter Stationen ein komplexes Problem dar, das manuell nicht mehr wirtschaftlich handhabbar ist. Als Beispiele seien die Lokalisierung von Störungen im Netz und den angeschlossenen Rechnern, die Feststellung der Netzbelastungen, die Registrierung aller Hard- und Softwarekonfigurationen sowie die Verwaltung der zugeteilten Lizenzen genannt. Diese und zahlreiche ähnliche Aufgaben sind Gegenstand des *Netzwerk-* und des *Sytemmanagements*.

Notwendigkeit

18.1 Problemfelder

Zusätzlich zu dem aus der Größe eines Netzwerks und der Anzahl angeschlossener Stationen resultierenden Komplexitätsproblem liegt in der Praxis häufig ein hoher Grad an Heterogenität vor (vgl. Abb. 18.1). Da zahlreiche Rechnernetze durch die Verknüpfung autonom gewachsener Teilnetze entstanden sind, die auf unterschiedlichen Protokollen basieren, ist der Einsatz entsprechender Koppelelemente wie Brücken, Router und Gateways erforderlich, deren Wartung mit einem höheren Aufwand verbunden ist. Aber auch, weil die einfachen LAN-Techniken wie Ethernet und Token Ring nicht für große Rechnernetze ausgelegt sind, muß durch Segmentbildung eine sinnvolle Strukturierung in Teilnetze vorgenommen werden. Betrachtet man die eingesetzten Endgeräte, finden sich in der Regel Systeme unterschiedlicher Größenordnung (PCs, Workstations, Großrechner), Hardwarekonfiguration (Systemkomponenten, Hersteller) und Softwareausstattung (lokales und Netzwerkbetriebssystem, Datenbanken, Anwendungen), wodurch nicht nur der Wartungsaufwand steigt, sondern auch ein enormer Bedarf an Know-how seitens der Administratoren notwendig ist.

Heterogenität

Mit der zunehmenden Dezentralisierung durch Client-Server-Systeme stellen Rechnernetze eine kritische Ressource dar, die einen entscheidenden Einfluß auf den Unternehmenserfolg hat, da die Mitarbeiter durch die dv-technische Unterstützung von Arbeitsabläufen auf die Verfügbarkeit der Anwendungen und damit auf die Verfügbarkeit des Netzes angewiesen sind, um produktiv tätig sein zu können.

Verfügbarkeit

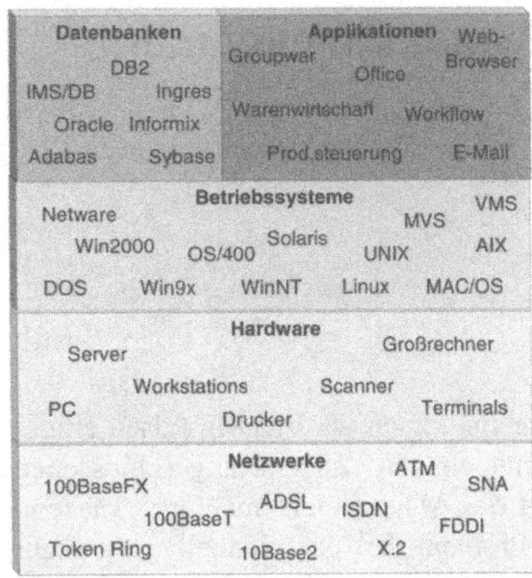

Abb. 18.1. Heterogenität des Netzwerk- und Systemmanagements

Kosten

Der Betrieb eines Rechnernetzes verursacht i.d.R. hohe Managementkosten, die zu einem großen Teil aus Personalkosten bestehen. Empirische Untersuchungen von Forrester Research und der Gartner Group haben ergeben, daß pro vernetztem PC mit jährlichen Supportkosten von 3.000-5.000 US$ zu rechnen ist. Darüber hinaus wachsen die Betriebs- und Wartungskosten eines Rechnernetzes überproportional im Verhältnis zu dessen Größe, Alter und Grad an Heterogenität.

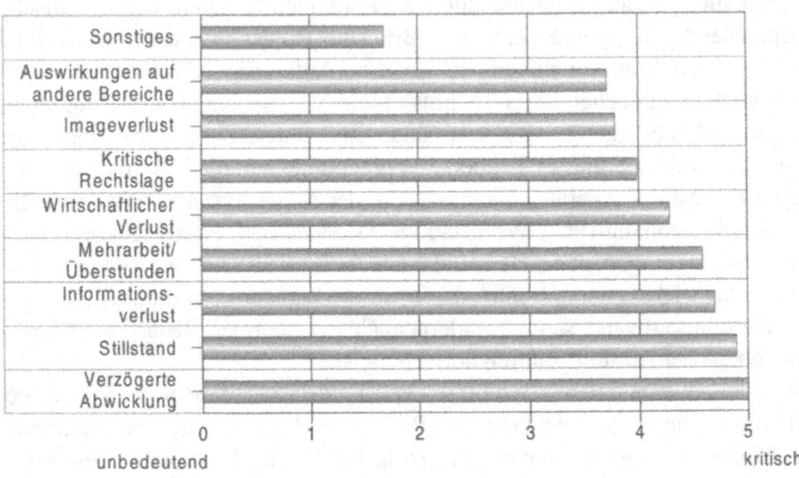

Abb. 18.2. Auswirkungen der Nichtverfügbarkeit des Netzes bei einer Bank (Quelle: SIS - Sicherheits-Service für Informationssysteme GmbH)

Wirtschaftlichkeit

Aus betriebswirtschaftlicher Sicht stellt die *Wirtschaftlichkeit* letztendlich das oberste zu verfolgende Ziel unternehmerischen Handelns dar. Übertragen auf das Netzwerk- und Systemmanagement gilt es also, das Verhältnis zwischen den Kosten für den Betrieb eines Rechnernetzes einerseits und dem damit erzielten Nutzen andererseits zu optimieren. Auf der Nutzenseite steht die Maximierung bzw. Sicherstellung eines gewissen Servicegrades für die Endbenutzer im Vordergrund. Dies erfordert jedoch ein entsprechendes Konzept zur Durchführung administrativer Tätigkeiten.

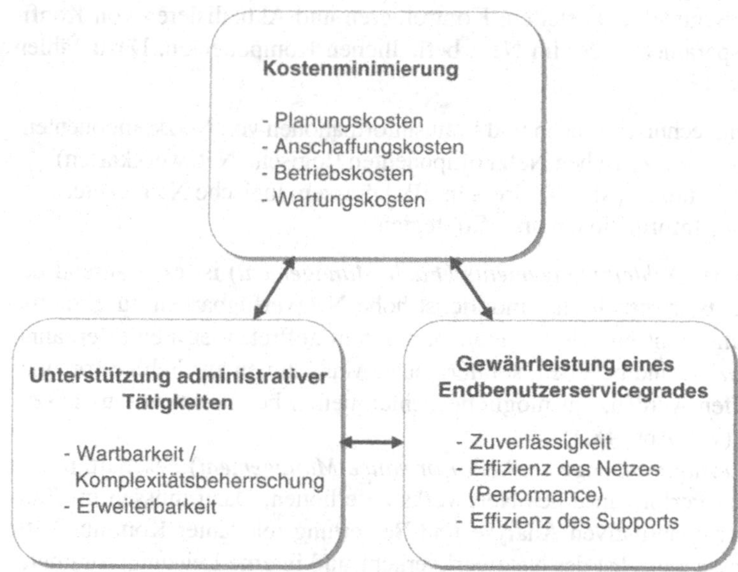

Abb. 18.3. Ziele des Netzwerk- und Systemmanagements

18.2 Aufgaben

Klassifikation

Die im Rahmen des Managements von Netzwerken anfallenden Tätigkeiten können nach den Kriterien Infrastruktur und Endeinrichtungen in die beiden Bereiche Netzwerk- und Systemmanagement gegliedert werden.

18.2.1 Netzwerkmanagement

Abgrenzung

Netzwerkmanagement umfaßt sämtliche Tätigkeiten, die im Zusammenhang mit der Errichtung oder Sicherstellung der Kommunikationsmöglichkeiten in Rechnernetzen stehen. Dazu zählen insbesondere Aufgaben, die sich mit der Planung, der Implementierung und dem Betrieb von Netzwerkkomponenten (z.B. Hubs, Router Brücken, Repeater etc.) und der Verkabelung befassen. Im einzelnen lassen sich folgende Teilbereiche identifizieren:

- die Netzsteuerung,
- das Konfigurationsmanagement,
- das Fehlermanagement,
- das Leistungsmanagement,
- das Sicherheitsmanagement und
- das Abrechnungsmanagement.

Netzsteuerung

Im Rahmen der *Netzsteuerung* (*Operational Management*) werden im laufenden Betrieb die Betriebsmittel des Netzwerks bereitgestellt und verwaltet.

Konfigurationsmanagement

Unter *Konfigurationsmanagement* (*Configuration Management*) versteht man das Sammeln, Darstellen, Kontrollieren und Aktualisieren von Konfigurationsparametern der im Netz befindlichen Komponenten. Dazu zählen insbesondere:

- Namen, technische Daten und Statusinformationen von Netzkomponenten
- Beziehungen zwischen Netzkomponenten (logische Netzwerkkarten)
- Adressierungen (MAC-Adressen, IP-Adressen, logische Namen etc.)
- Routing-Informationen und -Strategien

Fehlermanagement

Aufgabe des *Fehlermanagements* (*Fault Management*) ist es, während der gesamten Betriebszeit eine möglichst hohe Netzverfügbarkeit zu garantieren, indem nicht nur die im Transportsystem auftretenden Fehler erkannt, diagnostiziert und behoben, sondern auch Maßnahmen zur Fehlerprophylaxe ergriffen werden, um mögliche Fehlerquellen bereits im voraus auszuschalten (vgl. Abb. 18.4).

Leistungsmanagement

Das *Leistungsmanagement* (*Performance Management*) beschäftigt sich damit, die Performance des Netzwerks zu erhöhen. Dazu müssen im Rahmen einer quantitativen Analyse und Bewertung relevanter Kommunikationsprozesse zunächst der Netzwerkverkehr und interne Leistungsparameter gemessen sowie überlastete Netzwerk-Komponenten und Segmente identifiziert werden, um anschließend Maßnahmen zur Verbesserung des Leistungsverhaltens einzuleiten. Neben Informationen aus dem Konfigurationsmanagement werden für das Leistungsmanagement typischerweise Echtzeitstatistiken, historische (über einen längeren Zeitraum geführte) Statistiken sowie Pegelanzeigen mit Schwellwerten zur automatischen Alarmierung verwendet.

Aufgabe	Beschreibung
Fehlererkennung	regelmäßige Durchführung von Diagnosetests
Fehlerdiagnose	Analyse der Aktivitäten von Netzkomponenten anhand von Ereignis- und Fehlerreports
Fehlerbehebung	• Korrektur der Konfiguration über die Dienste des Konfigurationsmanagements • Starten von Fehlerbehebungsprogrammen • manuelle Eingriffe des Administrators

Abb. 18.4. Aufgaben des Fehlermanagements

Sicherheitsmanagement

Das *Sicherheitsmanagement* (*Security Management*) erstreckt sich auf die Sicherheit von Diensten und Protokollmechanismen der sieben OSI-Schichten. Sämtliche Maßnahmen des Sicherheitsmanagements sollen das Netzwerk und dessen Ressourcen vor unberechtigten, insbesondere vor sabotierenden Eingriffen von außen und innen schützen. Dazu zählen Konzepte, die einen nicht autorisierten Datenempfang oder die Verfälschung von Informationen bei der Übertragung verhindern, sowie Vorkehrungen zur Einhaltung der Zugriffsberechtigungen bei der Peer-to-Peer-Kommunikation.

Abrechnungsmanagement

Um eine verursachungsgerechte Abrechnung der im Netz verbrauchten Ressourcen und in Anspruch genommenen Leistungen vornehmen zu können, werden im Rahmen des Abrechnungsmanagements (*Accounting*) verschiedene Abrechnungskonten geführt, benutzerbezogene Verbrauchsdaten erfaßt und die entstandenen Kosten entsprechend den Konten zugeordnet. Falls bestimmte Benutzer oder Benutzergruppen die Dienste des Netzes nur beschränkt nutzen dürfen, gehört auch die Verteilung und Überwachung von Kontingenten zum Abrechnungsmanagement.

18.2.2 Systemmanagement

Abgrenzung

Das Systemmanagement beschäftigt sich mit der Verwaltung und dem Betrieb der Endgeräte eines Netzwerks, wobei man grundsätzlich zwischen Servern und Workstations (Clients) unterscheidet. Im einzelnen lassen sich hier folgende Teilbereiche identifizieren:

- die Inventarisierung,
- das Konfigurationsmanagement,
- das Fehlermanagement,
- das Leistungsmanagement,
- das Sicherheitsmanagement,
- das Distributionsmanagement und
- das Lizenzmanagement.

Inventarisierung

Inventarisierung bezeichnet die Erfassung sämtlicher im Netzwerk eingesetzter Hard- und Softwarekomponenten. Von ersteren sind Angaben wie Hersteller, Prozessor-Typ, Bus-Typ und Speicherausstattung zu registrieren, während bei der Inventarisierung von Softwareprodukten z.B. der Programmname, die Versionsnummer sowie die Konfigurationseinstellungen von Interesse sind.

Konfigurationsmanagement

Unter *Konfigurationsmanagement* (*Configuration Management*) versteht man das Sammeln, Darstellen, Kontrollieren und Aktualisieren von Konfigurationsparametern der im Netz befindlichen Endgeräte, was eine wichtige Grundlage für die Erledigung anderer Systemmanagementaufgaben darstellt. Im Hinblick auf den damit verbundenen Aufwand beschränkt man sich dabei in erster Linie auf das Servermanagement.

Fehlermanagement

In Analogie zum *Fehlermanagement* (*Fault Management*) auf der Netzwerkebene müssen im Rahmen des Systemmanagements Fehler in

Servern und anderen wichtigen Endgeräten erkannt, diagnostiziert und behoben werden, um die Verfügbarkeit der im Netz angebotenen Dienste zu gewährleisten. Auch hier stellen Maßnahmen zur Fehlerprophylaxe einen wichtigen Bestandteil dar. Da Endgeräte in der Regel weitaus anfälliger gegenüber Störungen sind als Netzkomponenten, müssen regelmäßig kritische Größen (Plattenkapazitäten, Prozessorauslastung, Temperatur, etc.) beobachtet werden, um beim Erreichen vorgegebener Schranken rechtzeitig einschreiten zu können.

Leistungsmanagement

Das *Leistungsmanagement* (*Performance Management*) beschäftigt sich damit, die Performance des Netzwerks zu erhöhen, indem potentielle und reale Engpässe in Servern und anderen Endgeräten erkannt und behoben werden.

Sicherheitsmanagement

Im Bezug auf Endgeräte dient das *Sicherheitsmanagement* (*Security Management*) dazu, diese vor unberechtigten Zugriffen von außen und innen zu schützen und Datenverluste zu verhindern. Eine Sicherheitsstrategie muß dementsprechend Konzepte für die Bewältigung der Problembereiche Zugriffsschutz, Virenbefall, Fehlbedienung sowie Verlust bzw. Zerstörung von Daten oder Komponenten umfassen.

Distributionsmanagement

Das *Distributionsmanagement* (*Distribution Management*) befaßt sich mit der Installation neuer Softwareprodukte sowie dem Einspielen von Updates bereits installierter Programme auf mehrere Endgeräte. Mit Hilfe von Softwaredistributions-Werkzeugen lassen sich automatisierte Installationen oder Modifizierungen von Konfigurationsdateien ferngesteuert von einer zentralen Konsole aus durchführen.

Lizenzmanagement

Aufgabe des *Lizenzmanagements* (*Software Metering*) ist die Planung und Kontrolle der Einhaltung von Lizenzverträgen der im Netz eingesetzten Software. Wenn nicht für jeden Arbeitsplatz, an dem ein bestimmtes Softwareprodukt benötigt wird, eine eigene Lizenz gekauft wird bzw. werden muß, besteht die Möglichkeit, die Anzahl der im Netz aktiven Anwendungen permanent durch ein entsprechendes Werkzeug zu überwachen. Bei einem restriktiven Lizenzmanagement werden weitere Aufrufe einer Anwendung unterbunden, sobald die maximal verfügbare Lizenzanzahl erreicht ist. Andernfalls kann anhand der erreichten Spitzenwerte abgelesen werden, wieviel weitere Lizenzen für eine legale Nutzung des Produktes zu beschaffen sind.

18.3 Architekturen und Konzepte

Anforderungen

Die praktische Durchführung administrativer Aufgaben in einem Rechnernetz erfordert Einrichtungen zur Steuerung und Kontrolle sämtlicher Netzkomponenten und Endgeräte. Zum einen werden Managementinformationen benötigt, welche durch die betroffenen Komponenten zur Verfügung zu stellen sind, und zum anderen muß auch die Möglichkeit bestehen, auf das Verhalten von Geräten durch spezifische Änderungen der Konfiguration Einfluß zu nehmen.

18.3.1 Managed Objects

Eigenschaften

Für die Konzeption geräteunabhängiger Managementlösungen hat sich die abstrahierende Vorstellung der sogenannten *Managed Objects* etabliert. Es handelt sich dabei um ein modellhaftes Abbild einer Netzwerkkomponente oder einer Endeinrichtung, die anhand ihrer Adresse eindeutig identifizierbar ist und eine Reihe von *Attributen* und *Methoden* zur Verwaltung von Managementinformationen umfaßt. Bei einem Netzwerkdrucker wären solche Attribute beispielsweise seine Betriebsbereitschaft, mögliche Druckauflösungen, die unterstützten Sprachen und Schriftarten oder die Anzahl und Kapazität der eingebauten Papierzuführungen. Je nach Festlegung können Attribute nur gelesen oder auch geändert werden. Dabei erfolgt der Zugriff dem Paradigma der objektorientierten Software-Entwicklung entsprechend über vordefinierte Methoden (Operationen). Für den Fall, daß eine Komponente ihren Dienst nicht planmäßig erfüllt, besitzt das korrespondierende Managed Object die Fähigkeit, Informationen über die aufgetretenen Probleme aktiv durch *Meldungen* über das Netz zu propagieren.

18.3.2 Manager-Agent-Modell

Funktionsprinzip

Der Aufbau und die Funktionsweise einer Managementlösung läßt sich mit Hilfe des *Manager-Agent-Modells* veranschaulichen. Dem Namen entsprechend finden sich in jedem Managementsystem zwei Komponenten, Manager und Agenten (vgl. Abb. 18.5).

Agent

Ein *Agent* ist eine spezielle Softwarekomponente, die in einem Gerät (Server, Workstation, Hub, Router, etc.) abläuft und sowohl dazu dient, auf die zugehörigen Managed Objects einzuwirken, als auch Informationen über diese zu sammeln und lokal in einer standardisierten Datenbank, der *Management Information Base (MIB)*, zu speichern.

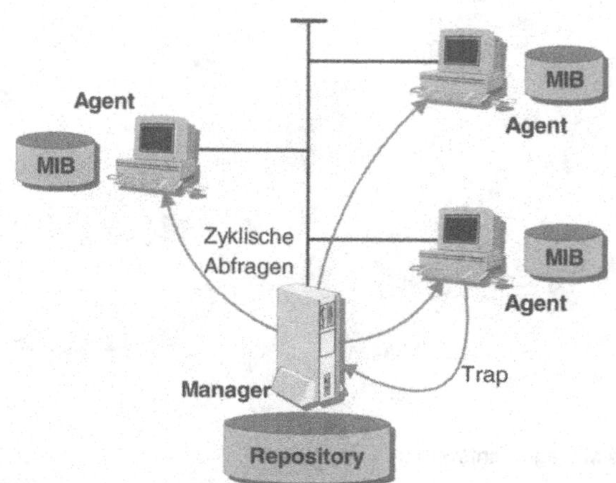

Abb. 18.5. Informationsfluß zwischen Managern und Agenten

Manager

Ein *Manager* ist ein Systemprogramm auf einer (zentralen) Management-Station, mit dessen Hilfe die dezentralen Informationen aus den MIBs der einzelnen Agenten gesammelt und in einer zentralen MIB abgelegt werden können, um darauf aufbauend graphische Berichte zu erstellen oder Managementaufgaben zu initiieren.

Managementprotokoll

Der Informationsaustausch zwischen Manager und Agenten wird mit Hilfe von *Managementprotokollen* realisiert. Dabei sind bezüglich des Datenflusses zwei verschiedene Konzepte zu unterscheiden. Die *Abfrage durch Polling* wird zyklisch durch den Manager an die Agenten gestellt, während bei der *Benachrichtigung durch Traps* auf dem umgekehrten Weg jeder Agent selbständig eine Nachricht an den Manager absetzt, wenn festgelegte Ereignisse oder Zustandsänderungen eintreten. Funktional umfaßt ein Managementprotokoll Dienste

- zum Erzeugen und Löschen von Managementobjekten,
- zum Lesen und Ändern der Attribute von Managementobjekten,
- zum Ausführen von Aktionen, die durch Managementobjekte bereitgestellt werden, sowie
- zum Melden von Ausnahmesituationen.

18.3.3 Hierarchisches Management

In Abhängigkeit von der Komplexität eines Netzes kann es notwendig und sinnvoll sein, administrative Tätigkeiten zu dezentralisieren und Managementsysteme hierarchisch abgestuft zu betreiben (vgl. Abb. 18.6).

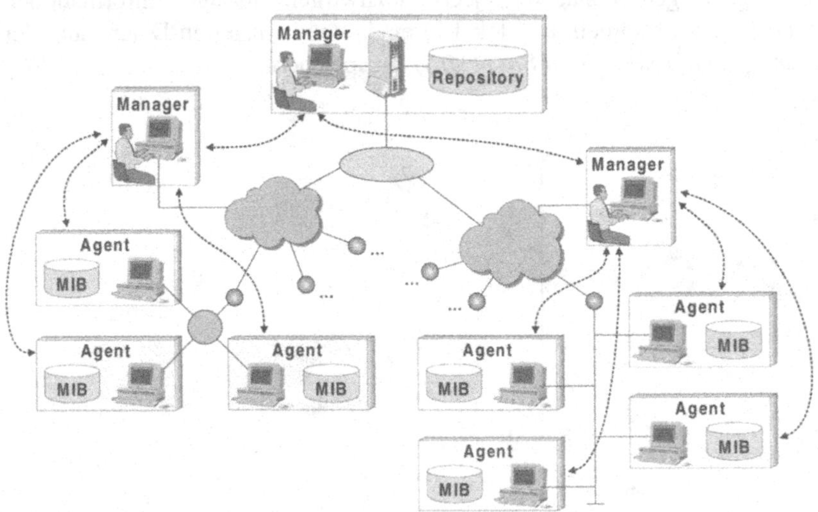

Abb. 18.6. Hierarchisches Managementsystem

In diesen Fällen wird ein Teil der Administrationsaufgaben (z.B. Einrichtung von Benutzern, Verteilung von Software, etc.) über lokale Server abgewickelt, die sich lediglich über ein oder mehrere autonome Teilnetze erstrecken, während die zentralen Administrationssysteme im wesentlichen der Gesamtkoordination dienen. Man erhält somit ein mehrstufiges Manager-Agenten-System, bei dem die Komponenten auf den Zwischenebenen als Manager der untergeordneten Agenten und Agent der übergeordneten Manager beide Funktionen gleichzeitig wahrnehmen.

Aufgabenverteilung

18.3.4 Integrierte Lösungen

Problemstellung

Hinsichtlich der Interoperabilität verschiedener in einem Netzwerk eingesetzter Geräte ist in der Praxis das Problem zu lösen, daß einige Hersteller proprietäre Managementprotokolle anbieten oder vorhandene Standards erweitern bzw. nicht in vollem Umfang unterstützen. Für die im Rahmen des Netzwerk- und Systemmanagements eingesetzten Werkzeuge resultiert daraus evtl. ein Schnittstellenproblem, das auf unterschiedliche Weise gelöst werden kann. Integrierte Lösungen zielen auf die Zusammenführung unterschiedlicher, umgebungsspezifischer Managementinstrumente ab.

Standardisierter Manager

Der Einsatz eines *standardisierten Managers* erfolgt über eine universelle Schnittstelle, über die unmittelbar mit allen Geräten und Subnetzen kommuniziert werden kann (vgl. Abb. 18.7). Da dieser Ansatz jedoch einen einheitlichen Netzwerkstandard voraussetzt, ist er bei heterogenen Netzen aufgrund der unterschiedlich installierten Basis unrealistisch.

General- und Elementmanager

Um dieses Manko des standardisierten Managers aufzuheben, ist es sinnvoll, eine zusätzliche Hierarchiestufe einzufügen. Auf dieser befinden sich die sogenannten *Elementmanager*, die ihrerseits über genormte oder spezifische Schnittstellen zu einzelnen Netzkomponenten und Endgeräten verfügen. Somit reicht es aus, bestimmte Geräteklassen zu bilden, für die jeweils ein Elementmanager zuständig ist. Auf der obersten Stufe steht der *Generalmanager*, der über eine einheitliche Schnittstelle zu allen Elementmanagern die Integration zu einem Gesamtsystem vornimmt (vgl. Abb. 18.8).

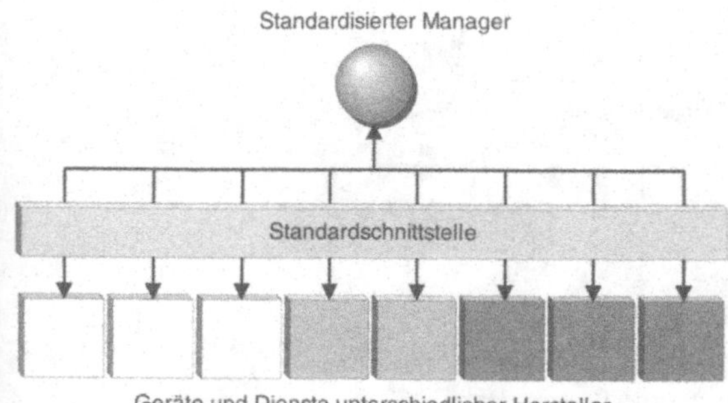

Abb. 18.7. Integriertes Management über universelle Schnittstelle

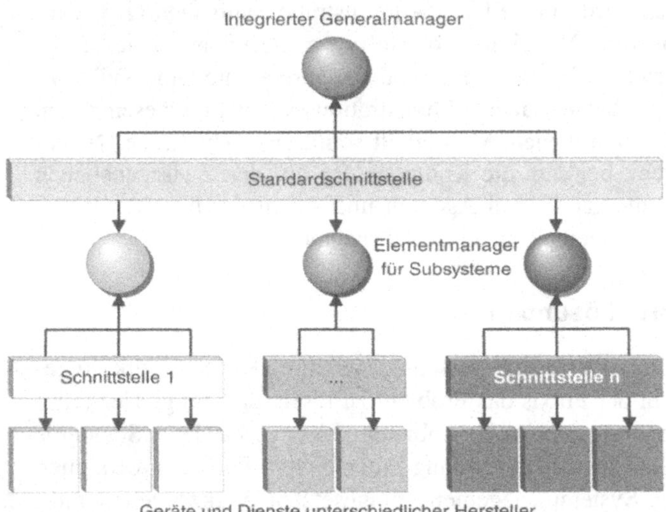

Abb. 18.8. Integriertes Management über Generalmanager

Managementnetzwerk

Bei einem *Managementnetzwerk* wird die obige Struktur dahingehend erweitert, daß die Elementmanager mit mehreren integrierten Generalmanagern und evtl. auch untereinander verbunden sind (vgl. Abb. 18.9). Aufgrund dieser Vernetzung kann der Ausfall eines Element- oder des Generalmanagers jedoch tiefgreifende Folgen für die Funktionsfähigkeit des Netzes haben.

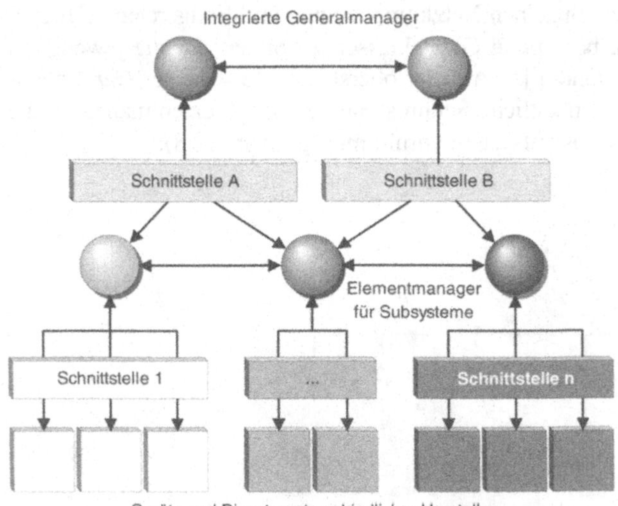

Abb. 18.9. Integriertes Management über ein Managementnetzwerk

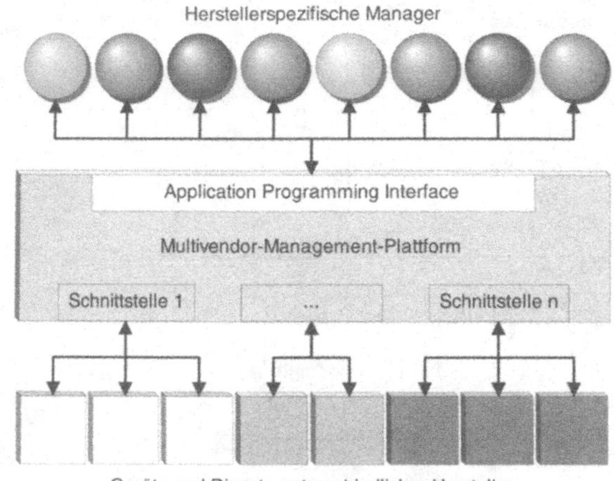

Abb. 18.10. Integriertes Management über eine Managementplattform

Ein vollkommen anderer Ansatz basiert auf einer herstellerunabhängigen *Management-Plattform*, mit der die Netzwerkelemente über unterschiedliche Protokolle kommunizieren können. Die Anbindung normierter und auch herstellerspezifischer Netzwerkmanagement-Anwendungen erfolgt ausschließlich über die universelle Programmierschnittstelle (*Application Programming Interface, API*) der Plattform, die den Zugriff auf einzelne Netzelemente nach dem Black-Box-Prinzip steuert.

Managementplattform

18.3.5 Standards

Entwicklung

Die Entwicklung eines offenen Standards für das Netzwerkmanagement begann in der TCP/IP- und der OSI-Welt etwa gleichzeitig. Als erster früher, noch unvollständiger Ansatz zu einem praktischen Netzwerkmanagement speziell für das Internet entstand das *Simple Gateway Monitoring Protocol (SGMP)*. Nachdem die ersten Ideen grundlegend überarbeitet und um wesentliche Konzepte des *OSI Management Frameworks* der ISO erweitert worden waren, lag mit dem *Simple Network Management Protocol (SNMP)* ein pragmatisch orientiertes Netzwerkmanagement-Protokoll vor, das sich im TCP/IP-Bereich schnell zu einem de facto Standard etablierte.

Konzept

Gemäß seinem Namen wurde SNMP unter der Zielsetzung entwickelt, das Protokoll möglichst einfach zu gestalten. Als Architektur liegt das Manager-Agent-Modell zugrunde (vgl. Abb. 18.11). Auf einer oder mehreren Management-Stationen laufen jeweils SNMP-Manager, welche die Geräte im Netzwerk überwachen und kontrollieren. In letzteren sind jeweils ein oder mehrere SNMP-Agenten implementiert. Auf diese Weise können bestimmte Aufgaben des Netzwerkmanagements in die Agenten ausgelagert werden und die Verarbeitung vor Ort in den zugehörigen Geräten stattfinden.

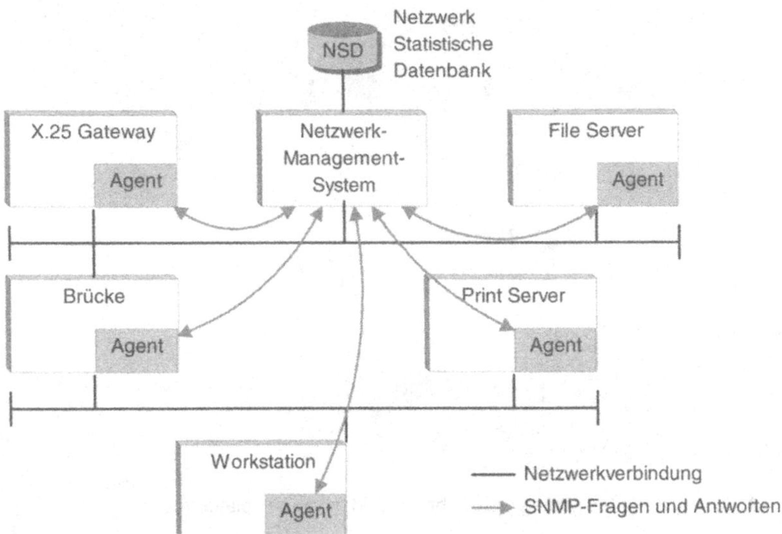

Abb. 18.11. Das zentrale Managementmodell von SNMP

Architektur

SNMP stellt eine Funktionensammlung für die Kommunikation zwischen den SNMP-Managern und den SNMP-Agenten zur Verfügung, wobei durch die SNMP-Architektur festgelegt ist,

- welchen Umfang die übermittelten Managementinformationen aufweisen,
- wie die Daten dargestellt werden,
- welche Operationen durchgeführt werden können,
- wie der Datenaustausch zwischen Managementinstanzen stattfindet und
- in welcher Beziehung die administrativen Instanzen stehen.

Management-informationen

Alle *Managementinformationen* werden in Form von Managed Objects in einer oder mehreren MIBs zusammengefaßt, deren Syntax und Semantik durch die *Structure and Identification of Management Information (SMI)* festgelegt ist. Demnach erfolgt die Kodierung sämtlicher Informationen in *ASN.1* (*Abstract Syntax Notation One*). Weiterhin legt die SMI für jeden Objekttyp einen eindeutigen Namen (*Identifikator*), die Syntax und eine Kodierungsanweisung fest.

Management-Registrierungsbaum

Die Objektidentifikatoren sind hierarchisch anhand des von der OSI festgelegten *Management-Registrierungsbaumes* aufgebaut. Da die Äste dieses Baums numerisch notiert werden und die Bedeutung des vorhergehenden Astes jeweils weiter aufgliedern, besteht ein Objekt-Identifikator aus einer eindeutigen Zahlensequenz, die der Beschreibung des Weges vom Stamm zum entsprechenden Objekt-Ast entspricht. Unter dem Internet-Subbaum 1.3.6.1 befinden sich beispielsweise alle für das Internet wichtigen Managementobjekte (vgl. Abb. 18.12). Von hier aus verzweigt sich der Baum in die vier Bereiche: Directory, Management, Experimental und Private.

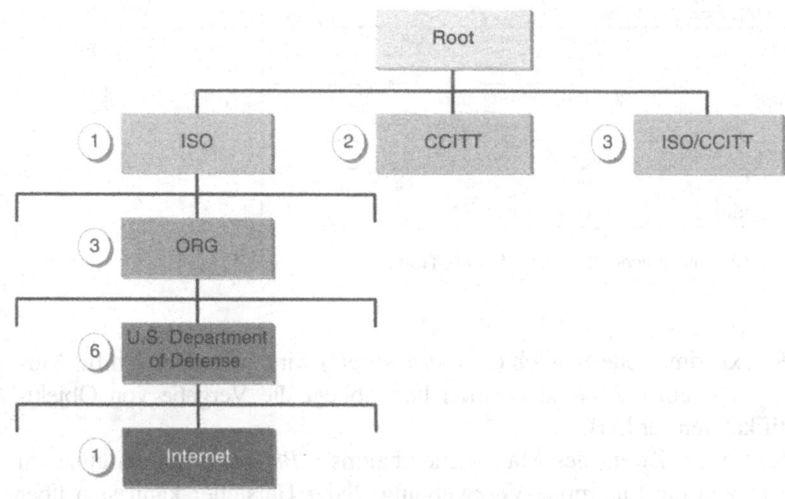

Abb. 18.12. Aufbau des Managementbaums bis zur Verzweigung Internet

MIB-Teilbaum Internet

Der Zweig „*Directory*“ enthält derzeit noch keine Verzeichnisobjekte, sondern ist für zukünftige Anwendungen reserviert.[41]

Die Realisierung des Bereichs „*Management*“ ist für jede SNMP-Implementierung zwingend vorgeschrieben. Da die unterhalb dieser Verzweigung liegenden Objektgruppen an die technische Weiterentwicklung angepaßt werden müssen, veröffentlicht die *Internet Assigned Numbers Authority* (*IANA*) jeweils die aktuelle Version der Standard-MIB und die zugehörigen Objektidentifikatoren. Die früher benutzte MIB-I enthält über 100 Objekte, die in acht Gruppen aufgeteilt sind:

- System — Identifikationsmerkmale des Systems
- Interface — Anzahl und Art der Schnittstellen
- AT — Adreßumsetzung (Address Translation)
- IP — Internet Protocol
- ICMP — Internet Control Message Protocol
- TCP — Transmission Control Protocol
- UDP — User Datagram Protocol
- EGP — Exterior Gateway Protocol

Im Zuge der 1990 eingeführten MIB-II wurden die bestehenden Objektgruppen um zahlreiche Objekte erweitert und drei neue definiert:

- Transmission — abhängig von untersten Netzschichten (noch offen)
- CMOT — CMIP (Common Management Information Protocol) over TCP/IP (für zukünftiges OSI-Management)
- SNMP — Simple Network Management Protocol

---

[41] Vgl. dazu Kap. 27.

Nachrichtentyp	Bedeutung
coldStart	Initialisierung eines Agenten
warmStart	Wiederanlauf eines Agenten
linkDown	Ausfall einer Verbindung
linkUp	Wiederanlauf einer Verbindung
authenticationFailure	fehlerhafte Authentifizierung
egpneighborLoss	Ausfall der Verbindung zu einem Nachbarn
enterpriseSpecific	herstellerspezifische Nachricht

Abb. 18.13. Nachrichtentypen bei SNMP-Traps

Der experimentelle Bereich („*Experimental*") wird ausschließlich für Versuche im Internet verwendet. Auch hier obliegt die Vergabe von Objektidentifikatoren der IAB.

Der private Zweig des Managementbaums („*Private*") hat als einzigen Unterknoten die Enterprise-Verzweigung. Jeder Hersteller kann sich über die IAB seine eigene Kennung registrieren lassen und unter dieser eigene private Objekte definieren. Damit steht ein Hilfsmittel zur Integration herstellerspezifischer Objekte zur Verfügung, die über die Standard-Objekte hinausgehen.

Polling-Operationen

Es gibt insgesamt fünf Polling-Operationen, über die ein SNMP-Manager mit den SNMP-Agenten im Netz kommunizieren kann:

- *Get Request* liest die Werte der Attribute eines Managed Objects.
- *Get Next Request* liefert den lexikalischen Nachfolger in der Attributliste.
- *Set Request* setzt die Werte der Attribute eines Managed Objects.
- *Get Response* liefert die Antwort eines Agenten auf obige Operationen.

Traps

Zusätzlich können SNMP-Agenten über die Operation *Trap* Ausnahmesituationen an den SNMP-Manager melden. Es werden die in Abb. 18.13 dargestellten Nachrichtentypen unterschieden.

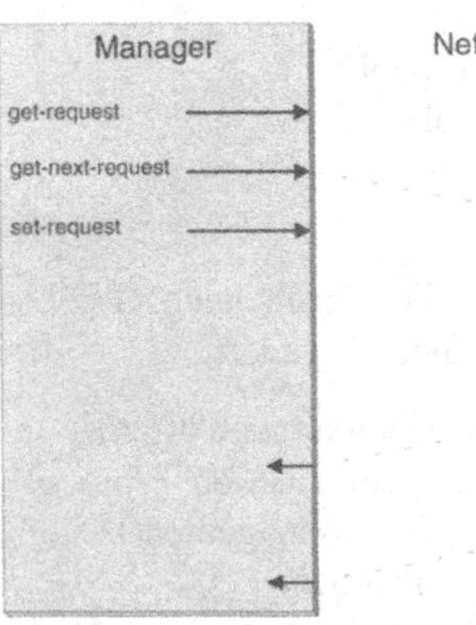

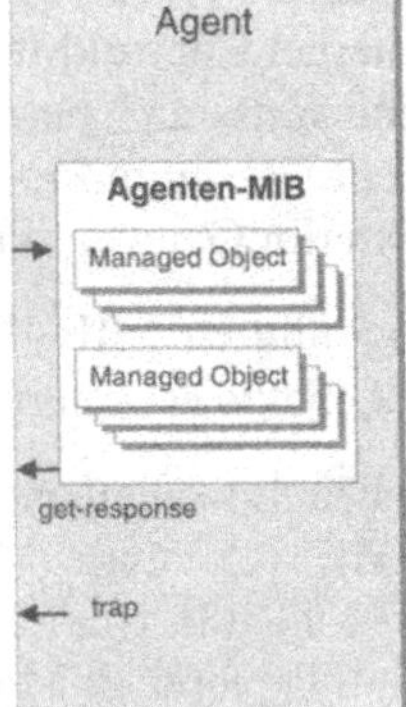

Abb. 18.14. SNMP-Operationen

Zugunsten eines geringen Implementierungsaufwands ist SNMP als verbindungsloses Protokoll realisiert, das auf UDP/IP, dem verbindungslosen User Datagram Protocol der TCP/IP-Protokollfamilie aufsetzt.

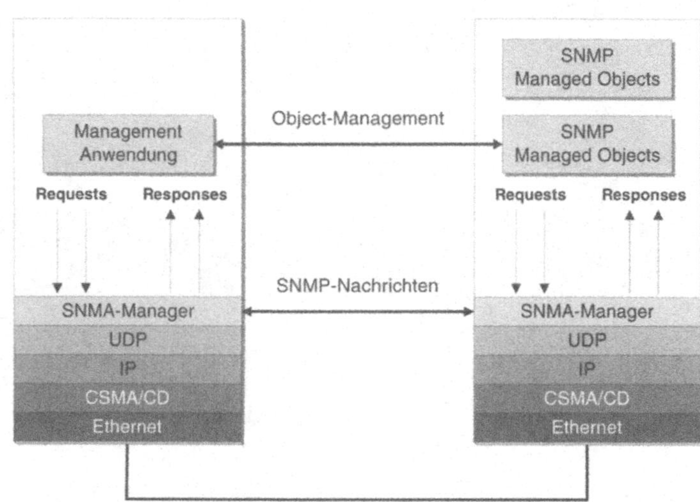

Abb. 18.15. Softwarearchitektur von SNMP

Literaturempfehlungen

Badach, A., Hoffmann, E., Knauer, O. (1994): High Speed Internetworking: Grundlagen und Konzepte für den Einsatz von FDDI und ATM, Bonn u.a.: Addison-Wesley, S. 461-514.

Chimi, E. (1998): High-Speed Networking: Konzepte, Technologien, Standards, München und Wien: Hanser, S. 439-458.

Kauffels, F.-J. (1994): Betriebssysteme in Netzen – Architektur, Verteiltheit, Management, Bergheim: Datacom.

Kerner, H. (1995): Rechnernetze nach OSI, 3. Auflg., Bonn u.a.: Addison-Wesley, S. 356-390.

Murray, J. D. (1998): Windows NT SNMP: Simple Network Management Protocol, O'Reilly.

Proebster, W. (1998): Rechnernetze: Technik, Protokolle, Systeme, Anwendungen, München und Wien: Oldenbourg, S. 331-362.

Segner, P. (1995): Ein betreibergerechtes View-Konzept für das Netz- und Systemmanagement, Aachen: Shaker.

Terplan, K. (1999): Web-Based System and Network Management, CRC Press.

Zenk, A. (1999): Lokale Netze: Technologien, Konzepte, Einsatz, 6. Auflg., München: Addison-Wesley, S. 243-286.

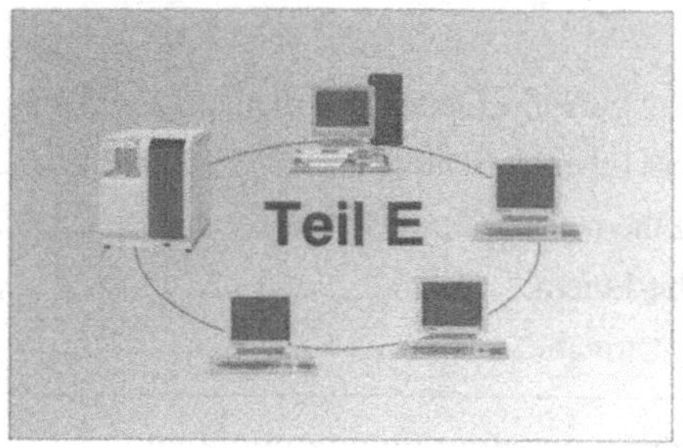

Lokale Netze

Lokale Netze sind dadurch geprägt, daß Übertragungsmedien mit hoher Bandbreite zur Verfügung stehen, die einen schnellen Netzzugang und Geschwindigkeiten bis in den GBit-Bereich ermöglichen. Bei der Realisierung eines LANs stellt sich die Frage, welche Topologie zur Erreichung der jeweiligen Ziele einschließlich Ausfallsicherheit und Modularität am ehesten geeignet ist. Im Bereich der Diffusionsnetze sind die beiden dominierenden Formen der Bus und der Ring. Eng mit der Netzwerkstruktur verbunden ist auch die eingesetzte Technologie. Im folgenden wird daher für beide Ausprägungen jeweils stellvertretend ein LAN-Standard im Detail behandelt: Ethernet als derzeit marktbeherrschendes Bussystem sowie FDDI mit seinen sehr umfangreichen und technisch interessanten Konzepten für Ringstrukturen. Zur Einleitung in das Thema wird jedoch zunächst das vom IEEE entwickelte Referenzmodell für Lokale Netze vorgestellt, das für nahezu alle gängigen Standards einen ordnenden Rahmen vorgibt.

19 IEEE-Referenzmodell

Entwicklung

Seit den Ursprüngen der LAN-Entwicklung sind parallel zahlreiche Technologien für verschiedene Anwendungen und Umgebungsbedingungen entstanden. Bereits Anfang der 80er Jahre hat das IEEE die Notwendigkeit einer straffen Standardisierung dieses umfangreichen Gebietes erkannt und in der Arbeitsgruppe 802 einen Vorschlag ausgearbeitet, der erstmals die wesentlichen Ausprägungen Lokaler Netzwerke spezifizierte und in ein Rahmenkonzept einbettete. Dieses Referenzmodell war richtungsweisend und wurde auch von den Herstellern weitgehend akzeptiert. Ihre Orientierung an den vorgegebenen Standards führte dazu, daß eine herstellerübergreifende Kompatibilität und damit die Interoperabilität der auf dem Markt angebotenen Produkte gewährleistet werden konnte.

19.1 Architektur

Einordnung

Im wesentlichen beziehen sich die einzelnen 802-Standards auf die unteren beiden Schichten des OSI-Modells. Durch Richtlinien zu Themen wie Netzwerkmanagement und Internetworking wurden aber auch Konzepte für eine sinnvolle Integration heterogener Teilsysteme in einen Gesamtkontext aufgestellt. Einen Überblick über die Architektur gibt Abb. 19.1.

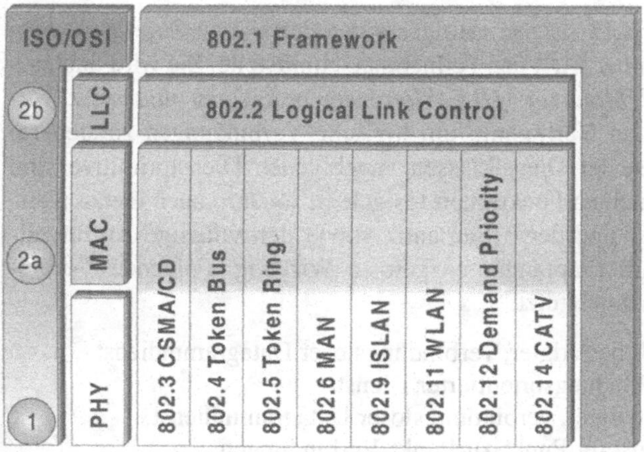

Abb. 19.1. IEEE 802 Referenzmodell für Lokale Netzwerke

LAN-Standards

Durch einen LAN-Standard werden jeweils folgende Kriterien einer Netzwerktechnologie detailliert festgelegt:

- die zulässigen Übertragungsmedien (Kabeltypen, maximale Längen, Steckertypen, elektrische Eigenschaften, etc.),
- die zulässigen Topologien (Bus, Ring, Stern, Baum),
- die physikalische Signalerzeugung (Kodierungsverfahren, Basisband/ Breitband-Technik, etc.) und
- das verwendete Medienzugangsverfahren.

Lange Zeit waren CSMA/CD (IEEE 802.3) und Token Ring (IEEE 802.5) die beiden marktbeherrschenden LAN-Technologien. Inzwischen haben sich die Marktanteile allerdings eindeutig zu CSMA/CD bewegt, das aufgrund seines hohen Verbreitungsgrades auch mit mehr Nachdruck weiterentwickelt wurde. Aus diesem Grund beschränken sich die Ausführungen des nächsten Kapitels auf diesen Standard und die aktuellen Nachfolger.

MAN-Standard

Obwohl der Fokus ursprünglich auf LANs beschränkt war, gibt es auch eine Spezifikation für ein *Metropolitan Area Network* (802.6). Der ursprüngliche Ansatz des *Slotted Ring* wird seit Mitte der 80er Jahre allerdings nicht mehr verfolgt. Statt dessen wurde das *DQDB-MAN* (*Distributed Queue Dual Bus*) in das Rahmenwerk aufgenommen.

LLC-Ebene

Wie Abb. 19.1 zeigt, befindet sich oberhalb der heterogenen MAC-Subschicht der verschiedenen LAN-Standards eine homogene Subschicht für die *logische Verbindungssteuerung* (*Logical Link Control, LLC*). Beide zusammen bilden im ISO/OSI-Modell die Sicherungsschicht. Den höheren Schichten bietet die LLC-Ebene unabhängig von dem darunter liegenden Netztyp standardisierte Dienste zur gesicherten Übertragung. Entsprechend ihrer Einbettung umfaßt die Spezifikation der LLC-Ebene:

- die Teilnehmerschnittstelle,
- das LLC-Protokoll selbst und
- die MAC-Schnittstelle.

Der Zugriff auf die LLC-Ebene erfolgt an den definierten *Zugriffspunkten* (*Service Access Points, SAP*) der Teilnehmerschnittstelle. Sie wird auch als *Data Link Control Manager* (*DLC-Manager*) bezeichnet und stellt verschiedene Dienste zur Verfügung, um logische Verbindungen zu steuern. Für die im Rahmen der Dienstklassen angebotenen Dienstprimitive sind nicht nur die allgemeinen Funktionen festgelegt, sondern auch die zu übergebenden Parameter und deren Semantik sowie der zulässige Aufrufzeitpunkt und die beim Empfänger ausgelöste Wirkung. Folgende Verbindungstypen werden unterstützt:

- LLC Typ 1: Nichtbestätigter, verbindungsloser Datagrammdienst
- LLC Typ 2: Verbindungsorientierter Dienst
- LLC Typ 3: Bestätigter, verbindungsloser Datagrammdienst
- LLC Typ 4: Dienst für Punkt-zu-Punkt-Verbindungen

LLC 1

Mit Hilfe des *verbindungslosen Datagrammdienstes* vom Typ *LLC 1* (*Unacknowledged Connectionless Mode Service*) kann ein sendewilliger Rechner einer oder mehreren Stationen im Netz Nachrichten senden, ohne daß zuvor explizit eine logische Verbindung aufgebaut werden muß. Je nach Anzahl der Empfänger unterscheidet man:

- die Punkt-zu-Punkt-Kommunikation (ein Empfänger),
- die Punkt-zu-Mehrpunkt-Kommunikation (mehrere Empfänger) oder
- die Rundsendung (Broadcastnachricht an alle).

Der Datentransfer erfolgt unidirektional in Form von Datagrammen ohne Empfangsbestätigung. Die Sicherstellung der Vollständigkeit und Korrektheit sowie die Sortierung der empfangenen Pakete muß auf den höheren Protokollschichten in geeignetem Maße stattfinden.

LLC 2

Beim *verbindungsorientierten Dienst LLC 2* (*Connection Mode Service*) wird explizit eine Verbindung aufgebaut und bis zu deren Terminierung ein verbindungsbezogener Status gehalten. Die Nutzung dieses Dienstes wird dementsprechend in die Phasen Verbindungsaufbau, Datentransport und Verbindungsabbau unterteilt. Im Rahmen des Datentransportes wird auch eine Flußkontrolle sowie das Wiederaufsetzen nach Fehlern realisiert, und Verbindungen können bei Bedarf auf einen definierten Anfangszustand zurückgesetzt werden.

LLC 3

Der *bestätigte, verbindungslose Dienst LLC 3* (*Acknowledged Connectionless Mode Service*) entspricht grundsätzlich dem Typ 1, liefert im Gegensatz dazu allerdings Empfangsbestätigungen. Damit lassen sich ohne die Komplexität einer verbindungsorientierten Kommunikation einfache Polling-Abfragen durchführen oder Nachrichten quittieren.

LLC 4

Der Typ *LLC 4* (*Point-to-Point-Connection*) wurde nachträglich spezifiziert und ist speziell für sehr schnelle Punkt-zu-Punkt-Verbindungen im Vollduplexmodus vorgesehen. Das heißt, zwischen den Kommunikationspartnern besteht in beide Richtungen jeweils eine Verbindung, auf der unabhängig voneinander Nachrichten übertragen werden können.

LLC-Protokoll

Zu den Aufgaben des LLC-Protokolls zählt insbesondere die Adressierung der Endeinrichtungen und die Fehlerprüfung. Aus diesem Grund basiert es auf einer Abwandlung des bitorientierten HDLC-Protokolls. Der Rahmenaufbau und die Protokollelemente stimmen weitgehend überein, und im Control-Feld werden im wesentlichen die gleichen Steuerinformationen. verwendet. Bezüglich der erlaubten Stationstypen beschränkt sich LLC auf den *Asynchronous Balanced Mode* (*ABM*). Das heißt, jede Station kann die Rolle des *Leitknotens* (*Primary Node*) übernehmen. Die Adreßfelder für das Ziel und die Quelle können eine Länge 2 Byte oder 6 Byte aufweisen, müssen aber netzweit einheitlich sein. Im Gegensatz zu HDLC trägt das erste Bit in einem Adreßfeld eine Zusatzinformation: Bei einer Zieladresse entscheidet es darüber, ob es sich um eine Individual- oder Gruppenadresse handelt. In einer Quelladresse gibt es an, ob der Rahmen ein Kommando oder eine Antwort enthält.

Der Datagramm-Dienst wird durch die Übertragung der Nutzdaten in nicht numerierten Rahmen vom Typ *Unnumbered Information* (*UI*) realisiert. Die Fehlerkontrolle beschränkt sich dabei auf die Erzeugung und Prüfung der Fehlersumme (*Frame Check Sequence, FCS*). Diese wurde auf eine Länge von 32 Bit erweitert, womit die Restfehlerwahrscheinlichkeit für fehlerhafte, aber als solche nicht erkannte Bits auf 2^{-32} sinkt.

Als Ergänzung für die bestätigten LLC-Dienste wurde eine Flußkontrolle vorgesehen, die nach dem Prinzip der dynamischen Änderung der Fenstergröße vorgeht. Das bedeutet, im Falle von Engpaßsituationen wird die Anzahl der Rahmen, die gesendet werden darf, ohne auf die positive Bestätigung durch den Empfänger zu warten, schrittweise reduziert und bei einer Entspannung der Situation wieder Zug um Zug erhöht.

19.2 Arbeitskreise

Spezialisierung

Für die Entwicklung der Standards im Kontext des Architekturmodells zeichnen sich einzelne Arbeitskreise verantwortlich, die sich jeweils auf bestimmte Technologien oder Themen beschränken.

A.kreis	Tätigkeitsfelder
802.1	Framework • Umfeld, Eingrenzung, Überblick über die Architektur, Einordnung in ISO/OSI • Management • Internetworking
802.2	Logical Link Control (LLC): • abstrakte Verbindungssteuerung für höhere Ebenen
802.3	CSMA/CD: • Medienzugangskontrolle und Spezifikation der physikalischen Schicht
802.4	Token Ring: • Medienzugangskontrolle und Spezifikation der physikalischen Schicht
802.5	Token Bus: • Medienzugangskontrolle und Spezifikation der physikalischen Schicht
802.6	Metropolitan Area Network (MAN): • Medienzugangskontrolle und Spezifikation der physikalischen Schicht
802.7	Broadband Technical Advisory Group (BBTAG): • Eigenschaften von Breitband-Technologien auf der physikalischen Schicht
802.8	Fiber Optic Technical Advisory Group (FOTAG): • Eigenschaften von LWL-Technologien auf der physikalischen Schicht
802.9	Integrated Services LAN (ISLAN): • Eigenschaften integrierter Sprach- und Datenverfahren
802.10	Standard for Interoperability LAN Security (SILS): • Zugangsverfahren zur Gewährleistung von Sicherheit und Geheimhaltung
802.11	Wireless LAN (WLAN): • Drahtlose LANs • Medienzugangskontrolle und Spezifikation der physikalischen Schicht
802.12	100VG-AnyLAN: • Einbindung von Ethernet und Token Ring in ein 100Mbit-Netz basierend auf Telefonkabeln der Kategorie 3 (Voice Grade Cable, VG-Cable) • Medienzugangskontrolle und Spezifikation der physikalischen Schicht
802.14	Cable TV (CATV): • Bidirektionale Kommunikation über vorhandene Kabelnetze

Abb. 19.2. Arbeitskreise der Arbeitsgruppe IEEE 802

Standardisierung

Ihre Bildung und die Dauer ihrer Existenz richtet sich nach dem konkreten Bedarf, so daß sich die Zusammensetzung der gesamten Arbeitsgruppe und die bearbeiteten Themenbereiche im Laufe der Zeit ändern. Derzeit gibt es die in Abb. 19.2 aufgeführten 13 Arbeitskreise. Bisher wurden die jeweiligen Arbeitsergebnisse in der Regel als ISO-Standards unter der Sammelnummer ISO 8802 mit der Nummer des zuständigen Arbeitskreises als Zusatz übernommen. Da CSMA/CD beispielsweise vom Arbeitskreis 802.3 entwickelt wurde, hat er folglich die ISO-Nummer 8802-3.

Literaturempfehlungen

Badach, A., Hoffmann, E., Knauer, O. (1994): High Speed Internetworking: Grundlagen und Konzepte für den Einsatz von FDDI und ATM, Bonn u.a.: Addison-Wesley, S. 79-100.

Badach, A. (1997): Integrierte Unternehmensnetze: X.25, Frame Relay, ISDN, LANs und ATM, Heidelberg: Hüthig, S. 279-297.

Georg, O. (2000): Telekommunikationstechnik: Handbuch für Praxis und Lehre, 2. Auflg., Berlin u.a.: Springer, S. 417-425.

Kauffels, F.-J. (1996): Lokale Netze: Grundlagen, Standards, Perspektiven, 8. Auflg., Bergheim: Datacom, S. 464-478.

Larisch, D. (1997): Netzwerkpraxis für Anwender, München und Wien: Hanser, S. 35-40.

20 Ethernet

Entwicklung

Der herstellerunabhängige, offene Netzwerkstandard *Ethernet* hat sich in der Praxis als am häufigsten installierte LAN-Technologie etabliert. Seine Ursprünge fand das Ethernet bereits in den 60er Jahren als Funknetz der Universität von Hawaii. Nachdem die *DIX-Gruppe*, bestehend aus Digital, Intel und Xerox, anschließend eine Weiterentwicklung für kabelgebundene LANs ausgearbeitet hatte (Ethernet v.1), wurde dieser Ansatz später vom IEEE mit leichten Veränderungen als Standard 802.3 verabschiedet und von der ISO in das OSI-Schichtenmodell aufgenommen. In Konkurrenz dazu entstand später Ethernet v.2 als Fortsetzung der DIX-Gruppe, und Novell brachte zusätzlich die Eigenentwicklung IPX-Ethernet V.2 hervor.

20.1 Architektur

Komponenten

Abb. 20.1 zeigt den funktionalen Aufbau von Ethernet IEEE802.3. Das Übertragungssystem enthält alle Komponenten, um einen physikalischen Übertragungsweg zwischen zwei an das Ethernet angeschlossenen Stationen[42] herzustellen. Dazu gehören außer dem Übertragungsmedium auch die Sende- und Empfangseinheiten, die als *Transceiver*[43] oder *Medium Access Unit* (*MAU*) bezeichnet werden. Sie setzen sich wiederum aus der *Medienschnittstelle* (*Medium Dependent Interface*, *MDI*) und dem *physischen Medienzugang* (*Physical Medium Access*, *PMA*) zusammen. Die Medienschnittstelle ist die physische Schnittstelle zum Medium und legt somit den Kabeltyp und das Steckersystem fest. Der physische Medienzugang stellt dagegen die funktionale Schnittstelle zum Medium dar. Hier werden die Transmit- und Receivefunktionen ausgeführt, wobei mit Hilfe des *SQE-Signals* (*Signal Quality Error Signal*) das Medium auf Kollisionen überwacht wird.

Die logische Schnittstelle zwischen dem Übertragungssystem und dem *Netzwerkadapter* (*Controller*) einer Station wird als *Attachment Unit Interface* (*AUI*) bezeichnet. Physikalisch erfolgt die Verbindung über ein Transceiver-Kabel.

---

[42] Station ist hier ein Sammelbegriff für alle Einheiten, die über das Netz miteinander kommunizieren. Dies kann z.B. ein Rechner, ein Terminal oder ein Peripheriegerät sein.

[43] Transceiver ist ein Kunstwort aus der Kombination Transmitter (Sender) und Receiver (Empfänger).

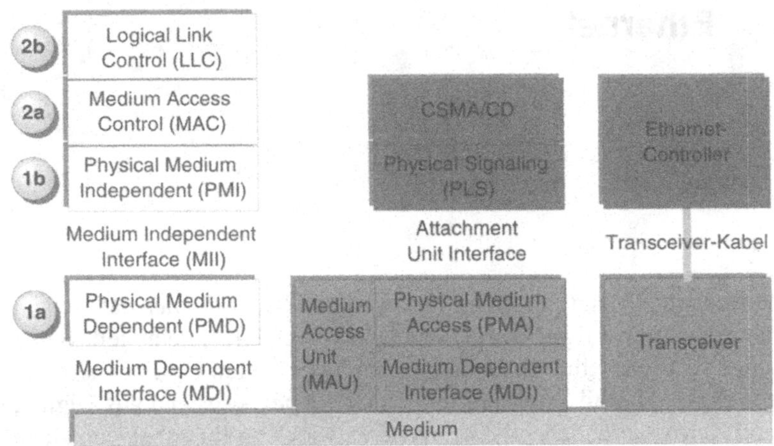

Abb. 20.1. Funktionaler Aufbau einer Ethernet-Station

Netzwerkadapter

Der *Netzwerkadapter* (*Ethernet Controller*) ist diejenige Hardwarekomponente, die eine Station netzwerkfähig macht. Darauf befindet sich neben einer Implementierung des Protokolls für die Medienzugangskontrolle auch ein Bauteil für die *physikalische Signalerzeugung* (*Physical Signaling, PLS*) auf der Bitübertragungsschicht. Über die Teilnehmerschnittstelle der LLC-Ebene kann das Netzwerkbetriebssystem einer Station auf die Funktionen des Netzwerkadapters zugreifen.

20.2 Rahmenformate

Medienzugangsverfahren

Allen Ethernet-Standards ist gemeinsam, daß als Medienzugangsverfahren das stochastische Protokoll CSMA/CD verwendet wird. Bezüglich der Rahmenformate auf der MAC-Ebene gibt es jedoch bereits eine Reihe von Unterschieden, die zu gegenseitigen Inkompatibilitäten führen.

Grundaufbau

Ein Vergleich der beiden gängigen Standards Ethernet V.2 und IEEE 802.3 zeigt, daß ein Rahmen allgemein folgenden Grundaufbau hat (vgl. Abb. 20.2): Nach der Ziel- und Absenderadresse folgen Steuerinformationen über den Aufbau und den Inhalt des Rahmens, und im Anschluß an die Nutzdaten findet sich eine CRC-Prüfsumme.

Unterschiede

Während die Art der Nutzinformation in einem Ethernet V.2-Rahmen jedoch anhand des *Typfeldes* spezifiziert wird, gibt IEEE 802.3 im *Längenfeld* lediglich Auskunft über die Menge der nachfolgenden Nutzdaten und integriert im Anschluß den Header der LLC-Ebene nach IEEE 802.2. Darin sind u.a. die Dienstzugriffspunkte *(Service Access Points, SAP)* des bzw. der Adressaten (*Destination SAP, DSAP*) und des Senders (*Source SAP, SSAP*) sowie das zugehörige Steuerfeld und eine Protokollidentifikationsnummer enthalten.

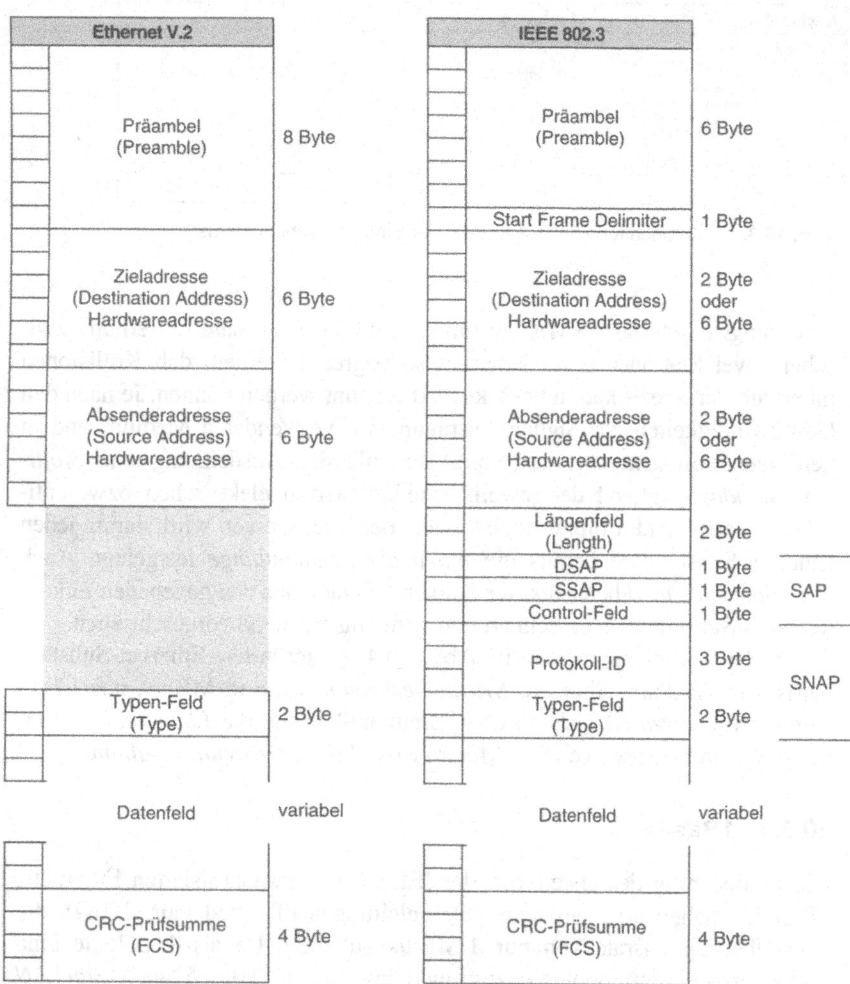

Abb. 20.2. Aufbau eines MAC-Rahmens bei Ethernet V.2 und IEEE 802.3

Legende:

SAP	Service Access Point
DSAP	Destination Service Access Point
SSAP	Source Service Access Point
CRC	Cyclic Redundancy Check
FCS	Frame Check Sequence
SNAP	Subnetwork Access Protocol

20.3 Substandards

Während als Medienzugangsverfahren für Ethernet einheitlich CSMA/CD festgelegt ist, existieren auf der Ebene der Bitübertragung mehrere Substandards, die sich im wesentlichen durch die in Abb. 20.3 genannten Merkmale unterscheiden.

Merkmal	Ausprägungen
Topologie	Bus, Stern, Baum
Übertragungsmedium	Twisted Pair, Koaxialkabel, Lichtwellenleiter, Funk
Anschlußtechnik der Stecker	AUI, BNC, RJ-45, ST, SC
Übertragungskapazität	1 MBit/s, 10 MBit/s
Übertragungsverfahren	Basisband / Breitband
Codierung	Manchester, Binary PSK

Abb. 20.3. Kriterien für die Klassifikation der Ethernet-Substandards

Netzausdehnung

Bedingt durch das CSMA-Verfahren muß die maximale Entfernung zwischen zwei Stationen eines Ethernet so begrenzt werden, daß Kollisionen innerhalb der Spezifikation noch korrekt erkannt werden können. Je nach den Geschwindigkeiten der Signalübertragung im verwendeten Medium und in den Netzkomponenten variiert somit die zulässige Ausdehnung einer *Kollisionsdomäne*. Anhand der jeweils standardisierten elektrischen bzw. optischen Sende- und Empfangsleistungen der Transceiver wird durch jeden Ethernet-Substandard bereits die *maximale Segmentlänge* festgelegt. Auch der *Mindestabstand* benachbarter Knoten läßt sich aus den gegebenen Eckdaten eines Substandards berechnen und wird entsprechend vorgeschrieben.

Syntax der Kurzbezeichnung

Die Kurzbezeichnung der in Abb. 20.4 aufgeführten Ethernet-Substandards gibt Auskunft über die *Bruttoübertragungsrate* in MBit/s, das *Übertragungsverfahren* (Basisband oder Breitband) sowie die *Länge eines Netzsegmentes* in Schritten von 100 Metern bzw. das *Übertragungsmedium.*

20.3.1 1Base5

StarLan

Die Realisierung des ersten von der IEEE 802.3 standardisierten Ethernets, *1Base5*, erfolgte über einfache Telefonleitungen (Twisted Pair, 100Ω), die eine Übertragungsrate von nur 1 MBit/s zuließen. Da als Topologie eine kaskadierbare Sterntopologie zugrunde lag, wurde 1Base5 auch *StarLAN* genannt. Aufgrund der niedrigen Übertragungsrate gilt dieser Standard als veraltet. Im folgenden werden die gängigen Substandards behandelt, die auf Kupferkabeln eine Bruttodatenrate von 10 MBit/s zur Verfügung stellen.

20.3.2 10Base5

Thick Ethernet

Bei *Thick Ethernet* wird der passive Bus mit Hilfe des fingerdicken, gelben Ethernet-Koaxialkabels realisiert und darf pro Segment bis zu 500 Meter lang sein. Zur Vermeidung von Signalreflexionen muß der Bus an beiden Enden mit einem Abschlußwiderstand von 50Ω versehen werden. Pro Segment dürfen maximal 100 Stationen angeschlossen werden, wobei der Mindestabstand zweier Transceiver 2,5 Meter betragen muß. Das als Stichleitung ausgeführte Transceiver-Kabel darf bis zu 50 Meter lang sein, wobei die AUI-Anbindung mit Hilfe 15-poliger Sub-D-Stecker erfolgt. Thick Ethernet galt seiner Zeit als solide und leistungsfähig aber auch teuer.

Schicht	Protokoll			
Sicherung – LLC	LLC-Protokoll			
Sicherung – MAC	CSMA/CD bzw. CSMA/CA			
Bitübertragung	**10Base5**	**10Base2**	**10BaseT**	**10Broad36**
Alternativbezeichnung	Thick Ethernet, Yellow Ethernet	Thin Ethernet, Cheapernet	Ethernet on Twisted Pair	Broadband-Ethernet
Bruttodatenrate	10 MBit/s	10 MBit/s	10 MBit/s 20 MBit/s duplex	10 MBit/s pro Frequenzband
Topologie	Bus	Bus	Stern	Bus, Baum
Medium	Koaxialkabel 50Ω (Yellow Cable, RG11A/U)	Koaxialkabel 50Ω (RG58)	Twisted Pair 100Ω (AWG24 u.a.)	Koaxialkabel 75Ω
Übertragungsverfahren	Basisband	Basisband	Basisband	Breitband (HF-Modems)
Kodierung	Manchester	Manchester	Manchester	Binary Phase Shift Key
Bitfehlerrate	10^{-8}	10^{-7}	10^{-7}	10^{-8}
Stecker	Sub-D (15-polig)	BNC, RJ-45	RJ-45	k.A.
Verbindung	AUI über Transceiver-Kabel	über BNC oder AUI	über RJ-45 oder AUI	AUI über Transceiver-Kabel
Max. Anzahl Knoten/Segment	100	30	je nach HUB	8 oder 16 pro HUB
Max. Segmentlänge	500m	185m	100m	1.800m
Mindestabstand zweier Stationen	2,5m	0,5m	–	k.A.
Besonderheiten	Transceiverkabel als Stichleitung zum Netzadapter bis zu 50m lang	Transceiver ist auf Netzadapter integriert, Bus wird über BNC-T-Stecker direkt angeschlossen	Verschiedene Twisted Pair-Kabel möglich (UTP, STP)	Transceiverkabel bis zu 25m lang, Ein- und Zweikabel-Systeme

Abb. 20.4. Merkmale gängiger Ethernet-Substandards auf der Basis von Kupferkabeln

20.3.3 10Base2

Thin Ethernet

In der Praxis ist *10Base2* (*Thin Ethernet*) nach wie vor die Variante mit der größten Installationsbasis. Es basiert auf einem passiven Bus, der aus knapp bleistiftdicken Koaxialkabeln vom Typ RG58 besteht. Da sich diese durch niedrige Kosten und leichte Verlegbarkeit auszeichnen, nennt man diesen Subtyp auch *Cheapernet*. Dadurch, daß der Transceiver in der Regel auf der Netzwerkkarte integriert ist, läßt sich der Bus über einen t-förmigen BNC-Stecker direkt mit dem Netzadapter verbinden und von Station zu Station durchschleifen.[44] Die Länge eines Segmentes ist auf 185 Meter mit maximal 30 Stationen beschränkt. Der Mindestabstand zwischen diesen beträgt 0,5 Meter. Die Kabelsegmente müssen an einem der Terminatoren geerdet werden, während die T-Stücke gegen Erdung zu isolieren sind.

[44] Bei Koaxialkabeln mit BNC-Steckern und T-Stücken ist es nicht zulässig, Dropkabel zu installieren, da das zusätzliche Kabel das elektrische Verhalten des gesamten Segmentes verändern und somit zu Datenverlusten führen kann.

20.3.4 10BaseT

Ethernet on Twisted Pair

10BaseT kann als Weiterentwicklung des Urtyps 1Base5 gesehen werden, da hier ebenfalls eine sternförmige Twisted Pair-Verkabelung zum Einsatz kommt. Als Sternkoppler werden hier jedoch Hubs verwendet, die standardmäßig 10 Mbit/s, häufig aber auch das *Full Duplex Ethernet* (*FDE*) mit 20 Mbit/s unterstützen. Die Entfernung der Punkt-zu-Punkt-Verbindungen zwischen einem Hub und den zugehörigen Stationen darf maximal 100 m betragen.

Fehlerkontrolle

Ein entscheidender Vorteil der im zentralen Hub konzentrierten Transceiver besteht darin, daß auf der Grundlage von Leitungstests die einzelnen Verbindungen zu den Stationen automatisch trennbar sind, falls Fehlersituationen auftreten, und nach deren Behebung ebenso wieder eine Ankopplung vorgenommen werden kann, ohne daß der restliche Datenverkehr im LAN davon betroffen ist. Zu diesem Zweck werden neben den Datensignalen noch zusätzliche Integritätssignale zwischen Hub und den angeschlossenen Stationen ausgetauscht. Sobald ein Port über einen vorgegebenen Zeitraum (50-150ms) kein *Link-Signal* erhält, gilt die Verbindung als unterbrochen. Werden anschließend wieder zwei bis zehn Link-Signale erfolgreich empfangenen, ist der Fehler behoben und die Verbindung wiederhergestellt.

20.3.5 10Broad36

Breitband-Ethernet

Neben den bereits vorgestellten Substandards mit Basisbandübertragung wurde Mitte der 80er Jahre auch *10Broad36* als Breitband-Ethernet mit Frequenzmultiplex auf Koaxialkabeln standardisiert. Damit lassen sich dank einer erheblich höheren Gesamtkapazität mehrere Kanäle mit 10 MBit/s in einer aktiven Bus- und Baumtopologie realisieren, wobei ein Segment eine maximale Ausdehnung von 1.800 m aufweisen darf. Da in den Stationen auch bei 10Broad36 herkömmliche, digitale Ethernet-Adapter verwendet werden, erfordert die analoge Übertragungstechnik eine Ankopplung über spezielle Breitband-Modems. Die Länge der Transceiver-Kabel ist auf 25 m beschränkt.

Kopfstation

Eine spezifische Eigenschaft der Frequenzmultiplextechnik besteht darin, daß ein Frequenzband jeweils nur in einer Richtung benutzt werden kann. Aus diesem Grund wird das Frequenzspektrum in der Regel in getrennte Bänder für das Senden und Empfangen sowie die Kollisionserkennung aufgeteilt. Die Umsetzung zwischen diesen Bändern erfolgt über eine *Kopfstation* (*Headend-Remodulator*).

Zweikabelsysteme

Der Ansatz von Zweikabelsystemen besteht darin, die Sende- und Empfangskanäle jeweils über ein eigenes Kabel zu führen. Da bei dieser Variante jedoch die Kabel- und Verstärkerinfrastruktur doppelt ausgelegt werden muß, steigen die Kosten entsprechend.

Anwendungen

Grundsätzlich gestaltet sich die Konfiguration und Wartung von 10Broad36-Netzen als komplex und aufwendig, da die Anschlußpunkte,

Verstärker und Equalizer eine exakte Berechnung erfordern und die Geräte verschiedener Hersteller nicht ohne weiteres zusammenarbeiten. Aus diesem Grund beschränkte sich das Einsatzfeld in der Vergangenheit weitgehend auf die Realisierung von Backbones. Allerdings werden heute in diesem Bereich weitgehend Lichtwellenleiter als Medium bevorzugt.

20.3.6 10BaseFx – Fibre Optics Ethernet

Sternform

Für Ethernet auf der Basis von Lichtwellenleitern gibt es drei verschiedene IEEE-802.3-Standards, die nicht zueinander kompatibel sind, da die Transceiver jeweils verschiedene Signalkodierungen verwenden (vgl. Abb. 20.5). Unabhängig davon kommen bei der Glasfaserverkabelung in der Regel *Sternkoppler* oder *Remote Repeater* zum Einsatz.

10BaseFP

- *10BaseFP* dient zur Kopplung von Endgeräten mittels *passiver* LWL-Technik. Der Anschluß an den LWL erfolgt jeweils entweder direkt über den auf dem Netzwerkadapter integrierten Transceiver oder über ein Drop-Kabel an einen externen Transceiver.

10BaseFL

- Grundlage von *10BaseFL* ist eine aktive LWL-Technik, deren Spezifikation im wesentlichen dem *FOIRL-Standard (Fibre Optic Inter Repeater Link)* für optische Remote Repeater entspricht.

10BaseFB

- Mit Hilfe von *10BaseFB* lassen sich sowohl Verbindungen zwischen FB-Transceivern und aktiven, optischen Sternkopplern herstellen als auch zwischen Kopplern untereinander. Aufgrund der synchronen Übertragungstechnik ohne Repeater können mehrere FB-Sternkoppler kaskadiert werden. Auf diese Weise lassen sich auch Backbone-Strukturen aufbauen.

Typische Einsatzbereiche der LWL-Technik sind die Überbrückung kritischer Streckenabschnitte mit starken elektromagnetischen Störfeldern und die Kopplung entfernter Netzsegmente über Remote-Komponenten.

Standard	10BaseFP	10BaseFL	10BaseFB
Bruttodatenrate	10 MBit/s	10 MBit/s	10 MBit/s
Topologie	Stern	Stern	Stern
Medium	Lichtwellenleiter	Lichtwellenleiter	Lichtwellenleiter
Übertragungsverfahren	Basisband	Basisband	Breitband
Übertragungsart	Asynchron	Asynchron	synchron
Kodierung	Manchester	Manchester	Manchester
MTBF der MAU	10^6h	10^6h	10^6h
Stecker	ST, AUI	ST, AUI	ST, AUI
Verbindung	AUI über Transceiver-Kabel	AUI über Transceiver-Kabel	AUI über Transceiver-Kabel
Max. Anzahl Knoten/Segment	33	k.A.	je nach HUB
Max. Segmentlänge	100,200,500m	2.000m/1.000m	2.000m
Maximale Link-Länge	500m (MAU-HUB) 1.000m (MAU-MAU)	2.000m (MAU-MAU) 1.000m (FL-/FOIRL-MAU)	500m (MAU-HUB) 2.000m (MAU-MAU)
Maximale Dämpfung	16-26dB	0-20,5dB	0-20,5dB

Abb. 20.5. Merkmale gängiger Ethernet-Substandards auf der Basis von LWL

20.3.7 Weitere Ethernet-Standards

Full Duplex Ethernet

Bei einer Verkabelung mit Twisted Pair oder LWL läßt sich mit entsprechenden Netzwerkadaptern ein *Full Duplex Ethernet* (*FDE*) realisieren, bei dem auf einem Hin- und einem Rückleiter in einer kollisionsfreien Punkt-zu-Punkt-Verbindung je 10 bzw. 100 MBit/s übertragen werden. Durch die Möglichkeit des gleichzeitigen Sendens und Empfangens wird die Bruttodatenrate somit auf 20 bzw. 200 MBit/s verdoppelt. Daraus ergeben sich als typische Einsatzbereiche die Anbindung von Servern an Hubs oder der Zusammenschluß mehrerer Hubs.

Isochrones Ethernet

Bei dem *Isochronen Ethernet* handelt es sich um eine nach IEEE 802.9 standardisierte, hybride Netzarchitektur, die parallel ein IEEE-802-Ethernet sowie ISDN mit 96 B-Kanälen und einem D-Kanal auf einer gemeinsamen UTP3-Verkabelung kombiniert. Da zur Bandbreitenreduzierung des Ethernet-Kanals statt der Manchester-Kodierung eine 4B/5B-Kodierung verwendet wird, sind spezielle Netzwerkkarten und Hubs erforderlich.

Anwendungen

Während das herkömmliche Ethernet aufgrund des stochastischen Zugangsverfahrens (CSMA/CD) nicht die Möglichkeit bietet, einer Verbindung eine feste Bandbreite zuzusichern, ermöglicht ISDN auch die isochrone Datenübertragung wie sie z.B. für einige Multimedia-Anwendungen erforderlich ist. Weitere Anwendungsmöglichkeiten ergeben sich durch die Integration von LAN und Telefonanlage.

20.3.8 Fast-Ethernet

Fast Ethernet Alliance

Unter der Zielsetzung, die Übertragungsgeschwindigkeit des Ethernet bei größtmöglicher Kompatibilität zum bisherigen 10BaseT an die gestiegenen Anforderungen anzupassen, wurde das zehnmal schnellere *Fast Ethernet* als Standard IEEE 802.3u verabschiedet. Inzwischen wird dieser Standard von nahezu allen namhaften Herstellern der Netzwerkbranche unterstützt, die sich in der *Fast Ethernet Alliance* (*FEA*) zusammengeschlossen haben.

Neuerungen

Vor diesem Hintergrund wurden zum einen das Medienzugangsverfahren CSMA/CD und das Format der herkömmlichen MAC-Datenrahmen beibehalten, und zum anderen wurde die Bruttoübertragungsrate um den Faktor 10 auf 100 MBit/s angehoben. Aufgrund der daraus resultierenden erhöhten Frequenzen und Laufzeitanforderungen an das CSMA/CD-Protokoll bringt Fast Ethernet jedoch die Einschränkungen mit sich, daß zum einen als Übertragungsmedium nur Twisted Pair und Lichtwellenleiter zulässig sind und zum anderen die Netztopologie grundsätzlich sternförmig ist. Die Unterschiede zwischen Ethernet und Fast Ethernet beschränken sich somit nur auf die physikalische Schicht, so daß eine Migration keine Anpassung der Software erfordert.

Funktionaler Aufbau

Abb. 20.6 zeigt den funktionalen Aufbau einer Fast Ethernet-Station. Im Vergleich zu 10BaseX Ethernet weist die physikalische Schicht eine komplexere Struktur auf.

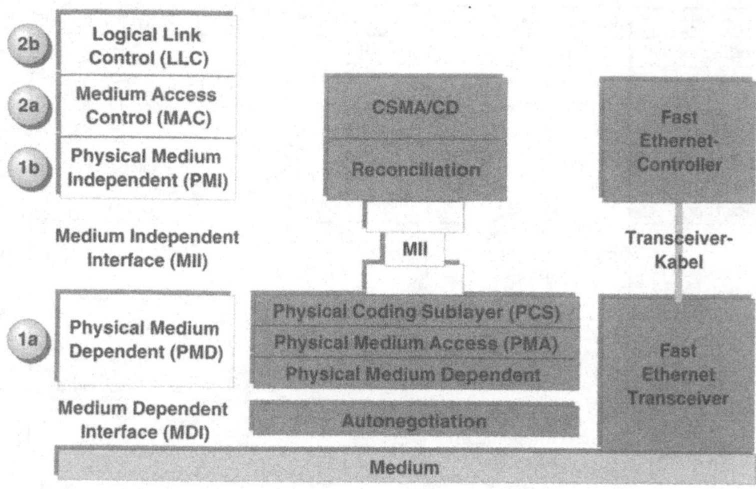

Abb. 20.6. Funktionaler Aufbau einer Fast Ethernet-Station

- Der *Reconciliation-Layer* stellt die logische Schnittstelle zwischen der *MAC-Schicht* und dem *Medium Independent Interface (MII)* dar. Die primäre Aufgabe besteht in der Umwandlung von MAC-Primitiven in MII-Signale. Reconciliation-Layer
- Die Schnittstelle MII bietet Funktionen, um unabhängig vom verwendeten Medium die unteren Protokollschichten zu konfigurieren, zu überwachen und zu kontrollieren, wobei Datenraten von 10 und 100 Mbit/s unterstützt werden. Medium Independent Interface
- Wie auch FDDI verwendet Fast Ethernet für die Leitungscodierung einen 4-zu-5-Bit-Code (4B5B), wodurch die effektive Bandbreite des Mediums mit 80% effizienter genutzt wird als beim Manchester Code.[45] Leitungscode
- Als Bestandteil der *Auto-Negotiation-Funktion* bietet Fast Ethernet eine automatische Geschwindigkeitserkennung. Mit Hilfe von *Testsignalen (Fast Link Pulse, FLP)*, die während des Bootvorgangs einer Station zwischen Fast Ethernet Controller und Hub ausgetauscht werden, erfolgt eine automatische Anpassung an die maximale Geschwindigkeit von 10 oder 100 MBit/s. Je nach Implementation ist es auch möglich, diese Konfiguration hard- oder softwaremäßig vorzunehmen. Auto-Negotiation

Je nach Kabeltyp werden drei Fast Ethernet Substandards unterschieden (vgl. Abb. 20.7). Bei Twisted Pair hat man die Wahl zwischen vierpaarigem UTP der Kategorie 5 oder zweipaarigem UTP bzw. STP ab Kategorie 3. Herkömmliche Koaxialkabel können nicht verwendet werden. Entsprechende 10BaseX-Segmente lassen sich daher nur über eine spezielle *Brücke (Speed Matching Bridge)* anschließen. Kabeltypen

[45] Beim Manchester-Code beträgt die Bandbreitennutzung lediglich 50%.

Standard	100BaseT	100BaseT4	100BaseFX
Bruttodatenrate	100 MBit/s	100 MBit/s	100 MBit/s
Topologie	Stern	Stern	Stern
Medium	4-adriges Twisted Pair 100Ω (Kategorie 5)	8-adriges Twisted Pair 100Ω (Kategorie 3,4,5)	2-adriger LWL (62,5/125 oder 50/125)
Übertragungs-verfahren	Basisband	Basisband	Basisband
Kodierung	4B5B	8B6T	4B5B
Stecker	RJ-45	RJ-45	ST, SC, MIC
Max. Segmentlänge – Station zu HUB	100m	100m	200m
Max. Segmentlänge – HUB zu HUB	5m	5m	5m
Max. Netzausdehnung	205m	205m	400m 3fach kaskadierbar
Besonderheiten	Spezielle Adapter und Hubs unterstützen Voll-Duplex-Übertragungen		
Einsatzbereich	Tertiärverkabelung, Anbindung von Netzwerkservern	Anbindung von Arbeitsplätzen	Sekundärverkabelung, Inhouse-Backbone

Abb. 20.7. Merkmale gängiger Fast Ethernet-Substandards für TP oder LWL

Anwendungen

Aufgrund der konzeptionellen Nachteile von CSMA/CD, insbesondere der Zunahme von Kollisionen und Einbrüchen in der Performance bei hoher Netzbelastung, empfiehlt sich Fast Ethernet in erster Linie für den Aufbau kleiner Netzsegmente mit hohen Leistungsanforderungen durch Server und Clients.[46] Für Backbone-Netze ist Fast Ethernet wegen der geringen realisierbaren Netzausdehnung in der Regel ungeeignet, wobei inzwischen proprietäre Lösungen erhältlich sind, mit deren Hilfe sich die Entfernung zwischen zwei Hubs von den vorgegebenen 5 m auf mehrere Hundert Meter ausdehnen läßt. Das entscheidende Argument für Fast Ethernet ist die einfache Möglichkeit zur Migration von 10BaseT-Netzen durch den Austausch von Netzwerkkarten und Hubs.

20.3.9 Gigabit-Ethernet

Gigabit Ethernet Alliance

Während sich die 10Mbit-Technologie vergleichsweise lange halten konnte, wird für Fast Ethernet ein deutlich kürzerer Lebenszyklus erwartet. Nachdem frühzeitig weitere Steigerungen des Datendurchsatzes für notwendig befunden wurden, bildete sich bereits 1996 ein Ausschuß namens *Gigabit Ethernet Alliance (GEA)*, um in Kooperation mit dem IEEE-Gremium einen Hochleistungsstandard mit der Bezeichnung IEEE-802.3z zu definieren.

[46] Ab einer Netzlast von ca. 40% wächst die Anzahl der Kollisionen überproportional an.

Auch bei Gigabit-Ethernet sind das Rahmenformat und die Medienzugangskontrolle zum ursprünglichen Ethernet kompatibel. Der Einsatz des CSMA/CD setzt jedoch voraus, daß die Umlaufverzögerung eines Signals zwischen allen Stationen kleiner als die Übertragungszeit des kleinsten Rahmens ist, damit eine sendende Station mögliche Kollisionen noch vor dem Übertragungsende erkennen kann. Ein 10Mbit-Ethernet erfüllt diese Restriktion je nach Medium bereits, wenn die Rahmengröße mindestens 64 Bytes und die Netzausdehnung höchstens 2 km beträgt. Beim zehnmal schnelleren Fast Ethernet mit einer um den gleichen Faktor niedrigeren Übertragungszeit ist die Reichweite auf 200 Meter beschränkt. In Analogie dazu müßte das wiederum um den Faktor zehn schnellere Gigabit-Ethernet auf eine Distanz von 20 Metern reduziert werden, was praktisch unbrauchbar ist.

Problem: Netzausdehnung

Vor diesem Hintergrund werden zwei Maßnahmen ergriffen, die eine Beibehaltung des 200m-Durchmessers einer sternförmigen Verkabelung ermöglichen: Die Übertragungszeit kleiner Rahmen wird durch eine *Trägererweiterung (Carrier Extension)* erhöht und die daraus resultierende Ineffizienz durch das sogenannte *Frame Bursting* wieder kompensiert.

Lösung: Trägererweiterung und Frame Bursting

Ziel der Trägererweiterung ist eine Abkopplung der Umlaufverzögerungszeit von der Übertragungszeit des kleinsten Rahmens. Dies wird durch die Festlegung der Mindestdauer des Trägers (*Slot Time*) auf 512 Bytes erreicht. Falls ein Sender einen Rahmen kollisionsfrei übertragen hat, wird folgende Fallunterscheidung getroffen: War der Rahmen mindestens 512 Bytes lang, ist die Sendung abgeschlossen und wird durch ein *TransmitOK* gemeldet. Ansonsten wird solange eine Folge von Spezialsymbolen auf das Medium gegeben, bis die Mindestdauer des Trägers erreicht ist. Erst dann gilt die Übertragung als erfolgreich – es sei denn, innerhalb dieser Zeitspanne tritt eine Kollision auf. Dann wird dies durch ein *Jam-Signal* signalisiert und nach den üblichen Verfahren eine erneute Belegung des Mediums initiiert.

Senderseitige Anpassung

Auch auf der Seite des Empfängers erfordert die Trägererweiterung Anpassungen. Der eintreffende Bitstrom wird wie üblich nach der Präambel und dem Start-of-Frame Delimiter durchsucht, um den Anfang eines neuen Rahmens zu identifizieren. Im weiteren Verlauf zählt der Empfänger nun die Anzahl sämtlicher eintreffender Bits bis zum Rahmenende, wobei nur Datenbits in den Puffer geschrieben werden. Aufgrund der beschriebenen Sendecharakteristik müssen so bei einer korrekten Übertragung 512 Bytes gezählt werden, ansonsten werden die Daten verworfen.

Empfängerseitige Anpassung

Grundsätzlich kann es bei diesem Prinzip zwar vorkommen, daß erst im Bereich der Füllzeichen eine Kollision stattfindet und infolgedessen ein korrekt empfangener Rahmen durch den Empfänger verworfen wird, allerdings kann dies der Sender nicht erkennen. Um die für diesen Fall unnötig aufwendigen Steuermechanismen zu vermeiden, besteht der einfachste Ansatz darin, auch hier eine Neuübertragung einzuleiten.

Nachteil

Betrachtet man die Trägererweiterung als Einzelmaßnahme, ergibt sich bei der häufigen Übertragung kleiner Rahmen ein Effizienzproblem. Ungünstigenfalls kann die effektive Übertragungsrate auf nur 125 MBit/s absinken,

Folgeproblem

wenn sämtliche Rahmen nur eine Länge von 64 Byte aufweisen. Auch wenn man von der praxisnahen Annahme ausgeht, daß sich die durchschnittliche Rahmengröße in lokalen Netzen meist im Bereich von 200 bis 500 Bytes bewegt, ließe sich lediglich ein Durchsatz von 300 bis 400 MBit/s erzielen, was von den theoretisch erreichbaren 1 Gbit/s weit entfernt ist.

Frame Bursting

Abhilfe dafür soll eine modifizierte Abarbeitung der Übertragungswarteschlange innerhalb der MAC-Schicht schaffen, bei der nach dem sogenannten Prinzip des *Frame-Bursting* innerhalb eines einzelnen Übertragungsvorganges mehrere Rahmen am Stück gesendet werden können.

Senderseitige Anpassung

Für den Sender gestaltet sich der Ablauf wie folgt (vgl. Abb. 20.8):

1. Zu Beginn eines jeden Übertragungsversuches wird ein *First Frame Flag* als Indikator gesetzt, daß es sich um den ersten Rahmen innerhalb einer Burst handelt. Weiterhin wird ein sogenannter *Burst-Timer* initialisiert, der die Zeitspanne vorgibt, innerhalb der später noch weitere Rahmen in die Burst aufgenommen werden können.
2. Nach den Regeln des CSMA/CD wird die Übertragung des ersten Rahmens vorgenommen und bei Bedarf die Übertragungszeit per Trägererweiterung auf die Mindestdauer erhöht. Dadurch ist gewährleistet, daß Kollisionen grundsätzlich nur den ersten Rahmen einer Burst treffen können und der MAC-Transmitter jeden Rahmen normal bestätigen kann.

Anschließend wird das First Frame Flag gelöscht und folgende Schleife durchlaufen:

3. Falls nach dem erfolgreichen Senden des vorherigen Rahmens der Burst-Timer abgelaufen ist, wird die Burst und damit ihr gesamter Übertragungsvorgang abgeschlossen.
4. Ansonsten belegt der Sender das Medium mit einem erweiterten Träger von 96 Bits als Rahmenabstand. Steht innerhalb dieser Zeit ein weiterer Rahmen zur Übertragung an, wird er unmittelbar im Anschluß gesendet und mit Schritt 3 fortgesetzt. Andernfalls wird die Burst durch Löschen des Timers vorzeitig beendet und das Medium wieder freigegeben.

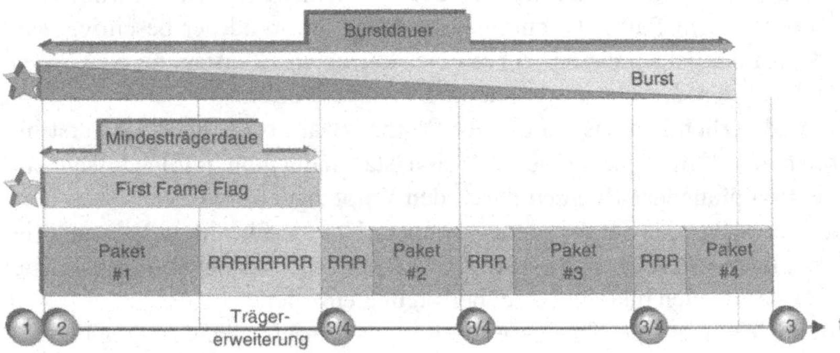

Abb. 20.8. Prinzip des Frame Bursting

Der MAC-Receiver geht nach folgendem Schema vor.

Empfängerseitige Anpassung

1. Der Empfang des ersten Rahmens einer neuen Burst erfolgt nach den üblichen Regeln des CSMA/CD. Nachdem eine gültige Präambel und ein Start-of-Frame Delimiter gefunden wurde, setzt der Empfänger zusätzlich das sogenannte *Extending Flag*. Anschließend zählt er die eintreffenden Bits und puffert davon nur die Datenbits. Sobald die Mindestdauer des Trägers erreicht wurde, wird das Extending Flag wieder gelöscht. Falls die Übertragung vorher abbricht, hat eine Kollision stattgefunden und wird entsprechend behandelt.

Anschließend wird folgende Schleife durchlaufen:

2. Falls der zuvor empfangene Rahmen mit einem Trägerende abgeschlossen wurde, handelte es sich um den letzten Rahmen der Burst, und der Empfangsvorgang ist beendet. Wenn nach dem Interframe-Abstand statt einer neuen Präambel ein Trägerende empfangen wird, wurde die Burst durch den Sender vorzeitig abgeschlossen.
3. Der Empfänger sammelt die eintreffenden Bits wieder zu einem neuen Rahmen, bis entweder das Trägerende oder ein Erweiterungsbit erreicht ist und fährt dann mit Schritt zwei fort.

Ergebnis

Durch Simulation konnte nachgewiesen werden, daß das Ziel der Leistungssteigerung durch das Frame-Bursting erreicht wird und dadurch keine Einbußen bei anderen Leistungsmaßen verursacht werden. Grundsätzlich scheint das Verfahren auch bei zukünftigen, höheren Geschwindigkeiten einsetzbar zu sein.

Substandards

Abb. 20.9 zeigt die Architektur von Gigabit-Ethernet unter Berücksichtigung der verschiedenen Substandards. Um den Entwicklungsprozeß von 1000BaseX zu beschleunigen, wurden auf der Bitübertragungsschicht in modifizierter Form die Konzepte von Fibre Channel (FC-0 und FC-1) übernommen. So verwendet die *physikalische Kodierungssubschicht* (*Physical Coding Sublayer, PCS*) den gleichen 8B/10B-Code wie Fibre Channel – allerdings mit einer Signalrate von 1,25 GHz.[47] Die Initialisierungsfunktion *Autonegotiation* zur Aushandlung der Fähigkeiten einer Verbindung ist ebenfalls auf dieser Subschicht enthalten. Je nach Übertragungsmedium unterscheidet man folgende Substandards (vgl. Abb. 20.10):

- 1000BaseLX spezifiziert Gigabit-Ethernet für den Einsatz auf Lichtwellenleitern verschiedener Typen mit Langwellen-Laser als Sender.
- Bei 1000BaseSX kommen billigere Kurzwellen-Laser zum Einsatz, die aber auch nur geringere Netzausdehnungen erlauben.
- 1000BaseCX ist eine Variante, die auf einer speziellen Verkabelung mit 150-Ohm-Kupferkabeln basiert und Gigabit-Ethernet auf kurzen Entfernungen bis zu 25 Metern ermöglicht, um z.B. Cluster miteinander zu koppeln.

---

[47] Bei Fibre Channel beträgt die Signalrate 1,062 GHz.

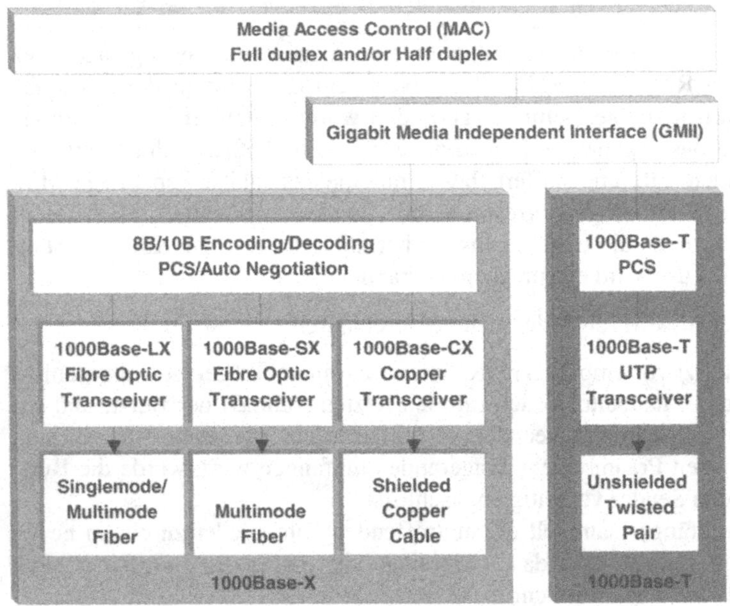

Abb. 20.9. Funktionaler Aufbau von Gigabit-Ethernet

Gigabit-Ethernet auf UTP

Parallel zum 1000BaseX-Standard wurde auch für Gigabit-Ethernet über UTP-Kabel der Kategorie 5 – also eine herkömmliche 10BaseT-Verkabelung – unter der Bezeichnung *1000BaseT* eine Spezifikation entworfen. Als Leitungscode kommt hier die *Pulsamplitudenmodulation in 5 Niveaus* (*Pulse Amplitude Modulation, PAM-5*) zum Einsatz, die sowohl im Halb- als auch im Vollduplex arbeitet. Die maximale Ausdehnung ist auf 100 m begrenzt.

Standard	1000BaseLX	1000BaseSX	1000BaseCX
Bruttodatenrate	1000 MBit/s	1000 MBit/s	1000 MBit/s
Topologie	Stern	Stern	Stern
Medium	Monomode/Multimode-Lichtwellenleiter	Multimode-Lichtwellenleiter	150-Ohm-Kupferkabel
Kodierung	8B10B	8B10B	8B10B
Stecker			DB-9
Max. Netzausdehnung	Monomode:3km 62.5µm Multimode: 440m 50µm Multimode: 550m	Monomode: – 62.5µm Multimode:260m 50µm Multimode:550m	25m

Abb. 20.10. Merkmale der 1000BaseX- Substandards des Gigabit-Ethernet

Literaturempfehlungen

Chimi, E. (1998): High-Speed Networking: Konzepte, Technologien, Standards, München und Wien: Hanser, S. 273-277, 306-314.
Hein, M. (1998): Ethernet, 2. Auflg., Bonn: MITP.
Larisch, D. (1997): Netzwerkpraxis für Anwender, München und Wien: Hanser, S. 179-198.
Loshin, P. (1999): Essential Ethernet Standards – RFCs and Protocols Made Practical, Wiley.
Spurgeon, Ch. E. (2000): Ethernet: The Definitive Guide, O'Reilly.
Zenk, A. (1999): Lokale Netze: Technologien, Konzepte, Einsatz, 6. Auflg., München: Addison-Wesley, S. 90-110, 169-186.

21 FDDI

Im Jahre 1980 bildete sich die ANSI-Gruppe X3T9.5 mit dem Ziel, einen Standard für ein universelles, lokales Hochgeschwindigkeitsnetz zu entwickeln, das im Vergleich zu 10Mbit-Ethernet und Token Ring sowohl die Kapazitätsengpässe als auch die Mängel bezüglich Sicherheit und Zuverlässigkeit beseitigen sollte. Als Ergebnis dieser Bemühungen wurde 1986 das *Fiber Distributed Data Interface* (*FDDI*) vorgestellt. Obwohl FDDI in der Praxis gegenüber Fast Ethernet und Gigabit Ethernet zunehmend an Bedeutung verliert, weist es einige technisch interessante Details auf, die eine nähere Betrachtung verdienen. Entwicklung

21.1 Konzept

Zur Gewährleistung einer hohen Ausfallsicherheit stellt die Basistopologie von FDDI ein Doppelring dar. Das heißt, physikalisch werden alle Stationen zu einem zweifach ausgelegten, geschlossenen Ring verkabelt (vgl. Abb. 21.1). Basistopologie

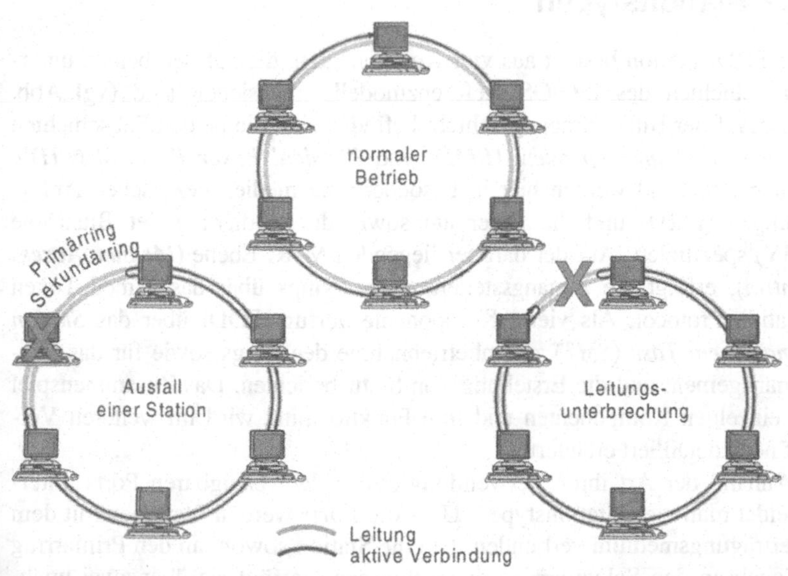

Abb. 21.1. FDDI-Doppelringstruktur

Im Normalfall erfolgt die Übertragung der Rahmen über den *Primärring*. Bei einem Kabelbruch oder dem Ausfall einer Station wird die Störungsstelle jedoch über den *Sekundärring* umgangen, wobei der Datenverkehr dann entgegen der Richtung des Primärrings verläuft. Um diese Umleitung schalten zu können, muß jede Station an beide Ringe angeschlossen sein.

Ausdehnung

Die Ringlänge ist aufgrund der zulässigen Antwortzeiten auf maximal 100 km begrenzt, womit sich durch die doppelte Auslegung eine Ringausdehnung von bis zu 200 km ergibt, wenn eine Fehlerstelle über den Sekundärring umgangen wird. Im Hinblick auf die Dämpfungseigenschaften des Übertragungsmediums ist der Abstand zwischen zwei Stationen auf höchstens 2 km beschränkt. Da nicht mehr als 1.000 physikalische Verbindungen zugelassen sind, können gleichzeitig maximal 500 Stationen an den Primär- und Sekundärring angeschlossen werden.

Medienzugang

Die Bruttoübertragungsrate beträgt 100 MBit/s, was gegenüber dem herkömmlichen Ethernet eine Leistungssteigerung um den Faktor 10 bedeutet. Insbesondere sorgt das deterministische Zugriffsverfahren *Timed Token Rotation Protocol*, eine auf dem Prinzip der *frühen Tokenfreigabe (Early Token Release)* basierende Weiterentwicklung des Token Ring-Verfahrens, auch bei hoher Auslastung für den gerechten Zugriff auf das Übertragungsmedium. Da eine Station das Token unmittelbar im Anschluß an den letzten gesendeten Rahmen an die nächste Station weiterreicht, können sich mehrere Nachrichten gleichzeitig auf dem Übertragungsmedium befinden, was zu einer besseren Auslastung des Mediums führt als das Token Ring-Verfahren.

21.2 Stationstypen

Komponenten

Eine FDDI-Station besteht aus vier Komponenten, die auf den beiden untersten Schichten des ISO/OSI-Referenzmodells angesiedelt sind (vgl. Abb. 21.2). Auf der Bitübertragungsschicht befinden sich die beiden Subschichten *Physical Medium Dependent* (*PMD*) und *Physical Layer Protocol* (*PHY*). Dementsprechend werden hier insbesondere die medienspezifischen Anforderungen (PMD) und die Datenrate sowie die Kodierung der Bitströme (PHY) spezifiziert. Auf der darüber liegenden MAC-Ebene (*Medium Access Control*), erfolgt die Zugangssteuerung des Rings über das Timed Token Rotation Protocol. Als vierte Komponente verfügt FDDI über das *Station Management Task* (*SMT*) zur Inbetriebnahme des Rings sowie für das Fehlermanagement und die Erstellung von Statusberichten. Das Zusammenspiel der einzelnen Komponenten und ihre Funktionalität wird im weiteren Verlauf noch detailliert erläutert.

Klassifikation

Anhand der Art ihrer Verwendung sowie der verfügbaren Ports unterscheidet man vier Stationstypen. Über die *Ports* werden Stationen mit dem Übertragungsmedium verbunden. Ist eine Station sowohl an den Primärring als auch an den Sekundärring angeschlossen, verfügt sie über zwei unabhängige Ports, und es handelt sich um eine *Dual Attachment Station*. Daneben gibt es *Single Attachment Stationen*, die nur mit einem Port ausgestattet sind und deshalb lediglich mit dem Primärring verbunden werden können. Im Hinblick auf die Verwendung einer Station gibt es zum einen „normale“ Stationen, die direkt am Datenverkehr teilnehmen, und zum anderen *Konzentratoren*, an die jeweils eine Reihe weiterer Stationen angeschlossen wird. Letztere ermöglichen neben dem Ring auch die Realisierung anderer *logischer Topologien*.

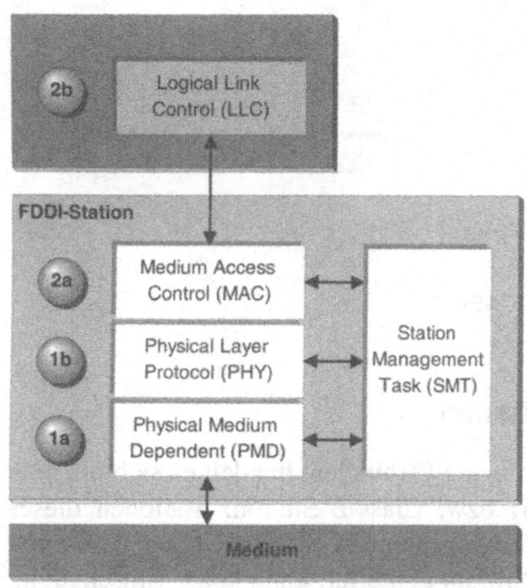

Abb. 21.2. Funktionaler Aufbau einer FDDI-Station

21.2.1 Dual Attachment Station

Dual Attachment Stationen (DAS), die auch Class-A-Stationen genannt werden, können im Fehlerfall zwischen den beiden Ringen umschalten, da sie sowohl an den Primär- als auch an den Sekundärring angeschlossen sind. In der Regel werden nur Stationen, die ständig eine Hochgeschwindigkeitsverbindung benötigen, als DAS ausgelegt. Alle DAS besitzen zwei Ports: An Port A wird der Eingang des Primärrings und der Ausgang des Sekundärrings angeschlossen, an Port B der Ausgang des Primärrings und der Eingang des Sekundärrings. Jeder der beiden Ports verfügt sowohl über einen eigenen PHY-Layer und einen eigenen PMD-Layer, da beide für den Aufbau und die Durchführung der physikalischen Verbindung zuständig sind. Eigenschaften

Der MAC-Layer für die Kommunikation mit den höheren Protokollebenen existiert pro Station mindestens einmal. Ein zweiter, optionaler MAC übernimmt die Aufgaben bei Ausfall des ersten. Zusätzlich kann eine DAS mit einem *optischen Bypass* ausgerüstet werden (vgl. Abb. 21.3). Komponenten

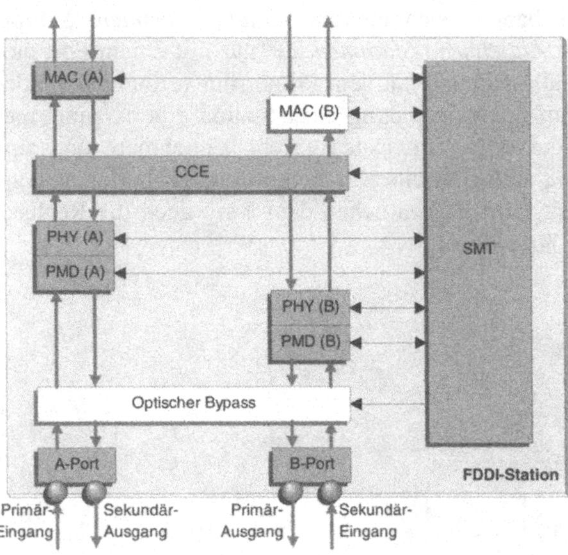

Abb. 21.3. Dual Attachment Station (DAS)

21.2.2 Single Attachment Station

Eigenschaften

Ist eine Station nur mit dem Primärring verbunden, handelt es sich um eine *Single Attachment Station (SAS)* bzw. Class-B-Station. Stationen dieses Typs besitzen nur einen Port, den sogenannten S-Port (Single Port), und sind somit nicht fehlertolerant. D.h., im Fehlerfall kann keine Umschaltung auf den Sekundärring erfolgen. Da sich der Ring in diesem Fall in zwei unabhängige Teile spalten würde, dürfen SAS nur an Konzentratoren angeschlossen werden (vgl. Abb. 21.4).

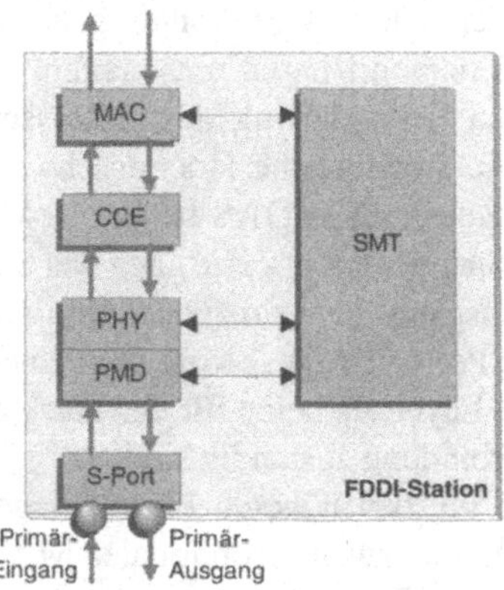

Abb. 21.4. Single Attachment Station (SAS)

21.2.3 Dual Attachment Concentrator

Eigenschaften

Ein *Dual Attachment Concentrator (DAC)*, auch Class-A-Concentrator genannt, entspricht einer Dual Attachment Station (DAS) mit zusätzlichen Ports (M-Ports) zum Anschluß weiterer FDDI-Stationen beliebigen Typs (vgl. Abb. 21.5). Ein DAC besitzt pro A-, B- und M-Port sowohl einen PHY- als auch einen PMD-Layer zur Abwicklung des physikalischen Datenverkehrs, wobei die Datenpfade untereinander vom *Configuration Control Element* (*CCE*) geschaltet werden.[48] Eine mit dem M-Port verbundene Station kann ohne Unterbrechung des Doppelrings außer Betrieb genommen werden. In diesem Fall wird der Datenpfad im Konzentrator so umgeschaltet, daß der jeweils betroffene M-Port umgangen wird (vgl. Abb. 21.6). Durch den portweise ausgelegten PMD-Layer können für den Anschluß der verschiedenen Stationen unterschiedliche Übertragungsmedien gewählt werden.

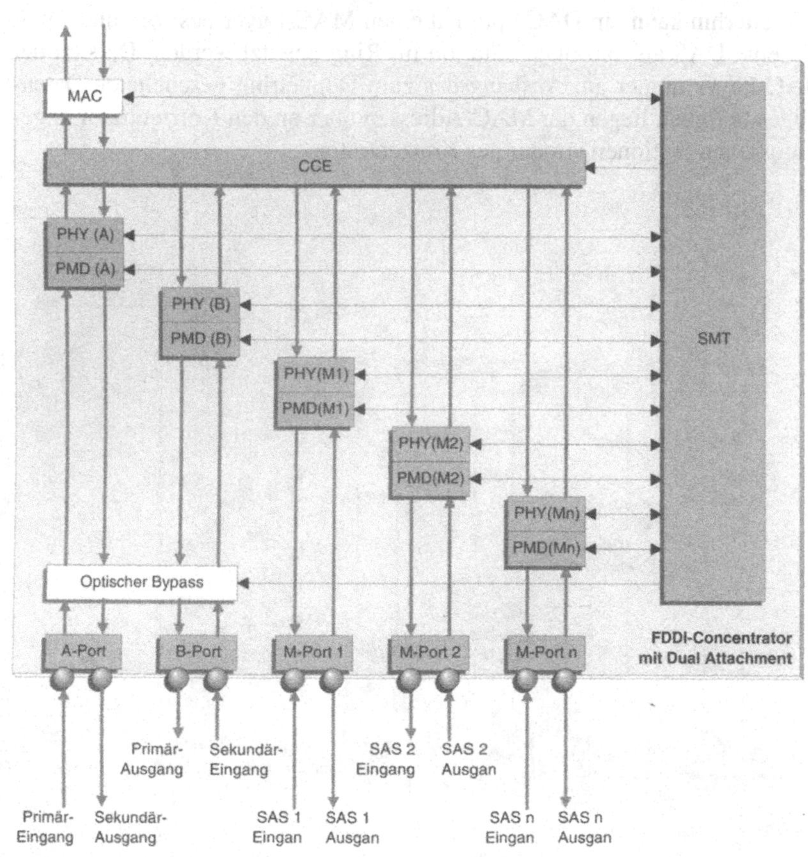

Abb. 21.5. Dual Attachment Concentrator (DAC)

48 Vgl. dazu Kap. 21.6.2.1 Connection Management Task, S. 274 f.

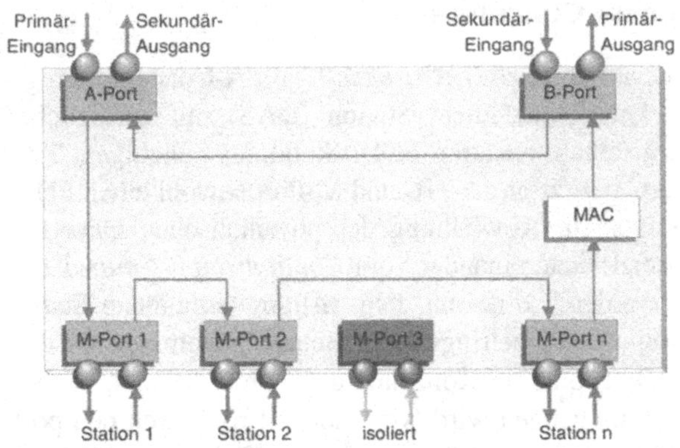

Abb. 21.6. Datenpfad in einem DAC mit einem isoliertem M-Port

MAC-Layer

Weiterhin kann ein DAC optional einen MAC-Layer besitzen und somit wie eine DAS als „normale" Station im Ring genutzt werden. Da sich der MAC-Layer immer am Ausgang des zum Doppelring geschalteten Datenpfades befindet, liegen die MAC-Adressen aller an den Konzentrator angeschlossenen Stationen vor der des Konzentrators.

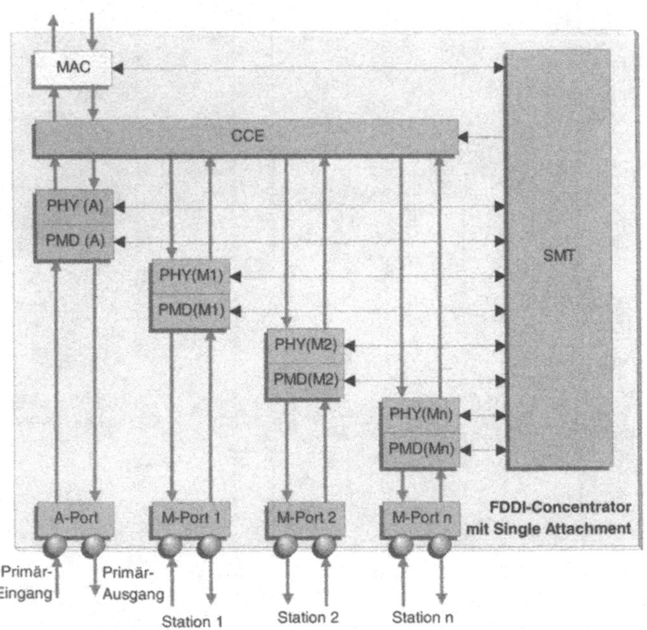

Abb. 21.7. Single Attachment Concentrator (SAC)

21.2.4 Single Attachment Concentrator

Neben dem DAC definiert der FDDI-Standard auch den *Single Attachment Concentrator (SAC)* oder Class-B-Concentrator. Dieser verfügt über einen S-Port zum Anschluß an den Primärring sowie über mehrere M-Ports zum Anschluß weiterer Stationen (vgl. Abb. 21.7). Da ein SAC nicht fehlertolerant ist, eignet er sich in erster Linie zum Aufbau von Baumstrukturen und wird daher in der Regel nur an DACs oder SACs angeschlossen.

Eigenschaften

21.2.5 Logische Topologien

Durch die Zusammenschaltung von Stationen über Konzentratoren kann FDDI auf verschiedene logische Topologien wie z.B. Ring, Stern oder Baum abgebildet werden. Dabei ist aber darauf zu achten, daß die physikalische Ringtopologie erhalten bleibt: Das heißt, unabhängig von der durch die Verkabelung resultierenden Struktur müssen alle Stationen physikalisch wieder einen geschlossenen Ring bilden. Darüber hinaus darf keine SAS oder SAC direkt mit dem Primärring verbunden werden, um die Fehlertoleranz des Rings zu erhalten.

Bedingung

Werden alle Stationen an einen einzigen Konzentrator angeschlossen, entsteht ein *Stern*, wobei der zentrale Vermittler als *Null Attachment Concentrator (NAC)* bezeichnet wird. Durch Kaskadierung mehrerer Konzentratoren entsteht eine Baumstruktur. Auf der hierarchisch obersten Ebene werden DACs verwendet, auf den darunterliegenden Ebenen SAC oder SAS (vgl. Abb. 21.8).

Stern und Baum

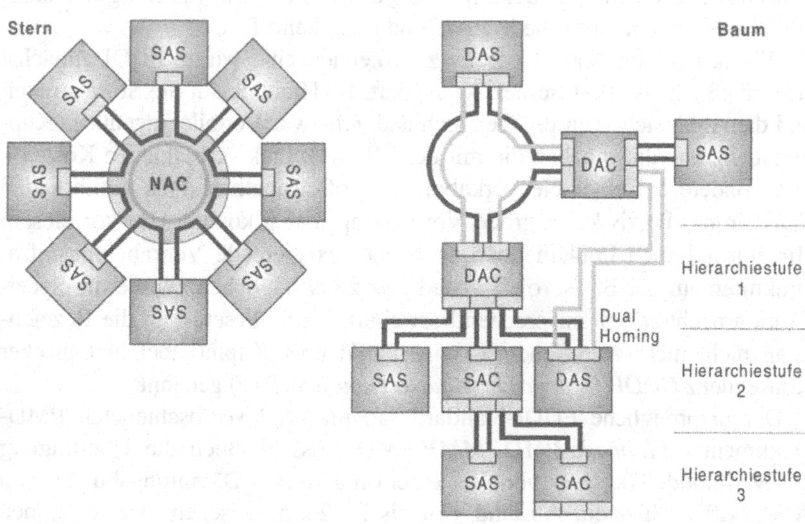

Abb. 21.8. FDDI als Stern und als Baum

Durch Kaskadierung mehrerer Konzentratoren entsteht eine Baumstruktur. Auf der hierarchisch obersten Ebene werden DACs verwendet, auf den darunterliegenden Ebenen SAC oder SAS.

Dual Homing

Wird eine DAS oder ein DAC nicht direkt an den Doppelring sondern über einen Konzentrator angeschlossen, kann der nicht verwendete Port mit einem weiteren Konzentrator verbunden werden, so daß auch hier die Fehlertoleranz erhalten bleibt.

Dieses sogenannte *Dual Homing* bietet sich insbesondere für den Anschluß von Servern an: Wird ein Server, der direkt in den Doppelring eingebunden ist, z.B. für Wartungsarbeiten heruntergefahren, erkennt FDDI das Vorliegen einer Fehlerstelle und umgeht die Station über den Sekundärring. Tritt nun jedoch ein weiterer Fehler auf, zerfällt der Ring in zwei Teile. Beim Dual Homing wird der nicht betriebsbereite Server dagegen vom Konzentrator umgangen, so daß der Doppelring vollständig erhalten bleibt. Im Betrieb des Servers wird die Verfügbarkeit dagegen durch den redundanten Anschluß auch bei dem Ausfall eines der beiden übergeordneten Konzentratoren gewährleistet.

21.3 Physical Medium Dependent

Einordnung

Das *Physical Medium Dependent (PMD)* ist die vom konkreten Übertragungsmedium abhängige Teilebene auf der Bitübertragungsschicht und spezifiziert daher insbesondere die Anforderungen an das Medium. Dazu gehört die Definition aller optischen und elektrischen Parameter sowie der mechanischen Eigenschaften der Steckverbindungen. Bei der Verwendung von Glasfaserkabeln legt der PMD-Layer auch die Umwandlung der elektrischen Signale in optische Signale und umgekehrt fest.

FDDI und CDDI

Wie das ‚F' im Namen bereits zu erkennen gibt, wurde FDDI zunächst ausschließlich als Glasfasernetz konzipiert. Im Hinblick auf die Störfestigkeit und die Abhörsicherheit ergeben sich dadurch zwar Vorteile gegenüber Kupferkabeln, allerdings haben die mit der LWL-Technik verbundenen Kosten – insbesondere bei einer Neuverkabelung – offensichtlich dazu geführt, daß FDDI in der Praxis keine große Verbreitung finden konnte. Um vor diesem Hintergrund auch Implementierungen über existierende Verkabelungsinfrastrukturen auf der Basis von Twisted Pair zu ermöglichen, wurde die Spezifikation nachträglich entsprechend erweitert. Da in diesem Fall die Bezeichnung nicht mehr zutreffend ist, wird FDDI über Kupferkabel in logischer Konsequenz *CDDI* (*Copper Distributed Data Interface*) genannt.

Multimode-PMD

Der ursprüngliche FDDI-Standard sah im 1989 verabschiedeten PMD-Dokument (*Multimode-PMD, MMF-PMD*) ausschließlich die Übertragung auf Multimode-Glasfaser vor. Bei einem maximalen Dämpfungsbudget von A = 11 dB ist hier ein Abstand von bis zu 2 km zwischen zwei Stationen erlaubt. Die Wellenlänge des verwendeten Lichts liegt im zweiten optischen Fenster und beträgt 1.300 nm, so daß günstige Leuchtdioden (*Light Emitting*

Diodes, LEDs) als Lichtquelle eingesetzt werden können. Die meisten Transceiver sind für Glasfaser vom Typ 62,5/125 µm ausgelegt. Daneben kann aber auch Glasfaser vom Typ 100/140 µm, 85/125 µm oder 50/125 µm verwendet werden. Letztere sind in Europa zwar weit verbreitet, stellen aber nur ein reduziertes Dämpfungsbudget von A = 5 dB zur Verfügung. Als maximale Bitfehlerwahrscheinlichkeit fordert der Standard für Multimode-Glasfaser $BER_{Max} = 10^{-12}$.

Singlemode-PMD

Um auch größere Distanzen als 2 km zwischen zwei Stationen überwinden zu können, wurde im Jahre 1990 der *Singlemode-PMD (SMF-PMD)* für die Übertragung über Monomode-Fasern vom Typ 9/125 µm eingeführt. Je nach verwendeter Lichtquelle ergeben sich hier zwei Kategorien:

- Kategorie 1 arbeitet mit LEDs als Lichtquelle bei einem Dämpfungsbudget von A = 11 dB, so daß Distanzen von bis zu 20 km überwunden werden können.
- Kategorie 2 verwendet Laserdioden, die aufgrund des höheren Dämpfungsbudgets von A = 33 dB sogar eine Entfernung von bis zu 70 km zwischen zwei Stationen erlauben. Allerdings müssen hier die Laserschutzbestimmungen beachtet werden, die unter Kostengesichtspunkten ein Auswahlkriterium darstellen.

Low Cost Fiber-PMD

Drei Jahre später wurde erneut ein PMD-Dokument verabschiedet, das auf kurzen Strecken eine deutlich günstigere Multimode-Glasfaserverkabelung für den Anschluß von Workstations und PCs erlaubt. Der *Low Cost Fiber-PMD (LCF-PMD)* ist optisch kompatibel zum MMF-PMD. Allerdings können hier Glasfaserkabel vom Typ 200/230 µm verwendet werden, die meist aus Kunststoff bestehen und aufgrund eines reduzierten Dämpfungsbudgets von A = 7 dB nur Entfernungen bis zu 500 m zulassen. Grund für die Entwicklung des LCF-PMD sowie auch des folgenden TP-PMD war die Verfügbarkeit von FDDI-Konzentratoren und das gleichzeitige Aufkommen der strukturierten, sternförmigen Verkabelung von Arbeitsplätzen.

Twisted Pair-PMD

Um dem zunehmenden Bedarf nach einer hohen Datenrate am Arbeitsplatz unter Beibehaltung der oftmals bereits vorhandenen Kupferkabelinstallationen Rechnung zu tragen, wurde ebenfalls 1993 eine entsprechende PMD-Spezifikation verabschiedet. Die Definition des *Twisted Pair-PMD (TP-PMD)* erlaubt sowohl die Übertragung über STP-Kabel mit 150 Ω als auch über UTP-Kabel mit 100 Ω. Beide Kabeltypen müssen der Kategorie 5 (Übertragungsfrequenzen bis 100 MHz) der Electronics Industries Association (EIA) entsprechen. Die maximale Reichweite bei Kupferkabeln liegt bei 100 m, was im Bereich der Arbeitsplatzverkabelung in den meisten Fällen ausreicht.

Überblick

Abb. 21.9 zeigt die verschiedenen PMD-Spezifikationen, wobei der Vorteil der Schichtenbildung deutlich wird: Ein FDDI-Ring kann aus Stationen mit verschiedenen PMD-Layern aufgebaut werden, so daß der Ring physikalisch aus verschiedenen Übertragungsmedien besteht. Die meisten Konzentratoren für FDDI werden mit Einschubkarten für unterschiedliche PMD-

Spezifikationen angeboten, so daß gleichzeitig Anschlüsse für Glasfaser- und Kupferkabel zur Verfügung stehen. Die Datenrate von 100 MBit/s bleibt dabei über alle Medien erhalten. Einige Hersteller bieten außerhalb des Standards eigene Spezifikationen für einen PMD über Kupferkabel, die eine relativ große Verbreitung gefunden haben.

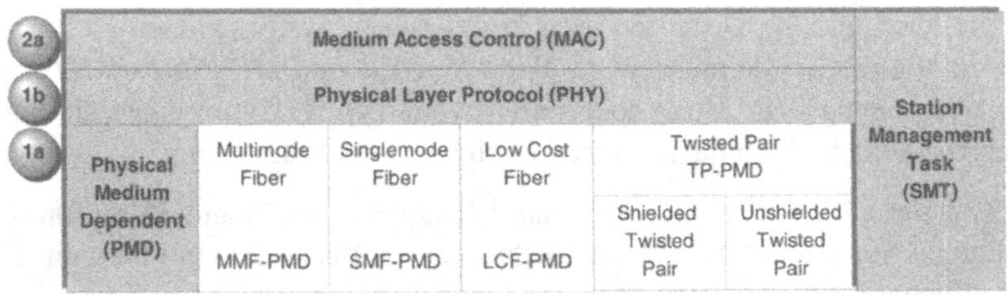

Abb. 21.9. PMD-Spezifikation für unterschiedliche Übertragungsmedien

21.4 Physical Layer Protocol

Einordnung

Der medienunabhängige PHY-Layer befindet sich auf der oberen Ebene der Schicht 1 des OSI-Referenzmodells. Die Aufgabe des *Physical Layer Protocols* (*PHY*) besteht im wesentlichen in der Kodierung bzw. Dekodierung der zwischen PMD- und der MAC-Schicht ausgetauschten Daten. Weiterhin werden auf dieser Ebene Funktionen zur Synchronisation von Sender und Empfänger bereitgestellt.

21.4.1 Kanalcodierung

4B/5B-Kodierung

Die vom MAC-Layer übergebenen Daten bestehen aus Hexadezimalzeichen mit einer Länge von jeweils 4 Bit ('0' bis 'F'), die für die Übertragung einer 4B/5B-Kodierung unterzogen und somit auf 5 Bit erweitert werden (vgl. Abb. 21.10). Dadurch ergeben sich folgende Vorteile:

- Da es sich bei FDDI um ein Basisbandprotokoll handelt, müssen die übertragenen Daten Synchronisationsinformationen beinhalten, die dem Empfänger eine sichere Taktrückgewinnung ermöglichen. Das dazu erforderliche Mindestmaß an Signalübergängen kann zwar durch eine geeignete Leitungskodierung wie dem Manchester Code erzielt werden, allerdings ist der damit verbundene Nutzdatenanteil von nur 50% für ein Hochgeschwindigkeitsnetz zu ineffizient. Der 4B/5B-Code garantiert dagegen einen Nutzdatenanteil von 80%, wobei auch hier nur Symbole mit mindestens zwei Transitionen verwendet werden.[49]

[49] Die von FDDI realisierte Übertragungsrate von 100 MBit/s setzt also voraus, daß das Übertragungsmedium eine Bruttoübertragungsleistung von 125 MBit/s bietet.

- Da sich mit 5 Bit 32 verschiedene Zeichen darstellen lassen, von denen nur 16 für die eigentlichen Nutzdaten benötigt werden, erhält man 16 zusätzliche Symbole, die für besondere Zwecke verwendet werden können, ohne daß Zusatzmaßnahmen für deren Unterscheidung getroffen werden müssen. Da jedoch acht dieser Sonderzeichen nicht genügend Signalübergänge aufweisen, ist ihre Verwendung verboten. Falls sie dennoch empfangen werden, muß es sich um einen Bitübertragungsfehler handeln.
- Die verbleibenden, zulässigen acht Sonderzeichen dienen als spezielle Rahmenbegrenzer (*Start Delimiter J* und *K*, *End Delimiter T*), Steuerzeichen für das Stationsmanagement (*Quiet*, *Idle*, *Halt*) oder Kontrollzeichen (*Set*, *Reset*) für die Signalisierung logischer Informationen wie z.B. „Adresse erkannt", „Fehler entdeckt" oder „Rahmen kopiert".

Gruppe	Dezimal	Code (5 Bit)	Symbol (4 Bit)	Bedeutung
Zustandssymbole (Line States)	04	00100	Halt	Halt Line State
	31	11111	Idle	Idle Line State
	00	00000	Quiet	Quiet Line State
Start Delimiter	24	11000	J	1. Anfangssymbol
	17	10001	K	2. Anfangssymbol
Datensymbole	30	11110	0	Binär: 0000
	09	01001	1	Binär: 0001
	20	10100	2	Binär: 0010
	21	10101	3	Binär: 0011
	10	01010	4	Binär: 0100
	11	01011	5	Binär: 0101
	14	01110	6	Binär: 0110
	15	01111	7	Binär: 0111
	18	10010	8	Binär: 1000
	19	10011	9	Binär: 1001
	22	10110	A	Binär: 1010
	23	10111	B	Binär: 1011
	26	11010	C	Binär: 1100
	27	11011	D	Binär: 1101
	28	11100	E	Binär: 1110
	29	11101	F	Binär: 1111
End Delimiter	13	01101	T	Endesymbol
Steuersymbole	07	00111	R	Reset (logisch 0)
	25	11001	S	Set (logisch 1)
Unerlaubte Symbole	01	00001	Violation oder Halt	Unerlaubte Symbole, die nicht die Anforderungen an den RLL-3-Code erfüllen (z.T. Interpretation als Halt Line State)
	02	00010	Violation oder Halt	
	03	00011	Violation	
	05	00101	Violation	
	06	00110	Violation	
	08	01000	Violation oder Halt	
	12	01100	Violation	
	16	10000	Violation oder Halt	

Abb. 21.10. 4B/5B-Code

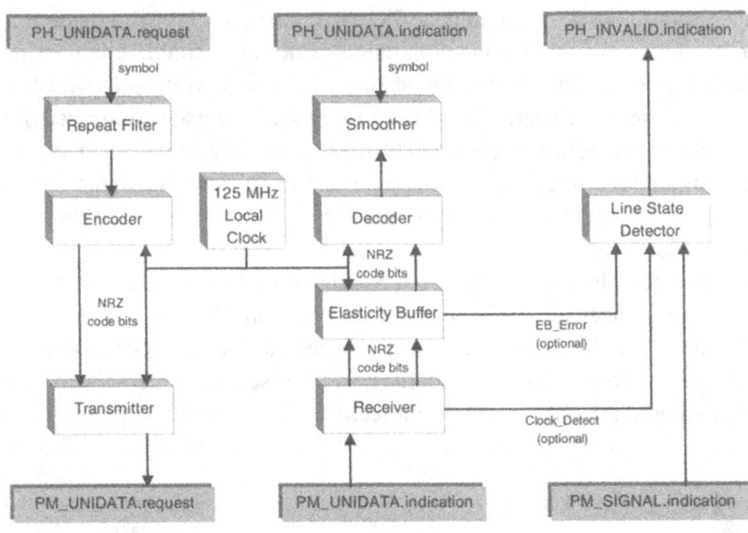

Abb. 21.11. Blockschaltbild des PHY-Layers

Leitungscodierung

Alle FDDI-Stationen arbeiten auf Bytebasis, so daß immer nur Symbolpaare von 10 Bit übertragen werden, wobei die Art der Leitungskodierung vom zugrunde liegenden PMD abhängt. Auf einem Lichtwellenleiter verwendet FDDI standardmäßig das NRZI-Verfahren, bei dem jeder Signalwechsel genau einem Bit entspricht. Handelt es sich dagegen um ein Twisted Pair-PMD, wird der Datenstrom MLT3-codiert, da mit NRZI die Grenzfrequenz von 100 MHz überschritten würde, während der dreiwertige MLT3-Code mit einer Bandbreite von 31,25 MHz auskommt.[50]

Abb. 21.11 zeigt das Blockschaltbild des PHY-Layers. Bei der näheren Betrachtung der Funktionsweise kann man den Sende- und den Empfangspfad unterscheiden.

21.4.2 Sendepfad

Das Senden von Daten kann auf drei verschiedene Arten initiiert werden.

Encoder / Transmitter

1. Im Normalfall wird die Übertragung von der MAC-Schicht angestoßen. In diesem Fall führt der *Encoder* nach dem oben dargestellten Verfahren eine Kodierung der Daten von der hexadezimalen Darstellung in die NRZ-Darstellung durch. Anschließend werden die so auf 5 Bit erweiterten Halboktetts mit dem Takt der eigenen Station serialisiert und an den Transmitter übergeben, der eine Umwandlung in den NRZI-Code vornimmt und das Ergebnis an den PMD-Layer weitergibt.

---

[50] Im folgenden wird davon ausgegangen, daß ein PMD mit NRZI-Codierung vorliegt.

2. Daten, die vom *Station Management Task* ausgehen, werden nach dem gleichen Prinzip übertragen.
3. Es gibt Konstellationen, bei denen der MAC-Layer einer Station nicht aktiv in den Ring geschaltet ist. In diesem Fall übernimmt der *Repeat-Filter* die Aufgabe, den eingehenden Datenstrom ohne Verarbeitung in der MAC-Schicht direkt an den Ausgang weiterzuleiten, wobei durch Fehlerprüfungen auf der Bitebene gewährleistet wird, daß ausschließlich Informationen oder Idle-Signale die Station passieren. Fehlerhafte Rahmen, die sich z.B. über eine abweichende CRC-Prüfsumme oder verbotene Symbole erkennen lassen, werden durch Idle-Symbole ersetzt.

Repeat-Filter

Jede Station sendet mit ihrem eigenen Sendetakt. Das heißt, alle Verbindungen im FDDI-Ring werden jeweils separat synchronisiert, indem der Takt des Senders aus dem empfangenen Datenstrom wiederhergestellt wird. Damit die Synchronisation der Stationen untereinander nicht abreißt, werden kontinuierlich Idle-Symbole gesendet, falls keine Nutzdaten zur Übertragung anstehen.

Taktlogik

FDDI verwendet keinen zentralen Sendetakt, da die Toleranzanforderungen an diesen sehr hoch wären: Bei einer nominellen Übertragungsrate von 125 MBit/s dauert eine Bitzelle 8 ns. Damit ein korrekter Empfang möglich ist, darf der zentrale Takt an jeder Stelle des Netzes um maximal eine halbe Bitzelle, also 4 ns vor- oder nachlaufen. Bei einer Ausdehnung von bis zu 100 km ist diese Bedingung physikalisch nicht realisierbar.

Taktdifferenz

Das Synchronisationsverfahren hat somit den Nachteil, daß alle Stationen die zwangsläufig vorhandene Taktdifferenz zwischen der sendenden Station und der eigenen Station kompensieren müssen. Dies ist notwendig, weil jede Station die empfangenen Daten mit der eigenen Taktfrequenz an ihre stromabwärts liegende Nachbarstation weitersenden muß. Der FDDI-Standard schreibt eine Differenz zwischen Sende- und Empfangstakt von maximal 0,01% vor, d.h. der Sendetakt darf höchstens ±6,25 kHz (= ±0,005%) von der nominellen Frequenz von 125 MHz abweichen.

21.4.3 Empfangspfad

Receiver

Die Aufgabe des *Receivers* besteht in erster Linie darin, den eingehenden NRZI-Datenstrom in eine NRZ-Darstellung zu transformieren. Anhand der jedem FDDI-Rahmen vorangestellten Präambel aus mindestens 16 Idle-Symbolen wird die Taktinformation des Senders extrahiert und alle auf den *Start Delimiter* folgenden Bits zu Gruppen mit je 5 Bit sortiert.

Elasticity Buffer

Im nächsten Schritt werden die erhaltenen Nutzdaten in serieller Form an den *Elasticity Buffer* weitergereicht, der eine Angleichung des Eingangssignals an den lokalen Takt der eigenen Station vornimmt. Konkret handelt es sich dabei um einen speziellen FIFO-Speicher, in dessen Register die Daten mit unterschiedlichen Taktraten abgelegt und ausgelesen werden können. Zu diesem Zweck enthält der Elasticity Buffer neben einer Reihe von Datenspeichern zwei Hilfsregister für den Datenein- und -ausgang.

- Der *Input-Zähler* referenziert das Register, in das als nächstes Daten abgelegt werden, und wird vom rekonstruierten Takt der sendenden Station getrieben.
- Dagegen verweist der vom Takt der eigenen Station geregelte *Output-Zähler* auf das Register, aus dem als nächstes Daten gelesen werden.

Auslastung

Damit der Elasticity Buffer sowohl Frequenzabweichungen nach oben als auch nach unten ausgleichen kann, muß er im Mittel immer zur Hälfte gefüllt sein, was durch das verzögerte Auslesen des Registersatzes erreicht wird. Dennoch werden sich die beiden Zähler bei normaler Funktion durch die unterschiedlichen Taktfrequenzen zwangsläufig einander annähern. Um Kollisionen zu vermeiden, werden sie daher periodisch neu zueinander positioniert. Sollten sie trotzdem den gleichen Stand erreichen, wird eine Fehlermeldung erzeugt, und die empfangenen Daten werden verworfen. Die Ursache für einen solchen Fall kann nur im Netz liegen, wenn beispielsweise eine Station mit fehlerhaftem Takt sendet.

Puffergröße

Die Mindestgröße des Registersatzes ist so ausgelegt, daß auch bei maximal zulässiger Taktdifferenz ein Rahmen maximaler Länge korrekt ankommt. Falls die Daten schneller empfangen als ausgelesen werden, ist der Empfangsspeicher nach einem Rahmen voll. Damit dennoch keine Informationen des nächsten Rahmens verloren gehen, werden die nachfolgenden Idle-Symbole verworfen und erst die übrigen Daten wieder übernommen. Im umgekehrten Fall wird der leere Puffer solange mit Idle-Symbolen aufgefüllt, bis der nächste Rahmen mit vorangestellter Präambel ansteht.

Decoder

Das Auslesen der Daten aus dem Elasticity Buffer erfolgt durch den *Decoder*. Seine Aufgabe besteht darin, den mit der lokalen Taktfrequenz eingehenden NRZ-Datenstrom in den vom MAC-Layer benötigten 4 Bit breiten Code umzuwandeln. Um Symbolgrenzen und Datenblöcke zu erkennen, wird zunächst bitweise nach Steuerzeichen gesucht und alle Symbole zwischen einer JK-Folge und dem nächsten End Delimiter als Nutzdaten interpretiert. Falls sich darin eine weitere JK-Folge findet, wird diese akzeptiert und die Übertragung des unvollständigen Rahmens abgebrochen. Die dekodierten Daten werden zu je 4 Bit parallel an den Smoother weitergeleitet.

Smoother

Der MAC-Layer benötigt am Anfang eines Rahmens einen Vorspann von etwa 16 Idle-Symbolen, um Funktionen wie das Kopieren der Daten und das Einfügen von Kontrollzeichen durchführen zu können. Auch für die Synchronisation der nachfolgenden Station ist eine Mindestanzahl von Idle-Symbolen erforderlich. Da jeder Rahmen beim Durchlaufen des Rings eine Vielzahl von Elasticity Buffern passiert und diese aufgrund der beschriebenen Funktionsweise Idle-Symbole zwischen den vorhergehenden oder nachfolgenden Rahmen entfernen bzw. hinzufügen, kann ohne weitere Maßnahmen nicht gewährleistet werden, daß dazwischen der vorgeschriebene Abstand eingehalten wird. Der *Smoother* ist dafür verantwortlich, diesen Sollzustand bei Bedarf wiederherzustellen, indem er aus zu langen Präambeln überflüssige Symbole absorbiert und in zu kurze Präambeln zusätzliche Symbole einfügt.

Als Randbedingung für die Arbeit des Smoothers gilt, daß die Anzahl der auf dem Ring vorhandenen Symbole nahezu konstant bleiben muß, damit sich die Laufzeiten der Rahmen und die Latenzzeiten der Stationen im Betrieb nicht ständig ändern. Aus diesem Grund verteilt der Smoother die vorhandenen Idle-Symbole nur um, indem er sich beim Einfügen aus dem Vorrat zuvor entfernter Symbole bedient. Zusätzlich stehen hierfür auch Symbole aus Rahmen zur Verfügung, deren Übertragung zuvor aufgrund von Fehlern abgebrochen wurde.

Umverteilung von IDLE-Symbolen

Vom Smoother gelangen die Daten zum übergeordneten MAC-Layer, der die für die Station bestimmten Rahmen anhand der Zieladresse herausfiltert und kopiert. Alle empfangenen Daten werden über einen Multiplexer (MUX) wieder auf das Sendeteil reflektiert, sofern sie nicht von der eigenen Station stammen und entnommen werden müssen.

Mutiplexer

21.5 Medium Access Control

Als oberste Schicht einer FDDI-Station unterstützt die MAC-Subschicht die LLC-Ebene nach IEEE 802.2 und kann somit uneingeschränkt mit allen gängigen Transportprotokollen (z.B. TCP/IP, IPX/SPX) zusammenarbeiten. Neben den üblichen Aufgaben wie der Steuerung des Medienzugangs sowie der Bildung und Übertragung von Rahmen erfolgt bei FDDI auf dieser Ebene auch die logische Konfiguration und Kontrolle des Rings. Dazu gehört:

Einordnung

- die Überwachung der Umlaufzeiten,
- die (Re-)Initialisierung des Ringes sowie
- die Erkennung, Signalisierung und Behebung von Ringkonfigurationsfehlern.

21.5.1 Rahmenformat

Datenquellen

Die MAC-Komponente erhält die zu sendenden Daten entweder von der LLC-Ebene, wenn Daten der höheren Schichten gesendet werden, oder vom Station Management Task (SMT), wenn Statusinformation zwischen den Stationen auszutauschen sind.

Grundaufbau

Das Rahmenformat von FDDI entspricht weitgehend dem des Token Ring, da auch hier ein deterministisches Medienzugangsverfahren verwendet wird. Es wurde bereits erwähnt, daß ein Rahmen grundsätzlich mit einer Präambel von 16 Idle-Symbolen beginnt, mit deren Hilfe die Synchronisation zwischen Empfänger und Sender stattfindet. Neben der Nutzinformation enthält ein Rahmen ansonsten die Quell- und Zieladresse, eine Prüfsumme zur Fehlerkennung sowie weitere Steuerinformationen.

Rahmenlänge

FDDI faßt jeweils vier Bits zu einem Symbol zusammen. Ein Rahmen darf maximal 9.000 Symbole, also 4.500 Bytes, beinhalten. Abb. 21.12 zeigt das Format eines FDDI-Tokens und eines FDDI-Rahmens sowie die Bedeutung der einzelnen Steuerfelder im Detail.

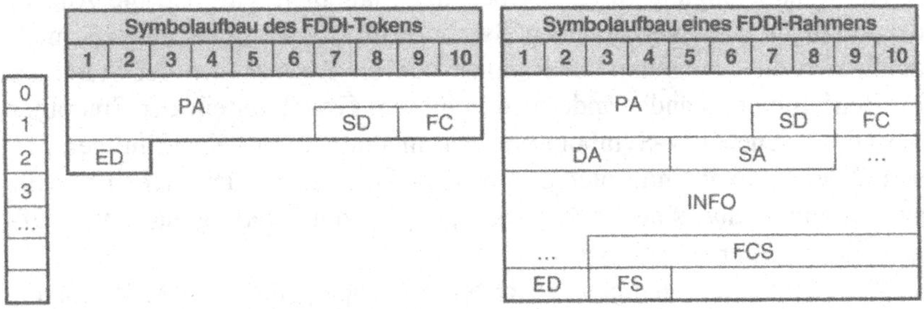

	Symbolaufbau des FDDI-Tokens									
	1	2	3	4	5	6	7	8	9	10
0	PA									
1							SD		FC	
2	ED									
3										
...										

Symbolaufbau eines FDDI-Rahmens									
1	2	3	4	5	6	7	8	9	10
PA									
						SD		FC	
DA				SA				...	
INFO									
...		FCS							
ED		FS							

Feld	Länge	Feldinhalt
PA	16 x IDLE 8 Byte	**Präambel** Synchronisation des Empfängers auf den Takt des Senders
SD	Symbole J K 1 Byte	**Start Delimiter** Rahmenbeginn
FC	C L F F Z Z Z Z 1 Byte	**Frame Control** C: Class Bit: Rahmenklasse (0 = synchron, 1 = asynchron) L: Frame Address Length Bit: Länge der Ziel- und Quelladresse (0 = 16 Bit, 1 = 48 Bit) F: Frame Format: Rahmentyp Z: Control Bits: - bei asynchronen LLC-Rahmen: Übertragungspriorität - bei MAC-/SMT-Rahmen: Rahmen-Untertyp
DA	4 oder 12 Symbole 2 oder 6 Byte	**Destination Address** 16 Bit oder 48 Bit lange Zieladresse
SA	4 oder 12 Symbole 2 oder 6 Byte	**Source Address** 16 Bit oder 48 Bit lange Quelladresse
INFO	8 - 8.956 Symbole Token: 0 Symbole	**Information** Nutzdaten
FCS	8 Symbole 4 Byte	**Frame Check Sequence** CRC-Prüfsumme
ED	1 oder 2 T-Symbole ½ oder 1 Byte	**End Delimiter** Rahmenende
FS	A C X X A C X X ≥ 1 Byte	**Frame Status** Informationen über den Status eines Rahmens A: Address Recognized Bit: Erkennung von Adresskonflikten (1 = Zieladresse erreicht) C: Frame Copied Bit: (1 = Rahmeninhalt wurde kopiert) X: herstellerspezifische Verwendung

Abb. 21.12. Aufbau eines FDDI-Tokens und eines FDDI-Rahmens

Frame Control

Das Feld *Frame Control* (*FC*) ermöglicht die Unterscheidung des Übertragungsmodus und legt die Länge der Adressen sowie den Typ des Rahmens fest. Folgende FDDI-Rahmen werden unterschieden:

- Das *Token* dient zur Steuerung der Zugriffsberechtigung. Es befindet sich immer nur ein Token auf dem Ring.
- *LLC-Frames* übertragen im Feld Info die eigentlichen Daten der Anwendungen und machen neben dem Token in der Hauptsache den Datenverkehr auf dem FDDI-Ring aus.

- Die Kommunikation der MAC-Layer untereinander erfolgt über *MAC-Frames*, die über die *Control-Bits* in weitere Untertypen eingeteilt werden. Im Standard sind nur der *Claim-* und der *Beacon-Frame*, spezielle Rahmen für die Ringinitialisierung, fest definiert.
- *Void-Frames* sind MAC-Frames minimaler Länge, die von allen Stationen im Ring ignoriert werden und insbesondere der Bereinigung des Rings von Rahmenfragmenten dienen.
- Über die *SMT-Frames* werden Daten für das Stationsmanagement zwischen den SMT-Schichten der Stationen ausgetauscht, wobei über die vier Control-Bits bis zu 15 Untertypen unterschieden werden.

Frame Status

Im Anschluß an den *End Delimiter*, dem Symbol für das Ende der Nutzdaten eines Rahmens, folgen im Feld *Frame Status* einige binäre Informationen über den Status eines Rahmens. Dabei steht „S" für Set und entspricht einer logischen Eins, „R" steht für Reset und entspricht einer logischen Null. Im FDDI-Standard sind folgende drei Status-Symbole fest definiert:

- Erkennt eine Zielstation die im Frame übermittelte Zieladresse als die eigene, setzt sie den *A-Indikator* auf *Address Recognized*, um nachfolgend die mehrfache Verwendung der MAC-Adresse im Netz aufzudecken: Ein Adreßkonflikt liegt dann vor, wenn die Zieladresse mit der eigenen übereinstimmt, der A-Indikator aber bereits gesetzt ist.
- Das Symbol *Frame Copied* im *C-Indikator* bescheinigt, daß eine Station die übermittelte Zieladresse als die eigene erkannt und eine Kopie des Rahmens angefertigt hat. Falls eine Störung oder ein interner Datenstau vorliegt, so daß keine vollständige Kopie der Nutzdaten angefertigt werden kann, wird zwar der A-Indikator gesetzt, nicht aber den C-Indikator.

Im übrigen kann das Feld *Frame Status* um weitere herstellerspezifische Status-Symbole erweitert werden.

21.5.2 Medienzugang

Prinzip

Das Medienzugangsprotokoll von FDDI, das *Timed Token Rotation Protocol*, stellt eine Kombination der deterministischen Zugriffsverfahren *Token Ring*, erweitert um das Konzept *Early Token Release*, sowie *Token Bus* dar. Im Hinblick auf die gerechte Zuteilung der verfügbaren Übertragungskapazität auf die angeschlossenen Stationen unterscheidet FDDI zwischen dem *synchronen* und dem *asynchronen Übertragungsmodus*.

21.5.2.1 Tokenumlaufzeit

TTRT und TRT

Für die synchrone Datenübertragung handelt jede Station mit der zentralen Managementstation eine feste Zeitspanne aus, die sie bei jedem Tokenumlauf nutzen kann. Die verbleibende Übertragungskapazität wird für asynchrone Übertragungen genutzt, indem sie dynamisch auf alle sendewilligen Stationen verteilt wird. Zu diesem Zweck vereinbaren die Stationen untereinander, wie lange das Token im Durchschnitt für einen Ringumlauf benötigen darf. Um diese vorgegebene Zeitspanne (*Target Token Rotation Time*, *TTRT*) mit dem tatsächlichen Wert vergleichen zu können, besitzt jeder MAC-Layer einen *Token Rotation Timer* (*TRT*). Dieser mißt die seit dem letzten Eintreffen des Tokens vergangene Zeit (*Token Rotation Time*, *TRT*) und wird jedesmal zurückgesetzt, wenn er die Station erreicht. Zuvor wird jedoch anhand eines Vergleichs der Zeiten TRT und TTRT folgende Fallunterscheidung getroffen:

Early Token

1. TRT < TTRT:
   Da die maximal zulässige Umlaufdauer noch nicht erreicht ist, hat die Station ein *frühes Token* (*Early Token*) empfangen, und es steht das Zeitfenster TTRT-TRT zur Disposition. Dieses wird zunächst für die vereinbarte synchrone Übertragung genutzt und bei Bedarf die im Anschluß evtl. noch verbleibende Zeit asynchron gesendet.

Late Token

2. TRT ≥ TTRT:
   Die tatsächliche Umlaufdauer hat den vorgegebenen Wert bereits erreicht oder sogar überschritten. Bei dem empfangenen Token handelt es sich also um ein *spätes Token* (*Late Token*), so daß keine Zeit mehr für eine asynchrone Übertragung bleibt. Lediglich die vereinbarte Menge synchroner Daten darf noch gesendet werden.

Wird die gesamte Übertragungskapazität für den synchronen Datenverkehr reserviert, können die Stationen nur dann asynchron senden, wenn sie ein Early Token erhalten. Dies ist der Fall, wenn eine oder mehrere Stationen ihr synchrones Zeitfenster nicht voll ausgenutzt haben.

Tokenhaltezeit

Die nach dem synchronen Senden verbleibende Restzeit wird mit Hilfe des *Token Hold Timers* (*THT*) kontrolliert, indem dieser mit dem Wert des TRT bei Ankunft des Tokens zuzüglich der beim synchronen Senden verstrichenen Zeit geladen wird. Nun darf die Station solange asynchron senden, bis der Wert des THT die Zeit TTRT erreicht hat. Geschieht dies während der Übertragung eines Rahmens, darf dieser noch vollständig gesendet werden. Der Token erreicht die nächste Station dann verspätet.

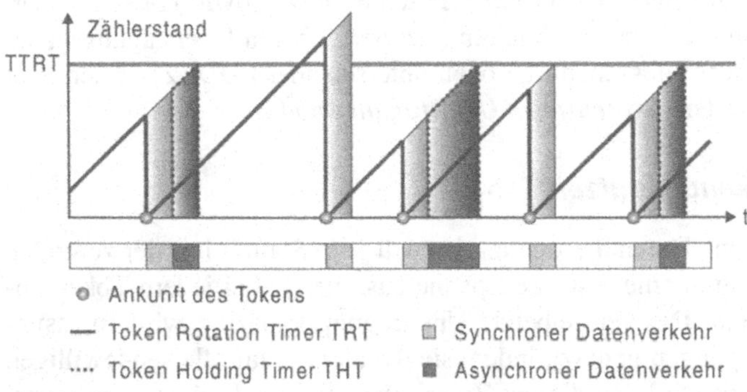

Abb. 21.13. Zusammenwirken der Timer einer FDDI-Station beim Senden

Abb. 21.13 zeigt den Verlauf der Zählerstände von TRT und THT einer Station, die sowohl synchron als auch asynchron sendet und dabei die zulässige Übertragungskapazität stets voll ausnutzt. Der TRT wird immer dann zurückgesetzt, wenn das Token die Station erreicht. Bei jedem Eintreffen des Tokens sendet die Station zunächst synchrone Daten. Danach wird THT mit dem Wert geladen, den der TRT beim Eintreffen des Tokens hatte, zuzüglich der verbrauchten synchronen Sendezeit. Die Station kann nun solange asynchron senden, bis THT den Wert von TTRT erreicht. Das zweite Token trifft verspätet ein, da TRT bereits den Wert von TTRT überschritten hat. Die Station darf also nur die ihr zugewiesene synchrone Zeit nutzen.

Beispiel

Eine genaue Betrachtung des beschriebenen Mechanismus zeigt, daß die tatsächliche Tokenumlaufzeit im Extremfall doppelt so lange dauert wie in der TTRT vereinbart: Angenommen eine asynchron sendende Station erhält das Token sehr früh und nutzt ihre Sendezeit voll aus, dann verläßt das Token die Station, wenn die TTRT bereits einmal erreicht wurde, und alle nachfolgenden Stationen dürfen nun nur noch synchron senden. Wurden aber die vollen 100 MBit/s für den synchronen Datenverkehr reserviert, und alle Stationen nutzen die ihnen zugeteilte synchrone Sendezeit komplett aus, führt dies zu einer Verzögerung des Tokens um die Zeit TTRT. Somit muß die erste Station $2 \times$ TTRT auf das erneute Eintreffen des Tokens warten.

Maximale Tokenumlaufzeit

21.5.2.2 Tokenarten

Grundsätzlich gibt es zwei unterschiedliche Arten von Token für die Steuerung des asynchronen Verkehrs: Nonrestricted Token und Restricted Token.

- Empfängt eine Station ein *Nonrestricted Token*, darf sie asynchron Daten senden. In diesem Modus kann die Übertragung zusätzlich prioritätsgesteuert sein, um eine feinere Aufteilung der verfügbaren Kapazität vorzunehmen: Der FDDI-Standard definiert sieben verschiedene Prioritätsstufen in Form von zeitlichen Schwellwerten, die das Senden asynchroner Daten bereits vor dem Ablauf des THT untersagen.
- Für die exklusive Nutzung der verfügbaren Übertragungskapazität durch eine einzelne Station kann diese in Absprache mit dem SMT das empfangene Nonrestricted Token gegen ein *Restricted Token* austauschen und damit den Ring für eine bestimmte Zeit monopolisieren. Alle übrigen Stationen dürfen während dieser Zeit lediglich synchronen Datenverkehr übertragen. Der Restricted Modus wird insbesondere von Anwendungen ausgelöst, die innerhalb kürzester Zeit große Datenmengen zwischen Stationen austauschen müssen.

Nonrestricted Token

Restricted Token

Anwendung

21.5.3 Claim-Prozeß

Sämtliche für den zeitgesteuerten Betrieb der Stationen benötigten Parameter werden im Rahmen der Ringinitialisierung ausgehandelt. Zu diesem

Zweck dient der sogenannte *Claim-Prozeß*, der gestartet wird, sobald eine Station in den Ring geschaltet oder wieder davon getrennt wird und sich die Zeitverhältnisse eventuell ändern. Auch wenn eine Station aufgrund von Zeitüberschreitungen den Verlust des Tokens feststellt oder über eine längere Zeit hinweg ungültige Daten empfängt, leitet sie eine Ringinitialisierung ein, um die Fehlerstelle zu lokalisieren und zu beseitigen.

Ankündigung

Eine Station wechselt in den *Claim-Modus*, indem sie per Broadcasting kontinuierlich sogenannte *Claim-Frames* sendet. Dabei handelt es sich um spezielle MAC-Rahmen, die im Feld Info die von der auslösenden Station geforderte Zeit T_{Req}[51] für die maximale Dauer eines Tokenumlaufs enthalten. Alle anderen Stationen, die einen solchen Rahmen empfangen, gehen ebenfalls in den Claim-Modus über und vergleichen den übermittelten Wert von T_{Req} mit dem eigenen. Der jeweils kleinere Wert wird im Claim-Frame weitergesendet und die geforderte Zeit als T_{Neg}[52] gespeichert.

Initialisierung

Diejenige Station, die als erste einen eigenen Claim-Frame empfängt, gewinnt die Ringinitialisierung und sendet nun ein Initial Token aus, das alle Stationen im Ring dazu veranlaßt, den zwischengespeicherten Wert T_{Neg} als operativen Wert T_{Opr}[53] der TTRT zu übernehmen. Das Initial-Token wird von allen Stationen weitergesendet und von der ursprünglichen Station durch ein Nonrestricted Token ersetzt. Anschließend gilt der Ring als initiiert und ist operabel.

Zeitsteuerung

Da bei der Ringinitialisierung noch kein Wert für die TTRT festgelegt ist, schreibt der FDDI-Standard vor, daß der Claim-Prozeß nach 167 ms abgeschlossen sein muß. Diese Zeitspanne muß auch bei maximaler Ausdehnung und maximaler Stationszahl ausreichen, wenn sich der Ring in betriebsfähigem Zustand befindet. Ansonsten liegt mit Sicherheit ein Fehler vor, zu dessen Behebung alle Stationen in den Beacon-Modus verfallen.

21.5.4 Beacon-Prozeß

Anwendung

Zu den gravierenden Fehlern, die einen Beacon-Prozeß auslösen, gehört beispielsweise eine defekte Station oder die Unterbrechung des Übertragungsmediums. In diesem Fall wird versucht, die Fehlerquelle zu lokalisieren und bei Bedarf durch eine Umkonfiguration des Rings zu überbrücken.

Fehlerlokalisierung

Zu diesem Zweck sendet zunächst jede Station in kurzen Zeitabständen spezielle MAC-Rahmen, sogenannte *Beacon-Frames*, aus. Empfängt eine Station einen Beacon-Frame, bedeutet dies, daß eine Übertragung zwischen ihr und der stromaufwärts liegenden Station möglich ist. Sie generiert deshalb keine eigenen Rahmen mehr, sondern leitet die empfangenen lediglich weiter. Auf diese Weise wiederholen alle Stationen nach maximal 167 ms die Beacon-Frames der Station, die unmittelbar stromabwärts hinter der Fehlerstelle liegen muß. Diese ist jedoch die einzige, die innerhalb dieser

---

[51] Der Index „Req" steht für request (anfordern).
[52] Der Index „Neg" steht für negotiate (vereinbaren).
[53] Der Index „Opr" steht für operate (arbeiten).

Zeit keine Rahmen empfängt. Sie wird als *Stuck Beacon-Station* bezeichnet und ist dafür zuständig, mit Hilfe des SMT-Protokolls eine Umkonfiguration des Ringes durchzuführen. Kann sie anschließend wieder ihre eigenen Beacon-Frames empfangen, war die Maßnahme erfolgreich, und sie leitet erneut eine Ringinitialisierung ein.

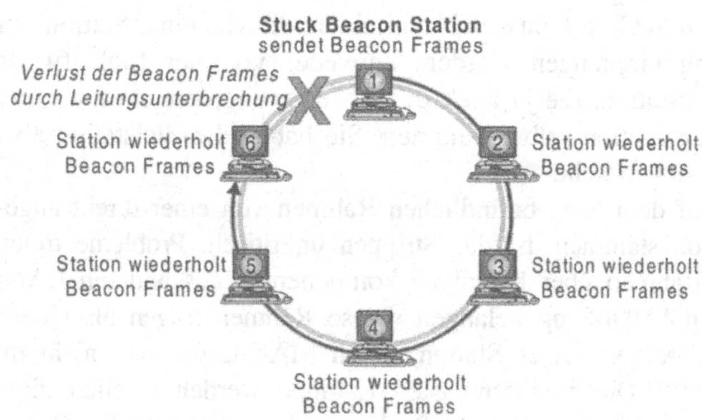

Abb. 21.14. Beacon-Prozeß

21.5.5 Stripping-Verfahren

Anwendung

Wenn eine Station das Token erhält, können sich insbesondere auf langen FDDI-Ringen mit vielen aktiven Stationen noch Rahmen befinden, die von anderen Stationen ausgesendet wurden. Grund hierfür ist das verwendete Verfahren Early Token Release, bei dem eine Station das Token unmittelbar nach Aussenden des letzten Rahmens an die Nachbarstation weitergibt, ohne auf den Ringumlauf der eigenen Sendung zu warten. Damit der Ring nicht mit Nachrichten überflutet wird, die den Empfänger bereits erreicht haben, ist jede Station dafür verantwortlich, die von ihr ausgesendeten Rahmen auch wieder zu löschen. Dieser Vorgang wird als *Stripping* bezeichnet. Der FDDI-Standard definiert verschiedene Stripping-Verfahren, um sicherzustellen, daß keine Nachrichten oder Teile davon den Ring endlos durchlaufen und die verfügbare Übertragungskapazität mindern.

Entstehung von Remnants

Jeder MAC-Layer ersetzt die von ihm ausgesendeten und wieder eintreffenden Datensymbole durch Leersymbole. Da die empfangenen Daten aber immer sofort an die Nachbarstation weitergeleitet werden, wurden die Symbole, die sich vor der Quelladresse befinden, bereits ausgesendet. Würde der MAC-Layer mit dem Weitersenden dieser Informationen warten, bis er die Quelladresse decodiert hat, würde sich die Verzögerungszeit (Latenzzeit) einer FDDI-Station entsprechend erhöhen, was gerade in großen Netzen mit vielen Stationen zu einer untragbaren Umlaufzeit führen würde. Beim Strippen entstehen daher laufend Fragmente, die als *Remnants* bezeichnet werden.

Entfernung von Remnants

Diese Remnants erfüllen nicht die Kriterien eines vollständigen Rahmens, da beispielsweise die Endmarke fehlt. Sie werden somit von keiner Station akzeptiert und es kommt zwangsläufig zur Vernichtung durch diejenige Station, die das Token hält, da während der Sendephase grundsätzlich keine am Eingang eintreffenden Nachrichten wiederholt werden. Ein Datenverlust findet dadurch nicht statt, da sich alle Rahmen, die noch keinen kompletten Ringumlauf absolviert haben, immer vor dem Token befinden. Aus diesem Grund müssen Nachrichten, die von einer Station mit Sendeberechtigung empfangen werden, entweder von der flußaufwärts liegenden Nachbarstation, die ja auch das Token weitergereicht hat, oder von der sendenden Station selbst stammen. Sie haben die Zielstation also auf jeden Fall bereits erreicht.

No Owner Frames

Solange alle auf dem Ring befindlichen Rahmen von einer direkt angeschlossenen Station stammen, ist das Strippen unkritisch. Probleme treten dann auf, wenn Rahmen über Kopplungskomponenten aus anderen LAN-Segmenten in den FDDI-Ring gelangen. Diese Rahmen tragen als Quelladresse die MAC-Adresse einer Station, deren MAC-Layer sich nicht im FDDI-Ring befindet. Die eingeschleusten Rahmen werden folglich nicht gestrippt und würden ohne weitere Maßnahmen als sogenannte *No Owner Frames* (*NOF*) dauerhaft im Ring kreisen. Aus diesem Grund definiert der FDDI-Standard zwei zusätzliche Stripping-Verfahren, die den Ring von Zeit zu Zeit vollständig von allen Rahmen befreien.

Frame Content Independent Stripping

Beim *Frame Content Independent Stripping* löscht der MAC-Layer unabhängig ihrer Herkunft so viele Rahmen, wie er während der Sendephase ausgesendet hat. Zunächst wird jeweils die Anzahl der nach Erhalt des Tokens gesendeten Rahmen ermittelt. Bevor das Token weitergereicht wird, sendet die aktive Station einen Void-Rahmen, um das Ende der Sendephase zu markieren. Auf der Empfangsseite werden alle Rahmen gelöscht, solange der eingerichtete Zähler noch größer als Null ist. Nach jedem gelöschten Rahmen wird dieser dekrementiert. Sobald der zuvor gesendete Void-Frame den MAC erreicht, wird der Zähler automatisch auf den Wert Null zurückgesetzt.

Dieses Verfahren wird insbesondere bei Stationen eingesetzt, welche Rahmen in den Ring einschleusen und deren Quelladresse keiner MAC-Adresse im Ring entspricht (z.B. Brücken oder Router). Da entsprechende Stationen über den Zähler die noch ausstehende Anzahl zu löschender Rahmen kennen, werden diese ordnungsgemäß entfernt. Durch den Void-Frame wird verhindert, daß zu viel gelöscht wird.

Ring Purging Algorithmus

Ein weiteres Verfahren stellt der *Ring Purging Algorithmus* dar, bei dem periodisch eine Station im Ring ausgewählt wird, die alle Rahmen vernichtet. Diese Station, der *Purger*, löst bei dem Eintreffen des Tokens einen Zyklus aus, indem sie zunächst die Nutzdaten gefolgt von zwei Void-Frames sendet. Anschließend werden – unabhängig von ihrer Herkunft – solange alle ankommenden Rahmen gelöscht, bis wieder einer der beiden Void-Frames ankommt oder eine Ringinitialisierung eingeleitet wird.

Abb. 21.15 zeigt exemplarisch den Ablauf einer Übertragung und die Entfernung von Remnants auf der MAC-Ebene.

(A) Station A und B wiederholen die ankommenden Rahmen, die von Station X an Station Ygerichtet sind.

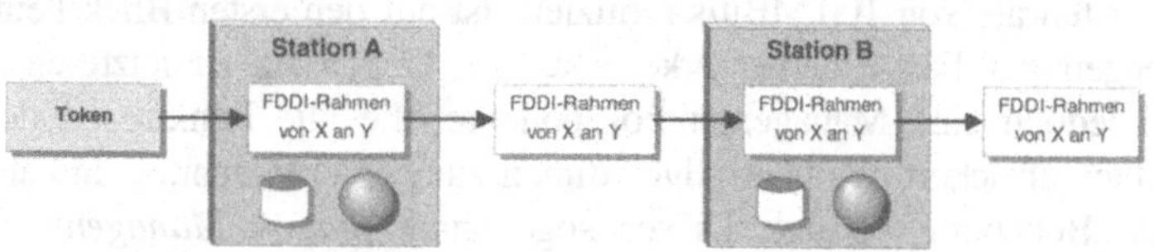

(B) Station A strippt das Token und sendet Daten an Station B.

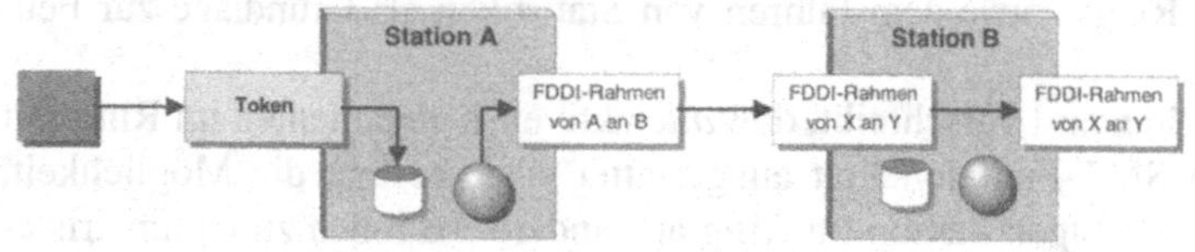

(C) Station A löscht beim Senden Fragmente vom Ring und reicht das Token an Station B weiter.

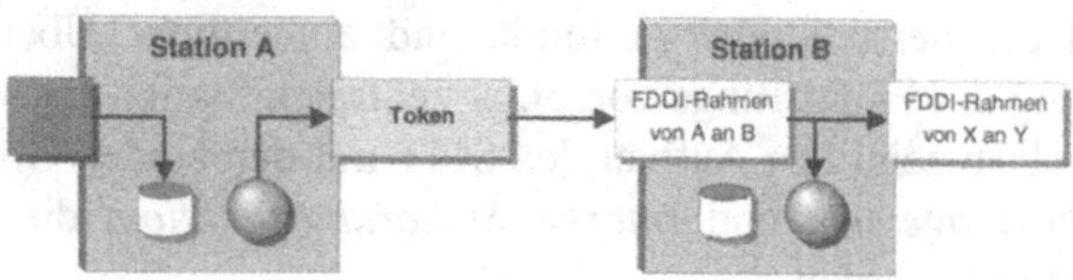

(D) Station A und B wiederholen die ankommenden Rahmen, Station B will nicht senden.

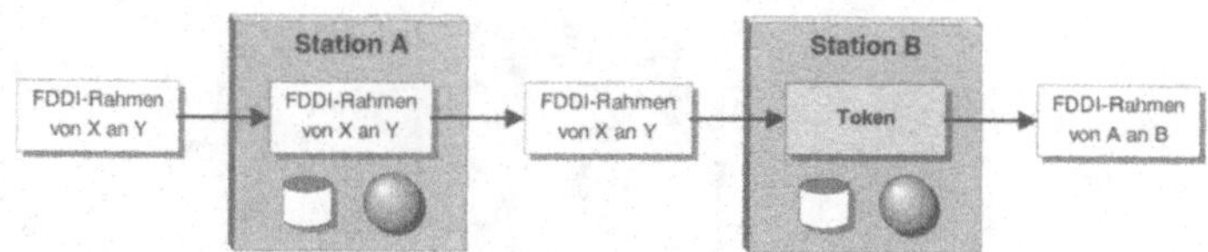

(E) Der von Station A zu B gesendete Rahmen hat den Ring umlaufen und kommt wieder bei Station A an..

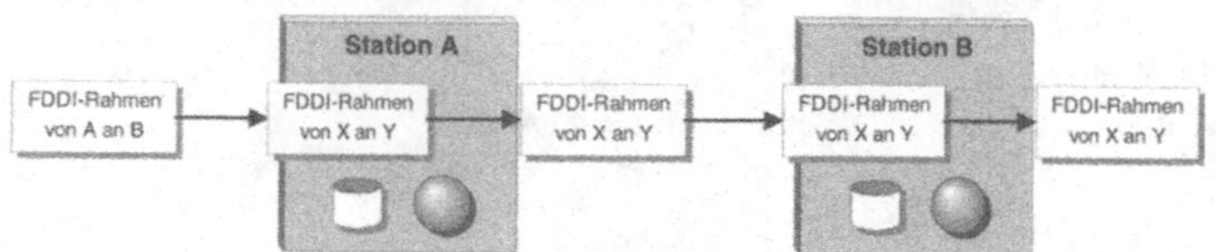

(F) Station A löscht den eigenen Rahmen vom Ring und hinterläßt dabei ein Rahmenfragment.

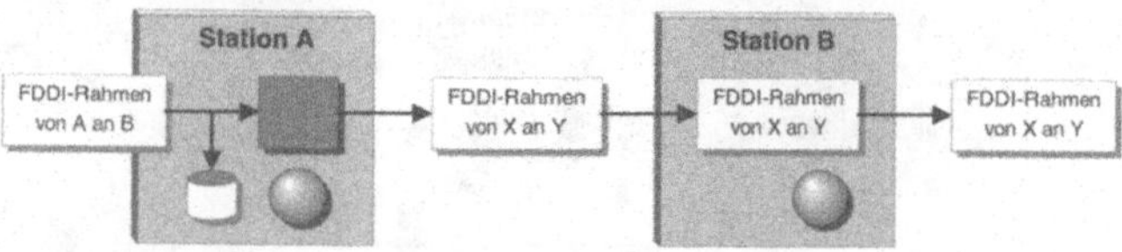

Abb. 21.15. Funktionsweise des MAC-Layers

21.6 Station Management Task

FDDI vs. Fast Ethernet

Die bisher beschriebenen FDDI-Komponenten PMD, PHY und MAC definieren für sich genommen ein schnelles Token Ring-Verfahren, das auch für komplexe Topologien geeignet ist. Wird die Betrachtung nur auf die maximale Datenrate von 100 MBit/s reduziert, ist auf den ersten Blick kein Vorteil gegenüber Fast-Ethernet erkennbar. Im Gegensatz zu letzterem bietet FDDI jedoch eine Managementkomponente, die alle Funktionen der drei Schichten absichert und über Algorithmen zur Fehlererkennung und automatischen Behebung verfügt: Dieser sogenannte *Station Management Task* (*SMT*) macht somit die eigentliche „Intelligenz" von FDDI aus. Seine primären Aufgaben bestehen in der Initialisierung, Konfiguration und Überwachung des Rings sowie dem Führen von Statistiken als Grundlage zur Fehlerbehebung.

Verteiltes Management

Da der Standard vorschreibt, daß *alle* aktiven Komponenten im Ring mit der vollen SMT-Funktionalität ausgestattet sind, besteht die Möglichkeit, von jeder beliebigen Station im Ring aus andere Stationen zu parametrisieren und deren Status abzufragen. Darüber hinaus erlaubt die Standardisierung des verteilten Netzwerkmanagements in Anlehnung an den OSI-Standard die herstellerübergreifende und einheitliche Überwachung und Verwaltung des FDDI-Rings von einer zentralen Station aus.

Abb. 21.16 zeigt den Aufbau des SMT mit den beiden Grundfunktionen *Netzwerkmanagement* und *Interne Steuerungsfunktion*, die im folgenden näher erläutert werden.

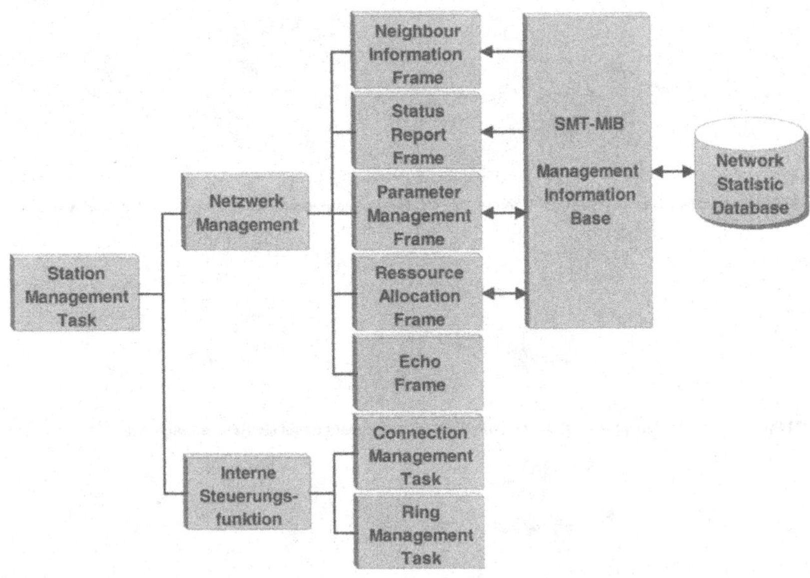

Abb. 21.16. Struktur des Station Management Task (SMT)

21.6.1 Netzwerkmanagement

Aufgaben

Das Netzwerkmanagement setzt auf der MAC-Schicht auf und umfaßt Funktionen für den Austausch von Managementinformationen zwischen den einzelnen Stationen im Netz. Spezielle Protokolle regeln folgende Teilfunktionen:

- Identifikation von Nachbarstationen,
- Austausch von Statusinformationen,
- Benachrichtigung aller Stationen über definierte Ereignisse,
- Lesen und Ändern der Parameter von Stationen sowie
- Zuweisung und -kontrolle von Zeitfenstern für den synchronen Datenverkehr.

Kommunikation

Die Kommunikation der Stationen untereinander läuft im Handshake-Modus ab: Die Anfrage einer Station (*Request*) wird immer mit einer Antwort (*Response*) der angesprochenen Station quittiert. Bekanntmachungen an alle Stationen im Ring (*Announcements*) werden grundsätzlich nicht quittiert.

SMT-Rahmen

Der Informationsaustausch zwischen den Stationen erfolgt über spezielle Rahmen, die sogenannten SMT-Frames, deren Nutzdaten die Felder *SMT-Header* und *SMT-Info* umfaßt. Abb. 21.18 zeigt den Aufbau des SMT-Headers und die Bedeutung seiner Felder. Neben einer Unterscheidung der unterschiedlichen Managementfunktionen und der zugrunde liegenden Nachrichtenart (Anfrage, Antwort, Bekanntmachung) trägt der Header folgende Informationen:

- Die *Versions-ID* gibt an, welche SMT-Version beim Sender implementiert ist, um die Kompatibilität zu gewährleisten. Unterstützt eine Station die angegebene Version nicht, lehnt sie die Nachricht mit einem Rahmen vom Typ *Request Denied* ab.

SMT-Header [Bytes]																	
1	2	3	4	5	6	7	8	9	10	11	12	13	14	15	16	17	18
FC	FT	VID		TID				SID								IFL	

Feld		Länge	Feldinhalt
FC	Frame Class	1	Unterscheidung der unterschiedlichen Netzwerkmanagementfunktionen
FT	Frame Type	1	Unterscheidung der Nachrichtenarten in: • Announcement (Bekanntmachung) • Request (Anfrage) • Response (Antwort)
VID	Version ID	2	Unterscheidung der SMT-Version 5.1/6.2 und 7.2/7.3.
TID	Transaction ID	4	Zuordnung von Response zu Request
SID	Station ID	8	eindeutige Stations-ID
IFL	Info Field Length	2	Länge des nachfolgenden Feldes SMT Info

Abb. 21.17. Aufbau eines SMT-Headers und Bedeutung der Felder

- Bei einer theoretischen Netzlast von 0% darf die Dauer zwischen Request und Response maximal 30 s betragen, bevor die Anfrage wiederholt wird. Bei voller Netzlast erhöht sich die zulässige Antwortzeit auf maximal 228 s, wobei durch die 32 Bit lange *Transaktions-ID* auch nach solch relativ großen Zeitspannen die korrekte Zuordnung von Request und Response möglich ist.
- Jede Station verfügt über eine eindeutige *Stations-ID*, da die MAC-Adresse einer Station dazu nicht ausreicht: Je nach Stationstyp können mehrere MAC-Layer mit unterschiedlichen MAC-Adressen existieren.
- Abschließend wird die Länge des nachfolgenden Feldes *SMT Info* angegeben. Dieses besteht aus einer Sequenz mehrerer Parameter, die sich wiederum aus den Informationen Parametertyp, -länge, -index und -wert zusammensetzen. Diese sogenannte TLIV-Codierung (Type, Length, Index, Value) ermöglicht es, mit nur einem SMT-Frame mehrere Parameter einer Station gleichzeitig abzufragen bzw. zu setzten.

21.6.1.1 Neighbour Information Protocol

Ermittlung von Nachbarn

Mit Hilfe der *Neighbour Information Frames (NIF)* werden jeweils die beiden Nachbarstationen einer Station ermittelt. Jede Station, die neu in den Ring geschaltet wird, sendet zuerst ein *NIF Announcement Frame* mit der Zieladresse Broadcast zur Anmeldung aus. Die unmittelbar stromabwärts liegende Nachbarstation empfängt diesen Rahmen und erkennt anhand des nicht gesetzten A-Indikators (*Address Recognized*) im Feld *Frame Status*, daß ihn noch keine andere Station vor ihr empfangen hat. Sie merkt sich die Quelladresse und sendet den Rahmen mit gesetztem A-Indikator weiter, worauf die nachfolgenden Stationen den NIF ignorieren.

Rückmeldung

Die erkannte Nachbarstation sendet als Antwort an die in Erfahrung gebrachte Adresse einen *NIF Response Frame*, über den sie der stromaufwärts liegenden Station ihre eigene Adresse mitteilt. Das SMT-Infofeld des NIF Announcement Frames und des NIF Response Frames enthält immer die gleichen Parameter und informiert über den Stationstyp (Station oder Konzentrator), die Anzahl der MAC-Adressen sowie die Anzahl der A-, B-, S- oder M-Ports.

Kontrolle

Sind die beiden Nachbarstationen miteinander bekannt, überwachen sie sich gegenseitig im laufenden Betrieb: Dazu sendet die stromaufwärts liegende Station etwa alle 30 s einen *NIF Request Frame* aus, der von der stromabwärts liegenden Station mit einem NIF Response Frame beantwortet wird. Falls letzterer nach 228 s nicht eingetroffen ist, geht die wartende Station davon aus, daß die Nachbarstation aus dem Netz genommen wurde, und gibt dies über einen entsprechenden *Status Report Frame* bekannt.

Erkennen doppelter Adressen

Das NIF-Protokoll ermöglicht in relativ kurzer Zeit das sichere Aufspüren doppelter MAC-Adressen im Ring: Empfängt eine Station einen an sie adressierten NIF Response Frame mit bereits gesetztem A-Indikator, muß es eine weitere Station im Ring geben, die offensichtlich auf dieselbe

MAC-Adresse reagiert. Die Beseitigung dieser Adreßkollision ist eine Aufgabe der Internen Steuerungsfunktion des SMT.

Logische Netzwerkkarte

Darüber hinaus kann durch „Mithören" und Auswerten aller NIF-Frames eine logische Netzwerkkarte des Rings erstellt werden, die alle Stationen in der Reihenfolge der Flußrichtung verzeichnet. Hierfür ist allerdings eine spezielle Software notwendig, mit der mindestens eine Station ausgestattet sein muß. Die Erstellung einer solchen Karte dauert relativ lange, da erst nach 228 s von einem stabilen Zustand des Rings ausgegangen werden kann.

21.6.1.2 Status Report Protocol

Selbsttest

Jede Station führt alle zwei Sekunden einen Selbsttest durch. Wird dabei ein wichtiges Ereignis entdeckt oder ein bestimmter Zustand festgestellt, erfolgt automatisch eine *Benachrichtigung* (*Notification*) aller anderen Stationen im Ring über einen *Status Report Frame* (*SRF*). Ein SRF trägt als Zieladresse eine spezielle, fest definierte Multicast-Adresse einer Management-Station, an der eine Auswertung vorgenommen werden kann, um einen Überblick über den aktuellen Netzzustand zu erhalten. Die Auslöser für ein SRF werden in drei verschiedene Klassen unterteilt:

- Wenn bestimmte Bedingungen wie z.B. die Entdeckung einer doppelten MAC-Adresse, die Ungültigkeit der Nachbarstation oder das Überschreiten gewisser Fehlerraten zutreffen (*Condition Asserted*), werden über die gesamte Dauer dieses Zustandes SRFs gesendet. Dabei muß zwischen zwei Übertragungen mindestens 1 s vergehen, damit das Netz nicht überflutet wird.
- Sobald eine vorher angezeigte Bedingung nicht mehr gültig ist (*Condition Deasserted*), wird dies durch fünfmaliges Senden eines entsprechenden SRFs angezeigt. Der zeitliche Abstand zwischen der ersten und zweiten Benachrichtigung beträgt 2 s und wird bei jedem weiteren Mal verdoppelt. Nach 32 s wird die Übertragung eingestellt und der zugehörige Timer zurückgesetzt.
- Das Eintreten von vordefinierten Ereignissen (*Event Occured*) wird nach dem gleichen Schema fünfmal signalisiert.

21.6.1.3 Parameter Management Protocol

Steuerung durch Managementstation

Das optionale Protokoll für das *Parameter Management* ermöglicht das Lesen und Ändern sämtlicher SMT-Parameter über gleichnamige Rahmen (*Parameter Management Frames*, *PMF*), so daß sich alle Komponenten im Ring, die dieses Protokoll unterstützen, von einer beliebigen Station aus umfassend steuern lassen.

Lesen von Parametern

Mit einem *PMF Get Request Frame* werden Konfiguration und Status einer Station oder einer Gruppe von Stationen abgefragt, die diese Informationen über *PMF Get Response Frames* an die abfragende Station übermitteln. Auch mehrere Parameter lassen sich auf diese Weise blockweise anfordern. Ein PMF-Rahmen enthält neben dem *Reason Code*, der Aufschluß über Erfolg oder Mißerfolg der Abfrage liefert, einen *Zeitstempel (Time Stamp)*, der den Zeitpunkt der Gültigkeit der übermittelten Parameter angibt, sowie den *Set Count*, der die Anzahl an der Station durchgeführter Operationen zählt.

Setzen von Parametern

Die Änderung von Parametern wird über den *PMF Set Request Frame* veranlaßt. Da dies von jeder Station im Netz aus geschehen kann, ist im Hinblick auf die Datenkonsistenz eine Synchronisation der Operationen notwendig. Der Synchronisationsmechanismus schreibt vor, daß die aktuellen Parameterwerte vor einer Schreib-Operation immer erst mit der Lese-Operation ermittelt werden müssen. Da hierbei auch der Zählerstand der zu konfigurierenden Station dokumentiert wird, kann diese beim anschließenden Schreibvorgang überprüfen, ob der angegebene Wert mit ihrem aktuellen Set Count übereinstimmt. Nur dann wird die Operation ausgeführt und mit einem *PMF Set Response Frame* quittiert. Bei einer Abweichung wird die Operation dagegen mit einem *PMF Set Request Denied Frame* abgelehnt.

21.6.1.4 Resource Allocation Protocol

Synchrone Übertragungskapazität

Es wurde bereits angesprochen, daß die synchrone Übertragungskapazität von einer zentralen Managementstation im Ring überwacht und verwaltet wird. Der hierfür notwendige Informationsaustausch erfolgt über *Resource Allocation Frames (RAF)*.

Dynamik

Einer synchron sendenden Station wird eine bestimmte Zeit zugeteilt, die sie auf jeden Fall senden darf, auch wenn das Token verspätet eintrifft. Dieses synchrone Sendefenster hängt von den Zeitverhältnissen ab, die im Rahmen des Claim-Prozesses ausgehandelt wurden. Da sich die Rahmenbedingungen z.B. durch das Ein- oder Abschalten von Stationen laufend ändern können, muß die synchrone Kapazität nach jeder Ringinitialisierung neu verteilt werden. Der Bedarf einer Station kann sich auch abhängig von der Anwendung ändern. Die zentrale Managementstation sorgt dafür, daß die verfügbare Bandbreite optimal genutzt und nicht überschritten wird.

Netzkopplung

Die Zusammenführung von zwei FDDI-Netzen kann zu einer Überbeanspruchung der synchronen Sendezeit führen. Dies ist dann der Fall, wenn vor der Zusammenschaltung die Summe der in beiden Netzen jeweils zugeteilten synchronen Zeitfenster größer ist als die nachher verfügbare Gesamtkapazität. Schon nach dem ersten Tokenumlauf kommt es dann zu Zeitproblemen und damit zu einer Instabilität des Ringes.

Zentralisierung

Vor diesem Hintergrund wird die Zuteilung und Überwachung einer zentralen Managementstation übertragen. Ein Vorteil dieser vom sonstigen Konzept des SMT abweichenden Zentralisierung ist die Vereinfachung der in jeder Station zu implementierenden SMT-Software. Zudem wird die Interoperabilität der Komponenten unterschiedlicher Hersteller erhöht, weil keine verteilten Algorithmen aufeinander abgestimmt werden müssen. Von

Nachteil ist aber, daß der synchrone Verkehr einer höheren Ausfallwahrscheinlichkeit unterliegt, da bei Ausfall der zentralen Managementstation keine Kapazitätszuteilung und -überwachung mehr stattfinden kann. Bei Netzen mit annähernd konstanten Zeitverhältnissen kann es daher sinnvoll sein, auf das RAF-Protokoll ganz zu verzichten und die synchrone Sendezeit jeder Station durch den Administrator fest einzustellen.

Zuteilung

Auch das RAF-Protokoll arbeitet im Handshake-Modus: Eine Station meldet bei der zentralen Managementstation ihren Synchronbedarf über ein *RAF Request Frame* vom Typ *Request Allocation* an. Die Managementstation überprüft dann, ob das gewünschte Zeitfenster bewilligt werden kann. Über ein *RAF Response Frame* übermittelt sie entweder die erfolgreiche Zuteilung oder eine Verweigerung mit der maximal zur Verfügung stehenden Kapazität, damit die betroffene Station eventuell eine neue Anfrage mit geänderten Werten senden kann.

Korrektur

Durch die Auswertung des Parameters *Station Status*, der in jedem NIF übertragen wird, ist die zentrale Managementstation in der Lage, eine Liste der synchron sendenden Stationen zu erstellen. Mit Hilfe des *RAF Report Allocation Request Frame* fragt der Managementprozeß periodisch alle synchron sendenden Stationen ab und erhält über die *RAF Report Allocation Response Frames* die den Stationen zugeteilten synchronen Kapazitäten. Wird beim Vergleich der maximal zulässigen mit den tatsächlich zugeteilten Werten eine Differenz festgestellt, kann die Managementstation über *RAF Change Allocation Request Frames* die entsprechenden Stationen zu einer Korrektur auffordern. Ändert sich nach einer Ringinitialisierung der vereinbarte TTRT, muß die Managementstation für alle synchron sendenden Stationen eine neue synchrone Sendezeit berechnen und ihnen diese mitteilen.

21.6.2 Interne Steuerungsfunktion

Aufgaben

Die ebenfalls zum SMT gehörende interne Steuerungsfunktion setzt sich aus den beiden Komponenten *Connection Management Task (CMT)* und *Ring Management Task (RMT)* zusammen. Zu den Aufgaben der internen Steuerungsfunktion gehört:

- der Aufbau der internen Verbindungen der am Datenverkehr teilnehmenden Komponenten einer Station,
- der Aufbau, der Test und die Überwachung der physikalischen Verbindung zwischen zwei Stationen,
- die Überwachung der Bitfehlerwahrscheinlichkeit sämtlicher Ports,
- das Erkennen und Beseitigen von Fehlern sowie
- die Überwachung des Restricted Token.

Abb. 21.18 zeigt, wie die einzelnen Funktionen der internen Steuerung zusammenwirken.

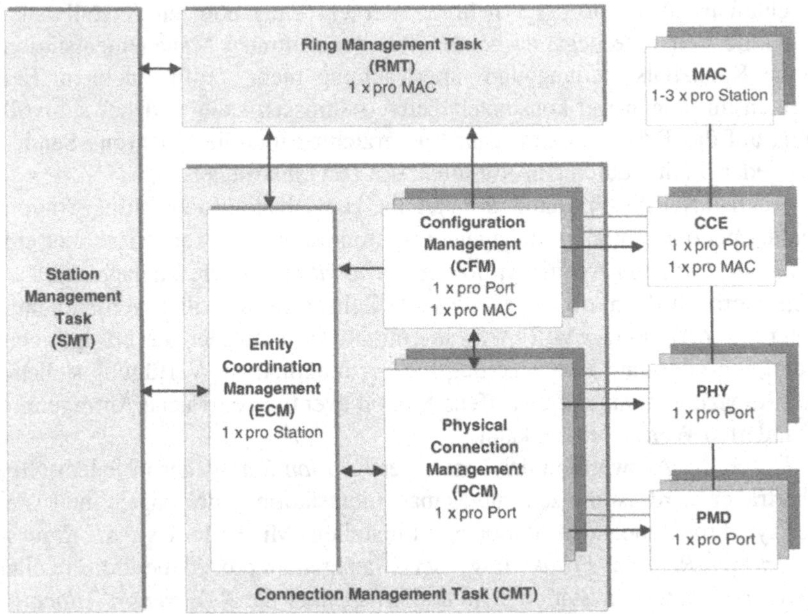

Abb. 21.18. Grundfunktionen der internen Steuerungsfunktion

21.6.2.1 Connection Management Task

Aufgaben

Das *Connection Management* dient der logischen Einbindung der Stationen und Konzentratoren in den Ring. Angesichts der Vielfalt möglicher Topologien beinhaltet dies die Einbindung der drei Schichten PMD, PHY und MAC. Die daraus resultierenden Aufgaben sind so umfangreich, daß eine weitere Aufteilung des *Connection Management Task* (*CMT*) in folgende drei Teilbereiche vorgenommen wurde:

- das Physical Connection Management (PCM),
- das Configuration Management (CFM) und
- das Entity Coordination Management (ECM).

Physical Connection Management

Das *Physical Connection Management* ist jedem einzelnen Port einer FDDI-Komponente zugeordnet und übernimmt jeweils den Aufbau sowie den Betrieb der physikalischen Verbindung zweier benachbarter Stationen. Dazu sendet jede Station auf allen nicht genutzten Ausgängen laufend Halt-Symbole. Sobald zwei Komponenten miteinander verbunden werden, erkennen die beiden beteiligten Empfänger die Halt-Symbole der jeweils anderen Station und leiten über das PCM-Protokoll eine *Verbindungsaufbauprozedur* ein. Die notwendigen Informationen werden mit Hilfe fest definierter Frequenzmuster, sogenannter *Line States*, ausgetauscht. Zunächst wird untereinander bekanntgegeben, über welchen Port-Typ die Verbindung hergestellt wird, da nur bestimmte Kombinationen zulässig sind (vgl. Abb. 21.19).

		Station A			
		A-Port	B-Port	S-Port	M-Port
Station B	A-Port	unerwünscht	erlaubt	unerwünscht	erlaubt
	B-Port	erlaubt	unerwünscht	unerwünscht	erlaubt
	S-Port	unerwünscht	unerwünscht	erlaubt	erlaubt
	M-Port	erlaubt	erlaubt	erlaubt	verboten

Abb. 21.19. Matrix für die Portkombinationen bei einem Verbindungsaufbau

Bei einer verbotenen Verbindung passen die Ports nicht zueinander und der Verbindungsaufbau wird gestoppt. Dagegen bedeuten unerwünschte Verbindungen zwar eine Verletzung der Topologie, sind aber grundsätzlich funktionsfähig und werden daher zugelassen.

Verbindungstest

Im nächsten Schritt wird über einen sogenannten *Link Confidence Test* (*LCT*) die Qualität der physikalischen Verbindung zwischen den beiden Stationen überprüft, indem über eine zuvor ausgehandelte Testdauer Idle-Symbole ausgetauscht werden. Sollten diese nicht korrekt ankommen, wird der Test abgebrochen und die Verbindung kommt nicht zustande.

Aktivierung

Ansonsten informieren sich die Stationen gegenseitig, ob mit dem verwendeten Port ein MAC-Layer verbunden wird (DAS oder SAS) oder nicht (DAC oder SAC). Die Verbindung kann nun mit Hilfe des *Configuration Management* auf das Netz geschaltet werden und erhält dann den Status „aktiv".

Kontrolle

Sobald erfolgreich eine Verbindung aufgebaut werden konnte, kontrolliert der *Link Error Monitor* (*LEM*) unabhängig von deren tatsächlichen Nutzung ständig die Verbindungsqualität:

- Zum einen werden mit Hilfe der Transmitterfunktion des MACs die bezüglich ihrer CRC-Prüfsumme fehlerhaften Rahmen registriert und im Zähler *Link Error Monitor Counter* (*LEM Ct*) vermerkt,[54] der automatisch nach jedem erfolgreichen Verbindungstest zurückgesetzt wird.
- Zum anderen werden durch den Repeat Filter, der verbotene Symbole aus dem Datenstrom herausfiltert, die Übertragungsfehler auf Symbolebene (*Noise Events*) registriert und deren Zeitdauer im *Timer Noise Event* (*TNE*) festgehalten. Darüber hinaus überprüft der Repeat Filter auch die Verbindungsqualität des im Normalfall ungenutzten Sekundärrings, auf dem ständig Idle-Symbole zur Synchronisation und Fehlererkennung gesendet werden.

---

54 Da als fehlerhaft erkannte Rahmen nicht weitergeleitet werden, erfolgt eine entsprechende Registrierung immer nur von derjenigen Station, die den Fehler auch entdeckt hat.

Fehler

Eine Verbindung wird immer dann unterbrochen, wenn entweder die Anzahl der Fehler pro Sekunde (*Link Error Rate, LER*) oder der Timer für Noise Events einen vorgegebenen Schwellenwert überschreitet. Bei den im Standard vorgeschlagenen Schranken ergibt sich eine Bitfehlerwahrscheinlichkeit von weniger als $2{,}5 \cdot 10^{-10}$. D.h., auf einem Ring großer Ausdehnung mit 1.000 Stationen vergehen im Mittel etwa 32 ms bis zum Auftreten eines Fehlers, wenn ausschließlich Rahmen maximaler Länge (4.500 Bytes) mit einer Sendezeit von je 360 µs übertragen werden.

Configuration Management

Die bisher dargestellte Prozedur beschreibt lediglich den Aufbau einer Verbindung zwischen zwei Ports, die jedoch noch nicht in den internen Pfad einer FDDI-Station eingebunden sind. Auch innerhalb einer Station wird die Doppelringstruktur durch entsprechende Datenpfade zwischen den einzelnen Ports und den Komponenten MAC oder PHY fortgesetzt. Die Aufgabe des *Configuration Managements* (*CFM*) besteht darin, diese Pfade nach Bedarf zu schalten und wieder zu trennen. In Analogie zum primären und sekundären Ring werden auch stationsintern der primäre und der sekundäre Pfad unterschieden, ohne daß diese Begriffe gleichgesetzt werden können.

Interne Pfade

Ob der primäre bzw. sekundäre Ring seine Fortsetzung innerhalb einer Station im primären oder sekundären Pfad findet, ist eine Frage der Konfiguration und kann durch den Administrator festgelegt werden. Grundsätzlich gilt, daß jede Station mindestens einen primären Datenpfad besitzt, während der sekundäre nur bei Stationen mit zweifach ausgelegtem Port vorhanden ist (vgl. Abb. 21.20). Darüber hinaus gibt es optional noch einen lokalen Pfad, der internen Kontrollzwecken oder dem Austausch von Managementinformationen zwischen benachbarten Geräten dient.

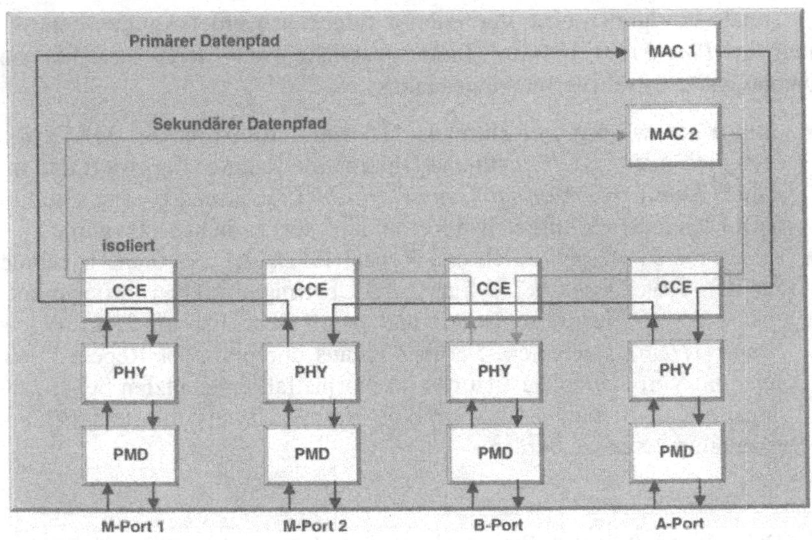

Abb. 21.20. Interne Doppelringstruktur einer FDDI-Station

Zustände der Pfadschaltung

Technisch erfolgt die Realisierung der internen Datenpfade über Multiplexer (*Configuration Control Elements, CCEs*), die in Reihe miteinander verbunden sind und vom CFM gesteuert werden. Sowohl jedem Port als auch jeder MAC- oder PHY-Einheit ist ein solches CCE zugeordnet. Bei der Schaltung der Datenpfade zwischen den Komponenten kann eine Stationen folgende Zustände annehmen:

- *Isolated*: Die Station nimmt nicht am Datenverkehr teil, die Ports sind also nicht in den internen Pfad geschaltet.
- *Through*: Dieser Zustand repräsentiert den normalen Betrieb einer DAS oder eines DAC; sowohl der A-Port als auch der B-Port sind in den aktiven Pfad der Station geschaltet, die somit über den Primärring am Datenverkehr teilnimmt und den Sekundärring als Reserve hält.
- *Wrap-A / Wrap-B*: Ist bei einer DAS oder einem DAC lediglich der A-Port in den aktiven Pfad geschaltet, nicht aber der B-Port, befindet sich die Station im Zustand Wrap-A. Der umgekehrte Fall wird als Wrap-B bezeichnet und liegt vor, wenn eine Fehlerstelle über den Sekundärring umgangen wird.
- *Wrap-S*: Der Zustand Wrap-S tritt nur bei SAS oder SAC auf, wenn der S-Port in den internen Pfad geschaltet ist.

21.6.2.2 Ring Management Task

Aufgaben

Das *Ring Management* ist für die Kontrolle und die Verwaltung der MAC-Komponenten sowie deren Einbindung in den Ring zuständig. Sobald der Configuration Management Task mitteilt, daß der interne Datenpfad vollständig aufgebaut und die Station für das Senden und Empfangen von Daten bereit ist, wird durch einen Reset des MACs der Claim-Prozeß initiiert. Wenn dieser erfolgreich abgeschlossen werden kann, ist der Ring operabel, und die Station kann mit der Übertragung beginnen. Ansonsten würde der *Beacon-Prozeß* angestoßen, der sich nur dann festfährt, wenn der Ring eine Fehlfunktion aufweist, die nicht bereits durch das Connection Management aufgedeckt werden konnte. In diesem Fall obliegt es dem Ring Management, die Fehlerursache zu identifizieren und geeignete Korrekturmaßnahmen einzuleiten. Auslöser dafür kann ein Adreßkonflikt, eine fehlerhafte MAC-Einheit oder ein beschädigter Empfangspfad einer Station sein.

Adreßkonflikte

Empfängt eine Station im Rahmen der Ringinitialisierung einen Claim Frame mit der eigenen Adresse als Quelladresse, dessen Wert für T_{Req} aber nicht dem der eigenen Station entspricht, existiert eine weitere Station mit identischer Adresse. Zunächst muß die den Adreßkonflikt verursachende Station aus dem Prozeß ausgeschlossen werden, um den verbleibenden Stationen die Möglichkeit zum Aufbau einer Datenverbindung zu geben. Zu diesem Zweck wird ein spezieller *Jam Beacon Frame* gesendet, der die MAC-Einheit mit der ungültigen Adresse zu Korrekturmaßnahmen auffordert und eine andere MAC-Einheit mit der Fortsetzung des Claim-Prozesses beauftragt.

Eine einfache und auch verbreitete Möglichkeit der Problemlösung besteht darin, die fehlerhafte Station aus dem Ring zu entfernen und erst nach dem Eingriff eines Administrators wieder in Betrieb zu nehmen.

Auch während des laufenden Netzbetriebs sind Adreßprobleme nicht auszuschließen. In diesem Fall lassen sich doppelte MAC-Adressen mit Hilfe des NIF-Protokolls sicher erkennen und entsprechende Maßnahmen einleiten.

Tracefunktion

Wenn alle Leitungsverbindungen den Zustand aktiv melden, es aber trotzdem zu keinem Netzwerkbetrieb kommt, tritt die *Tracefunktion* in Aktion. Ihr Ziel ist es, einer Station mit fehlerhaftem MAC-Layer durch das Zusammenspiel aller Komponenten der internen Steuerungsfunktion über den nicht operablen Ring mitzuteilen, daß bei ihr ein Problem vorliegt.

Hierfür werden spezielle *Trace-Frames* verwendet, die vom PCM einer Station ausgewertet werden und einen Selbsttest auslösen. Je nach Ergebnis nimmt die Station weiter am Netzbetrieb teil oder trennt sich automatisch davon ab. Der Tracemodus läuft nach folgendem Muster ab:

Beaconprozeß

Empfängt die im Rahmen des Beacon-Prozesses identifizierte Stuck Beacon-Station nach Ablauf von $T_{Stuck} \geq 8{,}0$ s an ihrem Eingang immer noch keine gültigen Daten, initiiert sie den *Direct Beacon-Prozeß*. Hierbei sendet sie für die Dauer von $T_{Direct} \geq 370$ ms sogenannte *Direct Beacon Frames* aus, um alle Stationen im Ring über die Fehlersituation in Kenntnis zu setzten.

Traceprozeß

Nun beginnt der eigentliche *Traceprozeß*. Die fehlerhafte Station kann nur entgegen der Ringumlaufrichtung – also über den Sekundärring – darüber informiert werden, daß sie einen Pfadtest durchführen soll. Die Aufforderung dazu erfolgt durch spezielle Symbolkombinationen, den *Trace Line States*. Da davon ausgegangen werden muß, daß der MAC-Layer einer Station nicht korrekt arbeitet, kommt nur das PCM als Empfänger in Betracht. Es muß sichergestellt werden, daß die Trace-Aufforderung bis zu der Station durchdringt, die einen MAC in den internen Datenpfad geschaltet hat. Liegt der Fehler z.B. in einem Konzentrator, müssen die Trace Line States von allen M-Ports bis zum MAC des Konzentrators weitergereicht werden. Die Strecke vom MAC-Layer der Stuck Beacon-Station bis zum MAC-Layer der vermeintlich defekten Station wird als *Fehler-Domäne (Fault Domain)* bezeichnet. Empfängt das PCM einer Station die Trace-Aufforderung, meldet sie dies dem *Entity Coordination Management* weiter, das folgende Fallunterscheidung trifft:

- Ist der MAC der Station nicht mit dem Port verbunden, wird die Trace-Aufforderung weitergeleitet; es kommt zu einer *Trace Propagation*, da das Ende der Fault Domain noch nicht erreicht wurde.
- Falls der MAC der Station mit dem Port verbunden ist, handelt es sich um das Ende der Fault Domain. Es kommt zur *Trace Termination*, indem das ECM das PCM auffordert, mit *Quiet Line States* entsprechende Quittungen in Flußrichtung zu senden. Der MAC wird vom Port getrennt und ein Selbsttest durchgeführt. Nur bei erfolgreichem Abschluß wird der MAC wieder in den internen Pfad der Station geschaltet, an-

sonsten bleibt er getrennt. In beiden Fällen kann die Ringinitialisierung nun erfolgreich weitergeführt werden, da die Stuck Beacon-Station wieder ihre eigenen Beacon-Frames empfängt, die vorher vom defekten MAC zerstört wurden.

Der Traceprozeß stellt somit sicher, daß fehlerhafte Stationen automatisch und für den Benutzer transparent aus dem Netz entfernt werden. Dem Netzadministrator kommt nun die Aufgabe zu, die defekte Komponente zu reparieren oder auszutauschen.

Überwachung des Restricted Tokens

Eine weitere Aufgabe des Ring Managements ist die Überwachung der Verwendung des Restricted Tokens. Dieser versetzt eine Station in die Lage, die gesamte asynchrone Übertragungskapazität für sich zu reservieren und den Ring für die Übertragung großer Datenmengen über eine bestimmte Zeitspanne zu monopolisieren. Sobald sich der Ring im *Restricted Mode* befindet, überwacht der RMT, daß dieser Zustand nicht länger anhält, als durch den Administrator über den Parameter *TRMode* (*Timer Restricted Mode*) vorgegeben. Bei einer Überschreitung wird die weitere Übertragung gestoppt und das Aussenden eines Nonrestricted Tokens veranlaßt. Wird TRMode auf den Wert Null gesetzt, ist der Restricted Token-Modus gesperrt.

Fazit

In der Summe bietet das Stationsmanagement des FDDI umfangreiche und wirkungsvolle Mechanismen zur Steuerung und Kontrolle des Rings sowie zur automatischen Fehlerbehebung. Vor diesem Hintergrund stellt FDDI eine technisch interessante und sehr anspruchsvolle Implementierung für das Management eines LANs dar.

Literaturempfehlungen

Badach, A., Hoffmann, E., Knauer, O. (1994): High Speed Internetworking: Grundlagen und Konzepte für den Einsatz von FDDI und ATM, Bonn u.a.: Addison-Wesley, S. 313-404.

Chimi, E. (1998): High-Speed Networking: Konzepte, Technologien, Standards, München und Wien: Hanser, S. 252-273.

Georg, O. (2000): Telekommunikationstechnik: Handbuch für Praxis und Lehre, 2. Auflg., Berlin u.a.: Springer, S. 440-464.

Kauffels, F.-J., Suppan, J. (1992): FDDI – Einsatz, Standards, Migration, Bergheim: Datacom.

Wrobel, Ch. P. (1995): FDDI – Überblick und Anwendung, VDE.

Zenk, A. (1999): Lokale Netze: Technologien, Konzepte, Einsatz, 6. Auflg., München: Addison-Wesley, S. 140-150.

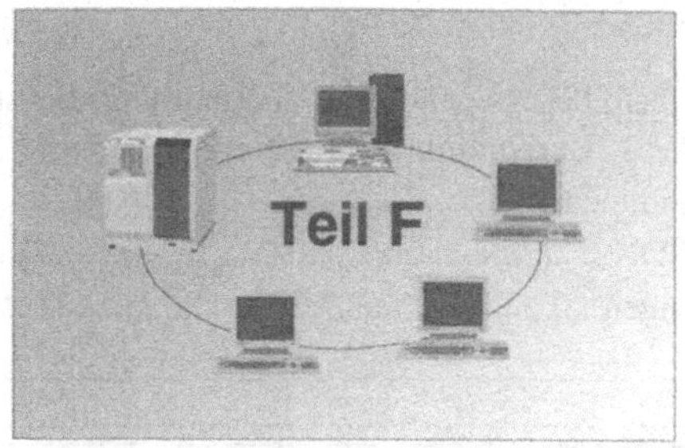

Weitverkehrsnetze und globale Netze

Unter den öffentlichen Weitverkehrsnetzen ist das ISDN heute das bedeutendste terrestrische Telekommunikationsnetz. Architektur und Dienste öffentlicher TK-Netze werden am Beispiel dieses diensteintegrierenden Netzes dargestellt. Durch die Liberalisierung des Telekommunikationsmarktes öffnen sich für andere Zwecke betriebene Netze nunmehr in Form von Citynetzen der Allgemeinheit. Deren grundlegende Funktionsweise, die auf ihnen angebotenen Diensten und ihr Zusammenwirken mit den öffentlichen TK-Netzen bilden den zweiten Schwerpunkt des folgenden Teiles.

Verläßt man den Bereich der terrestrischen Systeme, so stellen im Gebiet der Mobilkommunikation die zellularen und die satellitengestützen Netze den dritten Schwerpunkt dar. Der Teil schließt ab mit der Behandlung des Internets als dem derzeit bedeutendsten globalen Netz.

22 Integrated Services Digital Network

Überblick

Im Bereich der terrestrischen, weltweit offenen TK-Netze (*Public Switched Telephone Network, PSTN*) ist insbesondere das ISDN von Bedeutung. ISDN ist ein Akronym für *Integrated Services Digital Network* und bezeichnet das in nahezu allen Industrieländern der Welt verbreitete, diensteintegrierende digitale Telekommunikationsnetz. In Deutschland ist es aus dem *analogen Fernsprechnetz* sowie dem *Integrierten Datennetz* (*IDN*) hervorgegangen. Nachfolgend wird zunächst in allgemeiner Form die Architektur öffentlicher Telekommunikationsnetze behandelt. Darauf aufbauend werden anschließend die technischen Eigenschaften von ISDN beschrieben und verschiedene Anwendungsmöglichkeiten vorgestellt.

22.1 Architektur öffentlicher TK-Netze

Zur Beschreibung der Struktur moderner Weitverkehrsnetze und insbesondere des ISDN, das häufig nicht korrekt wegen seines zentralen Dienstes als Fern*sprech*netz bezeichnet wird, ist die Gliederung in verschiedenartige Ebenen hilfreich. Zunächst wird zwischen Übertragung, Vermittlung und Diensten unterschieden (vgl. Abb. 22.1).

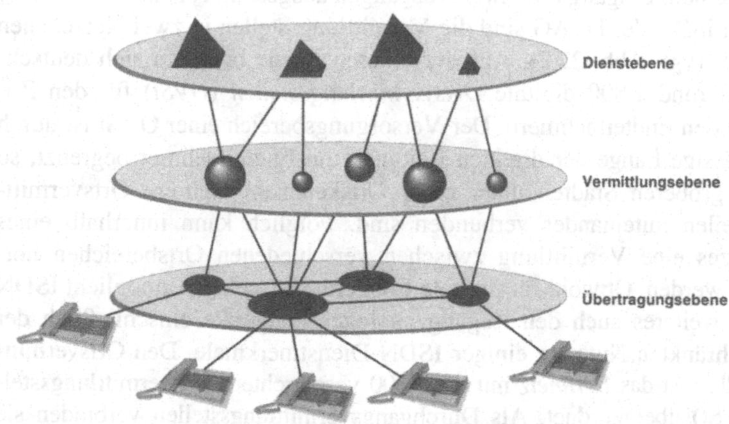

Abb. 22.1. Ebenen des öffentlichen Telekommunikationsnetzes ISDN

22.1.1 Übertragungsebene

Übertragungsmedien

Die *Übertragungsebene* wird aus einem Netz physikalischer Übertragungswege gebildet. An den Übergängen des Netzes zur Umgebung befinden sich Netzzugangspunkte mit Schnittstellen für die Endeinrichtungen. Übertragungsstrecken können herkömmliche Kupferleitungen, Koaxialkabel, Lichtwellenleiter, (Richt-) Funkstrecken, Satellitenstrecken oder auch die Nachrichtenkanäle der Mobilfunkzellen sein. Die Vielfältigkeit der verwendeten Medien läßt erkennen, daß die Übertragungsgeschwindigkeiten einzelner Teilnetze oder auch einzelner Teilstrecken unterschiedlich sein können. Eine Nachricht kann auf dem Weg vom Sender zum Empfänger unterschiedliche Medien durchlaufen, wobei die für den Dienst festgelegte Geschwindigkeit in der Regel beibehalten wird. Der Übertragungsebene zuzurechnen sind alle Einrichtungen, die für die Erzeugung der Signale und für die gesicherte Übertragung auf den Teilstrecken zuständig sind.

Verwendung durch Netzbetreiber

Charakteristisch für moderne Netze ist es, daß einzelne Strecken für unterschiedliche Netze *eines* Betreibers oder auch für unterschiedliche Netzbetreiber verwendet werden können. Als Beispiel sei die Verwendung von Übertragungsleitungen zwischen Endteilnehmern und Ortsvermittlungsstellen der Deutschen Telekom AG (DTAG) durch die „neuen Netzbetreiber“ genannt.

22.1.2 Vermittlungsebene

Logisches Netz

Auf der *Vermittlungsebene* ist das logische Netz angesiedelt. Jedes logische Netz hat durch die Anordnung und Arbeitsweise seiner rechnergesteuerten Vermittlungsstellen und die sie verbindenden Übertragungswege seine eigene Netzstruktur. Nach ihrer Aufgabe bei der Weiterleitung von Nachrichten kann es sich um Teilnehmer-, Durchgangs- (Transit-) oder Auslandsvermittlungsstellen handeln. Vermitteln bedeutet Auswählen unter mehreren Wegealternativen. Insofern muß eine Vermittlungsstelle mit mindestens einem Eingang und zwei Ausgängen ausgestattet sein.

Netzebenen

Beim ISDN der DTAG sind die Vermittlungsstellen in zwei Netzebenen unterteilt (vgl. Abb. 22.2). Auf der unteren Ebene befinden sich deutschlandweit rund 1.800 digitale *Ortsvermittlungsstellen* (*OVSt*) für den Zugang zu den Endteilnehmern. Der Versorgungsbereich einer OVSt ist durch die zulässige Länge der direkten Leitung zum Endteilnehmer begrenzt, so daß in größeren Städten unter einer Ortskennzahl mehrere Ortsvermittlungsstellen miteinander verbunden sind. Folglich kann innerhalb eines Ortsnetzes eine Vermittlung zwischen verschiedenen Ortsbereichen notwendig werden. Obwohl für digitale Endgeräte ausgelegt, ermöglicht ISDN bis auf weiteres auch den Zugang analoger Endgeräte einschließlich der eingeschränkten Nutzung einiger ISDN-Dienstmerkmale. Den Ortsvermittlungstellen ist das *Fernnetz* mit rund 600 vermaschten Fernvermittlungsstellen (FVSt) übergeordnet. Als Durchgangsvermittlungsstellen verbinden sie die Ortsnetze über unterschiedlich große Entfernungen miteinander.

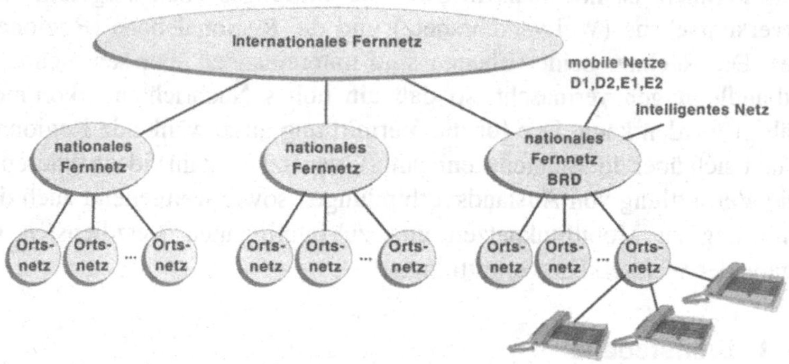

Abb. 22.2. Vermittlungsebenen des ISDN

Spezielle Aufgaben im Fernnetz übernehmen acht in den Städten Hamburg, Hannover, Düsseldorf, Berlin, Frankfurt, Nürnberg, Stuttgart und München installierte Auslandsvermittlungsstellen für die Anbindung an das internationale Fernnetz. Hinzu kommen weitere Vermittlungsstellen für intelligente Netzdienste sowie zur Anbindung fremder Netze wie das Datex-P-Netz und die Mobilkommunikationsnetze.

Spezielle Vermittlungsstellen

Die weltweit eindeutige Identifizierung eines Teilnehmers und damit auch die Vermittlung innerhalb der TK-Netze erfolgt über die Kombination aus Länderkennzahl, Ortsnetzkennzahl und Rufnummer der Endstelle. Zur Verbindung zweier Teilnehmer innerhalb eines Ortsnetzes reicht die alleinige Verwendung einer gültigen Teilnehmernummer ohne Vorwahl. Das Fernnetz wird nur dann aktiviert, wenn der Teilnehmernummer die Verkehrsausscheidungsziffer 0 mit einer vom Anrufer abweichenden Bereichskennzahl vorangestellt ist. Für die Auslandsvermittlung gilt bekanntlich die Ziffernfolge 00, gefolgt von einer Länderkennzahl.

Übertragungsgeschwindigkeiten

Die den Vermittlungsstellen zugeordneten Übertragungskanäle zeichnen sich neben der Art des Mediums durch unterschiedliche Übertragungsgeschwindigkeiten aus. Im Fernnetz werden seit einigen Jahren Richtfunkstrecken mit einer Leistung von 565 MBit/s und Lichtwellenleiter mit 2,5 GBit/s verwendet. Wegen der noch weitgehend installierten zwei- und dreiadrigen Kupferkabel liegen die Leistungen auf den durchschnittlich rund zwei Kilometer langen Strecken der Ortsnetze bei insgesamt 144 kBit/s. Durch die neuen Übertragungstechniken High Bit Rate Digital Su. scriber Line (HDSL) und Asymmetric Digital Subscriber Line (ADSL)[55] werden bei der genannten Entfernung Leistungen von rd. 2 MBit/s erreicht. Für die Endteilnehmer eröffnet sich dadurch der Zugang zu anspruchsvollen Multimedia-Anwendungen.

---

[55] Zu xDSL vgl. Kap. 15.

Fernnetz

Das Fernnetz ist nochmals in zwei Vermittlungsebenen aufgeteilt: die Weitverkehrsebene (Weitverkehrsnetz) und die Regionalebene (Regionalnetze). Die Rechner beider Ebenen sind untereinander über sehr schnelle Breitbandleitungen vermascht, so daß ein hohes Nachrichtenaufkommen bewältigt werden kann. Das für die Vermittlung auszuwählende Regionalnetz läßt sich über die Bereichskennzahl (Ortsnetzkennzahl) identifizieren.

Die Vermittlung von Auslandsverbindungen sowie weitgehend auch die Vermittlung zu Mobilfunknetzen und zu intelligenten Netzdiensten ist Aufgabe der Weitverkehrsvermittlung.

22.1.3 Dienstebene

Intelligente Dienste

Während bei den herkömmlichen Diensten Netzzugangspunkte adressiert werden, handelt es sich bei den auf der Dienstebene angesiedelten Diensten um Leistungen des Netzes, die ortsunabhängig durch zentrale Einrichtungen erbracht werden. Der Endteilnehmer adressiert einen Dienst und nicht einen Teilnehmer. Man spricht von *Intelligenten Diensten* (*IN-Dienst*) und bezeichnet die zugrunde liegende Netzkonzeption als *Intelligentes Netz* (*Intelligent Network, IN*).

Vergleichbare, jedoch mit wesentlich weniger „Intelligenz" ausgestattete Dienste gab es bereits im analogen Netz. Beispiele sind die Notrufdienste 110 und 112. Voraussetzungen für IN sind schnelle Übertragungswege und leistungsfähige, mit einer Datenbank ausgestattete Rechner für zentrale Steuerungsaufgaben und die Ausführung der Dienstlogik. Die Rechner werden als *Dienststeuerungspunkte* (*Service Control Point, SCP*) bezeichnet. Wie Abb. 22.3 zeigt, sind an einem IN-Dienst vier Parteien beteiligt.

Netzbetreiber / Service Provider

Im Mittelpunkt steht der *Netzbetreiber*. Auf der von ihm bereitgestellten technischen Infrastruktur werden die Dienste entweder von ihm selbst oder von *Service Providern* angeboten. Service Provider treten vor allem bei den mobilen Netzen als Anbieter auf. Sie übernehmen den Vertrieb und sind Vertragspartner der Auftraggeber.

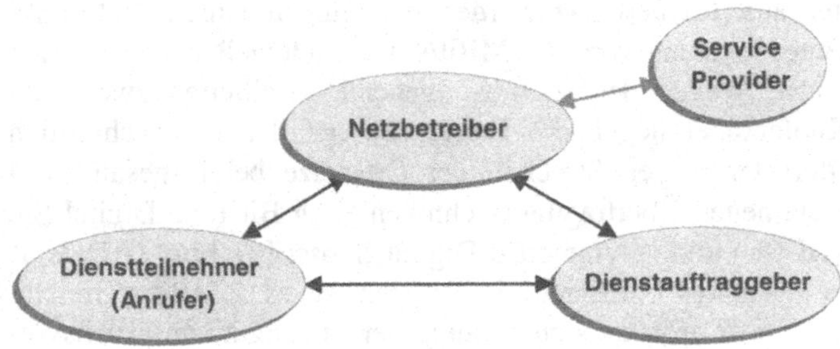

Abb. 22.3. Kommunikation in Intelligenten Netzen

Dienstauftraggeber

Bei den meisten Diensten kooperiert der Netzbetreiber oder Service Provider mit einem Auftraggeber, der eine *Kommunikationsdienstleistung* für einen Teilnehmer („Anrufer") erbringt. Beispielsweise nimmt ein Versandhaus beim Service 0900 (0180x) als Auftraggeber unter einer einheitlichen Rufnummer und Übernahme der Gesprächskosten die Bestelldaten eines Teilnehmers entgegen, bestätigt diese und führt die Bestellung aus. Die fünfte Ziffer (x) kennzeichnet die Gesprächskosten entweder je Zeittakt oder je Verbindung.

Dienstteilnehmer

Der *Dienstteilnehmer* (Dienstnutzer) initialisiert den jeweiligen IN-Dienst durch die von ihm gewählte Rufnummer, deren erste vier Ziffern die *Dienstkennzahl* darstellen. Diese Nummer wird über Dienstvermittlungspunkte[56] (Service Switching Point, SSP) an den für den Dienst zuständigen Diensteuerungspunkt übertragen und „ruft" dort den Dienst auf. Die Ausführung des Dienstes gliedert sich in zwei grundlegende Aufgaben: Zum einen wird zu der empfangenen Rufnummer die zugehörige ortsbezogene Rufnummer ermittelt und durch Signalisierung eine Verbindung zwischen Teilnehmer und Auftraggeber zur Kommunikation hergestellt. Zum anderen kommt es zur Durchführung der den Dienst charakterisierenden Aufgaben. Im einfachen Fall bestehen diese Aufgaben in der Registrierung von Verbindungsdauern, der vertragsgemäßen Berechnung der Verbindungskosten und dem Inkasso für den Auftraggeber.

In der Praxis haben sich verschiedene Varianten herausgebildet, die von dem zuvor beschriebenen Ablauf abweichen, insbesondere hinsichtlich der Rolle des Auftraggebers. Auftraggeber und Dienstteilnehmer können sogar in der gleichen Person auftreten.

Den Gestaltungsmöglichkeiten intelligenter Dienste sind durch die freie Programmierbarkeit und die ständig höheren Übertragungsgeschwindigkeiten keine grundlegenden Grenzen gesetzt. Nach ihren typischen Aufgaben lassen sich drei Gruppen voneinander abgrenzen:

- personenbezogene IN-Dienste,
- informationsorientierte IN-Dienste,
- IN-Dienste mit integrierten Fremdnetzfunktionen.

Personenbezogene IN-Dienste

Gemeinsames Merkmal der personenbezogenen IN-Dienste ist es, daß nach dem Wählen einer Dienstkennzahl und einer Codenummer (z.B. 0130 123 456) eine Verbindung zwischen einem Dienstteilnehmer und dem Dienstauftraggeber geschaltet wird, über die eine beliebige Kommunikationsdienstleistung erbracht wird. Ziel dieser Dienste ist die individuelle Kommunikation zwischen Dienstteilnehmer und -auftraggeber. Die Übernahme der Kosten für die Dienstleistung und die Bereitstellung der Verbindung erfolgt mit unterschiedlichen Anteilen durch Auftraggeber und Teilnehmer.

[56] Dienstvermittlungspunkte sind als Funktionskomponenten oder auch als selbständige physikalische Einheiten realisiert.

Dazu gehört auch die Regelung, daß der Auftraggeber oder der Teilnehmer jeweils die gesamten Kosten übernimmt.

Zu den bekanntesten Diensten dieser Gruppe gehören der kostenfreie Anruf, Service 0800 (bisher 0130), sowie die ab 1998 unter der Dienstkennzahl 0900 zusammengefaßten Dienste mit personenbezogener Rufnummer (bisher 0180) und Tele-Info-Service (bisher 0190). Ein Beispiel für einen funktional anspruchsvolleren IN-Dienst ist der Tele-Konto-Service (Credit Card Calling, Calling Card Verification). Dabei wird es dem Dienstteilnehmer ermöglicht, von jedem, mit einer entsprechenden Leseeinrichtung für Kreditkarten oder sog. Calling Cards ausgestatteten Fernsprechgerät unter Eingabe der Kartendaten und einer Geheimnummer eine Verbindung zu seinem Konto herzustellen. Er kann sodann angefallene Kosten für die Nutzung von abonnierten Telekommunikationsdiensten abbuchen lassen oder bei entsprechender Gestaltung der Kreditkarte Kontotransaktionen über die Tastatureingabe des Telefons veranlassen. Dienstauftraggeber sind Kreditinstitute.

Informations-orientierte IN-Dienste

Anliegen der informationsorientierten IN-Dienste ist die kostenpflichtige Versorgung der Teilnehmer mit aktuellen Informationen unterschiedlicher Sachgebiete über Telefon oder durch Faxabruf. Einfache, ebenfalls über die Kennzahl 0900 bereitgestellte statische Informationsangebote sind Wetterberichte, Testergebnisse von Produkten, Börsenkurse, Befragungsergebnisse etc. Informationen können aber auch vor ihrer Bereitstellung verarbeitet und in bestimmten Formen dargestellt werden. Dies sei am Beispiel des IN-Dienstes *Televotum* veranschaulicht. Bei diesem Dienst geht es darum, telefonische Meinungsumfragen – häufig nach politischen oder unterhaltsamen Fernsehsendungen – durchzuführen. Für eine Fernsehanstalt wäre die eigene Durchführung mit der Forderung nach kurzfristiger Vorlage der Ergebnisse weder technisch noch wirtschaftlich mit vertretbaren Kosten durchführbar. Der Dienstanbieter übernimmt hierbei für den Auftraggeber die Aufgabe der Erfassung der Teilnehmervoten und der vereinbarten statistischen Auswertung einschließlich der graphischen Ergebnisdarstellung. Ist der Auftraggeber zusätzlich an der gesprächsweisen Stellungnahme zu Teilnehmermeinungen interessiert, so kann die Durchschaltung jedes n-ten Anrufes und die Einblendung in eine aktuelle Sendung festgelegt werden.

Dienste mit Fremdnetzfunktionen

Dienste mit Fremdnetzfunktionen bieten die Möglichkeit zum Aufbau *virtueller privater Netze (VPN)*. Dabei wird auf dem Netz des Betreibers ein Fremdnetz für einen Dienstteilnehmer (Unternehmen, Verwaltung, Forschungsinstitution etc.) simuliert, das sich für diesen verhält wie ein eigenes Netz. Die Verbindungen in einem VPN werden bei Bedarf durch Wählen geschaltet. Die Struktur des VPN ändert sich demnach in diskreten Zeitintervallen. An den Netzzugangspunkten können sowohl private Nebenstellenanlagen (Telekommunikationsanlagen) als auch einzelne Endgeräte an das VPN angeschlossen sein.

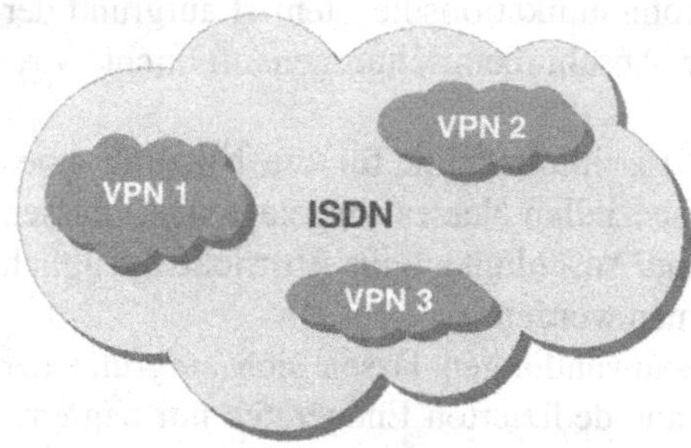

Abb. 22.4. Prinzip des virtuellen Netzes

Der Dienstzugang zu virtuellen privaten Netzen erfolgt über die Dienstkennzahl 0181 (Service 0181). Die Teilnehmernummern für das VPN liegen im Zahlenbereich von 2 bis maximal 5 Stellen. So wie bei den zuvor angesprochenen intelligenten Diensten kann mit diesen netzinternen Rufnummern der reale Teilnehmer nicht direkt adressiert werden. Die Umsetzung der VPN-Nummer in die Rufnummer erfolgt auch hier im SCP. Als Vorteile von VPN sind in Abhängigkeit von den jeweiligen Gegebenheiten zu nennen:

- Wegfall von Investitions- und Betriebskosten für ein eigenes Netz,
- Nutzung des gesamten Dienstangebots des Netzbetreibers,
- hohe Verfügbarkeit des ISDN sowie
- Übergänge zu weiteren öffentlichen Netzen, wie Mobilkommunikationsnetzen, Internet, Datex-P oder B-ISDN.

22.2 Zielsetzungen des ISDN

Motivation

Bevor nun die technischen Details des ISDN behandelt werden, soll zunächst unter Berücksichtigung der Eigenschaften des analogen Fernsprechnetzes und des Integrierten Datennetzes herausgestellt werden, welche Zielsetzungen mit der Vereinigung dieser beiden Teilnetze zu dem digitalen Universalnetz ISDN verfolgt wurden.

Nachteile heterogener TK-Netze

Eine Zusammenarbeit zwischen verschiedenartigen TK-Netzen ist nur in Ausnahmefällen möglich, da sowohl die Endgeräte, als auch die Netzzugänge sowie die Abwicklung der Kommunikation verschieden sind. Hieraus resultieren für den Anwender folgende Nachteile:

- Die Vielfalt an verschiedenen Netzen und Diensten, die unterschiedlichen Techniken, der Nutzen sowie die damit verbundenen Kosten und die rechtlichen Bedingungen zur Teilnahme an einem Kommunikationsdienst sind schwer zu überblicken.

- Die Teilnahme an einzelnen Kommunikationsdiensten ist aufgrund der spezialisierten Funktionen der Anschlußeinrichtungen oft nicht wirtschaftlich.
- Dadurch, daß Endgeräte und Anschlußtechnik für die Nutzung eines speziellen Dienstes oder eines speziellen Netzes ausgelegt sind, müssen im Hinblick auf Endsysteme und Anschlußtechnik Abstriche bezüglich der Flexibilität in Kauf genommen werden.
- Verschiedene Kommunikationsanwendungen lassen sich aufgrund der Vielfalt von Netzen, Diensten und dedizierten Endgeräten nur begrenzt integrieren.

Auch aus der Sicht der Netzbetreiber ist eine Vielzahl dedizierter Netze von Nachteil:

- Die Übertragungskapazität des Gesamtnetzes wird nicht effizient genutzt.
- Aufgrund der anwendungsorientierten und zum Teil veralteten Konzepte weisen die einzelnen Teilnetze eine geringe Flexibilität bezüglich der Anpassung an neue Anforderungen und Dienste auf.
- Der parallele Betrieb mehrerer Netze erfordert hohe Investitions- und Betriebskosten, wobei die im analogen Fernsprechnetz eingesetzte Vermittlungstechnik grundsätzlich etwa 2,5-mal so teuer wie die Digitaltechnik ist.

Ziel der Entwicklung des ISDN war es, die genannten Schwachpunkte der herkömmlichen TK-Netze zu beheben. Bei der Verwirklichung dieser Zielsetzung kam insbesondere dem Integrationsaspekt auf verschiedenen Ebenen eine besondere Bedeutung zu:

Diensteintegration

Unter *Diensteintegration* ist die Vereinheitlichung der Techniken zur Abwicklung sämtlicher Telekommunikationsdienste zu verstehen. Das heißt, die verschiedenen Dienste zur Sprach-, Text-, Bild- und Datenkommunikation werden mit einer einheitlichen Prozedur zum Verbindungsaufbau bzw. Verbindungsabbau sowie zur Verbindungssteuerung abgewickelt und basieren darüber hinaus auf einer einheitlichen Schnittstelle zwischen Endeinrichtungen und Netz. Weiterhin können gleichzeitig mehrere Informationsarten und Dienste an einem Universalanschluß genutzt werden, wobei auch ein Wechsel zwischen unterschiedlichen Diensten möglich ist.

Integration von Kommunikationsfunktionen

Auf der Basis der Diensteintegration ist auch die *Integration von Kommunikationsfunktionen* im Endgerätebereich möglich. Darunter versteht man die Zusammenfassung mehrerer Kommunikationsarten und -funktionen in einem multifunktionalen Endgerät. Als solches kommt z.B. ein Rechner in Frage, der die Funktionen eines Modems, eines Telefaxgerätes und eines Komforttelefons in sich vereinigt.

Integration von Anwendungen

Letztendlich ermöglichen Dienste- und Endgeräteintegration die *Integration von Anwendungen*, bei der eine Vielzahl technisch unterstützter betrieblicher Funktionen in einem einheitlichen Anwendungssystem, möglichst unter einer einheitlichen Benutzungsoberfläche, zusammengefaßt wird.

22.3 Standardisierung des ISDN

Ursprünge

In Deutschland wurde ISDN offiziell 1989 auf der Computermesse Cebit '89 in Hannover eingeführt. Da es damals jedoch europaweit noch keinen endgültigen ISDN-Standard gab, etablierte die Deutsche Telekom AG eine nationale Lösung, die sich an die damals aktuellen CCITT-Empfehlungen anlehnte. Auch die Netzbetreiber anderer Länder verabschiedeten nationale Standards, um mit der Einführung von ISDN bereits frühzeitig zu beginnen.

Standardisierungsgremien

Parallel zu dieser Entwicklung arbeiteten internationale Standardisierungsgremien wie *Comité Consultatif International Téléphonique et Télégraphique* (CCITT) und *Conférence Européenne des Administrations des Postes et des Télécommunications* (CEPT) an einem internationalen ISDN-Standard, der weltweit von allen bedeutenden Industriestaaten eingeführt werden sollte. Für die Definition einheitlicher Protokolle und damit für die Festlegung eines einheitlichen, kompatiblen ISDN in Europa ist das *European Telecommunications Standards Institute* (ETSI) zuständig. Es handelt sich dabei um ein europäisches Institut, das Standardisierungsvorschläge im Bereich der Telekommunikation erarbeitet und CEPT zur Beschlußfassung zuleitet. Ergebnis der Bemühungen von ETSI ist das Euro-ISDN, welches durch Anpassung der bestehenden nationalen ISDN-Implementierungen realisiert wurde und ISDN grenzüberschreitend europaweit verfügbar macht. Im Rahmen eines „Memorandum of Understanding" hatten sich alle westeuropäischen Staaten dazu verpflichtet, das Euro-ISDN bis 1993 einzuführen.

Nationale ISDN-Standards

Die einzelnen nationalen Standards und das Euro-ISDN unterscheiden sich insbesondere durch das sogenannte D-Kanal-Protokoll, welches die Art der Signalisierung auf der Teilnehmeranschlußleitung festlegt. In Deutschland wird das nationale D-Kanal-Protokoll in der „1. Technischen Richtlinie Nr. 6" des Forschungs- und Technologiezentrums (FTZ) beschrieben und heißt daher kurz „1TR6". Das internationale D-Kanal-Protokoll wird dagegen mit der Abkürzung „DSS1" für „Digital Subscriber System No. 1" bezeichnet.

Euro-ISDN

Da das nationale ISDN aufgrund seiner Inkompatibilität zum Euro-ISDN durch die Deutsche Telekom AG nur noch bis zu diesem Jahr (2000) unterstützt wird, ist es praktisch nicht mehr relevant. Im folgenden ist ISDN also als Synonym für Euro-ISDN zu verstehen und die weiteren Ausführungen beziehen sich grundsätzlich auf DSS1, sofern es um Inhalte geht, bei denen terminologische oder technische Unterschiede zwischen 1TR6 und DSS1 bestehen.

22.4 Vom analogen Fernsprechnetz zum ISDN

Zeitplan

Der Übergang vom ehemals analogen Fernsprechnetz zum ISDN vollzieht sich kontinuierlich und wird nach der Planung der Deutschen Telekom AG erst im Jahr 2020 vollständig abgeschlossen sein. Da die bereits bestehende Leitungsinfrastruktur des analogen Fernsprechnetzes ohne Einschränkungen auch für das ISDN weiter Verwendung findet und sich die Einführungsstrategie somit auf eine durchgehende Digitalisierung aller Komponenten des Fernsprechnetzes konzentriert, geht der Ausbau des ISDN relativ schnell und kostengünstig vonstatten (vgl. Abb. 22.5).

Übertragungstechnik

Am Beginn der Entwicklung vom analogen Fernsprechnetz zum ISDN stand die Einführung einer digitalen Übertragungstechnik mit 64 kBit/s-Kanälen und Pulse Code Modulation (PCM). Unter Berücksichtigung der Leitungsbedarfe für den Orts- und Fernverkehr wurden dazu auf den verschiedenen Ebenen der Übertragungshierarchie digitale Übertragungssysteme mit unterschiedlich hohen Multiplex-Stufen eingesetzt.[57]

Vermittlungstechnik

Nach der Einführung der digitalen Übertragungstechnik erfolgte im nächsten Schritt die Umstellung auf digitale Vermittlungstechnik, indem die herkömmlichen Edelmetall-Motor-Drehwähler (EMD) durch digitale Bausteine ersetzt wurden.

Sprachkodierung

In den Grundlagen wurde bereits dargelegt, daß analoge Informationen wie z.B. Sprache zunächst digitalisiert werden müssen, um digital übertragen werden zu können. Dazu wird periodisch die Amplitude des Analogsignals abgetastet, und anschließend werden die erhaltenen Abtastwerte quantisiert sowie als binäre 8-Bit-Wörter kodiert. Da nach dem *Abtasttheorem* gilt, daß die Abtasthäufigkeit größer als das Doppelte der im analogen Signal enthaltenen höchsten Frequenz sein muß, wurde für das Sprachsignal international eine Abtasthäufigkeit von 8000 Mal pro Sekunde festgelegt. Daraus resultiert eine Bitrate von 8000 1/s × 8 Bit = 64 kBit/s.

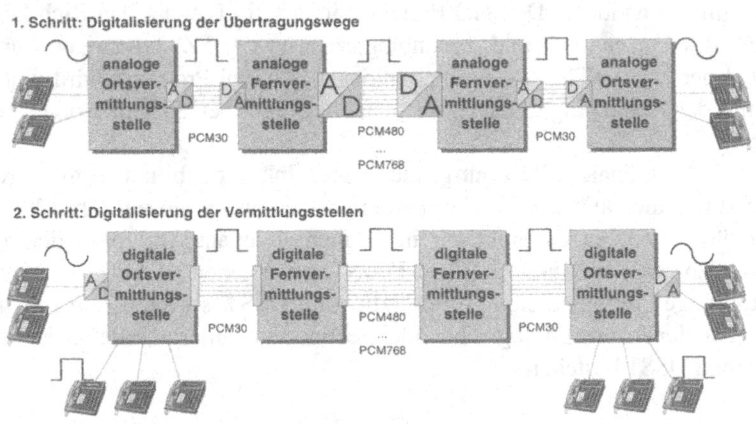

Abb. 22.5. Schritte zur Digitalisierung des Fernsprechnetzes

[57] Während zur Verbindung von Ortsvermittlungsstellen untereinander PCM30-Übertragungssysteme mit 30 Nutz- und zwei Steuerkanälen ausreichen, werden auf den Fernverkehrsverbindungen durch den Einsatz von Glasfaserkabeln und PCM7680 jeweils bis zu 7680 Nutzkanäle realisiert.

Kanalkapazität

Genau aus diesem Grund stehen im ISDN statt eines analogen Sprachkanals mit einer Bandbreite von 3.1 kHz nun digitale 64-kBit/s-Kanäle für die Übertragung sämtlicher Informationsarten zur Verfügung. Da alle angebotenen TK-Dienste über diese digitalen Nutzkanäle abgewickelt werden, lassen sich Güteverbesserungen im Hinblick auf Übertragungsgeschwindigkeit und Qualität der übermittelten Informationen verzeichnen. Darüber hinaus sind sämtliche ISDN-TK-Dienste über einen einzigen Universalanschluß verfügbar, während herkömmliche TK-Netze jeweils eine dedizierte Teilnehmeranschlußvorrichtung erfordern. Insbesondere sind über eine Leitung gleichzeitig parallele Verbindungen zu verschiedenen Teilnehmern möglich, wobei jeweils verschiedene Dienste genutzt werden können. Nicht zuletzt ist die durchschnittliche Verbindungsaufbauzeit von 1,7 Sekunden wesentlich kürzer als im analogen Fernsprechnetz.

Seit 1995 ist ISDN in der BRD flächendeckend verfügbar. Dementsprechend werden bei herkömmlichen Anschlüssen lediglich noch die Verbindungen von den Endgeräten zu den jeweiligen Ortsvermittlungsstellen weiterhin mit analoger Technik betrieben, während bei einem ISDN-Teilnehmeranschluß die bisher in den Ortsvermittlungsstellen durchgeführte Analog-Digitalwandlung zum Endgerät verlagert wird.

22.5 ISDN-Teilnehmeranschluß

Universalanschluß

Der ISDN-Teilnehmeranschluß wird als *Universalanschluß* bezeichnet. Über ihn sind alle Dienste und Leistungsmerkmale des ISDN zugänglich. Er besteht grundsätzlich aus folgenden Komponenten:

- der Netzabschlußeinheit (Network Termination, NT), die den Übergabepunkt zwischen dem Netzbetreiber und dem ISDN-Teilnehmer darstellt,
- einer netzseitigen Schnittstelle der Netzabschlußeinheit,
- einer teilnehmerseitigen Schnittstelle der Netzabschlußeinheit,
- Übertragungswegen zwischen der Netzabschlußeinheit und den Endgeräten sowie
- den Endgeräten selbst.

Analog zu ISDN

Der Wechsel von einem herkömmlichen Analoganschluß zu einem ISDN-Teilnehmeranschluß erfolgt ohne Neuinstallation der Anschlußleitung, da das jeweils vorhandene Kupferkabel weiter genutzt werden kann. Dieses wird lediglich an der Ortsvermittlungsstelle an eine digitale Baugruppe angeschlossen, und beim Teilnehmer werden die Netzabschlußeinheit sowie die je nach Bedarf erforderlichen ISDN-Anschlußeinheiten (IAE) für ISDN-Endgeräte installiert.

Der Teilnehmeranschluß kann als Basisanschluß mit zwei Basiskanälen (B-Kanälen) oder als Primärmultiplexanschluß mit dreißig Basiskanälen ausgelegt sein. Zusätzlich steht zur Signalisierung pro Universalanschluß ein separater Steuer- und Zeichengabekanal (D-Kanal) zur Verfügung, der auch zur Übertragung von Nutzinformationen verwendbar ist.

22.5.1 Basisanschluß

Kanalkapazität

Beim Basisanschluß dient als Signalisierungskanal der D_0-Kanal mit einer Übertragungskapazität von 16 kBit/s. Der Basisanschluß weist damit die Kanalstruktur 2 B + D_0 auf, woraus sich eine Summenübertragungsrate von 144 kBit/s ergibt.

Schnittstellen

Die Netzabschlußeinheit des Basisanschlusses wird über die U_{K0}-Schnittstelle mittels einer zweiadrigen Anschlußleitung an die Ortsvermittlungsstelle angebunden (vgl. Abb. 22.6). Teilnehmerseitig weist die Netzabschlußeinheit die international genormte S_0-Schnittstelle auf, welche verschiedene Konfigurationen für die Übertragungswege zu den Endgeräten unterstützt: den Mehrgeräteanschluß und den Anlagenanschluß.

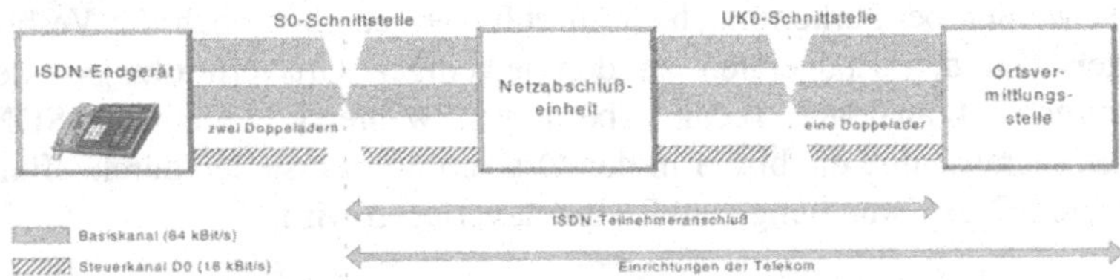

Abb. 22.6. ISDN-Basisanschluß

Mehrgeräteanschluß

Beim *Mehrgeräteanschluß* handelt es sich um eine Punkt-zu-Mehrpunkt-Anbindung, die auf einem passiven Bussystem mit einer vieradrigen Kupferverkabelung basiert (vgl. Abb. 22.7).[58] An einer der bis zu 12 ISDN-Anschlußeinheiten können bis zu acht Endgeräte für denselben oder verschiedene ISDN-Dienste angeschlossen werden, wobei zwei Endgeräte gleichzeitig und unabhängig voneinander verschiedene Verbindungen im ISDN unterhalten können. Internverkehr zwischen den Endgeräten am S_0-Bus wird jedoch nicht unterstützt.[59]

Bei dem von der Deutschen Telekom AG verwendeten Kabeltyp ist eine Buslänge von maximal 200 Metern realisierbar. Dazu kommt die Länge der Geräteanschlußschnur von jeweils bis zu 10 Metern. Die Netzabschlußeinheit läßt sich an einer beliebigen Stelle am Bus plazieren.

---

58 Man spricht hier von einem passiven Bus, weil die Konfiguration abgesehen von der Netzabschlußeinheit keine aktiven Bauelemente enthält.

59 Die Zwischenschaltung eines intelligenten Knotens INOBA (Intelligent Node for ISDN Basic Access) erweitert die Leistungsmerkmale des Basisanschlusses um die Fähigkeit der lokalen Kommunikation ohne Inanspruchnahme gebührenpflichtiger Funktionen des ISDN.

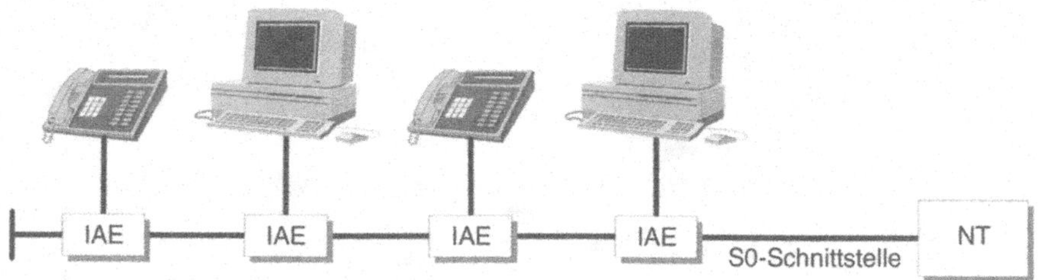

Abb. 22.7. ISDN-Basisanschluß als passiver Bus

Anlagenanschluß

Ein *Anlagenanschluß* wird als Punkt-zu-Punkt-Anbindung realisiert und kommt daher in der Regel nur für den Betrieb kleinerer Telekommunikationsanlagen (TK-Anlagen) in Frage. Die maximale Entfernung zwischen Netzabschlußeinheit und ISDN-Anschlußeinheit kann in diesem Fall bis zu 1000 Meter betragen.

Abb. 22.8. ISDN-Basisanschluß mit Punkt-zu-Punkt-Anbindung

22.5.2 Primärmultiplexanschluß

Kanalkapazität

Beim Primärmultiplexanschluß wird ein D_2-Kanal mit 64 kBit/s als Steuerkanal verwendet, so daß bei einer Kanalstruktur von 30 B + D_2 eine Summenübertragungsrate von 1984 kBit/s zur Verfügung steht.

Anwendung

Das Hauptanwendungsgebiet des Primärmultiplexanschlusses ist die Anbindung von TK-Anlagen mit einem großen Bedarf an Übertragungskanälen. Darüber hinaus wird er auch als Anschluß für Hochleistungsdatenübertragungseinrichtungen vorgeschlagen.

Konfiguration

Die 30 Nutzkanäle des Primärmultiplexanschlusses können zweckgebunden konfiguriert werden. Damit nicht alle Kanäle für abgehende Verbindungen belegt werden können und somit die Anlage für den ankommenden Verkehr blockiert ist, lassen sich z.B. 20 Kanäle für ankommende und abgehende Verbindungen reservieren und jeweils fünf für ausschließlich ankommende bzw. abgehende.

Schnittstellen

Netzseitig weist der Primärmultiplexanschluß die U_{K2M}-Schnittstelle auf und wird über zwei Kupferdoppeladern oder über Glasfaser an die Ortsvermittlung angebunden (vgl. Abb. 22.9). Auf der Teilnehmerseite wird die international genormte S_{2M}-Schnittstelle eingesetzt.

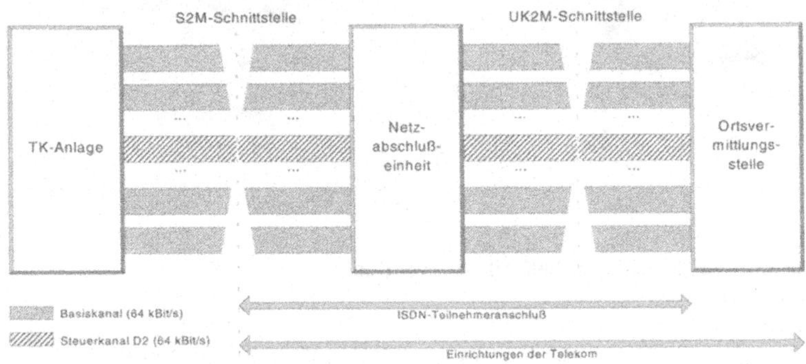

Abb. 22.9. ISDN-Primärmultiplexanschluß

22.6 ISDN-Signalisierung

Um eine Verbindung zwischen zwei ISDN-Anschlüssen sicherzustellen, müssen die nacheinander zu durchlaufenden ISDN-Vermittlungsstellen für den Verbindungsauf- und -abbau mit Steuerinformationen versorgt werden. Der dazu erforderliche Steuerinformationsfluß wird als *Signalisierung* oder *Zeichengabe* bezeichnet. Grundsätzlich läßt sich die Signalisierung im ISDN in zwei Bereiche unterteilen (vgl. Abb. 22.10):

- die Benutzersignalisierung nach dem D-Kanal-Protokoll und
- die Zentralkanalsignalisierung zwischen den ISDN-Vermittlungsstellen nach dem Signalisierungssystem Nr. 7.

Benutzersignalisierung

Die *Benutzersignalisierung* dient zur Übertragung der Steuerinformationen zwischen den Endeinrichtungen und der ISDN-Ortsvermittlungsstelle. Zentrale Aufgabe dieser Signalisierung ist die Steuerung des Verbindungsauf- und -abbaus für sämtliche ISDN-Dienste und Anschlußarten über den D-Kanal. Wie bereits erwähnt wurde, existieren in Deutschland zwei verschiedene Ausprägungen des D-Kanal-Protokolls: das nationale Protokoll 1TR6 und das internationale Protokoll DSS1.

Zentralkanalsignalisierung

Die *Zentralkanalsignalisierung* regelt den Austausch der zum Verbindungsauf- und -abbau sowie zur Bereitstellung verschiedener Dienstmerkmale notwendigen Steuerinformationen zwischen den ISDN-Vermittlungsstellen. Der entsprechende Standard wurde vom CCITT unter dem Namen Signalisierungssystem Nr. 7 (Common Channeling Signaling System No. 7) verabschiedet.

Eine wichtige Anforderung an die Signalisierung besteht darin, einen fehlerfreien und leistungsfähigen Austausch von Steuerinformationen ohne gegenseitige Beeinträchtigung mit den Nutzinformationen zu gewährleisten. Zu diesem Zweck erfolgt die Signalisierung im ISDN nach dem Prinzip der sogenannten *Outband-Signalisierung* über den separaten D-Kanal, so daß bestimmte Dienstmerkmale wie z.B. der Dienstwechsel während einer bestehenden Verbindung in Anspruch genommen werden können.

Das D-Kanal-Protokoll umfaßt die unteren drei Ebenen des ISO/OSI-Schichtenmodells: D-Kanal-Protokoll

- Auf der Bitübertragungsschicht erfolgt nach den CCITT-Empfehlungen I.430 und I.431 die physikalische Übertragung der Steuerinformationen im D-Kanal.
- Die Sicherungsschicht dient zur gesicherten Übermittlung der Steuerinformationen sowie der eventuell im D-Kanal übertragenen paketierten Daten (CCITT-Empfehlungen Q.920 und Q.921). Als Sicherungsprozedur wird LAP-D (*Link Access Procedure on D-Channel*), eine Variante des HDLC-Verfahrens (*High Level Data Link Control*) verwendet.
- Innerhalb der Vermittlungsschicht wird die eigentliche Benutzersignalisierung durch den Austausch festgelegter Signalisierungsnachrichten vorgenommen. Dazu gehören sowohl die zum Auf- und Abbau von Verbindungen als auch zur Realisierung von Dienstmerkmalen erforderlichen Funktionen nach den CCITT-Empfehlungen Q.930 und Q.931.

Die Steuerung der Basiskanäle wird nur innerhalb der ersten Ebene des OSI-Schichtenmodells bereitgestellt. Die Kommunikationsprotokolle oberhalb der Bitübertragungsschicht sind von der aktuellen Nutzung dieser Kanäle abhängig und lassen sich daher nicht von vornherein festlegen.

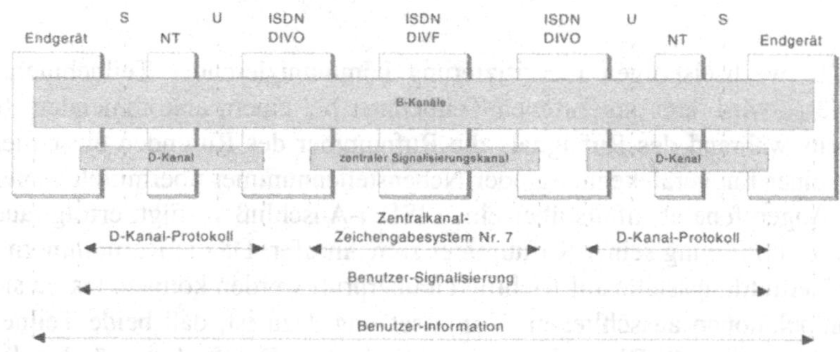

Abb. 22.10. Signalisierungsbereiche im ISDN

22.7 ISDN-Leistungsmerkmale

ISDN stellt dem Teilnehmer eine Reihe von Leistungsmerkmalen bereit, die in herkömmlichen TK-Netzen nicht oder nur teilweise angeboten werden. Abb. 22.11 enthält eine Liste gängiger ISDN-Leistungsmerkmale.

Leistungsmerkmal	Mehrgeräte-anschluß	Anlagen-anschluß
Übermittlung der Rufnummer des Anrufers	•	•
Unterdrückung der Rufnummernübermittlung (Anrufer)	•	•
Übermittlung der Rufnummer des Angerufenen	•	•
Unterdrückung der Rufnummernübermittlung (Angerufener)	•	•
Mehrfachrufnummern	•	
Subadressierung	•	•
Teilnehmer-zu-Teilnehmer-Zeichengabe	•	•
Umstecken am Bus	•	○
Durchwahl		•
Anklopfen	•	○
Rückruf bei Besetzt	•	•
Anrufweiterschaltung	•	•
Makeln	•	○
Dreierkonferenz	•	○
Geschlossene Benutzergruppe	•	•
Sperren	•	•
Identifizieren/Fangen	•	•
Dauerüberwachung	•	•
Statusabfrage	•	•
Übermittlung der Tarifinformation	•	•
Detaillierte Rechnung	•	•
• = ISDN-Leistungsmerkmal, ○ = optionales Leistungsmerkmal der TK-Anlage		

Abb. 22.11. Leistungsmerkmale am Mehrgeräte- und Anlagenanschluß[60]

Rufnummern-übermittlung

Zur wechselseitigen Identifizierung kommunizierender Teilnehmeranschlüsse wird dem angerufenen Teilnehmer bei einem ankommenden Ruf bereits während des Rufsignals die Rufnummer des Rufenden einschließlich einer Endgerätekennung oder Nebenstellennummer übermittelt. Sofern der Angerufene ebenfalls über einen ISDN-Anschluß verfügt, erfolgt auch eine Übermittlung seiner Rufnummer zum Anrufer. Da die Rufnummern in der Vermittlungsstelle auf Richtigkeit überprüft werden können, lassen sich Manipulationen ausschließen. Voraussetzung dazu ist, daß beide Teilnehmer über einen ISDN-Anschluß verfügen. Aus Datenschutzgründen läßt sich die Übermittlung der Rufnummer ständig oder fallweise unterdrücken.

Mehrfachrufnummer

Ein Mehrgeräteanschluß kann bis zu zehn Rufnummern (*Multiple Subscriber Number*, *MSN*) verwalten. Diese lassen sich beliebig auf die einzelnen Endgeräte verteilen, wobei sowohl einem Endgerät verschiedene Rufnummern als auch mehreren Endgeräten die gleiche Rufnummer zugeordnet werden kann.

[60] Einige dieser Leistungsmerkmale werden ausschließlich auf Antrag bzw. gegen zusätzliche Entgelte zur Verfügung gestellt.

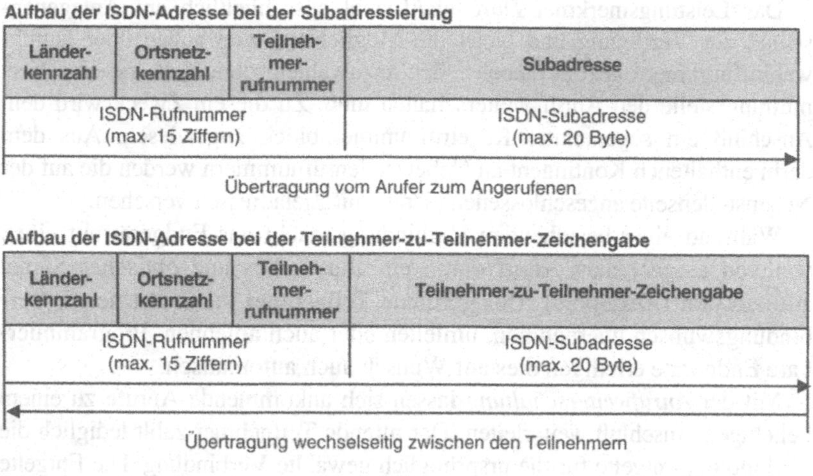

Aufbau der ISDN-Adresse bei der Subadressierung

Länderkennzahl	Ortsnetzkennzahl	Teilnehmerrufnummer	Subadresse
ISDN-Rufnummer (max. 15 Ziffern)			ISDN-Subadresse (max. 20 Byte)

Übertragung vom Arufer zum Angerufenen

Aufbau der ISDN-Adresse bei der Teilnehmer-zu-Teilnehmer-Zeichengabe

Länderkennzahl	Ortsnetzkennzahl	Teilnehmerrufnummer	Teilnehmer-zu-Teilnehmer-Zeichengabe
ISDN-Rufnummer (max. 15 Ziffern)			ISDN-Subadresse (max. 20 Byte)

Übertragung wechselseitig zwischen den Teilnehmern

Abb. 22.12. Aufbau einer ISDN-Adresse

Subadressierung

Mit Hilfe der *Subadressierung* läßt sich die Adressierungskapazität für den Angerufenen über die ISDN-Rufnummer hinaus erweitern und so bereits beim Verbindungsaufbau eine Zusatzinformation an das angewählte Endgerät übermitteln (vgl. Abb. 22.12). Diese Erweiterung der ISDN-Adresse ist frei gestaltbar und wird durch die Vermittlungsstellen transparent bis zum angerufenen Teilnehmer durchgereicht. Es wird also nicht der Inhalt des Datenpaketes überprüft, sondern lediglich dessen Länge von maximal 20 Byte. Die Subadressierung eröffnet verschiedene Anwendungsmöglichkeiten. Insbesondere können damit beim Angerufenen verschiedene Prozeduren ausgelöst werden wie z.B. der Start eines bestimmten Anwendungsprogramms im angewählten Rechner oder die gezielte Adressierung der Benutzer bzw. Rechner eines LANs.

Teilnehmer-zu-Teilnehmer-Zeichengabe

Auch die *Teilnehmer-zu-Teilnehmer-Zeichengabe* ermöglicht die Übermittlung frei gestaltbarer Informationen während des Verbindungsaufbaus über den D-Kanal. Der Informationsaustausch findet hier jedoch wechselseitig statt, und es können jeweils bis zu 32 Byte übertragen werden (vgl. Abb. 22.12).

Umstecken am Bus

Endgeräte, die an einem S_0-Bus angeschlossen sind, lassen sich auch während einer bestehenden Verbindung von einer ISDN-Anschlußdose in eine andere *umstecken*, ohne die Verbindung neu aufbauen zu müssen. Dazu wird der Vermittlungsstelle ein Haltewunsch sowie ein Zifferncode übermittelt, mit dem die gehaltene Verbindung wieder aktiviert wird. Es ist auch möglich, die Verbindung durch ein anderes Gerät wieder aufzunehmen, indem dort der aktivierende Zifferncode eingegeben wird. Für den Fall, daß keine Reaktivierung stattfindet, wird die Verbindung nach drei Minuten durch die Vermittlungsstelle beendet.

Durchwahl

Das Leistungsmerkmal *Durchwahl* steht ausschließlich am Anlagenanschluß zur Verfügung und bietet die Möglichkeit, von außen über Durchwahlrufnummern gezielt Nebenstellen anzuwählen, ohne daß erst eine Vermittlungsstelle den Anruf weiterschalten muß. Zu diesem Zweck wird dem Anschluß ein sogenannter Regelrufnummernblock zugewiesen. Aus dem darin enthaltenen Kontingent an Nebenstellenrufnummern werden die auf der Nebenstellenseite angeschlossenen Geräte mit Zieladressen versehen.

Anklopfen

Während einer bestehenden Verbindung macht das Endgerät auf einen weiteren eingehenden Anruf durch ein akustisches und optisches Signal aufmerksam (*Anklopfen*). Der gerufene Teilnehmer kann den neuen Verbindungswunsch übernehmen, umleiten oder auch ablehnen. Programmierbare Endgeräte erledigen dies auf Wunsch auch automatisch.

Anrufweiterschaltung

Mit der *Anrufweiterschaltung* lassen sich ankommende Anrufe zu einem beliebigen Anschluß weiterleiten. Der rufende Teilnehmer zahlt lediglich die Verbindungsentgelte für die ursprünglich gewählte Verbindung. Die Entgelte für die Weiterschaltung der Verbindung trägt dagegen der angerufene Teilnehmer. Abgehende Verbindungen sind auch bei eingeschalteter Anrufweiterschaltung möglich. Man hat die Wahl, ob die Anrufweiterschaltung sofort, bei Nichtmeldung nach 15 Sekunden oder im Besetztfall erfolgen soll.

Makeln

Das Leistungsmerkmal *Makeln* ermöglicht es, zwischen zwei externen Teilnehmern hin- und herzuschalten, ohne daß der jeweils wartende Teilnehmer das Gespräch mithören kann. Dazu wird eine der Verbindungen gehalten, während die andere aktiv ist.

Dreierkonferenz

Über eine *Konferenzschaltung* werden drei Teilnehmer zusammengeschaltet. Diese können gleichzeitig kommunizieren, wobei pro Teilnehmeranschluß nur ein B-Kanal belegt wird.

Geschlossene Benutzergruppe

Innerhalb eines Dienstes läßt sich eine *geschlossene Gruppe* von Teilnehmern definieren, die nur untereinander kommunizieren können. Dadurch, daß Teilnehmer, die dieser Gruppe nicht angehören, dorthin keine Verbindungen aufbauen können, wird die Sicherheit erhöht. In umgekehrter Richtung kann ein Zugang zum öffentlichen Netz für abgehenden Verkehr vorgesehen werden.

Sperren

ISDN-Anschlüsse lassen sich auf verschiedene Arten ganz oder teilweise *sperren.* Auf befristeten oder unbefristeten Antrag des Teilnehmers werden sämtliche kommenden und gehenden Verbindungen außer abgehenden Notrufen gesperrt (Sperre A). Durch Eingaben am Endgerät kann der Teilnehmer selbst sämtliche abgehenden Telefonate unterbinden (Sperre B). Alternativ läßt sich eine solche Sperre auch auf die Nicht-Fernsprechdienste, also sämtliche abgehende Verbindungen, ausdehnen (Sperre C).

Identifizieren/Fangen

Das Leistungsmerkmal *Fangen* erlaubt es, ankommende Wählverbindungen zu dokumentieren. Insbesondere bei bedrohenden oder belästigenden Anrufen können somit in der Vermittlungsstelle Informationen über den Anrufer erfaßt und dem Angerufenen mitgeteilt werden. Da in diesem Fall das Fernmeldegeheimnis nach Artikel 10 des Grundgesetzes verletzt wird, wird dieses Merkmal nur auf der Basis einer rechtlichen Grundlage aktiviert.

Dauerüberwachung

Bei ISDN-Teilnehmern, die auf eine Verfügbarkeit ihres Anschlusses besonderen Wert legen, kann dieser im Rahmen einer *Dauerüberwachung* ständig auf seine Funktionsfähigkeit kontrolliert werden. Dazu wird der Anschluß permanent im aktiven Zustand gehalten und auf eine bestimmte, maximale Rahmenfehlerrate hin überwacht. Beim Überschreiten des vorgegebenen Wertes wird der Anschluß deaktiviert und dies automatisch dem Service des Netzbetreibers mitgeteilt. Von dort wird unverzüglich die Entstörung eingeleitet.

Statusabfrage

Die *Statusabfrage* erlaubt es, den Zustand eines Anschlusses sowie die mit dem Anschluß verbundenen Berechtigungen und aktivierten Leistungsmerkmale am Endgerät abzufragen.

Übermittlung der Tarifinformationen

ISDN ermöglicht dem Teilnehmer einen Überblick über die entstandenen Verbindungskosten, indem sowohl während als auch nach einer Verbindung die angefallenen *Tarifeinheiten* zum kostenpflichtigen Endgerät übertragen werden.

Detaillierte Rechnung

Auf Wunsch erhält ein ISDN-Teilnehmer im Rahmen einer detaillierten Rechnung eine Auflistung sämtlicher abgehender Verbindungen mit Abrechnungsinformationen wie Datum und Zeitpunkt der Verbindung, Zielrufnummer, Dienstekennung, Verbindungsdauer, Anzahl der Gebühreneinheiten und Verbindungsgebühren.

Endgeräte

Um tatsächlich sämtliche verfügbaren ISDN-Leistungsmerkmale nutzen zu können, benötigt man entsprechend ausgestattete ISDN-Endgeräte. Zur Sicherung bereits getätigter Investitionen können aber (übergangsweise) auch die vorhandenen, für das analoge Fernsprechnetz oder das IDN konzipierten Endgeräte im ISDN weiter betrieben werden, wobei man entsprechend auf einige oder gar alle ISDN-Leistungsmerkmale verzichten muß. Da jedoch die Schnittstellen dieser Geräte nicht zur S_0-Schnittstelle des ISDN kompatibel sind, werden spezielle Adapter benötigt, welche die erforderliche Umsetzung vornehmen. Im folgenden werden die wesentlichen im ISDN angebotenen TK-Dienste beschrieben, wobei auch jeweils die Anschlußmöglichkeiten herkömmlicher Geräte vorgestellt werden.

22.8 ISDN-TK-Dienste

TK-Dienste

Allgemein werden die Kommunikationsmöglichkeiten öffentlicher TK-Netze den Teilnehmern durch definierte *Telekommunikationsdienste* (*TK-Dienste*) zur Verfügung gestellt. Jeder dieser Dienste weist ein charakteristisches Leistungs- und Merkmalsprofil auf, das die technischen, betrieblichen und rechtlichen Aspekte seiner Nutzung festlegt. In diesem Zusammenhang unterscheidet man Basismerkmale, die stets angeboten werden, sowie Zusatzmerkmale, die wahlweise verfügbar sind. Im Hinblick auf den Umfang der Standardisierung der Kommunikationsfunktionen und -protokolle lassen sich TK-Dienste in drei Klassen einteilen:

Übermittlungs-dienste

Übermittlungsdienste beschränken sich auf die anwendungsunabhängige Vermittlung und Übertragung von Informationen zwischen zwei Zugangsschnittstellen im Netzbereich. Es wird also lediglich ein unverfälschter Transport von einem Endgerät zum anderen garantiert, wobei die Teilnehmer selbst für die Kompatibilität der Endgeräte und die Nutzung der ihnen zur Verfügung gestellten Übertragungskapazität verantwortlich sind. Insbesondere die Kodierung der Informationen seitens des Senders sowie deren Interpretation auf der Empfängerseite liegt im Verantwortungsbereich der Endgeräte. Im OSI-Schichtenmodell decken Übermittlungsdienste lediglich die Ebenen eins bis drei ab.

Teledienste

Teledienste sind für die direkte Kommunikation zwischen Teilnehmern konzipiert und umfassen im Gegensatz zu Übermittlungsdiensten auch die Kommunikationsfunktionen der Endgeräte. Da ihre Definition alle sieben Ebenen des ISO/OSI-Schichtenmodells abdeckt, stellen Teledienste die Kompatibilität zwischen den für die jeweiligen Dienste zugelassenen Endgeräten sicher.

Mehrwertdienste

Unter *Mehrwertdiensten* versteht man Übermittlungs- und Teledienste, die *zusätzlich* Datenverarbeitungsfunktionen wie Zwischenspeicherung oder Verarbeitung umfassen. Erbringer dieser Dienste sind spezielle am Telekommunikationsnetz angeschlossene Rechner. Beispiele für Mehrwertdienste sind T-Online (ehemals Bildschirmtext, BTX), Mailboxen und private Online-Datenbanken.

22.8.1 Teledienste im ISDN

Im ISDN stehen grundsätzlich die gleichen Teledienste wie im analogen Fernsprechnetz bzw. IDN zur Verfügung. Dazu zählen:

- der Fernsprechdienst,
- der Telefaxdienst,
- der Telex- und Teletexdienst,
- der Bildschirmtextdienst sowie
- der Teleboxdienst.

Aufgrund der beschriebenen Eigenschaften und Leistungsmerkmale des ISDN handelt es sich dabei jedoch hinsichtlich Qualität und Leistung um eine neue Generation von Diensten. Zusätzlich zu diesen klassischen monomedialen Diensten bietet ISDN auch einige Multimediadienste wie die computergestützte Telefonie oder die Bildtelefonie, welche die universellen Übertragungsmöglichkeiten des ISDN gezielt nutzen.

Um einen Einblick in die Möglichkeiten des ISDN und seine Vorteile gegenüber den herkömmlichen TK-Netzen zu vermitteln, werden im folgenden exemplarisch die wesentlichen Neuerungen des Fernsprech- und Telefaxdienstes vorgestellt.

Fernsprechdienste

Der Fernsprechdienst stellt zahlenmäßig den bedeutendsten TK-Dienst dar. Seine Funktionalität bestand im analogen Fernsprechnetz in der Bereitstellung von leitungsvermittelten Wählverbindungen zur bidirektionalen Echtzeit-Sprachübertragung mit einer Bandbreite von 3,4 kHz. Auch im ISDN ist die Sprachkommunikation weiterhin als Hauptanwendung einzustufen. Folgende Fernsprechdienste stehen zur Verfügung:

- Beim ISDN-Fernsprechen mit 3.1 kHz Bandbreite wird die Sprache als analoges Signal mit einer Bandbreite von 3.1 kHz im ISDN-Telefon digitalisiert und als Bitstrom mit 64 kBit/s übertragen. Auch wenn die Bandbreite der des analogen Fernsprechnetzes entspricht, bietet das ISDN aufgrund der entfernungsunabhängigen Dämpfung und der geringeren Störungsempfindlichkeit der digitalen Signale eine Qualitätsverbesserung. Sofern das verwendete ISDN-Telefon dies unterstützt, sind beim ISDN-Fernsprechen sämtliche Leistungsmerkmale nutzbar. Sie fördern die Erreichbarkeit der Teilnehmer, bieten mehr Komfort und tragen zu einer höheren Effizienz des Telefonierens bei.
- Es besteht auch die Möglichkeit, zuvor am herkömmlichen Fernsprechnetz betriebene analoge Telefonapparate weiterhin zu nutzen. Da diese die sogenannte a/b-Schnittstelle[61] benötigen, wird ein spezieller Terminaladapter „TA a/b" benötigt, der netzseitig über die S_0-Schnittstelle verfügt und auf der Seite des Endgerätes einen analogen Telefonanschluß mit der üblichen Signalisierung emuliert.
- Zur Verbesserung der Sprachqualität gibt es einen weiteren Fernsprechdienst mit einer Bandbreite von 7 kHz. Damit trotz der vorgesehenen Abtastfrequenz von 16 kHz die Bitrate nur 64 kBit/s beträgt, wird eine Datenreduktion nach dem Verfahren der adaptiven Differenz-Pulscodemodulation (ADPCM) vorgenommen.

Telefaxdienste

Der Telefaxdienst ist ein weltweit standardisierter Dienst zur Übermittlung beliebiger Festbildkopien zwischen Teilnehmern. Im analogen Fernsprechnetz wird das Original senderseitig durch ein Telefaxgerät abgetastet, mit Hilfe eines eingebauten Modems in analoge Signale moduliert und zum Telefaxgerät des Empfängers übertragen. Dort werden die Analogsignale dann durch Demodulation wieder in das ursprüngliche Bild zurückgewandelt, so daß eine originalgetreue Fernkopie vorliegt. Die Auflösung, mit der das Original abgetastet wird, hat einen entscheidenden Einfluß auf die Bildqualität. Nach den Empfehlungen des ehemaligen *Comité Consultatif International Téléphonique et Télégraphique* (CCITT) unterscheidet man anhand der Merkmale Auflösung und Übertragungsgeschwindigkeit die in Abb. 22.13 aufgelisteten *Fax-Gruppen.*

Beim Telefaxdienst im ISDN handelt es sich um eine Weiterentwicklung des herkömmlichen Telefaxdienstes. Die der Gruppe 4 angehörenden ISDN-Telefaxgeräte übertragen die Bildinformationen in digitaler Form mit einer Übertragungsrate von 64 kBit/s in einem Basiskanal eines Universalanschlusses. Neben kurzen Übertragungszeiten von unter 10 Sekun-

[61] Die Bezeichnung a/b entspricht den Adern eines analogen Telefonhauptanschlusses: a = -60V / b = Erdpotential.

den pro DIN A4-Seite wird bei Auflösungen zwischen 200×200 und 400×400 DPI mit bis zu 64 Graustufen eine Bildqualität erreicht, die eine deutlich bessere Lesbarkeit der übertragenen Dokumente gewährleistet. Viele der ISDN-Leistungsmerkmale sind auch für den Telefaxdienst verfügbar. Grundsätzlich lassen sich drei verschiedene Geräteklassen unterscheiden:

- Reine ISDN-Faxgeräte gehören der Gruppe 4 an und sind fast ausschließlich mit Laser-Druckwerken ausgestattet. Sie können aufgrund der hohen Übertragungsgeschwindigkeit jedoch nur mit anderen Geräten der Gruppe 4 kommunizieren.
- Bimodale Faxgeräte sind zwar ebenfalls der Gruppe 4 zuzuordnen, beherrschen aber zusätzlich noch den Modus der Gruppe 3 und gewährleisten somit die Kompatibilität zu sämtlichen Gegenstellen im ISDN und im analogen Fernsprechnetz. Auch ISDN-Karten mit Faxfunktion unterstützen üblicherweise beide Betriebsarten.
- Analoge Faxgeräte der Gruppe 3 lassen sich wie analoge Telefone über einen Terminaladapter a/b am ISDN betreiben, können jedoch nicht die Vorteile des ISDN nutzen.

Gruppe	CCITT-Empfehlung	Auflösung	Übertragungsgeschwindigkeit
1	T2	100*100 dpi	6 Minuten / DIN A4 Seite
2	T3	100*200 dpi	3 Minuten / DIN A4 Seite
3	T4	200*200 dpi	1 Minute / DIN A4 Seite
4		400*400 dpi	10 Sekunden / DIN A4 Seite

Abb. 22.13. Qualitätsmerkmale der Fax-Gruppen nach CCITT-Empfehlung

22.8.2 Übermittlungsdienste

22.8.2.1 ISDN-spezifische Übermittlungsdienste

Im Bereich der Datenübertragung werden im wesentlichen zwei ISDN-spezifische Übermittlungsdienste unterschieden:

- die leitungsvermittelte ISDN-Datenübertragung und
- die virtuelle paketvermittelte ISDN-Datenübertragung.

Leitungsvermittelte Datenübertragung

Die transparente *leitungsvermittelte Datenübertragung* ermöglicht eine direkte Punkt-zu-Punkt-Verbindung zwischen zwei über die S_0-Schnittstelle angeschlossenen Datenendgeräten mit 64 kBit/s je Nutzkanal, wobei die Sicherstellung der Dienstekompatibilität im Verantwortungsbereich der beteiligten Endgeräte liegt. „Transparent" bedeutet in diesem Zusammenhang, daß die Protokolle für die Übertragung der Nutzinformationen ab der zweiten Ebene des ISO/OSI-Schichtenmodells frei vereinbart werden können. Nach erfolgtem Verbindungsaufbau ist somit nicht mehr das ISDN für die Abwicklung der Funktionen höherer Protokollebenen zuständig, sondern die Endgeräte. Ein Übergang zu anderen TK-Netzen ist zwar nicht möglich, aber es können sämtliche beschriebenen ISDN-Leistungsmerkmale genutzt werden.

Virtuelle paketvermittelte Datenübertragung

Virtuelle Verbindungen für *paketvermittelte Datenübertragung* können im B-Kanal mit 64 Kbit/s oder im D-Kanal mit maximal 9,6 Kbit/s aufgebaut werden. Die zweite und dritte Kommunikationsschicht des ISO/OSI-Schichtenmodells basieren dabei auf der CCITT-Empfehlung X.25. Ein Vorteil der Paketvermittlung besteht in der Möglichkeit, auf einem physikalischen Kanal per Multiplexing mehrere virtuelle Kanäle zu realisieren, wobei sich die Multiplexfunktion für den B-Kanal auf die Vermittlungsschicht beschränkt, während im D-Kanal auch schon auf der Sicherungsschicht Multiplexing möglich ist.

22.8.2.2 Herkömmliche Übermittlungsdienste

Unter Zuhilfenahme entsprechender Terminaladapter lassen sich darüber hinaus auch herkömmliche Dienste zur Datenübertragung nutzen:

- Datenübertragung per Modem über den Terminaladapter TA a/b,
- Datenübertragung über den Terminaladapter TA V.24,
- Datenübertragung über den Terminaladapter TA X.21/X.21bis sowie
- Zugang zum Datex-P über den Terminaladapter TA X.25.

Exkurs: Datex-P

Kurzbeschreibung

Vor dem Hintergrund, die von Kunden getätigten Investitionen in dedizierte Endgeräte zu sichern, wurde die Möglichkeit vorgesehen, das ISDN auch als Zubringernetz zum *Datex-P* (*Data Exchange-Packet Switching*) zu nutzen. Dabei handelt es sich um ein digitales Netz, das innerhalb des IDN speziell für die paketvermittelte digitale Datenübertragung über Wählverbindungen konzipiert wurde.

Sicherheit

Die für seinen in der Vergangenheit erzielten Erfolg maßgebliche Eigenschaft des Datex-P ist die hohe Übertragungssicherheit, die neben dem Einsatz des bereits dargestellten Protokollstapels X.25[62] dem Prinzip des „store and forward" zu verdanken ist. Da lediglich Punkt-zu-Punkt-Verbindungen physikalisch miteinander verbunden werden, sucht die Vermittlungstechnik automatisch einen neuen Weg, falls ein Leitungsabschnitt ausfällt. Verlorengegangene oder fehlerhaft übermittelte Datenpakete werden nur vom letzten Zwischenspeicher, der die Daten bis zum Empfang einer Quittung puffert, wiederholt übertragen. Die Kontroll- und Korrekturroutinen des Vermittlungssystems garantieren für die gesamte Übertragungsstrecke eine Bitfehlerwahrscheinlichkeit von 10^{-9}.

Flußsteuerung

Ein weiterer Vorteil von Datex-P besteht darin, daß Datenendeinrichtungen mit unterschiedlichen Übertragungsgeschwindigkeiten miteinander kommunizieren können, wobei das langsamere System den Datenfluß dominiert (vgl. Abb. 22.14).

[62] Zu X.25 vgl. Kap. 12.

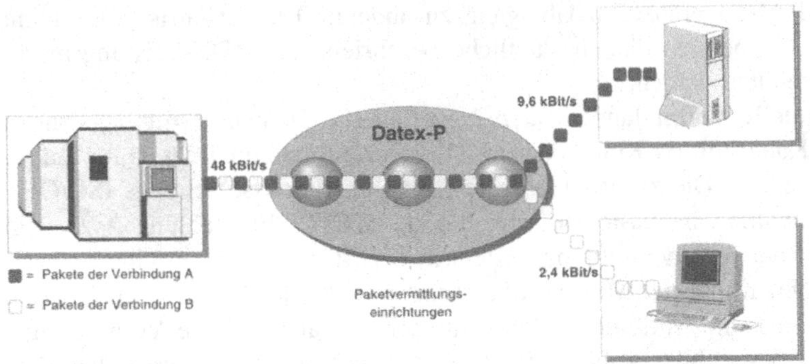

Abb. 22.14. Prinzip der Paketvermittlung in Datex-P

Anschlußarten

Das Netz nimmt immer nur soviele Datenpakete an, wie augenblicklich gespeichert werden können. Daher muß eine sendende Station die Übertragung kurzfristig unterbrechen, wenn die Kapazität des Zwischenspeichers erschöpft ist. Ebenso verhält es sich bei der Weiterleitung von Datenpaketen aus dem Datex-P an eine Zielstation, da diese die Geschwindigkeit vorgibt, mit der die Daten in Empfang genommen werden. Es lassen sich zwei Anschlußarten zwischen Datenendeinrichtung und Netzabschlußeinrichtung unterscheiden:

- Im Rahmen eines *Basisdienstes* stehen Datex-P10-Hauptanschlüsse mit bis zu 255 duplexfähigen Verbindungen zur Verfügung. Die Anschaltung von Datenendeinrichtungen erfolgt über die synchrone X.25-Schnittstelle.
- Als *Zusatzdienst* gibt es den Datex-P20-Hauptanschluß für zeichenorientiert arbeitende Datenendeinrichtungen. Die Anbindung derartiger Geräte erfolgt über die asynchrone X.28-Schnittstelle an sogenannte Packet Assembler Disassembler (PAD), deren Aufgabe darin besteht, die notwendige Umwandlung zwischen den zeichen- und paketorientierten Formaten vorzunehmen.

synchroner Betrieb	
Anschluß	**Übertragungsrate**
Datex-P10H2400	2.400 Bit/s
Datex-P10H4800	4.800 Bit/s
Datex-P10H9600	9.600 Bit/s
Datex-P10H19k2	19.200 Bit/s
Datex-P10H64k	64 kBit/s
Datex-P10Hn64k	n x 64 kBit/s
Datex-P10M92	1.92 MBit/s

asynchroner Betrieb	
Anschluß	**Übertragungsrate**
Datex-P20H2400	2.400 Bit/s
Datex-P20H4800	4.800 Bit/s
Datex-P20H9600	9.600 Bit/s

Legende:
- 10 = synchroner, 20 = asynchroner Betrieb
- H: Hauptanschluß
- weitere Zahl: Übertragungsgeschwindigkeit

Abb. 22.15. Anschlüsse und Übertragungsraten des Datex-P

Zugang über ISDN

Für den Zugang zum Datex-P über ISDN schaltet der ISDN-Teilnehmer seine paketvermittelnden Endgeräte mit X.25-Schnittstelle über einen Terminaladapter TA X.25 an den ISDN-Teilnehmeranschluß an. Aus der Sicht des X.25-Datenendgerätes verhält sich der ISDN-Anschluß in diesem Fall wie ein Datex-P10H-Hauptanschluß. Das ISDN transportiert die Datenpakete einer X.25-Verbindung über einen B-Kanal zu einem *ISDN-Datex-P-Umsetzer* (*Internetworking Point*), in dem der Übergang zu Datex-P erfolgt. Bei diesem Ansatz findet also nicht nur eine Anpassung im Endgerätebereich statt, sondern zusätzlich ein Netzübergang.

Ein ISDN-Teilnehmer, der über seinen ISDN-Anschluß Datex-P-Dienste nutzen möchte, muß dazu auch Teilnehmer im Datex-P mit eigener Datex-P-Rufnummer sein. Das per Terminaladapter TA X.25 an das ISDN angeschaltete X.25-Endgerät benötigt für die Kommunikation lediglich seine Datex-P-Rufnummer, da die erforderlichen ISDN-Verbindungen vom Terminaladapter automatisch aufgebaut werden.

Umgekehrt ist das an das ISDN angeschaltete X.25-Datenendgerät für andere Stationen im Datex-P nur unter seiner Datex-P-Rufnummer bekannt. Die erforderlichen ISDN-Verbindungen werden in diesem Fall automatisch vom *Internetworking Port* hergestellt. Bei dieser Form der Einbindung paketvermittelnder Dienste in das ISDN handelt es sich um eine Minimalintegration gemäß CCITT-Empfehlung X.31.

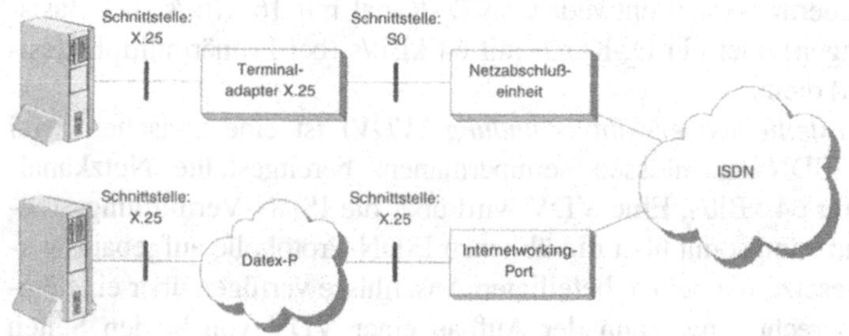

Abb. 22.16. Funktionsweise des Terminaladapters X.25

22.9 ISDN-Verbindungsarten

Je nach TK-Dienst ergibt sich häufig ein spezifisches Bild im Hinblick auf die durchschnittliche Dauer und den Nutzungsgrad einer Verbindung.[63] Diesem Aspekt Rechnung tragend, stehen dem ISDN-Teilnehmer verschiedene Verbindungsarten zur Wahl:

[63] Insbesondere werden bei der Datenkommunikation in Abhängigkeit von Datenvolumen und Antwortzeit verschiedene Verkehrsarten (Stapelverkehr, Dialogverkehr und Burstverkehr) unterschieden.

ISDN-Wählverbindungen belegen einen B-Kanal und werden wie herkömmliche Telefonverbindungen durch einen Wahlvorgang aufgebaut. Innerhalb des ISDN steht somit die Standard-Bitrate von 64 kBit/s duplex zur Verfügung. Die Verbindungsaufbauzeit hängt von der Anzahl der beteiligten Vermittlungsstellen ab und liegt bei etwa einer Sekunde. Durch entsprechende Netzübergänge sind auch zu anderen Netzen wie dem analogen Fernsprechnetz oder dem IDN Wählverbindungen möglich.

Festverbindungen

ISDN-Festverbindungen (FV) sind mit Datendirektverbindungen vergleichbar. Sie stellen dem Teilnehmer dauernd geschaltete transparente Kanäle mit einer Kapazität von 64 kBit/s zur Verfügung. Für die Basisfestverbindung sind ein oder zwei solcher Kanäle vorgesehen, für die Primärmultiplexfestverbindung 30.

Teilnehmerseitig weisen ISDN-FV eine S_{0FV}-Schnittstelle bzw. eine S_{2MFV}-Schnittstelle auf, die sich durch ein wesentliches Kriterium von den korrespondierenden Schnittstellen einer Wählverbindung (S_0 bzw. S_{2M}) unterscheiden: Sowohl am Basisanschluß als auch am Primärmultiplexanschluß sind die Endeinrichtungen unmittelbar mit dem für die Steuerung der Teilnehmerschnittstelle zuständigen Koppelfeld der zugehörigen ISDN-Vermittlungsstelle verbunden. Festverbindungen werden dagegen nicht über ISDN-Vermittlungsstellen geführt, sondern direkt zwischen zwei dauerhaft festgelegten Teilnehmeranschlüssen eingerichtet. Da durch das Fehlen des Koppelfeldes die ISDN-Signalisierung umgangen wird, sind die angeschlossenen Endeinrichtungen selbst für die Steuerung der Kommunikation zuständig, wobei als Steuerungskanal entweder ein D_0-Kanal mit 16 kBit/s (bei Basisfestverbindungen) oder ein D_2-Kanal mit 64 kBit/s (bei Primärmultiplexfestverbindungen) dient.

Vorbestellte Dauerwählverbindungen

Eine *vorbestellte Dauerwählverbindung* (*VDV*) ist eine zwischen zwei festgelegten ISDN-Anschlüssen semipermanent bereitgestellte Nutzkanalverbindung mit 64 kBit/s. Eine VDV wird über die ISDN-Vermittlungsstellen geführt und kann somit über die üblichen ISDN-Protokolle aufgebaut werden. Vorausgesetzt, die beiden beteiligten Anschlüsse verfügen über eine entsprechende Berechtigung, kann der Aufbau einer VDV von beiden Seiten erfolgen. Die Berechtigung dazu wird in der ISDN-Ortsvermittlungsstelle vermerkt und beinhaltet die Rufnummern der korrespondierenden Anschlüsse sowie die Anzahl der gleichzeitig zu jedem Anschluß erlaubten vorbestellten Dauerwählverbindungen. Der Aufbau einer VDV benötigt zwischen 1 und 3 s. Darauf wird zwischen den Anschlüssen ein Übertragungsweg mit 64 kBit/s reserviert, zu dessen Nutzung zunächst eine Aktivierung vorzunehmen ist. In Abhängigkeit von der Anzahl der beteiligten ISDN-Vermittlungsstellen liegt die Dauer des Aktivierungsvorgangs im Bereich von 0,3 bis 1,2 s. Solange eine Verbindung nicht benötigt wird, kann sie deaktiviert werden. Während der Nichtbenutzung der vorbestellten Dauerwählverbindung steht der Basiskanal für beliebige ISDN-Wählverbindungen bereit. Somit lassen sich wechselseitig Festverbindungen und Wählverbindungen nutzen. 1996 hat die Telekom semipermanente Verbindungen eingestellt.

22.10 Breitband-ISDN

Das Breitband-ISDN, kurz B-ISDN genannt, verwendet als Übertragungsverfahren das bereits behandelte ATM (Asynchronous Transfer Mode). Die mit dem Fließbandprinzip vergleichbare Übertragungstechnik ist verbindungsorientiert und erfolgt über ATM-Vermittlungsstellen (ATM-VSt).

Einordnung

B-ISDN ist kein Netz, welches das gegenwärtige Schmalband-ISDN ablösen soll. Es ist vielmehr zur Erweiterung des Dienstangebots für Anwendungen gedacht, die hohe Übertragungsgeschwindigkeit erfordern. Zu nennen sind hier vor allem Multimedia-Anwendungen mit der integrierten Übertragung von Bewegtbild und Ton, CAD-Anwendungen, Video on Demand und die Vernetzung schneller lokaler Netze.

Übertragungsgeschwindigkeit

Ähnlich wie Datex-P erlaubt auch das B-ISDN die Wahl bedarfsabhängiger Übertragungsgeschwindigkeiten. Die DTAG bietet gegenwärtig unter dem Produktnamen *T-Net-ATM* Bitraten von 2,34 und 155 MBit/s mit der Möglichkeit an, andere Netze zu integrieren oder zum ATM zu migrieren. Höhere Geschwindigkeiten von 600 MBit/s und 2,5 GBit/s sind realisierbar und dürften erst zu einem späteren Zeitpunkt für Endanwender bereitgestellt werden. Voraussetzung für den Zugang zum B-ISDN ist in der Regel die Verfügbarkeit eines Lichwellen- oder Koaxialleiters zwischen dem Endteilnehmer und der ATM-Teilnehmervermittlungsstelle.

Der Anwender kann sich für virtuelle Wählverbindungen oder Festverbindungen entscheiden. Die Verbindungen können unidirektional (asymmetrisch) oder bidirektional (symmetrisch) betrieben werden.

Neben einer guten nationalen B-ISDN-Infrastruktur nimmt die internationale Verfügbarkeit ständig zu. Anfang 1999 erstreckt sich die Ausdehnung des mit *Global ISDN* bezeichneten Netzes auf 15 Länder.

Literaturempfehlungen

Badach, A. (1997): Datenkommunikation mit ISDN, MITP.

Badach, A. (1997): Integrierte Unternehmensnetze: X.25, Frame Relay, ISDN, LANs und ATM, Heidelberg: Hüthig, S. 123-168.

v. Bandow, G. et al. (1999): Zeichengabesysteme – Eine neue Generation für ISDN und intelligente Netze: Institut z. Entw. mod. Unterrichtsmedien.

Chimi, E. (1998): High-Speed Networking: Konzepte, Technologien, Standards, München und Wien: Hanser, S. 171-193, 413-438.

Georg, O. (2000): Telekommunikationstechnik: Handbuch für Praxis und Lehre, 2. Auflg., Berlin u.a.: Springer, S. 151-272.

Kanbach, A., Körber, A. (1999): ISDN – Die Technik: Schnittstellen, Protokolle, Dienste, Endsysteme, 3. Auflg., Heidelberg: Hüthig.

Siegmund, G. (1999): Technik der Netze, 4. Auflg., Heidelberg: Hüthig, S. 377-650, 723-972.

23 Citynetze

Die sich abzeichnende Liberalisierung des Telekommunikationsmarktes war für viele kommunale und regionale Versorgungsunternehmen aus den Bereichen Strom, Gas, Fenwärme aber auch für Sparkassen, Bauämter, Feuerwehren etc. Anlaß, ihre schon für interne Aufgaben betriebenen Kommunikationsnetze für den öffentlichen Betrieb auszubauen. Kostengünstige Möglichkeiten boten sich durch Mitverlegung von Lichtwellenleitern und Koaxialkabeln beim Bau von Versorgungsleitungen an. Auf diese Weise entstanden räumlich abgegrenzte und leistungsfähige Netze im Ausdehnungsbereich großer Städte und auch größerer Regionen. Obwohl zur Hervorhebung der unterschiedlichen Ausdehnungsbereiche auch von Regionalnetzen gesprochen wird, werden sie hier den Citynetzen zugerechnet. Die Betreiber werden oft als *City Carrier* bezeichnet. Die durch das Telekommunikationsgesetz vorgeschriebene rechtliche Selbständigkeit führte dazu, daß ein großer Anteil der Netzbetreiber trotz wirtschaftlicher Abhängigkeit als Tochtergesellschaften von Versorgungsunternehmen agieren.[64]

City Carrier

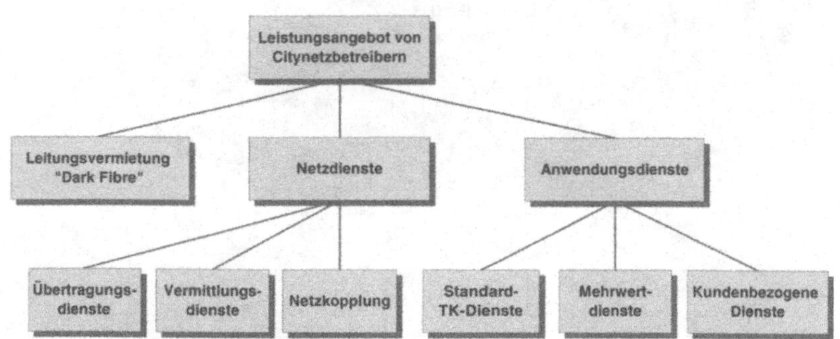

Abb. 23.1. Leistungsangebot von Citynetzbetreibern

---

[64] Nach § 14(1) des Telekommunikationsgesetzes (TKG) wird eine Separierung der Telekommunikationsleistungen verlangt, wenn ein Unternehmen auf einem anderen Markt als der Telekommunikation eine marktbeherrschende Stellung hat. Da dies bei Versorgungsunternehmen in der Regel der Fall ist, sind selbständige Betreibergesellschaften zu gründen.

Die Breitbandleitungen mit hohen Übertragungsleistungen und die in der Regel schon bestehende Kundennähe eröffnen den City Carriern ein breites Leistungsspektrum, das sich entweder auf das Betreiben von Übertragungswegen und eine Fülle von Diensten oder nur auf die reine Bereitstellung von Übertragungswegen für fremde Netze erstreckt.

23.1 Netzdienste

Übertragungswege

Für das Angebot von Übertragungswegen bieten sich drei verschiedene Möglichkeiten an:

- Bereitstellung ohne aktive Beschaltung (sog. „Dark Fibre"[65]),
- als Festverbindung mit aktiver Beschaltung, unterschiedlichen Übertragungsgeschwindigkeiten und gesicherter Übertragung (Übertragungsdienst),
- als Vermittlungsdienst zwischen Netzzugangspunkten mit unterschiedlichen Geschwindigkeiten und Protokollen (z.B. X.25, ATM, Frame Relay).

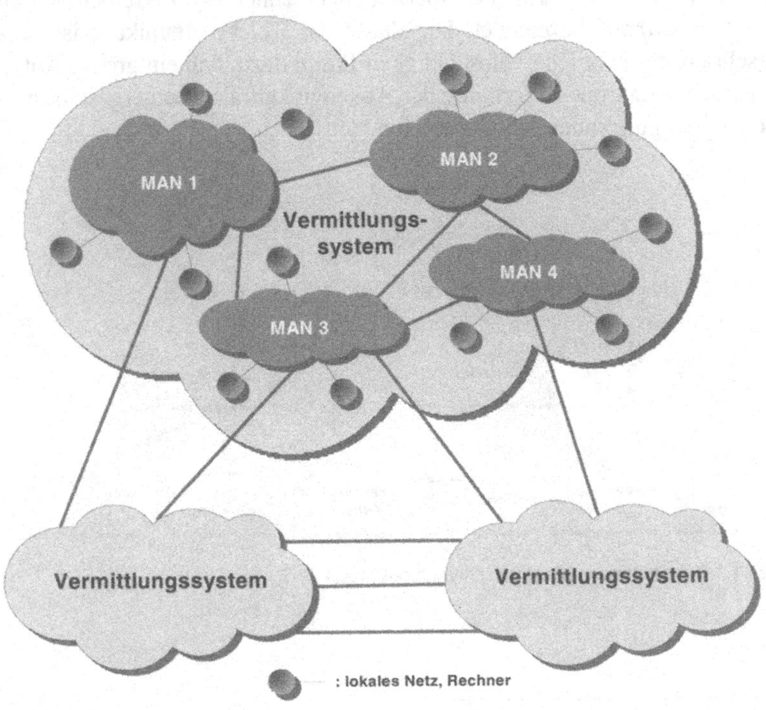

Abb. 23.1. Kopplung von Metropolitan Area Networks und Vermittlungssystemen

---

[65] Es handelt sich hierbei nicht um einen Dienst i.e.S.

Der Betrieb von Übertragungswegen hat sowohl für die City Carrier als auch für die Betreiber fremder Netze eine erhebliche Bedeutung. Von den in der Lizenzklasse 3 (Betrieb von Übertragungswegen) von der Regulierungbehörde 1998 vergebenen 82 Lizenzen entfielen fast 80% auf City Carrier (einschließlich Regionalnetzbetreiber). Für die nationalen Netzbetreiber bietet sich durch die Nutzung meist die einzig wirtschaftliche Möglichkeit, leistungsfähige Verbindungen zu gewerblichen Teilnehmern zu realisieren.

Netzkopplung

Im Mittelpunkt der Netzkopplungen stehen Verbindungen von lokalen Netzen unterschiedlicher Topologien und Zugangsregelungen. Beispiele sind die Vernetzung von Behörden, von Universitätseinrichtungen, von Krankenhäusern oder von großen Arztpraxen mit Krankenhäusern zur Telemedizin.

Eine spezielle Form der Netz- und Rechnerkopplung im Ausdehnungsbereich von Regional- und Citynetzen wird von der DTAG durch *Metropolitan Area Networks* (MAN) angeboten. Abgestimmt auf die Kommunikationsbedürfnisse von Unternehmen, Behörden und Institutionen sind in rd. 30 Großstädten Netze installiert. Wie bei den meisten Citynetzen, so sind bei den MANs lokale Netze und Endgeräte über Stichleitungen an den Ring angeschlossen. Mit transparenter Übertragung und Geschwindigkeiten von bis zu 155 MBit/s dienen sie vorrangig zur Kopplung von lokalen Netzen und auch einzelner Rechner. Daneben wird von der DTAG ein breites Dienstespektrum für Multimedia-Anwendungen bereitgestellt, zu denen auch die Sprachkommunikation gehört.

MANs sind auf nationaler Ebene zweistufig gegliedert. Auf der unteren Ebene sind mehrere Ringe als Subnetze zu einem *MAN-Vermittlungssystem* (MAN Switching System, MSS) untereinander verbunden. Mehrere Vermittlungssysteme bilden sodann den nationalen MAN-Verbund. Die ATM-basierte Übertragungstechnik bietet die Möglichkeit für Schnittstellen zum T-Net-ATM (B-ISDN).

23.2 Anwendungsdienste

Merkmale

Die möglichen Anwendungsdienste entsprechen zum einen dem standardmäßigen Angebot der nationalen Betreiber zum anderen sind es Dienste, die als netzspezifische Funktionserweiterungen der Standardangebote (Mehrwertdienste) sowie durch die große Kundennähe Attraktivität und Wettbewerbsvorteile gegenüber den nationalen Betreibern erwarten lassen. Zu den Standardangeboten gehören der Fernsprech- und Faxdienst, intelligente Dienste und auch der Zugang zum Internet.

Mehrwertdienste

Mehrwertdienste (Value Added Services) entstehen durch Erweiterungen der standardmäßigen Angebote. Beispiele sind die Speicherung von Sprachmitteilungen bei „besetzt“ oder „nicht erreichbar“ und die Übernahmen von Hotelreservierungen. Obwohl oft gleiche oder ähnliche Dienste von unterschiedlichen Netzbetreibern angeboten werden, handelt es sich bei den Mehrwertdiensten um individuelle Angebote.

Anwendungen für Unternehmen	Anwendungen für private Benutzer
Telearbeit	Telelearning
Call Center	Telebanking
Video-Konferenzen	Teleshopping
Produktkataloge	Buchungs-und Reservierungsdienste
Wartungsanleitungen	Foren zu lokalen Themen
Datenfernerfassung (z.B. Strom u. Wasser)	Veranstaltungshinweise
Hausüberwachung	Behördeninformationsdienst
	Lokales Video on Demand

Abb. 23.2. Anwendungsdienste in Citynetzen

Kundenbezogene Anwendungen

Kundenbezogene Anwendungen lassen sich sehr vielseitig durch die Verbindung von Kommunikation und Informationsverarbeitung gestalten und sind entweder speziell für Unternehmen oder für private Benutzer konzipiert. WWW-basierte und nach dem Client-Server-Prinzip entwickelte Anwendungen nehmen dabei wiederum einen breiten Raum ein. Eine Auswahl findet sich in Abb. 23.2. Die typische Angebotspalette eines Citynetzbetreibers zeigt Abb. 23.3 am Beispiel von NetCologne.

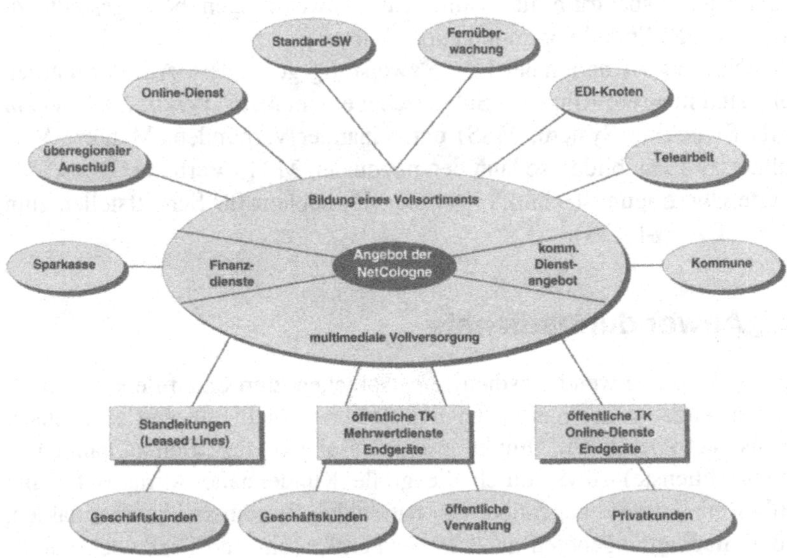

Abb. 23.3. Dienstleistungsangebot des Citynetzbetreibers NetCologne (Köln)

23.3 Netzzugang

Anforderungen

Eine wichtige Voraussetzung für die Attraktivität von Citynetzen sind die Möglichkeiten der uneingeschränkten Kommunikation mit Teilnehmern anderer Netze sowie des Netzzugangs solcher Teilnehmer, die bisher Kunden fremder Betreiber waren und deren Netzzugangspunkt Eigentum dieser Betreiber ist. Die Fragestellungen und die Gestaltung der Netzzugänge treten in gleicher Weise bei den unterschiedlichen Betreibern nationaler und internationaler Netze auf.

23.3.1 Netzbetreiber

Telekommunikationsgesetz

Der rechtliche Rahmen, nach dem in Deutschland Netzbetreiber tätig werden dürfen, ist durch das Telekommunikationsgesetz (TKG) abgesteckt. Grundlegend wird demnach zwischen dem *Betreiben von Übertragungswegen* und dem *Betreiben von Telekommunikationsnetzen* unterschieden (§ 3 TKG), wobei unter Betreiben das Ausüben der rechtlichen und tatsächlichen Kontrolle über die zum jeweiligen Betrieb unabdingbar notwendigen Funktionen verstanden wird. Beim Betrieb von Übertragungswegen sind dies die notwendigen Funktionen zur Realisierung der Übertragung. Bei den Kommunikationsnetzen sind es alle Funktionen, die zur „.... Erbringung von Kommunikationsdienstleistungen oder nichtgewerblichen Kommunikationszwecken über Kommunikationsnetze unabdingbar zur Verfügung gestellt werden müssen." Für die Entwicklung nach Aufhebung der Regulierung ist es von besonderer Bedeutung, daß das Erbringen von Telekommunikationsdienstleistungen unter gleichen rechtlichen Bedingungen auch über angemietete Übertragungswege erfolgen kann. Lizenzpflichtig sind dabei der Betrieb von grundstücksüberschreitenden und für Telekommunikationstdiensleistungen genutzten Übertragungswegen sowie der Sprachtelefondienst auf selbst betriebenen Netzen.

Lizenzklassen

Das TKG unterscheidet zwischen 4 Lizenzklassen, die einzeln oder auch im Verbund von der Regulierungsbehörde für Post und Telekommunikation an Betreiber erteilt werden können (vgl. Abb. 23.4).

	Berechtigung
Lizenzklasse 1:	berechtigt zum Betreiben von Übertragungswegen für *Mobilfunkdienstleistungen.*
Lizenzklasse 2:	berechtigt zum Betreiben von Übertragungswegen für *Satellitenfunkdienstleistungen.*
Lizenzklasse 3:	berechtigt zum *Betreiben von Übertragungswegen* für öffentliche Telekommunikationsdienstleistungen, deren Angebot nicht in die Klassen 1 und 2 fällt.
Lizenzklasse 4:	berechtigt zum Angebot *von Sprachtelefondiensten* auf der Basis selbst betriebener Telekommunikationsnetze.

Abb. 23.4. Lizenzklassen für Telekommunikationsnetze

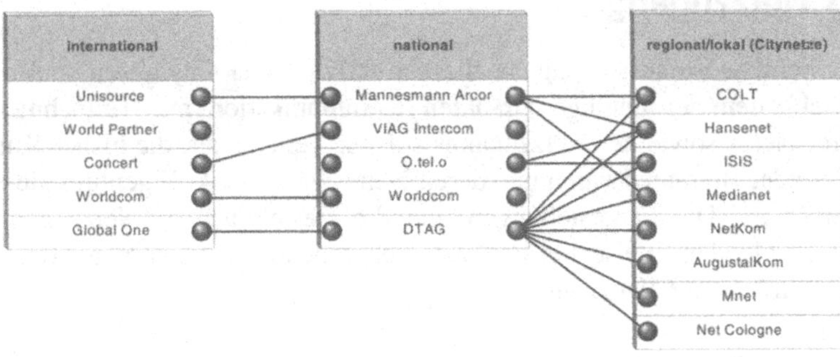

Abb. 23.5. Netzbetreiber mit Interconnections

Als Folge der Deregulierung entstanden neben der DTAG zahlreiche internationale, nationale, regionale und lokale Netzbetreiber, von denen der größere Anteil als Sprachtelefonanbieter nach dem 1. Januar 1998 in den nunmehr freien Markt eingetreten ist (vgl. Abb. 23.5).

23.3.2 Verbindungs- und Teilnehmernetze

Verbindungsnetze

Für die Kommunikation in öffentlichen Netzen ist es von entscheidender Bedeutung, daß die Versorgung der Teilnehmer national und je nach Dienst auch international flächendeckend ist. Dies erfordert zunächst, daß die technische Zusammenschaltung der Netze unterschiedlicher Betreiber grundsätzlich möglich sein muß. Ein Teilnehmer eines Netzes A muß also jederzeit mit einem Teilnehmer eines Netzes B kommunizieren können, gegebenenfalls auch über reine Transitnetze, die die Aufgabe haben, durch Vermittlung Übertragungen zwischen verschiedenen Netzen durchzuführen. Man spricht in diesem Fall von Verbindungs- oder Vermittlungsnetzen. Die Zusammenschaltung (Interconnection) erfolgt über *Points of Interconnection* (POI). Das sind speziell für diese Aufgaben installierte Vermittlungsrechner. Vor allem für die Zusammenschaltung auf internationaler Ebene gibt es solche POIs seit dem Bestehen internationaler Verbindungen.

Teilnehmernetze

Netze mit Zugangspunkten für die Endteilnehmer sind Teilnehmer- oder Zugangsnetze Ein POI kann somit je nach Lage der Teilnehmer zwei Teilnehmernetze direkt, oder ein Vermittlungsnetz mit einem Teilnehmernetz verbinden. Eine besondere Situation ist in Deutschland vor allem nach der Deregulierung des Sprachtelefondienstes dadurch entstanden, daß die zahlreichen „neuen“ (alternativen) Netzbetreiber entweder über keine eigenen Übertragungswege oder im Vergleich zu DTAG nur über ein kleines Übertragungsnetz mit wenigen Zugangspunkten zu Endteilnehmern verfügen. Meistens handelt es bei den direkten Zugängen um gewerbliche Teilnehmer mit hohem Nachrichtenaufkommen.

Zugang über fremde Netze

Für ein flächendeckendes Angebot, insbesondere für den Sprachtelefondienst, benötigen die neuen Betreiber weitgehend den Zugang über fremde Netze. Entscheidend für die erfolgreiche Deregulierung ist die Bestimmung des § 35 Abs. 1 TKG, nach der der Betreiber eines Telekommunikationsnetzes, der Dienste für die Öffentlichkeit anbietet und auf dem Telekommunikationsmarkt eine marktbeherrschende Stellung hat, verpflichtet ist, anderen Nutzern den Zugang zu seinem Netz zu ermöglichen. Er ist weiterhin verpflichtet, die Zusammenschaltung seines Netzes mit öffentlichen Netzen anderer Betreiber gegen Entgelt zu ermöglichen.

Diese Regelung gilt zwar für alle Netzbetreiber, von Bedeutung ist sie beim derzeitigen Entwicklungsstand jedoch nur für die DTAG. Die Wirkungen dieser Vorschrift sind, daß sich die meisten Teilnehmer über das Netz der DTAG bis zur Ortsvermittlungsstelle in das Netz ihres Betreibers einwählen. Das Netz der DTAG hat hier die Funktion des Teilnehmernetzes, während das des neuen Betreibers als Verbindungsnetz dient. Die gesetzliche Regelung geht jedoch noch weiter. Ein marktbeherrschender Betreiber ist nicht nur verpflichtet, Verbindungen zwischen den Netzzugangspunkten und den Ortsvermittlungsstellen, sondern auch Übertragungswege des Fernnetzes bereitzustellen. Ein Netzbetreiber kann folglich das gesamte Nachrichtenaufkommen seiner Kunden über Leitungen fremder Netze führen. Grundsätzlich ist es möglich, daß er ohne eigene Infrastruktur mit nur einem Vermittlungsrechner und damit nur einem POI von einem beliebigen Ort in Deutschland aus Kommunikationsdienstleistungen anbietet. Um jedoch einen erkennbaren Beitrag zur Förderung des angestrebten Wettbewerbs zu leisten, wurde mit Wirkung vom 1. November 1998 durch die Regulierungsbehörde festgelegt, daß ein Netzbetreiber in der Startphase mindestens acht POIs betreiben muß.

Preisregulierung

Von der DTAG werden im Fernbereich gegenwärtig meistens als Ringe geschaltete Leitungen mit Geschwindigkeiten von 155 MBit/s für fremde Betreiber bereitgestellt. Die hierfür zu entrichtenden Nutzungskosten wurden ebenfalls von der Regulierungsbehörde auf der Basis eines Tarifvergleichs von zehn Industriestaaten festgelegt.

23.3.3 Adressierung und Netzeinwahl

Verbindungsnetzbetreiberkennzahl

Durch die Aufhebung der Monopolstellung der DTAG als alleiniger Betreiber öffentlicher Netze und das Entstehen zahlreicher Verbindungsnetze ist eine über die „bisherigen“ Fernsprechnummern hinausgehende Adressierung für abgehende Gespräche notwendig geworden. Es muß gewährleistet sein, daß landesweit jeder Teilnehmer unter Beibehaltung der Fernsprechnummer aus jedem Teilnehmernetz aus adressierbar ist. Diese Aufgabenstellung wird durch eine vorangestellte Verbindungsnetzbetreiberkennzahl mit den Nummernräumen 010xy oder 0100yy gelöst. Der Nummernraum 010xy mit einem Vorrat von 100 unterschiedlichen Kennzahlen war nach kurzer Zeit ausgeschöpft, so daß sich die Regulierungsbehörde veranlaßt sah, ab 02.06.1998 Kennzahlen mit der Struktur 0100yy einzuführen.

Für die Einwahl des Teilnehmers in das von ihm gewünschte Netz haben die folgenden Einwahlverfahren die stärkste Verbreitung erfahren:

- Call by call,
- Preselection,
- Full Access (Direktanschluß).

Call by Call

Call by Call erfordert vom Teilnehmer jeweils die Eingabe der Verbindungsnetzbetreiberkennzahl vor der Eingabe der Fernsprechnummer. In der Ortsvermittlungsstelle des Teilnehmernetzes wird zum adressierten Verbindungsnetz geschaltet, das aus eigenen oder angemieteten Übertragungswegen bestehen kann (vgl. Abb. 23.6).

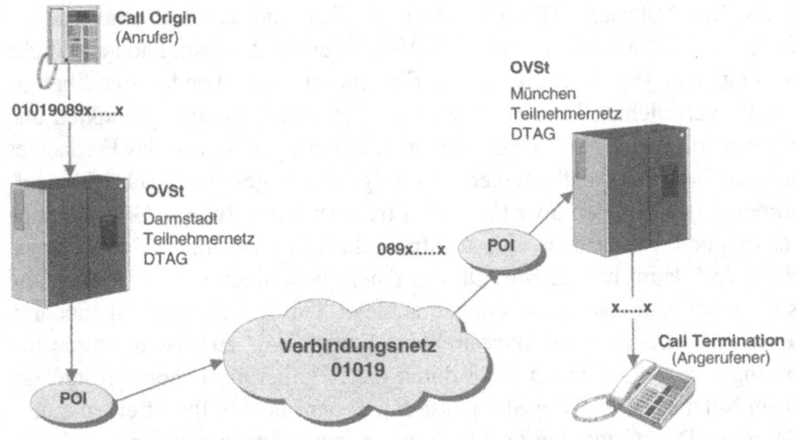

Abb. 23.6. Call by Call (Ferngespräch Darmstadt - München über das Teilnehmernetz der DTAG und das Verbindungsnetz 01019)

Preselection

Preselection erfordert die Entscheidung für einen Verbindungsnetzbetreiber auf Dauer. Alle gewählten und mit einer Länder- oder Ortnetzkennzahl beginnenden Fernsprechnummern werden automatisch über die in der OVSt programmierte Betreiberkennzahl an das Verbindungsnetz geleitet. Ortsgespräche verbleiben hier automatisch beim Teilnehmernetzbetreiber. Trotz der permanenten Schaltung kann der Teilnehmer durch das sog. *Override* auch über Call by Call Verbindungen aufbauen und dadurch die voreingestellte Betreiberkennzahl umgehen. Der Forderung nach freier Netzwahl wird auf diese Weise entsprochen.

Full Access

Beim *Full Access* ist der Teilnehmer als fester Kunde direkt mit dem Betreibernetz verbunden. Durch die historische Entwicklung ist der Full Access beim T-Net der DTAG durchgängig vorhanden. Er ist die Form, die von den meisten neuen Netzbetreibern angestrebt wird. Die Entwicklungen zur Überwindung der „letzten Meile“, die Voraussetzung für den Full Access ist, stellt gegenwärtig das Ziel von Entwicklungen auf den Gebieten Funkübertragung und der Powerline-Technologie dar. Bei letzterer werden neben der Stromübertragung auf dem gleichen Leiter parallel Nachrichten übertragen. Die Entwicklung ist zwischenzeitlich erfolgreich vorangeschritten und dürfte in den nächsten Jahren mit Übertragungsgeschwindigkeiten von ca. 2 MBit/s zum Einsatz kommen.

Der Full Access ist zur Zeit weitgehend auf Citynetzbetreiber beschränkt, jedoch auch dort nicht durchgängig für alle Teilnehmer realisiert. Daneben werden Call by Call und Preselection als Einwahlverfahren verwendet. Diese Netzbetreiber sind dann sowohl Teilnehmer- als auch Verbindungsnetzbetreiber. Hier ist eine Entwicklung dahingehend zu erwarten, daß die Netzkunden ihre Ortsgespräche über das Citynetz und Ferngespräche nach dem jeweils günstigsten Tarif („Least Cost Routing") der (Fern-) Verbindungsnetzbetreiber über die Einwahl mit der Betreiberkennzahl abwickeln. Wegen fehlender Einrichtungen zur Netzzusammenschaltung (POI) der zahlreichen neuen Netze untereinander sind diese Möglichkeiten noch sehr begrenzt. Realisierte Zusammenschaltungen beschränken sich derzeit weitgehend auf das Netz der DTAG.

24 Netze zur Mobilkommunikation

Wachstum und Innovationen auf dem Gebiet der Telekommunikation wurden im zurückliegenden Jahrzehnt entscheidend durch die Entwicklungen auf dem Gebiet der Mobilkommunikation mitgeprägt. Die globale Geschlossenheit einer Kommunikation „jeder mit jedem" ist ausschließlich eine Folge der Entwicklung unterschiedlicher Mobilfunknetze und der darauf betriebenen Dienste. Mit Ausnahme der Polarregionen gibt es keinen Punkt der Erde, an dem keine Möglichkeit zur Kommunikation über eines der inzwischen zahlreichen Mobilfunknetze besteht. Abgesehen von den niedrigen Leistungen bei der Datenübertragung steht den Teilnehmern ein Dienstangebot zur Verfügung, das sich dem der Festnetze annähert.

Mobilfunknetze

Mobilfunknetze verwenden unterschiedliche Techniken, haben unterschiedliche Reichweiten und sind für bestimmte Anwendungsschwerpunkte entwickelt. Nach diesen Merkmalen lassen sich die Mobilfunknetze in lokale Netze und Weitverkehrsnetze sowie globale Netze grundlegend unterscheiden. Mit Blick auf die Mobilität kommt den Weitverkehrsnetzen die weitaus größere Bedeutung zu. Ergänzend werden die Ansätze im lokalen Bereich, bei denen es nicht immer gerechtfertigt ist, von Netzen zu sprechen, kurz behandelt. Die über den lokalen Bereich hinausgehenden Netze lassen sich in die heute dominierenden zellularen terrestrischen Netze und die speziell für die Mobilkommunikation errichteten Satellitennetze mit globaler Reichweite einteilen. Dieser Klassifizierung folgend werden in diesem Kapitel die wesentlichen technischen Eigenschaften und Einsatzgebiete der jeweils bekanntesten Netze vorgestellt. Wie auch an anderen Stellen dieses Buches, so kann die Darstellung der teilweise sehr komplizierten Techniken und der vielseitigen Kommunikationsanwendungen nur überblickartig erfolgen.

24.1 Grundlegende Eigenschaften

Merkmale

Mobilkommunikation ist eine *leiterungebundene* Kommunikation mit *ortsveränderlichen* Teilnehmern. Unter den verschiedenartigen technischen Realisierungen lassen sich folgende einheitlichen Merkmale finden:

- Die Übertragung zwischen den Teilnehmern erfolgt nicht direkt, sondern über verschiedenartige technische Einrichtungen (Basisstationen, Controller, Transponder von Satelliten). Direkte Funkverbindungen zwischen Teilnehmern sind im Rahmen der gesamten Mobilkommunikation selten anzutreffen und auf besondere Aufgaben beschränkt.

- Die Teilnehmer kommunizieren bei terrestrischen Systemen stets nur mit einer *Basisstation* ihres Versorgungsbereichs über Funk. Die Basisstationen selbst sind über Leitungen des Festnetzes unter Einbindung weiterer Einrichtungen miteinander verbunden.
- Je nach Netz erfolgt die Übertragung digital oder analog, wobei sich die analoge Übertragung auf ältere Netze beschränkt.
- Durch die begrenzten Übertragungsfrequenzen und die erforderliche Bandbreite je Übertragungskanal ist die Teilnehmerzahl begrenzt. Ihre Vervielfachung erfordert spezielle Techniken.
- Die Wahrscheinlichkeit für das Auftreten von Übertragungsstörungen ist deutlich größer als im Festnetz. Zur Gewährleistung einer geforderten Zuverlässigkeit sind besondere Maßnahmen notwendig.
- Bei ausreichender Übertragungsgeschwindigkeit können Nachrichten in allen multimedialen Darstellungsformen übertragen werden.
- Mobilfunknetze sind geschlossene (private) oder öffentliche Netze.

Anwendungen

Die gegenwärtigen Netze sind vorrangig für die Sprachübertragung konzipiert, ausgenommen davon ist das Netz MODACOM für die mobile Datenübertragung. Zukünftige *Universalnetze* werden das Anwendungsspektrum deutlich ausweiten und sich den Anwendungen des Festnetzes noch stärker annähern. Als typische Anwendungen der Mobilkommunikation sind derzeit zu nennen:

- Fernsprechen mit den Dienstmerkmalen des ISDN,
- Zahlungsverkehr über mobile Stationen,
- Steuerung und Überwachung von Fahrzeugflotten,
- Kommunikation mit Datenbanken (z.B. zur Vertriebsunterstützung vor Ort, Abruf von Kundendaten, Wirtschaftsnachrichten etc.),
- Austausch von Kurznachrichten (z.B. Baustellen, Feuerwehr, Rettungsdienste),
- Meßdatenerfassung,
- Austausch kleiner Dateien (z.B. Zeichnungen, Baupläne, Skizzen),
- Mobile Computing.

24.2 Lokale Mobilkommunikation

Mit Mobilkommunikation verbindet man üblicherweise den Nachrichtenaustausch im Weitverkehrsbereich. Durch erst wenige Jahre alte Entwicklungen beginnt sie mittlerweile bereits im Inhouse-Bereich mit Übertragungsreichweiten bis zu einigen hundert Metern. Die Einsatzfelder liegen hauptsächlich in der arbeitsplatzunabhängigen Kommunikation sowie in der flexiblen Positionierung von Endgeräten, wie beispielsweise Datenerfassungsgeräten, Meßgeräten oder Geräten zur Datenausgabe. Netze zur lokalen Mobilkommunikation sind private Netze.

24.2.1 Schnurloses Fernsprechen

DECT

Das schnurlose Fernsprechen wird überwiegend im privaten Bereich eingesetzt und ist hier durch ein starkes Wachstum gekennzeichnet. Nach den älteren Standards CT1 und CT2 beherrschen heute die nach dem 1992 verabschiedeten Standard *Digital European Cordless Telecommunication (DECT)* hergestellten Handgeräte den Markt. Dieser Standard beschreibt die Regeln zur Übertragung von Sprache und Daten über eine *Luftschnittstelle* zwischen mobilen Sprach- oder Datenendgeräten und einer stationären *Basisstation*. Demnach verwenden die interagierenden Kommunikationspartner einen Frequenzbereich zwischen 1880 MHz und 1900 MHz. Durch ein Multiplexverfahren, das in ähnlicher Form in den noch darzustellenden GSM-Netzen verwendet wird, sind auf der verfügbaren Bandbreite von 20 MHz für jede Basisstation 120 Kanäle eingerichtet. Folglich lassen sich bis zu 120 Teilnehmer mit der Basisstation verbinden, wobei Sendeleistungen bis 25 mW Reichweiten von ca. 300 m (in Gebäuden 200 m) zulassen.

Basisstationen sind mit dem Festnetz oder mit einer Nebenstellenanlage verbunden. Die Funkverbindung zwischen der Basisstation und dem Handgerät ist somit in erster Linie eine Teilstrecke des Fernsprechnetzes oder eines Nebenstellennetzes, die letztlich nur das Kabel zum Hörer beim herkömmlichen Fernsprechgerät ersetzt. Insofern kann man bei den Funkverbindungen zwischen Basisstation und Handgeräten nicht von einem Kommunikationsnetz i.e.S. sprechen.

Je Duplexkanal beträgt die Geschwindigkeit für die digitale Sprachübertragung 32 kBit/s. Durch *Kanalbündelung* von maximal 36 Duplexkanälen können zur Datenübertragung Geschwindigkeiten von 1152 kBit/s realisiert werden.

Sicherheit

Ein zentrales Problem bei mobiler Kommunikation ist die *Abhörsicherheit*. Ähnlich wie bei den mobilen Weitverkehrsnetzen D1, D2, E1 etc. gilt die Telefonie nach dem DECT-Standard durch Verschlüsselung als weitgehend abhörsicher. Zur Verhinderung des unberechtigten Zugangs können Verfahren zur Authentifikation benutzt werden.

Dual-Mode-Handy

24.2.2 Wireless LAN

WLAN

Beim *Wireless LAN (WLAN, Funk-LAN)* werden die Verbindungen zwischen den Stationen über Funk mit Wellenlängen im Infrarotbereich realisiert. Infrarotwellen haben den Vorteil sehr geringer Beeinflussung (Interferenz) durch benachbarte Wellen. Mit dem Standard *IEEE 802.11* gehören WLANs einer Protokollfamilie mit weitgehend einheitlichen Funktionen auf der zweiten Protokollschicht an. Von Protokollen wie CSMA-CD oder Token-Ring unterscheidet es sich durch ein spezielles, CSMA-CD ähnliches Zugangsverfahren auf der MAC-Schicht. Stationen sind vorwiegend tragbare Rechner (Laptops, Notebooks). Daneben können es aber auch

Datenerfassungsgeräte wie Barcode-Leser, Ausgabegeräte oder Mobil-Telefone zur *LAN-Telefonie* sein.

Nach dem Standard 802.11 beträgt die Übertragungsgeschwindigkeit 2 MBit/s. Im Zuge der Geschwindigkeitserhöhungen lokaler Netze wurde die Übertragungsgeschwindigkeit auf 11 MBit/s erhöht. Die entsprechende Standardisierung erfolgte durch IEEE 802.11b (zukünftig 802.11HR). Als obere physikalische Grenze gilt eine Geschwindigkeit von 54 MBit/s. Die tatsächlichen Übertragungsgeschwindigkeiten sind entfernungsabhängig und nehmen mit zunehmender Entfernung ab. Wichtig ist, daß die Stationen einer Funkverbindung zueinander „sichtbar" sind. Hindernisse, wie u.a. Nebel bei Laser-Verbindungen, können die Reichweite und Übertragungszuverlässigkeit unterschiedlich stark vermindern. Typische Reichweiten liegen im Bereich von 25 bis 150 m.

WLANs können als *unabhängige Netze* oder als *Teilnetze* einer leitungsgebundenen Netz-Infrastruktur (Infrastruktur-WLAN) gestaltet werden. In beiden Varianten lassen sich die Stationen mit festem Standort (wie in einem leitergebundenen LAN) oder ortsveränderlich (mobil) einbinden.

Infrastruktur-WLAN

Beim *Infrastruktur-WLAN* (vgl. Abb. 24.1) ist das leitergebundene Netz, das als Verbund mehrerer lokaler Netze organisiert sein kann, mit mindestens einem *Access Point* ausgestattet. Der Access Point versorgt kreisförmig alle in seiner Funkzelle mit einem Funkadapter ausgestatteten Stationen. Die mobilen Stationen im Versorgungsbereich des Access Points kommunizieren sowohl mit leitergebundenen Stationen als auch untereinander.

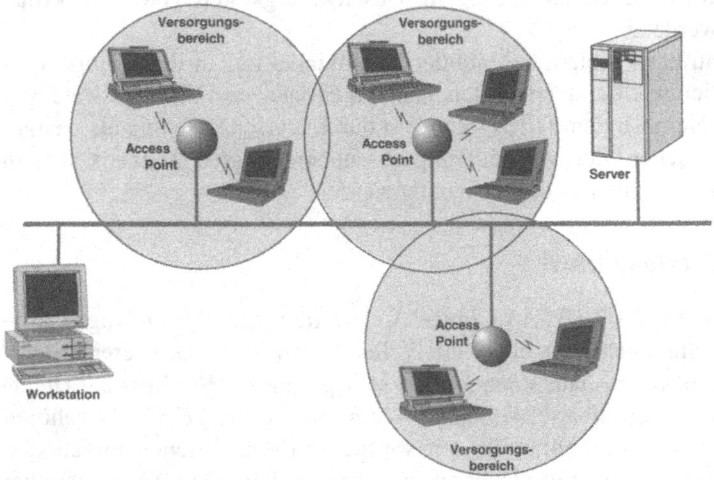

Abb. 24.1. Versorgungsbereiche in einem Infrastruktur-WLAN

Durch Installation mehrerer Access Points, die den Mittelpunkt von *Mikrozellen* bilden, läßt sich die Reichweite des WLANs deutlich erhöhen, vorausgesetzt, daß sich die kommunizierenden Stationen in Zellen befinden, die sich direkt oder indirekt überlappen. Im Rahmen des als *Roaming* bezeichneten Verfahrens können sich mobile Stationen unter Aufrechterhaltung einer bestehenden Verbindung zwischen unterschiedlichen Zellen bewegen. Eine Zelle kann maximal ca. 50 aktive Stationen aufnehmen. Die Reichweite beträgt in großen Systemen bei entsprechenden örtlichen Gegebenheiten und ungehinderter Wellenausbreitung bis zu 20 km.

Sicherheit

Wie bei allen Formen der mobilen digitalen Kommunikation, so ist auch bei WLANs durch Verschlüsselung und Authentifizierung ein hinreichendes Maß an Abhörsicherheit und Schutz vor Mißbrauch durch unberechtigte Teilnehmer gegeben.

Anwendung

Die WLAN-Technologie bietet ein breites Anwendungsspektrum, das insbesondere durch die Ortsveränderlichkeit der Arbeitsplätze sowie durch die Flexibilität unterschiedlicher Formen der Datenerfassung gekennzeichnet ist. So ist auch der ursprüngliche Einsatz in Montage- und Lagerhallen sowie Krankenhäusern und Kaufhäusern zu finden. Durch die Verbesserungen von Übertragungsgeschwindigkeit und Zuverlässigkeit ist zu erwarten, daß WLANs auch in Büros und hier insbesondere in Großraumbüros vordringen. Ein weiteres interessantes Einsatzgebiet ist wegen der schnellen Installation die Kommunikation in Konferenz- und Schulungsveranstaltungen, wenn vor Ort keine festen Netzzugänge vorhanden sind.

24.3 Zellulare Weitverkehrsnetze

Entwicklung

Mobilfunknetze reichen zurück bis in das Jahr 1958. Damals entstand mit dem analogen *A-Netz* das erste Mobilfunknetz in Deutschland. Das im Bereich von 156 bis 174 MHz mit Frequenzmodulation arbeitende analoge Netz konnte bis zu 11.000 Teilnehmer versorgen. Der Betrieb wurde in 1977 wegen der Verfügbarkeit des leistungsfähigeren *B-Netzes* eingestellt. Das ebenfalls analoge B-Netz, eingeführt 1972, konnte maximal 26.000 Teilnehmer versorgen. Es war in Funkzellen untergliedert mit Reichweiten bis zu 50 km. Verließ ein aktiver Teilnehmer seine Zelle, so war ein neuer Verbindungsaufbau nötig. Ein Anrufer mußte den jeweiligen Aufenthaltsort der Zelle kennen, um einen Mobilfunkteilnehmer anzuwählen. Obwohl dies aus heutiger Sicht eine äußerst unbefriedigende Lösung darstellt, bestand dieses Netz bis 1994. Zeitlich parallel wird seit 1981 das *C-Netz* als erstes zellulares Netz mir analoger Übertragung und digitaler Signalisierung betrieben. Innovativ war die Aufteilung des gesamten Versorgungsbereichs in Funkzellen mit unterschiedlichen Frequenzen. Beim Wechsel von einer Zelle zur anderen schaltete das Gerät des Teilnehmers automatisch um, ohne die Verbindung zu unterbrechen. Diesen Vorgang des Wechsels von *aktiven Verbindungen* über mehrere Zellen hinweg bezeichnet man als

Hand-Over. Das C-Netz hatte als Dienstmerkmale für das Fernsprechen *Rufumleitung* und *Mailbox.* Mit der sehr niedrigen Geschwindigkeit von 2,4 kBit/s war die Datenübertragung möglich. Das C-Netz, dessen Stillegung bevorsteht, war der konzeptionelle Vorgänger der modernen zellularen GSM-Netze, die im folgenden Abschnitt wegen ihrer auch für zukünftige Technologien grundlegenden Eigenschaften näher betrachtet werden.

24.3.1 GSM-Netz

GSM

GSM-Netze basieren auf dem Standard *Global Systems for Mobile Communication.* Die Entwicklung von GSM begann bereits 1979 mit der Freigabe der Frequenzen durch die *World Administrative Radio Conference.* Nach der Verabschiedung des GSM-Standards in 1987 durch das CEPT gingen 1992 mit D1 (Deutsche Telekom AG) und D2 (Mannesmann AG) in Deutschland die ersten Netze in Betrieb. GSM hat sehr schnell weltweite Akzeptanz gefunden, so daß eine länderübergreifende Kommunikation bis auf wenige Ausnahmen möglich ist. In Europa sind GSM-Netze flächendeckend verfügbar.

Anforderungen

Der Entwicklung von GSM lagen folgende wichtigen Forderungen zugrunde:

- hohe Teilnehmerzahlen,
- ungehinderte Kommunikationsmöglichkeiten innerhalb des in Zellen untergliederten Netzes,
- Schnittstellen mit anderen GSM-Netzen und dem Fernsprechnetz,
- hohe Sprachqualität und im Vergleich zum C-Netz höhere Übertragungsgeschwindigkeit,
- Übernahme der ISDN-Dienstmerkmale für den Fernsprechverkehr.

24.3.1.1 Systemarchitektur

GSM-Netze bestehen aus zwei Arten von Teilstrecken. Zum einen sind es die *Funkstrecken* zwischen den *mobilen Stationen (MS)* und jeweils einer *Basisstation (BS),* die einen festgelegten Versorgungsbereich abdeckt, und zum anderen sind es *Standleitungen* des Festnetzes, welche die Basisstationen mit *Vermittlungseinrichtungen (Mobile Switching Center, MSC)* sowie die Vermittlungseinrichtungen untereinander verbinden (vgl. Abb. 24.2). Mobile Stationen sind zum größten Teil Mobil-Telefone (Handys). Im Rahmen der als *Mobile Computing* bezeichneten Rechnerkommunikation werden zur Datenübertragung tragbare Computer (Laptops) verwendet.

MSC

MSCs sind die zentralen Komponenten zur Nachrichtenvermittlung zwischen den mobilen Stationen, zur Überwachung eines gesicherten Nachrichtenaustauschs innerhalb des Versorgungsbereichs und zur Erfassung der Abrechnungsdaten. Zur Erfüllung dieser Aufgaben ist jeder MSC mit zwei Datenbanken ausgestattet: das *Home Location Register (HLR)* und das *Visitor Location Register (VLR).*

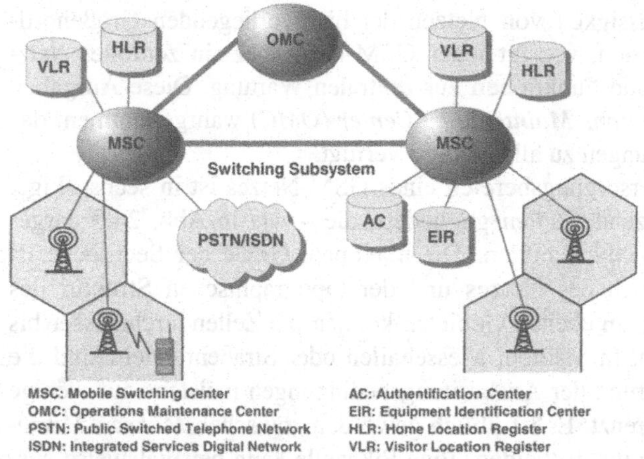

Abb. 24.2. GSM-Netzarchitektur

Das *HLR* speichert in einem Verzeichnis alle Daten derjenigen Teilnehmer, die ihren ständigen Aufenthaltsort im Versorgungsbereich des MSCs haben. Weiterhin werden dort Informationen über die aktuellen Aufenthaltsorte der mobilen Stationen abgelegt. Das *VLR* ist ein Besucherverzeichnis und enthält temporär die Daten derjenigen Stationen, die sich vorübergehend im Bereich des MSCs aufhalten. Alle variablen Daten der Teilnehmer, wie Gesprächseinheiten und angerufene Teilnehmer-Nummern werden hier erfaßt und nach dem Ende einer Verbindung zum entsprechenden HLR übertragen. Zwei weitere Datenbanken mit Verzeichnissen zur Authentifikation *(Authentification Center, AC)* und der verwendeten Hardware der Teilnehmer *(Equipment Identification Register, EIR)* dienen der Überprüfung der Chipkarte *(Subscriber Identity Module, SIM)* und der Netzzulassung der verwendeten Station. Gesperrte Gerätenummern werden hier beim Versuch der Einbuchung in das Netz erkannt. HLR, VLR

Neben der Vermittlung zu anderen MSCs können auch Verbindungen zu Festnetzen (*Public Switched Telephone Network (PSTN)* bzw. *ISDN*) oder zu GSM-Netzen anderer Betreiber hergestellt werden. PSTN/ISDN

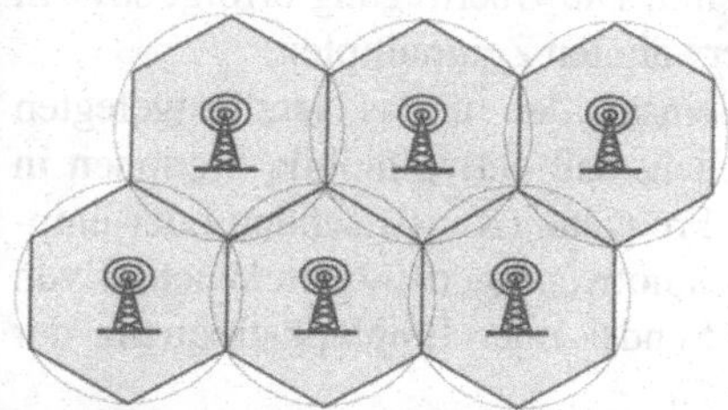

Abb. 24.3. Funkversorgungsbereiche und Wabenaufteilung

OMC

Um die Zuverlässigkeit von Netzen der hier vorliegenden Größenordnung zu gewährleisten, verfügt jedes GSM-Netz über ein zentrales *Netzwerkmanagement* und Funktionen zur zentralen Wartung. Diese Aufgaben werden vom *Operations Maintenance Center (OMC)* wahrgenommen, das über feste Verbindungen zu allen MSCs verfügt.

Zellen

Der gesamte Versorgungsbereich eines GSM-Netzes ist in sechseckige, aneinander angrenzende *Zellen* gegliedert, die – wie in Abb. 24.3 dargestellt – einen *Wabenplan* bilden. Die maximale Größe der Sechsecke ist vom Frequenzbereich des Netzes und der topographischen Struktur des Geländes abhängig. In ebenen Gebieten können die Zellendurchmesser bis zu 35 km betragen. In Städten, Messehallen oder Straßentunneln sind die Entfernungen aufgrund der Ausbreitungsbedingungen meistens auf wenige hundert Meter begrenzt. Es ist üblich geworden, zwischen *Makro-, Mikro- und Piko-Zellen* zu unterscheiden. Eine Pikozelle kann beispielsweise ausschließlich zur Funkversorgung eines kurzen Straßentunnels dienen, um den Betrieb während der Durchfahrt aufrecht zu erhalten. Die Reichweite der Mikrozellen liegt im Bereich einiger hundert Meter.

Teilnehmerzahl

Über die Zellengrößen läßt sich die Teilnehmerzahl des gesamten Netzes beeinflussen. Theoretisch können in einer Zelle simultan 992 Teilnehmer mit der Basisstation per Funk verbunden sein. Dieser Wert ergibt sich durch Aufteilung des Frequenzbereichs in 124 Nutzkanäle und deren weitere Unterteilung in 8 Zeitschlitze durch Anwendung des Zeitmultiplexverfahrens.[66] Durch Interferenzen wird dieser theoretische Wert im praktischen Betrieb jedoch nicht erreicht. Je mehr Zellen man mit jeweils einer Basisstation in einem vorgegebenen Versorgungsbereich aufbaut, um so höher wird demnach die Anzahl möglicher Teilnehmer. Damit steigen zugleich aber auch die Kosten für alle technischen Einrichtungen von den Basisstationen bis zum OMC sprungförmig an.

Für GSM-Netze, in Deutschland sind es die Netze D1 und D2, sind zwei Frequenzbereiche festgelegt. Man unterscheidet an der Luftschnittstelle zwischen einem unteren Band von 890 MHz bis 915 MHz sowie einem oberen Band von 935 MHz und 960 MHz. Die Trennung in zwei Bereiche ist erforderlich, weil digitale Signale stets nur in einer Richtung übertragen werden können. Senden und Empfangen sind so organisiert, daß auf dem unteren Frequenzband die Kanäle zum Senden *von* der MS zur Basisstation *(Uplink)* und im oberen Bereich die Kanäle zum Senden von der Basisstation *zur* MS (*Downlink*) eingerichtet sind. Die Übertragung erfolgt sowohl im Frequenz- als auch in dem bereits erwähnten Zeitmultiplex.

Wechsel der Zelle

Alle Basisstationen verwenden gemeinsam den für das Netz festgelegten Frequenzbereich. Dadurch ist es möglich, daß aktive mobile Stationen in benachbarten Zellen auf der gleichen Frequenz (Kanal) senden oder empfangen. Ist dieser Fall gegeben, so ist es notwendig, daß beim Wechsel von einem Netz in ein benachbartes die Sende- oder Empfangsfrequenz der

[66] Zum Zeitmultiplexverfahren s. Kap. 6.1.1.

ankommenden Station geändert wird. Solche Änderungen werden vom MSC gesteuert, der zu diesem Zweck ein Verzeichnis mit den aktuell zugeordneten Kanälen führt. Hinsichtlich des Wechsels zwischen benachbarten Zellen unterscheidet man folgende Vorgänge: *Hand-Over* ist das Übergabeverfahren während des Betriebs einer mobilen Station. *Change-Over* ist das Verfahren im Stand-by-Modus. Es besteht keine Verbindung.

Roaming

Roaming bedeutet allgemein das unterbrechungslose Durchwandern von Zellen in Funknetzen. In GSM-Netzen versteht man darunter die Übergabe eines Teilnehmers in das Netz eines anderen Betreibers. Es ist durch ein spezielles Übergabeverfahren beim Überschreiten der Netzgrenzen zu realisieren. Roaming muß für einen Teilnehmer besonders eingerichtet werden, wenn er seine Mobilstation in einem fremden Land betreiben möchte. Es schließt Hand-Over und Change-Over ein. Zwischen den Netzbetreibern der Länder sind, soweit sie entsprechende Netzübergänge anbieten möchten, Roaming-Abkommen zu schließen, in denen sich die Betreiber verpflichten, die zur Administrierung der Teilnehmer notwendigen Daten zu übergeben und insbesondere die Kostenerfassung und -verrechnung durchzuführen. Diese Abkommen regeln die kaufmännischen Belange der internationalen GSM-Kommunikation.

DCS

Neben dem 900-MHz-Bereich gibt es mit dem *Digital Cellular System 1800 (DCS 1800)* einen auf GSM basierenden Standard, der sich nur in einigen wenigen Eigenschaften unterscheidet. Die Abweichungen liegen hauptsächlich in dem höheren Frequenzbereich von 1800 MHz und einer größeren Kanalanzahl je Zelle. Bedingt durch die höhere Frequenz sind die Zelldurchmesser niedriger und liegen bei maximal 10 km. In Städten werden nur einige Hundert Meter erreicht. Diesen Nachteilen stehen als Vorteile höhere Teilnehmerzahlen und geringere Sendeleistungen gegenüber. Nach dem DCS-Standard arbeitende Mobilfunknetze sind E1 und E2.

Sicherheit

DCS- und GSM-Netze verwenden die gleichen Sicherheitsmechanismen. Der Netzzugang wird, wie bereits beschrieben, mit Hilfe von SIM und AC realisiert. Hierzu muß sich der Teilnehmer eindeutig identifizieren. Um den SIM vor Mißbrauch zu schützen, wird bei dessen Aktivierung eine vier- bis achtstellige *persönliche Identifikationsnummer (PIN)* abgefragt. Sie wird von der Mobilstation verschlüsselt, um eine ungeschützte Übermittlung zu vermeiden. Sind die Daten der SIM mit Hilfe der PIN aktiviert worden, überprüft der AC mit Hilfe eines Algorithmus deren Zulassung zum Netz. Schlägt diese Identifikation mittels PIN und SIM-Daten fehl, so ist lediglich der Dienst „Notruf" zugelassen.

Digitalisierte Sprachnachrichten und Daten werden grundsätzlich verschlüsselt übertragen. Die Verschlüsselung gilt gegen Abhören als ausreichend sicher.

Weiterhin werden Verfahren eingesetzt, um das Orten von GSM-Teilnehmern zu unterbinden. Gleichwohl muß deren Position in dem verteilten Datenbanksystem (HLR bzw. VLR) der jeweils zuständigen MSCs hinterlegt sein.

24.3.1.2 Kommunikationsdienste

Das Dienstspektrum der GSM-Netze läßt sich in die vier Dienstgruppen *Trägerdienste, Telekommunikationsdienste, Zusatzdienste* und *Mehrwertdienste* unterteilen.

Trägerdienste

Aufgabe der *Trägerdienste* ist der gesicherte Nachrichtentransport auf den unteren Protokollschichten, vergleichbar mit den Schichten 1 bis 4 des ISO/OSI-Referenzmodells. Zur Übertragung von digitalisierten Sprachnachrichten steht insgesamt eine Datenrate von 22,4 kBit/s zur Verfügung. Von dieser Kapazität werden 13 kBit/s für die komprimierten Sprachzeichen und der Rest für Daten zur Durchführung von Fehlerkorrekturmaßnahmen verwendet. Die Kapazität zur Übertragung von Daten beträgt 9,6 kBit/s. Daten wiederum können asynchron (zeichenweise) oder synchron (blockweise) übertragen werden. Als Vermittlungsverfahren kann zwischen der überwiegend verwendeten Leitungsvermittlung und der Paketvermittlung gewählt werden.

TK-Dienste

TK-Dienste setzen auf den Trägerdiensten auf. Sie dienen der Kommunikation zwischen den Teilnehmern oder können als *intelligente Dienste* auch Leistungen für einzelne Teilnehmer erbringen. Eine allgemeine Gliederung des reichhaltigen Dienstangebots ist die in *Sprachdienste* (Voice-Services) und *Nicht-Sprachdienste* (Non-Voice-Services).

Sprachdienste

Die *Sprachdienste* der GSM- und DCS-Netze haben den mit Abstand höchsten Anteil an der Mobilkommunikation und sind mit denen des ISDNs weitgehend identisch. Beispiele für Sprachdienste sind:

- Fernsprechen,
- Notruf,
- Voice Mail.

Nicht-Sprachdienste

Zu den *Nicht-Sprachdiensten* gehören:

- Telefax,
- Short Message Service (SMS),
- Datenübertragung.

Da der Telefaxdienst hinlänglich bekannt ist, sollen nur SMS und die Datenübertragung kurz vorgestellt werden.

SMS

Unter *SMS* versteht man den Austausch von Kurznachrichten zwischen Mobiltelefonen. Die Nachrichtenlänge ist in der Regel auf 160 Zeichen begrenzt. Bei eingeschaltetem Gerät wird die Nachricht empfangen und im Speicher abgelegt. Ist der Empfänger nicht erreichbar, so bleibt die Nachricht für eine vorgegebene Dauer im Speicher des Providers und steht folglich zum Abruf bereit. Für den Versand von Nachrichten kann zwischen drei Formen gewählt werden:

- Versand zwischen Mobilfunkgeräten:
  Die Nachricht wird über die Kurzmitteilungszentrale der Providers geleitet. Je nach Netz, in dem sich der Adressat befindet, sind für die Zen-

trale vorgegebene Nummern zu wählen. Von D2 zu D2 z.B.: +49-172-2270000 oder von D1 zu D1 und D2: +49-171-0760000.

- Versand über einen Operator des Providers:
  Der Operator nimmt die Nachricht mündlich entgegen und leitet sie an den Adressaten weiter. Er wird über eine Telefon-Nummer angewählt.
- Versand über das Internet:
  Im Internet können Web-Seiten für die Eingabe von SMS-Nachrichten abgerufen werden. Der solche Seiten anbietende Provider übernimmt die Aufgabe der Zustellung. Neben der Eingabe der SMS-Nachricht können auf diesem Wege auch E-Mails zum Empfang durch ein Mobiltelefon versendet werden. Für die Übertragung von E-Mails ist es Voraussetzung, daß das Mobiltelefon neben seiner Telefon-Nummer eine E-Mail-Adresse durch den Provider erhält. Jeder, der diese Adresse kennt, kann somit E-Mails versenden. Umgekehrt kann auch eine SMS-Nachricht als E-Mail vom Mobiltelefon aus versendet werden.

Datenübertragung

Bei der *Datenübertragung* wird eine Verbindung über ein GSM-Netz (DCS-Netz) zwischen zwei Rechnern hergestellt. Mobile Rechner können eine solche Verbindung über einen GSM-Adapter (PCMCIA-Karte) oder über Anschluß eines Mobiltelefons, das selbst über ein internes Modem verfügt, aufbauen (vgl. Abb. 24.4). GSM-Adapter bzw. -Modems haben dabei die besondere Funktion, Verluste, die bei der Sprachübertragung noch hinnehmbar sind, durch Datenkompressionsverfahren zu vermeiden.

Zusatzdienste

Zusatzdienste sind an einen Telekommunikationsdienst gebunden und konzentrieren sich auf des Fernsprechen. Die beim ISDN des Festnetzes als Dienstmerkmale bezeichneten zahlreichen Funktionen finden sich in den Fernsprechdiensten des GSM- und DCS-Netzes weitgehend wieder. Als Auswahl sollen häufig benutzte Zusatzdienste wie Rufnummer-Identifizierung, Anrufweiterschaltung, Anrufumleitung, Gebührenanzeige, Sperren (selektives) und Konferenzgespräch erwähnt werden.

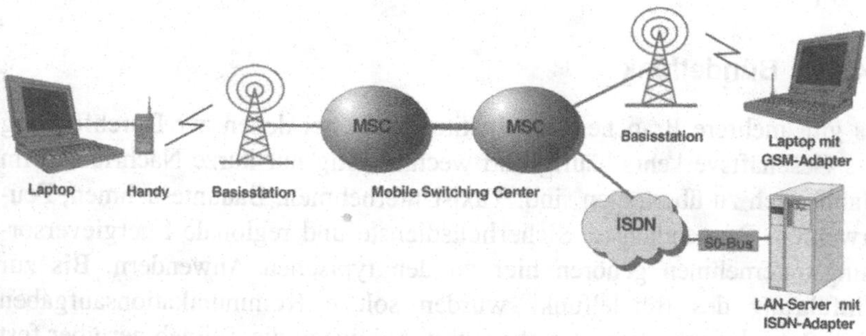

Abb. 24.4. Datenübertragung über das GSM-(DCS-)Netz

Mehrwertdienste

Mehrwertdienste sind Dienstleistungen eines Providers, die über die standardisierten Funktionen eines TK-Dienstes einschließlich seiner Zusatzdienste hinausgehen oder einen vorhandenen Dienst benutzen, um neuartige Anwendungen zu gestalten und anzubieten. Für die Provider sind Umfang und Güte der Mehrwertdienste ein wesentlicher Wettbewerbsfaktor. Sie können kostenpflichtig oder auch kostenfrei sein. Zur Erbringung dieser Dienstleistungen ist in der Regel der Einsatz leistungsfähiger und mit Datenbanken ausgestatteter Rechner erforderlich. Als Beispiele lassen sich anführen: Übernahme von Flug- und Hotelreservierungen, Stauvorhersagen, Börsennachrichten, Pannenservice, Sekretariatsdienste.

WAP

Ein neuer mobiler WWW-Dienst wird über das *Wireless Application Protocol (WAP)* realisiert. *WAP-Handys* übernehmen bei diesem Dienst die Rolle von Clients, deren Funktionen von einem vereinfachten textbasierten Browser (Micro-Browser) ausgeführt werden. Er ist in die Software der WAP-Handys integriert. Aufgrund dieser sehr wesentlichen Einschränkungen besteht auch keine Zugriffsmöglichkeit auf Web-Server mit den üblichen multimedialen HTML- bzw. XML-Seiten, was wiederum bedeutet, daß der Einsatz spezieller WAP-Server erforderlich ist.

WAP-Browser benötigen ein eigenes Dokumentenformat: Es handelt sich um Web-Seiten, die mit der XML-basierten Markup-Sprache *Wireless Markup Language (WML)* beschrieben sind.[67] Analog zu den Internet-Standards TCP/IP und den bekannten Script-Sprachen existieren für WAP-Browser entsprechend das *Wireless Transport Protocol (WTP)* und das *Wireless Session Protocol (WSP)*.

Der mit WAP vollzogene Einstieg in das Internet ist trotz der noch bestehenden Einschränkungen, insbesondere durch die niedrigen Übertragungsgeschwindigkeiten der Mobilfunknetze, zukunftsweisend. Bis zur Einführung des neuen Mobilfunknetzes UMTS mit Übertragungsgeschwindigkeiten von maximal 2 MBit/s dürfte die WAP-Technologie schrittweise Verbesserungen erfahren. Ein mit den heutigen Ansprüchen vergleichbarer Zugang zum Internet ist deshalb in der ersten Entwicklungsphase noch nicht zu erreichen.

24.3.2 Bündelfunk

Entwicklung

Es gibt mehrere Branchen und Institutionen, bei denen zur Durchführung des Geschäftsverkehrs häufig und wechselseitig nur kurze Nachrichten im Nahbereich zu übertragen sind. Taxi-Unternehmen, Bauunternehmen, Feuerwehren, Pannendienste, Sicherheitsdienste und regionale Energieversorgungsunternehmen gehören hier zu den typischen Anwendern. Bis zur Einführung des Bündelfunks wurden solche Kommunikationsaufgaben über *Betriebsfunksysteme* durchgeführt, bei denen die Teilnehmer über fest zugewiesene Funkfrequenzen (Kanäle) kommunizierten. Die Frequenz des

[67] Zu Auszeichnungssprachen, XML und WML vgl. auch Kap. 29.3 und 29.4.

Betriebsfunknetzes mußte von allen Teilnehmern gemeinsam benutzt werden, mit der Folge, daß zu einem Zeitpunkt immer nur eine Verbindung möglich war und lange Wartezeiten hingenommen werden mußten. Die feste Zuordnung von Frequenzen ist beim Bündelfunk aufgehoben.

Bündelung

Um die gegebenen Frequenzen besser auszunutzen, werden beim Bündelfunk die Frequenzen der einzelnen Kanäle zu einem *„Frequenzbündel"* zusammengefaßt und nach Bedarf den Teilnehmern mit begrenzter Nutzungsdauer über einen digitalen Signalisierungskanal dynamisch zugewiesen. Am Ende der gesicherten Übertragung wird der exklusiv genutzte Kanal freigegeben und ist danach für die erneute Zuteilung verfügbar. Insgesamt führt dieses Verfahren gegenüber der statischen Zuteilung zu einer deutlich verbesserten Kapazitätsausnutzung der bereitgestellten Frequenzen und der Kanalverfügbarkeit bei den Teilnehmern.

24.3.2.1 Systemarchitektur

MPT 1327

Bündelfunknetze folgen überwiegend dem *Standard MPT 1327*, verabschiedet vom britischen *Ministry of Post.* Vergleichbar mit GSM-Netzen haben sie eine aus mehreren Ebenen bestehende Architektur. Bei entsprechend kleinem Versorgungsbereich kann ein Netz jedoch aus nur einer Zelle bestehen.

Mobile Geräte kommunizieren über eine Luftschnittstelle mit einer Basisstation, die über eine Standleitung mit einem *Trunked Site Contoller* (TSC, Funkfeststation) verbunden ist (vgl. Abb. 24.5). Er ist zugleich eine Feststation, über die von einem zentralen Punkt aus kurze Nachrichten an Mobilstationen abgesetzt oder empfangen werden können, beispielsweise als Notrufzentrale. Bei einem Sendewunsch teilt der Controller über den Signalisierungskanal dem Mobilgerät die aktuelle Frequenz mit und baut eine Verbindung zum gerufenen Teilnehmer auf. Der *Master Systems Controller (MSC)* stellt Verbindungen in mehrzelligen Netzen sowie vom Bündelfunknetz zum öffentlichen Fernsprechnetz her. Das zentrale Netzwerkmanagement ist Aufgabe des *Operations Maintenance Centers (OMC).*

Der zur *analogen Übertragung* bereitgestellte Frequenzbereich von 410 MHz bis 430 MHz ist in zwei Bereiche unterteilt. Die mobilen Stationen verwenden den Bereich von 410 MHz bis 420 MHz (Unterband) für den Uplink und die Controller den Bereich von 420 MHz bis 430 MHz (Oberband) für den Downlink.

Die maximale Ausdehnung von Bündelfunkzellen liegt bei 15 bis 20 Kilometern. Mehrzellige Netze können Ausdehnungen bis zu 100 km erreichen. Prinzipiell ist neben der dominierenden Sprachkommunikation auch die Datenkommunikation möglich. Zur Datenübertragung ist der Bündelfunk wegen der fehlenden Sicherung und der geringen Übertragungsgeschwindigkeit von 1,2 kBit/s jedoch uninteressant.

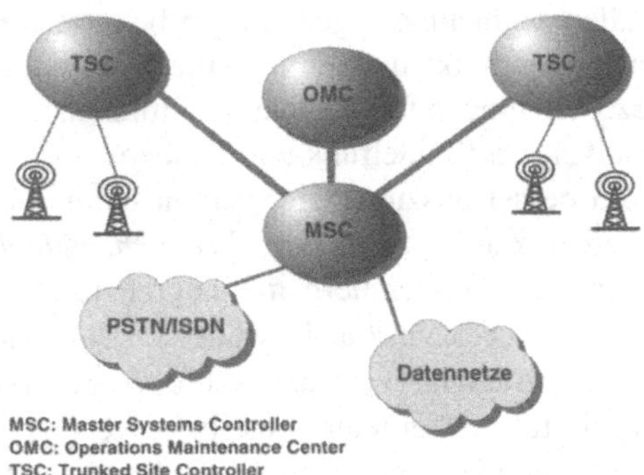

Abb. 24.5. Bündelfunk-Netzarchitektur

Chekker

In Deutschland werden mehrere Bündelfunksysteme betrieben, von denen das System *Chekker* zu den bekanntesten gehört. Es wurde 1990 eingeführt und 1999 von der Eigentümerin T-Mobil an den Betreiber RegioKom verkauft. Der Bündelfunkdienst Chekker besteht aus einer Struktur zellularer Regionalnetze. Die maximale Verbindungsdauer beträgt 60 Sekunden.

TETRA

Die verbesserten technischen Möglichkeiten und gestiegenen Anforderung haben zur Entwicklung des neuen Standards *Terrestrial Trunked Radio (TETRA)* durch das ETSI geführt. Kennzeichnend sind die digitale Übertragung für Sprache und Daten, eine deutlich verbesserte Datenübertragungsgeschwindigkeit von maximal 28,8 kBit/s bei Kanalbündelung und die Eigenschaft der Mobilgeräte, daß sie auch außerhalb des zellularen Versorgungsbereichs direkt miteinander kommunizieren können. Die Datenübertragung ist nunmehr hoch gesichert, allerdings nur bis zu 2,4 kBit/s. Durch die Digitalisierung hat der Bündelfunk Schnittstellen zu allen digitalen Netzen, also auch zu den GSM- und DCS-Netzen.

Lizenzen

Für den Betrieb von Bündelfunksystemen werden *Lizenzen* vergeben, die in die Klassen A, B, C, D eingeteilt sind. A-Lizenzen sind für Regionen mit hoher Nachfrage (z.B. große Städte) festgelegt und können demnach für einzelne Gebiete erworben werden. Außerhalb der Bereiche der A-Lizenzen können von einem B-Lizenznehmer die Abgrenzungen vorgeschlagen werden. Gebiete mit B-Lizenzen dürfen sich überschneiden. C-Lizenzen sind auf Grundstücke bezogen, wobei auch mehrere Grundstücke unter einer Lizenz zusammengefaßt werden können, wenn sie benachbart sind und eine wirtschaftliche Einheit bilden. Schließlich handelt es sich bei der D-Lizenz um ein Bündelfunknetz, das sich auf die gesamte Bundesrepublik erstreckt. Das bisher einzige installierte Netz dieser Klasse ist MODACOM, das ausschließlich zur mobilen Datenübertragung entwickelt wurde. Es wird in Kapitel 24.3.3 näher betrachtet.

24.3.2.2 Kommunikationsdienste

Im Gegensatz zu GSM- und DCS-Netzen ist der Bündelfunk für geschlossene Benutzergruppen konzipiert. Das bedeutet u.a., daß ein Teilnehmer eines Unternehmens nicht mit einem Teilnehmer eines anderen Unternehmens innerhalb des gleichen Bündelfunksystems sprechen kann, vorausgesetzt, daß beide Unternehmen nicht einer geschlossenen Gruppe angehören.

In analogen Bündelfunksystemen ist das Dienstangebot mit dem Fernsprechen ohne weitere Dienstmerkmale und der unbedeutenden Datenübertragung gering. Erst mit dem digitalen Bündelfunk liegt ein Dienstangebot vor, das den Anforderungen an moderne Kommunikationssysteme gerecht wird.

Zu den wichtigsten Diensten gehören demnach *Trägerdienste* zur Datenübertragung mit Geschwindigkeiten von 2,4 bis 28,8 kBit/s, je nach geforderter Übertragungssicherheit sowie *Telekommunikations- und Zusatzdienste*, wie z.B. Einzelruf, Gruppenruf, Direktruf, Notruf, Rufumleitung, Rufnummer-Identifizierung, automatischer Rückruf, Rufumleitung, Konferenzschaltung, Anrufweiterschaltung, Telefax, unidirektionaler Zugang zu Fest- und GSM-Netzen.

24.3.3 MODACOM

MODACOM (Mobile Data Communication) ist ein paketorientierter Datenfunk-Dienst und für die gesicherte Datenübertragung zwischen mobilen Geräten und DV-Anlagen ausgelegt, die in das Datex-P-Netz eingebunden sind. Mobile Geräte sind überwiegend tragbare Rechner, aber auch Geräte zur manuellen Datenerfassung und Ablesegeräte. Das Netz MODACOM wird seit 1993 von der DeTeMobil (heute T-Mobil) bundesweit betrieben. Von der Betriebsweise her ist es ein Bündelfunknetz vom Lizenztyp-D. Aus der Sicht der Anwendungen kann es als ein um die mobile Kommunikation erweitertes Datex-P-Netz angesehen werden.

24.3.3.1 Systemarchitektur

RD-LAP

Das MODACOM-Netz hat eine mit den zuvor betrachteten zellularen Netzen wiederum vergleichbare Architektur. Die mobilen Stationen sind über eine Luftschnittstelle verbunden, die auf dem Protokollstack *RD-LAP (Radio Data Link Access Protocol)* basiert. Das auf den unteren 3 Schichten des ISO/OSI-Modells einzuordnende Protokoll ermöglicht die gesicherte Übertragung mit der vergleichsweise hohen Geschwindigkeit von 9,6 kBit/s. Die Paketlängen betragen bis zu 2 kByte. Mit dem Trunked Side Controller beim sprachorientierten Bündelfunk ist hier der *Area Communications Controller (ACC)* vergleichbar. ACCs haben die Funktion von Vermittlungsrechnern. Sie werden vom zentralen *Operations Management Controller (OMC)* überwacht (vgl. Abb. 24.6).

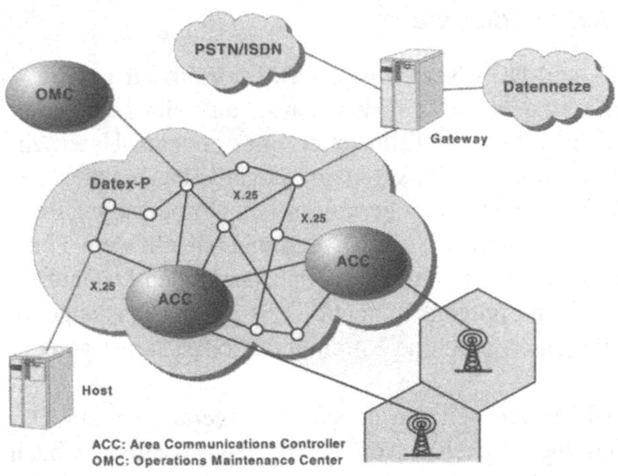

Abb. 24.6. MODACOM-Netzarchitektur

Um eine möglichst hohe Zuverlässigkeit bei der Datenübertragung zu erreichen, sind die Funkzellen mit Durchmessern von 8 bis 9 km niedrig gehalten. Der Frequenzbereich des Netzes liegt im Bereich von 410 und 430 MHz, wobei jeweils 10 MHz für den Uplink und Downlink verwendet werden.

Verbindungstypen

Anwender von MODACOM können zwischen vier *Verbindungstypen* wählen. Der *Verbindungstyp 0* ist der Kommunikation zwischen mobilen Stationen vorbehalten. Man spricht vom *Messaging*. Der *Verbindungstyp 1* erlaubt die interaktive Kommunikation zwischen einer mobilen Station und einem Host, wobei der Verbindungsaufbau von der Mobilstation ausgeht. Die Umkehrung von Typ 1 ist der *Verbindungstyp 2*. Die Verbindung wird vom Host gestartet. Schließlich können beim *Verbindungstyp 3*, ausgehend von einem Host Gruppenverbindungen (Flottenverbindungen) zu mehreren mobilen Stationen hergestellt werden. Bei allen Verbindungstypen werden die physischen Verbindungen über die ACCs geführt.

24.3.3.2 Kommunikationsdienste

MODACOM bietet paketorientierte *Trägerdienste* an und ist ausschließlich für die Datenübertragung bestimmt. Hierdurch ergeben sich für die Entwicklung von Anwendungen, bei denen nur geringe Datenmengen zu übertragen sind, große Gestaltungsspielräume. MODACOM kann sowohl als Transportdienst für die gesicherte Datenübertragung als auch zur Datenübertragung in geschlossenen Anwendungen eingesetzt werden. Einsatzschwerpunkte finden sich in folgenden Bereichen:

- Datenbankzugriffe,
- unterschiedliche Formen der Verkaufssteuerung,

- Fernmessungen und Überwachung von Anlagen,
- Service- und Wartungsanwendungen,
- Steuerung und Überwachung von Fahrzeugflotten,
- E-Mail.

Die Zukunft des MODACOM-Netzes ist offen. Eine Ablösung durch den *General Packet Radio Service (GPRS)* ist wahrscheinlich. Die Vorteile dieser GSM-Erweiterung liegen in der höheren Übertragungsgeschwindigkeit, der Integration von Sprachdiensten und in der grenzüberschreitenden Verfügbarkeit durch Roaming.

24.3.4 Paging

Unter *Paging* oder *Funkruf* versteht man die einseitig gerichtete Übertragung von zumeist kurzen Nachrichten an einen Empfänger. Hierbei ist die Kenntnis über den aktuellen Standort des Empfängers nicht erforderlich.

Paging-Dienste

Paging-Dienste lassen sich in die drei Rufklassen Ton, Numerik und Alphanumerik untergliedern und werden für private Benutzergruppen oder öffentlich angeboten. Abb. 24.7 zeigt Beispiele für entsprechende Dienste.

Die Vorteile von Paging gegenüber anderen Verfahren der Mobilkommunikation liegen in den geringen Kosten für Geräte und Nutzung sowie in der Erreichbarkeit an solchen Orten, an denen der Betrieb von aktiven Kommunikationsgeräten wie Mobiltelefonen verboten ist.

Cityruf, Scall, Skyper

In Deutschland ging 1987 die Telekom mit dem Dienst *Cityruf* auf einer Frequenz von 466,23 MHz als erster öffentlicher Anbieter für Ton, Numerik und Alphanumerik ans Netz. Neben Cityruf betreibt die Telekom heute auch die Dienste *Scall* und *Skyper*, die das Sendenetz von Cityruf nutzen.

Die Empfangsreichweite richtet sich nach Dienst und Anbieter. So kann sich ein Skyper-Kunde eine von 16 Rufzonen aussuchen, in der er für alphanumerische Informationen erreichbar ist, während bei Scall entsprechende Daten in einem Umkreis von 25 km um das Postleitzahl-Gebiet zugestellt werden.

Das angebotene Dienstspektrum, das überwiegend privat genutzt wird, reicht von der Übermittlung einfacher Kurznachrichten bis hin zu Börsen- oder Sportnachrichten.

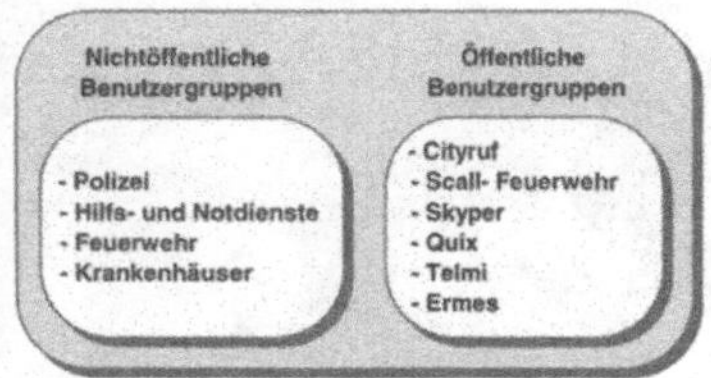

Abb. 24.7. Benutzergruppen und Dienste

24.3.5 Zukünftige Techniken

Die Entwicklung der gegenwärtig betriebenen zellularen Netze liegt mittlerweile 15 bis 20 Jahre zurück. Damals den aktuellen Stand widerspiegelnd, zeichnet sich inzwischen deren notwendige Ablösung ab. Die Ursachen liegen vor allem in dem hohen Verkehrsaufkommen der GSM-Netze und den gestiegenen Anforderungen an die Übertragungsgeschwindigkeit durch multimediale Anwendungen. Inzwischen liegen mehrere Techniken mit unterschiedlicher Leistungsfähigkeit und damit auch unterschiedlicher Eignung vor. Noch ist es schwierig festzustellen, welche Techniken sich durchsetzen werden. Nicht zu übersehen ist jedoch, daß das *Universal Mobile Telecommunications System*, kurz *UMTS*, der herausragende Standard der 3. Mobilfunkgeneration sein wird. Wegen des hohen technischen Installationsaufwandes ist nicht vor 2003 mit dem Betrieb zu rechnen. Die übrigen noch zu erwähnenden Techniken werden lediglich Zwischenlösungen darstellen.

HSCSD

Der von der ETSI 1998 entwickelte Standard *High Speed Circuit Switched Data (HSCSD)* baut unmittelbar auf GSM auf und arbeitet nach dem Prinzip der *Kanalbündelung*. Dabei werden die 8 bei GSM-Netzen verwendeten Zeitschlitze vervielfacht und je Kanal eine theoretische Geschwindigkeit von 14,4 kBit/s erreicht. Maximal können 8 Kanäle mit insgesamt 115,2 kBit/s gebündelt werden. Gegenüber der bisherigen Leistung von 9,6 kBit/s je Zeitschlitz werden die 14,4 kBit/s durch ein verbessertes und weniger Übertragungskapazität erforderndes Fehlerkorrekturverfahren erreicht.

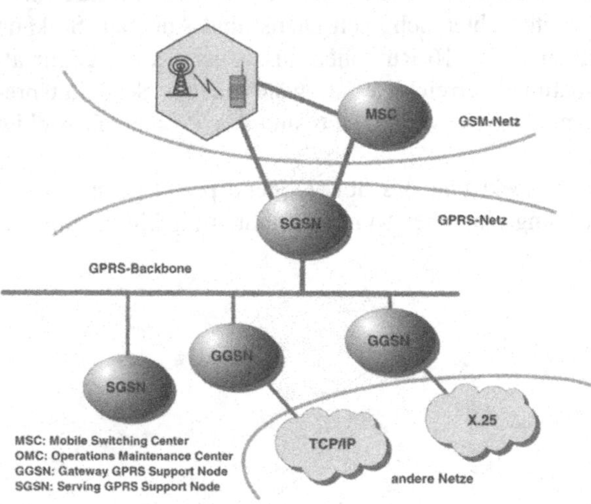

Abb. 24.8. GPRS-Netzarchitektur

Die Problematik von HSCSD liegt vor allem in der Verwendung mehrerer der in den GSM-Netzen schon ohnehin knappen Kanäle. Wenn überhaupt, so erscheint allenfalls nur die Verwendung von vier Kanälen für ein Kanalbündel vertretbar. Günstiger ist die Situation bei den E-Netzen (DCS 1800) durch die kleineren Zellen und die noch verfügbaren Kapazitäten. HSCSD wird deshalb zunächst nur in den E-Netzen verfügbar sein. Geplant ist, Uplink und Downlink mit 4-facher Bündelung und unterschiedlichen Geschwindigkeiten (14,4 kBit/s bzw. 43,2 kBit/s) zu realisieren.

Für die Teilnehmer bedeutet die Einführung dieses Standards die Anschaffung neuer HSCSD-Geräte.

GPRS

General Packet Radio Service (GPRS) ist ebenfalls eine Weiterentwicklung des GSM-Standards. Während HSCSD mit Leitungsvermittlung arbeitet, ist GPRS eine Technik mit Paketvermittlung. Ähnlich wie beim paketvermittelten Festnetz kann die Bandbreite der Mobilfunkkanäle durch konkurrierende Übertragung besser genutzt werden. Neben dem GSM-Netz ist bei dieser Technik ein zweites Netz erforderlich. Beide Netze sind über Gateways miteinander verbunden.

Im GPRS-Netz wird auf die MSCs mit den angeschlossenen Datenbanksystemen zugegriffen, um die Authentifizierung und Verwaltung der Teilnehmer durchzuführen. Die Datenpakete selbst werden direkt von den Basisstationen des GSM-Netzes über die *Serving GPRS Support Nodes (SGSN)* auf den GPRS-Backbone, einem IP-basierten Netz, übertragen. Zugang zu anderen Netzen ermöglichen die *Gateway GPRS Support Nodes (GGSN)* (vgl. Abb. 24.8).

Die maximale Übertragungsgeschwindigkeit beträgt 115,2 kBit/s, wobei zu bedenken ist, daß sich diese Leistung durch die Technik der Paketvermittlung auf mehrere Benutzer aufteilt. Je höher die Anzahl der Teilnehmer und deren Übertragungsanforderungen sind, umso geringer ist der auf den einzelnen Teilnehmer entfallende Durchsatz.

Dem Nachteil eines höheren Aufwandes für das zusätzliche GPRS-Netz stehen als Vorteile der durch die Paketübertragung leicht zu realisierende Internet-Zugang sowie die alternative Kommunikation über das sprachorientierte GSM-Netz oder das datenorientierte GPRS-Netz gegenüber.

UMTS

Als Nachfolger von GSM befindet sich zur Zeit das *Universal Mobile Telecommunications System* (UMTS) im Aufbau. UMTS wurde als weltweiter Standard entwickelt. Die geplanten Übertragungsraten des zellularen Netzes hängen vom Aufenthaltsort und der für den jeweiligen Versorgungsbereich installierten Leistung ab. Als maximale Geschwindigkeit sind 2 MBit/s für große Gebäude und eng begrenzte Gebiete mit entsprechend hohen Anforderungen vorgesehen. Als weiträumige Versorgung wird die Geschwindigkeit mit 384 kBit/s deutlich niedriger sein. Sie ist jedoch für multimediale Dienste mit Video-Übertragungen und den Internet-Zugang bei anspruchsvoller Qualität ausreichend. Der Frequenzbereich wird oberhalb von DCS 1800 liegen und sich im Bereich von 1900 bis 2200 bewegen. Um jederzeit eine flächendeckende und von den terrestrischen Basisstationen unabhängige Versorgung zu garantieren, können Verbindungen über Satelliten geführt werden. Die Übertragungsgeschwindigkeit wird hier jedoch unter den erwähnten 384 kBit/s liegen.

Die Standardisierung ist zwischenzeitlich abgeschlossen. Die erste UMTS-Versuchsphase ist für 2001 vorgesehen. Der Aufbau des produktiven Systems mit dem vollständigen Dienstangebot wird ab 2003 erfolgen.

24.4 Satellitenkommunikation

Unter den zahlreichen Kommunikationssatelliten gibt es einige, die ausschließlich oder zu einem überwiegenden Teil Aufgaben der Mobilkommunikation wahrnehmen. Sie sollen vor allem in Regionen mit fehlender oder schwach ausgeprägter Infrastruktur die notwendigen Kommunikationsmöglichkeiten bieten. Zu den zentralen Aufgaben dieser Satelliten gehören die wirtschaftliche Erschließung, die Abwicklung von Forschungsprojekten, Förderung touristischer Belange, die Bewältigung von Notsituationen und die Navigation.[68]

GEO, MEO, LEO

Bei den Satelliten unterscheidet man Systeme mit geostationären Satelliten und Satelliten, die ihre Position bezüglich eines Punktes auf der Erdoberfläche verändern (vgl. Abb. 24.9).

Geostationary Earth Orbiter (GEO) bewegen sich in ca. 36.000 km Höhe synchron mit der Erdrotation. Die Signale solcher Satelliten sind über permanent ausgerichtete Erdfunkstellen leicht zu erfassen. Satelliten mit mittlerer Flughöhe zwischen 10.000 und 15.000 km, sogenannte *Medium Earth Orbiter (MEO)*, bewegen sich relativ zur Erdoberfläche. *Low Earth Orbiter (LEO)* umkreisen die Erde in einer Höhe von 700 bis 1.500 km.

Das Frequenzspektrum der Satellitenkommunikation befindet sich im GHz-Bereich und ermöglicht Dienste mit hohen Übertragungsgeschwindigkeiten. Die Aufgabe der Satelliten besteht im Empfang von Signalen einer terrestrischen Station, der Verstärkung und der Rücksendung auf ein begrenztes Gebiet der Erdoberfläche. Dabei ist es wegen des im Vergleich zur erdgebundenen Übertragung langen Übertragungswegs notwendig, zum Empfangen und Senden unterschiedliche Frequenzen zu verwenden. Auf diese Weise werden die zum Verrauschen führenden Interferenzen zwischen Sende- und Empfangssignalen vermieden. Ein Satellit enthält in der Regel mehrere *Transponder* zur Signalverstärkung und Frequenzumsetzung, wodurch er parallel mehrere terrestrische Stationen bedienen kann. Wie bei den zellularen Netzen spricht man auch hier bei den unterschiedlich gerichteten Kanälen von Uplink und Downlink. Die Übertragung erfolgt im Zeitmultiplex, d.h., eine Nachricht wird in Einheiten untergliedert, die gerade die zeitliche Länge einer *Zeitscheibe* (Zeitschlitz, Slot) ausfüllen. Auf einem physischen Kanal mit bestimmter Frequenz sind demnach mehrere logische Kanäle eingerichtet.

[68] Siehe auch die Ausführungen zu leitungsungebundener Übertragung in Kap. 5.3.

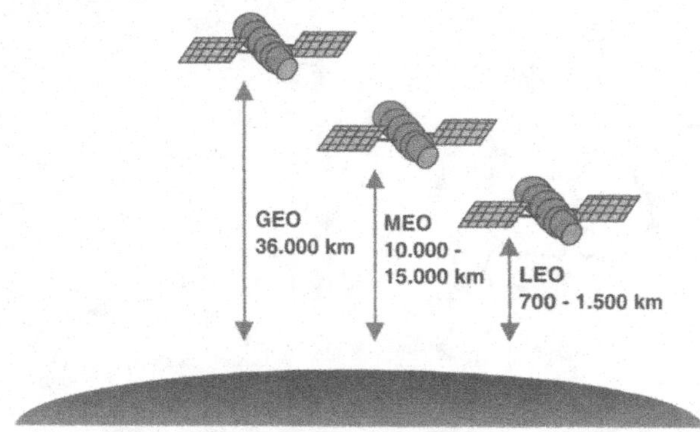

Abb. 24.9. Satellitenpositionen

Inmarsat

Inmarsat (INternational MARitime SATellite Organisation) ist als erstes Satellitenkommunikationssystem seit 1982 in Betrieb (vgl. Abb. 24.10). Das ursprünglich als *maritimes Notrufsystem* (Global Maritime Distress and Safety System, GMDSS) konzipierte System ist durch Weiterentwicklung des ursprünglichen Standards A und durch mehrere standardisierte Inmarsat-Dienste (Inmarsat B, C, E, M, P, SatPage) auch für den landgebundenen Einsatz verfügbar. Das System basiert gegenwärtig auf 9 geostationären Satelliten. Außer den Polargebieten wird damit die gesamte Erdoberfläche erreicht. Der Frequenzbereich von 1,5 bis 1,6 GHz zur Kommunikation zwischen mobilen Stationen und den Satelliten erweist sich vor allem für die ursprüngliche Aufgabe als besonders günstig, weil Wolken und Regen mit nur geringen Verlusten von den Signalen durchdrungen werden. Die Übertragungsgeschwindigkeiten liegen je nach Dienst zwischen 1,2 und 64 kBit/s.

Anwendungen

Für die vielseitigen Anwendungen wurden mehrere Schnittstellen entwickelt, worunter eine PC-Schnittstelle zur Datenübertragung hervorzuheben ist. Im Mittelpunkt der Endgeräte stehen Satelliten-Telefone, was zugleich zeigt, daß die Sprachkommunikation zu den zentralen Anwendungen gehört. Als bevorzugte Anwendungsgebiete sind zu nennen:

- Kommunikation im maritimen Bereichen (bei hochseegängigen Schiffen zwingend vorgeschrieben)
- Sprach-, Fax- und Datenübertragung aus Flugzeugen,
- Notrufe (z.B. bei Expeditionen),
- Telefax,
- Steuerung von Fahrzeugflotten,
- Abruf von Daten durch zyklisches Abfragen (Polling) oder durch Data Reporting,
- Übermittlung von Bild- und Sprachnachrichten durch Korrespondenten von Presse, Funk und Fernsehen.

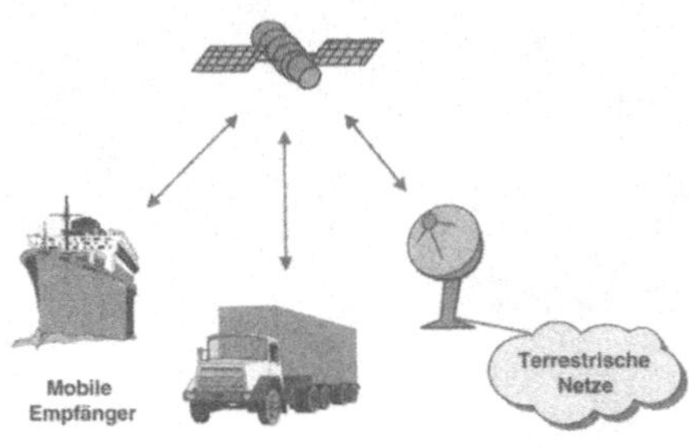

Abb. 24.10. Inmarsat

Iridium

Iridium war ein mit 66 tiefliegenden Satelliten aufgebautes Mobilfunksystem zur Kommunikation zwischen mobilen sowie zwischen mobilen und terrestrischen Stationen. Das mit sehr hohen Entwicklungskosten realisierte System wurde 1998 in Betrieb genommen und bereits nach kurzer Zeit im März 2000 wegen Unwirtschaftlichkeit wieder eingestellt.

Skystation

Die Kommunikation bei dem unter der Bezeichnung Skystation geplanten System erfolgt über 150 m lange, mit Helium gefüllte *Luftschiffe* (sog. Prall-Luftschiffe), die in 21 km Höhe als hochperformante Kommunikationsplattformen dienen. Hierbei deckt ein Luftschiff im 2 GHz-Bereich ein Gebiet mit einem Durchmesser von 1000 km für die Erbringung herkömmlicher Teledienste ab. Zusätzlich ermöglicht es in einem kleineren Radius von 150 km und im Bereich von 47 GHz Zugänge mit Übertragungsgeschwindigkeiten von vollen 2 Mbit/s für den Uplink und 10 Mbit/s für den Downlink. Da für die ständige Versorgung eine stationäre Position erforderlich ist, muß zur Kompensation der Abdrift durch eine Windgeschwindigkeit von rd. 200 km/h das Luftschiff durch Propellerschub auf gleicher Position gehalten werden. Der dazu notwendige Antriebsstrom wird durch Solarbatterien mit hoher Leistung erzeugt. Nach derzeitiger Planung soll das Konzept Skystation bis zum Jahr 2002 realisiert werden.

GPS

GPS (Global Positioning System) ermöglicht die Positionsbestimmung eines Satellitenempfängers. Es ist mit 24 Satelliten ausgestattet, die in rd. 20.000 km Höhe auf 6 exakt bestimmten Bahnebenen die Erde umkreisen. An jedem Punkt der Erde sind jeweils mindestens 3 Satelliten oberhalb des Horizonts. Diese senden Zeit-Signale aus, die es einem GPS-Empfänger ermöglichen, aus den unterschiedlichen Laufzeiten der Signale und den jeweiligen Positionsdaten der Satelliten den exakten Aufenthaltsort des Empfängers zu bestimmen. Bei sich bewegenden Objekten läßt sich darüber hinaus auch die Geschwindigkeit berechnen. Die Genauigkeit der Positionsangaben liegt bei ca. 20 bis 100 m.

Anwendung findet dieses ursprünglich für das amerikanische Militär konzipierte System in der Luft- und Schiffahrt, in Auto-Navigationssystemen, bei der Landvermessung und zunehmend auch in der Land- und Forstwirtschaft.

Um die Meßgenauigkeit der bewußt erzeugten Ungenauigkeit zu erhöhen, können mit dem Verfahren *Differential GPS (DGPS)* auftretende Fehler korrigiert werden. Zur Identifizierung eines Fehlers muß eine Messung von einem geographisch mit seinen Koordinaten exakt bekannten Bezugspunkt aus durchgeführt werden. Der ermittelte Fehlervektor kann per Funk an mobile DGPS-Empfänger gesendet werden. Mit der entsprechenden Fehlerkorrektur läßt sich sodann die Genauigkeit auf wenige Meter steigern. DGPS

Literaturempfehlungen

Biala, J. (1995): Mobilfunk und Intelligente Netze, 2. Aufl., Braunschweig und Wiesbaden: Vieweg.

Bohländer, E., Gora, W. (1992): Mobilkommunikation: Technologien und Einsatzmöglichkeiten, Bergheim: Datacom.

Dodel, H. (1999): Satellitenkommunikation: Anwendungen, Verfahren, Wirtschaftlichkeit, Heidelberg: Hüthig.

Eberspächer, J., Vögel, H.-J. (1999): GSM Global System for Mobile Communication, Stuttgart: Teubner.

Georg, O. (2000): Telekommunikationstechnik: Handbuch für Praxis und Lehre, 2. Auflg., Berlin u.a.: Springer, S. 36-51.

Katzsch, R. M. (1995): Mobilkommunikation: Einführung und Marktübersicht, in: HMD 184, S. 8-33.

Lipinski, K., Hrsg. (1999): Lexikon Mobilkommunikation, Bonn: MITP.

Lobensommer, H. (1998): Dienste für die Mobilkommunikation, Kap. 3.5 in: Jung, V., Warnecke, H.-J., Hrsg., Handbuch für die Telekommunikation, Berlin: Springer, S. 3-56-3-81.

Siegmund, G. (1999): Technik der Netze, 4. Auflg., Heidelberg: Hüthig, S. 651-721.

25 Internet

Mit unvergleichbarem Wachstum der Teilnehmerzahlen, der Leistungsfähigkeit und der innovatorischen Entwicklungen hat sich das Internet in wenigen Jahren zu einem Instrument entwickelt, das im kommerziellen und privaten Bereich zu nachhaltigen Veränderungen geführt hat. Das gilt nicht nur für die verschiedenartigen Formen der interpersonellen Kommunikation, sondern auch für die Gestaltung der verteilten Verarbeitung von Informationen. Begleitet wird die technische Entwicklung von tiefgreifenden Veränderungen bei der Beschaffung und Nutzung von Informationen, den Formen der Kooperation in unterschiedlichen Lebensbereichen sowie dem Austausch von Gütern und Dienstleistungen.

Eine auch nur annähernd geschlossene Darstellung der Technik und Anwendungen des Internets ist im Rahmen dieses Buches nicht zu leisten. Es kann vielmehr nur der Versuch unternommen werden, die Grundtatbestände vorzustellen und diejenigen Verfahren zu betrachten, die den Rahmen für das breite Anwendungsspektrum abstecken. So wird u.a. auch gänzlich auf eine Beschreibung des Electronic Commerce verzichtet, der sich wiederum in verschiedenartigen Ausprägungen zunehmend als eine der zentralen Internet-Anwendungen etabliert.

25.1 Weltweiter Rechnerverbund

Merkmale

Das Internet ist ein weltweiter Rechnerverbund aus einer Vielzahl autonomer Netze mit unterschiedlicher Leistungsfähigkeit. Hinter der Bezeichnung Internet verbirgt sich kein bestimmtes, in sich geschlossenes Netz mit einer einheitlichen Kommunikationsarchitektur, wie beispielsweise beim ISDN oder dem Datex-P-Netz. Die einzelnen Netze des Internets sind über Router miteinander verbundene Teilnetze (Subnetze). Zu den wesentlichen gemeinsamen Eigenschaften gehören der Einsatz der Protokolle *TCP/IP* und ein *einheitlicher Adreßraum*, der die Adressierung jedes Teilnehmers gewährleistet. Entscheidend für die Funktionalität des Internets sind die Art und das Zusammenwirken der als Client-Server-Systeme realisierten Kommunikationsanwendungen.

Kennzeichnend ist weiterhin, daß sich das Netz weitgehend selbst organisiert, gestützt auf die Aktivitäten nationaler Internet-Organisationen sowie internationaler Standardisierungen und Empfehlungen. Es gibt ebensowenig eine zentrale Verwaltung für den Betrieb und die Wartung noch ein für ein Netz dieser Größenordnung zu erwartendes zentral organisiertes Netzwerkmanagement. Im Vergleich zu allen bisher bekannten Netzen handelt es sich um eine neuartige und bisher einmalige Form kommunikativer Kooperation einer sehr heterogenen Teilnehmergemeinschaft.

Internet-Gesellschaft

Zahlreiche internationale und nationale Vereinigungen sowie Arbeitsgruppen befassen sich ständig mit Fragen der Weiterentwicklung, der Koordination und der Standardisierung. An der Spitze des weltweiten Geflechtes von Organisationen steht die Internet-Gesellschaft *ISOC (Internet Society)*. Die europäische Spitzenorganisation ist die im Auftrag der EG tätige *TERENA* (Trans-European Research and Education Networking Association).

Eine der für die Benutzer wichtigsten Aufgaben zentraler Organisation ist die Vergabe von Internet-Adressen. Der organisatorische Aufbau des Vergabesystems ist dreistufig. In der Zuständigkeit der Dachorganisation *IANA* (Internet Assigned Numbers Authority) fallen die Vergabe von weltweiten Namen (Domains), Namensräumen für die von den nationalen Organisationen zu vergebenden Adressen und die Festlegung von Portnummern für die verschiedenen Internet-Dienste.[69] Auf der zweiten Ebene finden sich kontinentale Organisationen, wie das *APNIC* (Asia Pacific Network Information Center) für Asien, das *ARIN* (American Registry for Internet Numbers) für Amerika und das *RIPE NCC* (Réseaux IP Européens Network Coordination Centre) für Europa. Auf der untersten Ebene sind die nationalen *Network Information Centers* (NIC) angesiedelt. In Deutschland werden die Aufgaben von der DE-NIC eG (Deutsches Network Information Center) wahrgenommen. Die praktische Durchführung der Namensvergabe liegt meistens bei hierfür besonders beauftragten Organisationen.

Internet-Anwendungen

In den ersten Jahren des privaten Internet-Einsatzes, dessen Beginn auf das Jahr 1983 datiert werden kann, standen die inzwischen schon klassischen Kommunikationsanwendungen Electronic Mail, Telnet und Dateiübertragung (File Transfer) im Mittelpunkt. Ende der achtziger Jahre kamen in schneller Folge zahlreiche Anwendungen hinzu, von denen insbesondere Verzeichnisdienste, Dienste zur Informationsverteilung und -recherche zu nennen sind. Ausschlaggebend für die sehr schnelle kommerzielle und private Verbreitung war die Entwicklung des *World Wide Web (WWW)*, einem verteilten Hypertextsystem, das dem Benutzer hohe Freiheitsgrade beim Angebot und bei der Suche nach Informationen einräumt. Mit dem WWW wurden neuartige Techniken und Sprachen bereitgestellt, die inzwischen auf jedem, mit moderner Office-Anwendungssoftware ausgestatteten Arbeitsplatz verfügbar sind. Das WWW hat viele der erst wenige Jahre zuvor entwickelten Anwendungen bis zur Bedeutungslosigkeit zurückgedrängt.

---

[69] Ein Großteil dieser Aufgaben soll an eine sich im Aufbau befindliche internationale Einrichtung, die ICANN (Internet Corporation for Assigned Names and Numbers), delegiert werden.

Teilnehmerzahlen

Wegen der nicht vorhandenen zentralen Administration des Internets gibt es keine exakten Zahlen über die sehr große Anzahl in das Internet eingebundener Netze und Rechner. Bei ständig steigenden Teilnehmerzahlen geht man derzeit (Anfang 2000) von ca. 100 Millionen Teilnehmern (Internet-Accounts) aus.

Intranet

Seit Mitte der 90er Jahre wird die Internet-Technologie auch zur *organisationsinternen* Informationsversorgung verwendet. Durch den Einsatz der als *Intranets* bezeichneten Netze zeichnet sich neben einer Steigerung der organisatorischen Effizienz durch umfassendere, qualitativ bessere und aktuellere Informationen eine strukturelle Veränderung lokaler Netzwerkarchitekturen ab. Die verstärkte Verwendung von Standards, zunehmende Plattformunabhängigkeit und Offenheit sind hier kennzeichnend. Ebenso wie für das gesamte Internet, so ist auch für Intranets der fast durchgängige Einsatz der Protokolle TCP und IP in der Kommunikationsarchitektur ein wesentliches Merkmal. Prinzipiell unterscheiden sich Intranets vom Internet durch ihre in der Regel geringere räumliche Ausdehnung und ihren geschlossenen Teilnehmerkreis. Für die Wahl der Kommunikationsanwendungen bieten sich die gleichen Möglichkeiten wie für das Internet.

25.2 Netzstruktur

Logische Struktur

Das Internet präsentiert sich für den Benutzer als ein großes, in sich geschlossenes globales Netz, über das er mit jedem beliebigen Teilnehmer kommunizieren kann. Diese Situation ist vergleichbar mit der weltweiten Kommunikation im Fernsprechnetz. Der Benutzer sieht auch hier das Netz nur als *logisches Netz* mit seinen *Einwahlknoten*, bei dem die unterschiedlichen Netzbetreiber und die Topologie der Übertragungswege nicht erkennbar sind (vgl. Abb. 25.11).

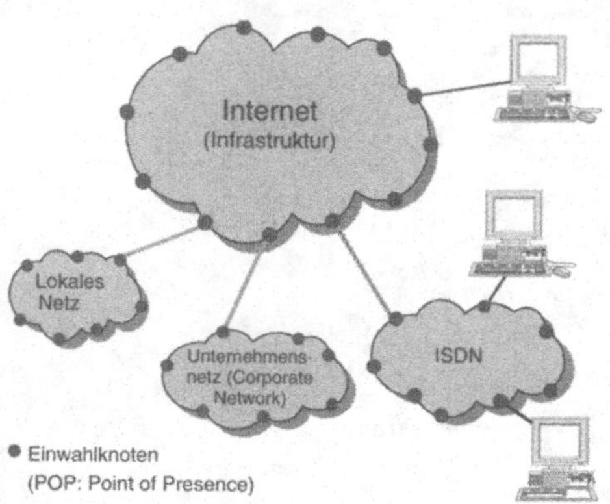

Abb. 25.11. Logische Struktur des Internets

Infrastruktur

Im weltweiten Verbund physischer Netze gibt es zunehmend sehr schnelle und ausschließlich für das Internet installierte nationale und internationale Netze (Internet-Backbones). Sie bilden in ihrer Gesamtheit die *Infrastruktur* des Internets. Die einzelnen Länder und auch Kontinente verfügen in der Regel über mehrere Internet-Backbones unterschiedlicher Betreiber. In Deutschland bildet beispielsweise das Breitbandwissenschaftsnetz *B-WIN* des *DFN* Vereins (Verein zur Förderung eines deutschen Forschungsnetzes) die Internet-Basisinfrastruktur für die wissenschaftlichen Institutionen (Universitäten, Hochschulen, Forschungseinrichtungen). Es bietet Anschlußkapazitäten von 34 und 155 MBit/s. Im Aufbau befindet sich das Gigabit-Wissenschaftsnetz G-WIN mit deutlich höheren Übertragungsgeschwindigkeiten von 622 MBit/s und 2,4 GBit/s. Das B-WIN ist über einen Knoten an das innereuropäische Netz TEN-155 der Betreiberorganisation *DANTE* (Delivery of Advanced Network Technology to Europe) und über einen Knoten in den USA an alle weiteren Netze angebunden. Das Netz TEN-155 hat eine Übertragungsgeschwindigkeit von 155 MBit/s. Interkontinentale Verbindungen bestehen zu den Netzen der USA, Japans und Asiens (vgl. Abb. 25.12).

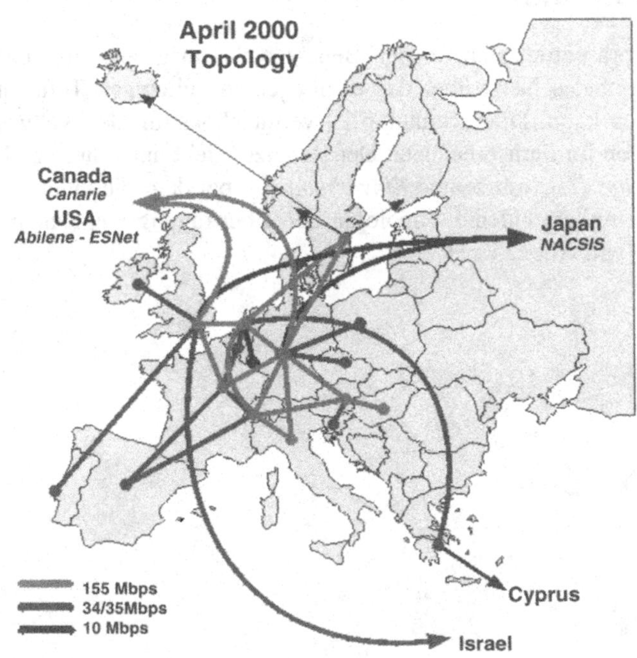

Abb. 25.12. Topologie des europäischen Netzes TEN-155
(Quelle: http://www.dante.net/ten-155/ten155net.gif)

Anbindung von Internet-Benutzern

Die Rechner der Internet-Benutzer sind über private oder öffentliche Netze auf unterschiedliche Weise mit den Einwahlknoten (Points of Presence) verbunden. Bei hohen Anforderungen an die Übertragungsleistung und Verfügbarkeit werden für Unternehmensnetze und lokale Netze Festverbindungen mit Übertragungsgeschwindigkeiten im unteren Megabit-Bereich geschaltet. Für niedrige Übertragungsanforderungen und überwiegend gelegentliche Benutzer übernehmen *Internet-Provider* den Zugang. Hier sind die Benutzer über Wählverbindungen des Fernsprechnetzes mit einem zentralen Server des Providers verbunden, der seinerseits feste Verbindungen zu Einwahlknoten unterhält. Auf den leitungsvermittelten Verbindungen zwischen den Benutzern und dem Rechner des Providers wird durch das auf dem Rechner des Benutzers zu installierende *Point-to-Point-Protocol (PPP)* die im Internet notwendige Übertragung von IP-Paketen nachgebildet.

In der Gesamtsicht besteht das Internet aus den die Infrastruktur bildenden nationalen und internationalen Netzen *und* den als Client oder Server agierenden Rechnern in den privaten und öffentlichen Netzen. Es sind vor allem diese Rechner, die durch die ihnen zugewiesene Rolle die für die gesamte Gemeinschaft sichtbaren Leistungen erbringen. Hervorzuheben sind hier vor allem Rechner, die Rollen als Mail-Server, Datei-Server und Web-Server übernehmen.

Kommunikation zwischen Teilnetzen

Um eine netzübergreifende Kommunikation „jeder mit jedem" zu erreichen, sind Verbindungen zwischen einzelnen Teilnetzen des Internets erforderlich, beispielsweise um eine Verbindung zwischen einem Benutzer des WIN und einem Benutzer des Providers AOL herzustellen. Je nach örtlicher Lage des vom Benutzer adressierten Rechners kann eine Nachricht mehrere Netze durchlaufen. Diese Netze übernehmen jeweils die Funktion als *Verbindungsnetz*, wobei Router die Aufgabe haben, durch möglichst günstige Wegewahl virtuelle Verbindungen zu den jeweiligen Zielknoten herzustellen (vgl. Abb. 25.13).

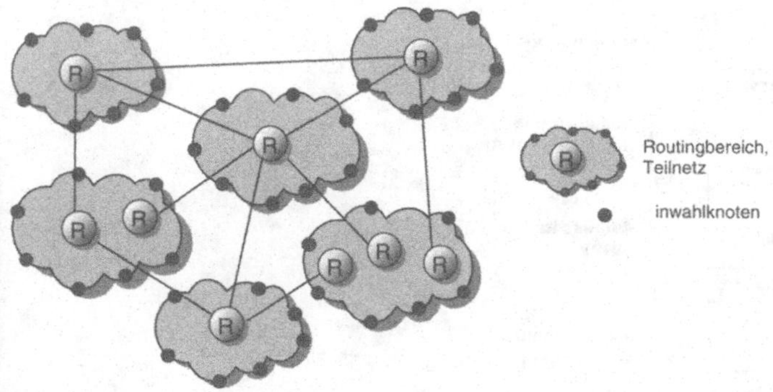

Abb. 25.13. Routing im Internet

25.3 Protokolle und Dienste

Ergänzend zur grundlegenden Behandlung TCP/IP-basierter Architekturen in Kapitel 2.3 werden hier für das Internet spezifische Protokolleigenschaften betrachtet.

Eine TCP/IP-basierte Architektur ist nicht notwendigerweise mit der Architektur des Internets gleichzusetzen. TCP/IP-basiert kann ein lokales Netz, ein als Intranet implementiertes Netz oder auch ein beliebiges Weitverkehrsnetz sein. Für das Internet sind vor allem zwei Eigenschaften hervorzuheben. Das ist zum einen, daß bestimmte Anwendungen als *Internet-Dienste* direkt auf dem Protokoll TCP aufsetzen und zum anderen die Verwendung von *Adressierungsschemata*, die eine eindeutige Adressierung aller Teilnehmer der weltweiten Internet-Gemeinschaft gewährleisten.

25.3.1 Adressierung und Adressierungsprotokolle

Die wichtigsten Anforderungen an Internet-Adressen liegen in der Zuverlässigkeit der Adressierung und der Bereitstellung eines für die schon große und noch ständig wachsende Teilnehmerzahl ausreichenden *Adreßraums.*

Adreßebenen

Um einen bestimmten Rechner im Internet anzusprechen, werden drei Adreßebenen verwendet. Auf der oberen Ebene befinden sich Domain-Namen, auf der mittleren IP-Nummern (Internet-Adressen i.e.S.) und auf der unteren Ebene Hardware-Adressen (vgl. Abb. 25.14).

Die Nutzung verschiedener Abstraktionsstufen bei der Adressierung hat den Vorteil, daß bei einer z.B. dv-technisch bedingten Veränderung einer Adresse die darüberliegende Adreßebene davon unberührt bleiben kann und somit eine höhere Stabilität aufweist. Zudem erlaubt das Modell eine höhere Flexibilität bei der Vergabe und Nutzung von Adressen dadurch, daß einer untergeordneten Adresse immer mehrere übergeordnete zugeordnet werden können. Da dies in umgekehrter Richtung nicht gilt, bleibt bei Adreßumwandlung von oben nach unten immer Eindeutigkeit gewahrt.

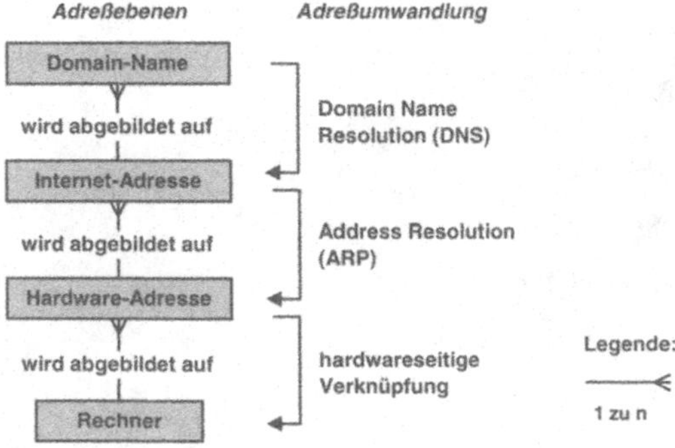

Abb. 25.14. Ebenen der Adressierung im Internet

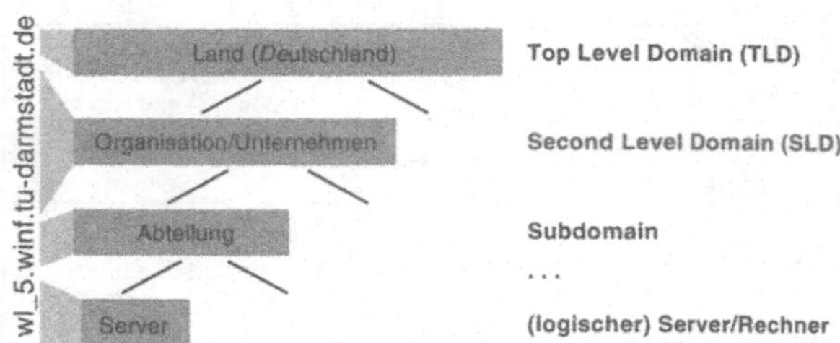

Abb. 25.15. Struktur eines Domain-Namens

Domain-Namen

Domain-Namen sind qualifizierte, hierarchisch aufgebaute mnemonische (symbolische) Adressen für den Benutzer. Ziel der Namensgestaltung ist die einfache Merkfähigkeit und eine sichere Handhabung. Die Hierarchie im Aufbau des Domain-Namens folgt einer Baumstruktur, in der die auf den einzelnen Ebenen vergebenen Namen durch Punkte voneinander getrennt werden.[70] Die Namen der Blattknoten des Baumes finden sich auf der linken und die des Wurzelknotens auf der rechten Seite des Domain-Namens. Abb. 25.15 veranschaulicht die Struktur eines Domain-Namens am Beispiel „bwl_5.winf.tu-darmstadt.de".

TLD

Die auf oberster Ebene angesiedelten *Top Level Domains (TLD)* kennzeichnen entweder das Land, man spricht dann von Country Code TLDs (ccTLD), die immer zweistellig sind, oder es handelt sich um generische Domains (gTLD), die über ein dreistelliges Kürzel eine Charakterisierung der darunter zu subsumierenden Organisationen und Inhalte vornehmen. Abb. 25.16 gibt eine Übersicht über die derzeit verwendeten generischen Domänen und zeigt eine Auswahl an landesspezifischen TLDs.

SLD

Auf der darauffolgenden Ebene sind die sog. *Second Level Domains (SLD)*, die man auch vereinfachend als Domain i.e.S. bezeichnet, angesiedelt. Unter dieser Ebene folgen weitere *Subdomains,* bis die Ebene eines logischen Server- bzw. Rechner-Namens erreicht ist.

IP-Adresse

Domain-Namen sind externe Namen, die nicht unmittelbar zur Adressierung in Netzen verwendet werden können. Mit der IP-Adresse wurde deshalb eine weitere Namensebene eingeführt. Eine IP-Adresse ist eine numerische, für das gesamte Internet eindeutige logische Adresse mit einer Länge von 32 oder 128 Bits. Sie wird einem Rechner statisch oder dynamisch zugeordnet. Da ein Rechner mehrere Netzzugänge haben kann, ist es auch möglich, daß er über verschiedene IP-Adressen verfügt. Im Nachrichtenkopf (Header) jedes IP-Pakets sind die IP-Adressen des Senders und Empfängers angegeben.

Hardware-Adresse

Jeder Rechner eines Netzwerks hat eine hardwareseitig, über die Netzwerkkarte festgelegte physische Adresse (MAC-Adresse). Der IP-Adresse muß folglich die Hardware-Adresse zugeordnet werden.

[70] In der Terminologie des ISO-Standards X.500 (Directory-Service) spricht man hier von *Distinguished Names* und *Relative Distinguished Names.* Vgl. Kap. 27.1.1.

Generic TLD (RFC 1591)		Country Code TLD (Auswahl aus ISO 3166)	
Code	**Bedeutung**	**Code**	**Land**
edu	Bildungseinrichtungn (educational institutions)	at	Österreich
com	Unternehmen (commercial entities)	be	Belgien
net	Netzwerk-Provider (network providers)	de	Deutschland
org	Organisationen, die nicht anderweitig zuordenbar sind (organizational institutions)	dk	Dänemark
		fr	Frankreich
gov	Einrichtungen der US-Regierung (government offices, agencies)	it	Italien
mil	Einrichtungen des US-Militärs (military entities)	pl	Polen
int	Organisationen, die auf Grundlage internationaler Verträge gebildet wurden (organizations established by international treaties)	pt	Portugal
		tr	Türkei

Abb. 25.16. Top Level Domains

Adreßumwandlung

Es ist nun zu klären, durch welche Mechanismen die Adreßumwandlungen zwischen den drei Namensebenen erfolgen. Generell werden Verzeichnisse (Tabellen) verwendet, in denen die Namens- bzw. Adreßzuordnungen festgehalten sind. Der Verwaltungsaufwand ist aufgrund der unterschiedlichen Adreßräume zwangsläufig sehr verschieden.

DNS

Bei der Adressierung eines Rechners verwendet der Benutzer in der Regel einen Domain-Namen, für den die IP-Adresse vor Beginn der Übertragung zu ermitteln ist. Aufgrund der hohen Rechnerzahlen ist in einem sehr umfangreichen Verzeichnis nach der Zuordnung zu suchen. Diese Aufgabe wird über den *Domain Name Service (DNS)* gelöst, einer auf TCP aufsetzenden Kommunikationsanwendung. Die nach dem Namensaufbau hierarchisch untergliederten Verzeichnisse sind in einer verteilten Datenbank abgelegt.

ARP

Einfacher sind dagegen die Zuordnungen zwischen IP-Adressen und Hardware-Adressen zu handhaben, weil hier jeweils nur die Entsprechungen der IP-Adressen mit den Rechneradressen für den Bereich des adressierten Netzes im Verzeichnis abzulegen sind. Bei diesen Netzen handelt es sich meistens um lokale Netze oder Unternehmensnetze. Die Aufgaben der Verwaltung dieser Tabellen und des Aufsuchens der Hardware-Adressen sind durch das *Address Resolution Protocol (ARP)*, einem Protokoll auf der IP-Protokollschicht, geregelt.

Bit	0 … 8	… 16	… 24	… 31
Klasse A	0 Netz-Adresse	Rechner-Adresse		
Klasse B	1 0 Netz-Adresse		Rechner-Adresse	
Klasse C	1 1 0 Netz-Adresse			Rechner-Adr.
Klasse D	1 1 1 0 Multicast-Adresse			
Klasse E	1 1 1 1 0 für zukünftige Anwendungen			

Abb. 25.17. Adreßstrukturen des Protokolls IPv4

IPv4 und IPv6

IP-Adressen können innerhalb ihrer vorgegebenen festen Längen unterschiedliche Strukturen aufweisen, die durch die beiden Internet-Standards *IPv4* (1981) und *IPv6* (1995) beschrieben sind. In dem älteren Protokoll IPv4 beträgt die Adreßlänge 32 Bits. Um verschiedenen Anwendungsanforderungen zu entsprechen, wurden fünf Adreßklassen (vgl. Abb. 25.17) definiert, von denen jedoch nur die ersten drei Klassen praktische Bedeutung erlangt haben.

Adreßklassen A, B, C

Die wichtigen *Adreßklassen A, B und C* unterscheiden sich durch die Längen ihrer Netz- und Rechner-(Host-)Adressen. Ziel dieser Strukturierung war die Bereitstellung von Adressen für eine möglichst große Anzahl von Netzen unterschiedlicher Größen. Sieht man von dem knappen Adreßvorrat ab, so hat der Anwender die Möglichkeit, eine für die Größe seines Netzes geeignete Klasse zu wählen. Der Adreßvorrat für unterschiedliche Netze und die Anzahl der Rechner je Netz sind in Abb. 25.18 aufgelistet.

Adreßklassen D, E

Multicast-Adressen *(Klasse D)* sind Zieladressen zur Verteilung von Nachrichten an jeweils über die Adresse zu definierende Benutzergruppen. Die *Klasse E* ist für zukünftige Anwendungen reserviert und ist vor allem durch die Erweiterungen des Standards IPv6 bedeutungslos geblieben.

Punkt-Dezimal-Notation

Zur besseren Lesbarkeit von IP-Adressen wird eine *Punkt-Dezimal-Notation* benutzt. Die 32 Bit lange binäre Zeichenfolge wird in 4 Gruppen zu je 8 Bits untergliedert und entsprechend in 4, durch Punkte getrennte Dezimalzahlen, die den dualen Wertigkeiten der einzelnen Bitgruppen entsprechen, transformiert. Auf diese Weise läßt sich u.a. die Adreßklasse identifizieren. Die IP-Nummer *11000000 00110100 00000011 10000000* der Klasse C lautet in Punkt-Dezimal-Notation z.B. *192.52.3.128*, entsprechend folgt aus *10001000 00001010 11001000 00000100* (Klasse B) *132.10.200.4.*

Engpaß

Bei dem schnellen Wachstum des Internets war schon früh zu erkennen, daß die Adreßräume der 32 Bit langen Adressen den Anforderungen nicht lange gewachsen sind. Der sich nach Einführung von IPv4 schon bald abzeichnende Engpaß führte bereits 1995 zur Verabschiedung des Standards IPv6, durch den die Adreßlänge auf 128 Bits festgelegt und die Adreßstruktur stärker untergliedert wurde. Der damit stark erweiterte Adreßraum dürfte auf lange Sicht den Anforderungen genügen. Mit dem Einfügen neuer Komponenten in die Adreßstruktur wird vor allem den Belangen von Multimedia-Anwendungen sowie der Forderung nach höherer Übertragungssicherheit Rechnung getragen. Mehr Flexibilität wird dadurch erreicht, daß der Entwickler über die standardisierten Festlegungen hinaus anwendungsspezifische Informationen in die IP-Adresse aufnehmen kann.[71]

Kompatibilität

IPv4-Adressen müssen wegen der notwendigen Beibehaltung bereits vergebener IP-Nummern mit IPv6 kompatibel sein. Dies wird auf sehr einfache Weise dadurch erzielt, daß die ersten 80 Bits mit Nullen belegt werden, denen dann nach 16 Kennzeichnungsbits die 32 Bit lange IPv4-Adresse folgt.

---

[71] Wegen der für das Verständnis der sehr zahlreichen Sachverhalte unumgänglich breit anzulegenden Darstellung der IPv6-Adreßstruktur muß hier auf Spezialliteratur zu diesem Thema, wie beispielsweise Dittler (1998), verwiesen werden.

	Max. Netzanzahl	Max. Rechneranzahl
Klasse A	127	16.777.215
Klasse B	16.383	65.535
Klasse C	2.097.151	255

Abb. 25.18. Adressierungsräume für Netze und Rechner in IPv4

25.3.2 Internet-Dienste

Internet-Dienste sind Kommunikationsanwendungen, die über jeweils spezifische Programmierschnittstellen (Application Programming Interface, API) unmittelbar auf dem Protokoll TCP aufsetzen und von dort über Port-Nummern angesprochen werden. Alle Anwendungen sind durch die *Internet Engineering Task Force* (*IETF*) standardisiert und als RFC (Request for Comments) veröffentlicht.

Über einen vergleichsweise langen Zeitraum bis in die zweite Hälfte der achtziger Jahre beschränkten sich die Anwendungen auf die Dienst-Protokolle *Telnet, Simple Mail Transfer Protocol* (SMTP), *File Transfer Protocol* (FTP) und *Network News Transfer Protocol* (NNTP). Danach kam es zur Entwicklung zahlreicher Protokolle, von denen sich vor allem der Verzeichnisdienst *Domain Name Service* (DNS) und das Netzwerkmanagementprotokoll *Simple Network Management Protocol* (SNMP) langfristig durchsetzen konnten. Ihre Funktionalität bleibt dem Benutzer jedoch verborgen. Alle übrigen Internet-Dienste haben durch die auf dem *Hypertext Transfer Protocol* aufsetzende Anwendung des *World Wide Web* ganz erheblich an Attraktivität verloren und wurden teilweise auch eingestellt.

Da die Funktionalität von Telnet, E-Mail, Datei-Transfer und Verzeichnisdiensten im folgenden Teil über monofunktionale Kommunikationsanwendungen behandelt wird, kann hier auf eine vorwegnehmende Darstellung verzichtet werden. Das WWW mit den darauf aufbauenden Technologien wird zusammen mit dem Hypertext-Transfer-Protocol wegen seiner bereits sehr hohen sowie ständig wachsenden Bedeutung und Anwendungsbreite in den nachfolgenden Abschnitten gesondert betrachtet.

Client-Server-Architektur

Es erscheint deshalb angebracht, hier auf die allen Internet-Diensten gemeinsame Client-Server-Architektur und die Schnittstellen zwischen den implementierten Dienstprotokollen zur darunter liegenden Protokollschicht TCP näher einzugehen (vgl. Abb. 25.19).

Wie schon bekannt sind beim Internet zwei Arten von Netzen zu unterscheiden. Das sind zum einen die Netze der Infrastruktur, die ausschließlich Aufgaben des Nachrichtentransports übernehmen und die über Einwahlknoten an diese Netze angebundenen privaten und öffentlichen Netze, in denen die Internet-Dienste mit unterschiedlicher Rollenverteilung erbracht werden. Die *Rolle* der einzelnen Rechner – bei genauer Betrachtung muß man von Prozessen sprechen – kann die eines Clients oder eines Servers sein.

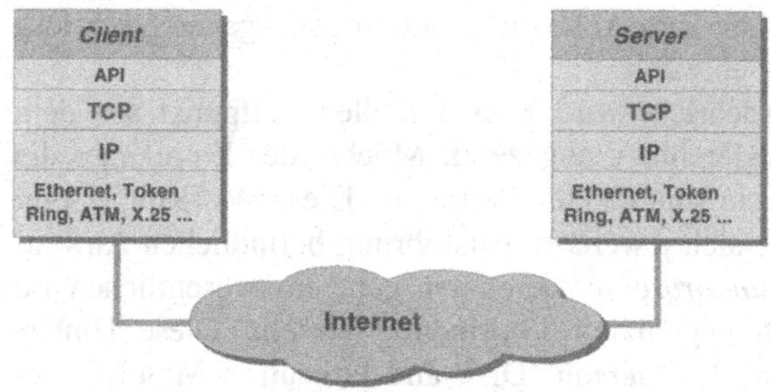

Abb. 25.19. Client-Server-Kommunikation im Internet

Clientseitig werden Internet-Dienste heute häufig über *Browser* aufgerufen und, soweit es sich um benutzerbezogene Interaktionen handelt, auch über Browser gesteuert. Darüber hinaus können bestimmte Dienste über Office- bzw. Groupware-Systeme (z.B. Outlook oder Lotus Notes) mit universellen oder dedizierten Clients genutzt werden oder sind über Anweisungen aus Programmen heraus aktivierbar.

Je nach Leistungsfähigkeit des Rechners und der Größe der im Server zu speichernden Informationen können auf einem Rechner mehrere Server installiert werden. Grundsätzlich ist es auch möglich, daß sich Client und Server auf dem gleichen Rechner befinden. Die auf den Clients und Servern zu installierenden Funktionen sind Bestandteil des jeweiligen Internet-Dienstes.

Interner vs. externer Zugriff

Beim Zugriff eines Clients ist zwischen *internem* und *externem Zugriff* zu unterscheiden. Durch den internen Zugriff wird ein netzinterner Server adressiert und es kommt nicht zu Übertragungsvorgängen über die Internet-Infrastruktur. Sieht man von der Verbindung des Servers nach außen ab, so liegt beim internen Zugriff die gleiche Situation vor wie bei einem Intranet. Beim externen Zugriff wird stets ein externer Server adressiert, der Übertragungsvorgänge über die Internet-Infrastruktur erfordert.

Beispiel E-Mail

Der dargestellte Sachverhalt soll am Beispiel von Electronic Mail veranschaulicht werden. Bei diesem Dienst bestehen die Funktionen der Clients zum einen darin, zu versendende Nachrichten (E-Mails) zu erstellen und diese einer den Versand durchführenden Komponente zu übergeben sowie zum anderen im Empfang von Nachrichten. Die Funktionen zum Versenden werden üblicherweise vom *Mail-Server* wahrgenommen, auf dem für jeden Benutzer ein Postkorb (Mailbox) eingerichtet ist. Der Empfang kann auf zweierlei Weise erfolgen:

1. Eingegangene Nachrichten werden bis zum *Abruf* durch den Client im Postkorb gespeichert. Eine Verbindung besteht immer nur zur aktuellen Übertragung von Nachrichten. Dieses z.B. durch das *Post Office Protocol* festgelegte Verfahren wird vor allem dann eingesetzt, wenn der Benutzer keine ständige Verbindung zum Mail-Server unterhalten kann

und sich zur Abfrage und zum Abholen seiner eingegangenen Nachrichten jeweils in das Netz einwählt.

2. Der Eingang einer Nachricht wird zum aktuellen Zeitpunkt auf dem Bildschirm des Client-Rechners angezeigt. Möchte der Empfänger die Nachricht lesen, wird sie zum Client übertragen. Dieser Vorgang erfolgt zeitlich parallel zu der sich jeweils in Ausführung befindlichen Anwendung durch *Hintergrundprozesse*, deren Aufgabe im wesentlichen im Aufbau einer zeitlich begrenzten Verbindung besteht. Diese Hintergrundprozesse werden als *Daemon* (Disk and Execution Monitor) bezeichnet. Für den Benutzer entsteht der Eindruck, als würde beim Senden und Empfangen eine ständige Verbindung bestehen.

Das beschriebene Konzept wird im Aufbau von E-Mail-Adressen sichtbar. Getrennt durch das Zeichen @ werden darin der Name der Benutzer-Mailbox und der Domain-Name des Rechners aufgeführt. So bezeichnet „Müller@Versand.Liefer-AG.de" die Mailbox des Benutzers *Müller* auf dem Server *Versand* in der Domain *Liefer-AG.de*.

Schnittstelle zw. Internet-Diensten und TCP

Die Implementierungen der Internet-Dienstprotokolle sind ebenso wie die der Protokolle TCP/IP abhängig von dem Betriebssystem, unter dem der jeweils für die Installation eingesetzte Rechner betrieben wird. Für die sich vor allem bei Client-Server-Anwendungen durch die kooperierenden Prozesse ergebenden Schnittstellenprobleme werden *Application Programming Interfaces* (API) benötigt, welche die Kommunikation zwischen den Anwendungsprogrammen und den Kommunikationsprotokollen abwickeln. Das API, das die TCP-Schicht mit der Internet-Anwendungsschicht verbindet, besteht aus einer Menge von Prozeduren, welche die erforderlichen Operationen und betriebssystembedingten Anpassungen zwischen den Prozessen der beiden Schichten vornehmen. Dazu gehören insbesondere der Auf- und -abbau virtueller Verbindungen, das Umsetzen von Daten in das durch das TCP-Protokoll vorgegebene Paketformat und das Senden und Empfangen (send, receive). Um die aufwendige Entwicklung und Anwendung betriebssystemspezifischer APIs zu umgehen, hat die University of California eine *Socket-API* als de-facto-Standard für das Betriebssystem Unix entwickelt. Die Funktionalität dieser Sockets wurde danach auf andere Systeme übertragen, so u.a. auf die Betriebssysteme von Microsoft und Sun. Sockets sind mit Zwischenstationen bei der Kommunikation zwischen Client und Server über ein Netz vergleichbar und bilden die Endpunkte der Kommunikationsprozesse.

Häufig werden die Socket-Prozeduren in einer Socket-Bibliothek abgelegt. Auf Veranlassung der Anwendung beauftragt eine Bibliotheksroutine das Betriebssystem, die jeweils angeforderte Socketprozedur auszuführen. Insbesondere bei Systemwechseln erweist sich diese Lösung wegen des Verzichts auf den in der Regel zu ändernden Quellcode der in das Betriebssystem eingebetteten Socket-APIs als deutlich flexibler.

25.4 World Wide Web (WWW)

Im Vergleich zu Internet-Diensten wie File Transfer oder dem Domain Name Service handelt es sich beim World Wide Web um ein ausgesprochen endbenutzerorientiertes *Anwendungssystem.*
Die zentralen Komponenten des WWW sind die als Hypertext strukturierten Informationsangebote auf WWW-Servern und Browser als WWW-Clients.

WWW-Objekte

Auf den WWW-Servern sind verschiedenartige WWW-Objekte abgelegt. Das sind zum einen die für den Benutzer sichtbaren, in bestimmten Formaten gespeicherten *WWW-Dokumente* (HTML-Dokumente, HTML-Seiten, Web-Seiten) und zum anderen Programme, die vor allen für die Erzeugung dynamischer WWW-Dokumente verwendet werden. WWW-Objekte sind adressierbare Einheiten und können über ihren Domain-Namen, genauer gesagt einem sog. *Uniform Resource Locator (URL)*, von WWW-Clients abgerufen werden. Die Steuerung der Übertragungen zwischen Client und Server erfolgt über das bereits erwähnte Hypertext-Transferprotokoll (HTTP).

Nachfolgend werden die Begriffe WWW-Dokument und Web-Seite synonym verwendet. Im Sprachgebrauch der Praxis hat sich der Begriff Web-Seite (kurz: Seite) durchgesetzt.

25.4.1 Hypertext

Lesealternativen

Hypertexte sind in ihrer ursprünglichen Form elektronische Texte, deren Merkmale vor allem darin bestehen, daß sie in elementare, über Verweise miteinander verbundene Informationseinheiten (Abschnitte) untergliedert sind. Dem Leser wird durch die Verweise die Möglichkeit gegeben, diese Einheiten in *freigestellter Reihenfolge* (nichtsequentiell) zu lesen. Im Gegensatz zu linear organisierten traditionellen Texten mit vorgegebener Abfolge der zu lesenden Einheiten hat der Leser bei Hypertexten stets mehrere Lesealternativen. Moderne Hypertexte können Komponenten mit unterschiedlicher Darstellungsform enthalten, wie Fest- und Bewegtbild, Graphik, Sprache und Ton. Man spricht dann anstelle von Hypertext auch oft von Hypermedia.

Knoten und Links

Obwohl Hypertext-Dokumente vorwiegend durch das WWW bekannt geworden sind, können nach diesem Verfahren strukturierte Dokumente prinzipiell auch auf jedem anderen Speichermedium mit wahlweisem Zugriff abgelegt werden. In der Regel sind es CDs, auf denen z.B. Lexika oder Informationen für das Computer Based Training (CBT) gespeichert sind. Die Informationseinheiten der Dokumente werden als *Knoten* und die *Verweise* als *Hyperlinks* (kurz: Link) bezeichnet. Ein Link führt vom *Quellanker* zum *Zielanker*. Knoten und Links der Dokumente bilden eine *Netzstruktur* (vgl. Abb. 25.20). Im WWW ist ein Hypertext-Dokument zugleich ein WWW-Dokument. Jedoch muß ein WWW-Dokument nicht notwendigerweise ein Hypertext-Dokument sein.

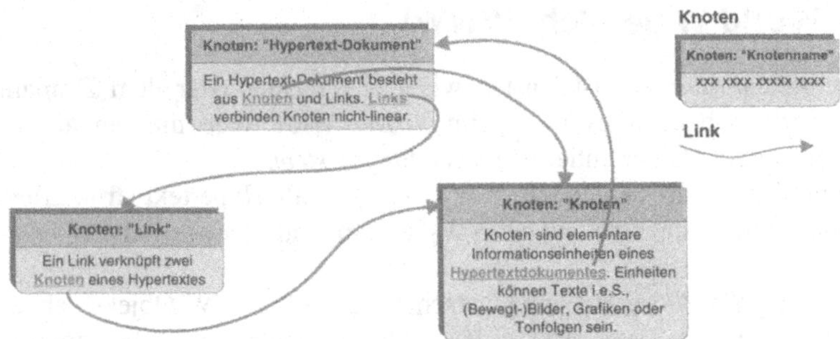

Abb. 25.20. Netzstruktur eines Hypertext-Dokumentes

Strukturierungsmöglichkeiten

Die Festlegung der Knoteninhalte und der Hypertext-Struktur wird durch unterschiedliche Merkmale bestimmt. Im Vordergrund stehen hier die Art der Anwendung und die Informationsgewohnheiten der jeweiligen Zielgruppe. Für geübte Benutzer wird man zweckmäßigerweise eine andere Hypertext-Struktur und Darstellung wählen als für den ungeübten. Grundsätzlich kann ein Dokument durch das Setzen von Links Komponente einer beliebigen Struktur sein.

Hypertext-Dokumente können grundsätzlich in unterschiedlichen Sprachen abgefaßt werden. Zur Beschreibung werden die Sprachen *Hypertext Markup Language (HTML)* und wegen der erweiterten Beschreibungsmöglichkeiten zunehmend auch die auf der *Extensible Markup Language (XML)* basierenden Auszeichnungssprachen verwendet.[72] Speicherungstechnisch sind Hypertext-Dokumente im WWW *Dateien.*

Die Quellanker von Links werden durch besonders hervorgehobene Worte, graphische Symbole (Ikons), Bilder oder Buttons visualisiert. Die Navigation entlang eines Links wird üblicherweise durch einen Mausklick ausgelöst.

Home-Page

Im WWW wird zur Verbesserung der Übersichtlichkeit und der inhaltlichen Pflege das gesamte Informationsangebot eines Anbieters üblicherweise in hierarchisch geordnete WWW-Dokumente untergliedert. Am oberen Ende der Hierarchie befindet sich die *Startseite* bzw. *Home-Page*. Von hier aus kann man durch Anklicken der entsprechenden Links zu untergeordneten Dokumenten gelangen. So können beispielsweise im Informationsangebot einer Universität in der Startseite neben allgemeinen Informationen Links zu den Dokumenten der einzelnen Fachbereiche und Einrichtungen aufgeführt sein. Das einen Fachbereich beschreibende Dokument kann dann wieder Links zu den Dokumenten der dort angesiedelten Institute enthalten. Die hierarchisch strukturierten Dokumente können auf mehrere Server verteilt sein. Die Zuständigkeit für die inhaltliche Gestaltung und Aktualisierung wie auch für den Serverbetrieb läßt sich damit zugleich auf mehrere Organisationseinheiten übertragen.

---

[72] Vgl. zu Auszeichnungssprachen und XML Kap. 29.3 und 29.4.

Lesen von Hypertexten

Dem Benutzer eines Hypertextes bieten sich zwei prinzipielle Möglichkeiten zum „Lesen" des Dokumentes:

- Er folgt den vom Autor als sinnvoll festgelegten Pfaden und liest (betrachtet) die Informationseinheiten in der vorgegebenen Reihenfolge. Das Aktivieren der jeweils „nächsten" Informationseinheit geschieht über einen Button oder eine hierfür definierte Funktionstaste. Links, die der Organisation einer Basisstruktur dienen, werden als *typisierte Links* bezeichnet. Sie beschreiben häufig eine hierarchische Struktur, in der die einzelnen Elemente (Knoten) von oben nach unten und von links nach rechts aufgerufen werden.
- Seinen persönlichen Belangen entsprechend navigiert der Benutzer über die vom Autor bereitgestellten *referentiellen Links*. Diese Form der Navigation durch eine Seite oder ein ganzes WWW-Dokument ist für Hypertexte typisch.

Die Vor- und Nachteile dieser beiden Verfahrensweisen werden im wesentlichen durch den Informationsstand des Benutzers und dessen Übung im Umgang mit Hypertext-Systemen bestimmt. Bei umfangreichen Informationsangeboten besteht bei der von Benutzer gesteuerten Navigation das Problem einer möglichen kognitiven Überlastung. Infolgedessen verliert er die Orientierung und damit das Wissen über den aktuellen Standort innerhalb des Systems. Ein hinreichend sinnvoller Zusammenhang zu den Inhalten vorausgegangener Informationen kann nicht mehr hergestellt werden. Daraus folgt zugleich, daß in solchen Situationen eine mit dem ursprünglichen Ziel korrespondierende Suche nach weiteren Informationen nur noch eingeschränkt erfolgreich sein kann.

25.4.2 Adressierung im WWW

URL

Ähnlich wie bei Electronic Mail, so wurde auch für die Adressierung von Web-Seiten mit dem *Uniform Resource Locator (URL)* eine spezielle Form der Adressierung festgelegt. Die zentrale Forderung an den Adreßaufbau besteht darin, daß weltweit alle Server mit einer Vielzahl von Seiten adressierbar sein müssen. Mit dem URL spezifiziert der Benutzer über den Browser die auf seinen Rechner zu übertragende Seite. Dabei kann es sich um die Startseite eines Informationsangebots oder auch eine beliebige hierarchisch untergeordnete Seite handeln. Ist dem Benutzer der URL unbekannt, so besteht die Möglichkeit, über Suchargumente in einer Suchmaschine nach Web-Seiten zu suchen, deren Inhalte sich mit den eingegebenen Argumenten bis zu einem bestimmten Grad (Trefferrate) decken. Die Verwendung des URLs ist eine Form *direkter Adressierung* von Web-Seiten. Bei Ansteuerung über einen Link wird insofern *indirekt* adressiert, als daß die URL nicht explizit angegeben, sondern das Ziel über Navigation erreicht wird. Hinter jedem Link verbirgt sich eine Adresse, die dem Benutzer an einer dafür vorgesehenen Stelle durch den Browser angezeigt wird.

Aufbau des URL

Der Uniform Resource Locator hat das folgende allgemeine Format:

[protokoll „:"] „//" [benutzer [„:" paßwort] „@"] server [„:" port] „/" pfad

Durch *protokoll* wird dem Browser mitgeteilt, welches Internet-Protokoll für den Zugriff auf das spezifizierte Objekt aufzurufen ist, wie z.B. http, ftp, telnet, nntp, ldap oder mailto. Fehlt die Angabe, wird als Standardprotokoll http unterstellt. Die Möglichkeit, unterschiedliche Protokollnamen zu spezifizieren, zeigt zugleich, daß der Browser eine nicht nur auf das WWW ausgerichtete Client-Anwendung ist. Vielmehr können alle wichtigen Internet-Dienste zur Durchführung im URL benannter Aufgaben angestoßen werden, beispielsweise der Dienst File Transfer zur Übertragung einer mit ihrem Namen angegebenen Datei.

benutzer:paßwort@ werden nur verwendet, wenn ein Paßwortschutz vorgesehen ist.

server ist meistens der Internet-Domain-Name des Rechners, auf dem der Server installiert ist (z.B. www.tu-darmstadt.de). Statt des Domain-Namens kann die IP-Nummer verwendet werden. Mit dem Servernamen wird beim WWW die Startseite (Homepage) eines Angebots abgerufen.

Ein *port* ist zu benennen, wenn die für das Anwendungsprotokoll verwendete s-Nummer von der Standardport-Nummer abweicht.

pfad beschreibt den Zugriffspfad zu dem adressierten Objekt innerhalb eines hierarchischen Dateiverzeichnisses. Dabei werden die Verzeichnisebenen durch „/" getrennt (z.B. bwl/bwl5/vlss99). D.h., Pfadnamen sind qualifizierte Namen.

Die in den Beispielen genannten Adreßteile führen nunmehr zu folgendem URL: http://www.tu-darmstadt.de/bwl/bwl5/vlss99.

25.4.3 Statische und dynamische Web-Seiten

Web-Technologien

In den Anfängen des World Wide Web waren Web-Seiten inhaltlich *statisch,* d.h., sie wurden mit stets gleichem Inhalt präsentiert. Im zeitlichen Ablauf notwendige Änderungen, wie beispielsweise das Anzeigen der aktuellen Tageszeit, des Datums, von meteorologischen Daten oder die Einblendung aktueller Bilder konnten mit der ursprünglichen Technik nicht durchgeführt werden. In nur wenigen Jahren kam es hier zu Neuerungen, mit denen Web-Seiten nunmehr dynamisch erzeugt werden können. Die verschiedenartigen Lösungsansätze werden häufig unter dem Begriff *Web-Technologien* zusammengefaßt. Auf der Basis dieser Technologien hat sich das WWW von einem Instrument des reinen Informationsangebots zu einen Instrument der wechselseitigen Kommunikation und der interaktiven Informationsverarbeitung entwickelt. Die einzelnen Verfahren erlauben unterschiedlich hohe Freiheitsgrade bei der Gestaltung von organisatorischen Abläufen. Die Gestaltungsvielfalt ermöglicht zugleich deren Einsatz für ein breites Aufgabenspektrum in ganz unterschiedlichen Bereichen. Anwendungsgebiete und Organisationsformen der Abläufe werden entscheidend durch die verfügbaren Technologien abgesteckt. Das Electronic

Banking und der Electronic Commerce mit zahlreichen branchenspezifischen Varianten und unterschiedlicher organisatorischer Reichweite sind signifikante Beispiele dieser Entwicklung.

25.4.3.1 Grenzen statischer Web-Seiten

Die Notwendigkeit der interaktiven Gestaltung von organisatorischen Abläufen veranschaulicht folgendes Beispiel.

Beispiel-Szenario

Ein Benutzer blättert über seinen Browser im Warenkatalog eines Versandhauses und entscheidet sich für die Bestellung einer bestimmten Menge eines Artikels. Vom Server des Versandhauses werden ihm zu diesem Zweck über ein Menü ausgewählte statische Web-Seiten übermittelt, in denen die aufgeführten Produktgruppen und Produkte über Links mit den zugehörigen Seiten auf dem Server verbunden sind. Um Bestellungen zu tätigen, muß nun die Möglichkeit bestehen, aus der aktuellen Web-Seite (Katalogseite) heraus dem WWW-Server des Anbieters die Bestelldaten zu übermitteln. Der Server hat seinerseits die Aufgabe, auf eine Datenbank zuzugreifen, um die Verfügbarkeit der bestellten Artikel festzustellen und auch gegebenenfalls eine Bonitätsprüfung durchzuführen. Je nach Ergebnis teilt sodann der Server dem Client mit, daß die Lieferung vollständig, teilweise oder gar nicht erfolgen kann. Dabei können Rückfragen notwendig werden, die weitere Übertragungsvorgänge zwischen Client und Server erfordern.

Abweichend von der traditionellen statischen Organisation, bei der lediglich URLs vom Client zum Server und statische Web-Seiten in umgekehrter Richtung übertragen werden (vgl. Abb. 25.21), ist hier der Austausch aktueller Daten in beiden Richtungen zu realisieren.

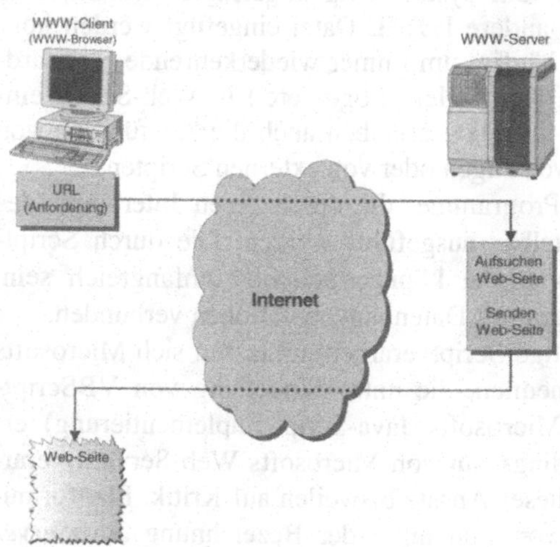

Abb. 25.21. Statische Web-Seiten

Erweiterungen für dynamische Web-Seiten

Bei den für solche Aufgaben entwickelten Erweiterungen der WWW-Technologie haben sich zwei prinzipiell unterschiedliche systemtechnische Ansätze herausgebildet: *Server-basierte und client-basierte Techniken.* Beide Techniken basieren auf der Einbindung von Programmen, die als aktive Objekte eine vom Client angeforderte Dienstleistung erbringen. Mit den jeweiligen Ergebnissen wird eine neue Web-Seite dynamisch erzeugt oder eine gerade aktuelle Seite modifiziert. Wesentlich für die Unterscheidung der beiden Ansätze ist die Frage, welche von den beiden beteiligten Komponenten, der Client oder der Server, die wesentlichen Verarbeitungsleistungen erbringt.

25.4.3.2 Server-basierte Techniken für dynamische Web-Seiten

Bei den server-basierten Techniken sind folgende grundlegende Varianten zu unterscheiden:

- Einbindung von Programmen in die Seite sowie
- Aufruf von Programmen über eine an den Web-Server angebundene Anwendungsschnittstelle oder als Bibliotheksaufruf.

Bei der *Einbindung von Programmen* werden an den Positionen im HTML-Dokument Anweisungen eingefügt, an denen das Ergebnis der Ausführung erscheinen soll. Die Funktionen dieser Programme erweitern die Funktionalität des Servers. Meistens bleibt ein Teil des Seiteninhalts als statisch erhalten. Die beiden Grundvarianten sind *Server Side Includes* (SSI) und *Scripte*, die üblicherweise in den Sprachen Java- (Netscape) bzw. ECMA-Script (European Computers Manufacturers Association) oder dem zunehmend an Bedeutung verlierenden VBScript (Microsoft) abgefaßt werden.

SSI

SSIs sind syntaktisch sehr einfach. Es stehen einige wenige Befehle zu Verfügung, mittels derer z.B. ein systemseitig abgefragtes Datum, eine Tageszeit, ein Bild oder eine andere HTML-Datei eingefügt werden können. Man verwendet sie sehr häufig, um immer wiederkehrende Standardelemente (Navigationsleisten, Kopfzeilen, Logos etc.) in Web-Seiten einzubetten. Einige Web-Server-Produkte erlauben auch die Ausführung von beliebigen Betriebssystemanweisungen oder von externen Scripten.

Scripte

Scripte sind vollständige Programme, die durch einen Interpreter des Servers übersetzt und unmittelbar ausgeführt werden. Die durch Scriptsprachen beschriebenen Programme können beliebig umfangreich sein. Häufig sind diese Anwendungen mit Datenbankoperationen verbunden.

ASP/JSP

Als Beispiele für serverseitige Scriptverarbeitung lassen sich Microsofts *Active Server Pages (ASP)* nennen, die unter Einbettung von VBScript- oder JScript-Anweisungen (Microsofts Java-Script-Implementierung) erstellt werden. Da ASPs allerdings nur von Microsofts Web-Servern verarbeitet werden können, stößt dieser Ansatz bisweilen auf Kritik. Plattformunabhängig ist hingegen die von Sun unter der Bezeichnung *JavaServer*

Pages (JSP) vorgestellte Lösung. Unter Einbettung von Java-Scripten erstellte Web-Seiten lassen sich auf beliebigen Web-Servern ausführen.

Dem Vorteil der einfachen Handhabung eingebetteter Programme steht als hauptsächlicher Nachteil gegenüber, daß der Server die durch eine spezielle Endung des Dateinamens gekennzeichneten Seiten durchsuchen muß und dieser Vorgang zusammen mit der Programmausführung den Server belastet. Nicht über diese Endung gekennzeichnete Dateien sind demnach statische Seiten.

CGI

Bei der zweiten Technik (vgl. Abb. 25.22) sind mehrere Varianten zu betrachten. Am ältesten (1993) und wohl auch am bekanntesten ist das *Common Gateway Interface* (CGI). Es ist eine sprachunabhängige Schnittstellenspezifikation und keine bestimmte Implementierung, deren Durchführung Aufgabe des Softwareherstellers ist. Über das CGI wird das angeforderte Anwendungsprogramm (CGI-Programm) aufgerufen. Als Programmiersprachen werden hierfür C, C++ und Perl bevorzugt.

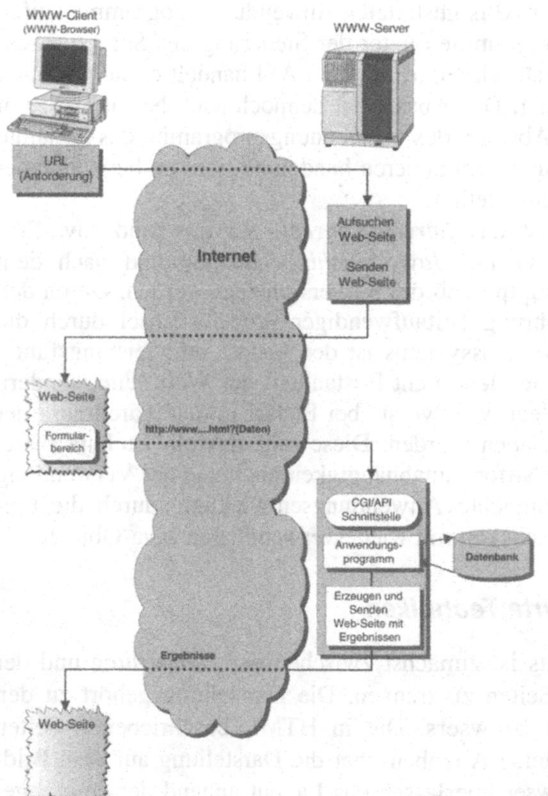

Abb. 25.22. Serverseitige Erzeugung dynamischer Web-Seiten mit Formulardatenverarbeitung

Der Aufruf von Programmen und die Eingabe variabler Daten erfolgen über den URL in Form einer *Direkteingabe* (Nutzdatenfeld der http-Nachricht) oder durch *Anhängen* der über ein Online-Formular erfaßten Eingabedaten. Formulare werden als Komponenten von Web-Seiten für die Dateneingabe bereitgestellt. Auf diese Weise angehängte oder direkt eingegebene Daten erscheinen im Anschluß an die URL, was im Ergebnis z.B. bei der Eingabe von Name und Anschrift wie folgt aussehen kann:

http://www...html?NAME=Muster?PLZ=64289?ORT=Darmstadt.

Obwohl CGI auf vielen Servern eingesetzt wird, hat es vor allem den Nachteil, daß jedesmal, wenn eine Anforderung über die Schnittstelle an das CGI-Programm weitergereicht werden soll, der Server einen neuen Prozeß starten und danach alle zur Verarbeitung nötigen Daten übergeben muß. Dieser Sachverhalt kann je nach Anwendung zu einem nicht akzeptierbaren Zeitverhalten führen, insbesondere dann, wenn eine größere Folge von Datenbankoperationen durchzuführen ist.

API

Der Versuch, diese Nachteile zu beheben, besteht in der Verwendung von *Server-APIs*. Die über APIs gestarteten Anwendungsprogramme laufen im Gegensatz zu CGI-Programmen unter der Steuerung des Serverprozesses und sind damit deutlich schneller. Bei dem API handelt es sich folglich um eine Servererweiterung. Der Ansatz hat dennoch auch Nachteile: Zum einen kann bei einem Absturz des Anwendungsprogramm das gesamte Serversystem abstürzen und zum anderen handelt es sich um herstellerspezifische (proprietäre) Schnittstellen.

Servlet

Der jüngste Ansatz ist das *Servlet-Konzept*. Servlets sind Java-Programme, die auf einer *Virtual Java Machine* ablaufen und nach dem Thread-Verfahren im Hauptprozeß des Servers plaziert werden. Durch den Verzicht auf die Ausführung zeitaufwendiger Prozeßwechsel durch die Prozeßverwaltung des Betriebssystems ist der Ansatz sehr leistungsfähig. Anders als Scripte sind Servlets nicht Bestandteil der Web-Seite, sondern in einer Bibliothek abgelegt, von wo sie bei Bedarf in den Adreßraum der Virtual Java Machine geladen werden. Diese sehr flexible Technik bietet als weitere Vorteile die Plattformunabhängigkeit als Folge der Verwendung von Java und eine vereinfachte Anwendungsentwicklung durch die umfangreichen Klassenbibliotheken mit wiederverwendbaren Java-Objekten.

25.4.3.3 Client-basierte Techniken

Darstellung

Auf der Seite des Clients ist zunächst zwischen der *Darstellung* und der *Generierung* von Web-Seiten zu trennen. Die Darstellung gehört zu den zentralen Aufgaben des Browsers. Die in HTML beschriebenen Seiten enthalten nur eingeschränkte Angaben über die Darstellung auf dem Bildschirm. Es ist dem Browser überlassen das Layout anhand der empfangenen Seitencodierung zu gestalten. Gleich codierte Seiten können sich demnach je nach eingesetztem Browser voneinander unterscheiden.

Generierung

Die *Generierung* erstreckt sich auf die Festlegung von Seiteninhalten und geht der Darstellung voraus. Ebenso wie bei den server-basierten

Techniken sind hier auf der Seite des Clients Programme erforderlich, die variabel gehaltene Ausschnitte von Web-Seiten oder auch ganze Seiten mit aktuellen Informationen erzeugen. Nach ihrer unterschiedlichen Funktionsweise sollen hier als wichtigste Techniken *Plug-Ins, Scripte* und *Applets* vorgestellt werden.

Plug-Ins

Plug-Ins sind vom Browser ladbare und ständig (persistent) gespeicherte Programmodule, welche die Basisfunktionalität des Browsers erweitern. Zwangsläufig sind sie wegen der browserspezifischen Schnittstellen hersteller- und auch plattformabhängig. Jeder Browser enthält bestimmte Plug-Ins standardmäßig. Weitere können bei Bedarf nachinstalliert werden. Haupteinsatzgebiete liegen bei der Übernahme von Darstellungsaufgaben in Multimedia-Anwendungen, z.B. für Video- oder Audio-Sequenzen, bei interaktiven 3D-Darstellungen oder auch lediglich in der Darstellung spezieller Dateiformate wie z.B. von PDF-Dateien. Plug-Ins beziehen sich dabei üblicherweise auf einen spezifischen MIME-Typ.[73]

Wie aufgezeigt, sind Plug-Ins ein sehr vielseitiges Instrument mit dem Vorteil, daß sie im Gegensatz zu den nachfolgend beschriebenen Techniken keine Übersetzung erfordern und auch die Sicherheit auf Seiten des Clients nicht gefährden. Nachteilig sind die feste Bindung an den Hersteller des Browsers und an die Anwendungen. Anwendungen, die bestimmte Plug-In-Funktionen benötigen, sind beim Fehlen des entsprechenden Moduls nicht ausführbar, beispielsweise eine Video-Sequenz in einem fest vorgegebenen Darstellungsformat.

Scripte

Clientseitige *Scripte* werden in der Regel vom dem Server heruntergeladen, auf dem sich die angeforderte Web-Seite befindet. Sie sind entweder in die Seite integriert oder als selbständige Komponente auf dem Server abgelegt. Die Ausführung der vom Browser zu interpretierenden Scripte erfolgt entweder unmittelbar nach dem Erhalt der zu gestaltenden Seite oder nach dem Eintreten eines vom Browser erzeugten Ereignisses. Im Mittelpunkt der Script-Anwendungen stehen die flexible Gestaltung der HTML-Oberflächen und die Prüfung von Eingabedaten auf zulässige Werte, um den Server von dieser Aufgabe zu entlasten. Die Flexibilität besteht vor allem darin, daß Teile von Dokumenten, wie Texte, Graphiken, Bilder oder Video während ihrer Präsentation durch den Benutzer veränderbar sind. Solche Aufgaben könnten grundsätzlich auch serverseitig durchgeführt werden, jedoch wäre das Zeitverhalten durch die hohe Belastung des Servers und des Netzes sehr träge. Als Nachteil clientseitig ausgeführter Scripte sind allerdings die größeren Kompatibilitätsprobleme bei Einsatz verschiedener Browser zu nennen.

Abb. 25.23 zeigt den prinzipiellen Ablauf der clientseitigen Erzeugung von Web-Seiten beim Einsatz von Scripten oder Applets. Das Beispiel-Script aus Abb. 25.24 veranschaulicht eine clientseitig zu verarbeitende Paßwortabfrage, deren Ausführung beim Laden der Seite ausgelöst wird.

---

[73] Zu PDF s. Kap. 29.5, zu MIME Kap. 26.2.

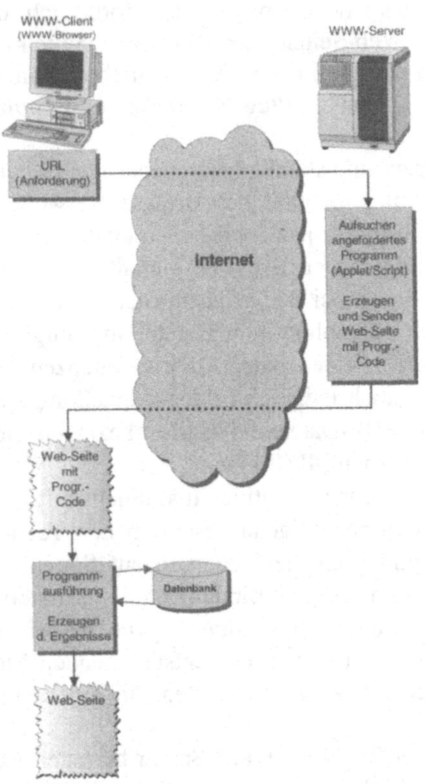

Abb. 25.23. Clientseitige Erzeugung dynamischer Web-Seiten

Applets

Applets sind den Scripten prinzipiell ähnlich. Sie werden vom Server heruntergeladen und können beliebige Aufgaben wahrnehmen. Durch die Verwendung des vollen Sprachumfangs von Java ist die Gestaltbarkeit von Anwendungen bei voller Plattformunabhängigkeit deutlich größer. Beispielsweise ist es möglich, clientseitig den Common Object Request Broker CORBA einzusetzen und damit auf unterschiedlichen Ressourcen verteilte objektorientierte Anwendungen auszuführen sowie auf lokale oder entfernte Datenbanken zuzugreifen. Eine besonders hervorzuhebende Eigenschaft besteht in der Möglichkeit, über http hinaus weitere Netzwerkverbindungen auch zu dem Server aufzubauen, von welchem das Applet zuvor geladen wurde. Die Kommunikation kann auf diese Weise durch Umgehung des zustandslosen HTTP-Protokolls deutlich beschleunigt werden. Angestoßen durch das WWW lassen sich durch Applets im Grunde beliebige Anwendungen auf dem Client ausführen. Noch weitergehend lassen sich Anwendungen durch Gliederung in die Komponenten Präsentation, Logik und Datenhaltung als verteilte Anwendungen mit einer Client-Server-Architektur durch Kooperation des Browsers mit Applikations- und Datenbank-Servern realisieren.

```
<HTML>
<HEAD><TITLE>Embedded JavaScript</TITLE>
<SCRIPT language="JavaScript">
<!- Programm verstecken
function checkPasswd()
  {
  var password=prompt('Bitte gib Dein Paßwort ein:','');
  if (password=='wirtschaftsinformatik')
  {
    location.href="www.bwl.tu-darmstadt.de/bwl5/welcome.htm";
  }
  else
  {
    alert('leider falsch!');
  }
}
// Ende Programm verstecken -->
</SCRIPT>
</HEAD>
<BODY onLoad="checkPasswd()"></BODY>
</HTML>
```

Abb. 25.24. Beispiel für ein eingebundenes Java-Script

Applets werden im *Byte-Code* zum Client übertragen und beim Client zur Ausführungszeit durch einen Java-Interpreter des Browsers ausgeführt. Der Byte-Code wird durch einen Compiler des Servers durch einmalige Vorübersetzung erzeugt und steht in dieser Form zum wiederholten Abruf bereit. Die Universalität und Flexibilität bei der clientseitigen Entwicklung von Anwendungen und der Präsentation über den Browser lassen erkennen, daß der Erstellungsaufwand sehr hoch ist und den von Scripten nochmals deutlich übersteigen kann.

Eine Bewertung von server- und client-basierten Techniken hinsichtlich ihrer Vor- und Nachteile ist schwierig und kann nur in Abhängigkeit von der Anwendungssituation erfolgen. Beide Techniken werden mit ihren verschiedenen Varianten im Verbund eingesetzt. Bei hoher Belastung eines Web-Servers ist eine Entlastung von Aufgaben durch Delegation auf den Client häufig unumgänglich. Ebenso ist dies Voraussetzung, wenn eine flexible Gestaltung der Präsentation durch den Benutzer gefordert wird. Auf der anderen Seite entsteht die Gefahr des Verlustes an Sicherheit für den üblicherweise in ein Netz eingebundenen Client, weil durch das Herunterladen von Scripten und Applets vielseitige Sicherheitsverletzungen möglich werden. Der Aufwand an Schutzmaßnahmen muß hier entsprechend hoch sein. Tendenziell zeichnet es sich ab, daß die Verarbeitungsleistung der Clients zugunsten hoher Leistungen der Server reduziert wird. Erkennbar ist dies zum einen am Konzept des Thin Clients und zum anderen am Einsatz von WAP-Handys[74] für den mobilen Internet-Zugang.

25.4.4 Übertragungsprotokolle

Die Übertragung von Nachrichten zwischen dem World Wide Web und der TCP-Schicht wird durch Übertragungsprotokolle realisiert, deren Funktio-

[74] Zu WAP s. Kap. 24.3.1.2.

nalität an den speziellen Aufgaben der Kommunikation zwischen WWW-Clients und WWW-Servern ausgerichtet sind. Zu Beginn des WWW, als es nur darum ging, statische Seiten zu übertragen, kam man mit einem vergleichsweise geringen Funktionsumfang und deshalb auch einfachen Übertragungsprotokoll aus. Die Einführung dynamischer Seiten und die zunehmende Erhöhung der Anforderungen an die Übertragungssicherheit haben dazu geführt, daß das Hypertext-Transferprotokoll HTTP im Rahmen der üblichen Weiterentwicklung durch neue Funktionen ergänzt wurde und auch neue Protokolle entstanden sind, die neben dem Protokoll HTTP mit ihren wesentlichen Eigenschaften nachfolgend betrachtet werden.

25.4.4.1 Hypertext-Transferprotokoll

Zustandslosigkeit

Das auf dem Transportprotokoll TCP aufsetzende Protokoll definiert die Regeln für die Übertragung der URL-Adressen und Web-Seiten. Charakterisierendes Merkmal von HTTP ist dessen Zustandslosigkeit. Das bedeutet, daß nach jeder Anforderung eines Clients und der Antwort des Servers die zu Beginn aufgebaute Verbindung wieder beendet wird. Möchte beispielsweise ein Benutzer während einer Sitzung 50 Seiten einsehen, so kommt es zu 50 einzelnen, voneinander unabhängigen Transaktionen. Enthält ein Dokument Graphiken, so ist für jede einzelne Graphik ein neuer Übertragungsvorgang notwendig. Wie sich am Bildschirm deutlich beobachten läßt, wird beim Abruf einer Web-Seite zunächst der Text übertragen. Danach folgen sukzessiv die einzelnen Graphiken. Diese einfache Regelung führt beim Server zu einer geringen Belastung, weil keine Registrierung über vorausgegangene Zustände im Sitzungsverlauf erfolgt und nach Bedienung jeder Anforderung die Verbindung abgebaut und somit der Ausgangszustand wiederhergestellt ist. Das Protokoll ist so konzipiert, daß ein möglichst hoher Durchsatz erreicht wird.

Der Ablauf einer Transaktion besteht – wie in Abb. 25.25 dargestellt – aus den vier Schritten: Verbindungsaufbau, Anforderung (Request), Antwort (Response) und Verbindungsabbau.

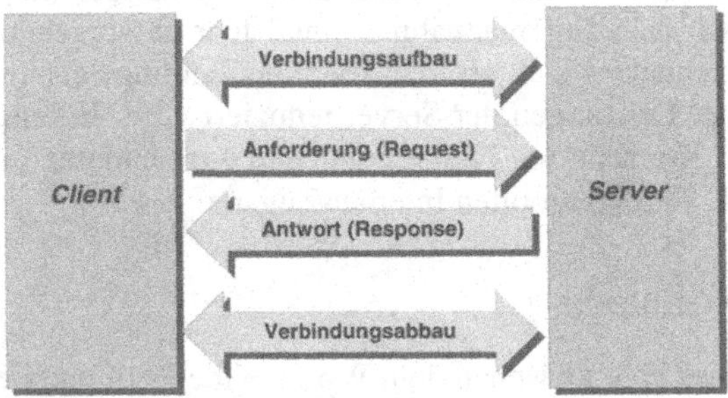

Abb. 25.25. Client-Server-Übertragung in HTTP

Simple vs. Full Request

Entscheidend für die Leistungsfähigkeit des Protokolls sind die *Methoden* zur aufgabenspezifischen Formulierung von Anforderungen und Antworten. In der ersten Protokollversion HTTP/0.9 war mit der Anweisung *GET* nur eine sehr elementare Möglichkeit zur Anforderung gegeben. Man spricht vom *Simple Request*. Um die Übertragung verschiedenartiger Datentypen anzufordern und um Daten vom Client zum Server über den URL zu übertragen, stehen in der dritten Version HTTP/1.1 mit dem *Full Request* mehrere Methoden zur Verfügung, von denen insbesondere die Methoden *Post* und *Put* eine herausgehobene Bedeutung haben. Post wird zur Übertragung von Formulardaten zum Server verwendet und Put zur Spezifikation eines URL, unter dem der Server eine Seite abzulegen und für spätere Aufrufe bereitzustellen hat. Serverseitig erstrecken sich die Erweiterungen im wesentlichen auf unterschiedliche Response-Header, u.a. auf die Beschreibung der übertragenen Daten- und Bildformate, zahlreicher Fehlersituationen, Überlastsituationen mit Wiederholungsaufforderung und die Aufforderung zur Authentifizierung, wenn für den Zugriff auf ein angefordertes Objekt eine solche erforderlich ist und über den anfordernden URL nicht vorliegt.

Als wichtigste Eigenschaft von HTTP/1.1 ist hervorzuheben, daß eine Folge von Objekten (Seiten, Programme) bei mehrstufigen Transaktionen ohne Unterbrechung einer bestehenden Verbindung übertragen werden kann. Die Nachteile der Zustandslosigkeit werden damit bei interaktiven Anwendungen teilweise behoben.

Cookies

Wenn auch nicht Bestandteil von HTTP, so sei hier auf eine weitere Möglichkeit hingewiesen, die Zustandslosigkeit aufzuheben, nämlich die Verwendung von *Cookies*. Sind mehrere Transaktionen zu erwarten, wie beispielsweise bei der sukzessiven Auswahl zu bestellender Produkte eines katalogisierten Warenangebots, so überträgt der Server des Anbieters – je nach individueller Browser-Einstellung üblicherweise nach einer vorausgegangenen Anfrage um Erlaubnis zur Einrichtung des Cookies – eine kurze Datei mit Benutzerinformationen an den Browser des Clients. Bei jedem erneuten Zugriff werden diese Daten an den Server zurückübertragen, der damit die empfangene Nachricht eindeutig einer logischen Session zuordnen kann. Cookies haben neben den Benutzerinformationen ein Verfallsdatum und den DNS-Namen des Servers. Es ist möglich, den Browser so einzustellen, daß dieser nur solche Cookies akzeptiert, die an den ursprünglichen Server zurückgesendet werden. Neben der beschriebenen Handhabung gibt es weitere Formen ihrer Ausgestaltung und Plazierung. Es dürfte leicht zu erkennen sein, daß sie sowohl mit Blick auf die Belange des Datenschutzes als auch wegen bestehender Zugriffsmöglichkeiten auf den Rechner des Clients ein Gefahrenpotential darstellen und deshalb vom Benutzer mit gebotener Vorsicht zu behandeln sind. Aufgrund der eingesetzten Techniken lassen sich Cookies bei bestimmten Anwendungen jedoch nicht umgehen.

25.4.4.2 Kryptographische Protokolle

Moderne Internet-Anwendungen, wie insbesondere der elektronische Zahlungsverkehr und der Electronic Commerce, erfordern Sicherheitsmaßnahmen, für die HTTP nicht ausgelegt ist. Die Berechtigung zur Durchführung bestimmter Aufgaben oder zur Nutzung von Diensten, die Gewährleistung der Identität des Benutzers sowie die Vertraulichkeit und Sicherheit der zu übertragenden Nachrichten bestimmen die Akzeptanz solcher Anwendungen ganz entscheidend. Grundlegend für die inzwischen eingesetzten Protokolle sind Verfahren zur Verschlüsselung sowie wechselseitige Abstimmungsprozesse (Handshaking) zwischen Client und Server vor Übertragungsbeginn.[75]

In der noch nicht abgeschlossenen Entwicklung sind zwei Protokolle und eine Spezifikation zur gesicherten Übertragung zwischen getrennten Partnern eines organisatorischen Prozesses vorrangig zu nennen:

- Secure Hypertext Transfer Protokoll (S-HTTP),
- Secure Sockets Layer (SSL) und
- Secure Electronic Transaction (SET).

S-HTTP

Das Protokoll *S-HTTP* ist, wie am Namen zu erkennen, eine Erweiterung von HTTP. Es erlaubt die Authentifizierung durch digitale Signaturen sowie die Verschlüsselung der zu übertragenden Nachrichten in beiden Richtungen. Obwohl S-HTTP ein Standard der Internet Engineering Task Force (IETF) ist, konnte es sich nicht im erwarteten Umfang durchsetzen. Die Gründe hierfür liegen vor allem in der schwierigen Konfiguration und den in den HTML-Dokumenten durchzuführenden Schutzmaßnahmen.

SSL

Eine deutlich höhere Verbreitung hat das Ende 1994 von Netscape entwickelte Protokoll *SSL*. Abhängig von den Anforderungen können Schlüssellängen von 40 bis 128 Bits verwendet werden. Das Protokoll ist hybrid und verwendet zwei Schichten, wobei auf einer Ebene die Verschlüsselung der in Pakete untergliederten Nachrichten erfolgt und auf der anderen Ebene der Austausch von Kontrollnachrichten durch einen Handshaking-Prozeß festgelegt wird. SSL ist nicht auf WWW-Anwendungen begrenzt, sondern kann neben der Verbindung mit HTTP auch zur gesicherten Verbindung bei den Internet-Diensten SMTP, FTP und Telnet sowie einigen weiteren übergeordneten Protokollen eingesetzt werden. Im Protokollstack setzt SSL direkt auf TCP auf und bildet demnach eine Zwischenschicht. Auch wegen des nicht auf WWW-Anwendungen beschränkten Einsatzes ist dieses Protokoll S-HTTP überlegen.

SET

SET ist eine speziell auf finanzielle Transaktionen ausgerichtete *Spezifikation*, die u.a. mittels einer *dualen Signatur* sowohl Vertraulichkeit als

[75] Da das Thema Sicherheit in der vorliegenden Arbeit nicht in seinen Grundlagen behandelt wird, sei hier auf geschlossene Darstellungen zu diesem Thema verwiesen, z.B. Raepple (1998), Fischer et al. (1998), Fuhrberg (2000), Fischer, Rensing, Rödig (2000).

auch Verschlüsselung der übertragenen Informationen gewährleistet. Die beteiligten Partner sehen dabei jeweils nur die für sie relevanten Nachrichten. Eine typische Aufteilung in zwei getrennte Vorgänge wird beim elektronischen Handel in der Weise vorgenommen, daß der Zahlungsvorgang unabhängig vom Bestellvorgang gesichert abgewickelt wird. Die Institution, welche die Bestellung bearbeitet und die Warenlieferung veranlaßt, erfährt nichts über die Zahlungsart, beispielsweise ob mit Kreditkarte, durch Abbuchung oder auf Raten gezahlt wurde. Umgekehrt erhält die mit der finanziellen Transaktion befaßte Institution keine Informationen über Art und Inhalt der Bestellung. Je nach Organisation des Geschäftsablaufs können weitere vertrauliche Übertragungsvorgänge zwischen jeweils zwei Beteiligten gestaltet werden. SET ist kein Übertragungsprotokoll wie S-HTTP oder ein Protokoll einer Zwischenschicht wie SSL. Es ist vielmehr ein anspruchsvolles Verfahren, das die dort implementierten Techniken ergänzt. SET hat nach seiner Einführung in 1997 eine sehr schnelle Verbreitung gefunden und kann als Softwarekomponente unterschiedlich in das System eingebunden werden, beispielsweise als Plug-In in einen Browser oder als Active-X-Komponente in Betriebssystemen von Microsoft.

Literaturempfehlungen

Kyas, O. (1996): Internet professionell: Technologische Grundlagen & praktische Nutzung, Bonn: MITP.

Comer, D. (1998): Computernetzwerke und Internets, München: Prentice Hall.

Dittler, H.P. (1998): IPv6 – das neue Internet-Protokoll: Technik, Anwendung, Migration, Heidelberg: dpunkt.

Fischer et al. (1998): Open Security: Von den Grundlagen zu den Anwendungen, Berlin und Heidelberg: Springer.

Fischer, S., Rensing, C., Rödig, U. (2000): Open Internet Security: Von den Grundlagen zu den Anwendungen, Berlin und Heildelberg u.a.: Springer.

Fuhrberg, K. (2000): Internet-Sicherheit: Browser, Firewalls und Verschlüsselung, 2. Auflg., München und Wien: Hanser.

Raepple, M. (1998): Sicherheitskonzepte für das Internet, Heidelberg: dpunkt.

Klute, R. (1996): Das World Wide Web: Web-Server und Clients, Bonn: Addison-Wesley.

Scheller, M. et al. (1994): Internet: Werkzeuge und Dienste, Berlin, Heidelberg und New York: Springer.

Schiffer, S., Templ, J. (1999): Internetdienste, in: Rechenberg, P., Pomberger, G., Hrsg., Informatik-Handbuch, 2. Auflg., München und Wien: Hanser, S. 999-1015.

Turau, V. (1999): Techniken zur Realisierung Web-basierter Anwendungen, in: Informatik-Spektrum 22 (1999), S. 3-12.

Wilde, E. (1999): Wilde's WWW: Technical Foundations of the World Wide Web, Berlin und Heidelberg: Springer.

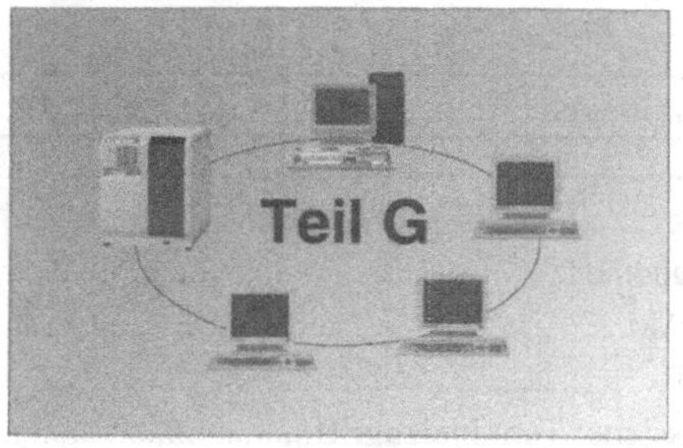

Monofunktionale Kommunikationsanwendungen

Technische Kommunikationssysteme sind für Benutzer nur dann von Bedeutung, wenn ihnen anforderungsgerechte Funktionalitäten zur Nutzung dieser Systeme zur Verfügung gestellt werden. Man spricht von Kommunikationsanwendungen, die in ihren traditionellen Formen *eine* spezifische Funktionalität unterstützen und deshalb auch als monofunktional bezeichnet werden. Beispiele, die im folgenden behandelt werden, sind elektronische Post- und Verzeichnissysteme sowie einige andere Anwendungen wie der Dateitransfer oder der netzwerkbasierte Terminalzugriff. Diese Anwendungen werden zunächst aus einer OSI-Perspektive betrachtet, weil dort die konzeptionell mächtigeren Ansätze entwickelt wurden, anschließend folgen Internet-Lösungen und ggf. proprietäre Ansätze.

26 Elektronische Postsysteme

Kommunikation über elektronische Post

Die zunehmende Bedeutung und Verbreitung elektronischer Post ist auf die spezifischen Eigenschaften der durch sie unterstützten *Kommunikationsform* zurückzuführen. Gegenüber herkömmlicher Briefpost sind als wesentliche Vorteile der schnellere Versand, die dv-technische Weiterverarbeitbarkeit der übermittelten Nachrichten und die meist geringeren Kosten zu nennen. Aufgrund der Übertragungsschnelligkeit und komplikationslosen Handhabung bietet sich E-Mail im Gegensatz zur herkömmlichen Briefpost insbesondere im Bereich der *Ad-hoc-Kommunikation* an, die meist spontan und weniger formell geführt wird als schriftlicher Briefverkehr. In diesem Bereich konkurriert elektronische Post mit telefonischer Kommunikation. Neben dem Kostenargument ist für die Wahl zwischen diesen beiden Kommunikationsformen vornehmlich die Frage nach der zeitlichen Entkopplung der Kommunikationspartner entscheidend. Wenn auch die synchrone Kommunikation in vielen Bereichen zweckmäßig ist, so sind die Vorteile asynchroner Kommunikation, z.B. zur Überwindung von Zeitzonen oder bei Erreichbarkeitsproblemen, nicht von der Hand zu weisen.

Store-and-Forward-Prinzip

Ein wesentliches Charakteristikum elektronischer Post, auf das sich auch die genannte zeitliche Entkopplung der Kommunikation zurückführen läßt, ist im sog. *Store-and-Forward-Prinzip* zu sehen. Eine elektronische Nachricht wird über eine Vielzahl von Zwischenstationen, in denen eine Zwischenspeicherung (store) und anschließende Weiterleitung (forward) stattfindet, vom Sender zum Empfänger übertragen. Der strukturelle Aufbau eines solchen Systems und die darin implementierten Abläufe werden über sog. Mail-Protokolle geregelt. Die wichtigsten Mail-Protokolle, die im folgenden betrachtet werden, sind der auf CCITT-Empfehlungen basierende X.400-Standard aus dem OSI-Bereich sowie das weitaus weniger komplexe SMTP-Protokoll aus der UNIX/Internet-Welt.

26.1 Protokollfamilie X.400

Standard

Aufbauend auf OSI-Konzepten wurde 1980 im CCITT mit der Standardisierung der Mitteilungsübermittlung begonnen. Bereits in den 70er Jahren beschäftigte sich eine Gruppe der IFIP (International Federation for Information Processing) mit der Architektur von E-Mail-Systemen im Hinblick auf einen offenen, also *herstellerunabhängigen Nachrichtenaustausch*. Im Jahre 1984 erschien die erste Fassung einer entsprechenden CCITT-

Empfehlung[76], die 1988 wesentlich erweitert wurde. Durch diese Revision ist die Zahl der Empfehlungen von 8 auf 22 gestiegen, wobei auch einige Empfehlungen der X.200er-Serie, also dem allgemeinen OSI-Modell zugewiesen wurden. Eine letzte Revision erschien 1992, stellt aber keine grundlegende Erweiterung oder Umstrukturierung dar. Als wesentlicher Zusatz ist die Einbeziehung von Sprachübertragung anzusehen. Des weiteren ist ein Zuwachs bei den sog. Dienstelementen (Leistungsmerkmalen) zu verzeichnen.

26.1.1 Architektur

Organisatorische Umsetzung

In der Terminologie des X.400-Standards werden Systeme zur Übertragung elektronischer Post als *Message Handling Systeme* (*MHS*, Mitteilungsübertragungssystem) bezeichnet. Es wird ein Modell für solche Systeme vorgeschlagen, das verschiedene funktionelle Komponenten umfaßt, durch deren Zusammenwirken der MH-Dienst realisiert wird. Hinzu kommen sog. Leistungsmerkmale (Dienstelemente, Dienstmerkmale), welche die Art der übertragenen Mitteilungen sowie auch die Art der Übertragung selbst spezifizieren.

Das MHS-Modell ist als Schalenmodell wie in Abb. 26.1 dargestellt organisiert. Die äußerste Schale umfaßt die Benutzer des E-Mail-Systems. Es wird daher auch als die Mitteilungssystemumgebung (Message Handling Environment) bezeichnet. Die Benutzer erhalten Zugang zum MHS über Endsystemteile, sog. *User Agents (UA)*. Allein über diese Anwendungsprozesse können Benutzer Nachrichten an das MHS übergeben oder von diesem empfangen. Sie verkörpern also die benutzerseitig zur Verfügung gestellte Funktionalität zum Senden, Empfangen und Verwalten von Mitteilungen. Zudem realisieren sie die Schnittstelle zum *Transfersystem (Message Transfer System, MTS)*, das sich im Kern des Schalenmodells befindet. Das Transfersystem besteht wiederum aus einer Vielzahl von Prozessen, den sog. *Transfersystemteilen (Message Transfer Agents, MTA)*, die durch Zwischenspeicherung und Weiterleitung dafür sorgen, daß Mitteilungen zum UA des Empfängers gelangen. Für die Kommunikation zwischen MTAs sowie zwischen kommunizierenden UAs sind Protokolle definiert (P1-, P2-Protokoll).

Manuelle Abbildung von Verzeichnisnamen auf O/R-Adressen

Über *Mitteilungsspeicher (Message Store, MS)* ist die Zwischenpufferung von Mitteilungen möglich, die nur auf Abruf an einen UA weitergeleitet werden sollen. Diese optionale funktionelle Komponente ist insbesondere bei der Ansiedlung des UA auf einem Endgerät mit beschränkter Speicherkapazität oder nicht dauerhafter Verfügbarkeit, z.B. einem PC, notwendig.

Zuordnung der DUA-Funktionalität zu X.400-Komponenten

[76] Das CCITT ist 1993 in die ITU übergegangen (s. Kap. 3.3). Da die meisten der im folgenden betrachteten Empfehlungen aus der Zeit davor stammen, werden sie hier als CCITT-Empfehlungen bezeichnet.

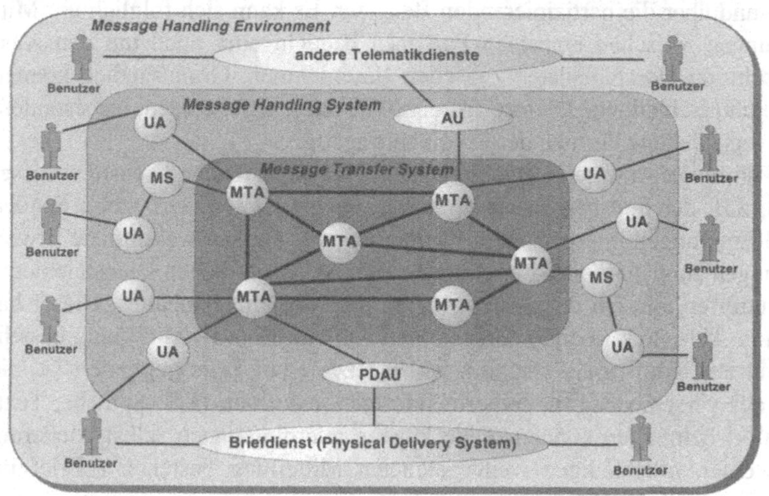

Abb. 26.1. Schalenmodell des MHS

Neben den bisher betrachteten direkten Benutzern können auch sog. indirekte Benutzer Leistungen des MHS in Anspruch nehmen und zwar über andere Dienste, die eine Schnittstelle zum MHS aufweisen. Diese Schnittstellen werden in Form von *Zugangseinheiten (Access Unit, AU)* realisiert. Es sind Zugangseinheiten für den Briefdienst (Physical Delivery Access Unit, PDAU), für Telex (Telex Access Unit, TLXAU) und andere Telematik-Dienste (Telematic Access Unit, TLMAU) vorgesehen.

Access Unit (AU)

Neben den funktionellen Komponenten eines MHS ist auch der Gegenstand der Übermittlung, also die Mitteilung selbst, genauer zu betrachten. In Anlehnung an die Brief-Metapher besteht eine elektronische Mitteilung aus zwei strukturellen Komponenten: dem *Umschlag* und dem *Inhalt*. Der Umschlag umfaßt die Informationen, die für den Transport im MTS notwendig sind. Wie in Abb. 26.2 (links) dargestellt, sind dies Angaben über Empfänger und Absender sowie solche zur Versendungsform. Der Inhalt besteht aus Informationen, die vom Absender einem oder mehreren Empfängern zugestellt werden sollen. Er ist für das MTS nicht von Belang und bleibt von diesem unberührt.[77]

Mitteilungsaufbau

Der weitere strukturelle Aufbau des Inhalts hängt im wesentlichen von den Anwendungen der Mitteilungsübermittlung ab. Neben dem *Basisdienst (Mitteilungstransferdienst, MT-Dienst)*, der die Grundfunktionalität zum Senden und Empfangen zur Verfügung stellt, sind Diensterweiterungen für zusätzliche oder spezifische Anwendungen vorgesehen. Der Basisdienst macht keinerlei Aussagen über die Art der auszutauschenden Informatio-

Basisdienst

[77] Diese Aussage gilt nicht für solche Dienstelemente, bei denen eine Inhaltskonversion stattfindet.

nen und über die partizipierenden Benutzer. Es kann sich folglich um Mitteilungen zwischen einzelnen Personen handeln oder auch um den Austausch von Geschäftsdaten zwischen Unternehmen. Grundsätzlich können also unterschiedliche Dienste auf ein MTS aufgesetzt werden, insbesondere für verschiedene Formen der Dateiübertragung.

Interpersoneller Mitteilungsdienst (IPM)

Für einige Anwendungsgebiete sind bereits spezifische Dienste vorgesehen, z.B. der *interpersonelle Mitteilungsdienst (IPM-Dienst)* zum Senden und Empfangen interpersoneller Mitteilungen.[78] Dessen wesentliche Erweiterungen zum Basisdienst sind im Bereich der angebotenen Dienstelemente anzutreffen und bei der Strukturierung des Mitteilungsinhaltes. Dieser hat den in Abb. 26.2 (rechts) dargestellten Aufbau. Eine IP-Mitteilung besteht somit aus Kopf- und Hauptteil, wobei letzterer in Teile gegliedert ist, die jeweils verschiedenartig codierte Informationsformen (z.B. Sprache, Text, Grafik) beinhalten können. Teile können allerdings auch selbst wiederum aus einer vollständigen weitergeleiteten Mitteilung bestehen („Brief im Brief").

Dienstelemente

Die X.400-Empfehlung sieht eine Vielzahl von Dienstelementen vor, die Art und Umfang der Informationsübermittlung, Übergabe und Auslieferung charakterisieren. Abb. 26.3 enthält eine exemplarische Auswahl solcher Dienstelemente. Die nur im IPM-Dienst zur Verfügung stehenden Merkmale sind gesondert gekennzeichnet.

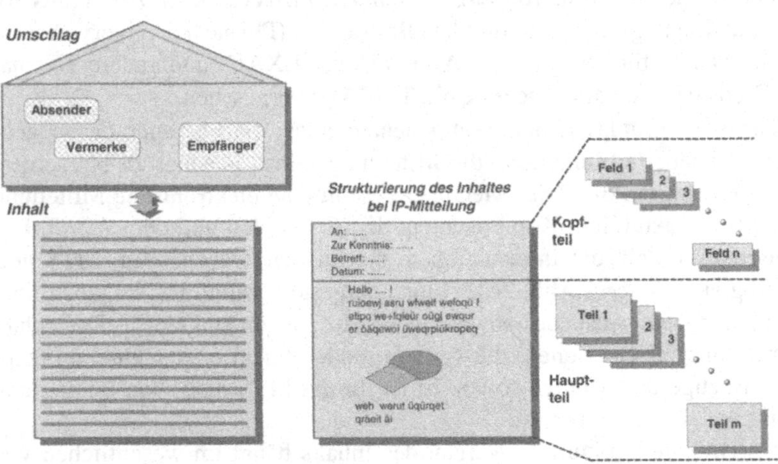

Abb. 26.2. Aufbau einer Mitteilung

[78] Ein weiteres Beispiel wird in Kap. 30.2.3 im Zusammenhang mit dem Austausch von Geschäftsdaten betrachtet.

Dienstelement	Beschreibung	IPM
Zugangsmanagement	Zugangsverwaltung zwischen UA und MTA, gegenseitige Identitätsfeststellung, Zugangssicherheit	
Anzeige von Bevollmächtigenden	Mitteilungen können im Auftrag einer anderen Person (Bevollmächtigender) erstellt und versandt werden.	x
Anzeige automatischer Weiterleitung	Innerhalb einer ankommenden Mitteilung kann eine weitergeleitete Mitteilung enthalten sein.	x
Anzeige der Verschlüsselung	Ein Teil der ankommenden Mitteilung ist verschlüsselt.	x
Vertraulichkeit des Inhaltes	Der Inhalt einer Mitteilung kann nur vom beabsichtigten Empfänger enthüllt werden.	
Benachrichtigung der Empfangsübergabe	Der verursachende UA erhält Bestätigung über Eingang beim Ziel-UA.	
Benennung d. Empfängers mit einem Verzeichnisnamen	Anstelle der O/R-Adresse kann ein Verzeichnisname verwendet werden (vgl. Kap. 27.1.3).	
Anzeige des Verfallzeitpunktes	Anzeige des Zeitpunktes, ab dem die Mitteilung vom Empfänger als ungültig zu betrachten ist	x
Anzeige der Wichtigkeit	Eine Mitteilung kann mit einer von drei möglichen Wichtigkeitsstufen (nicht wichtig, normal, wichtig) versehen werden.	x
Anzeige der Sprache	Angabe der Sprachen, die in einer Mitteilung verwendet werden	x
Empfangsübergabe an mehrere Empfänger	Eine Mitteilung kann an mehrere UAs geschickt werden.	
Anzeige des Bezuges	Kenntlichmachung einer Mitteilung als Antwort auf eine vorhergehende	x
Anzeige der Vertraulichkeit	Es sind drei Vertraulichkeitsstufen vorgesehen: persönlich, privat, vertraulich für das Unternehmen.	x
Verwenden von Verteilerlisten	Verwendung einer Verteilerliste anstelle einer individuellen Adresse	

Abb. 26.3. Auswahl von X.400-Dienstelementen

26.1.2 Umsetzung des MHS/Modells

Das beschriebene MHS-Modell läßt sich auf verschiedene Weise in konkrete Systeme umsetzen. Dabei sind sowohl *dv-technische* wie auch *organisatorische* Aspekte der Umsetzung zu berücksichtigen.

Dv-technische Umsetzung

Bei der dv-technischen Umsetzung steht die Fragestellung nach der Aufteilung der vorgesehenen funktionellen Komponenten auf Rechnersysteme im Vordergrund. Abb. 26.4 zeigt einige Aufteilungsmöglichkeiten, welche die Vielzahl weiterer Varianten verdeutlichen.

Variante a

Betrachtet man zunächst die äußere Schicht des Schalenmodells, so stellt sich die Frage nach der Anordnung der User Agents und ggf. von Message Stores. Bei einfachen Endgeräten (Terminals), die lediglich Ein-/Ausgabefunktionalität zur Verfügung stellen, ist die Möglichkeit der Ansiedlung von UA-Prozessen nur auf zentralen Rechnersystemen gegeben. Wie in Abb. 26.4 (Variante a) dargestellt, wird ein solches zentrales Rechnersystem üblicherweise einige UA-Prozesse verwalten sowie auch die Funktionalität eines Knotens im Message Transfer Systems bereitstellen. Hierfür ist der entsprechende MTA-Prozeß verantwortlich.

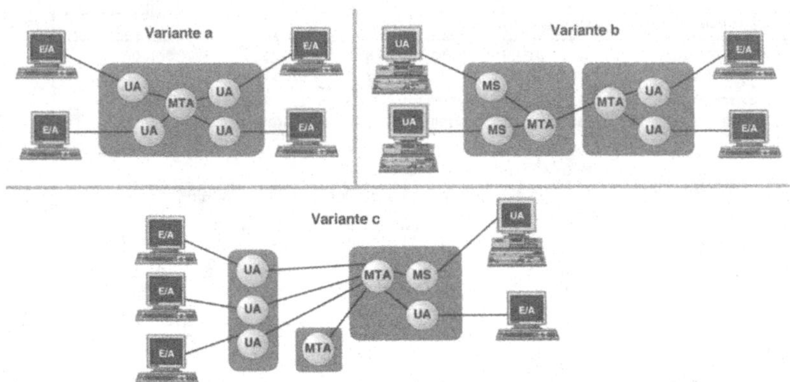

Abb. 26.4. Verteilung der Mitteilungsdienst-Funktionen auf Rechnersysteme

Variante b

Handelt es ich bei den Endgeräten um Arbeitsplatzrechner (PCs), so können UAs direkt auf diesen angesiedelt sein. Zur Zwischenpufferung von Nachrichten bietet sich in einem solchen Fall ein Message Store auf einem zentralen Rechnersystem an. Abb. 26.4 (Variante b) zeigt ein Beispiel zweier zentraler Rechnersysteme mit MTA-Funktionalität, wobei das linke eine Anbindung von PCs erlaubt und das rechte wie zuvor UA-Funktionalität für den Anschluß von Terminals bietet.

Variante c

Variante c zeigt, daß auch beide Ansätze auf einem Rechnersystem kombiniert werden können (rechtes System). Außerdem ist ersichtlich, daß Rechnersysteme auch ausschließlich über eine Art von Funktionalität verfügen können, z.B. nur UA-Prozesse beherbergen (linkes System) oder einen MTA-Prozeß (unteres System) unterstützen.

Organisatorische Umsetzung

Neben der dv-technischen Umsetzung ist die organisatorische Frage nach der Zuordnung der vorgesehenen Rechnersysteme und der darauf angesiedelten funktionellen Komponenten zu Verantwortungsträgern zu klären.

Management Domains (MD)

Die Empfehlung sieht für diesen Zweck sog. *Versorgungsbereiche (Management Domains, MD)* vor (vgl. Abb. 26.5). Versorgungsbereiche müssen aus mindestens einem MTA bestehen. *Neben privaten Versorgungsbereichen (Private Management Domain, PRMD)*, an die keine wesentlichen Anforderungen geknüpft sind, kommt den *öffentlichen Versorgungsbereichen (Administration Management Domain, ADMD)* eine besondere Bedeutung als „Drehscheibe" im internationalen E-Mail-Verkehr zu. Jedes Land soll über mindestens eine ADMD verfügen, über die der Verkehr zu anderen ADMDs und zu den PRMDs abgewickelt wird. Auf diese Art der Kommunikation, also die ADMD-ADMD- bzw. ADMD-PRMD-Verbindungen, bezieht sich die Empfehlung. Direkte PRMD-PRMD-Verbindungen sind zwar nicht ausgeschlossen, entziehen sich jedoch dem Anwendungsbereich des Standards. Private Versorgungsbereiche, die nicht unmittelbar an eine ADMD, sondern lediglich an einen privaten Versorgungsbereich angeschlossen sind, bleiben nach außen verborgen (in Abb. 26.5 PRMD 4). Die über die ADMDs garantierte Adressierbarkeit beliebiger Endsystemteile ist für solche Bereiche nicht gegeben.

Die Verwaltung eines öffentlichen Versorgungsbereichs obliegt den Mitgliedern der Internationalen Fernmeldeunion (International Telecommunication Union, ITU) oder anerkannten *privaten Betriebsgesellschaften (Recognized Private Operating Agency, RPOA)*.

Benutzer können auf verschiedene Weise Zugang zu einer ADMD erhalten, z.B. zu einem UA, einem MS, einem MTA oder einer AU des öffentlichen Versorgungsbereichs. Bei Zugang zu einem MS oder MTA muß der Benutzer selbst über Zugangsfunktionalität verfügen, d.h. über einen privaten UA oder im Falle des Anschlusses an einen MTA anstelle des UAs über einen privaten MTA.

Bezüglich der Ausgestaltung von PRMDs werden in der Empfehlung wenige Festlegungen getroffen. Uneinigkeit besteht zwischen CCITT und dem in den meisten Inhalten übereinstimmenden ISO-Standard bezüglich des grenzüberschreitenden Nachrichtenverkehrs. Laut CCITT als Vertreter der Postgesellschaften darf dieser ausschließlich über ADMDs abgewickelt werden. Grenzüberschreitende PRMDs sind somit entgegen der ISO-Auffassung unzulässig. In Abb. 26.5 ist also die Zulässigkeit von PRMD 2 sowie der direkten Verbindung zwischen PRMD 1 und 5 fragwürdig.

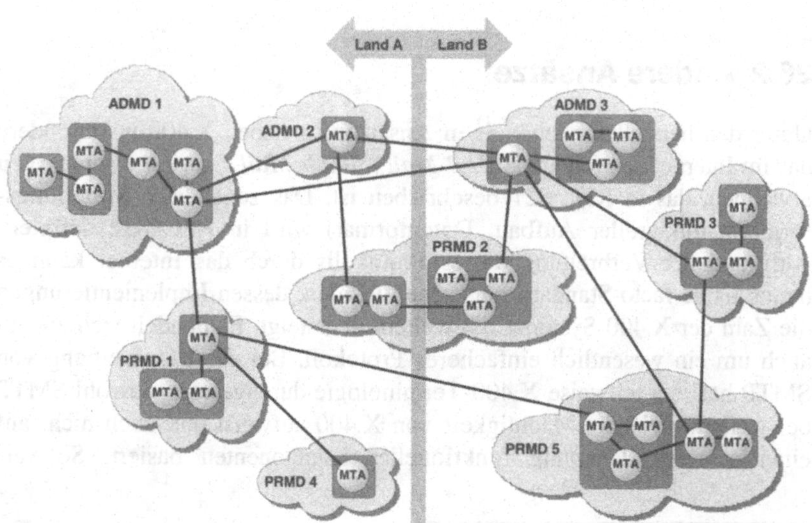

Abb. 26.5. Öffentliche und private Versorgungsbereiche

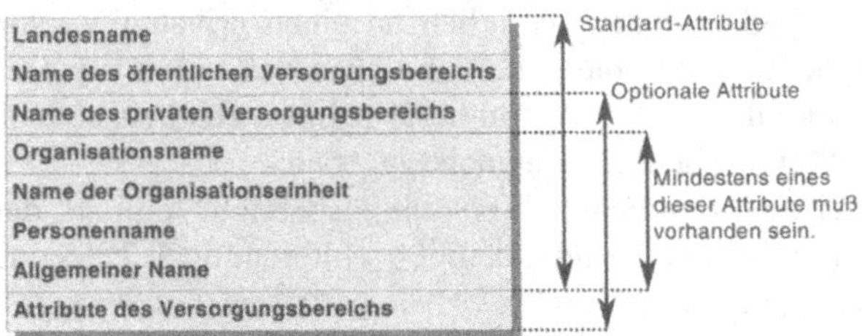

Abb. 26.6. Aufbau von O/R-Adressen

O/R-Adresse

In Verantwortung der öffentlichen Versorgungsbereiche liegt auch die Verwaltung des Namensraumes der angeschlossenen privaten Versorgungsbereiche. ADMDs vergeben daher PRMD-Namen, die im Rahmen der Benutzeradressierung verwendet werden. Jeder Benutzer ist weltweit durch eine *O/R-Adresse* gekennzeichnet.[79] Sie besteht aus einer Ansammlung von Attributen. Neben den in der Empfehlung vorgegebenen Standard-Attributen können von den Versorgungsbereichen zusätzliche Attribute definiert werden. Abb. 26.6 zeigt die für mnemonische O/R-Adressen vorgesehenen Attribute.[80]

Da das Auffinden und Verwalten solcher Adressen ein nicht zu vernachlässigendes Problem darstellt, sieht der MH-Dienst die Verwendung von Verzeichnissystemen für die Adreßverwaltung vor. Solche Verzeichnissysteme sind Gegenstand des folgenden Kapitels 27, in dem auch auf deren Gebrauch aus MH-Systemen heraus Bezug genommen wird.

26.2 Andere Ansätze

SMTP

Unter den herstellerunabhängigen Ansätzen ist neben X.400 insbesondere das im Internet verwendete *SMTP-Mail (Simple Mail Transfer Protocol)* zu erwähnen, das in RFC 821 beschrieben ist. Das zugehörige Mitteilungsformat (struktureller Aufbau, Datenformat) wird in RFC 822 definiert. Aufgrund der Verbreitung dieses Protokolls durch das Internet kann es heute als de-facto-Standard angesehen werden, dessen Implementierungen die Zahl der X.400-Systeme bei weitem übersteigt. Es handelt sich zudem auch um ein wesentlich einfacheres Protokoll. Bei der Beschreibung von SMTP hat sich teilweise X.400-Terminologie durchgesetzt, obwohl SMTP bei weitem nicht die Mächtigkeit von X.400 aufweist und auch nicht auf einer scharfen Trennung funktioneller Komponenten basiert. So ver-

79 O/R steht für Originator/Recipient und deutet an, daß ein Benutzer sowohl in der Rolle des Verursachers wie auch des Empfängers einer Mitteilung auftreten kann. Neben Benutzern werden auch Verteilerlisten durch eine O/R-Adresse gekennzeichnet.

80 Im Standard sind neben mnemonischen Adressen auch alternative Adreßformate vorgesehen.

schwimmt die Abgrenzung zwischen UA und MTA, was darauf zurückzuführen ist, daß SMTP letztlich nur ein Standard für ein MTS – also ein Mitteilungstransfersystem – darstellt. Für die Anbindung der UA-Funktionalität existieren zwei grundlegende Formen.

UA-Anbindung

Besteht vom lokalen Computersystem aus eine permanente Verbindung zum Internet, also zu einem SMTP-Mailserver (MTA in X.400-Terminologie), so können Mitteilungen unmittelbar von einem Mail-Client verschickt und empfangen werden. Die Entgegennahme und der Versand von Mitteilungen durch Clients, die nicht über eine permanente oder über längere Zeiträume bestehende Verbindung zu einem SMTP-Server aufweisen, ist in zusätzlichen Protokollen, die nicht zum Umfang von SMTP gehören, geregelt.

POP3, IMAP4

Als Beispiele sind hier *POP3* (*Post Office Protocol*, Version 3, RFC 1939) zur Unterstützung von Offline-Clients sowie das mächtigere und zugleich komplexere *IMAP4* (*Internet Message Access Protocol* Version 4, RFC 1730 bzw. leicht revidiert RFC 2060) zu nennen. IMAP4 stellt neben dem *Offline-Modus* von POP3, bei dem alle auf dem Server angekommenen neuen Mails zum Verbindungszeitpunkt auf den Client geladen werden, weitere Zugriffsmodi zur Verfügung.

Als Beispiel ist der sog. *„disconnected"-Modus* zu nennen, der als Mischform einzustufen ist zwischen einem reinem Offline- und einem reinen *Online-Modus*, bei dem alle Mitteilungen zentral, also serverseitig gespeichert und dort vom Client-Prozeß bearbeitet werden. Hingegen nimmt im „disconnected"-Modus der Mail-Client Verbindung zum Server auf, erstellt eine Kopie einer Teilmenge der Mitteilungen, die dann offline auf dem Client manipuliert werden können. Bei einer späteren Verbindung werden die entsprechenden Änderungen dann mit dem zentralen und weiterhin maßgeblichen serverseitigen Bestand synchronisiert.

Entscheidende Vorteile für den Benutzer ergeben sich dadurch, daß er zwischen den verschiedenen Modi wechseln kann und daß er – im Gegensatz zu POP3 (Offline-Modell) – nicht gezwungen wird, den kompletten Mail-Bestand zu laden, was bei teuren oder langsamen Verbindungen einen erheblichen Nachteil darstellt. Statt dessen kann er selektiv arbeiten, d.h. nur bestimmte Mitteilungen laden oder sogar nur Teile von Mitteilungen, z.B. nur den Kopfteil.

IMAP4 unterstützt zudem auch einige Besonderheiten, wie z.B. gemeinsame Mailverzeichnisse, also Mailboxen, auf die mehrere Personen (gleichzeitig) Zugriff haben, wie auch vice versa den gleichzeitigen Zugriff einer Person auf mehrere Mailboxen. Dieser höhere Komfort führt zu einer deutlich größeren Protokollkomplexität, was bislang dazu geführt hat, daß die Verbreitung von IMAP4-Implementierungen und -Installationen hinter den Erwartungen zurückblieb und POP3 weiterhin auf größere Akzeptanz stößt.

7-Bit-US-ASCII

Als größte Einschränkung der SMTP-basierten Mail wird die ausschließliche Verwendung des in RFC 822 vorgesehenen 7-Bit-US-ASCII-Zeichensatzes, der nur 128 Zeichen und somit keine internationalen Sonderzeichen umfaßt, empfunden. Für die Übertragung von Textdateien mit nationalen Sonderzeichen, Programmen, Bild-, Audio- oder Video-Daten, sog. Binaries, ist daher eine Konvertierung notwendig. Hierzu werden zusätzliche Programme, sog. Binary-to-ASCII-Codierer (z.B. UUencode und UUdecode für die Umkehrrichtung) benötigt.

MIME

Um dieses Defizit zu überwinden, wurde unter der Bezeichnung *MIME* (*Multipurpose Internet Mail Extension*, RFCs 2045-2049) an einer Erweiterung des Internet-Mitteilungsformates für multimediale Daten gearbeitet. MIME sieht ähnlich dem X.400-Mitteilungsmodell eine stärkere Strukturierung des Mitteilungsrumpfes (Hauptteil der Mitteilung) in Rumpfteile für verschiedene Datentypen (Media Types) vor, die dem Benutzer auch zeitgleich präsentiert werden können.

Media Types und Zeichensätze

In RFC 248 des Standards ist ein international anwendbares Verfahren für die Registrierung von *MIME Media Types* bei der IANA beschrieben. Ähnliches gilt für die unterstützten Zeichensätze: Für viele der weltweit gebrauchten Sprachen ist bereits ein entsprechender Zeichensatz registriert. Für den westeuropäischen Sprachraum ist dies ISO 8859-1.

Ein weiterer, allerdings selten genutzter Vorteil von MIME ist darin zu sehen, daß anstelle der eigentlichen Inhalte auch externe Referenzen verschickt werden können, die nur bei Bedarf aufgelöst werden. Auf diese Weise können die bei multimedialen Anwendungen zu übertragenden großen Datenmengen reduziert werden. In Verbindung mit IMAP4 besteht für Benutzer sogar die Möglichkeit, nur Teile einer Mitteilung, z.B. solche, die keine multimedialen Komponenten enthalten, auf ihren Mail-Client zu laden. Die Offenheit und Universalität von MIME eröffnet diesem Standard auch über das Mail-Umfeld hinausgehende Einsatzgebiete: So wird es z.B. auch im WWW eingesetzt, wo beispielsweise in Web-Seiten enthaltene MIME-Typen unmittelbar durch den Browser oder mittels entsprechender Plug-Ins dargestellt werden können.

Proprietäre Mail-Lösungen

Neben den beiden wichtigsten herstellerunabhängigen Systemen, X.400 und SMTP, sind eine Vielzahl proprietärer Lösungen anzutreffen. Abgesehen von einigen älteren, insbesondere Host-basierten Systemen sind hier als Beispiel für modernere Vertreter Mail-Lösungen im Rahmen von Lotus Notes oder Novell GroupWise zu nennen bzw. Mail-Protokolle von unterschiedlichen Herstellern wie Microsoft Mail (MAPI), Microsoft Exchange (Extended MAPI), HP Open Mail oder Lotus cc:Mail (VIM). Der Anschluß an andere Protokollwelten kann in solchen Systemen nur über *Gateways* realisiert werden. Um die Zahl der zu realisierenden Gateways klein zu halten, ist es zweckmäßig, Übergänge zu einem oder einigen wenigen herstellerunabhängigen Ansätzen zu schaffen und nicht zwischen jeder denkbaren Kombination zweier E-Mail-Systeme. In diesem Bereich ist es die Mächtigkeit von X.400, die zu einer Überlegenheit gegenüber SMTP-Lösungen führt. Wegen der klaren und zugleich ausdrucksstarken Strukturierung und der Vielzahl möglicher Dienstelemente können die meisten proprietären E-Mail-Ansätze ohne wesentlichen inhaltlichen Verlust als MHS-Modell nach X.400 abgebildet werden.

Mail-Backbone

In einem typischen Unternehmensumfeld ist heute selten von einer homogenen Umgebung auszugehen. Statt dessen muß fast immer ein Mitteilungsaustausch zwischen unterschiedlichen Plattformen unterstützt werden. Im Zusammenhang mit Mail-Lösungen in einem heterogenen Unternehmensumfeld verwendet man heute den Begriff *Messaging*. X.400 kommt hier wegen seiner Ausdrucksstärke eine herausragende Bedeutung zu, z.B. als *Mail-Backbone*, der den Mitteilungsversand zwischen einer Vielzahl angeschlossener, meist proprietärer E-Mail-Systeme gewährleisten soll. Abb. 26.7 veranschaulicht einen solchen Backbone-Ansatz, in dem verschiedene Mail-Protokolle über ein einziges Backbone-Protokoll, idealerweise X.400, verbunden werden. X.400 wird also als Verbindungsprotokoll zwischen Gateways benutzt.

Die Relevanz von X.400 als ein universelles und zugleich mächtiges E-Mail-Modell wird durch die Eignung als Verbindungssystem unterstrichen. Allerdings werden durch die beschriebene Lösung auch die Nachteile proprietärer Systeme ausgeglichen, was der Verbreitung von X.400-Systemen außerhalb des Backbone-Bereiches zuwiderläuft. Immer mehr Verbreitung finden zudem auch im Bereich der Backbone-Lösungen Messaging-Ansätze, die sowohl auf OSI- wie auch auf Internet-Standards basieren.

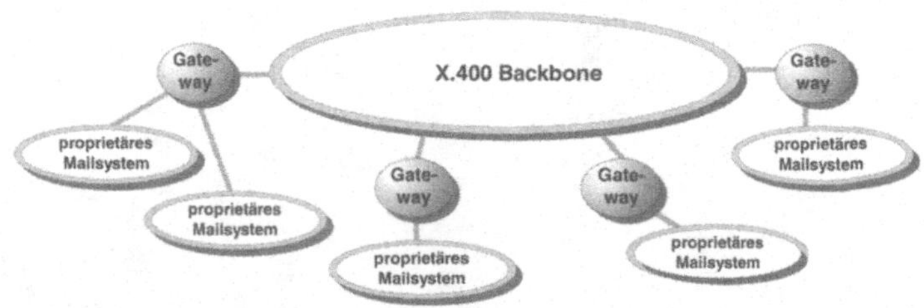

Abb. 26.7. Verbindung proprietärer Mailsysteme über Gateways und Backbone

Literaturempfehlungen

Georg, O. (2000): Telekommunikationstechnik: Handbuch für Praxis und Lehre, 2. Aufl., Berlin u.a.: Springer, S. 343-354.

Plattner, B. et al. (1993): X.400, elektronische Post und Datenkommunikation: Die Normen und ihre Anwendung, München und Wien: Oldenbourg.

Rhoton, J. (1997): X.400 and SMTP: Battle of the E-Mail Protocols, Digital Press.

Rhoton, J. (1999): Programmer's Guide to Internet Mail: SMTP, POP, IMAP, and LDAP, Digital Press.

Siegmund, G. (1999): Technik der Netze, 4. Aufl., Heidelberg: Hüthig, S. 369-373.

Tanenbaum, A.S. (1998): Computernetzwerke, 3. Aufl., München: Prentice Hall, S. 680-700.

Tietz, W. (1993): Was versteht man unter X.400?, in: Office Management (1993) 6, S. 37-46.

Weber, R. (1994): Von Electronic-Mail zu multimedialer Post, in: Informatik Spektrum 17 (1994), S. 222-231.

Zenk, A. (1999): Lokale Netze – Die Technik fürs 21. Jahrhundert: Technologien, Konzepte, Einsatz, 6. Aufl., München: Addison-Wesley-Longman, S. 1013-1040.

27 Verzeichnissysteme

Mit steigender Vielfalt der benutzten Kommunikationsformen und -medien geht ein Zuwachs an Adressierungsarten einher, was bei vielen Anwendern ein nicht zu vernachlässigendes Problem darstellt. *Verzeichnissysteme*, unter denen dienstunabhängige elektronische Teilnehmerverzeichnisse zu verstehen sind, sollen hier Abhilfe schaffen. Die zentrale Idee von Verzeichnissystemen, auch als *Directories* bezeichnet, ist im Integrationsaspekt sowie der Zentralisierung zu sehen. Anstatt verschiedene Teilnehmerverzeichnisse zu verwalten und zu benutzen, sollen in einem Verzeichnissystem die Adressen verschiedener Dienste integriert werden. Telefonbücher, Adreßbücher, Fax-Listen, E-Mail-Adressen sind folglich in einem einzigen System zusammenzufassen. Außerdem sollen über solche Systeme Redundanzen, die zu Inkonsistenzen und einem Verlust an Aktualität führen können, vermieden werden. Anstelle vieler lokaler Verzeichnisse existiert nur ein zentraler Datenbestand mit aktuellen und konsistenten Adressen. Dabei handelt es sich lediglich um eine logische Zentralisierung, eine dv-technische Verteilung ist in weltweiten Systemen naheliegend.

Integration über Verzeichnissysteme

Da es sich bei Verzeichnissystemen um Softwaresysteme handelt, ist deren Nutzung nicht auf Personen eingeschränkt, sondern auch von anderen Softwaresystemen aus möglich. Neben der naheliegenden Integration in E-Mail-Systeme, können Anwendungen, die in irgendeiner Form auf sich im Zeitablauf ändernde Adressen von Personen, Organisationen, Geräten oder anderen Einrichtungen zugreifen, Nutzer von Verzeichnissystemen sein. Verzeichnissysteme können beispielsweise verwendet werden, um in einem Workflow-Management-System Bearbeiter für einzelne Arbeistsschritte zu adressieren, um in Netzwerken Drucker oder andere Ressourcen anzusprechen, deren Adressen im Verzeichnis hinterlegt sind, oder um in der Prozeßsteuerung einzelne Maschinen anzusteuern. Üblicherweise verfügen daher Netzwerkbetriebssysteme (NBS) über proprietäre Verzeichnissysteme, um Adressen von Benutzern, Benutzergruppen und nahezu beliebigen Netzwerk-Komponenten zu verwalten. NBS-unbhängige Verzeichnissysteme sind grundsätzlich als zweckungebundene Systeme konzipiert. Das CCITT beschreibt ein Directory daher wie folgt:

Universalität von Verzeichnissystemen

> „A *Directory* is a collection of open systems which cooperate to hold a logical database of information about a set of objects in the real world.“ [81]

[81] CCITT (1988), S. 6.

Auf die Konzeption eines solchen Systems aus Sicht der CCITT wird im folgenden genauer eingegangen. Daran schließt sich ein Ausblick auf andere Ansätze an, insbesondere aus dem Bereich des Internets.

27.1 Protokollfamilie X.500

Standard

1988 wurde die erste X.500-Empfehlung veröffentlicht, die somit parallel zur zweiten X.400-Empfehlung entwickelt wurde. In Architektur und Konzeption sind daher verschiedene Analogien zu erkennen. Die bei beiden Serien später veröffentlichten neuesten Versionen (X.400: 1992, X.500: 1993, 1997) sind für die Darstellung der grundlegenden Konzepte vernachlässigbar.

27.1.1 Architektur

Directory Information Base (DIB)

Die wesentliche Aufgabe eines Directories ist in der Verwaltung eines Datenbestandes zu sehen, der in X.500-Terminologie als *Directory Information Base (DIB)* bezeichnet wird. Bevor auf die funktionellen Komponenten eines solchen Systems eingegangen wird, sollen zunächst das Datenhaltungssystem und die vorgesehenen Datenstrukturen betrachtet werden.

Directory Information Tree (DIT)

Die Directory Information Base ist als baumartige Struktur organisiert. Soll dieser Aspekt betont werden, wird vom sog. *Directory Information Tree (DIT)* gesprochen. Abb. 27.1 gibt einen vereinfachten Überblick über das zugehörige Directory-Schema.

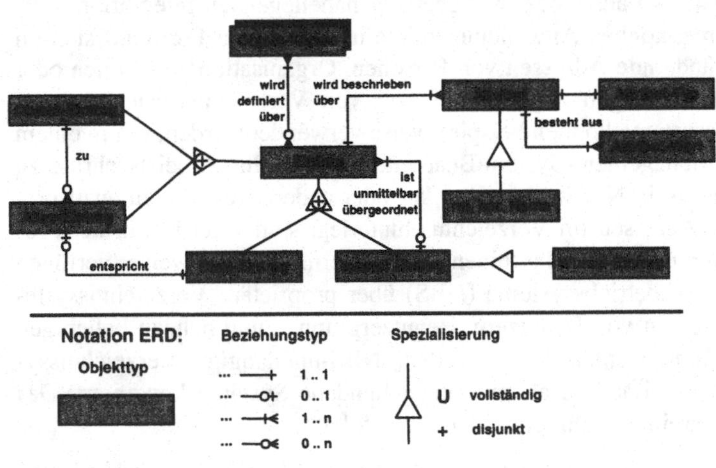

Abb. 27.1. Directory-Schema

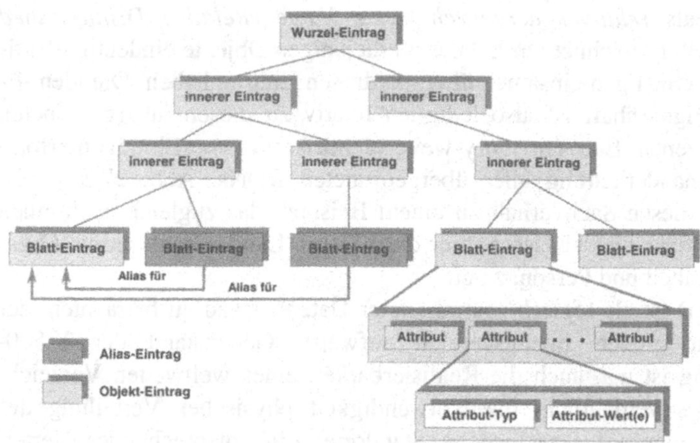

Abb. 27.2. Struktur eines DIT

Das zentrale Element der DIB sind Einträge. Ein *Eintrag* umfaßt Informationen zu genau einem Objekt der realen Welt und ist in Form von Attributen strukturiert. *Attribute* bestehen aus einer Typbezeichnung und ein oder mehreren Werten. Welche Attribut-Typen in einem Eintrag Verwendung finden, wird über Objekt-Klassen definiert. Objekt-Klassen sind somit auf einer übergeordneten Ebene (Meta-Ebene) angesiedelt und dienen der Festlegung verschiedener Eintragstypen. Da die Definition von *Objekt-Klassen* (Eintragstypen) nicht im Arbeitsbereich des Directory-Benutzers, sondern im Bereich der Directory-Administration liegt, soll auf diese Meta-Ebene im folgenden nicht weiter eingegangen werden.

Einträge

Einträge werden baumartig angeordnet. Auf einen *Wurzel-Eintrag* als oberstem Knoten des Directory Information Tree folgen als Unterknoten Einträge mit Informationen über jeweils ein Objekt der realen Welt. Man spricht deshalb auch von Objekt-Einträgen, wobei zu jedem Objekt maximal ein solcher Objekt-Eintrag existiert. Zusätzlich kann es allerdings ein oder mehrere *Alias-Einträge* geben, die auf Objekt-Einträge verweisen (vgl. auch Abb. 27.2) und somit ermöglichen, daß ein und dasselbe Objekt mit verschiedenen, alternativen Namen belegt werden kann. Bei Alias-Einträgen muß es sich immer um Blatt-Einträge handeln, wohingegen Objekt-Einträge in Blatt-Knoten des DIT wie auch in inneren Knoten stehen dürfen.

Wurzel-, Blatt- und innere Einträge

Wichtig für die Verwendung als Teilnehmerverzeichnis ist die Identifikation der in einer DIB hinterlegten Objekte. Ist der Identifikator eines Objektes bekannt, so kann auf jedes beliebige Attribut des entsprechenden Eintrags zugegriffen werden, im Falle des Teilnehmerverzeichnisses z.B. auf die Teilnehmernummer oder die X.400-Adresse. Für die Identifikation sind sog. *herausgehobene Namen (Distinguished Name, DN)* vorgesehen. Jeder Eintrag verfügt über ein für diesen Zweck gekennzeichnetes Attribut,

Distinguished Name (DN)

das auch als *relativer herausgehobener Name (Relative Distinguished Name, RDN)* bezeichnet wird, da es all diejenigen Objekte eindeutig identifiziert, die einen gemeinsamen übergeordneten Eintrag haben. Die identifizierende Eigenschaft ist also lediglich relativ zu diesem übergeordneten Knoten gegeben. Eine Directory-weite Identifikation von Einträgen erfolgt über Aneinanderkettung aller übergeordneten RDNs. Abb. 27.3 veranschaulicht diesen Sachverhalt an einem Beispiel, das zugleich auch einen Vorschlag für Objekt-Klassen, hier die Klassen Land, Organisation, Organisationseinheit und Person, zeigt.

Eine DIB ist als logisch zentralisierter Datenbestand zu betrachten, der einen sehr großen Bezugsbereich aufweist. Gegenstand der X.500-Empfehlung ist u.a. auch die Realisierbarkeit eines weltweiten Verzeichnisses. Dies verdeutlicht die Notwendigkeit physischer Verteilung des Datenbestandes auf verschiedene Standorte. Ein entsprechendes Verteilungskonzept ist in der Empfehlung vorgesehen.

Schalenmodell

Ebenso wie bei X.400 lassen sich die funktionellen Komponenten von X.500 in Form eines Schalenmodells veranschaulichen. Die in Abb. 27.4 verwendeten Begrifflichkeiten weisen auf weitere Analogien hin.

Directory User Agent (DUA), Directory System Agent (DSA)

Der Zugang zum Verzeichnis wird Benutzern über den Anwendungsprozeß *DUA (Directory User Agent)* ermöglicht. Der DUA greift jedoch nicht unmittelbar auf den Datenbestand zu, sondern operiert über das *Directory Access Protokoll (DAP)* mit denjenigen Prozessen, die Zugriff auf den Datenbestand haben. Es handelt sich um *Directory System Agents (DSA)*, die untereinander über das *Directory System Protokoll (DSP)* kommunizieren. Jeder DSA verwaltet eine lokale Datenbasis und beantwortet Anfragen entweder unmittelbar aus seinem lokalen Datenbestand oder unter Zuhilfenahme anderer DSAs und der zugehörigen Datenbestände. Hieraus ergeben sich die im folgenden beschriebenen Interaktionsmodi zwischen DSAs.

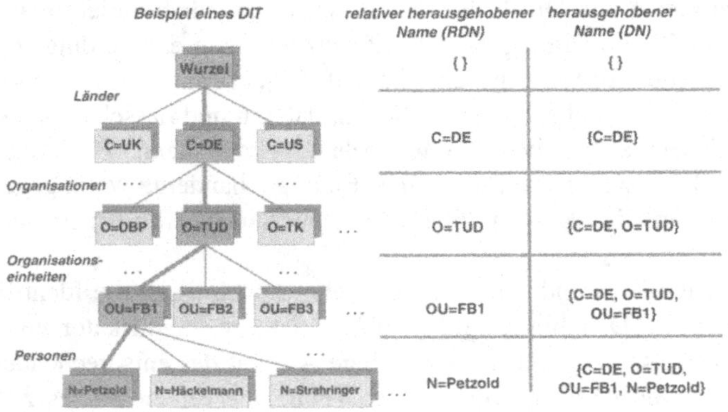

Abb. 27.3. Beispiel DIT zur Abgrenzung von DN und RDN

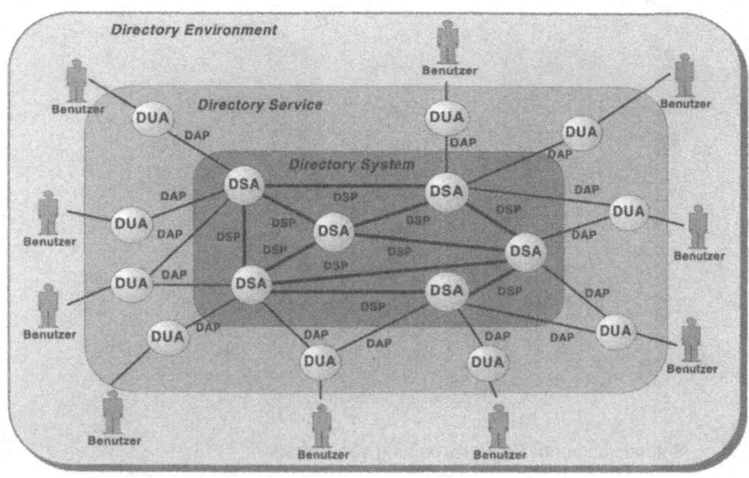

Abb. 27.4. X.500-Schalenmodell

Interaktionsmodi

Ein DUA hat direkten Zugang zu mindestens einem, ggf. mehreren DSAs und kann Anfragen an diese weiterleiten. Die angesprochenen DSAs sind dafür verantwortlich, daß die an sie gerichteten Anfragen erfüllt werden. Kann ein DSA eine Anfrage nicht alleine beantworten, so ist eine Zusammenarbeit mit anderen DSAs notwendig. Hierbei sind drei *Interaktionsmodi* möglich:

- Hinweise (Referrals),
- Ketten (Chaining) und
- Verbreiten (Multicasting).

In Abb. 27.5 sind Beispiele für diese drei Formen angegeben. Im ersten Beispiel erhält DSA A von einem DUA eine Anfrage, die er nicht selbst bearbeiten kann. Die Anfrage wird an B weitergeleitet, der einen Hinweis auf C gibt. Dieser Hinweis wird A als Antwort übergeben, der ihn anschließend an den DUA zurückgibt. Der DUA formuliert mit diesem Hinweis eine neue Anfrage.[82] Im zweiten Fall ist das Ketten von DSAs veranschaulicht. Eine Anfrage, die von einem DSA entgegengenommen wird, durchläuft nacheinander eine Folge von DSAs, bis die Antwort zurückgegeben werden kann. Im letzten Fall schließlich wird die Anfrage vom entgegennehmenden DSA unmittelbar an eine Vielzahl von weiteren DSAs verbreitet. Dabei sind zwei Varianten möglich: Die Anfrageverbreitung erfolgt, wie in der Abbildung angedeutet, parallel oder nacheinander. Mischformen und Kombinationen aller drei Ansätze sind möglich.

[82] Alternativ könnte A auch direkt nach Erhalt des Hinweises die Anfrage an C weiterleiten. In diesem Fall würde der DUA die Antwort auf die Anfrage und nicht einen Hinweis erhalten. Die Hinweisverarbeitung erfolgt also im DUA *oder* im DSA.

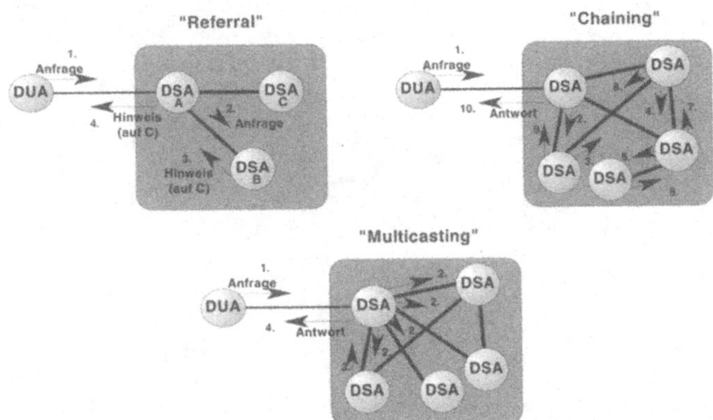

Abb. 27.5. Interaktionsmodi zur Verarbeitung von Anfragen

Benutzeranfragen

Bislang wurde betrachtet, in welcher Form Anfragen systemseitig bearbeitet werden, wie also ausgehend von einem DUA die Verarbeitung erfolgt. Im folgenden wird in Abgrenzung hierzu dargestellt, welche Ansatzpunkte dem Benutzer zur Verfügung stehen, um Informationen aus dem Directory abzurufen. Auch hierbei werden verschiedene Formen unterschieden:

White Pages

- Abfragen („White Pages", Look-Up)
  Unter einer direkten Abfrage des Verzeichnisses ist der Fall zu verstehen, bei dem der Benutzer den herausgehobenen Namen des Objektes, zu dem er Informationenen sucht, kennt. Er übergibt diesen Namen oder einen Alias zusammen mit den Attribut-Typen, deren Werte er erfahren möchte, z.B. die Telefonnummer, die O/R-Adresse aus dem MHS oder einen beliebigen anderen Attribut-Typen. Diese Art der Abfrage weist Analogien zum Nachschlagen im Telefonbuch auf. Es wird deshalb auch von „White Pages" gesprochen als Bezeichnung für ein herkömmliches Telefonbuch. Wesentlichen Einfluß auf die Häufigkeit solcher direkter Abfragen hat die Benutzerfreundlichkeit der Namensgebung.

Browsing

- Durchsuchen (Browsing)
  Auch wenn sich der Benutzer nicht an den vollständigen Namen erinnern kann, so hat die Benutzerfreundlichkeit der Namensgebung einen Einfluß darauf, ob ein Name erkannt wird, wenn ihn der Benutzer sieht. Beim Durchsuchen wandert der Benutzer durch die DIB, bis er den gesuchten Eintrag findet. Ist ein Wiedererkennen des Namens nicht möglich, steht lediglich noch folgende Suchmöglichkeit zur Verfügung.

Yellow Pages

- Gelbe Seiten („Yellow Pages")
  Diese Suchform ist vergleichbar mit dem Nachschlagen in Gelben Seiten, allerdings flexibler. Der gesuchte Eintrag wird über Eigenschaften beschrieben, für die sich beliebige Attribute anbieten.

Verzeichnispflege und Sicherheitsmodell

Neben den beschriebenen, rein lesenden Zugriffen, die den Kern des zur Verfügung gestellten Dienstes ausmachen, werden auch Möglichkeiten zum schreibenden Zugriff geboten, um die Pflegbarkeit des Verzeichnisses gewährleisten zu können. Im Zusammenhang mit der Änderung des Directory-Inhalts sind Fragestellungen der Datensicherheit von Bedeutung. In der Empfehlung wird hierzu ein *Sicherheitsmodell* definiert, das zwischen Autorisierung (Verwaltung von Zugangsrechten) und Authentifizierung (Identifizierung von Benutzern und DSAs) unterscheidet. Im Zusammenhang mit Authentifikation ist die Empfehlung X.509 hervorzuheben. Sie unterscheidet zwei Authentifikationsstufen: Die einfache (simple) Authentifikation durch Paßwort-Schutz und die „starke" (strong) Authentifikation durch digitale Zertifikate auf Grundlage krytographischer Verfahren, die auf privaten und öffentlichen Schlüsseln basieren. In diesem Zusammenhang dient ein digitales Zertifikat der Bekanntmachung eines öffentlichen Schlüssels. Dieses Zertifikat wird von einer dritten Stelle (Certification Authority, CA) erstellt und digital signiert. Es gibt Auskunft über den öffentlichen Schlüssel einer Person, Unternehmung oder beliebigen anderen Organisation.

X.509

Innerhalb der X.500-Protokollfamilie nimmt die Empfehlung X.509 insofern eine herausragende Stellung ein, als daß das Authentifikationsmodell letztlich unabhängig ist vom Anwendungsbereich, also keineswegs eingeschränkt ist auf die Authentifizierung von Directory-Nutzern, sondern so universell konzipiert ist, daß X.509-Zertifikate in unterschiedlichen Bereichen anzutreffen sind.[83] Directories haben im Zusammenhang mit X.509-Zertifikaten eine doppelte Bedeutung. Ursprünglich wurde das X.509-Authentifikationsmodell entwickelt, um Sicherheit im Bereich des Directories selbst gewährleisten zu können. Mit der Verbreitung auf öffentlichen Schlüsseln basierender Authentifikationsverfahren kommt das Problem der Bereitstellung und Verbreitung dieser Schlüssel bzw. Zertifikate auf. Auch hier können Directories Abhilfe schaffen, indem sie neben Attributen wie Telefonnummern, Mail-Adressen etc. die Hinterlegung und somit Bereitstellung digitaler Zertifikate unterstützen.

27.1.2 Umsetzung des X.500-Directory-Modells

Dv-technische Umsetzung

Bei der dv-technischen Umsetzung ist ähnlich wie beim MHS-Modell die Frage nach der Verteilung einzelner Prozesse auf dv-technische Systeme zu klären. Auf eine Darstellung denkbarer Kombinationsmöglichkeiten soll hier verzichtet werden. Von Bedeutung ist in diesem Zusammenhang allerdings die Tatsache, daß die DAP-Implementierung auf der Client-Seite aufgrund der Komplexität dieses Protokolls ressourcenintensiv ist und

[83] Der Standard X.509v3 (1995) wird von einer Vielzahl von Protokollen unterstützt, so z.B. von Privacy Enhanced Mail (PEM), Secure Multipurpose Internet Mail Extension (S/MIME), Secure Socket Layer (SSL), Secure Hypertext Transfer Protocol (S-HTTP).

immer einen vollständigen OSI-Protokollstack erfordert. Hierin wird der Grund für eine bislang ausgebliebene breite Akzeptanz dieses Ansatzes gesehen. Deshalb existieren heute auf der Client-Seite Alternativen zum ursprünglichen Directory Access Protocol. Auch serverseitig sind X.500-Systeme nicht einfach zu handhaben. Dennoch ist hier positiv hervorzuheben, daß z.B. der gesamte Bereich der physischen Datenverteilung protokollseitig abgedeckt ist. Das in der Protokollfamilie definierte Directory Information Shadowing Protocol (DISP) stellt ein vollständiges Replikationsmodell bereit, das die Konsistenz des verteilten Datenbestandes gewährleistet.

Einige zusätzliche Implementierungs- und Kombinationsvarianten ergeben sich in der Zusammenarbeit von Directory und MHS und werden im nächsten Abschnitt betrachtet.

Organisatorische Umsetzung

Die organisatorische Umsetzung eines weltweit verteilten Directories erfolgt in Analogie zu X.400. Es wird entsprechend zwischen zwei Arten von Verzeichnis-Versorgungsbereichen (Directory Management Domain, DMD) unterschieden, nämlich öffentlichen *(Administration Directory Management Domain, ADDMD)* und privaten *(Private Directory Management Domain, PRDMD)*. Eine Überlappung mit den MHS-Versorgungsbereichen, insbesondere im öffentlichen Bereich, ist anzunehmen. Neben dieser organisatorischen Verknüpfung beider Dienste soll im folgende auf deren technische Integration eingegangen werden.

27.1.3 Zusammenarbeit mit X.400

Manuelle Abbildung von Verzeichnisnamen auf O/R-Adressen

Jeder MHS-Benutzer, der zusätzlich über DUA-Funktionalität verfügt, kann O/R-Adressen im Directory über den Verzeichnisnamen oder, falls auch dieser unbekannt sein sollte, über Suchmöglichkeiten ausfindig machen und anschließend bei der Erstellung der Mitteilung verwenden. Neben dieser Form der benutzerseitig durchgeführten (manuellen) Abbildung von Verzeichnisnamen auf O/R-Adressen ist auch eine automatisierte Form wünschenswert, in der der Benutzer unmittelbar bei Erstellung der Mitteilung mit Verzeichnisnamen arbeiten kann, die systemseitig auf O/R-Adressen abgebildet werden. Da zwischen X.500- und X.400-Komponenten keine Protokolle definiert sind, muß zu diesem Zweck jede MHS-Komponente, die das Verzeichnissystem nutzen soll, über einen lokalen DUA verfügen. In Abb. 27.6 sind einige Möglichkeiten dargestellt.

Zuordnung der DUA-Funktionalität zu X.400-Komponenten

Ist die DUA-Funktionalität auf einem UA angesiedelt, so hat dies den Vorteil, daß der Endbenutzer zugleich über alle Directory-Dienste verfügt und interaktiven Zugriff auf die DIB hat. Bei unbekanntem Verzeichnisnamen besteht also die Möglichkeit des Suchens. Ein weiterer Vorteil ist darin zu sehen, daß die Korrektheit der angegebenen Namen noch vor Übergabe an das MTS geprüft werden kann. Dies gilt auch dann noch, wenn die DUA-Funktionalität auf einem MS angesiedelt ist. Zu einer deutlichen Reduktion der notwendigen DUAs kommt es allerdings erst dann, wenn man auf diesen Vorzug verzichtet und DUAs mit MTAs kombiniert. Auch die Bildung komplexerer Einheiten ist nicht ausgeschlossen. So können wie dargestellt auf einem System ein MTA, DSA und DUA konzentriert werden. Insgesamt kommt es auf diese Weise wie in Abb. 27.6 gezeigt zu einer Überlappung der zu den verschiedenen Diensten gehörenden Schalen.

Automatisierte Abbildung von Verzeichnisnamen auf O/R-Adressen

Aus ablauforientierter Sicht läßt sich die Zusammenarbeit der beiden Systeme wie folgt veranschaulichen. Betrachtet man in Abb. 27.6 den hervorgehobenen Benutzer und geht davon aus, daß dieser in Mitteilungen Verzeichnisnamen verwendet, so ist folgender Verlauf denkbar. Der UA des Absenders übergibt die Mitteilung dem ihm zugeordneten MTA, der über den bei ihm angesiedelten DUA eine Umsetzung auf die im MHS zu verwendende O/R-Adresse versucht. Hierzu greift der DUA auf einen ihm direkt zugeordneten DSA zu. Über eine ggf. notwendige Folge weiterer DSA-Zugriffe wird dem auslösenden DUA die gesuchte O/R-Adresse als Antwort übergeben, so daß in der Mitteilung die Umsetzung des Verzeichnisnamens in die O/R-Adresse erfolgen kann.

Ähnliche Formen der Zusammenarbeit sind auch mit anderen Diensten, z.B. dem File Transfer denkbar. Die Anwendungs- und Kombinationsmöglichkeiten werden noch vielfältiger, wenn man die in Directories hinterlegte Information weiter verallgemeinert und beispielsweise Informationen über beliebige Netz-Komponenten hinterlegt. Nutzungspotentiale im Bereich des Netzwerk-Managements und der Fertigungsautomation bieten sich an. Die meisten Netzwerkbetriebssysteme verfügen allerdings bereits über proprietäre Verzeichnissysteme. Eine Vereinheitlichung ist ggf. über internetbasierte Lösungen, auf die im folgenden eingegangen wird, denkbar.

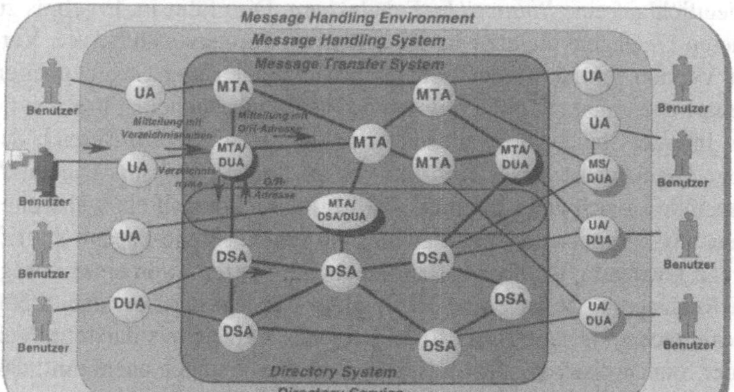

Abb. 27.6. Verbindung von X.500 mit X.400

27.2 Andere Ansätze

Akzeptanz in der Internet-Gemeinde

Ähnlich wie X.400, so gilt auch X.500 als mächtiger und zugleich komplexer Ansatz. Allerdings stieß X.500 im Gegensatz zu X.400 in der Internet-Gemeinde schon anfänglich auf breite Akzeptanz. Sie selbst konnte in diesem Bereich zunächst mit keinem Konkurrenzsystem aufwarten – entgegen der Situation bei E-Mail-Systemen, wo die Entwicklung und Verbreitung von SMTP zeitlich deutlich vor der X.400-Entwicklung lag.

X.500-Einbindung

So wurden bereits Anfang 1991 in Form von RFCs (RFC 1202, 1249) Ansätze zur X.500-Einbindung vorgeschlagen. Dies führte dennoch nicht zu einer raschen Verbreitung X.500-basierter Verzeichnissysteme. Als Gründe sind hier vornehmlich das verhaltene Wachstum an Einträgen, deren verspätete oder ausbleibende Aktualisierung sowie auch datenschutzrechtliche Probleme zu nennen. Zudem wirkte sich auch hier wieder die Komplexität der CCITT-Empfehlung negativ aus. Nur wenige Organisationen waren aufgrund dieser Komplexität bereit, DSAs zu betreiben.

Konfrontation unterschiedlicher Auffassungen

Des weiteren ist als Grund anzuführen, daß es bei Übernahme von ISO/OSI-Ideen in die Internet-Welt zu einer Konfrontation grundsätzlich unterschiedlicher Auffassungen über die Verbreitung von Protokollen und den zugehörigen Implementierungen kommt. Im Bereich von ISO und ITU dominiert eine *Top-Down-Vorgehensweise*, die mit der Erarbeitung konzeptionell sauberer Lösungen in einem Jahre andauernden Standardisierungsprozeß beginnt und es danach erst allmählich zu einer – mehr oder weniger erfolgreichen – Verbreitung in der Praxis kommt. Dies führt im Ergebnis üblicherweise zu mächtigen, komplexen Protokollen, die in ihrer Entwicklung technologischen Gegebenheiten und Verfahrensweisen der Praxis zeitlich hinterherhinken. Die Internet-Gemeinde hingegen arbeitet mit einfachen Lösungen, die sich in der Praxis bereits abzeichnen, und setzt damit deutlich auf eine *Bottom-Up-Entwicklung*. Dies führt im Ergebnis zu einfacheren Lösungen, die aber in der zeitlichen Fortentwicklung von Version zu Version immer wieder neuen Entwicklungen und Gegebenheiten Rechnung tragen müssen, ohne mit den de-facto-Gegebenheiten brechen zu können. Internet-Standards „wachsen" also im Zeitablauf. Im Bereich der Directory-Thematik ist dieser Konflikt von besonderer Brisanz. Die Internet-Gemeinde ist sich einig darüber, daß im Internet derzeit ein weltweites Personen- und Organisationenverzeichnis für einen „White-Pages"-Zugriff [84] dringend notwendig ist, aber bislang noch weit entfernt von einer erfolgreichen Realisierung steht. Es besteht zudem Einsicht darüber, daß X.500 eine ideale technologische Basis für ein solches Verzeichnis darstellt. Von seiten der Standardisierungsinstitutionen ist sicherlich auch anerkannt, daß

[84] Zwar gibt es im WWW eine Vielzahl von Möglichkeiten für Freitext-Abfragen über Suchmaschinen, die in Web-Seiten, also auf einem unstrukturierten Datenbestand, nach Zeichenketten suchen. Eine eher datenbankorientierte Abfrage in einem strukturierten Datenbestand, wie einem Directory, die auf Attributen und Attributwerten basiert, ist bei weitem nicht so verbreitet.

ein *weltweites Verzeichnissystem* lediglich auf Internet-Basis realisierbar ist. Dennoch plädiert die Internet-Gemeinde für ein Bottom-Up-Zusammenwachsen dezentraler und z.T. heterogener Directories zu einem weltweiten Verbund im Gegensatz zum – von der anderen Seite favorisierten – Top-Down-Ansatz, der von öffentlichen Versorgungsbereichen vorangetrieben werden soll.

Alternative Ansätze im Internet: Whois, LDAP

Wenig verwunderlich ist deshalb, daß es in der Internet-Welt trotz Unterstützung der X.500-Technologien zu konkurrierenden Entwicklungen gekommen ist, die genau diesen Bottom-Up-Ansatz fördern, ohne dabei das Fernziel eines weltweiten White Page Directories auf X.500-Basis zu verwerfen. Als ein bewußt einfach gestalteter Dienst ist beispielhaft für eine solche konkurrierende Entwicklung *WHOIS++* (RFC 1835) zu nennen. Er ist aufgrund seiner Einfachheit allerdings eher als Übergangslösung einzustufen.[85] In verschiedener Hinsicht von größerer Bedeutung ist das an der Universität von Michigan entwickelte *Lightweight Directory Access Protocol* (*LDAP* Version 2: RFC 1777, Version 3: RFC 2251 ff.), das darauf abzielt, den Zugriff auf X.500-Systeme aus dem Internet zu vereinfachen. Es kann zum einen in Kombination mit X.500 genutzt werden und löst somit das komplexere DAP ab. Zum anderen ist es aber auch losgelöst von X.500 nutzbar, denn LDAP setzt nicht zwingend ein X.500-konformes Verzeichnissystem voraus.

LDAP-Server

Der Zugriff eines LDAP-Clients auf ein X.500-Directory erfolgt über die Zwischenschaltung eines *Protokollkonverters*, der als *LDAP-Server* bezeichnet wird und LDAP in DAP abbildet. Abb. 27.7 veranschaulicht das Prinzip des LDAP-Servers. Auf diesen Mittler kann verzichtet werden, wenn X.500 Directories oder proprietäre Systeme über eine eigene LDAP-Schnittstelle (*natives LDAP*) verfügen – ein Ansatz der heute von fast allen Herstellern verfolgt wird.

LDAP vs. DAP

Die ursprüngliche Zielsetzung von LDAP – worauf der Name deutlich hinweist – ist in einer Vereinfachung des komplexen DAP zu sehen. Diese Vereinfachung beruht darauf, daß LDAP auf einige der selten benutzten DAP-Funktionalitäten verzichtet und als Grundlage keinen OSI-Protokollstack auf Client-Seite benötigt, sondern auf TCP/IP aufbaut. Durch diese Eigenschaften werden die Voraussetzungen für den Zugriff auf X.500-Directories clientseitig deutlich reduziert. In diesem Sinne wäre LDAP ein vereinfachtes Zugriffsprotokoll, um Directory-Inhalte über das Internet verfügbar zu machen. Inzwischen geht die Bedeutung von LDAP jedoch über dieses Einsatzgebiet hinaus.

[85] Auf das Domain Name System (DNS, RFC 1034, 1035) wird hier bewußt nicht eingegangen. Es handelt sich zwar um einen verteiltes Verzeichnissystem, bietet aber keine auf den Endbenutzer ausgerichtete Funktionalität. Denn die über dieses System weltweit vorgenommene Umwandlung von Domain-Namen in IP-Nummern vollzieht sich im Hintergrund vieler Kommunikationsanwendungen, wird aber vom Endbenutzer nicht unmittelbar genutzt. Vgl. hierzu auch Kap. 25.3.1 zur Adressierung im Internet.

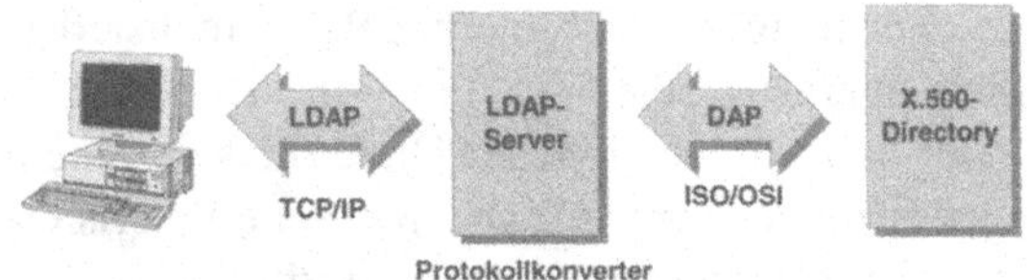

Abb. 27.7. LDAP-Server als Protokollkonverter

LDIF

LDAP wird zunehmend auch im Bereich der Server-zu-Server-Kommunikation eingesetzt. Zwar definiert der Standard im Gegensatz zu X.500 kein mit DISP vergleichbares Replikationsprotokoll, hieran wird jedoch aus unterschiedlichen Richtungen gearbeitet. Implementierungen an der im LDAP-Bereich federführenden Universität in Michigan verfügen bereits – ebenso wie einige herstellerspezifische Lösungen – über Replikationsfunktionalität auf LDAP-Basis. Grundlage ist ein Datenaustauschformat für LDAP-Directories namens *LDIF (Lightweight Directory Interchange Format).*[86] Zu einer Standardisierung ist es in diesem Bereich allerdings noch nicht gekommen. Zweifellos ist dennoch die Entwicklung von LDAP im Hinblick darauf, Interoperabilität zwischen Directories zu unterstützen, ein Ansatz, der von X.500 niemals verfolgt wurde.[87]

Proprietäre Verzeichnissysteme

LDAP nimmt somit auch zunehmend Einzug in den Bereich proprietärer Directories, die zunächst nicht darauf abzielen, Baustein innerhalb eines weltweiten Informationssystems zu sein, sondern unternehmensintern als zentraler Verzeichnisdienst (*Corporate Directory*) fungieren und damit das Netzwerkmanagement unterstützen sollen. Als Beispiele sind Verzeichnissystemkomponenten von Netzwerkbetriebssystemen wie die Novell Directory Services[88] (NDS) unter Netware 4 ff. oder Microsofts Active Directory (AD) unter Windows 2000 zu nennen sowie als eingenständige Produkte konzipierte, herstellerübergreifende (NBS-unabhängige) Directories, wie z.B. Banyan StreetTalk. Auch Groupware-Systeme können über Verzeichnisdienste verfügen. Aufgrund der durch LDAP erzielten de-facto-Standardisierung der Clients stellen sich nunmehr nahezu alle Verzeichnissystemanbieter auf diese Plattform ein.

---

86 LDIF stellt ein textbasiertes Austauschformat dar, mittels dessen Verzeichnisinformationen in Form von Textdateien ausgetauscht werden können. Ein LDAP-basierter Zugriff ist dann also nicht zwingend erforderlich.

87 Als ein weiteres textbasiertes Austauschformat für Directory-Inhalte ist DSML zu nennen, das im Zusammenhang mit XML kurz erläutert wird (vgl. Kap. 29.4). Im Gegensatz zu LDIF zielt es jedoch nicht auf den Server-zu-Server-Datenaustausch, sondern vielmehr auf die Bereitstellung von Verzeichnisinformationen für XML-basierte Anwendungen und ggf. Endbenutzer. Mittelfristig ist aufgrund der zu beobachtenden starken Akzeptanz von XML-Technologien mit einer Verdrängung von LDIF durch DSML zu rechnen.

88 Man beachte, daß NDS zwar Komponente von Netware ist, aber mit Blick auf Betriebssystemunabhängigkeit an einige UNIX-Anbieter lizenziert wurde und auch unter NT betrieben werden kann. Es gilt heute folglich als plattformübergreifend.

Corporate vs. Global Directory

In einem heterogenen Unternehmensumfeld wird mit einem einzigen Directory Service die Idee verfolgt, die administrativen Aufgaben zu zentralisieren und Informationen lediglich an einer Stelle pflegen zu müssen. Auch den Benutzern soll dadurch ein höherer Komfort geboten werden, z.B. durch *Single-Sign-On-Strategien*, wodurch Benutzer durch einmaliges Anmelden Zugang zu allen von ihnen benötigten Systemen erhalten. Deutlich wird hieran auch, daß sich die im unternehmensinternen Umfeld durch ein *Corporate Directory* zu lösenden Aufgabenstellungen nicht ganz dekken mit denjenigen, die bei der Verwirklichung eines *Global Directories* im Vordergrund stehen. Dennoch sind die Technologien ähnlich und die aufgeworfenen Fragestellungen vergleichbar. Ein unternehmensintern zentraler Verzeichnisdienst setzt beispielsweise keineswegs zwingend voraus, daß nur ein einziges Directory existiert, sondern ist auch über ein sog. *Meta-Verzeichnis* realisierbar, das über Replikations- und Synchronisationsmechanismen mit anderen Verzeichnissen zusammen arbeitet. Auch hier geht es also (in Analogie zum Message Handling) darum, eine Backbone-Infrastruktur aufzubauen. Sowohl LDAP-Server als auch X.500-Systeme sind aussichtsreiche Kandidaten, z.T. aber auch LDAP-unterstützende oder portable proprietäre Verzeichnissysteme, die sich – wie das Beispiel NDS (Novell) zeigt – zunehmend von ihrer NBS-Abhängigkeit lösen. Obwohl sich die LDAP-Technologie im Client-Bereich unangefochten durchgesetzt hat, bleiben die Entwicklungen im Bereich der LDAP-Server-Technologien abzuwarten, um absehen zu können, zu welcher Dominanz es hier kommen wird.

Interoperabilität von Verzeichnis-systemen

Zusammenfassend ist festzuhalten, daß LDAP für Interoperabilität von Verzeichnissystemen sorgen kann, ein Ansatz, der von X.500 niemals verfolgt wurde. Obwohl proprietäre Systeme ursprünglich nicht den Anspruch erheben konnten, als technologische Basis für ein weltweites Directory zu fungieren, sondern nur in den nicht unternehmensübergreifenden Bereichen, in denen X.500 nahezu bedeutungslos war, eine wesentliche Rolle spielten, verschwimmen nun die Grenzen. Daß es zu einer Verschmelzung zwischen Corporate und Global Directory-Technologien kommen kann, zeigen auch Anbieter wie Netscape, die Lösungen im Bereich von Intranet-Directories anbieten und damit den technologischen Übergang zu Internet-Directories ebnen. Die durch LDAP geförderte Interoperabilität kann zu einem weltweiten DIT führen, der durch Zusammenwachsen kleinerer DITs in einem Bottom-Up-Prozeß entsteht. Diesem Internet-typischen Prozeß steht das von der ITU verfolgte Modell eines zentralistisch organisierten und top down zu entwickelnden X.500 Directories entgegen. Auch im unternehmensinternen Bereich ist die Fragestellung nach der Beherrschung von Heterogenität in der dv-technischen Infrastruktur durch einen zentralisierten Verzeichnisdienst unterschiedlich lösbar. Welche Technologie sich im Meta-Directory-Bereich durchsetzen wird, also als Backbone-Architektur besser geeignet ist, wird von der Weiterentwicklung im LDAP-Server-Bereich abhängen. Da die serverseitigen Funktionalitäten von X.500 unbestritten überlegen sind, wird als ein Anwendungsbereich, in dem X.500 zukünftig eine dominierende Rolle übernehmen kann, die Bereitstellung einer weltweiten „Public-Key"-Infrastruktur angesehen. Nur durch den automatischen Abgleich bzw. globalen logischen Verbund einzelner öffentlicher Verzeichnisse kann das in diesem Bereich notwendige weltweite öffentliche Schlüsselverzeichnis entstehen.

Unabhängig davon, welches Konzept sich in welchem Bereich durchsetzen wird, ist die herausragende Bedeutung von Verzeichnissystemen unstrittig. Mit zunehmender Netzwerkorientierung aller betrieblichen Anwendungen vergrößert sich der Anwendungsbereich. So ist denkbar, daß Workflow-Systeme Directory-Funktionalität nutzen könnten, E-Commerce-Anwendungen Zugriff auf öffentliche Schlüssel erhalten, daß URL-Adressen durch logische Verzeichnisnamen ersetzt werden, um den mit ihrer Veränderung einhergehenden Problemen Herr zu werden, oder daß Verzeichnissysteme zur Verwaltung von Java-Applets oder ActiveX-Controls Anwendung finden. Sog. White Page Directories, die als Teilnehmerverzeichnis fungieren und vornehmlich Informationen über Personen und Organisationen bereitstellen, können daher nur als Nahziel verstanden werden vor dem Hintergrund eines universellen weltweiten Verzeichnisdienstes.

Literaturempfehlungen

CCITT (1988): The Directory – Overview of Concepts, Models and Services, CCITT X.500 Series Recommendations.

Georg, O. (2000): Telekommunikationstechnik: Handbuch für Praxis und Lehre, 2. Auflg., Berlin: Springer, S. 355-362.

Howes T. et al. (1999): Understanding and Deploying LDAP Directory Services, Mtp.

Larisch, D. (2000): Verzeichnisdienste im Netzwerk: NDS, Active Directory und andere, München und Wien: Hanser.

Sheresh, D., Sheresh, B. (1999): Understanding Directory Services, New Riders.

Tietz, W., Hrsg. (1989): CCITT-Empfehlungen der V-Serie und der X-Serie, Verzeichnissysteme: Serie X.500, Band 8, 6. Aufl., Heidelberg: v. Decker.

Zenk, A. (1999): Lokale Netze – Die Technik fürs 21. Jahrhundert: Technologien, Konzepte, Einsatz, 6. Auflg., München: Addison-Wesley-Longman, S. 1041-1051.

28 Sonstige Anwendungen

In den vorangegangenen Kapiteln wurde eine Auswahl an Standards und Protokollen betrachtet, die im Umfeld monofunktionaler Anwendungen eine herausragende Stellung einnehmen. Über diese Auswahl hinausgehend gibt es eine Reihe weiterer Anwendungen, die zunehmend an Relevanz verlieren bzw. konzeptionell einfach zu verstehen sind, so daß auch eine kurze Darstellung den wesentlichen Charakter dieser Anwendungen vermitteln kann.

28.1 Übersicht

In den folgenden Kapiteln werden einige monofunktionale Kommunikationsanwendungen überblickartig betrachtet. Abb. 28.1 zeigt eine entsprechende Übersicht über die einzelnen Anwendungen mit den Standards aus der ISO/OSI- bzw. Internet-Welt. Dabei stimmen die jeweiligen konkreten Anwendungen aus diesen Protokollwelten in der Funktionalität nicht vollständig überein, zielen aber auf ähnliche Einsatzgebiete ab, so daß sich in dieser Hinsicht in dem einen oder anderen Fall eine mehr oder weniger gute Entsprechung ergibt. Deshalb werden in denjenigen Anwendungsbereichen, wo konkurrierende Standards existieren, zunächst die Anwendungen allgemein vorgestellt und erst in einem zweiten Schritt deren konkrete Ausgestaltung in der ISO/OSI- bzw. Internet-Welt betrachtet.

Anwendung	ISO/OSI-Standard	Internet-Standard
Dateitransfer	FTAM: File Transfer, Access and Management (ISO 8571/1-4 von 1988)	FTP: File Transfer Protocol (RFC 959 von 1985)
Netzwerkbasierter Terminalzugriff	VTP: Virtual Terminal Protocol (ISO 9040 f. von 1990)	Telnet: (RFC 854 f. von 1983)
Entfernte Jobausführung	JTM: Job Transfer and Manipulation (ISO 8831 f. von 1992)	--
Entfernter Datenbankzugriff	RDA: Remote Database Access (ISO/IEC 9579/1-2 von 1993)	

Abb. 28.1. Sonstige monofunktionale Anwendungen

Dateitransfer

Unter *Dateitransfer* versteht man Anwendungen, die einen benutzerseitig gesteuerten Dateiübermittlungsvorgang zwischen zwei Rechnern abwickeln. Die Komplexität einer solchen Anwendung ist auf die Heterogenität von Dateiformaten und Datentypen unterschiedlicher Betriebssysteme zurückzuführen, die in einem typischen Dateitransfer-Umfeld, einer WAN-Umgebung mit verschiedensten Plattformen für Clients und Server, typischerweise gegeben ist. Hierin ist auch der große Unterschied zu entsprechender Funktionalität in einem LAN-Umfeld zu sehen, die dort von üblichen Netzwerkbetriebssystemen (Server-basiert wie auch Peer-to-Peer) grundsätzlich gewährleistet wird.

Netzwerkbasierter Terminalzugriff

Der *netzwerkbasierte Terminalzugriff* dient dem Zugriff auf interaktive Anwendungen, die auf einem entfernten Rechner betrieben werden. Ausgangspunkt eines solchen Zugriffs ist ein textbasiertes Terminal, dessen konkrete hardwaretechnische Realisierung irrelevant ist. Man spricht daher auch von einem sog. *virtuellen Terminal*, bei dem es sich um ein gedachtes logisches Endgerät handelt. Dieses kann in einem offenen System über ein reelles Terminal, das auf das logische abgebildet wird (und umgekehrt), angeschlossen werden und als Terminal für einen beliebigen anderen Rechner in diesem offenen System fungieren. Über die gemeinsame Basis des virtuellen Terminals funktioniert eine solche Kommunikation auch dann, wenn die Terminalspezifikationen der miteinander kommunizierenden Systeme grundlegend voreinander abweichen.

Entfernte Jobausführung

Geht es nicht um die entfernte Ausführung einer Dialoganwendung, sondern soll einem entfernten Großrechner ein Job zur Stapelverarbeitung übergeben werden (*entfernte Jobausführung*), dann kommt das Protokoll *JTM (Job Transfer and Manipulation)* zum Einsatz. Es unterstützt sowohl den Transfer der Programmdatei (Jobspezifikation) wie auch der zu verarbeitenden Dateien.

Entfernter Datenbankzugriff

Der letzte der im folgenden behandelten Ansätze ist im Bereich heute üblicher Anwendungsarchitekturen angesiedelt, nämlich im Umfeld datenbankbasierter Client-Server-Anwendungen. Dabei stellt der *entfernte Datenbankzugriff* ein standardisiertes Kommunikationsprotokoll für den Informationsfluß zwischen einem Datenbank-Client und einem Datenbank-Server bereit, das einen herstellerunabhängigen Zugriff auf beliebige entfernte Datenbanken gewährleisten soll. Sollen bei Ad-hoc-Abfragen oder von einer lokal ausgeführten Anwendung mehrere Datenbank-Server unterschiedlicher Hersteller angesprochen werden, so sieht man sich heute noch oftmals der Situation gegenüber, daß verschiedene proprietäre Kommunikationsprotokolle für die einzelnen Produkte gleichzeitig unterstützt werden müssen und in Form von Client-Prozessen Ressourcen der Laufzeitumgebung beanspruchen. Über das Protokoll *RDA (Remote Database Access)* kann hier Abhlife geschaffen werden.

OSI-Anwendungen auf TCP/IP-Basis

Die besondere Relevanz von RDA zeigt sich darin, daß RDA-Implementierungen auch auf TCP/IP aufsetzen können, obwohl es sich um ein Protokoll aus der OSI-Welt handelt. In RFC 1006 (ISO Transport Service on top of the TCP) ist ein für grundsätzlich alle OSI-Ebene-7-Applikationen anwendbarer Ansatz beschrieben, der es erlaubt, diese Anwendungen auf Basis eines TCP/IP-Protokollstacks zu betreiben. Der Ansatz beruht darauf, eine Protokollschicht oberhalb von TCP/IP zu implementieren, die sich für darüberliegende Schichten so verhält, als handele es sich um einen OSI-Protokollstack. Diese zusätzlich definierte Zwischenschicht ist oberhalb der Ebene 4 angesiedelt, so daß den OSI-Schichten 5 bis 7 ein OSI-konformer Transportdienst zur Verfügung gestellt wird. Dieser ist für die übergeordneten Schichten transparent auf einem TCP/IP-Netzwerk implementiert.

ISODE

Für diese Form der Implementierung von OSI-Anwendungen existiert eine frei verfügbare Entwicklungsumgebung namens *ISODE (ISO Development Environment)*, die die Ebene 4 bis 7 auf einem UNIX-System implementiert. Zu den unterstützten Protokollstacks der darunterliegenden Ebenen gehört u.a. eine RFC1006-TCP/IP-Implementierung. ISODE umfaßt des weiteren ein ASN.1-Werkzeug sowie X.500- und FTAM-Implementierungen.

Nur in wenigen Bereichen wird vom RFC1006-Ansatz Gebrauch gemacht. Daß dies im Umfeld von RDA auf Basis einer ISODE-Implementierung bereits erprobt ist, zeugt von der zu erwartenden Bedeutung dieses Ansatzes auch im TCP/IP-Umfeld. Dies erklärt auch, daß dort kein alternativer Ansatz existiert.

Weitere Anwendungen

Neben den genannten Anwendungen gibt es eine Reihe weiterer OSI-Ebene-7-Applikationen, bei denen es sich entweder um sehr spezifische Ansätze mit engem Einsatzgebiet handelt oder um solche, die kaum praktische Relevanz haben. Ein entsprechendes Gegenstück findet sich in der Internet-Welt meist nicht. Einige Beispiele sind in Abb. 28.2 angegeben.

	Bezeichnung	Beschreibung
ISO/IEC 10166; 1991	Document Filing and Retrieval (DFR)	verteiltes Information Retrieval System (ähnlich Internet Gopher), jedoch wesentlich mächtiger im Hinblick auf Zugriffskontrolle und Versionsmanagement
ISO 10162f (zurückgezogen)	Bibliographic Search, Retrieval and Update Service and Protocol (SR)	ist im Bereich der Bibliotheksverwaltung angesiedelt und unterstützt den Zugriff auf entfernte bibliographische Datenbanken, wurde 1998 von der ISO zurückgezogen, findet sich aber dennoch häufig in Kombination mit ILL
ISO 10160f; 1997	Interlibrary Loan Application Service and Protocol (ILL)	unterstützt Fernleihaktivitäten in offenen Systemungebungen durch Standardisierung der Kommunikation zwischen Bibliotheken (Austausch von Fernleihnachrichten)
ISO 9506; 1990-94	Manufacturing Message Specification (MMS)	Kommunikationsprotokoll im Fertigungsumfeld, dient der Steuerung von Fertigungsgeräten, die als sog. Virtual Manufacturing Devices (VMD) modelliert werden können
ISO 10026; 1992-98 (ITU-T X.850/860/870)	Distributed Transaction Processing Model, Service and Protocol (TP)	stellt Mechanismen zur Transaktionskontrolle für verteilte Applikationen in einem offenen Umfeld bereit. Im Gegensatz zu RDA handelt es sich nicht um ein Protokoll für die Client-zu-Server-, sondern die Server-zu-Server-Kommunikation.

Abb. 28.2. Weitere ISO/OSI-Ebene-7-Applikationen

Umgekehrt gibt es natürlich auch im Internet-Umfeld Beispiele für Anwendungen, zu denen sich keine Entsprechung in der OSI-Welt finden läßt, z.B. das Internet Relay Chat (IRC), das Usenet[89] oder Finger[90]. Es hat hier in einzelnen Bereichen auf Seiten von ISO und ITU Aktivitäten zur Entwicklung ähnlicher Standards unter dem Schlagwort Gruppenkommunikation (Group Communication, gc) gegeben. So wurde z.B. ein Vorschlag für ein asynchrones Kommunikationsmodell (Asynchronous Group Communication Model, agc) für Anwendungen, die mit dem Internet-Usenet vergleichbar sind, erarbeitet. Aufgrund mangelnden internationalen Interesses hat sich aus diesem unter dem Akronym X.agc firmierenden Bereich zunächst die ITU zurückgezogen. 1994 hat dann auch schließlich die ISO beschlossen, Arbeiten auf diesem Gebiet solange ruhen zu lassen, bis sich in der Interessenslage eine Verbesserung einstellt. Dies war bislang nicht der Fall.

DFR

Abgesehen von der als erstes in Abb. 28.2 genannten Anwendung lassen sich zu den dargestellten Standards keine Entsprechungen in der Internet-Welt finden. Lediglich *DFR (Document Filing and Retrieval)* wird gelegentlich mit Gopher[91] oder dem WWW verglichen. Es geht in der Funktionalität allerdings weit über Gopher hinaus und hat dennoch kaum praktische Bedeutung. Dies gilt auch für einige der anderen in der Tabelle genannten Standards.

ILL, TP

Als Ausnahmen in dieser Hinsicht können lediglich *ILL (Interlibrary Loan Application Service and Protocol)*, das in der Abwicklung des Fernleihverkehrs zwischen Bibliotheken durchaus zum Einsatz kommt, und *TP (Distributed Transaction Processing Model, Service and Protocol)* genannt werden. Letzteres ist im Umfeld verteilter Applikationen angesiedelt und gewinnt dort zunehmend an Bedeutung. Da das Protokoll im Bereich der Server-zu-Server-Kommunikation eingesetzt wird und somit keine dem Endbenutzer sichtbare Funktionalität bietet, wird es im folgenden nur kurz in Abgrenzung zu RDA behandelt.

Nach diesem kurzen Überblick über die bislang nicht behandelten OSI-Ebene-7-Applikationen werden im folgenden die vier bekanntesten in Abb. 28.1 genannten Bereiche betrachtet.

28.2 Dateitransfer

Unter Dateitransfer versteht man den Transport von Dateien über eine *direkte* Netzwerkverbindung von Rechner zu Rechner in *Echtzeit*.

---

89 IRC bietet die Möglichkeit der Echtzeitkommunikation zwischen räumlich verteilten Personen. Das Usenet hingegen unterstützt die asynchrone Kommunikation in Form von Diskussionsforen. Beide Anwendungen werden kurz im Rahmen des Workgroup Computings im Zusammenhang mit Konferenz- und Bulletin-Board-Systemen (s. Kap. 28.2) behandelt.

90 Finger ist ein System zur Abfrage aktueller Benutzerinformationen.

91 Gopher kann als ein Vorläufer des WWW angesehen werden und diente der Bereitstellung beliebiger Dateien über eine verteilte Verzeichnisstruktur.

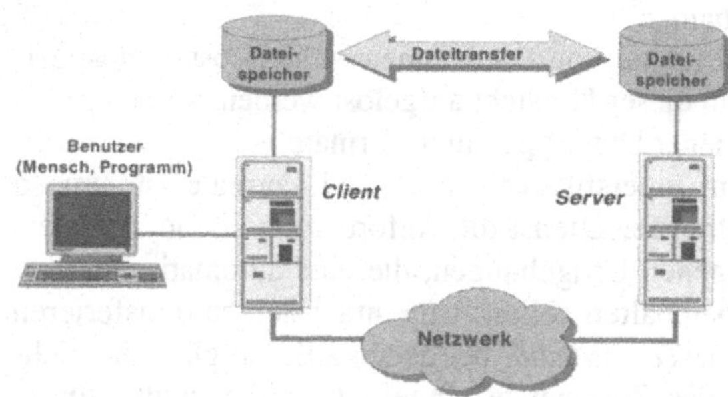

Abb. 28.3. Grundmodell des Dateitransfers

28.2.1 Grundmodell

Der Dateitransfer ist in einem *asymmetrisches Protokoll* geregelt, denn die beteiligten Rechner nehmen, wie Abb. 28.3 zeigt, unterschiedliche Rollen wahr: Der Client-Rechner ist der den Dateitransfer steuernde Rechner. An ihm arbeitet der Benutzer, bei dem es sich um eine Person, aber auch um ein Programm handeln kann. Letzteres ist sogar der für diese Anwendung typischere Fall. Für den menschlichen Benutzer gibt es komfortable interaktive Filetransfer-Client-Programme. Neben Software auf der Client-Seite muß auch auf der Server-Seite Filetransfer-Funktionalität angesiedelt sein, die sich aufgrund der Protokollasymmetrie von der Client-Funktionalität unterscheidet. Sowohl Client wie Server verfügen über einen Dateispeicher, der üblicherweise in Verzeichnisse gegliedert ist und der der Ablage der zu transferierenden Dateien dient. Die Transferrichtung wird vom Benutzer gesteuert.

Rolle

Eine Dateitransfer-Anwendung weist üblicherweise folgende Merkmale und Funktionalitäten auf:

Heterogenität

- Beherrschung heterogener Umgebungen
  Es können Dateien unterschiedlicher Plattformen transferiert werden, d.h. Client und Server basieren auf unterschiedlichen Betriebssystemen.

Datei-Download und -Upload

- Lesen und Schreiben von Dateien
  Im Kern des Dateitransfers steht das Lesen von Dateien auf einem entfernten Zielsystem (Server) und das Kopieren auf den Client, was üblicherweise als Download bezeichnet wird, sowie in umgekehrter Richtung das Schreiben von Dateien auf das Zielsystem (Upload). In Ausnahmefällen kann auch ein Client einen Server instruieren, einen Dateitransfer auf einen anderen Server vorzunehmen.

Dateiattribute

- Lesen von Verzeichnissen und Dateiattributen
  Bevor und nachdem Dateien transferiert werden, ist es möglich zu prüfen, ob die Dateien auf dem entsprechenden Ausgangs- bzw. Zielsystem vorhanden sind. Ebenso ist auch ein Zugriff auf bestimmte Attribute wie Größe, Erzeugungsdatum, Besitzer, Zugriffsrecht etc. vorgesehen.

Dateinamen

- Handhabung von Dateinamen
  Das Regelwerk für die Bildung von Dateinamen ist betriebssystemspezifisch, so daß Konflikte in dieser Hinsicht aufgelöst werden müssen.

Datentypen

- Unterstützung verschiedener Dateitypen und -formate
  Je breiter das Spektrum unterstützter Typen und Formate ist, um so besser erfüllt der Dateitransfer-Dienst die Anforderung an die Transferfunktionalität in heterogenen Umgebungen, die eine automatische Typ- und Formatanpassung beinhalten sollte. Am einfachsten zu transferieren sind üblicherweise *ASCII-Textdateien*, bei denen z.B. lediglich das richtige Steuerzeichen für das Zeilenende eingefügt werden muß. *Binäre Dateitypen* verschiedener Betriebssysteme hingegen unterscheiden sich häufig stark, z.B. in der Wortbreite, so daß hier der Konvertierungsaufwand erheblich ist. Eine Konvertierung kann grundsätzlich direkt von einem Typ in den anderen erfolgen oder auf einer Transfer-Syntax basieren. Am schwierigsten zu handhaben sind *strukturierte Dateien*, die aus Datensätzen bestehen. Sie können auf unterschiedlichen Datenformaten und auf festen oder variablen Satzlängen basieren. Beim Dateitransfer sollte auch hier eine Konversion stattfinden oder zumindest die Möglichkeit bestehen, die Dateistruktur zu beschreiben und dem Zielsystem mitzuteilen. Auf diesem könnte dann zumindest eine korrekte Interpretation und gegebenenfalls auch Konversion der übertragenen Daten stattfinden.

Zugriff auf einzelne Datensätze

- Unterstützung eines partiellen Dateizugriffs
  Kann – wie zuvor beschrieben – die Struktur der Dateien angegeben werden, so ist es möglich, nur auf einen Teil einer Datei zuzugreifen und auch nur diesen Teil zu transferieren, z.B. einzelne Datensätze.

Angabe des Zielsystems

- Benennung und Adressierung des Zielsystems
  Der Dateitransfer-Anwendung muß benutzerseitig das Zielsystem benannt werden. Hier ist es sinnvoll, nicht die Angabe von technischen Adressen (z.B. IP-Nummern) zu verlangen, sondern das Arbeiten mit logischen Namen zuzulassen, z.B. durch Integration eines Verzeichnissystems.

Schnittstellen

- Unterstützung verschiedener clientseitiger Schnittstellen
  Obwohl es sich beim Dateitransfer um eine Rechner-zu-Rechner-Kommunikation handelt, ist clientseitig eine Benutzerschnittstelle für die Steuerung des Transfers notwendig. Für den menschlichen Benutzer ist daher eine interaktive Schnittstelle vorgesehen, für die Nutzung aus Programmen heraus, eine programm- bzw. prozeßinitiierbare. Diese kann in eine Anwendung auch so integriert werden, daß sie als solche einer die Anwendung benutzenden Person nicht explizit in Erscheinung tritt.

Des weiteren unterstützen Dateitransfer-Dienste die Fehlererkennung und -behebung, Sicherheits- und Restart-Maßnahmen, auf die hier jedoch nicht weiter eingegangen werden soll.

	Dateitransfer	Datenaustausch (Mail)
Transportverbindung	Setzt *Transportverbindung* zwischen zwei Systemen voraus	benötigt MH-Dienst für den *Store-and-Forward-Transport*
Synchronität	*Beide* Systeme müssen während des Transports *online* sein. Es gibt *keinen zeitlichen Verzug* zwischen Transferinitiierung und -durchführung.	*Keines* der Systeme muß während des Transports *online* sein (asynchroner Transport). Nachrichten kommen *mit zeitlichem Verzug* an.
Beziehung der Kommunikationspartner	Es handelt sich um ein *asymmtrisches* Protokoll. Zwischen den Kommunikationspartnern besteht eine *Vorab-Beziehung*, da sich der Client üblicherweise mit Kennung und Paßwort am Zielsystem *authentifizieren* muß.[92]	Es handelt sich um eine *symmetrisches* Protokoll, an dem auf beiden Seiten Mail-Clients involviert sind. Die Etablierung einer *Beziehung im Vorfeld ist nicht notwendig*.
Funktionalität	Dateien können in Echtzeit *„geschickt"* und *„geholt"* werden. Der Benutzer kann im entfernten Verzeichnis vor dem Transfer *browsen*, Dateien lesen, Dateiattribute manipulieren und Dateien sogar löschen. Auch ein *partieller Dateizugriff* ist möglich.	Dateien können immer nur *als ganzes verschickt* werden. Holen ist nicht möglich. Jegliche vorherige Information über Dateien bzw. deren Anforderung muß durch individuellen, meist interpersonellen (ggf. jedoch automatisierbaren) *Vorab-Mailverkehr* geklärt werden.
Größenbeschränkung	üblicherweise keine	Wegen d. Quotierung v. Mailverzeichnissen gibt es meist auch Größenbeschränkung bzgl. einzelner Mitteilungen (einschl. Anhängen) im Bereich v. 1-2 MB.

Abb. 28.4. Dateitransfer vs. Dateiaustausch

Dateitransfer vs. Dateiaustausch

Die oben beschriebenen Funktionalitäten lassen sich größtenteils auch mittels E-Mail realisieren, denn Dateien können auch nach einem Store-and-Forward-Prinzip auf Basis von E-Mail transportiert werden. Da es sich dabei um einen symmetrischen Ansatz mit aktiven Benutzern auf beiden Seiten handelt, sollte man in diesem Zusammenhang besser von *Dateiaustausch* sprechen. Da bisweilen der Dateitransfer als überflüssig und durch den Dateiaustausch ersetzbar angesehen wird, zeigt Abb. 28.4 eine Zusammenstellung der wesentlichen Unterschiede. Deutlich wird an dieser Übersicht, daß es zum Teil entscheidende Unterschiede in der Funktionalität gibt. Das sich daraus ergebende Haupteinsatzgebiet des Dateitransfer ist der schnelle Transport großer Datenmengen.

Als standardisierte Protokolle sind für den Dateitransfer FTAM aus der ISO/OSI-Welt und FTP im Internet zu nennen. Ähnlich wie in den anderen Bereichen ist der OSI-Standard wesentlich mächtiger, im praktischen Umfeld aber weniger verbreitet als der entsprechende Internet-Standard.

28.2.2 FTAM

Funktionalität

Der OSI Standard *File Transfer, Access and Management (FTAM)* beschreibt einen sehr mächtige Dateitransfer-Dienst, der – wie der Name auch sagt – in Funktionalität über einen solchen Dienst sogar hinausgeht. Er umfaßt drei Arten der Dateimanipulation:

92 Eine Ausnahme stellt hier der im Rahmen von FTP unterstützte anonyme Zugriff dar. Siehe hierzu Kap. 28.2.3.

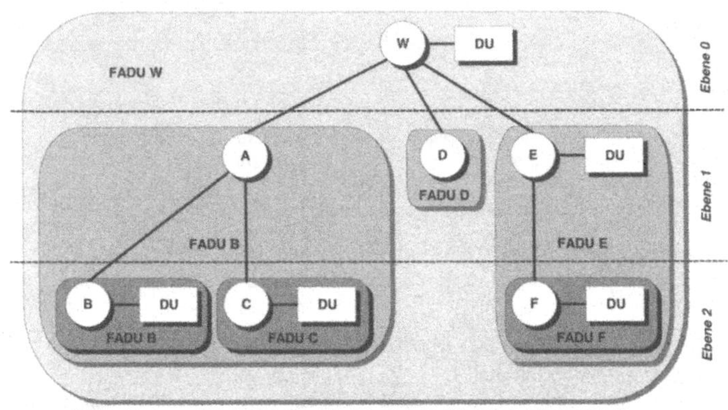

Abb. 28.5. Konzept der virtuellen Dateistruktur

- Dateitransfer i.e.S. (file transfer): Übermittlung von Daten zwischen Endsystemen
- Dateizugriff (file access): Auswahl von logischen Teilen einer Datei (partieller Dateizugriff)
- Dateimanagement (file management): Verwalten von entfernten Dateien und Dateispeichern wie z.B. Lesen und Verändern von Dateiattributen.

Neben der funktionellen Mächtigkeit ist es insbesondere die Vielfalt an Plattformen und Betriebssystemen und auf diesen unterstützte Dateitypen (in FTAM-Terminologie Dokumenttypen), die mittels FTAM in einen Datenverbund integriert werden können. Hierin liegt die konzeptionelle Stärke des Ansatzes.

Virtueller Dateispeicher

FTAM verwendet einen grundlegenden Abstraktionsmechanismus, der diese Unabhängigkeit von der systemspezifischen Dateiorganisation in heterogenen Umgebungen maßgeblich bestimmt. Es handelt sich um das Konzept des *virtuellen Dateispeichers (Virtual Filestore, VS)*. Ein virtueller Dateispeicher entspricht einer virtuellen Repräsentation eines realen Dateispeichers innerhalb einer OSI-Umgebung und besteht aus *virtuellen Dateien (Virtual File)*. Reale Dateisysteme und Dateien müssen auf Konzepte des VS abgebildet werden und können dann in einer OSI-Umgebung Gegenstand einer FTAM-Anwendung sein, d.h., daß FTAM-Dienste auf dem virtuellen Dateispeicher zur Verfügung stellt und diese systemspezifisch auf den realen Speicher abgebildet werden müssen.

Virtuelle Dateien

Eine virtuelle Datei ist, wie in Abb. 28.5 dargestellt, hierarchisch strukturiert (Baumstruktur). Die kleinste identifizierbare Einheit innerhalb einer solchen Struktur wird als *Dateneinheit (Data Unit, DU)* bezeichnet. *Datenzugriffseinheiten (File Access Data Unit, FDAU)* gruppieren DUs zu denjenigen Einheiten, auf denen FTAM-Operationen (z.B. Transfer, Lesen, Löschen) ausgeführt werden können. Ein FDAU wird durch einen Teilbaum in der virtuellen Dateistruktur beschrieben, durch einen ihr zugeordneten Namen kann sie beim Zugriff angesprochen werden.

Bedingungsgruppe	strukturelle Bedingungen
unstrukturiert (unstructured)	1 Ebene, 1 DU ohne Namen und Unterknoten
sequentiell flach (sequential flat)	2 Ebenen, Wurzelknoten ohne DU, mehrere Blattknoten mit jeweils einer DU, aber ohne Namen
geordnet flach (ordered flat)	2 Ebenen, Wurzelknoten ohne DU, mehrere Blattknoten mit jeweils einer DU und einem Namen
geordnet flach mit eindeutigen Namen (ordered flat with unique names)	wie vorherige Bedingungsgruppe, aber die Blattknoten weisen einen eindeutigen Namen auf
zwei Ebenen Tiefe mit eindeutigen Namen (two level depth with unique names)	3 Ebenen, Wurzelknoten ohne DU, alle Knoten auf den beiden darunterliegenden Ebenen mit jeweils einer DU und einem eindeutigen Namen
NBS geordnet flach (NBS ordered flat)	2 Ebenen, Wurzelknoten ohne DU, mehrere unbenannte Blattknoten mit oder ohne DU
NBS wahlfreier Zugriff (NBS random access)	2 Ebenen, Wurzelknoten ohne DU, mehrere benannte Blattknoten mit jeweils einer DU, wobei nur ein wahlfreier Zugriff unterstützt wird (Unterschied zu geordnet flach)

Abb. 28.6. Vordefinierte Bedingungsgruppen

In FTAM gibt es vordefinierte *Gruppen an Bedingungen (Constraint Sets)*, die auf Basis der dargestellten Baumstruktur einen bestimmten Strukturtyp einer virtuellen Datei definieren, also eine Untermenge des allgemeinen Strukturmodells herausgreifen. Abb. 28.6 gibt einen Überblick über die im Standard vorgesehenen Constraint Sets. Ähnlich wie in anderen Anwendungen auch, können andere Bedingungsgruppen, die sich aus besonderen Anforderungen von Benutzern ergeben, von diesen spezifiziert werden und sind dann auf internationaler Ebene registrierbar.

Bedingungsgruppen

Aus den Bedingungsgruppen lassen sich *FTAM-Dokumenttypen* ableiten, von denen ebenso ein Grundstock im Standard vordefiniert ist. Spezifische Typen können wiederum „nachregistriert" werden. Dokumenttypen weisen einen eindeutigen Kurznamen auf (z.B. FTAM-1, FTAM-2 usw., NBS-6, NBS-7 usw., INTAP-1), basieren auf einer Bedingungsgruppe und machen darüber hinaus eine Aussage über den Datentyp der DUs sowie die Art möglicher Zugriffe. *FTAM-1* z.B. repräsentiert einen der sehr einfachen Dokumenttypen und spezifiziert eine unstrukturierte Textdatei, die aus Textzeilen variabler oder fester Länge besteht. Die einzelnen Zeichen werden beim Transfer umcodiert, d.h. von der Repräsentation des sendenden auf die des empfangenden Systems abgebildet. Der gesamte Text wird als eine DU betrachtet. Die Abgrenzung einzelner Zeilen erfolgt über Steuerzeichen wie Wagenrücklauf (Carriage Return, CR) und Zeilenvorschub (Line Feed, LF), wird aber strukturell nicht berücksichtigt. Ein typisches Beispiel für diesen Dokumenttyp ist eine UNIX-Textdatei. *FTAM-2* unterscheidet sich von FTAM-1 dadurch, daß es auf der Bedingungsgruppe „sequentiell flach" basiert. Folglich werden die Textzeilen jeweils einer eigenständigen DU zugeordnet. Dieser Dokumenttyp eignet sich für zeile- oder satzorientierte Textdateien. Abb. 28.7 veranschaulicht den Unterschied.

Dokumenttypen

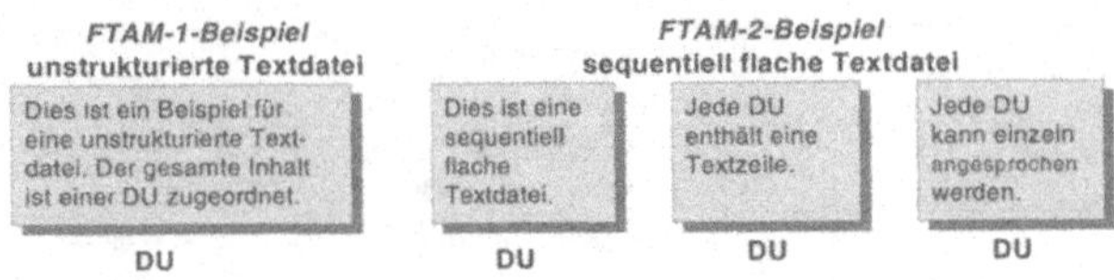

Abb. 28.7. FTAM-1- vs. FTAM-2-Datei

FTAM-3 entspricht strukturell FTAM-1; es handelt sich jedoch um Binärdaten, z.B. eine Serie bestehend aus Oktetten, die als transparenter Datenstrom übermittelt werden. Neben den beschriebenen einfachen Typen gibt es eine Reihe weiterer, die strukturell wesentlich komplexer aufgebaut sind und eine Vielfalt an Zugriffsmöglichkeiten (wahlfreien, indiziert etc.) bieten. Außerdem gibt es sehr spezifische Formen, z.B. Verzeichnisdateien (NBS-9), bestehend aus Dateinamen und Dateiattributen eines Verzeichnisses eines virtuellen Dateispeichers. Des weiteren lassen sich Dateitypen für große Mengen unstrukturierter Binärdaten (INTAP-1) anführen, wie Bild- und Tondateien, die z.B. zu Übertragungszwecken komprimiert werden können. Insgesamt zeigt diese exemplarische Auswahl an Dateitypen, daß im Rahmen von FTAM durch das Konzept der virtuellen Datei, deren abstrakter Struktur, die durch Bedingungsgruppen konkretisiert werden kann, ein Instrumentarium geschaffen wurde, das zur Beherrschung von Systemheterogenität einen entscheidenden Beitrag leistet.

Dateiattribute

Jede virtuelle Datei wird durch *Dateiattribute* beschrieben, die wie Abb. 28.8 zeigt, in drei Gruppen eingeteilt werden und über den in verbreiteten Betriebssystemen üblichen Umfang hinausgehen. Da deshalb nicht immer eine Abbildung zwischen virtuellem und realem Speicher möglich ist, werden zur Lösung des Abbildungskonfliktes unterschiedliche Unterstützungsgrade (Levels of Support) auf Attributebene client- wie serverseitig unterschieden (keine, teilweise und volle Unterstützung).

	Beschreibung	Beispiele
Attribut-gruppe „kernel“	Diese Attribute werden bei der Dateierzeugung gesetzt und müssen von FTAM-Servern vollständig unterstützt werden. FTAM-Clients müssen sie lesen und interpretieren können.	▪ Dateiname ▪ erlaubte Operationen (z.B. Lesen, Einfügen, Erweitern, Löschen einschließlich der Zugriffsmethode (wahlfrei, sequentiell, ...) ▪ Dokumenttyp
Attributgruppe „storage“	Die Attribute dieser Gruppe beschreiben Speicherungscharakteristika und werden größtenteils automatisch bei den entsprechenden Operationen modifiziert.	▪ Datum, Uhrzeit der Erzeugung, der letzten Modifikation, des letzten Zugriffs ▪ Identität des Erzeugers, des letzten Änderers, des letzten Lesers ▪ Dateigröße, maximal zulässige Größe
Attribut-gruppe „security“	Es handelt sich um eine im Standard vage umschriebene Gruppe von Attributen, die eine Grundlage für die Realisierung eines vergleichsweise „schwachen“ Sicherheitskonzeptes darstellt.	▪ Zugriffskontrolle (Bedingungen für den Zugriff durch einen authentifizierten Benutzer, wie Paßwort-Kontrolle für einzelne Operationen, Sperren bei Mehrbenutzerzugriff)

Abb. 28.8. Auswahl an FTAM-Dateiattribute

Assoziationen

Die aktive Beziehung zwischen einem FTAM-Client und einem FTAM-Server wird als *Assoziation (Association)* bezeichnet. Eine solche Assoziation wird vom Client initiiert. Dieser muß sich nicht am Server anmelden, sondern lediglich eine Verbindungsanfrage (sog. Connect Request) abschicken, in der nicht nur der Zielrechner angegeben wird, sondern auch der zu benutzende FTAM-Dienst. Eine Möglichkeit, dies komfortabel zu realisieren, ist über die Zusammenarbeit mit einem X.500-Verzeichnis vorgesehen, in dem über herausgehobene Namen (Distinguished Name, DN) nicht nur die einzelnen Zielrechner, sondern auch die auf ihnen angebotenen Dienste benutzerfreundlich spezifiziert und über einen Verzeichniszugriff aufgelöst werden können.

Die FTAM-Assoziation ist die einzige Verbindung, die im Rahmen des Dateitransfers zwischen den beteiligten Rechnern aufgebaut wird. Auf dieser Verbindung werden sowohl Befehle, Antworten auf Befehle wie auch die Dateien selbst übermittelt. Im ansonsten einfacheren FTP-Protokoll wird dieser Informationsfluß auf zwei Verbindungen aufgeteilt. Bevor im folgenden jedoch im Rahmen von FTP auf die Organisation der zwischen Client- und Server unterhaltenen Verbindungen eingegangen wird, soll zunächst auch bei FTP beschrieben werden, wie mit dem Problem inkompatibler Datentypen umgegangen wird.

28.2.3 FTP

Das im Internet verbreitete Dateitransfer-Protokoll *FTP (File Transfer Protocol)* basiert nicht auf dem Prinzip der Abbildung von Dateien der einen Systemrepräsentation auf die einer anderen, sondern bietet dem Benutzer eine relativ eingeschränkte Anzahl an Optionen, um Dateitypen und Dateistrukturen zu spezifizieren. Um eine gemeinsame Basis zwischen verschiedenen Systemen zu finden, gibt es ein relativ eingeschränktes Angebot an Datentypen für die Dateiübermittlung, aus dem der Benutzer auswählt. Es findet auf Protokollebene kein „Übersetzen" der übertragenen Dateien von der einen in eine andere Repräsentation statt. Vielmehr ist es eine Frage der Funktionalität der jeweiligen clientseitigen FTP-Implementierung für die entsprechende Plattform, ob eine Konvertierung auf oder von den FTP-Datentypen angeboten wird oder ob diese vom Benutzer durch spezifische Konvertierungsprogramme vorgenommen werden muß. Die unterstützten Datentypen sind:

Datentypen

- ASCII:[93] Dieser Typ wird zugrundegelegt, wenn keiner der anderen Typen explizit angegeben wird. Er muß deshalb von allen FTP-Implementierung unterstützt werden und dient der Übertragung von Textdateien. Er entspricht dem FTAM-Dokumenttyp FTAM-1.
- EBCDIC: Bei einem Großrechner-zu-Großrechner-Datentransfer kann es zweckmäßiger sein, das dort verbreitete EBCDIC zugrunde zu legen.

[93] Es handelt sich um das 8-Bit-NVT-ASCII des Telnet-Dienstes.

- IMAGE: Dies ist der Datentyp, der zur Übertragung von Binärdateien herangezogen werden sollte. Die Daten werden als Bitstrom übermittelt und dazu in 8-Bit-Transfer Bytes gruppiert. Auf der Seite des empfangenden Systems müssen die Bits in entsprechender Reihenfolge wieder auf dem Speichermedium abgelegt werden.
- LOCAL: Dieser Datentyp erfordert durch Angabe eines zweiten Parameters die Festlegung einer logischen Bytegröße. Die logische Bytegröße hat zwar keinen Einfluß auf den 8-Bit-Transfer, wird jedoch als Angabe mitgeliefert, so daß das empfangende System eine korrekte Interpretation vornehmen kann. Die Daten werden also nicht als Bitstrom, sondern als Gruppen von Bits (logische Bytes) behandelt.

Strukturtypen

Neben den Datentypen werden noch drei Strukturtypen unterschieden:

- *„file-structure"* für Dateien ohne interne Struktur, die als Bytesequenz zu interpretieren sind,
- *„record-structure"* für Dateien, die in Datensätze gegliedert sind,
- *„page-structure"* für seitenorientierte Strukturierung, bei der die Dateien aus unabhängigen, über einen Index adressierbaren Datenseiten bestehen.

Macht der Benutzer keine explizite Angabe, so wird immer davon ausgegangen, daß die Datei keine innere Struktur besitzt. Obwohl grundsätzlich die Gliederung in Datensätze angegeben werden kann, ermöglicht dies nicht den in FTAM unterstützten partiellen Dateizugriff.

Neben diesen vier Datentypen und drei Dateistrukturen gibt es keine weiteren Möglichkeiten, Angaben zur Syntax oder zum strukturellen Aufbau der übermittelten Dateien zu machen.

FTP-Session

Die eigentliche Dateiübermittlung basiert auf einer TCP/IP-Verbindung zwischen dem den Transfer initiierenden Rechner, also dem FTP-Client, und einem FTP-Server. Der Client baut dabei zunächst eine Kontrollverbindung auf, über die sich der entsprechende Benutzer mittels Kennung und Paßwort authentifiziert, also am Fremdsystem anmeldet. Diese Kontrollverbindung basiert auf dem Telnet-Protokoll und wird für die gesamte FTP-Sitzung aufrechterhalten. Sie stellt eine Art *Steuerkanal* dar (vgl. Abb. 28.9), über die FTP-Befehle und -Nachrichten ausgetauscht werden. Für die eigentliche Dateiübermittlung wird ein zweiter gleichberechtigter Kanal aufgebaut, der als Datenkanal fungiert. Diese Verbindung wird jeweils nur für die Dauer der Übermittlung einer einzelnen Datei aufrechterhalten.

Server-zu-Server-Transfer

Neben der in Abb. 28.9 dargestellten Transferbeziehung erlaubt FTP auch die in Abb. 28.10 dargestellte Konstellation, in der ein Client die Dateiübermittlung zwischen zwei Servern steuert und zu beiden eine Kontrollverbindung unterhält. Die Datenverbindung wird dann lediglich zwischen den Servern aufgebaut.

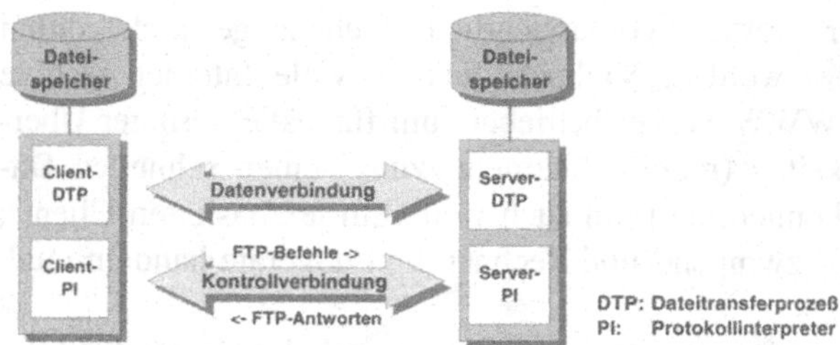

Abb. 28.9. Daten- und Kontrollverbindung in einer FTP-Session

Telnet-Nutzung

Die auf dem Steuerkanal aufgebaute Telnet-Verbindung kann eine auf dem System vorhandene native Telnet-Implementierung, wie sie zum Umfang der meisten Betriebssysteme gehört, nutzen oder auf einem zur entsprechenden FTP-Implementierung gehörenden Telnet-Modul basieren. In letzterem Fall sind die client- und serverseitigen FTP-Protokollinterpreter also telnetfähig.

Anonymer Zugriff

Einer der wichtigsten Dienste auf dem Internet ist eine FTP-Variante, bei der die Kontrollverbindung mit dem Benutzernamen „*anonymous*" aufgebaut wird. Als Paßwort wird dabei die Mail-Adresse übergeben. Typisches Einsatzgebiet sind FTP-Server, die Informationen für eine große unbestimmte Menge an Benutzern bereitstellen. Die Benutzer benötigen zum Download dann keine Kennung auf dem entsprechenden Server. Aus Sicherheitsgründen wird der Datei-Upload auf solche Server nicht erlaubt.

Ein FTP-Server in der beschriebenen Form stellt eine einfache Lösung zur Verbereitung großer Informationsmengen dar, z.B. für umfangreiche Archive mit großen Dateibeständen, ohne daß mit den Informationsnachfragern eine Vorab-Beziehung aufgebaut werden müßte. Die Lösung ist organisatorisch wie technisch einfach zu implementieren.

FTP im WWW

Im WWW ist eine transparente FTP-Nutzung auf Grundlage des anonymen Zugriffs möglich. Der WWW-Browser kennt die für den Datei-Download notwendigen Informationen (Zielrechner, ausgesuchte Datei, Benutzerkennung, E-Mail-Adresse des Benutzers) und kann so eine anonyme FTP-Session automatisch und transparent abwickeln.

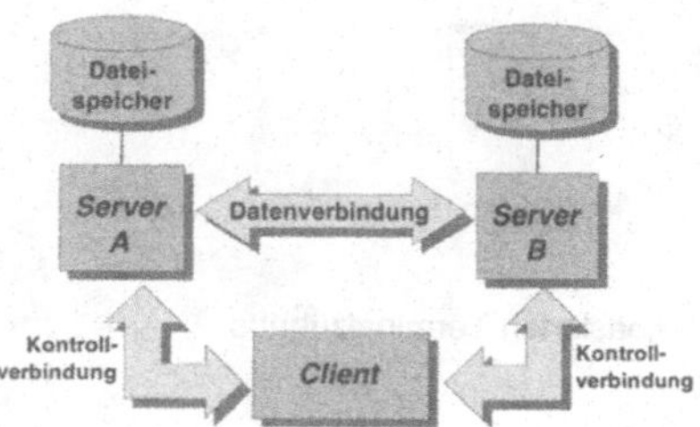

Abb. 28.10. Server-zu-Server-Dateitransfer

Verdrängung von FTP-Servern

Große FTP-Server werden voraussichtlich noch lange nicht durch WWW-Server abgelöst werden. Vielmehr werden viele Internet-Archive als kombinierte FTP/WWW-Server betrieben, um für Fälle geringer Übertragungsgeschwindigkeiten (mobile Internetnutzung) einen schnellen Dateitransfer bieten zu können, und um auch weiterhin textbasierten Clients, bei denen es sich nicht zwingend und Rechner als Endgeräte handeln muß, bedienen zu können.

FTAM vs. FTP

Zusammenfassend ist festzuhalten, daß der wesentliche Unterschied der beiden Ansätze darin besteht, daß FTP unmittelbar auf einem realen Dateisystem aufbaut, wohingegen bei FTAM durch Bildung einer zwischengeschalteten Abstraktionsstufe, dem virtuellen Dateispeicher, wesentlich mehr Flexibilität hinsichtlich der unterstützten Betriebssysteme besteht. Hat jedoch die Anforderung nach Abdeckung eines möglichst breiten Spektrums verschiedener Betriebssysteme keinen hohen Stellenwert, so ist die Einschränkung auf die heute stark verbreiteten Betriebssysteme, die dann auch unmittelbar, d.h. ohne eine zwischengeschaltete Abbildung, unterstützt werden, sicherlich keine nennenswerte Einschränkung und würde die Benutzung eines wesentlich einfacheren Protokolls zulassen. Berücksichtigt man zudem noch, daß ein Teil der angebotenen FTAM-Implementierungen nur einige wenige, und zwar die einfacheren FTAM-Dokumenttypen unterstützt, so wird deutlich, daß die größere Mächtigkeit von FTAM gegenüber FTP dann auch nur eingeschränkt zum Tragen kommt. FTAM hat sich in der Praxis daher im Vergleich zu seinem „Internet-Konkurrenten" noch weniger durchsetzen können als dies bei den anderen bisher behandelten Anwendungen der Fall ist.

28.3 Netzwerkbasierter Terminalzugriff

Auf Dialog-Anwendungen muß ein benutzerseitiger Zugriff ermöglicht werden, der üblicherweise über ein Endbenutzergerät, z.B. ein Terminal, erfolgt. Wird diese Anwendung auf einem entfernten Host betrieben, dann spricht man von einem netzwerkbasierten Terminalzugriff.

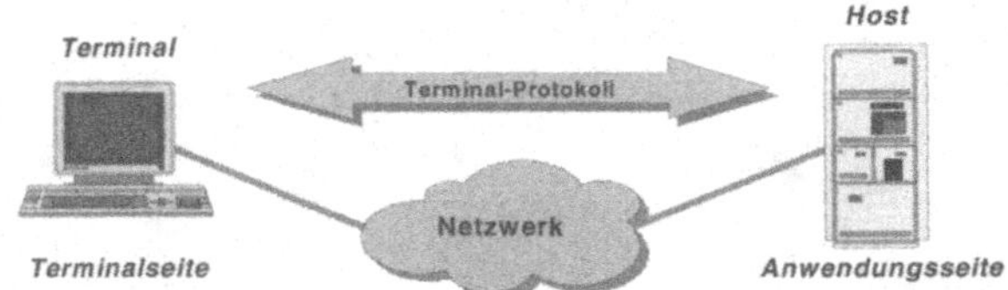

Abb. 28.11. Modell des interaktiven netzwerkbasierten Terminalzugriffs

28.3.1 Grundmodell

Modell des Terminalzugriffs

Ein stark vereinfachtes Modell eines netzwerkbasierten Terminalzugriffs zeigt Abb. 28.11. Dargestellt ist ein *Host-System*, auf dem eine Anwendung ausgeführt wird. Prinzipiell kann es sich dabei auch um ein verteiltes System handeln, was aus der Perspektive des Terminals jedoch irrelevant ist. Auf der Endbenutzer-Seite ist das *Terminal-System* angesiedelt, das dem Benutzer die Mittel zur Interaktion mit einer Anwendung zur Verfügung stellt. Ein solches Terminal-System kann durch Hardware realisiert werden, z.B. durch ein asynchrones zeichenorientiertes Terminal (z.B. ein DEC VT100-Terminal), oder durch Software, die man als Terminalemulation bezeichnet und die auf einem PC oder einer Workstation ausgeführt wird. Das Terminal-System kommuniziert mit dem Host-System über ein *Terminal-Protokoll*, das dem Benutzer auf der Terminalseite erlaubt, sich am anwendungsseitigen Rechner (Host) anzumelden. Die Verbindung zwischen Terminalseite und Anwendungsseite kann über ein Netzwerk realisiert sein, das für den Benutzer transparent ist, da er mit der Anwendungsseite so arbeitet, als handele es sich um einen lokalen Zugriff.

Verbindung zwischen Terminal und Host

Bezüglich der Verbindung zwischen Terminal und Host können verschiedene Fälle unterschieden werden. Im einfachsten Fall befinden sich Terminal- und Host-System auf demselben Rechner, z.B. im Falle der Ausführung einer interaktiven Anwendung auf einem PC. Ein weiterer einfacher Fall ist derjenige einer hardwaretechnisch realisierten Punkt-zu-Punkt-Verbindung zwischen Terminal und Host, also der klassische Fall einer Großrechner-Architektur, bei der das Anwendungssystem hinsichtlich des Zugriffspunktes als lokal anzusehen ist. Beide Fälle werden im folgenden nicht weiter betrachtet, da dann zwischen Terminal und Host keine Netzwerkverbindung i.e.S. existiert und sie somit auch nicht in den Bereich einer Kommunikationsanwendung fallen. In dieser Hinsicht relevant sind die Verbindungen auf Basis von LANs oder WANs. Im folgenden geht es ausschließlich um Technologien, die einen derartigen Terminalzugriff unterstützen und folglich eine bestimmte Form von Terminal-Protokoll erfordern.

Terminal-Protokolle

Grundsätzlich können zwei Arten von Terminal-Protokollen unterschieden werden. Dies sind zum einen Terminal-Protokolle, die auf einem eigenständigen Protokoll-Stack, der einen direkten LAN- oder WAN-Zugang erlaubt, aufsetzen. Solche Terminal-Protokolle sind softwareseitig implementiert und erfordern folglich ein intelligentes Gerät als Ablaufumgebung, z.B. einen PC oder einen Terminal-Server, an den die eigentlichen nicht-intelligenten Terminals angeschlossen sind. Zum anderen muß es aber noch eine lokales Terminal-Protokoll geben, das in der beschriebenen Konstellation die Kommunikation zwischen Terminal-Server und Terminal über eine dedizierten Verbindung regelt. Der wesentliche Unterschied zu der zuerst genannten Protokoll-Variante besteht darin, daß diese „lokalen" Terminal-Protokolle die Terminal-Hardware tatsächlich direkt steuern, z.B.

ein VT100-Protokoll ein DEC Terminal vom Typ VT100. Man kann sie daher auch als *Terminal-Treiber* bezeichnen. Im Zusammenhang mit der anderen Klasse spricht man auch sehr häufig von *virtuellen Terminals*, da die entsprechenden Protokolle terminalseitig von einem gedachten logischen Endgerät ausgehen. Hierdurch wird die erforderliche Interoperabilität in heterogenen Umgebungen gewährleistet. Daß dies wiederum eine Abbildung zwischen logischem Endgerät und reellem erfordert, ist eine zwangsläufige Konsequenz.

Abbildung zwischen Protokollen für virtuelle und reelle Terminals

Die Abbildung zwischen diesen zwei Terminal-Protokollen kann auf unterschiedliche Weise erfolgen. Eine sehr einfache Variante besteht in der Kapselung des lokalen Protokolls durch das andere, so daß im Kommunikationsvorgang zum Terminal hin, die Zusätze der äußeren Protokollschicht entfernt und in der anderen Richtung hinzugefügt werden müssen. In diesem Sinne kann beispielsweise das im folgenden zu behandelnde Telnet-Protokoll den Datenstrom für ein VT100-Terminal kapseln. Falls die Kapselung nicht möglich ist, dann muß eine tatsächliche Konvertierung erfolgen, was einen komplexeren Ansatz darstellt. Dieser wird im entsprechenden ISO/OSI-Protokoll verfolgt.

Bevor auf diese zwei Protokolle eingegangen wird, sollen abschließend typische Anwendungsszenarien und die Vielfalt der möglichen Realisierungsvarianten der Terminalseite betrachtet werden, um die Notwendigkeit standardisierter Protokolle aufzuzeigen.

LAN- oder WAN-Umfeld

Zwei beispielhafte Anwendungsszenarien sind in Abb. 28.12 dargestellt. Links handelt es sich um ein reines LAN-Umfeld, rechts wird eine WAN-Verbindung berücksichtigt. Je nachdem, welche der beteiligten Komponenten auf Terminalseite über Netzwerkschnittstellen verfügen, was nur bei intelligenten Endgeräten möglich ist, erfolgt ein Anschluß an ein LAN oder WAN über einen Terminal-Server, der z.B. auch Protokollkonvertierungen vornehmen kann. Die Kommunikation zwischen Terminal und Terminal-Server erfolgt dann auf Basis eines die Terminalhardware steuernden Protokolls. Die Kommunikation zwischen Terminal-Server und LAN hingegen regelt ein Protokoll, das auf einem anderen für die Kommunikation in Richtung LAN zuständigen Protokollstack aufbaut und das terminalseitig von einem „logischen" Gerät ausgeht. In PCs ist im Gegensatz zu Terminals dieser Protokollstack einschließlich des darauf aufbauenden virtuellen Terminal-Protokolls direkt implementierbar, das reelle Terminal wird softwareseitig emuliert. Grundsätzlich können auf Basis einer solchen Emulation sowohl PCs als auch nicht-intelligente Terminals angebunden werden, d.h., sie benötigen dann weder den für die Netzwerkanbindung notwendigen Protokollstack noch eine Netzwerkschnittstelle. Der Unterschied zum Terminal besteht dann lediglich in der softwareseitigen „Vortäuschung" von Terminalhardware.

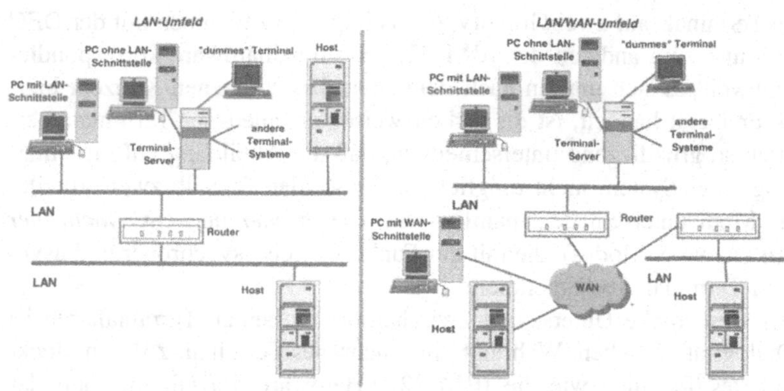

Abb. 28.12. Anwendungsszenarien des netzwerkbasierten Terminalzugriffs

Insgesamt zeigen die Überlegungen, daß es mehrere Varianten für die Implementierung der Terminalseite gibt. Diese unterschiedlichen Konfigurationen lassen sich zusammenfassend auf drei Grundtypen zurückführen:

Implementierung der Terminalseite

- „nicht-intelligente" Terminals,
- PCs oder intelligente Arbeitsplatzsysteme mit Terminalemulation,
- Terminalsteuereinheiten oder Terminal-Server mit intelligenten oder nicht-intelligenten Arbeitsplatzsystemen.

Standardisierungsbedarf und -konsequenz

Die gerade im Umfeld von Terminal-Servern und -Controllern notwendige Abbildungsfunktionalität zwischen reeller oder emulierter Terminalhardware und der protokollseitig unterstellten logischen Komponente verdeutlicht mit Blick auf die Vielfalt an Terminalhardware den Standardisierungsbedarf dieser Schnittstelle. Letztlich ist es auch hierauf zurückzuführen, daß für ein solches virtuelles Terminal eine gemeinsame Basis gefunden werden muß, was zu einem verhältnismäßig einfachen Gerät mit primitiven Interaktionsmöglichkeiten führt. Hieraus folgt die Einschränkung der im folgenden zu behandelnden Standards auf textuellen Oberflächen. Gerade bei Verwendung von intelligenten Arbeitsplatzsystemen wäre beim Zugriff auf die Anwendungsseite die Unterstützung grafischer Oberflächen zweckmäßig. Sie scheidet jedoch aus Komplexitätsgründen aus, denn auf dieser Basis ist Interoperabilität in einem heterogenen Umfeld kaum realisierbar. Daß eine Terminalemulation jedoch in einem Fenster einer grafischen Benutzeroberfläche ablaufen kann, ist hiervon unbenommen.

28.3.2 Virtuelles Terminal

OSI Virtual Terminal (VT)

Der in der ISO-Welt unterstützte Standard wird als OSI *Virtual Terminal (VT)* bezeichnet und wurde erst 1990 nach einem langwierigen Standardisierungsprozeß, an dem verschiedene große Hardware-Hersteller beteiligt waren, verabschiedet. Grundsätzlich hat man sich hinsichtlich des logischen Terminals auf zwei Grundtypen geeinigt, die zum einen mit der DEC VT100 und zum anderen der IBM 3270 Terminalhardware korrespondieren. Obwohl es sich um ein nach dem zuvor beschriebenen Konzept logisches Endgerät handelt, ist die Arbeitsweise verschiedener Terminalarchitekturen so grundlegend unterschiedlich, daß die Abbildung auf ein einziges logisches System nicht möglich ist. Es werden deshalb zwei grundlegende Modi unterschieden, nämlich ein *asynchroner* und ein *synchroner Modus* (A- vs. S-Modus), die mit der Funktionsweise synchroner und asynchroner Terminals korrespondieren.

Terminalarten

Der wesentliche Unterschied zwischen diesen beiden Terminalarten ist im Dialogfluß zu sehen. Während ein synchrones Terminal, z.B. ein blockorientiertes Terminal wie die IBM 3270-Hardware, im Hinblick auf das Hostsystem im wechselseitigen Betrieb arbeitet (Halbduplex-Betrieb), basiert ein asynchrones Terminal auf einer Vollduplex-Betriebsart (z.B. DEC VT100).

A- vs. S-Modus

Der *A-Modus* ist protokollseitig einfacher zu handhaben, da der Dialogfluß nicht geregelt werden muß. Beide Seiten können gleichzeitig Nachrichten senden, so daß Senden und Empfangen ggf. überlappend erfolgen können. Im *S-Modus* hingegen bedarf der wechselseitige Betrieb eines Steuermechanismus. Diese Steuerung erfolgt auf der Basis eines Tokens[94], das dafür sorgt, daß nur diejenige Seite, die das Token hält, senden darf. Es muß nach dem Sendevorgang der anderen Seite übergeben werden.

Optionen

Neben den zwei grundlegenden Modi sieht der Standard eine Vielzahl von *Optionen* vor, die implementierungsspezifisch genutzt werden können. Auf Basis von Profilen kann diese Optionsvielfalt wiederum sinnvoll geordnet werden. So existiert beispielsweise auch ein Telnet-Profil, das das entsprechende Protokoll aus der Internet-Welt nachbildet.

Verbreitung

Wie für OSI typisch, ist auch das VT-Protokoll komplex. Auf vertiefende Einzelheiten soll deshalb nicht weiter eingegangen werden. Noch deutlicher als in den anderen Anwendungsbereichen der OSI-Ebene 7 ist hier eine geringe Verbreitung der wenigen am Markt angebotenen VT-Implementierungen zu beobachten. Wie in den anderen Bereichen, so ist dies zum einen darauf zurückzuführen, daß OSI-VT-Anwendungen ein vollständigen OSI-Protokollstack erfordern. Zum anderen kommt im Falle dieser Anwendung noch hinzu, daß der Standardisierungsprozeß erst zu einem Zeitpunkt abgeschlossen wurde, zu dem der Einsatz nichtintelligenter Endgeräte in typischen Großrechnerumgebungen zugunsten von Client-Server-Lösungen deutlich zurückgegangen war, zugleich jedoch in der Internet-Welt eine schon lang bewährte Lösung mit dem Telnet-Protokoll zur Verfügung stand. Die mangelnde Akzeptanz des OSI-Standards ist somit im Hinblick auf die zeitliche Entwicklung wenig verwunderlich.

---

[94] Unter einem Token ist hier ein Bitmuster zu verstehen, das einen Systemzustand kennzeichnet.

28.3.3 Telnet

Telnet ist eine der sehr frühen Internet-Appplikationen, die schon in der Phase des ARPANET Forschungsprojektes entwickelt wurden. Das erste Telnet RFC stammt aus dem Jahre 1971, das derzeit gültige aus 1983. Die Reife und lange Verfügbarkeit dieses Protokolls hat dazu geführt, daß es auch in anderen Internet-Anwendungen zum Einsatz kommt, z.B. im Rahmen von FTP. Wie im entsprechenden Kapitel beschrieben wird die FTP-Kontrollverbindung auf Basis des Telnet-Protokolls abgewickelt.

Network Virtual Terminal (NVT)

Auch Telnet unterstützt das Konzept eines gedachten Endgerätes, es wird als *Network Virtual Terminal (NVT)* bezeichnet und beschreibt ein sehr einfaches logisches Terminal, das in einem zeilenweise gepufferten Halb-Duplex-Betrieb mit dem anwendungsseitigen Host kommuniziert. Viele technische Eigenschaften (insgesamt ca. 40 Parameter) dieses gedachten Gerätes können durch Vorab-Verhandlungen zwischen Terminal und Host variiert werden. Der Dialogfluß kann über eine solche Einstellung dann z.B. auch im Voll-Duplex-Betrieb abgewickelt werden.

Verhandlungen

Das Verhandlungskonzept basiert auf dem Prinzip, daß eine *Verhandlung* beidseitig initiiert werden kann und daß zunächst geprüft wird, ob ein bestimmter Parameter der Gegenseite bekannt ist. Erst wenn dies der Fall ist, wird in einer folgenden *Nachverhandlung* (Subnegotiation) die eigentliche Einstellung (Wertbelegung) determiniert. Der gesamte Verhandlungsprozeß wird auf Basis von vier Befehlen und Codes für die Optionen abgewickelt. RFC 855 beschreibt, wie solche Telnet-Optionen spezifiziert und zugänglich gemacht werden sollten. Die Optionen selbst werden nicht standardisiert, da wie beschrieben zunächst eine Verständigung darüber stattfindet, ob die betreffende Option beim Kommunikationspartner bekannt ist. Telnet-Implementierungen müssen also nicht alle Optionen unterstützen.

Zeichensatz

Auch hinsichtlich des Zeichensatzes basiert NVT auf einer einfachen Lösung, nämlich dem *Standard-7-Bit-US-ASCII-Zeichensatz*. Die Übertragung erfolgt allerdings auf Grundlage einer 8Bit Bytegröße.

Relevanz

Client- wie serverseitige Telnet-Implementierungen gehören zum Umfang heute üblicher netzwerkfähiger Betriebssysteme. Die Bedeutung des Dienstes nimmt aufgrund der immer stärkeren Verbreitung grafischer Endbenutzergeräte und der Forderung, entsprechende Oberflächen und Interaktionsmodelle nutzen zu können, ab.

Server Based Computing

Modernere Terminal-Systeme, bei denen terminalseitig grafische Oberflächen eingesetzt werden, stellen server- und netzwerkseitig hohe Anforderungen an die bereitzustellenden Ressourcen. Im Zuge der Kostenbetrachtung von Client-Server-Arbeitsplätzen wird einem solchen *Server Based Computing* jüngst jedoch wieder eine größere Bedeutung beigemessen, da auf diese Weise die Administrationskosten des Arbeitsplatzes erheblich gesenkt werden können. Lösungen, die in einem solchen Umfeld zum Einsatz kommen können, werden beispielsweise von Citrix, HOB oder Microsoft angeboten. Microsofts Windows Terminal-Server (WTS) ist eine

Erweiterung von NT Server 4.0 und Bestandteil von Windows 2000. Clientseitig wird das Remote Desktop Protocol (RDP) eingesetzt, das die Darstellung der Windows-Oberfläche und die Verbindung ins Netzwerk ermöglicht. Da im Speicher des Servers für jeden Client ein „virtuelles" NT betrieben werden muß und die gesamten Bildschirminhalte über das Netzwerk übertragen werden, sind der Leistungsfähigkeit solcher Systeme und damit auch ihrer Verbreitung derzeit jedoch noch Grenzen gesetzt.

28.4 Entfernte Jobausführung

Stapel- vs. Dialogverarbeitung

Als Gegenstück zur Dialogverarbeitung wird die *Stapelverarbeitung* gesehen, bei der keine schrittweise Interaktion mit dem Benutzer stattfindet, sondern ein Auftrag an eine Maschine übergeben wird, der dann ohne Benutzereingriff zur Ausführung kommt.

Standardisierungsbedarf

In großen Rechenzentren können an der Ausführung eines solchen Auftrags mehrere Rechner beteiligt sein, z.B. als Datenlieferanten oder zur Ausführung von Teilaufträgen. Berücksichtigt man zudem, daß sich dies in einem heterogenen Umfeld abspielt, d.h., die einzelne Maschinen unterschiedliche Betriebssprachen unterstützen und auf verschiedene Weise miteinander kommunizieren, und man auf Seite des Auftragsinitiators eine zentralisierte Eingabeschnittstelle für einen Stapelauftrag wünscht, dann wird die Notwendigkeit einer standardisierten Anwendung deutlich.

Auftragsferneingabe und -überwachung

Die Anwendung *Job-Transfer und -Verwaltung (Job Transfer and Manipulation, JTM)* erlaubt das Abschicken eines Stapelverarbeitungsprogramms (Batch-Auftrag, -Job) an einen anderen Rechner (entferntes System) und die entfernte Ausführung dieses Programms unter Kontrolle des lokalen Systems. Letzteres bedeutet nicht, daß eine Interaktion stattfindet, sondern daß JTM eine Fortschrittsüberwachung vornimmt und für die Berichterstattung zuständig ist. So kann dem die Auftragsferneingabe vornehmendem Benutzer nach erfolgreich durchgeführten Schritten (die vorher festzulegen sind) ein Zustandsbericht übermittelt werden.

Bearbeitungsspezifikation

Grundlage der Auftragsferneingabe ist eine *Bearbeitungsspezifikation,* die angibt, was wo zu tun ist, d.h., wo Input-Dateien herkommen und wohin der Output geschickt bzw. geschrieben werden soll. Die JTM-Anwendung ist dafür verantwortlich, den auf Basis der Bearbeitungsspezifikation übergebenen Job zum richtigen Zeitpunkt auf der richtigen Maschine zur Ausführung zu bringen, d.h., die erforderlichen Betriebsmittel zu binden und zu benutzen und die notwendigen Eingangsdateien bereitzuhalten. Letzteres kann auf unterschiedliche Weise erfolgen.

Datenbeschaffung

Die Maschine des Jobinitiators kann die notwendigen Daten zunächst bei sich sammeln (z.B. mittels FTAM von den Zubringern anfordern) und sie dann mit der Bearbeitungsspezifikation an die ausführende Maschine schicken. Es ist auch ein direkter Transfer der Dateien auf diese Maschine denkbar. Als dritte Möglichkeit bietet sich das Übergeben der Bearbeitungsspezifikation an eine der Zubringermaschinen an, wo die benötigten Eingangsdateien an die Spezifikation gehängt und an die nächste Zubringermaschine transferiert werden, bis alle Maschinen, die Input-Dateien bereitstellen, passiert sind und die Spezifikation einschließlich der „eingesammelten" Dateien der Zielmaschine zur Ausführung übergeben wird.

Hierarchische Jobgliederung

JTM-Jobs können selbst wiederum aus *Unterjobs* bestehen, die zur Fernausführung an JTM übergeben werden. Insgesamt kann so eine einzige Auftragsferneingabe eine baumartige Struktur an Unterjobs erzeugen, wobei jeder Job eigene Input-Dateien benötigt und ggf. Output erzeugt.

Jobbetriebssprache

Wichtig für das Verständnis von JTM ist, daß das Protokoll über Dateiinhalte oder *Jobbetriebssprachen (Job Control Language, JCL)* keine Festlegung trifft. Der auszuführende Auftrag wird in der für das Zielsystem verständlichen JCL formuliert, die für JTM nicht von Belang ist.

Der auf Stapelverarbeitung ausgerichtete, im Großrechner-Umfeld angesiedelte Standard verliert – abgesehen von diesem Einsatzgebiet – zunehmend an Bedeutung. Die ISO hat daher die Arbeiten in diesem Bereich eingestellt und den Standard 1998 sogar zurückgezogen. Nichtsdestotrotz befindet er sich in Großrechnerumgebungen derzeit noch im Einsatz.

Beide zuvor behandelten Anwendungen, der terminalbasierte Zugriff auf Dialoganwendungen wie auch die entfernte Jobausführung stammen aus dem Großrechner-Umfeld. Der im folgenden zu betrachtende Standard hingegen ist in datenbankbasierten Client-Server-Umgebungen angesiedelt.

28.5 Entfernter Datenbankzugriff

Zentralisierte vs. C/S-Architekutr

Grundsätzlich können auch Datenbankanwendungen mittels eines netzwerkbasierten Terminalzugriffs angesprochen werden. Neben der Einschränkung bzgl. der Benutzeroberfläche basiert ein solcher Ansatz aber auf einer *zentralisierten Anwendungsarchitektur* (vgl. Abb. 28.13), bei der Datenbank und Anwendungen auf demselben Rechner betrieben werden. Erfolgt der Zugriff auf die Datenbank ausschließlich über die Anwendung, dann ist dies mittels eines netzwerkbasierten Terminalzugriffs realisierbar. Eine solche zentralistische Architektur wird einigen Anforderungen moderner Datenverarbeitung nicht gerecht und stößt z.B. in folgenden Fällen an seine Grenzen. Soll ein Ad-hoc-Zugriff direkt auf die Datenbank erfolgen, so läßt sich dies über einen netzwerkbasierten Terminalzugriff nicht bewerkstelligen (vgl. Abb. 28.14, links). Heute üblich ist die Realisierung von Datenbankanwendungen in einer *Client-Server-Umgebung* unter Verwendung eines Datenbank-Servers. Dann ist die Anwendung meist auf der Client-Seite angesiedelt und kommuniziert mittels einer Datenbanksprache wie SQL nicht direkt mit der am Datenbestand angesiedelten DBMS-Komponente, sondern über einen sich in seinem lokalen Umfeld befindlichen DBMS-Client. Dieser kommuniziert mit dem Datenbank-Server auf Basis eines *Datenbank-Kommunikationsprotokolls* (vgl. Abb. 28.14, rechts).

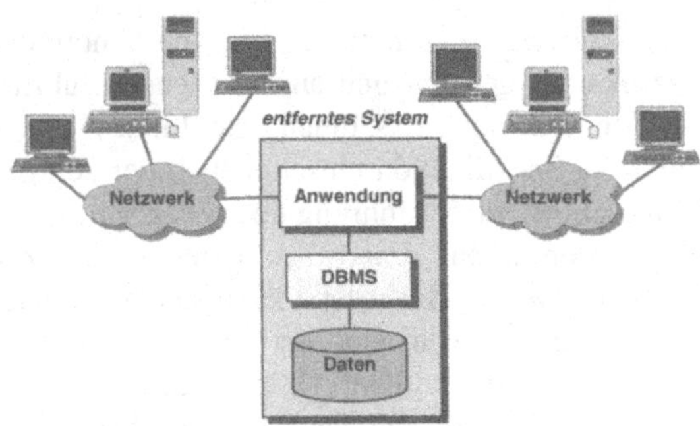

Abb. 28.13. Zentralisierte Anwendungsarchitektur mit netzwerkbasiertem Zugriff

Standardisierungsbedarf

Unterstützen Datenbank-Server und Datenbank-Client dasselbe Kommunikationsprotokoll und bauen sie auf derselben Netzwerkinfrastruktur auf, so kann es sich um herstellerspezifische Datenbank-Kommunikationsprotokolle (z.B. Informix I-Net, Oracle SQL*Net, Sybase Open Client) handeln. Da die meisten Datenbankhersteller ihre DBMS auf unterschiedlichen Plattformen anbieten, ist zwar auch bei diesen proprietären Protokollen ein gewisses Maß an Plattformunabhängigkeit gegeben, sollen jedoch Datenbanksysteme verschiedener Hersteller in einer Client-Server-Umgebung untereinander oder mit ein und demselben Client kommunizieren, dann ist ein standardisiertes Protokoll zweckmäßig.

RDA

Der von der ISO standardisierte entfernte Datenbankzugriff *(Remote Database Access, RDA)* bietet ein solches herstellerunabhängiges Protokoll als OSI-Ebene-7-Applikation. Wegen der ausgesprochenen Attraktivität dieses Protokolls existieren allerdings auch RDA-Implementierungen auf TCP/IP-Basis, die von der in RFC 1006 beschriebenen Möglichkeit, ISO/OSI-Anwendungen auf einem TCP/IP-Stack zu betreiben, Gebrauch machen.

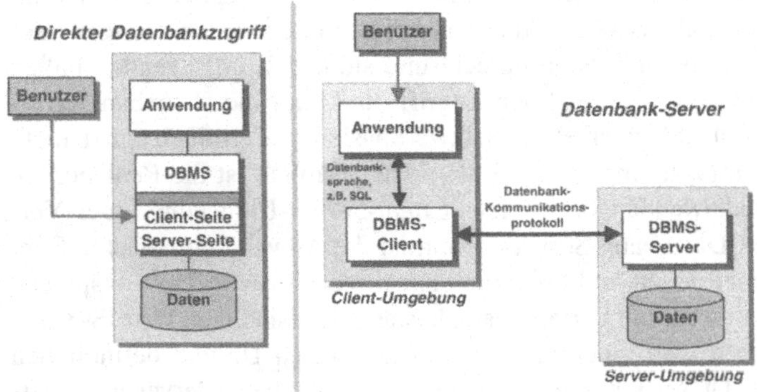

Abb. 28.14. Datenbankbasierte Anwendungen in Client-Server-Umgebungen

Der aus 1993 stammende Standard gliedert sich derzeit in zwei Teile. Der erste Teil umfaßt einen *allgemeinen Teil* (Generic RDA), der unabhängig ist von dem dem DBMS zugrundeliegenden Datenbankmodell und der benutzten Datenbanksprache. Die weiteren geplanten Teile sollen *sprachspezifische Protokollvarianten* und -zusätze definieren. Derzeit existiert allerdings nur ein solcher Teil für SQL.

Allgemeiner und sprachspezifischer Teil

RDA-Implementierungen benötigen einen client- wie auch einen serverseitigen Prozeß. Diese Prozesse werden als *RDA-Client* bzw. *RDA-Server* bezeichnet. Dabei bildet die RDA-Client-Komponente die Schnittstelle zur Anwendung, die Server-Komponente zum Datenbank-Server. Während der Dialoginitialisierung verständigen sich die beiden Komponenten auf den zu verwendenden SQL-Sprachstandard (Conformance Level). Die mittels RDA als Strings übertragenen SQL-Statements werden dann vom Server in genau derselben Weise ausgeführt wie SQL-Statements, die von einer lokalen Anwendung abgesetzt werden. Neben der Dialogsteuerung und den eigentlichen Datenbankzugriffen umfaßt RDA u.a. auch Dienstelemente für die Transaktionskontrolle oder solche, die Auskunft über den Zustand von RDA-Operationen geben.

RDA-Client und -Server

Zusammenfassend ist festzuhalten, daß es sich bei RDA um eine standardisiertes Kommunikationsprotokoll handelt, nicht etwa um einen Protokollkonverter. Deshalb ist eine Abgrenzung zu sog. Datenbank-Gateways, die Abbildungen und Umsetzungen vornehmen können und sowohl isoliert wie auch in Kombination mit RDA eingesetzt werden, notwendig.

Datenbank-Gateways

Bestimmte Probleme der Inkompatibilität in einem datenbankbasierten Client-Server-Umfeld können auch mit Datenbank-Gateways gelöst werden. Ein *Datenbank-Gateway* ist üblicherweise auf der Clientseite angesiedelt und nimmt eine Übersetzung vor, d.h., daß die clientseitig abgesetzten Befehle vom Gateway abgebildet werden auf serverseitig verstandene; die eigentliche Kommunikation kann dann aber weiterhin auf Basis eines proprietären Protokolls, nämlich des serverseitigen Produktes, erfolgen.

ODBC

Ein bekannter Industriestandard, der auf diesem Prinzip aufbaut, ist *ODBC (Open DataBase Connectivity)*. Die clientseitige Anwendung kann mittels des ODBC APIs einen ODBC-Treiber aufrufen, der als SQL-Client und zugleich auch als Gateway fungiert, in dem er den clientseitig benutzten SQL-Dialekt auf denjenigen des Servers abbildet. ODBC-Treiber sind datenbankspezifische Produkte, d.h., für verschiedene Datenbank-Server müssen unterschiedliche Treiber benutzt werden. Die Gateway-Funktionalität eines ODBC-Treibers kann dadurch auch im Hinblick auf nicht SQL-Datenbanken genutzt werden. Wie Abb. 28.15 (links) zeigt, basiert die Kommunikation zwischen Client und Server in einem reinen ODBC-Umfeld weiterhin auf dem proprietären Protokoll des serverseitigen Produktes.

ODBC mit RDA

Erst durch eine Kombination von ODBC und RDA kann sowohl auf SQL- wie auch auf Kommunikationsebene Herstellerunabhängigkeit gewährleistet werden. Abb. 28.15 (rechts) zeigt eine entsprechende Architektur.

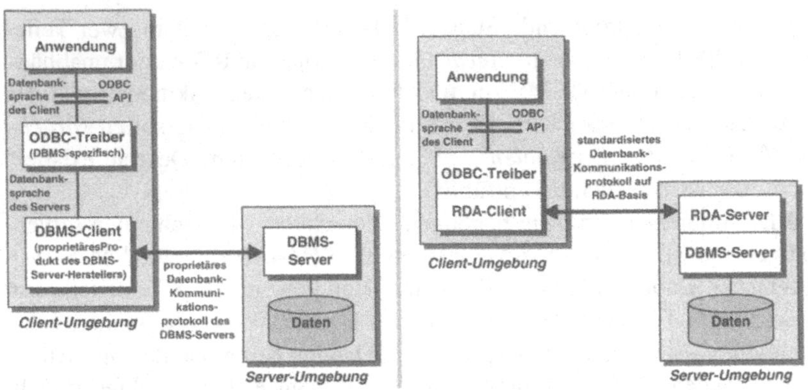

Abb. 28.15. ODBC mit proprietärem Kommunikationsprotokoll (links) und unter Verwendung von RDA (rechts)

„Single Driver" ODBC-Architektur

Der wesentliche Vorteil der Kombination von ODBC mit RDA ist darin zu sehen, daß auch Lösungen möglich werden, die auf einem einzigen ODBC-Treiber beruhen, da der datenbankspezifische Teil des Treibers auf den jeweiligen Server verlagert werden kann. Ohne auf die Einzelheiten einer solchen Implementierung einzugehen, sei hier der enorme Vorteil einer solchen Lösung hervorgehoben. Erst durch einen solchen Ansatz wird die Clientseite vollkommen herstellerneutral und kann auf beliebige Datenbanken zugreifen, ohne daß produktspezifische Komponenten (z.B. entsprechende ODBC-Treiber) nachgeladen werden müssen. Das ODBC-Ansätzen vorgeworfene Problem sog. „Fat-Clients", auf denen zumindest immer ein ODBC-Prozeß laufen muß, kann damit zwar nicht gelöst, aber doch zumindest auf diesen einen Prozeß beschränkt werden. Ein paralleles Betreiben verschiedener ODBC-Treiber in der Client-Laufzeitumgebung ist dann nicht notwendig.

RDA vs. TP

RDA wie auch ODBC sind im Bereich der Kommunikation zwischen Clients und Datenbank-Servern angesiedelt. Ob es sich serverseitig um eine verteilte Datenbank-Anwendung handelt oder nicht, ist aus der Client-Perspektive irrelevant. Erst wenn die Datenbank selbst auf mehrere Server verteilt wird, kommt in einer offenen Kommunikationsumgebung einem weiteren OSI-Ebene-7-Protokoll, das hier nur kurz Erwähnung findet, Bedeutung zu, nämlich *OSI TP (Transaction Processing)*. TP unterstützt in einem solchen Umfeld die Kontrolle über serverübergreifende Transaktionen.

Die beiden Standards RDA und TP veranschaulichen eine sich immer deutlicher abzeichnende Entwicklung des Zusammenwachsens reiner Client-Server-Technologien mit Kommunikationsanwendungen. Dadurch kommt es insbesondere zu einer Verschmelzung traditioneller betriebswirtschaftlicher Anwendungen mit solchen aus dem Bereich der Kommunikation. Noch deutlicher wird dieses technologische Zusammenwachsen bzw.

die zunehmend zu beobachtende Kommunikationsfähigkeit betriebswirtschaftlicher Anwendungen im Umfeld der im übernächsten Teil zu behandelnden multifunktionalen Anwendungen, insbesondere im Falle des Workflow Computings.

Literaturempfehlungen

Böcking, S. (1997): Objektorientierte Netzwerkprotokolle, Bonn: Addison-Wesley-Longman, S. 79-90.

Georg, O. (2000): Telekommunikationstechnik: Handbuch für Praxis und Lehre, 2. Auflg., Berlin: Springer, S. 362-364.

Kerner, H. (1995): Rechnernetze nach OSI, 3. Auflg., Bonn: Addison-Wesley, S. 268-290.

Kyas, O. (1996): Internet professionell: Technologische Grundlagen & praktische Nutzung, Bonn: MITP, S. 157-188.

Zöllner, A. (1998): Normierte und Standardisierte Anwendungen, Kap. 3.7 in: Jung, V., Warnecke, H.-J., Hrsg., Handbuch für die Telekommunikation, Berlin: Springer, S. 3-108-3-117.

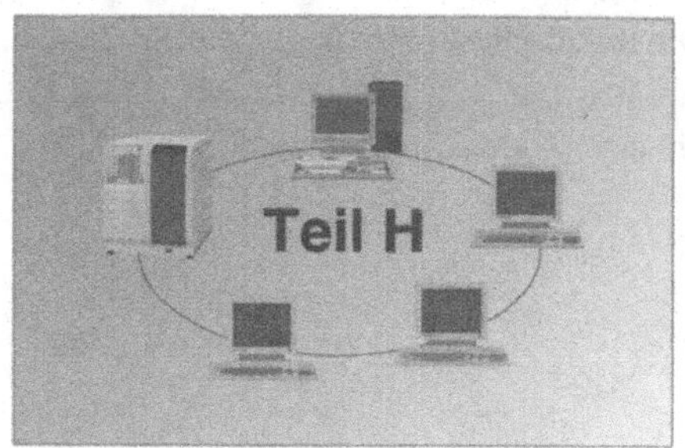

Dokumente als Gegenstand von Kommunikationsanwendungen

Betrachtet man die über Kommunikationsanwendungen zwischen Kommunikationspartnern ausgetauschten Inhalte, so ist festzustellen, daß diese Inhalte sehr häufig in Form von „Dokumenten“ kommuniziert werden. Dokumente bilden somit den zentralen Gegenstand einer Vielzahl von Kommunikationsanwendungen.

Im Umfeld einer solchen dokumentenzentrierten Kommunikation haben sich verschiedene Ansätze und Standards zur Strukturierung und für den Austausch von Dokumenten etabliert. Im folgenden wird dabei differenziert zwischen Dokumenten im Büroumfeld und solchen, die bei der Abwicklung geschäftlicher Transaktionen ausgetauscht werden. Diese Differenzierung ist insofern von Relevanz, als daß der Schwerpunkt im geschäftlichen Umfeld auf der Strukturierung der Inhalte liegt, bei typischen Bürodokumenten jedoch auch die visuelle Präsentation eine herausragende Stellung einnimmt. Bei den jüngeren Ansätzen verschwimmt diese Differenzierung zunehmend.

29 Bürodokumente

Dokumente

Unter Dokumenten versteht man im herkömmlichen Sprachgebrauch üblicherweise Schriftstücke wie Texte, Formulare, Akten etc. Für die Informatik ist diese Begriffsbildung zu eng. Ein Dokument wird dort betrachtet als eine als Einheit verstandene Zusammenstellung von strukturierten Informationen unterschiedlicher Medien, die zur Wahrnehmung durch den Menschen bestimmt und zugleich auch einer Verarbeitung im Rechner zugänglich ist. Man spricht deshalb auch häufig von elektronischen Dokumenten. Je nach Art und Kombination der Inhalte kann man sie z.B. in Text- und Multimedia-Dokumente unterscheiden, nach dem Entstehungs- bzw. Anwendungsgebiet kann eine Unterteilung in *Büro-* und *Geschäftsdokumente* zweckmäßig sein. Diese Klassifikation liegt auch der folgenden Betrachtung zugrunde.

29.1 Offene Dokumentenbearbeitung

Offenheit

Mit dem flächendeckenden Einzug von PCs in Büroarbeitsplätze werden Dokumente nahezu ausschließlich auf Rechnern erstellt. Papier als einziges Trägermedium hat somit an Bedeutung verloren. Durch zunehmende Vernetzung ist es zudem naheliegend, Dokumente nicht ausschließlich in papiergebundener Form per Briefpost oder Fax zu übertragen, sondern in elektronischer Form, so daß Dokumente vom Empfänger weiterverarbeitet werden können. Elektronische Post kann hierzu nur einen begrenzten Beitrag leisten, indem es als Übertragungssystem verwendet wird. Mittels elektronischer Nachrichten können zwar die Inhalte von Dokumenten einfach übermittelt werden, deren visuelle Erscheinungsform aber nur bedingt. Allerdings lassen sich in mächtigen Textverarbeitungssystemen erstellte und aufwendig formatierte Dokumente ohne Informationsverlust übertragen, dies führt beim Empfänger jedoch nur dann zu Weiterverarbeitbarkeit, wenn er das gleiche Textsystem oder eines mit entsprechender Importschnittstelle verwendet. E-Mail kann also nur den Übermittlungsprozeß erleichtern, nicht aber das Problem unvereinbarer Dokumentenformate lösen, was Zielsetzung offener Dokumentenbearbeitung ist.

Konvertierungsproblematik

Berücksichtigt man die Vielzahl existierender Textsysteme, ist der Ansatz von jedem System zu jedem anderen ein Konvertierungsprogramm zu schaffen, unvertretbar. Erfolgversprechender ist die in Abb. 29.1 veranschaulichte Idee eines gemeinsamen Austauschformates.

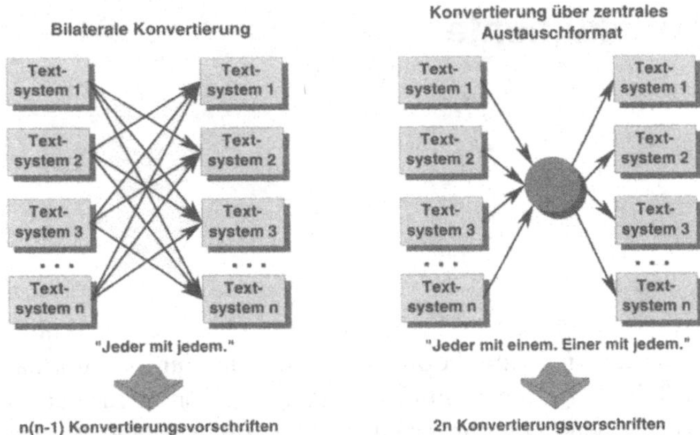

Abb. 29.1. Bilaterale Konvertierung vs. Verwendung eines Austauschformates

Architekturmodell

Um den Informationsverlust aufgrund unterschiedlicher Mächtigkeit der Editoren bei der Konvertierung zu begrenzen, also eine Beschränkung auf eine gemeinsame Schnittmenge zu vermeiden, ist es zudem sinnvoll, ein einheitliches und mächtiges Architekturmodell als Grundlage von Textsystemen zu wählen (vgl. Abb. 29.2). Unter einem Dokumentenarchitekturmodell versteht man ein System von Regeln und Konstruktionselementen zur abstrakten Beschreibung von Dokumenten und ihren Verarbeitungsformen.

Ein solches Architekturmodell für offene Dokumentenbearbeitung, mit dem eine blinde Austauschbarkeit von Bürodokumenten gewährleistet werden soll, kann nur auf dem Wege der Standardisierung geschaffen werden. Das im folgenden zu behandelnde ODA/ODIF stellt einen Ansatz mit entsprechender Zielsetzung dar. Der im Anschluß an ODA/ODIF vorzustellende Standard SGML zielt in ähnliche Richtung, wobei dort der Bearbeitungsflexibilität im Anschluß an die Dokumentenerstellung ein größerer Stellenwert als der Offenheit eingeräumt wird.

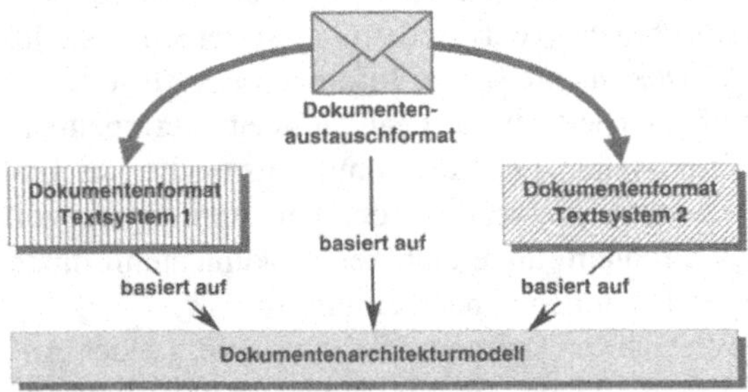

Abb. 29.2. Dokumentenaustausch auf Basis von Architekturmodellen (Quelle: in Anlehnung an Krönert (1988), S. 72)

29.2 ODA/ODIF

Standard

In Zusammenhang mit offener Dokumentenbearbeitung ist zunächst der Standard *ODA/ODIF (Office Document Architecture/Office Document Interchange Format)*, der 1988 als ISO 8613 veröffentlicht wurde, zu behandeln. Die ODA-Entwicklung wurde maßgeblich von der europäischen Computer- und Büroindustrie vorangetrieben. Die Norm wird somit den entscheidenden Anforderungen offener Dokumentenbearbeitung aus Sicht des Bürowesens gerecht. Einen stärkeren Bezug zu Belangen des Verlagswesens weist hingegen der später zu behandelnde SGML-Standard auf.

Inhalt vs. Struktur

Zentrale Idee des *Dokumentenarchitekturmodells* ODA ist die Betrachtung eines Dokuments aus verschiedenen Perspektiven. Differenziert wird zwischen dem *Inhalt* und der *Struktur* eines Dokuments, wobei die strukturelle Betrachtung unter zwei verschiedenen Perspektiven erfolgen kann. Dies führt zur Unterscheidung einer *logischen* und einer *Layout-Struktur* von Dokumenten. Abb. 29.3 veranschaulicht diese beiden Sichtweisen auf ein Dokument.

Logische vs. Layout-Struktur

Die *logische Struktur* eines Dokuments beschreibt dessen Untergliederung in Komponenten wie Kapitel, Unterkapitel, Abschnitte, Verzeichnisse, Überschriften und Fußnoten. Sie macht aber keine Aussagen über die Präsentation dieser Komponenten auf einem zweidimensionalen Ausgabemedium (Papier, Bildschirm). Dies ist Gegenstand der *Layout-Struktur*, die auf Bildung von Seiten, Gruppen von Seiten, Rahmen und Blöcken beruht.

Baumstruktur

Beide Strukturen lassen sich in Form von *Hierarchien (Baumstrukturen)* darstellen. Abb. 29.4 zeigt beispielhaft die logische Struktur einer Seminararbeit. Zur Bildung dieser Baumstrukturen sind verschiedene Objekttypen (Knotentypen) vorgesehen. Die logische Struktur basiert auf folgenden Objekttypen:

Vorgegebene Objekttypen

- *„document logical root":* Wurzel des logischen Strukturbaumes, z.B. Seminararbeit
- *„composite logical objects":* innere Knoten des logischen Strukturbaumes, z.B. Kapitel
- *„basic logical objects":* Blattknoten des logischen Strukturbaumes, z.B. Absatz

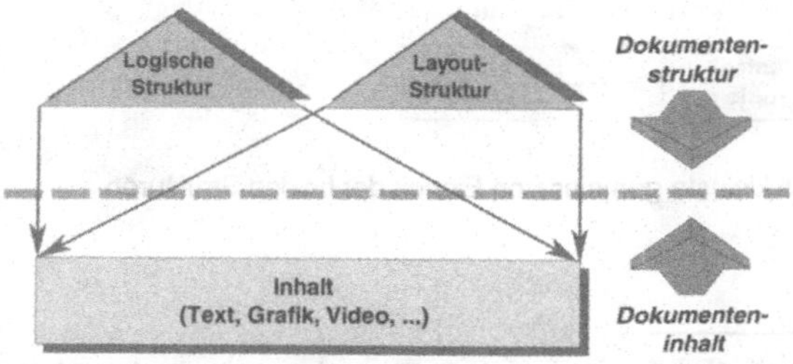

Abb. 29.3. Inhalt vs. Struktur (Quelle: in Anlehnung an Krönert (1988), S. 73)

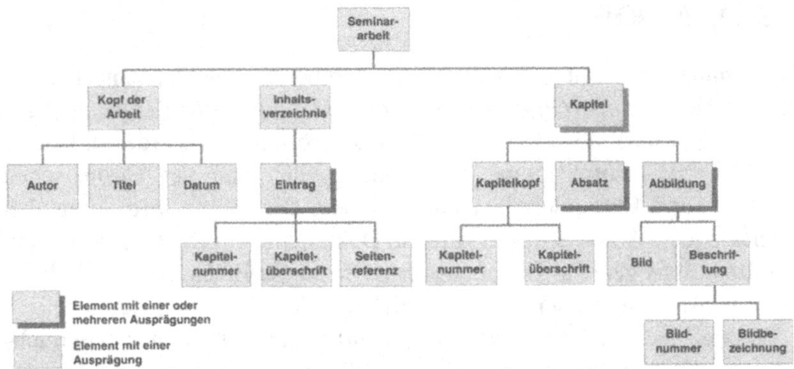

Abb. 29.4. Logische Struktur einer Seminararbeit

Bei der Layout-Struktur werden fünf Objekttypen (document layout root, page set, page, frame, block) unterschieden, auf die jedoch nicht im Detail eingegangen werden soll. Entscheidend ist, daß die Semantik dieser fünf Typen vorgegeben und somit fest definiert ist.

Die genannten Objekttypen beider Strukturen sind im Standard mit den Attributen, die auf ihre konkreten Ausprägungen in Dokumenten anwendbar sind, festgelegt. So weisen beispielsweise Blöcke Attribute wie Dimension und Position auf.

Inhaltsstücke

Durch Überlagerung der beiden Strukturen entstehen die den eigentlichen Inhalt des Dokuments umfassenden Komponenten, die sog. *Inhaltsstücke (Content Portions)*. Diese Inhaltsstücke sind jeweils genau einem Basisobjekt (Blattknoten) aus beiden Strukturen zugeordnet.[95] Abb. 29.5 stellt diesen Sachverhalt anhand eines ER-Modells dar und verdeutlicht, daß aufgrund der in beiden Richtungen mehrdeutigen Zuordnung die Inhaltsstücke als kleinste gemeinsame Einheiten angesehen werden können.

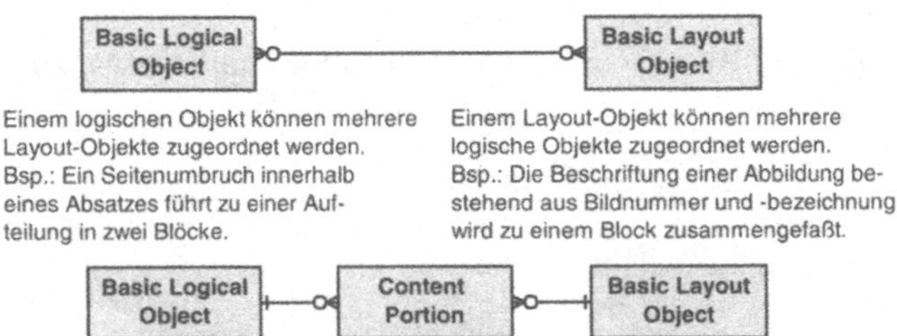

Abb. 29.5. Inhaltsstücke als kleinste gemeinsame Einheit der beiden Strukturen[96]

95 Von konzeptionell unbedeutenden Ausnahmen (z.B. Firmenlogo) wurde abgesehen.

96 Zur ER-Notation s. Abb. 27.1 in Kap. 27.1.1.

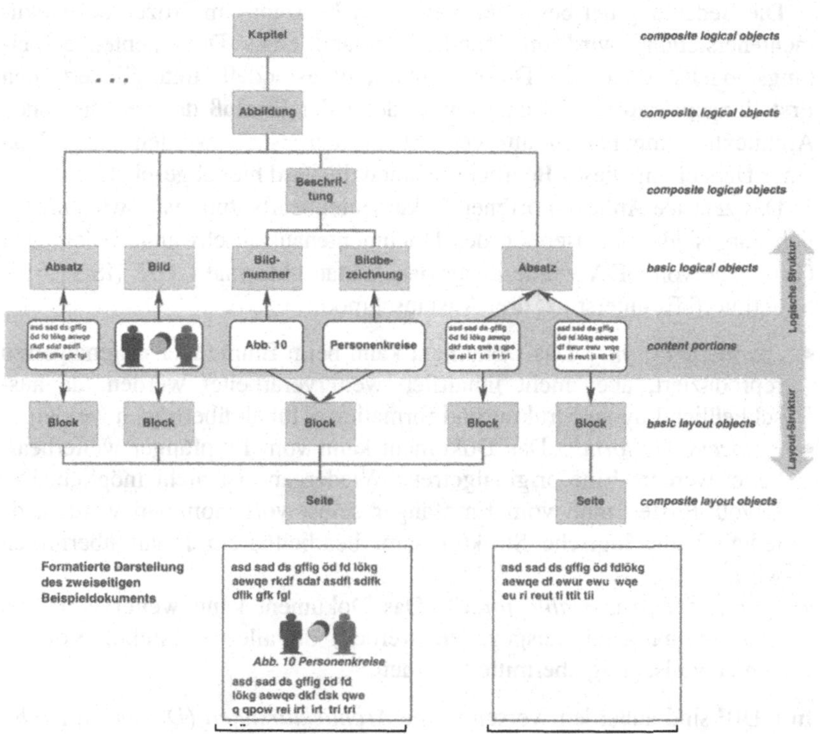

Abb. 29.6. Zusammenwirken von logischer und Layout-Struktur

Inhaltsarchitekturen

Abb. 29.6 veranschaulicht den im ER-Modell dargestellten Sachverhalt anhand eines Beispiels.[97] Es zeigt, daß die eigentlichen Dokumenteninhalte unterschiedlichster Art sein können. Für die verschiedenen Datentypen (Zeichen, Rastergrafik, Vektorgrafik, Multimediatypen) sind sog. *Inhaltsarchitekturen (Content Architecture)* vorgesehen. Ein Großteil auf ODA aufbauender Standardisierungsbemühungen fällt in den Bereich der Definition neuer Inhaltsarchitekturen.

Dokumentenklassen-Konzept

Um den Dokumentenerstellungsprozeß zu vereinfachen, sieht ODA das *Dokumentenklassen-Konzept* vor. Eine Klasse umfaßt *generische Definitionen* der Strukturen (generische Layout-Struktur und/oder generische logische Struktur), die als Vorgaben für spezifische Dokumente fungieren. Ein konkretes Dokument ist immer Exemplar einer solchen Klasse und muß den dort definierten Vorgaben entsprechen. Dokumentenklassen können somit als wiederverwendbare Schablonen verstanden werden, aus denen sich konkrete Dokumente mit ihren spezifischen Strukturen ableiten lassen.

---

97 Aus Gründen der Vereinfachung wurden in der Layout-Struktur Frames weggelassen, obwohl Blöcke immer in Frames eingebettet werden müssen.

Die Bedeutung der beschriebenen ODA-Konzepte im Prozeß der Dokumentenerstellung wird im Standard anhand eines Dokumentenbearbeitungsmodells erläutert. Dieses Bearbeitungsmodell untergliedert den Erstellungsprozeß in Phasen, anhand derer der Einfluß der verschiedenen Architekturkomponenten auf den Ablauf dargestellt werden kann. Von einer Darstellung dieses Bearbeitungsmodells wird hier abgesehen.

Austauschformat ODIF

Das zentrale Anliegen offener Dokumentenbearbeitung ist – wie anfänglich dargestellt – im Bereich des Dokumentenaustauschs angesiedelt. Auf Grundlage von ODA wurde daher das Austauschformat *ODIF* (ISO 8613-5) definiert. Es unterstützt drei Austauschmodi:

- *„formatted form“:* Das Dokument kann beim Empfänger originalgetreu reproduziert, aber nicht inhaltlich weiterverarbeitet werden, da ausschließlich Layout-Struktur und formatierter Inhalt übertragen werden.
- *„processable form“:* Das Dokument kann vom Empfänger weiterbearbeitet werden. Eine originalgetreue Wiedergabe ist nicht möglich. Der Layout-Prozeß muß vom Empfänger selbst vorgenommen werden, da lediglich die logische Struktur samt bearbeitbarem Inhalt übermittelt wird.
- *„formatted processable form“:* Das Dokument kann weiterverarbeitet und originalgetreu ausgegeben werden, da alle Architektur-Komponenten vollständig übermittelt werden.

ODA-Editoren

In ODIF sind außerdem verschiedene *Architekturstufen (Document Architecture Levels)* vorgesehen, um Austauschformate je nach Mächtigkeit von ODA-Editoren definieren zu können. Hierzu wird ein Spektrum von *ODA-Editoren* verschiedener Mächtigkeit (Top-Level-ODA-Editor bis Low-Level-ODA-Editor) definiert, wobei nur die auf höchster Stufe angesiedelten Editoren volle ODA-Funktionalität aufweisen.

ODA-Editoren haben bislang keinen Eingang in den Bereich marktgängiger kommerzieller Textsysteme gefunden. Die Verwirklichung offener Dokumentenbearbeitung hängt allerdings entscheidend von der flächendeckenden Verbreitung entsprechender Systeme ab, womit aufgrund der Marktdominanz anderer Produkte nicht mehr zu rechnen ist. Erfolgversprechender scheinen daher Konzepte, die von der Idee der Offenheit abrükkend, Potentiale in anderen Bereichen zu bieten versuchen. In diesen Bereich ist der im folgenden vorzustellende Standard SGML einzuordnen.

29.3 SGML

SGML (Standard Generalized Markup Language) und ODA/ODIF haben sich vollkommen unabhängig voneinander entwickelt und unterscheiden sich daher sowohl in terminologischer als auch in konzeptioneller Hinsicht. SGML wird daher zunächst völlig losgelöst von ODA/ODIF vorgestellt. Anschließend erfolgt eine Gegenüberstellung der beiden Ansätze.

SGML gehört zu den sog. *Auszeichungssprachen (Markup Languages)*, die auf dem Prinzip der Auszeichnung/Markierung von Textkomponenten beruhen, mit der Zielsetzung die ausgezeichneten Komponenten einer bestimmten Art der Formatierung, des Ausdruckens oder irgendeiner anderen Art weitergehender Verarbeitung zu unterziehen. Auszeichnungen kann man auch als explizite Interpretationsanweisungen für Textkomponenten verstehen. Jede Form geschriebener Sprache verwendet in diesem Sinne Auszeichnungen. Freiräume werden z.B. benutzt, um Wörter voneinander abzugrenzen, Punkte, um Sätze zu beenden. Der Verwendungsweise von Auszeichnungen in Textverarbeitungssystemen ähnlicher sind Annotationen in Manuskripten, die Hinweise auf die gewünschte Formatierung geben, z.B. Angaben zu Fettdruck, Schrifttypen usw. Solche Annotationen können entweder natürlichsprachlich in Form von Anweisungen („Bitte in 10er-Schrift.") formuliert werden oder sind durch vereinbarte Symbole (z.B. Unterstreichung für Fettdruck) anzugeben.

Auszeichnungs-sprachen

Schon in den Anfängen der elektronischen Textverarbeitung wurde diese Idee, bei der Texterstellung Textinhalte von Formatierungsanweisungen zu trennen und letztere explizit zu formulieren, berücksichtigt. Das Arbeiten mit Auszeichnungen war damals naheliegender als heute, wo WYSIWYG-Systeme und direkte Manipulation ganz andere Möglichkeiten der Texterstellung bieten.

Prozedurale vs. deskriptive Auszeichnung

Wesentliches Kennzeichen früher Markup-Sprachen ist ihr *prozeduraler Charakter*. In den Text werden Formatierungsanweisungen, z.B. Einfügen eines Zeilenumbruchs, oder beliebige andere Verarbeitungsanweisungen integriert. Verbreitete Satzsysteme wie TEX basieren noch heute vornehmlich auf dieser Form prozeduralen Markups. *GML (Generalized Markup Language)*, 1969 von Goldfarb, Musher und Lorie für IBM entwickelt, also eine der frühen Auszeichungssprachen, basierte bereits auf einem anderen Prinzip der Auszeichnung: dem *deskriptiven Markup*. Durch deskriptive Markierungen werden Textkomponenten (Elemente) identifiziert und Elementtypen zugeordnet. Die Art der Verarbeitung, denen diese Komponenten unterzogen werden, ist dadurch nicht determiniert und kann beliebige Formen annehmen. Deskriptive Markierungen werden üblicherweise in einem zweiten Schritt auf Verarbeitungsregeln, z.B. Formatierungsanweisungen, abgebildet. Neben der Formatierung können die entsprechenden Dokumente aber auch anderen Verarbeitungsalgorithmen, wie der Indexerstellung oder der Verzeichniserzeugung unterzogen werden. Letztlich sind auch beliebige, von der Textverarbeitung i.e.S. losgelöste Verarbeitungsprozesse möglich, z.B. die Ablage des Textinhaltes in einer Datenbank oder die Generierung eines Hilfesystems. Die besondere Attraktivität dieses Ansatzes ist u.a. also auch darin zu sehen, daß von einem Quelltext ausgehend, Verarbeitungen und Aufbereitungen für verschiedene Zwecke vorgenommen werden können, ohne daß parallel mehrere Versionen eines Dokumentes zu pflegen sind. Diese Eigenschaft ist auf das zugrundeliegende Dokumentenverarbeitungsprinzip zurückzuführen.

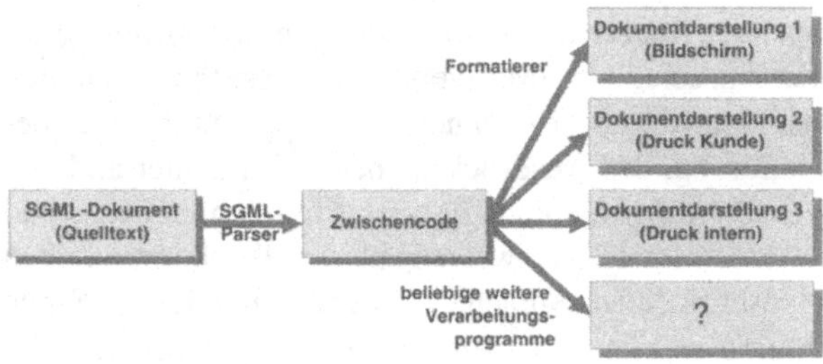

Abb. 29.7. Prinzip der Dokumentenverarbeitung in SGML

Verarbeitungsmodell

Wie in Abb. 29.7 dargestellt, wird ein Quell-Dokument zunächst von einem sog. *Parser* in Zwischencode verwandelt, der als Input für weitere Verarbeitungsprogramme dient. Der gängigste Fall eines solchen Verarbeitungsprogramms ist ein Formatierer, der selbst wiederum von einem Dokument ausgehend verschiedene Arten der Darstellung erzeugen kann.

Standard

SGML, das als Weiterentwicklung von GML verstanden werden kann, beruht wie dieses auf deskriptiven Markierungen. Es wurde 1986 von der ISO (ISO 8879) als internationaler Standard veröffentlicht und ist zugleich in der Europanorm EN 28879 von 1990 und der DIN EN 28873 von 1991 beschrieben. Bevor es im folgenden genauer betrachtet werden kann, ist zunächst der Begriff der Markup-Sprache zu klären.

SGML als Metasprache

Markup-Sprachen definieren, welche Markierungen benutzt werden dürfen, welche zwingend erforderlich sind, wie Markierungen vom eigentlichen Textinhalt abgegrenzt werden und was Markierungen bedeuten. Die ersten drei genannten Aspekte beschreiben die Syntax einer Markup-Sprache, der letzte Aspekt hingegen definiert die Semantik. SGML selbst ist keine Markup-Sprache in diesem Sinne, sondern eine Sprache zur Definition der Syntax von Markup-Sprachen. Hierauf ist auch die Bezeichnung „generalized markup language" zurückzuführen. Die wesentlichen Unterschiede sind also darin zu sehen, daß SGML zum einen eine *Metasprache* darstellt und zum anderen nur Festlegungen auf der syntaktischen Ebene vornimmt.

SGML-basierte Sprachen

Obwohl SGML eine Metasprache ist, soll im folgenden zunächst die Meta-Ebene außer Acht gelassen werden. In einem ersten Schritt wird daher die Verwendung von in SGML definierten Markup-Sprachen (*SGML-basierte Sprachen*) vorgestellt. Erst in einem zweiten Schritt wird betrachtet, wie die Definition solcher Sprachen mittels SGML erfolgt.

Sprachkonstrukte

Die wesentlichen Sprachkonstrukte solcher SGML-basierten Sprachen sind Elemente, Attribute und Entities.

Elemente

Elemente sind die strukturellen Komponenten eines Textes. Es gibt verschiedene Typen von Elementen, die über einen eindeutigen Namen identifiziert werden (*Generic Identifier, GI*). Im Text wird ein Element üblicherweise durch eine *Anfangs- und Endmarkierung (Start-, End-Tag)* begrenzt.

Gängig ist die Notation <GI> für die Anfangs- und </GI> für die Endmarkierung. So könnten Beispiele in einem Text wie folgt markiert werden:

```
<Beispiel> Dies ist ein Beispiel. </Beispiel>
```

Über die Wahl sprechender Bezeichner, im betrachteten Fall „Beispiel", wird Elementen zwar eine bestimmte Bedeutung unterstellt, trotzdem ist die Semantik aus Sicht der Markup-Sprache vollkommen undefiniert. Die Interpretation des Elements ist immer applikationsabhängig. Als GI hätte anstelle von „Beispiel" auch „XYZ" gewählt werden können.

```
<Kurznachricht id=N7 Dringlichkeit="dringend">
  <von> S. Strahringer </von>
  <an> Prof. Petzold </an>
  <Datum> 17.5.97 </Datum>
  <Betreff> Notenmeldung </Betreff>
  <Text>
     <Absatz>Herr M&uuml;ller sollte die ...</Absatz>
     <Absatz>xxxxxxxxxxx</Absatz>
  </Text>
  <Gruss>
     <Grussformel>&mfg;</Grussformel>
     <Name> S. Strahringer</Name>
  </Gruss>
  <PS> <Absatz>xxxxxxx</Absatz> </PS>
</Kurznachricht>
```

Abb. 29.8. Auszeichnung einer Kurznachricht

Baumstruktur

Durch Schachtelung von Elementen werden hierarchische Dokumentenstrukturen beschrieben. Abb. 29.8 zeigt das Beispiel einer Kurznachricht. Das Beispiel veranschaulicht, daß man sich ein mittels einer SGML-basierten Sprache ausgezeichnetes Dokument als einen Ausdruck ineinander geschachtelter Klammerausdrücke vorstellen kann, wobei jeder Elementtyp über einen spezifischen Klammertyp verfügt. Anfangs- und Endmarkierung eines Elementes repräsentieren ein Klammerpaar: <GI> die öffnende, </GI> die zugehörige schließende Klammer. Die durch Klammerpaare begrenzten Komponenten sind die Elemente eines Dokumentes, die mittels Verschachtelung hierarchisch angeordnet werden. Ein solches Dokument läßt sich wiederum mittels einer *Baumstruktur* visualisieren. Abb. 29.9 zeigt die zum Beispiel aus Abb. 29.8 gehörende Baumstruktur.

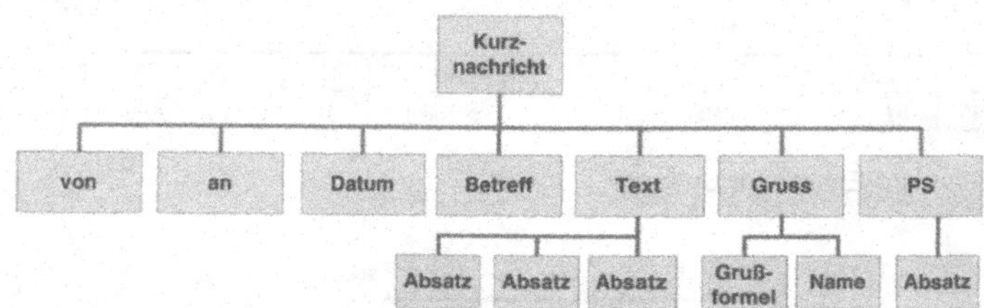

Abb. 29.9. Darstellung der Kurznachricht als Baum

Attribute

Im Beispiel ist auch die Anwendung von *Attributen* veranschaulicht. Attribute beinhalten zusätzliche Informationen zu Elementen, ohne zum eigentlichen Textinhalt zu gehören. Die Kurznachricht ist mit einem identifizierenden Attribut und einem Attribut zum Dringlichkeitswert versehen. In einem Verarbeitungsprozeß zur Formatierung könnte der Wert des Attributes Dringlichkeit zu unterschiedlichen Arten der Formatierung führen (z.B. große Schriftart bei sehr dringenden Nachrichten). Ein sehr wichtiges Anwendungsgebiet von Attributen, über die Textkomponenten identifiziert werden können, ist im Bereich von Querverweisen auf solche Textkomponenten zu sehen.

Entities

Entities sind vergleichbar mit globalen Konstanten oder Textbausteinen, die in einem Dokument über &entityname; an beliebiger Stelle referenziert werden können. Im betrachteten Beispiel könnten Entities für verschiedene Grußformeln angelegt werden, beispielsweise wird &mfg; anstelle von „Mit freundlichen Grüßen“ benutzt. Eine andere häufige Verwendung von Entityreferenzen sind Ersatzdarstellungen von Sonderzeichen. Man beschränkt sich in SGML auf den ISO 646-Zeichensatz (entspricht ASCII) und ersetzt Sonderzeichen durch Entityreferenzen. Im Beispiel wird der Name Müller mit der Referenz ü für „ü“ geschrieben, also als Müller. Abb. 29.10 gibt einen Überblick über *Standard-Entities* für Umlaute.

Dokumenttypen

Nachdem die grundlegenden Sprachkonstrukte von SGML-basierten Markup-Sprachen am Beispiel einer Sprache für Kurznachrichten veranschaulicht wurden, soll nun die Definition einer solchen Sprache mittels SGML betrachtet werden (Meta-Ebene). Kernstück der metasprachlichen Definitionen sind Dokumenttypen, die in *Dokumenttypdefinitionen (Document Type Definition, DTD)* spezifiziert werden. Dokumente werden als Instanzen solcher DTDs aufgefaßt und müssen dem in der DTD festgelegten syntaktischen Regelwerk gehorchen.

Eine SGML-DTD Deklaration besteht u.a. aus Entity-, Element- und Attributdeklarationen. Abb. 29.11 zeigt als Beispiel die DTD „Kurznachricht“.

Elementdeklaration

Die SGML-Syntax selbst soll hier nicht vollständig dargestellt werden. Es wird vornehmlich auf die Deklaration von Elementen eingegangen. Abb. 29.12 gibt einen Überblick über die wichtigsten Komponenten der *Elementdeklaration*, die mit dem Schlüsselwort ELEMENT eingeleitet wird.

Umlaut	ä	Ä	ö	Ö	ü	Ü	ß
Einheit	ä	Ä	ö	Ö	ü	Ü	ß

Abb. 29.10. Standard-Entities für Umlaute

```
<!DOCTYPE  Kurznachricht [
<!ENTITY mfg "Mit freundlichen Gr&uuml;&szlig;en" >
<!ELEMENT Kurznachricht - - (von?, an?, Datum, Betreff?, Text, Gruss?, PS?)>
<!ATTLIST Kurznachricht id           #IMPLIED
                        Dringlichkeit (wenig I normal I dringend) >
<!ELEMENT von           - o #PCDATA >
<!ELEMENT an            - o #PCDATA >
<!ELEMENT Datum         - o #PCDATA >
<!ELEMENT Betreff       - o #PCDATA >
<!ELEMENT Text          - - (Absatz+) >
<!ELEMENT Absatz        - o #PCDATA >
<!ELEMENT Gruss         - o (Grussformel?, Name?) >
<!ELEMENT Grussformel   - o #PCDATA >
<!ELEMENT Name          - o #PCDATA >
<!ELEMENT PS            - o (Absatz*) >
]>
```

Abb. 29.11. DTD für Kurznachrichten

Verkürzungsregeln

Jedes Element erhält einen GI. Darauf folgen die sog. *Verkürzungsregeln*, die angeben, ob Start- oder End-Tags entfallen können. Von diesen Regeln wird Gebrauch gemacht, um den Markup-Anteil in Dokumenten gegenüber dem eigentlichen Textinhalt nicht zu stark anwachsen zu lassen. Im Beispiel der Kurznachricht ist es bei vielen Elementen (z.B. von, an, Datum, Betreff ...) zulässig, die Endmarkierung wegzulassen, obwohl hiervon im Dokument aus Abb. 29.8 kein Gebrauch gemacht wurde.

Komponente	Erklärung	Ausprägungen
Elementbezeichner (general identifier)	legt den Namen des zu deklarierenden Elementes fest	max. 8 bzw. 16 Zeichen lang
Verkürzungsregeln (minimization rules)	erlauben das Weglassen von Markierungen, um den Markup-Anteil im Text zu reduzieren 1. Stelle: Startmarkierung 2. Stelle: Endmarkierung	o : Markierung kann entfallen - : Markierung ist zwingend
Inhaltsmodell (content model)	definiert zulässigen Inhalt d. Elements (Strukturmuster unter Verwendung v. Häufigkeitsindikatoren und Gruppenkonnektoren müssen angegeben werden.)	in Klammern eingeschlossene Gruppe von Elementen oder Datentypen, die innerhalb des definierten Elements vorkommen dürfen
Häufigkeitsindikator (occurrence indicators)	zeigt an, wie häufig das mit dem Indikator gekennzeichnete Element innerhalb des definierten Elements vorkommen kann	+ : wiederholbar (einmal od. mehrmals) ? : optional (keinmal od. einmal) * : optional u. wiederholbar (keinmal, einmal od. mehrmals)
Gruppenkonnektor (group connectors)	zeigt an, wie die angegebenen Elemente untereinander verknüpft sind	, : Sequenz (alle Elemente in angegebener Reihenfolge) & : AND-Konnektor (alle Elemente in beliebiger Reihenfolge) I : OR-Konnektor (eines der angegebenen Elemente)
Datentypen	die Elemente der niedrigsten Hierarchieebene haben Daten und nicht andere Elemente zum Inhalt (data content vs. element content)	CDATA: character data RCDATA: replaced character data #PCDATA: parsed character data ANY: beliebiger Inhalt EMPTY: leeres Element

Abb. 29.12. Komponenten einer Elementdeklaration

Beginn	Ende	Markup-Typ	Sprachebene
<!	>	markup declaration: definiert Anweisungen der Markup-Sprache	Anweisungen der Metasprache SGML
<	>	start-tag: kennzeichnet Beginn einer Markup-Anweisung	Anweisungen der in SGML definierten Markup-Sprache
</	>	end-tag: kennzeichnet Ende einer Markup-Anweisung	
&	;	entity reference: begrenzt Referenz auf ein Entity	
		Kein Markup	Inhalt des Dokuments, meist natürliche Sprache

Abb. 29.13. Differenzierung von Sprachebenen

Inhaltsmodell

Die logische Elementhierarchie wird über das *Inhaltsmodell* definiert. Es gibt an, welche Elemente in das betrachtete Element eingebettet werden. Dabei kann über *Häufigkeitsindikatoren* definiert werden, ob das entsprechende Element zwingend vorkommen muß und ob es wiederholt auftauchen darf. Des weiteren können über *Gruppenkonnektoren* die Verknüpfungsmöglichkeiten zwischen den Elementen definiert werden. Als Beispiel läßt sich das Element Kurznachricht (Element aus höchster Hierarchieebene in der Beispiel DTD aus Abb. 29.11) herausgreifen. Es besteht aus einer Sequenz untergeordneter Elemente, nämlich „von, an, Datum, Betreff, Text, Gruss und PS“. Bis auf Datum und Text können alle Elemente entfallen. Die Elemente Text und PS bestehen selbst wiederum aus Absätzen; Text aus mindestens einem Absatz.

Datentypen

Elemente auf niedrigster Ebene (Blattknoten der Baumstruktur) enthalten den eigentlichen Textinhalt. Gängige *Datentypen* sind z.B. CDATA (Character Data) oder RCDATA (Replaced Character Data), wobei bei letzterem Entityreferenzen aufgelöst werden, hingegen behandelt bei CDATA der Parser den gesamten Zeichenstrom bis zur nächsten Endmarkierung als Text.

Sprachebenen

Die vorangehenden Darstellungen haben gezeigt, daß insgesamt zwischen drei Sprachebenen unterschieden werden muß: die Metasprache SGML, die mittels SGML definierte Markup-Sprache sowie die Sprache, in der der Dokumentinhalt formuliert wird. Um insbesondere innerhalb eines Dokuments zwischen Markup und eigentlichem Text differenzieren zu können, wird die anfänglich gezeigte Notation für Tags, die allerdings redefinierbar ist, benutzt. Abb. 29.13 gibt einen abschließenden Überblick über entsprechende Kennzeichnungen zur Abgrenzung der verschiedenen Sprachebenen.

Dokumentenaustausch

Für den plattformunabhängigen Austausch von SGML-Dokumenten und den zugehörigen Objekten (z.B. DTDs, Entities) wurde das Austauschformat *SDIF* (*SGML Document Interchange Format*, ISO 9069) entwickelt. Ein SDIF-Packer ist ein Hilfsprogramm, das ein oder mehrere SGML-Dokumente in einer einzigen Datei ohne Strukturverlust, unabhängig vom zugrundeliegenden Dateisystem (d.h. binärcodiert) zusammenfaßt. Die

Rücktransformation wird mittels eines entsprechenden SDIF-Entpackers vorgenommen.[98]

SGML vs. ODA

Obwohl ODA/ODIF und SGML nahezu völlig unabhängig voneinander entwickelt wurden, was u.a. an der abweichenden Terminologie deutlich wird, sind dennoch einige Parallelen zu erkennen. Beiden Ansätzen ist gemeinsam, daß zwischen Struktur und Inhalt unterschieden wird. Da in ODA die Semantik struktureller Komponenten festgelegt ist, kann dort zwischen logischer und Layout-Struktur unterschieden werden. In SGML ist davon auszugehen, daß Dokumente logisch strukturiert werden. Eine Überlagerung durch eine weitere Struktur ist allerdings möglich. Dies kann durch sog. parallele Strukturen (Concurrent Structure) bewerkstelligt werden. Zu jeder hierarchischen Gliederung eines Dokuments ist es in SGML möglich, weitere Hierarchien hinzuzufügen, wobei auf der Blattebene bei allen parallelen Hierarchien zum selben Dokument eine Übereinstimmung in den Elementen vorliegen muß. Keinesfalls ist jedoch davon auszugehen, daß solche parallelen Hierarchien vornehmlich zur Definition von Layout-Strukturen verwendet werden. Üblicherweise werden nur logische Strukturen definiert, in die ggf. gestalterische Elemente miteinfließen. In ODA hingegen liegt eine strenge Trennung dieser beiden Sichtweisen vor. Dies verdeutlicht allerdings auch, daß in ODA nach der Texterstellung einschließlich Strukturierung ein bestimmter Verarbeitungsprozeß vorgesehen ist, nämlich der Darstellungsprozeß. Die automatische Formatierung ist also der wesentliche sich anschließende Dokumentenbearbeitungsprozeß. SGML hingegen ist hier deutlich flexibler, die Textdarstellung ist nicht die einzige Form der Verarbeitung, die sich an die Texterstellung anschließen kann. Preis dieser Flexibilität ist, daß der Darstellungsprozeß nicht unmittelbar in den Erstellungsprozeß integriert ist, sondern vorbereitende Maßnahmen erfordert. Auf diese Eigenschaft sind auch die differierenden Einsatzgebiete beider Standards zurückzuführen.

Als traditioneller Schwerpunkt von SGML ist nicht wie bei ODA/ODIF beabsichtigt das Bürowesen zu nennen, sondern die Druckindustrie.[99] Im Verlagswesen sind bei der Erstellung von Dokumenten die Verantwortlichkeiten geteilt. Der Autor erstellt ein Manuskript mit logischer Strukturierung, die gestalterischen Aspekte hingegen obliegen in der Regel dem Verlag. Oftmals wird in diesem Zusammenhang die Offenheit der Dokumentenbearbeitung in Frage gestellt, da keine Austauschbarkeit ohne vor-

[98] SDIF ist zudem auch in Verbindung mit ODA von Bedeutung, da es als ein zu ODIF alternatives Austauschformat eingesetzt werden kann, wenn ODA-Dokumente zuvor in SGML-Dokumente umgewandelt werden. Hierfür ist *ODL (Office Document Language)* vorgesehen. ODL, eine SGML-Untermenge, kann als SGML-Darstellung eines ODA-Dokumentes verstanden werden. Mittels eines ODA/ODL-Konverters kann ein ODA-Dokument in ODL transformiert werden und ist somit mittels SDIF übertragbar. Für die Rücktransformation steht ein entsprechender ODL/ODA-Konverter zur Verfügung.

[99] Ein weiteres Gebiet, in dem SGML in der Praxis von Relevanz ist, stellt die technische Dokumentation dar.

herige Absprachen möglich ist. SGML wird deshalb häufig als ausschließlich für geschlossene Benutzergruppen (Closed Groups) geeignet bezeichnet, denn nur innerhalb solcher geschlossenen Gruppen sind entsprechende Absprachen denkbar.

Fehlende Semantikspezifikation

Dieser Nachteil von SGML, der auf die fehlende Semantikspezifikation zurückzuführen ist bzw. darauf, daß Definitionen zur Abbildung von SGML-Elementen auf Formatierungsanweisungen fehlen, wird voraussichtlich an Bedeutung verlieren. Zum Teil haben hier Anwendergruppen Abhilfe geschaffen. Als Beispiel ist *FOSI (Formatted Output Specification Instance)* zu nennen, das eine Layoutbeschreibung für ein breites Spektrum an Dokumenten des DoD (US Department of Defense) bereitstellt. Zudem ist seit 1996 die Problematik fehlender Semantikspezifikation grundlegend gelöst. In ISO/IEC 10179 wird eine *„Document Style Semantics and Specification Language" (DSSSL)* eingeführt. Durch DSSSL kann für SGML-Elemente Bearbeitungssemantik beliebiger Art definiert werden. Umfang von DSSSL sind 4 Sprachen:

- Eine *Präsentationssprache* (Style Language), um SGML-Dokumente mit Formatierungsanweisungen auszustatten.
- Eine *Transformationssprache* (Transformation Language), die der Definition von strukturellen Transformationen auf SGML-Dokumenten dient, z.B. zur Umwandlung eines Dokuments in das Regelwerk einer anderen DTD.
- Eine *Dokumentenabfragesprache* (Standard Document Query Language, SDQL), um auf Dokumentteile zugreifen zu können. SDQL wird von beiden der zuvor genannten Sprachen genutzt.
- Eine *Sprache zur Formulierung von Ausdrücken* (DSSSL Expression Language), die in den zuvor genannten Sprachen Verwendung findet.

Unter Verwendung dieser Sprachen kann ausgehend von einem SGML-Dokument die Layout-Struktur konstruiert werden. Um den Dokumentenbearbeitungsprozeß beginnend mit der Auszeichnung mittels SGML, der Formatierung mittels DSSSL mit der Ausgabe auf einem beliebigen Ausgabemedium bzw. -gerät (z.B. Drucker, Monitor) abschließen zu können, bedarf es schließlich noch einer Seitenbeschreibungssprache. Im SGML/DSSSL-Umfeld wurde hierfür *SPDL* (Standard Page Description Language, ISO 10180, 1995) entwickelt. SPDL stellt eine standardisierte Erweiterung von PostScript[100] Level 2 dar und beschreibt ein Dokument in seiner endgültig „gesetzten", nicht mehr überarbeitbaren Form.

HyTime

Neben DSSSL ist als weiterer auf SGML aufbauender wichtiger Standard *HyTime* (ISO/IEC 10744, 1992) zu nennen. Er erweitert SGML um Hypermedia-Komponenten, so daß SGML im Vergleich mit ODA/ODIF den dort unterstützten Inhaltsarchitekturen nicht nachsteht. Aus dem HyTime-Standard stammt auch ein zu SDIF alternatives Austauschformat SBENTO (Standard Bento Entity for Natural Transport of Objects).

---

[100] Zu PostScript s. auch Kap. 29.5.

Beide Entwicklungen machen deutlich, daß die Standardisierungsbemühungen im SGML-Bereich noch lange nicht abgeschlossen sind. Auch die Bekanntheit der in SGML definierten Markup-Sprache HTML (Hypertext Markup Language, RFC 1866), die eine SGML-DTD darstellt, trägt stark zur Verbreitung von SGML-Konzepten bei und verdeutlicht deren Potential im Netzbereich. Auf diesen Aspekt soll daher im folgenden abschließend eingegangen werden. Gerade am Beispiel der Entwicklungen im Bereich des WWW lassen sich Grenzen und Möglichkeiten SGML-basierter Sprachen veranschaulichen.

HTML als SGML-DTD

Das im WWW eingesetzte HTML ist eine in SGML als DTD definierte, sehr einfach gehaltene Hyptertextauszeichnungssprache, die von der ursprünglichen Intention her SGML-Ideen vollständig unterstützen sollte. Lediglich die logische Struktur eines Dokumentes sollte mittels HTML definiert werden, die gestalterische Interpretation dieser Struktur war Aufgabe des jeweiligen Web-Browsers. Das Layout eines HTML-Dokumentes ist in einem Browser quasi *„hart codiert“*. Mit zunehmender Kommerzialisierung des Webs sind jedoch die Anforderungen an die Gestaltung von Web-Seiten im Hinblick auf ansprechendes Design und einheitliche Darstellung über alle Browser hinweg gestiegen. Hinzu kamen daher weitere Tags, um HTML um neue gestalterische Elemente wie Tabellen und Frames erweitern zu können. Insgesamt führten diese Entwicklungen jedoch zu einer Verwässerung der ursprünglichen SGML-Idee.

CSS

Eine konzeptionell tragbare Lösung dieses Problems, welche die Trennung von logischer Struktur und Layout wieder stärker forciert, ist durch sog. Style Sheets in Sicht. Das W3C-Konsortium sieht seit 1994 *Cascading Style Sheets (CSS)* als Erweiterung zu HTML vor. Diese Stilvorlagen, die von professionellen Designern gestaltet werden können, lassen sich auf unterschiedliche Weise mit einem HTML-Dokument verknüpfen. Style Sheets „überschreiben“ quasi die im Browser hart-codierte Formatierungsvorlage. Sie legen damit die layouttechnische Gestaltung der Strukturelemente des Dokumentes fest, die auch medienabhängig (Monitor, Drucker) erfolgen kann.[101] Dadurch wird die gewünschte Trennung zwischen logischer Struktur und Layout wieder hergestellt und eine fortwährende Ergänzung von HTML um immer ausgefeiltere Layout-Tags kann vermieden werden.

Erweiterungsproblematik

Dennoch weist dies deutlich auf einen zweiten Problembereich von HTML hin: Es ist nicht vom Benutzer erweiterbar. Dies ist eine natürliche Konsequenz daraus, daß es sich um eine SGML-DTD handelt, also um eine reine Auszeichnungssprache, nicht um eine Metasprache. Soll die Auszeichnungssprache HTML erweitert werden, dann ist die DTD zu verändern, was einem neuen HTML-Standard, also einer neuen Version ent-

[101] Medienspezifische Style Sheets werden erst seit 1998 mit CSS2 (Cascading Style Sheets, Level 2) unterstützt, die eine Weiterentwicklung von CSS1 darstellen. Abgesehen von wenigen Ausnahmen erfüllt ein CSS1-Style-Sheet grundsätzlich die Anforderungen an ein CSS2-Style-Sheet, so daß Kompatibilitätsprobleme gering sind.

spricht. Soll zudem aus Kompatibilitätsgründen der alte Sprachumfang immer Bestandteil des neuen sein, so geschieht genau das, was in den letzten Jahren zu beobachten war: Es werden immer weitere jeweils im Sprachumfang mächtigere HTML-Versionen veröffentlicht. Die derzeit aktuelle Version 4.0 stellt letztlich ein Sammelsurium aus Tags dar, die sich in den vergangenen sechs Jahren angesammelt haben. Daß diese Entwicklung sich so nicht fortsetzen wird, steht nunmehr fest.

Lösungsansatz

Das Problem der mangelnden Erweiterbarkeit läßt sich auf unterschiedliche Weise lösen. Dabei ist ein Grundgedanke darin zu sehen, die im WWW genutzten Technologien auf die Ebene der Metasprache umzustellen. Naheliegend wäre dann der direkte Einsatz von SGML selbst, zumal durch DSSSL das Problem der Zuordnung von gestalterischen Verarbeitungsanweisungen an Strukturelemente eines Dokumentes gelöst ist. Als das große Manko von SGML werden in diesem Kontext aber weiterhin dessen Komplexität und die bereitgestellten Freiheitsgrade angesehen. Insbesondere letzteres erschwert die Interoperabilität. SGML bietet eine große Zahl an optionalen Elementen, bzgl. derer SGML-Nutzer einheitliche Festlegungen treffen müssen, wenn sie ihre Dokumente austauschen wollen. SGML-Instanzen sind also nicht per se portabel. Sie sind zudem immer nur in Verbindung mit der zugehörigen DTD sinnvoll benutzbar, denn nur unter Rückgriff auf die DTD kann die Baumstruktur vollständig konstruiert werden. Ein SGML-Dokument ist somit nicht selbst-beschreibend. Es wird von einem SGML-Parser immer gegen seine DTD geprüft, ist es valide, läßt es sich darstellen, ansonsten nicht. Dabei sind es nur wenige Eigenschaften, die diese Abhängigkeit von der DTD bewirken. Betrachtet man z.B. folgende SGML-Zeile,

```
<p> etwas Text <meine-Markierung > noch etwas Text.
```

so kann ohne die zugehörige DTD nicht entschieden werden, ob „`noch etwas Text`" innerhalb von `meine-Markierung` steht oder nicht. Dies liegt daran, daß nur die DTD Auskunft darüber gibt, ob bestimmte Elemente leer bleiben dürfen oder nicht und welche Minimierungen zulässig sind, so daß End-Tags ggf. entfallen dürfen. Würde man sich auf einige wenige Regeln einigen (z.B. durch Verzicht auf Minimierung, d.h. auf jedes Start- folgt auch ein End-Tag oder durch Schließen eines leeren Tags am Ende mit /> anstelle von >), dann wären die entsprechenden Dokumente zumindest selbst-beschreibend. Das bedeutet, daß sie die vollständige Strukturinformation beinhalten und diese nicht nur unter Rückgriff auf die DTD rekonstruiert werden kann. Die Beispielzeile würde dann in dem einen bzw. anderen Fall wie folgt lauten:

```
<p> etwas Text <mein-leeres-Element/> noch etwas Text.</p>
<p> etwas Text <mein-nicht-leeres-Element> noch etwas Text.
            </mein-nicht-leeres-Element> </p>
```

Eine Fehlinterpretation aus dem Dokument selbst heraus ist jetzt also auch ohne DTD unmöglich.

Regeln, wie die beispielhaft genannten, stellen einen Ansatzpunkt dar, Freiheitsgrade der Sprache SGML einzuschränken, was zwei Konsequenzen hat: Die Sprache wird vereinfacht (auch wenn der Auszeichnungsaufwand steigt) und Dokumente werden selbst-beschreibend, können also auch ohne DTD benutzt werden.

29.4 XML

SGML-Vereinfachung

Eine natürliche Konsequenz der beschriebenen Defizite von SGML ist in einer Vereinfachung des SGML-Ansatzes zu sehen. Genau dies ist Zielsetzung der jüngsten Entwicklung, die unter der Bezeichnung *XML* (*Extensible Markup Language*) seit 1998 in Version 1.0 als W3C Recommendation vorliegt. Der Aspekt der Erweiterbarkeit ist im Gegensatz zu HTML darauf zurückzuführen, daß es sich ebenso wie bei SGML um eine Metasprache handelt. Man kann XML auch als einen stark vereinfachten SGML-Dialekt oder eine SGML-Teilmenge bezeichnen, die auf einige der komplexen, aber selten genutzen SGML-Elemente verzichtet.

Die aus der ca. 500-seitigen SGML-Spezifikation gebildete, für die anstehenden Belange ausreichende Teilmenge resultiert in einer 26-seitigen XML-Spezifikation. Welche erheblichen Vorteile dies im Hinblick auf Erlernbarkeit und auch auf die Implementierung entsprechender Werkzeuge (Editoren, Parser etc.) hat, liegt auf der Hand. Von herausragender Bedeutung ist zudem der zuvor angedeutete Zusammenhang: Durch Verzicht auf bestimmte Freiheiten können XML-Dokumente auch losgelöst von einer DTD verarbeitet werden. Man spricht in diesem Zusammenhang von *wohlgeformten* (well-formed) XML-Dokumenten, die bereits von einem Browser interpretiert werden können, d.h., daß die Grundregeln der XML-Syntax eingehalten sind, so daß die sich aus der Auszeichnung ergebende Baumstruktur konstruiert werden kann. Im Gegensatz zu wohlgeformten Dokumenten müssen *gültige* (valid) eine Instanz einer DTD darstellen. Mittels solcher DTDs können dem SGML-Konzept folgend beliebige Auszeichnungssprachen definiert werden, insbesondere solche, die spezifischen Anforderungen bestimmter Fachgebiete gerecht werden. Als Beispiele sind hier die Mathematical (MathML) sowie die Chemical Markup Language (CML) zu nennen, die u.a. das Setzen mathematischer bzw. chemischer Formeln unterstützen, oder die WML (Wireless Markup Language), die Tags zur Verfügung stellt, die von WAP-fähigen Geräten[102] verarbeitet werden können.

XSL

Um auch in bezug auf den gestalterischen Aspekt den Entwicklungen im Bereich von SGML und HTML nicht nachzustehen, ist für XML eine DSSSL-Vereinfachung vorgesehen. Diese *XSL (Extensible Stylesheet Lan-*

[102] Zu WAP s. Kap. 24.3.1.2.

guage) bietet neben einigen kleineren praktischen Verbesserungen gegenüber CSS, das auch im XML-Umfeld nutzbar bleibt, einen weiteren großen Vorteil. XSL ist nämlich nicht nur eingeschränkt auf den gestalterischen Bereich, sondern zudem auch eine Transformationssprache für XML-Dokumente. So läßt sich mittels XSL z.B. die Reihenfolge der Elemente in einem Dokument verändern oder ausgewählte Elemente können unterdrückt und an anderer Stelle ausgewiesen werden. Ein XSL-Stylesheet kann somit bewirken, daß ein Browser – genauer gesagt der XSL-Prozessor – den Inhalt eines Dokumentes umstrukturiert, bevor es angezeigt wird, ohne daß dabei eine serverseitige Verarbeitung notwendig wäre. Der für solche Transformationen notwendige Sprachumfang wird ebenso wie im Falle des komplexen DSSSL durch Zerlegung in verschiedene Teilsprachen modularisiert. So besteht XSL aus *XSL Transformations (XSLT)*, einer Sprache zur Formulierung von Transformationen auf XML-Dokumenten. Mittels XSLT lassen sich beliebige XML-Dokumente in beliebige andere transformieren. In diesem Sinne ist die Sprache also auch unabhängig von XSL einsetzbar, jedoch ist sie von der Konzeption darauf ausgerichtet, eine auf die Formatierung ausgelegte Zielstruktur zu erzeugen. Eine solche Zielstruktur besteht aus spezifischen Elementen, sog. *Formatting Objects (FO)*, z.B. Seiten, Blöcken, Listen, Tabellen, mit einer festgelegten Semantik, die sich parametergesteuert (Formatting Properties) dargestellen lassen. Dieses FO-Vokabular stellt die zweite wesentliche Komponente von XSL dar.

XML Linking

Neben Sprachen zur Präsentation und ggf. Transformation ist als ein weiterer Bereich für Sprachen im XML-Umfeld das *XML Linking* zu nennen. Dabei geht es um die Entwicklung von Konzepten zur Herstellung von Verbindungen (Links) zwischen XML-Dokumenten, die eine Vielzahl neuer Link- und Adressierungsformen, die es bisher unter HTML nicht gab, unterstützten sollen. Der in diesem Bereich im W3C noch nicht abgeschlossene Standardisierungsprozeß konzentriert sich auf zwei Sprachen: die *XML Linking Language (XLink)* für die Link-Definition und die *XML Pointer Language (XPointer)* für die Adressierung von Link-Zielen.

XLink

XLink, das auf HyTime basiert, umfaßt einfache und erweiterte Links. Einfache Links entsprechen der HTML-Link-Funktionalität, die erweiterten Link-Formen hingegen führen zu einigen wesentlichen Neuerungen. Ein erweiterter Link kann z.B. auf mehrere Ziele verweisen. Auch multidirektionale Link-Formen sind möglich, d.h., daß solche Links ausgehend von mehreren Verknüpfungspunkten traversiert werden können. Zudem können auch Links zu und von Daten erzeugt werden, die selbst keine Link-Funktionalität unterstützen, z.B. weil kein Zugriff mit Änderungsberechtigung auf sie möglich ist. Dies läßt sich realisieren, weil Link-Deklarationen grundsätzlich nicht innerhalb der durch den Link verknüpften Dokumente liegen müssen, sondern in separaten Dokumenten vorgenommen werden können. Man spricht von sog. „out of line"- im Gegensatz zu „inline"-Verweisen.

Durch die *Isolierbarkeit* der Linkstrukturen von den inhaltstragenden Dokumenten ergeben sich große Vorteile bei der Pflege von komplexen Verweisstrukturen sowie hinsichtlich der Vermeidung von Redundanz, denn dieselbe inhaltstragende Ressource kann unverändert in verschiedenen Verweisstrukturen zum Einsatz kommen. Diesen Vorteilen stehen allerdings auch Risiken gegenüber, denn eine beliebige Rekombinierbarkeit von Dokumenten in Verweis-Netzen, ohne auf diese selbst zugreifen zu müssen, kann Ressourcen in einen vom Autor ggf. nicht intendierten und nicht wahrgenommenen Kontext setzen.

Trennung von Linkstruktur und inhaltstragender Ressource

XPointer, der zweite Substandard im XLL-Umfeld, ist eine Sprache, die die Spezifikation von Punkten oder Bereichen innerhalb von XML-Dokumenten unterstützt. Diese Spezifikationen (Verweisausdrücke) können als Zielpunkte für XLink-Verbindungen benutzt werden. XPointer stellt hierfür eine Syntax bereit, mittels derer unter Ausnutzung der hierarchischen Struktur von XML-Dokumenten Lokationen wesentlich präziser, also in feinerer Granularität, und wesentlich flexibler, z.B. mittels relativer bzw. absoluter Verweisausdrücke oder mittels der Adressierung ganzer Bereiche, spezifiziert werden können. XPointer basiert ebenso wie XSLT auf einer Sprache *XPath (XML Path Language)*, mittels derer sich Navigationspfade in XML-Dokumenten formulieren lassen.

XPointer

Zusammenfassend läßt sich festhalten, daß XML in Verbindung mit XSL und XML Linking eine Basis für eine Vielzahl von Anwendungen bildet. Ganz deutlich wird hieran auch das enorme Potential von XML und den begleitenden Co-Standards. Sie ermöglichen die Darstellung und den Austausch strukturierter Informationen im Gegensatz zu HTML-Dokumenten, die vornehmlich geeignet sind, unstrukturierte Informationen dergestalt bereitzustellen, daß eine optische Aufbereitung möglich ist. Eine andere Form der Verarbeitung des Dokumenteninhalts ist nicht vorgesehen und kaum möglich. XML-Dokumente stehen in ihrem Strukturierungsgrad somit zwischen stark-strukturierten Datenbeständen einer Datenbank auf der einen Seite und kaum strukturierten HTML-Dokumenten auf der anderen. Mit zunehmender Strukturierbarkeit der Inhalte und der Möglichkeit, diese zudem noch mit beschreibenden Informationen (Meta-Daten) versehen zu können, lassen sich Suchanfragen im Web wesentlich präziser formulieren. Die Ergebnisse von solchen Suchanfragen können dann auch ggf. direkt in anderen Anwendungen weiterverarbeitet werden. Letztlich sind auf Basis der XML-Standards Technologien in Entwicklung, die das Web von einem passiven Informationssystem, das nur auf Anforderung aktiv wird (*Pull-Prinzip*), zu einer Plattform für Anwendungen werden lassen, die wesentlich mehr Automatismen unterstützen und z.T. sogar auf serverseitiger Initiierung von Aktivitäten beruhen (*Push-Prinzip)*.

Anwendungspotentiale

So ist beispielsweise mit dem *OSD-Format (Open Software Description)* eine XML-DTD vorgeschlagen, mittels derer die strukturellen Komponenten von Softwarepaketen und deren Interdependenzen zu anderen Systemen in hierarchischer Form beschrieben werden können. In diesem

Anwendungsbeispiele: OSD, CDF, ICE

Umfeld ist ein interessantes Anwendungsgebiet die automatische Distribution (Push-Prinzip) solcher mit OSD beschriebener Softwarepakete zu sehen. Die Funktionsweise solcher „Push"-Kanäle kann mit einer weiteren XML-Anwendung, dem *Channel Definition Format (CDF)*, definiert werden. Neben diesem auf den Server-zu-Browser-Bereich abzielenden Datenaustauschkanal ist im Server-zu-Server-Bereich *ICE (Information and Content Exchange)* zu nennen, das zur Automatisierung des Datenaustauschs zwischen verschiedenen Web-Sites beitragen soll. Dabei werden im Rahmen von ICE verschiedene Rollen innerhalb einer solchen Datenaustauschbeziehung vorgesehen, nämlich die Rolle des Informationsanbieters und die des Informationsnachfragers, der als Informationsabonnent verstanden wird. Es wird sowohl die Einrichtung und Pflege dieser Beziehung wie auch die eigentliche Informationsübermittlung unterstützt.

XML Schema

Allen drei Beispielen ist gemeinsam, daß es sich um relativ komplexe XML-Anwendungen handelt, die sich aber noch auf Grundlagen von XML-DTDs realisieren lassen. Dennoch werden mit zunehmender Komplexität möglicher Anwendungsbereiche die Grenzen von XML-DTDs deutlich. Im W3C hat sich daher bereits eine Arbeitsgruppe (XML Schema Working Group) etabliert, die an der Definition von Anforderungen an eine *XML Schemasprache (XML Schema Language)* arbeitet. Mittels dieser Sprache sollen XML-Schemata definiert werden können, die ähnlich wie DTDs Klassen von XML-Dokumenten beschreiben, aber ausdrucksmächtiger als diese sind. Inwieweit dies der ursprünglichen XML-Idee der sprachlichen Einfachheit widerspricht, bleibt abzuwarten.

DSML

Ein Beispiel für eine Anwendung, die im Hinblick auf die Formulierung der von XML-Dokumenten einzuhaltenden Bedingungen mehr Ausdrucksstärke benötigt, als dies in einer DTD möglich ist, läßt sich *DSML (Directory Services Markup Language)* anführen. DSML ist ein XML-Schema zum Austausch von Verzeichnisinformationen, das XML-basierten Anwendungen den Zugriff auf den Inhalt beliebiger Directories erlauben soll. Die Verzeichnisinformationen können auf DSML-Basis, d.h. in Form von standardisierten XML-Strukturen, ausgelesen bzw. ausgetauscht werden.

HTML als XML-DTD

Im traditionellen Bereich ist die bekannteste XML-Anwendung HTML, das in den Versionen nach HTML 4.0 als XML-DTD definiert wird. Abb. 29.14 zeigt die Zusammenhänge der bislang behandelten Sprachen und verdeutlicht den metasprachlichen Bezug der verschiedenen HTML-Versionen. *XHTML 1.0* ist derzeit die erste in XML definierte HTML-Version. Es handelt sich dabei um eine Reformulierung von HTML 4.0.

Hinsichtlich der Kombinierbarkeit mit Stylesheet-Sprachen verhält sich XHTML wie alle XML-basierten Sprachen (vgl. Abb. 29.15), d.h. es läßt sich mittels XSL, CSS oder auch unter Verwendung von DSSSL für Darstellungszwecke verarbeiten. Herkömmliche HTML-Dokumente (bis Version 4.0) waren hingegen auf Cascading Style Sheets beschränkt.

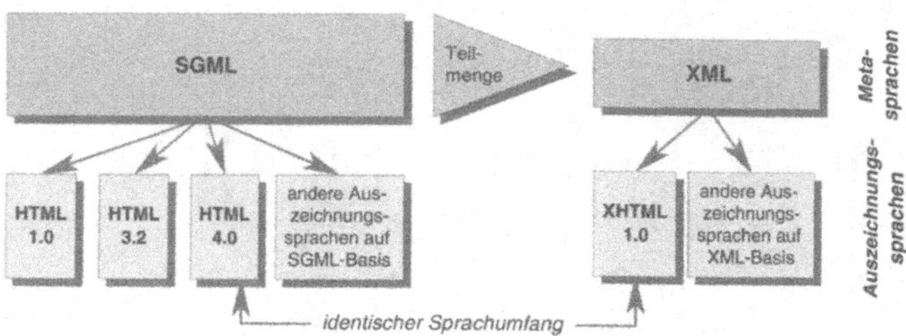

Abb. 29.14. Abhängigkeiten zwischen SGML, XML und HTML

Modularer Aufbau

Neben der neuen metasprachlichen Basis ist HTML im Gegensatz zu früheren Versionen modular als Suite von XML-Tag-Sets aufgebaut (vgl. Abb. 29.16). Ein Modularisierungsansatz ist vom W3C bereits für XHTML 1.0 vorgesehen. XHTML selbst wird aus einem *Sprachkern* der zentralen Auszeichnungsbefehle bestehen. Um diesen Sprachkern gruppieren sich spezifische Sprachelemente. Diese *Erweiterungsmodule* können in zwei Gruppen eingeteilt werden. Die erste Klasse von Erweiterungsmodulen enthält inhaltlich in Module gruppierte Befehle für spezifische Komponenten, wie Tabellen, Formulare, Grafik- und Multimediaelemente. Diese Module gehören noch zum XHTML-Sprachumfang i.e.S.

Erweiterbarkeit

Die zweite Klasse hingegen ist für eine sinnvolle Erweiterbarkeit der Sprache verantwortlich und erlaubt die Hinzunahme anderer spezifischer XML-Tag-Sets, z.B. für das Setzen von Musiknoten, mathematischer oder chemischer Formeln. Diese Erweiterungen werden nur bei Bedarf in ein Dokument eingebunden.

XHTML ist damit zwar weiterhin eine Auszeichnungssprache und keine Metasprache. Durch die Kombinierbarkeit von XML-basiertem HTML mit beliebigen anderen XML-Tag-Sets ist Erweiterbarkeit gegeben. Damit diese in gewisser Hinsicht kontrolliert werden kann und sich nicht völlig frei entfaltet, sieht das W3C ein Freigabeverfahren für XML-Tag-Sets im XHTML-Umfeld vor. Nur so glaubt das Konsortium, die Sprache dauerhaft einfach halten zu können und sie zugleich für Spezialaufgaben geöffnet zu haben.

Vorteile der Modularisierung

Neben der Erweiterbarkeit sind weitere Vorteile der Modularisierung darin zu sehen, daß der Sprachumfang jederzeit zielgruppengerecht aus den einzelnen Modulen rekombiniert werden kann. Liegen beispielsweise Endgeräte mit eingeschränkter Funktionalität zugrunde, so kann bereits eine Teilmenge der XHTML-Module ausreichend sein. Auch bei der Definition neuer XML-basierter Sprachen ergeben sich Vorteile: Module bereits definierter Sprachen, z.B. XHTML-Module, können in neuen Sprachen wiederverwendet werden. Auch die Transformation zwischen verschiedenen Dokumenttypen läßt sich dadurch vereinfachen, was im Hinblick auf die anstehenden Kompatibilitätsprobleme nicht unbedeutend ist.

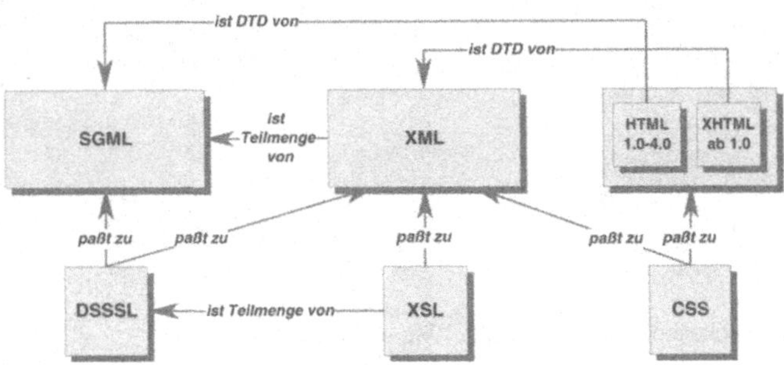

Abb. 29.15. SGML/XML und Sprachen für das Layout

Kompatibilität

Aufgrund der fehlenden Kompatibilität zwischen XML-basiertem HTML und den älteren Versionen wird grundsätzlich eine neue Browser-Generation benötigt. Damit jedoch die Vielzahl vorhandener Alt-Dokumente weiterhin nutzbar bleibt, sind diese Browser so konzipiert, daß sie zwischen Alt- und Neu-Dokumenten differenzieren und diese entsprechend verarbeiten können. Um die angestrebte Erweiterbarkeit gewährleisten zu können, gehört zum Umfang neuer Browser ein XML-Parser. Kompatibilitätsprobleme lassen sich langfristig auch durch Umwandlung alter HTML-Dokumente in XML-Dokumente beheben. Um HTML-Dokumente in wohlgeformte XML-Dokumente zu überführen, sind meist einige wenige Eingriffe notwendig. Durch Zuordnung einer entsprechenden DTD, die für die meisten HTML-Dialekte bereits existiert, ist auch eine Überführung in die gültige Form möglich. Eine Umwandlung in umgekehrter Richtung von XML-basierten Dokumenten in traditionelles HTML läßt sich mittels XSL realisieren. Die Reformulierung von HTML 4.0 als XML-DTD (XHTML 1.0) trägt als Übergangslösung entscheidend zur Vereinfachung der Umstellungsproblematik bei.

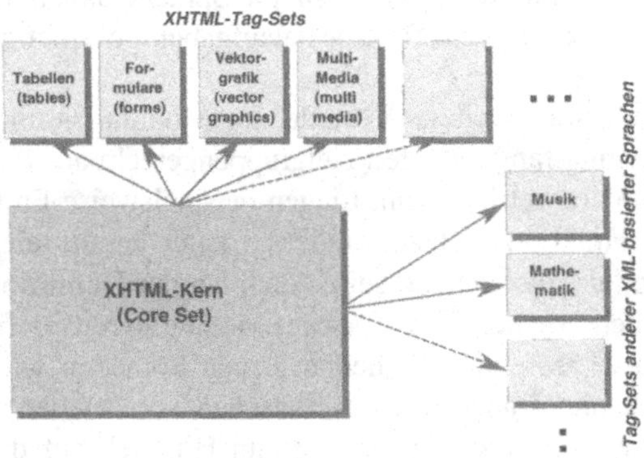

Abb. 29.16. Struktur von XML-basiertem HTML

In Anbetracht der Vielzahl existierender Web-Seiten wird es trotz verstärkter Produkt-Neuentwicklungen und -Umstellungen auf XML nicht zu einer vollständigen Verdrängung von XHTML kommen. Das Einsatzgebiet von XML ist daher zunächst im Bereich komplexer Web-Anwendungen zu sehen. Ein Beispiel für solche Anwendungen ist z.B. der Geschäftsdatenaustausch, auf den im folgenden – nach einem kurzen Überblick über andere Ansätze im Bereich der Bürodokumente – zunächst aus ISO-Sicht, abschließend aber wiederum aus der Internet-Perspektive eingegangen wird. Allerdings ist schon hier festzuhalten, daß durch XML die Grenze zwischen Büro- und Geschäftsdokumentenaustausch, die bei Verwendung traditioneller Technologien noch deutlich gezogen werden kann, zunehmend verschwimmt.

29.5 Andere Ansätze

Portable Dokumentenformate

Neben den bislang betrachteten Ansätzen gibt es eine Vielzahl von proprietären Dokumentenaustauschformaten und Seitenbeschreibungssprachen, die jedoch den Anforderungen an eine offene Dokumentenbearbeitung nur bedingt gerecht werden. Sie stehen hinsichtlich des Standardisierungsgrades – es handelt sich höchstens um Industriestandards – und der durch ihre Verwendung erzielbaren Interoperabilität weit hinter den beschriebenen Ansätzen. Man kann sich diese Ansätze über die Metapher *„elektronischen Papiers“* veranschaulichen, das letztlich lediglich auf ein plattformunabhängiges Verteilen und Drucken abzielt. Abb. 29.17 gibt einen synoptischen Überblick.

PS, PCL

Der Schwerpunkt der aufgeführten Ansätze liegt meist im Bereich des Austauschs *formatierter Dateien*. Einige sind ursprünglich nicht im Hinblick auf einen interpersonellen Dokumentenaustausch entwickelt worden, sondern vielmehr, um einen mehr oder weniger geräteunabhängigen Austausch zwischen Textverarbeitung und Ausgabegeräten zu ermöglichen. Als Beispiele sind die für Druckausgaben konzipierten Seitenbeschreibungssprachen *PostScript* und *PCL (Printer Control Language)* zu nennen, auf deren Grundlage formatierte Dokumente so beschrieben werden können, daß sie sich unmittelbar auf PCL- bzw. postscriptfähigen Druckern (Drucker, die die entsprechenden Anweisungen interpretieren können) ausgeben lassen. PostScript-Dateien haben sich mit der Zeit immer deutlicher auch als interpersonelles Austauschformat für formatierte Dokumente entwickelt. Da sich diese Dokumente aber quasi nur auf postscriptfähigen Druckern, üblicherweise auch nur komplett, d.h. ohne die Möglichkeit des vorherigen online-Durchblätterns, ausgeben lassen, hat das für die PostScript-Entwicklung verantwortliche Unternehmen Adobe ein Derivat namens *PDF (Portable Document Format)* entwickelt, das den Anforderungen an einen interpersonellen Austausch formatierter Dokumente besser gerecht wird.

Dokumentenformat	Standard	Zielsetzung/Anwendungsgebiet
PS: PostScript (Level 1 (1985), Level 2 (1990), Level 3 (1997))	proprietär, Adobe	▪ Seitenbeschreibungssprache für formatierte Dokumente einschließlich Vektor- und Rastergrafiken zur Ausgabe auf einem PS-kompatiblen Drucker ▪ interpretativ ausgeführte Programmiersprache ▪ PS-Dateien können mittels eines PS-Viewers (z.B. GhostScript) angezeigt werden, Funktionalität, Komfort und Robustheit von PS-Viewern liegt deutlich unter PDF-Viewern ▪ Normierung von Level 2 unter geringfügigen Erweiterungen als SPDL
PDF: Portable Document Format	proprietär, Adobe	▪ PostScript-Derivat ▪ Seitenbeschreibungssprache ▪ Austausch formatierter Dokumente auf Grundlage von 7-Bit Zeichen zur Wiedergabe auf Bildschirm oder Drucker, abgesehen von benutzerspezifischen Annotationen kein Weiterverarbeiten durch Editieren möglich ▪ PDF-Dateien werden aus PostScript-Dateien erzeugt und können mittels PDF-Viewern auf beliebigen Plattformen angezeigt und gedruckt werden. PDF-Viewer wie der Adobe Acrobat Reader verfügen über zusätzliche Funktionalität zur komfortablen Navigation innerhalb des Dokuments. ▪ Aktuelle Browser-Versionen unterstützen transparente Einbindung des Acrobat Reader (PlugIn, ActiveX), was die Nutzung von PDF-Dateien im Internet/Intranet weiter fördert.
T_EX DVI: TEX Device Independent File Format	proprietär, D. Knuth, Stanford University	▪ Austausch formatierter TEX-Dokumente in einer geräteunabhängigen Form ▪ Der Austausch unformatierter TEX-Dokumente kann zu Problemen führen bei der Verwendung unterschiedlicher Makropakete. DVI-Dateien sind formatierte, ausgabegerätunabhängige Dateien, die auf beliebigen Plattformen reproduziert werden können, sofern die benutzten TEX-Zeichensätze zur Verfügung stehen.
RTF: Rich Text Format	proprietär, Microsoft	▪ Austausch formatierter Dokumente einschließlich Grafiken auf Grundlage von ASCII ▪ ursprünglich entwickelt zum Austausch von MS Word Dateien zwischen verschiedenen Plattformen (DOS, Windows, Apple Macintosh) ▪ heute gängiges Import-/Exportformat der meisten Textverarbeitungssysteme ▪ basiert auf prozeduraler Auszeichnung ▪ Veränderungen des Formats mit neuen Word-Versionen
PCL: Printer Control Language	proprietär, Hewlett Packard	▪ Seitenbeschreibungssprache zum Austausch von formatierten Dokumenten zwischen Applikation und Druckern

Abb. 29.17. Überblick über proprietäre Ansätze zum Dokumentenaustausch

PDF

PDF-Dokumente können aus PostScript-Dateien erzeugt werden und mittels PDF-Viewern, z.B. Adobe Acrobat Reader, komfortabel betrachtet (gute Navigationsmöglichkeiten) und auf beliebigen Druckern in Teilen oder vollständig ausgegeben werden. Zur großen Verbreitung dieses Austauschformates hat sicherlich zum einen die Loslösung von PostScript-Druckern geführt wie auch der hohe Komfort des zudem als Public Domain Software von Adobe bereitgestellten Acrobat Reader. Obwohl bislang die CD-ROM zur Verbreitung von Print-Dokumenten als Domäne der Adobe-Lösung angesehen wurde, hat sich in der Version 3 die Nutzbarkeit im

Inter-/Intranet deutlich verbessert. Dort ist der zunehmende Einsatz von PDF-Dateien als Alternative zu HTML in denjenigen Bereichen zu beobachten, wo auch im Falle des Ausdrucks ein ansprechendes Layout gefordert ist. In den aktuellen Versionen der verbreiteten Browser ist als PlugIn bzw. mittels ActiveX-Mechanismen der Acrobat Reader nahtlos eingebunden. Auch dies wird die Verbreitung des PDF-Formats noch stärker als bisher fördern. Zudem zeichnen sich bereits Lösungsansätze zur XSL-basierten Transformation von XML-Dokumenten in PDF ab.

TEX DVI, RTF

Die mittels PDF-Dateien gewährleistete Ausgabegerätunabhängigkeit steht auch im Vordergrund des *TEX-DVI-Formats (Device Independent File Format)*. Es handelt sich dabei um ein Format, das innerhalb der Nutzergruppe ein und desselben Dokumentenbearbeitungssystems zu einer Unabhängigkeit von Ausgabegeräten und Plattformen führen soll. Eine ähnliche Zielsetzung verfolgte Microsoft ursprünglich auch mit *RTF (Rich Text Format)*, das für den Austausch von Word-Dokumenten zwischen den verschiedenen Word-Plattformen (DOS, Windows, Apple Macintosh) dienen sollte. Im Gegensatz zu TEX-DVI geht es jedoch um den Austausch ggf. weiterzuverarbeitender und nicht lediglich wiederzugebender Dokumente. Durch die Übernahme von RTF als Im- und Export-Format in eine Vielzahl von Textsystemen dient es heute auch als universelleres Austauschformat, das über die Verwendung innerhalb der Word-Gemeinde hinausgeht. RTF wird allerdings mit neuen Word-Versionen meist überarbeitet, wodurch eine beliebige Importierbarkeit in Textsysteme anderer Hersteller gelegentlich problematisch wird.

Zusammenfassend läßt sich festhalten, daß im Bereich des Austauschs formatierter, nicht revidierbarer Dokumente PostScript zugunsten von PDF an Bedeutung verloren hat und letzteres inzwischen einen sehr großen Verbreitungsgrad aufweist. Sollen sich Dokumente auch weiterverarbeiten lassen, werden Dateien meist im RTF- oder sogar aufgrund der herrschenden Marktmacht als Word-Dokumente zur Verfügung gestellt. Die Verwendung der beschriebenen Standards (ODA, SGML) hat sich im Bereich semi-professioneller Dokumentenerstellung nicht in der Breite durchsetzen können, so daß offene Dokumentenbearbeitung im Bürobereich heute noch als Fernziel zu betrachten ist.

Literaturempfehlungen

Appelt, W. (1989): Normen im Bereich der Dokumentbearbeitung, in: Informatik-Spektrum 12 (1989), S. 321-330.

Behme, H., Mintert, S. (1998): XML in der Praxis: Professionelles Web-Publishing mit der Extensible Markup Language, Bonn: Addison-Wesley-Longman.

Bormann, U., Bormann, C. (1990): Offene Dokumentbearbeitung: Status und Weiterentwicklung, in: Informationstechnik it 32 (1990) 3, S. 176-185.

Coombs, J.H. et al. (1987): Markup Systems and the Future of Scholarly Text Processing, in: Communications of the ACM 30 (1987) 11, S. 933-947.

Frank, U. (1991): Anwendungsnahe Standards der Datenverarbeitung: Anforderungen und Potentiale – Illustriert am Beispiel von ODA/ODIF und EDIFACT, in: Wirtschaftsinformatik 33 (1991) 2, S. 100-111.

Goldfarb, C.F., Prescod, P. (1999): XML-Handbuch, München u.a.: Prentice Hall.

Krönert, G. (1988): Genormte Austauschformate für Dokumente, in: Informatik-Spektrum 11 (1988), S. 71-84.

Lobin, H. (2000): Informationsmodellierung in XML und SGML, Berlin, Heidelberg, New York: Springer.

Michel, T. (1999): XML kompakt: eine praktische Einführung, München, Wien: Hanser.

Schill, A. (1996): Rechnergestützte Gruppenarbeit in verteilten Systemen, München u.a.: Prentice Hall, S. 179-221.

Szillat, H. (1995): SGML: Eine Einführung, Bonn: Internat. Thomson. Publ.

Tolksdorf, R. (1999): XML und darauf basierende Standards: Die neuen Auszeichnungssprachen des Web, in: Informatik-Spektrum 22 (1999) 6, S. 407-438.

Wilde, E. (1999): Wilde's WWW: Technical Foundations of the World Wide Web, Berlin, Heidelberg: Springer, S. 137-373.

Wilhelm, R., Heckmann, R. (1996): Grundlagen der Dokumentenverarbeitung, Bonn: Addison-Wesley-Longman.

30 Geschäftsdokumente

Betrachtet man Dokumente, die im Rahmen geschäftlicher Transaktionen ausgetauscht werden, so steht im Falle der dv-technischen Automatisierung insbesondere der automatisierte Zugriff auf den Inhalt im Vordergrund. Der gestalterische Aspekt verliert in einem solchen Umfeld an Bedeutung, so daß sehr häufig von *Geschäftsdaten* anstelle von *-dokumenten* gesprochen wird.

30.1 Elektronischer Geschäftsdatenaustausch

EDI

Eine ähnliche Idee wie beim elektronischen Austausch von Bürodokumenten zwischen zwei Kommunikationspartnern ist im Bereich der Geschäftsdokumente bzw. -daten anzutreffen. Unter *elektronischem Datenaustausch (Electronic Data Interchange, EDI)* versteht man den Austausch strukturierter Daten zwischen Anwendungssystemen von Geschäftspartnern unter Minimierung manueller Eingriffe. Beispiele für solche Daten sind in Abb. 30.1 dargestellt.

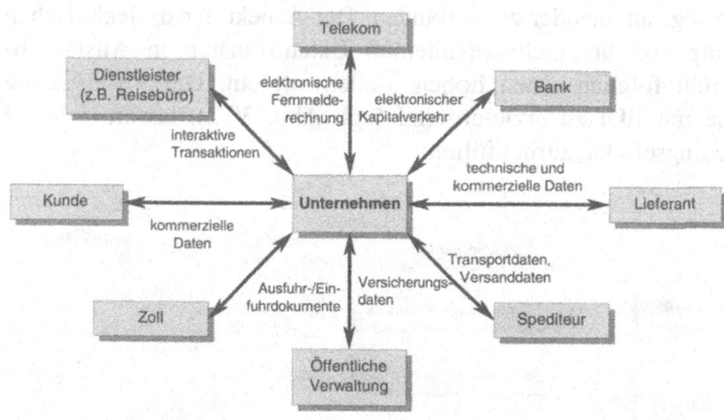

Abb. 30.1. Austausch von Geschäftsdaten
(Quelle: Picot, Neuburger, Niggl (1993), S. 21)

Ähnlich wie beim zuvor betrachteten Dokumentenaustausch ist ein wesentlicher Fortschritt durch ein zentrales Austauschformat zu erzielen, um die Zahl ansonsten notwendiger bilateraler Absprachen und den damit zusammenhängenden Implementierungs- und Pflegeaufwand zu reduzieren. Denkbar ist auch die Nutzung desselben Austauschformates für Büro- wie auch Geschäftsdokumente. Durch die logische Strukturierbarkeit von Dokumenten ist dies mit ODA/ODIF prinzipiell realisierbar. Die Anwendungsgebiete unterscheiden sich jedoch im Hinblick auf einige Aspekte grundlegend, so daß sie sich unabhängig voneinander entwickelt haben und eine spätere Zusammenführung, wie sie im Bereich von XML derzeit zu beobachten ist, nicht stattgefunden hat. Auf die wesentlichen Unterschiede soll im folgenden eingegangen werden.

Präsentation

Der *gestalterische Aspekt* eines Geschäftsdokumentes ist im Gegensatz zum Bürodokument von untergeordneter Bedeutung. Im Vordergrund steht vielmehr die logische Strukturierbarkeit, die bis auf die Ebene von Datenelementen vollzogen wird. Bei einem Bürodokument sind die kleinsten logischen Einheiten typischerweise Fließtexte oder Bildinformationen. Häufig ist deshalb im Zusammenhang mit EDI die Rede vom Austausch strukturierter Daten, ohne daß der Dokumentenbegriff eingeführt wird.

Hoher Automatisierungsgrad

Die Anwendungsgebiete unterscheiden sich zudem im *Automatisierungsgrad*. Im Bereich von EDI geht es um die Abwicklung von Standardgeschäftsvorfällen mit hohem Wiederholungsgrad und sich daraus ergebenden großen Transaktionsvolumina. Gefordert wird deshalb im Zusammenhang mit EDI die Minimierung manueller Eingriffe auf Grundlage einer Kommunikation zwischen Anwendungssystemen zweier Geschäftspartner, nicht etwa zwischen Personen. Ziel von EDI ist es, bereits intraorganisational hochautomatisierte Geschäftsprozesse über Unternehmensgrenzen hinweg miteinander zu verbinden. Der Aspekt der dv-technischen Konvertierung von unternehmensinternen Datenformaten in Austauschformate nimmt folglich einen hohen Stellenwert ein. Die wesentlichen Vorteile, die mit EDI zu erzielen sind (vgl. Abb. 30.2), lassen sich auf Rationalisierungseffekte zurückführen.

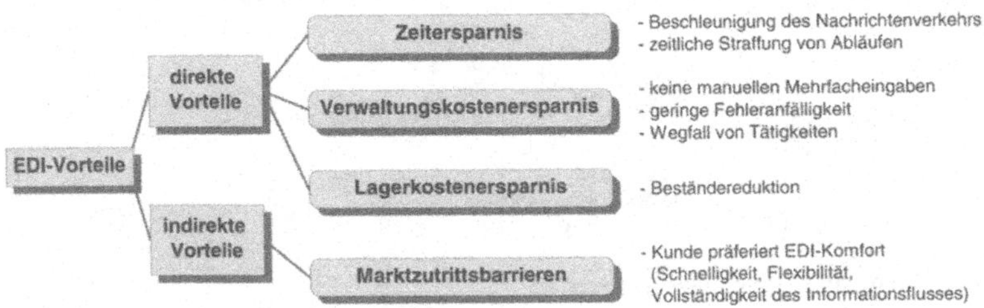

Abb. 30.2. EDI-Vorteile (Quelle: in Anlehnung an Fischer (1993), S. 242)

Festlegung des Dokumenteninhalts

Die automatisierte Transformation interner Datenstrukturen in solche des Austauschformates wie auch umgekehrt setzt zudem voraus, daß das betreffende Austauschformat nicht nur im Hinblick auf syntaktische, sondern auch in bezug auf *semantische Aspekte* strikter Festlegungen bedarf. Hieraus folgt, daß die Betrachtung des Nachrichteninhaltes – also die Fragestellung nach dem typischen Inhalt beispielsweise einer Rechnung bis zur Ebene der Bedeutungen der dort anzutreffenden Datenelemente – mit zur Entwicklung des Austauschformates gehört. Neben völlig starren Nachrichtentypen sind hier zwar grundsätzlich verschiedene Flexibilitätsgrade denkbar, die Notwendigkeit der Auseinandersetzung mit möglichen Nachrichteninhalten ist jedoch unstrittig.

Geschäfts- vs. Bürodokumentenverarbeitung

Beide Aspekte – der Wunsch nach hochgradiger Automatisierung wie die sich daraus ergebende Notwendigkeit semantischer Festlegungen – sind im Bereich des Austausches von Bürodokumenten nicht anzutreffen. Das Bürodokument ist Informationsträger in Prozessen mit geringerem Routinecharakter und kleinerem Wiederholungsgrad. Es ist meist Ergebnis eines manuellen Arbeitsschrittes, das Problem der Einbettung in die betriebliche Massendatenverarbeitung auf Grundlage traditioneller Transaktionssysteme ist folglich nicht gegeben. Eine Auseinandersetzung mit dem Dokumenteninhalt findet auf Ebene des Dokumentenstandards nicht statt. Die Semantik der logischen Strukturierungsmittel ist aus dokumententechnischer, nicht etwa aus betriebswirtschaftlicher Sicht festgelegt. Ein Bezug zu bestimmten betriebswirtschaftlichen Geschäftsvorfällen wird in keiner Form hergestellt.

Trotz dieser Unterschiede ist beiden Gebieten gemeinsam, daß nur durch Einigung auf ein gemeinsames Austauschformat, Offenheit in der Kommunikation auf Basis von Geschäfts- bzw. Bürodokumenten möglich ist. Obwohl sich ODA/ODIF als Standard für den Bürobereich in der Praxis nicht durchsetzen konnte, hat es ähnlich wie das ISO/OSI-Modell Referenzcharakter. EDIFACT hingegen hat sich im Bereich des Geschäftsdatenaustausches auch in der Praxis, zumindest in Teilbereichen, etabliert.

30.2 EDIFACT

EDIFACT (Electronic Data Interchange for Administration, Commerce and Transport) ist ein branchenübergreifender, internationaler Standard für den Geschäftsdatenaustausch. Obwohl er hinsichtlich seiner Universalität keiner Konkurrenz ausgesetzt ist, hat er bislang lediglich bei Großunternehmen Verbreitung gefunden. Dies ist zum einen auf die Komplexität von EDIFACT-Implementierungen zurückzuführen und zum anderen auch auf die Verbreitung branchenspezifischer Lösungen, die sich schon sehr früh etabliert haben.

30.2.1 Entstehung

EDI-Lösungen

Funktionsfähige EDI-Lösungen existieren bereits seit den 70er Jahren. Insbesondere in Branchen mit bereits hohem Automatisierungsgrad wurde die Idee der Automatisierung von Geschäftsprozessen über Unternehmensgrenzen hinweg sehr früh verwirklicht. Es kam zu nationalen, branchenspezifischen Lösungen. Als Beispiele sind hier SEDAS im deutschen Handel (1977) und VDA in der deutschen Automobilindustrie (1978) zu nennen. Hierbei handelt es sich jedoch um Absprachen innerhalb geschlossener Benutzergruppen mit einem jeweils unterschiedlichen syntaktischen Regelwerk und verschiedenen semantischen Festlegungen. Unternehmen, die branchenübergreifend oder international tätig sind, mußten sich folglich mehreren solcher Benutzergruppen mit ihren spezifischen Festlegungen anschließen. Erst Mitte der 80er Jahre trugen einige Ländergrenzen übergreifende Standards den Anforderungen des Europäischen Binnenmarkts Rechnung. Als Beispiele innerhalb Europas sind ODETTE (Automobilindustrie), RINET (Versicherungswesen) sowie SWIFT (Banken) zu nennen. Eine Internationalisierung hat damit in Europa früh stattgefunden, die Branchenabhängigkeit war damit allerdings noch nicht überwunden. In den USA ist eine umgekehrte Entwicklung zu beobachten. Mit dem ANSI X.12-Standard war dort bereits seit 1985 eine weitgehend branchenunabhängige, aber sehr wohl noch nationale Lösung realisiert.

EDI-Standards

Abb. 30.3 gibt einen Überblick über eine exemplarische Auswahl von EDI-Standards und -Austauschformaten und ihre Einordnung in bezug auf nationale bzw. branchenspezifische Einschränkungen.

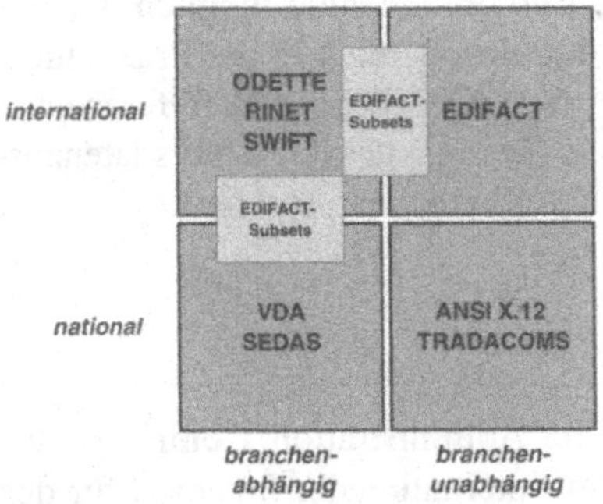

EDIFACT-Subsets, z.B.:

EANCOM:	Konsumgüterwirtschaft
EDIBDB:	Baustoffhandel
EDIFICE:	Elektroindustrie
CEFIC:	Chemische Industrie
EDITEX:	Textilindustrie
EDIFURN:	Möbelindustrie
EDIOFFICE:	Bürobedarf

Abkürzungen:

ANSI:	American National Standard Institute
EDIFACT:	Electronic Data Interchange for Administration, Commerce and Transport
ODETTE:	Organization für Data Exchange by Teletransmission in Europe
RINET:	Reinsurance and Insurance Network
SEDAS:	Standardregelungen einheitlicher Datenaustausch-Systeme
SWIFT:	Society for Worldwide Interbank Financial Telecommunication
TRADACOMS:	Trading Data Communications Standards
VDA:	Verband der Deutschen Automobilindustrie

Abb. 30.3. Einordnung verschiedener EDI-Standards und -Austauschformate

Bereits in den 70er Jahren haben die Standardisierungsbemühungen auf internationaler Ebene begonnen. Die Wirtschaftskommission der Vereinten Nationen für Europa (United Nations Economic Commission for Europe, UN/ECE) beschäftigte sich in der Arbeitsgruppe für die Vereinfachung von Handelsverfahren (UN/ECE/WP.4) mit der Thematik. Erst 1988 kam es zur Veröffentlichung der EDIFACT-Syntaxregeln in Form des internationalen Standards ISO 9735. Gleichzeitig wurde der erste international abgestimmte *„einheitliche Nachrichtentyp" (United Nations Standard Message, UNSM)* entwickelt, nämlich die Rechnung (INVOIC). Als Grundlage zur Bildung von UNSMs dient neben dem einzuhaltenden Regelwerk das Handbuch der Handelsdatenelemente (UN Trade Data Element Directory, UNTDED, ISO 7372). 1990 und ´92 kam es zu geringfügigen Überarbeitungen und Erweiterungen. Lange Zeit schien es dann um die Syntax ruhig geworden zu sein, erst in jüngster Zeit kam es zu einer grundlegenden Neufassung in Form der Version 4.

UN/ECE

Innerhalb des DIN werden die internationalen Normungsarbeiten vom Fachbereich „Elektronischer Geschäftsverkehr" begleitet. Die Normen selbst werden sukzessiv deutschsprachig angeboten. Auf Initiative des DIN, des Bundesministeriums für Wirtschaft sowie des Deutschen Industrie- und Handelstages e.V. wurde 1993 die Deutsche EDI-Gesellschaft (DEDIG) zur Förderung von EDI in Deutschland gegründet.

DEDIG

30.2.2 Architektur

EDIFACT-Nachrichten basieren nicht wie viele der früheren Datenaustauschformate auf starren Satzstrukturen, sondern weisen ein höheres Maß an Flexibilität auf, da es sich um *syntaxgebunde Nachrichten* handelt. Das Prinzip syntaxgebundener Nachrichten wird dabei wie folgt realisiert.

Syntaxgebundene Nachrichten

EDIFACT umfaßt eine Sprache zur Definition von Nachrichtentypen, die aus einem Zeichensatz, einer Grammatik bzw. Sprachsyntax (ISO 9735) und einem Wortschatz (ISO 7372) besteht. Aus diesen sprachlichen Grundelementen können für verschiedene Geschäftsvorfälle Nachrichtentypen definiert werden.

Zeichensätze

Um den Inhalt einer EDIFACT-Nachricht darzustellen, stehen *zwei Basis-Zeichensätze* zur Verfügung. Während der einfachere Zeichensatz nach Typ A nur druckbare Zeichen enthält, stehen in Typ B noch weitere nicht druckbare Zeichen zur Verfügung. Des weiteren ist eine Unterscheidung zwischen Groß- und Kleinschreibung möglich. Einige der Zeichen dieser Zeichensätze sind als *Trennzeichen* innerhalb einer EDIFACT-Nachricht zur Abgrenzung der einzelnen Bausteine vorgesehen. Weitere Typen erweitern A oder B um nationale Sonderzeichen.

Bausteine

Die wesentlichen Bausteine einer EDIFACT-Nachricht sind Datenelemente, Datenelementgruppen und Segmente. Die Beziehung der Bausteine zueinander und deren Einordnung in eine Übertragungsdatei sind in Abb. 30.4 dargestellt.

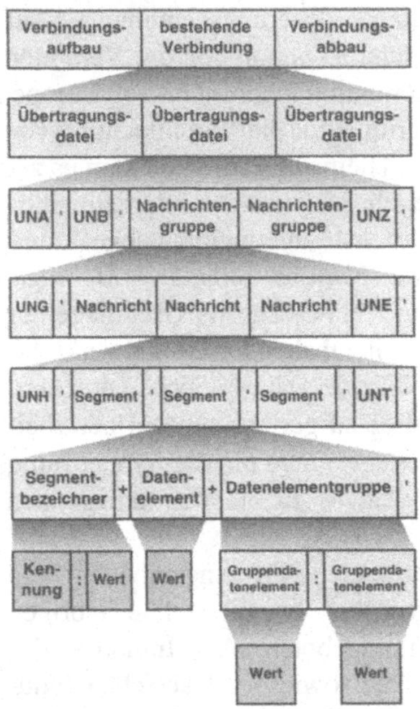

Abb. 30.4. Struktur einer Übertragungsdatei
(Quelle: in Anlehnung an DIN (1997), S. 115)

Datenelemente

Die kleinste Einheit innerhalb einer Übertragungsdatei ist das *Datenelement* (z.B. Artikelnummer, Menge, Mengeneinheit, Preis). Jedes Datenelement wird durch eine Kennung identifiziert und ist definiert über einen Typ (alphabetisch, alphanumerisch, numerisch), seine maximale Länge und seine maximale Wiederholbarkeit.

Datenelementgruppen und Segmente

Mehrere Datenelemente können zu einer *Datenelementgruppe* zusammengefaßt werden, die einen sachlogischen Zusammenhang verdeutlicht (z.B. Menge und Mengeneinheit). Die nächste Stufe sachlogischer Gruppenbildung ist die Segmentebene. *Segmente*, vergleichbar mit Datensätzen, werden durch einen Segmentbezeichner identifiziert und bestehen aus Datenlementen und/oder Datenelementgruppen. Neben den eigentlichen Nutzdatensegmenten (z.B. Basisdaten der Rechnung wie Rechnungsnummer, Rechnungsdatum, Art der Rechnung) gibt es auch sog. Service-Segmente. Eine Übersicht über die wichtigsten *Service-Segmente* gibt Abb. 30.5. Die Bedeutung einiger der angegebenen Segmente wird allerdings erst im folgenden verständlich.

Nachrichtentyp

In einer Nachricht werden alle Segmente zusammengefaßt, die in einem einheitlichen *Nachrichtentyp* benötigt werden. Eine solche Nachricht dient der Abbildung eines Geschäftsvorfalls (z.B. Bestellung, Rechnung). Sie beginnt mit einem Nachrichten-Kopfsegment und endet mit einem Nachrichten-Endsegment. Der Nachrichtentyp wird im Kopfsegment angegeben.

Bezeichner	Funktion
UNA Trennzeichen-vorgabe	Dient der Definition von Trennzeichen in einer Übertragungsdatei. Es findet nur dann Verwendung, wenn andere als die genormten Zeichen für diesen Zweck benutzt werden.
UNB Nutzdaten-Kopfsegment	Dient dazu, eine Übertragungsdatei zu eröffnen, zu identifizieren und zu beschreiben. Es enthält z.B. Datum, Absender, Empfänger und Zeichensatzkennung und ist Mußbestandteil jeder EDIFACT-Übertragungsdatei.
UNZ Nutzdaten-Endsegment	Dient dazu, eine Übertragungsdatei zu beenden und sie auf Vollständigkeit zu überprüfen.
UNG Kopfsegment für Nachrichtengruppe	Dient dazu, eine Nachrichtengruppe zu eröffnen, zu identifizieren und zu beschreiben. Es enthält z.B. die Kennzeichnung des Nachrichtentyps innerhalb einer Nachrichtengruppe, den Absender und Empfänger, das Datum und optional ein Paßwort. Dieses und das nachfolgende Segment finden nur dann Verwendung, wenn eine Nachrichtengruppe bestehend aus mehreren Nachrichten übertragen wird.
UNE Endsegment für Nachrichtengruppe	Dient dazu, eine Nachrichtengruppe zu beenden und sie auf Vollständigkeit zu überprüfen. Es enthält die Anzahl der Nachrichten und eine Referenznummer.
UNH Nachrichten-Kopfsegment	Dient dazu, eine Nachricht zu eröffnen, zu identifizieren und zu beschreiben. Es enthält z.B. die Nachrichten-Referenznummer und einen Kennung, die den Typ der zu übermittelnden Nachricht angibt. Ebenso wie das dazugehörige Endsegment ist es Mußbestandteil.
UNT Nachrichten-Endsegment	Dient dazu, eine Nachricht zu beenden und sie auf Vollständigkeit zu überprüfen. Es enthält die Anzahl der Segmente und dieselbe Referenznummer wie im Nachrichten-Kopfsegment.
TXT Textsegment	Dient dazu, zusätzliche, in den anderen Segmenten nicht ausdrückbare Information zu übertragen. Da der Segmentinhalt nicht maschinell weiterverarbeitet werden kann (unspezifizierte Semantik), sollte es möglichst vermieden werden.

Abb. 30.5. EDIFACT-Service-Segmente

Reihenfolge und Trennzeichensyntax

Innerhalb der bisher betrachteten Einheiten (Datenelementgruppe, Segment, Nachricht) stehen die Komponenten (Datenelement, Gruppendatenelement, Datenelementgruppe, Segment) in einer fest definierten Folge. Sie können *je nach Vorgabe* mehrmals hintereinander wiederholt werden, müssen mindestens einmal vertreten sein oder können auch weggelassen werden (Status „Muß" bzw. „Kann"). Durch dieses Konzept wird es ermöglicht, daß nur die tatsächlich benötigten Inhalte übertragen werden. Aufgrund der Trennzeichensyntax und der festen Reihenfolge kann es durch Weglassen optionaler Inhalte nicht zu Konflikten bzgl. der Eindeutigkeit des Nachrichtenaufbaus kommen.

Nachrichtengruppe

Mehrere Nachrichten gleichen Typs an den gleichen Empfänger können in einer *Nachrichtengruppe* zusammengefaßt werden. Innerhalb dieser ist die Reihenfolge der Nachrichten beliebig, da jede mit einer Referenznummer eindeutig identifiziert ist. Auch die Nachrichtengruppe wird durch Kopf- und Endsegmente begrenzt.

Übertragungsdatei

Die zwischen Sender und Empfänger ausgetauschte Einheit ist die *Übertragungsdatei*, eine Zusammenfassung von Nachrichten und/oder Nachrichtengruppen. Sie beginnt mit dem Nutzdaten-Kopfsegment UNB (optional mit den Trennzeichenvorgaben in UNA) und wird mit dem entsprechenden Endsegment UNZ abgeschlossen. Abb. 30.6 zeigt ein Beispiel für eine solche EDIFACT-Übertragungsdatei, die die Daten der abgebildeten Rechnung enthält. Zur besseren Lesbarkeit ist ein Zwischenschritt mit Zeilenumbrüchen dargestellt. Da es sich letztlich um ein Streamformat handelt, werden solche Umbrüche ignoriert.

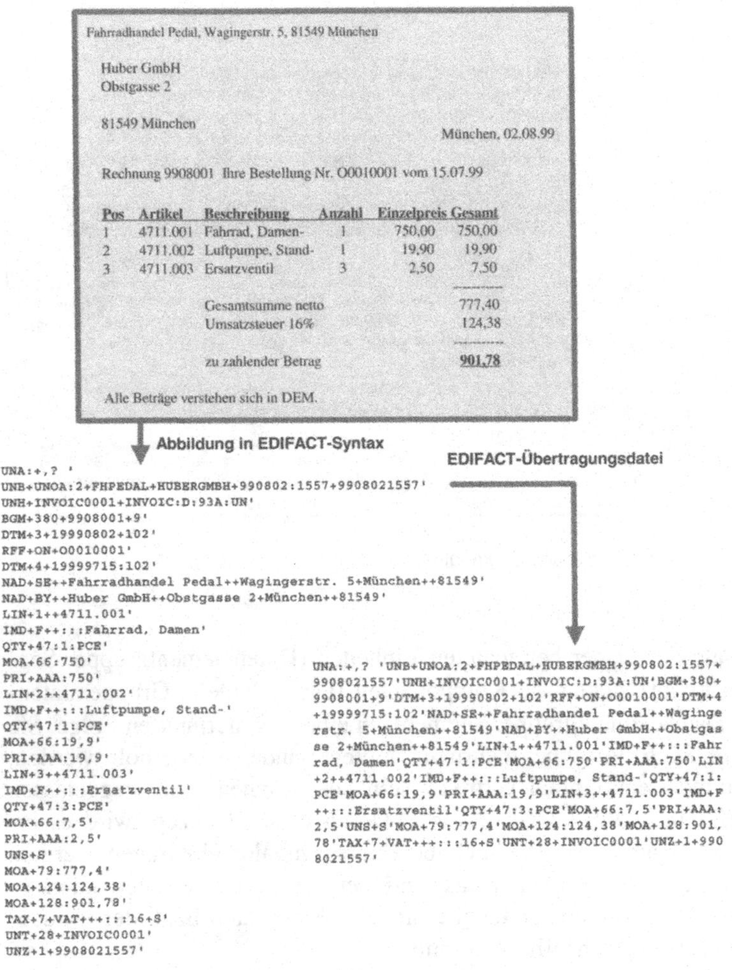

Fahrradhandel Pedal, Wagingerstr. 5, 81549 München

Huber GmbH
Obstgasse 2

81549 München

München, 02.08.99

Rechnung 9908001 Ihre Bestellung Nr. O0010001 vom 15.07.99

Pos	Artikel	Beschreibung	Anzahl	Einzelpreis	Gesamt
1	4711.001	Fahrrad, Damen-	1	750,00	750,00
2	4711.002	Luftpumpe, Stand-	1	19,90	19,90
3	4711.003	Ersatzventil	3	2,50	7,50
		Gesamtsumme netto			777,40
		Umsatzsteuer 16%			124,38
		zu zahlender Betrag			**901,78**

Alle Beträge verstehen sich in DEM.


```
UNA:+,? '
UNB+UNOA:2+FHPEDAL+HUBERGMBH+990802:1557+9908021557'
UNH+INVOIC0001+INVOIC:D:93A:UN'
BGM+380+9908001+9'
DTM+3+19990802+102'
RFF+ON+O0010001'
DTM+4+19999715:102'
NAD+SE++Fahrradhandel Pedal++Wagingerstr. 5+München++81549'
NAD+BY++Huber GmbH++Obstgasse 2+München++81549'
LIN+1++4711.001'
IMD+F++:::Fahrrad, Damen'
QTY+47:1:PCE'
MOA+66:750'
PRI+AAA:750'
LIN+2++4711.002'
IMD+F++:::Luftpumpe, Stand-'
QTY+47:1:PCE'
MOA+66:19,9'
PRI+AAA:19,9'
LIN+3++4711.003'
IMD+F++:::Ersatzventil'
QTY+47:3:PCE'
MOA+66:7,5'
PRI+AAA:2,5'
UNS+S'
MOA+79:777,4'
MOA+124:124,38'
MOA+128:901,78'
TAX+7+VAT+++:::16+S'
UNT+28+INVOIC0001'
UNZ+1+9908021557'
```

```
UNA:+,? 'UNB+UNOA:2+FHPEDAL+HUBERGMBH+990802:1557+
9908021557'UNH+INVOIC0001+INVOIC:D:93A:UN'BGM+380+
9908001+9'DTM+3+19990802+102'RFF+ON+O0010001'DTM+4
+19999715:102'NAD+SE++Fahrradhandel Pedal++Waginge
rstr. 5+München++81549'NAD+BY++Huber GmbH++Obstgas
se 2+München++81549'LIN+1++4711.001'IMD+F++:::Fahr
rad, Damen'QTY+47:1:PCE'MOA+66:750'PRI+AAA:750'LIN
+2++4711.002'IMD+F++:::Luftpumpe, Stand-'QTY+47:1:
PCE'MOA+66:19,9'PRI+AAA:19,9'LIN+3++4711.003'IMD+F
++:::Ersatzventil'QTY+47:3:PCE'MOA+66:7,5'PRI+AAA:
2,5'UNS+S'MOA+79:777,4'MOA+124:124,38'MOA+128:901,
78'TAX+7+VAT+++:::16+S'UNT+28+INVOIC0001'UNZ+1+990
8021557'
```

Abb. 30.6. Beispiel einer EDIFACT-Rechnung[103]

Batch vs. interaktives EDI

Bei der in Abb. 30.4 dargestellten Struktur handelt es sich um die ab der Version 4 als *Batch-EDI* bezeichnete Variante des Geschäftsdatenaustauschs. Hierbei geht es um den Austausch von Massendaten ohne Interaktionsmöglichkeit zwischen den Geschäftspartnern. Zum ersten Mal in der

[103] Das Beispiel stammt aus http://www.edifactory.de/edifact/ediexam1.html.

neuen Version 4 wird diese Form ergänzt um ein sog. *Interaktives EDI (I-EDI)*, bei dem die Ablauflogik eines Geschäftsvorfalls insofern erhalten bleiben soll, als daß ein EDI-Datenaustausch abhängig sein kann von den Ergebnissen eines vorangegangenen Austauschs. Deshalb wird das Konzept des I-EDI-Geschäftsvorfalls eingeführt. Ein solcher Geschäftsvorfall kann aus ein oder mehreren Dialogen bestehen. Jeder Dialog selbst besteht aus einer Urheber-Übertragungsdatei und einer Antwort-Übertragunsdatei, die jeweils wie die zuvor beschriebenen Übertragungsdateien des Batch-EDI aufgebaut sind.

I-EDI wurde entwickelt, um den Anforderungen bestimmter Branchen, die typischerweise interaktive Anwendungen benutzen, gerecht zu werden. Als Beispiele sind zu nennen: Luftverkehrsgesellschaften (Reservierungssysteme), Pharmazie, Versicherungswirtschaft (Anspruchstellung und Berechtigungsprüfung) sowie das Bankwesen (Geldautomaten). Zwar führt I-EDI im Bereich EDIFACT-Syntax nicht zu konzeptionell bedeutenden Veränderungen, das Einsatzgebiet von EDIFACT könnte dadurch jedoch deutlich verändert werden, nämlich weg vom Massendatenaustausch zwischen zwei Geschäftspartnern hin zur Bearbeitung einzelner Geschäftsvorfälle. Eine entsprechende Entwicklung zeichnet sich bislang noch nicht ab, da in den Bereichen des interaktiven Geschäftsdatenaustauschs wahrscheinlich schon andere im folgenden Kapitel zu behandelnde Technologien zu dominant sind.

Freigabe von Nachrichtentypen

Unabhängig davon, ob es sich um Batch- oder I-EDI handelt, werden auf Grundlage des beschriebenen EDIFACT-Regelwerks in einem internationalen Abstimmungsprozeß einheitliche Nachrichtentypen (UN Standard Messages UNSMs) definiert. Das für die Freigabe zuständige internationale EDIFACT-Board vergibt für die einzelnen UNSMs folgende Stati:

0: Draft Document → Entwurf
1: Draft Recommendation → für Pilotversuche freigegeben
2: Recommendation → für operative Benutzung freigegeben

Im März 1994 waren bereits 42 Nachrichtentypen als UNSM für den operativen Betrieb freigegeben, 13 hatten den Status 1 und 122 den Status 0. Im Januar 2000 haben insgesamt 187 den Freigabestatus erreicht, weitere 40 befinden sich in Entwicklung und 10 Nachrichtentypen für I-EDI sind verabschiedet. Innerhalb von sechs Jahren ist es also zu einem großen Zuwachs verabschiedeter Nachrichtentypen gekommen. Abb. 30.7 zeigt eine Auswahl von UNSMs, die im Zuge der Auftragsabwicklung zum Einsatz kommen können sowie die neuen I-EDI-Typen. Die UN verwaltet die Nachrichtentypen und die untergeordneten Elemente in öffentlich zugänglichen Verzeichnissen unter www.unece.org/trade/untid:

- UN/EDIFACT Message Type Directory (EDMD),
- UN/EDIFACT Segment Directory (EDSD),
- UN/EDIFACT Composite Data Element Directory (EDCD),
- UN/EDIFACT Data Element Directory (EDED).

Abgesehen von den Datenelementen findet sich für die anderen Verzeichnisse noch die jeweiligen Pendants für interaktives EDI.

EDIFACT-Subsets

Die hohe Zahl und Komplexität der Nachrichtentypen und Datenelemente, die Geschäftsvorfällen in beliebigen Branchen und Ländern gerecht werden müssen, führen bei vielen Anwendern zum Vorwurf, daß EDIFACT-Nachrichten zu allgemein und in der Handhabung zu schwierig seien. Entgegen der ursprünglichen EDIFACT-Idee, aber dennoch in Konformität zum Standard haben sich sog. *EDIFACT-Subsets* gebildet. Aus Gründen der Performance und Übersichtlichkeit werden für bestimmte Anwendungsfelder und Branchen Teilmengen tatsächlich benötigter Segmente, Datenelementgruppen und Datenlemente gebildet und in einer Subset-Definition zusammengefaßt. Subsets werden auf Normenkonformität geprüft und müssen in Deutschland beispielsweise beim DIN registriert werden. Bei der Entwicklung und Registrierung von Subsets nimmt die DEDIG eine koordinierende Rolle wahr: Die bei ihr registrierten Subsets werden in den internationalen Gremien zur Diskussion gestellt und mit den EDI-Schwestergesellschaften anderer Länder abgeglichen. Ziel dieser Maßnahmen ist zum einen die vollständige Einhaltung der EDIFACT-Norm und zum anderen die mengenmäßige Begrenzung der Subsets. Beides zielt darauf ab, durch unkontrollierte Subset-Bildung eine den grundlegenden Ideen des Standards gegenläufige Entwicklung zu verhindern. Verbreitete branchenspezifische EDIFACT-Subsets sind in Abb. 30.3 dargestellt.

Beispiele Batch EDI		Beispiele Interaktives EDI	
UNSM	**Bezeichnung**	**UNSM**	**Bezeichnung**
ORDERS	Purchase Order	AVLREQ	Availability Request
ORDRSP	Purchase Order Response	AVLRSP	Availability Response
DELFOR	Delivery Schedule	IHCLME	Health Care Claim or Encounter Request and Response
DELJIT	Delivery Just In Time	TIQREQ	Travel, Tourism and Leisure Information Inquiry Request
DESADV	Despatch Advice	TIQRSP	Travel, Tourism and Leisure Information Inquiry Response
INVOIC	Invoice	PASREQ	Travel, Tourism and Leisure Product Application Status Request
PAYORD	Payment Order	PASRSP	Travel, Tourism and Leisure Product Application Status Response
REMADV	Remittance Advice	RESREQ	Reservation Request
CREADV	Credit Advice	RESRSP	Reservation Response
PRICAT	Price/Sales Catalogue	SKDUPD	Schedule Update

Abb. 30.7. Beispiel-UNSMs für die Auftragsabwicklung und für I-EDI

30.2.3 DV-technische Umsetzung

Bei der dv-technischen Umsetzung einer auf EDIFACT basierenden EDI-Lösung stehen zwei Fragestellungen im Vordergrund: die Frage nach der Realisierung der Datenübertragung sowie die nach der Anbindung an eigene Anwendungssysteme.

Kommunikationsweg

Der EDIFACT-Standard ist bezüglich des für die Übertragung einzusetzenden Kommunikationsweges völlig offen. Es steht also das gesamte Spektrum der heute verfügbaren Netze und Dienste zur Verfügung. Besonders häufig werden X.400- (bzw. X.435) oder FTAM-Lösungen genannt. Wegen der relativ hohen Sicherheitsanforderungen werden diese Dienste, insbesondere X.400, in diesem Bereich eine gewisse Bedeutung behalten. Als ausgesprochen einfach realisierbare, aber ggf. nicht den Sicherheits- und Zeitanforderungen genügende Lösungen gelten die entsprechenden Dienste auf Internet-Basis, also die Übertragung per E-Mail (SMTP, MIME) oder FTP. Auch eine Übertragung per Datenträger (z.B. Diskette) via Briefpost ist denkbar, wird aber den Automatisierungsanforderungen, insbesondere in zeitlicher Hinsicht, nicht gerecht. Im Bereich von Mehrwertdiensten (Value Added Networks, VANs) werden neben dem eigentlichen Austausch von EDIFACT-Nachrichten oftmals auch höhere Dienste wie das *EDIFACT-Clearing* angeboten. EDIFACT-Geschäftspartner realisieren bei Einsatz einer Clearing-Stelle keinen Punkt-zu-Punkt-Datenaustausch untereinander, sondern wählen die für sie jeweils günstigste Übertragungsform zur Clearing-Stelle, die als Sammelstelle und Verteiler für EDIFACT-Nachrichten dient. Wegen der vergleichsweise hohen technischen Komplexität einer EDI-Implementierung ist die Inanspruchnahme von EDI-Dienstleistern, die Komplettlösungen meist auf VAN-Basis anbieten, eine der heute gängigsten EDI-Realisierungsvarianten.

Von den hier nur kurz dargestellten Lösungen sollen im folgenden lediglich die Mail-basierten Ansätze genauer betrachtet werden.

Mail-basierte EDIFACT-Lösungen (X.400)

In der OSI-Welt steht seit 1990 mit der EDI-Erweiterung X.435 (Message Handling Systems: EDI Messaging System), die das sog. *PEDI-Protokoll* definiert, ein auf EDIFACT-Anforderungen zugeschnittener Lösungsansatz zur Verfügung. Kernstück der Erweiterung ist ein neuer Mitteilungstyp neben der bisher existierenden IPM[104], die EDI-Message (EDIM). Im Gegensatz zu Mitteilungen vom Typ IPM ist der Benutzer einer EDIM ein Anwendungsprozeß, in dem das Dokument ohne menschlichen Eingriff weiterverarbeitet werden soll bzw. aus dem heraus es generiert wird. Die wesentliche Erweiterung im Mitteilungsformat besteht darin, daß in den Kopfteil der Mitteilung EDI-spezifische Daten aufgenommen werden, im Falle von EDIFACT Daten aus dem UNB-Service-Segment. Die Weiterverarbeitung der Mitteilung kann auf Grundlage dieser Daten im Mitteilungskopf erfolgen, ohne daß ein Parsen des Mitteilungsrumpfes notwendig ist. Auch im funktionalen Modell kommt es zu geringfügigen

[104] Siehe zu IPM und X.400 Kap. 26.1.1.

Erweiterungen in Form eines EDI User Agent (EDI-UA) und eines EDI Message Stores (EDI-MS), wobei letzterer nicht zwingend notwendig ist, da ein MS im Grundsatz unabhängig ist vom Typ einer Mitteilung. Geringfügige Einschränkungen im Vergleich zum Basisdienst sind im Bereich der AUs anzutreffen. Im Zusammenhang mit X.435 wird lediglich der Übergang zur „Gelben Post" (PDAU) betrachtet. Neben einer Vielzahl neuer EDI-spezifischen Funktionen unterstützt der PEDI-Ansatz auch die Funktionalität, die von einer EDI-Clearing-Stelle benötigt wird.

Wegen der Verbreitung von X.400-Systemen, die noch auf der älteren Version der Norm von 1984 basieren, oder ggf. schon auf der neueren, aber die PEDI-Erweiterung nicht unterstützen, werden auch reine X.400-Lösungsansätze diskutiert. Hier haben sich zur Übertragung von EDIFACT-Dateien zwei Varianten durchgesetzt: entweder wird das EDI-Dokument als Teil einer IPM übermittelt, oder es wird als eine nicht näher spezifizierte Datei auf Grundlage des Basisdienstes übertragen. Während der erste Ansatz in Europa weiter verbreitet ist, wird der zweite in Nordamerika bevorzugt. Beide Formen sollten jedoch lediglich als Übergangslösungen betrachtet werden, da sie in bezug auf die erforderlichen manuellen Eingriffe bzw. die zur deren Vermeidung vom Anwender selbst bereitzustellende Funktionalität der X.435-Lösung deutlich nachstehen.

Mail-basierte EDIFACT-Lösungen (SMTP, MIME)

Ähnliche Nachteile sind z.T. auch bei Verwendung von SMTP anzutreffen. Dort besteht zum einen die Möglichkeit der Übermittlung durch das Anhängen einer Datei beliebigen Datenformats oder zum anderen durch Nutzung der SMTP-Erweiterung MIME, mittels derer beliebige Inhaltstypen einer Mail spezifiziert und automatisch erkannt werden können, so z.B. auch EDIFACT-Dateien. In RFC 1767 *(MIME Encapsulation of EDI Objects)* von 1995 wird der entsprechende Inhaltstyp spezifiziert, so daß MIME-fähige Mail-Clients EDI-Rumpfsegmente identifizieren können, und eine automatische Weiterleitung der EDIFACT-Daten aus der Mail an andere Verarbeitungsprogramme möglich ist.

Konverter

Bislang wurde davon ausgegangen, daß es sich bei solchen Verarbeitungsprogrammen um diejenigen Anwendungsprozesse handelt, welche die übertragenen EDIFACT-Daten weiterverarbeiten bzw. – aus Sicht des erzeugenden Prozesses – generieren. Hier ist jedoch in der Regel mit inkompatiblen Datenformaten zu rechnen. Um auch an diesem Übergang manuelle Eingriffe im interorganisationalen Geschäftsprozeß zu vermeiden, ist ein Transformationsprozeß zwischenzuschalten. Die Lösung besteht in der Anbindung von Inhouse-Anwendungen mittels *Konverter*, deren Funktionsweise sich wie folgt charakterisieren läßt. Über ein Extraktionsprogramm werden Inhouse-Datenbestände in ein sog. Flat File extrahiert, das als Input für den Format-Konverter dient. Dieser transformiert die Input-Datei gesteuert von Parametertabellen und Zuordnungstabellen (zur Abbildung der unternehmensspezifischen Datenfelder auf EDIFACT-Datenelemente) in eine EDIFACT-Datei. Eingangsdaten werden in analoger Weise bearbeitet.

Der Leistungsumfang marktüblicher Konverter unterscheidet sich stark im Hinblick auf die bereitgestellte Flexibilität. Die bei der Transformation verwendeten Parameter- und Zuordnungstabellen müssen möglichst einfach pflegbar sein. Des weiteren ist auch eine kontinuierliche Anpassung im Hinblick auf neu verabschiedete Nachrichtentypen zu gewährleisten. Obwohl in diesem Bereich EDI-Standardsoftware eingesetzt werden kann, dürfen die zu erbringenden Vorarbeiten nicht vernachlässigt werden. Semantische ggf. auch nur syntaktische Diskrepanzen zwischen Inhouse-Daten und EDIFACT-Elementen sind nicht immer durch eine automatisierbare Transformation behebbar. Anpassungen der Inhouse-Anwendungen sind dann unumgänglich.

30.3 Andere Ansätze

Proprietäre Lösungen

Über das WWW werden Technologien bereitgestellt, die den unmittelbaren Zugriff auf Anwendungen des Geschäftspartners ermöglichen. Dies erleichtert die Verbreitung *proprietärer Lösungen* für den Geschäftsdatenaustausch. Insbesondere in Bereichen mit nicht sehr hohen Transaktionsvolumina, die man bei klassischen EDI-Lösungen unterstellt, bietet das Web Lösungsmöglichkeiten, die einfacher zu realisieren sind und damit auch von kleineren Anwendern genutzt werden können. Zudem bieten diese Ansätze auch das Potential zur Automatisierung von Geschäftsbeziehungen, die über einen Einmalkontakt nicht hinausgehen. Dies ist darauf zurückzuführen, daß *Web-basierte Kommunikationslösungen* in der Regel nicht auf einer Prozeß-zu-Prozeß-Kommunikation beruhen, sondern auf der die Kommunikation initiierenden Seite eine Person unterstellen. Hierin ist ein wesentlicher Unterschied zum klassischen EDI-Anwendungsbereich zu sehen.

Zwischenbetriebliche IS vs. elektronische Märkte

Abb. 30.8 gibt einen Überblick über die wesentlichen Merkmale überbetrieblicher Informationssysteme, zum einen in Abgrenzung zur klassischen innerbetrieblichen Datenverarbeitung und zum anderen durch Differenzierung zweier Grundtypen: die *zwischenbetrieblichen Informationssysteme* und die *elektronischen Märkte*. Deutlich wird, daß die Domäne traditionellen EDIs im Bereich der zwischenbetrieblichen Datenverarbeitung zu sehen ist[105], der eine langfristige, meist vertraglich gesicherte bilaterale Geschäftsbeziehung zugrunde liegt, elektronische Märkte hingegen, die mehrere Anbieter mit vielen Nachfragern (ggf. nur für einen Einmalkontakt) verbinden, adäquat durch das WWW realisiert werden können.

---

[105] In diesem Bereich anzusiedeln sind auch sog. zwischenbetriebliche Workflow-Anwendungen, die eine starke, mittels EDI meist nicht mehr realisierbare Verflechtung der Geschäftsprozesse der beteiligten Partner zulassen. Siehe hierzu Kap. 32.6.

	Innerbetriebliche IS	Zwischenbetriebliche IS	Elektronische Märkte
Beteiligte Geschäfts-partner	1 Unternehmen	2 (1 zu 1): bilaterale Beziehung zwischen Unternehmen	viele (1 zu viele, viele zu viele): multilaterale Beziehungen, auch Konsumenten beteiligt
Kommuni-zierende Einheiten		interprozessual (Applikation-zu-Applikation)	interpersonal (Person-zu-Person, Person-zu-Applikation)
Geographische Ausbreitung	Unternehmensweit	National oder international	global
Benutzer	1 – einige Tausend	2 – einige Tausend	bis zu mehreren Mill.
Benutzungs-zwang	durch Unternehmen	durch Verträge	freiwillig (oder Marktzwang)
Vertragsdauer	keine	langfristig	eher kurzfristig
Standards	proprietär	meist Branchenstandard	offene Systeme
Anwendungs-beispiel	Kostenrechnung	Supply-Chain-Automatisierung	elektronischer Einzelhandel

Abb. 30.8. Inner- vs. überbetriebliche Informationssysteme (Quelle: modifiziert nach Hansen (1996), S. 23)

E-Commerce

In der aktuellen Diskussion werden beide Formen häufig unter dem Begriff E-Commerce zusammengefaßt. In der E-Commerce-Literatur ist die in Abb. 30.9 dargestellte Einteilung von Geschäftsbeziehungen gängig. Läßt man aus Vereinfachungsgründen die Beziehungen zu öffentlichen Verwaltungen außer Acht, so ist das Anwendungsgebiet von EDI der *Business-to-Business-Bereich*, wohingegen sich Web-basierter E-Commerce derzeit oftmals auf den Bereich *Business-to-Consumer* konzentriert. Die Abgrenzung dieser beiden Bereiche und die Trennung der in diesen Bereichen zum Einsatz kommenden Technologien verschwimmt zunehmend.

Web-EDI-Lösungen

Web-basierte Lösungen sind derzeit im Business-to-Consumer-Bereich nahezu keiner Konkurrenz ausgesetzt. Eine Weiterentwicklung dieser Ansätze in die klassische EDI-Domäne zeichnet sich bereits deutlich ab, z.B. durch die Entwicklung Web-basierter EDI-Clients, die die Übernahme von Daten in ein Web-Formular ohne manuelle Eingriffe ermöglichen, oder durch Web-Server-basierte Konverter, die die EDI-HTML-Umwandlung in beiden Richtungen durchführen. Ein Vorteil solcher Lösungen gegenüber dem Austausch von EDIFACT-Dateien ist in der Vielzahl unterstützter multimedialer Datentypen zu sehen. Mittels proprietärer Web-basierter Lösungen können ohne weiteres im Rahmen des Geschäftsdatenaustauschs – oder in diesem Kontext passender Geschäfts*dokumenten*austauschs – Prospektmaterial, animierte Präsentationen oder multimediale Bedienungsanleitungen übermittelt werden, also Informationen, die im Business-to-Consumer-Segment einen herausragenden Stellenwert aufweisen. Ein Nachteil ist in der schlechten Strukturierbarkeit von HTML-Seiten zu sehen. Mit zunehmender Verfügbarkeit XML-basierter Technologien verliert dieses Argument jedoch an Bedeutung, ohne daß man im Bereich der genannten Vorteile Abstriche machen müßte.

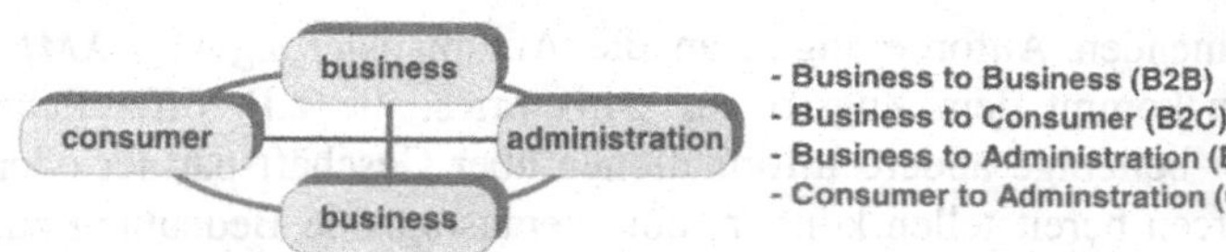

Abb. 30.9. Facetten des E-Commerce

So zeigt Abb. 30.10 Teile der in Abb. 30.6 dargestellten Rechnung als XML-Dokument in Gegenüberstellung zur EDIFACT-Syntax bei gleichem strukturellem Detaillierungsgrad.

XML-EDI-Lösungen

Web-basierte Lösungen, die das Potential der Strukturierbarkeit von XML-Seiten nutzend, ein XML-Dokument als Datenaustauschdokument verwenden, werden im folgenden als *XML-EDI-Lösungen* bezeichnet. Bei diesen Ansätzen ist eine unmittelbare Datenübernahme in Inhouse-Applikationen bzw. eine Datenerzeugung im XML-Format aus diesen heraus komfortabel möglich. Verbreitete Standardsoftware-Systeme bieten solchen Schnittstellen bereits an. Die Integration wird in Zukunft noch einen weiteren Schritt vorangetrieben werden, wenn Datenbanken für XML-Objekte zum Einsatz kommen, so daß in Teilbereichen auch vollständig auf Konvertierung verzichtet werden kann.

EDIFACT-Syntax	XML-Syntax
	<von>
NAD+SE++Fahrradhandel Pedal	<Firma> Fahrradhandel Pedal </Firma>
++Wagingerstr. 5+München++81549'	<Strasse> Wagingerstr. 5 </Strasse>
	<PLZ> 81549 </PLZ>
	<Ort> München <Ort>
	</von>
	<an>
NAD+BY++Huber GmbH++Obstgasse 2	<Firma> Huber GmbH </Firma>
+München++81549'	<Strasse> Obstgasse 2 </Strasse>
	<PLZ> 81549 </PLZ>
	<Ort> München <Ort>
	</an>
	<Bestellposition>
LIN+1++4711.001'	<PosNr> 1 </PosNr>
IMD+F++:::Fahrrad, Damen'	<ArtikelNr> 4711.001 </ArtikelNr>
QTY+47:1:PCE'	<Beschreibung> Fahrrad, Damen- </Beschreibung>
MOA+66:750'	<Anzahl> 1 </Anzahl>
PRI+AAA:750'	<Gesamtpreis> 750,00 </Gesamtpreis>
	<Einzelpreis> 750,00 </Einzelpreis>
	</Bestellposition>
	<Bestellposition>
LIN+2++4711.002'	<PosNr> 2 </PosNr>
IMD+F++:::Luftpumpe, Stand-'	<ArtikelNr> 4711.002 </ArtikelNr>
QTY+47:1:PCE'	<Beschreibung> Lufpumpe, Stand- </Beschreibung>
MOA+66:19,9'	<Anzahl> 1 </Anzahl>
PRI+AAA:19,9'	<Gesamtpreis> 19,90 </Gesamtpreis>
	<Einzelpreis> 19,90 </Einzelpreis>
	</Bestellposition>
	<Bestellposition>
LIN+3++4711.003'	<PosNr> 3 </PosNr>
IMD+F++:::Ersatzventil'	<ArtikelNr> 4711.003 </ArtikelNr>
QTY+47:3:PCE'	<Beschreibung> Ersatzventil </Beschreibung>
MOA+66:7,5'	<Anzahl> 3 </Anzahl>
PRI+AAA:2,5'	<Gesamtpreis> 7,50 </Gesamtpreis>
	<Einzelpreis> 2,50 </Einzelpreis>
	</Bestellposition>

Abb. 30.10. Rechnungsdaten in EDIFACT- und XML-Syntax

Directory-Zugriff

Mit zunehmenden Anforderungen an die Automatisierung von *XML-EDI-Lösungen* kommt dem Zugriff auf Directories, die z.B. öffentliche Schlüssel oder beliebige andere Informationen über Geschäftspartner oder deren Ressourcen bereitstellen können, eine herausragende Bedeutung zu. Mit LDAP und DSML lassen sich Zugriffe auf beliebige, diese beiden Ansätze unterstützende Directories implementieren. Dabei wird der technische Zugriff über LDAP realisiert, der inhaltliche über DSML. Die Potentiale solcher Zugriffsmöglichkeiten für XML-basierte Anwendungen sind offensichtlich.[106]

Vordefinierte XML-DTDs

Für die Verwirklichung eines „offenen" XML-EDIs ist die Entwicklung und Standardisierung von Nachrichtentypen für die große Vielfalt möglicher Geschäftsvorfälle notwendig. Diese im EDIFACT-Umfeld weit vorangeschrittene Standardisierung ist im XML-Umfeld noch in den Anfängen. Vordefinierte, am besten sogar standardisierte XML-DTDs, die idealerweise in allgemein zugänglichen Repositories[107] bereitgestellt werden, sind zwingend notwendig. Inzwischen ist allerdings die Zahl der Initiativen in diesem Bereich schon so groß, daß die Gefahr einer zu starken Zersplitterung droht und sich ggf. eine Konsolidierung nicht mehr herbeiführen läßt. Die Vielzahl der Konsortien, die sich in diesem Bereich gebildet hat, arbeitet entweder daran, einen bestimmten Ansatz stark zu forcieren, damit dieser sich durchsetzt, oder versucht zu einer Konsoliderung verschiedener Ansätze beizutragen und dabei ein unterschiedliches Maß an Vielfalt zuzulassen. Die Gefahr, eine Einigung auf Ebene der Nachrichtentypen nicht mehr herbeiführen zu können, verschafft EDIFACT in diesem Umfeld eine ungeahnte Bedeutung. Die Idee besteht in der Nutzung der im EDIFACT-Umfeld geleisteten semantischen Standardisierungsarbeit, die sich über Jahre hinweg vollzogen und inzwischen eine gewisse Stabilität erreicht hat, bei gleichzeitiger Umstellung auf XML-Syntax und der sich daraus ergebenden neuen technologischen Basis. Gegner solcher Ansätze vertreten die Auffassung, daß die XML-basierte Geschäftsabwicklung zu grundsätzlich neuen Geschäftsvorfällen und -prozessen führt, denen die EDIFACT-Nachrichtentypen nicht mehr gerecht werden können. Sie fordern daher neben der Betrachtung der auszutauschenden Datenstrukturen deren Einbettung in Geschäftsmodelle. Zu entwickeln wären damit auch Referenzmodelle für betriebswirtschaftliche Transaktionen und Geschäftsprozesse.

Im folgenden soll diese Überlegungen abschließend eine Auswahl an Initiativen, Projekten und Konsortien vorgestellt werden, die im Bereich der Standardisierung von XML-Nachrichtentypen und entsprechender Geschäftsmodelle tätig sind. Die Bedeutung letzterer wird bei nahezu allen Ansätzen betont.

---

106 Siehe zu Directories Kap. 27, zu LDAP insbesondere Kap. 27.2.

107 Ein Repository ist ein Datenbanksystem zur zentralen Verwaltung von Informationen über Anwendungssysteme. Typische Inhalte sind Dokumentationen, Modelle und Spezifikationen von Fachanwendungen und ihrer Komponenten.

OTP-Konsortium

Das *OTP-Konsortium* (www.otp.org), ein Zusammenschluß von derzeit ca. 30 Unternehmen, arbeitet an der Entwicklung eines Industriestandards namens *Open Trading Protocol (OTP)* zur Vereinheitlichung des elektronischen Handels. Im Vordergrund steht dabei die Gestaltung von Geschäftsprozessen im Handel, die Unabhängigkeit vom gewählten elektronischen Zahlungssystem gewährleistet. Durch Kapselung des Zahlungsprotokolls können verschiedene Ansätze in OTP integriert werden, das selbst lediglich die den Zahlungsvorgang umgebenden prozessualen Strukturen beschreibt.

OBI-Konsortium

Auch die Arbeit des *OBI-Konsortiums* (*Open Buying on the Internet*, www.openbuy.org) verfolgt einen Geschäftsmodell-basierten Ansatz. Die *OBI-Spezifikation* definiert ein grobes Geschäftsmodell für die zwischenbetriebliche Bestellabwicklung, das unter Verwendung empfohlener Standards als Rahmenwerk für einfach zu implementierende und interoperable Web-Lösungen in diesem Bereich dienen soll. So wurde beispielsweise für die Inhaltsdarstellung ursprünglich HTML empfohlen, die Daten selbst (Bestellanfrage, Bestellung) sollten als ANSI X.12 Nachrichtentyp definiert werden, die Übertragung erfolgt mit HTTP/SSL, digitale Zertifikate sind nach X.509 (Version 3) vorgesehen. Um dem in den USA auf Akzeptanz stoßenden Ansatz zu einer größeren internationalen Verbreitung zu verhelfen, sind nunmehr anstelle der ANSI X.12 Nachrichtentypen Entsprechungen aus dem EDIFACT-Standard vorgesehen sowie XML-basierte Dokumententypen.

CommerceNet

Das OBI-Konsortium selbst wird von einem übergeordneten Industrie-Konsortium namens *CommerceNet* (www.commerce.net) getragen, das über 600 Mitgliedunternehmen umfaßt und sich die Förderung der Interoperabilität im E-Commerce zum Ziel gesetzt hat. Die Tätigkeitsfelder von CommerceNet sind sehr breit, so daß neben OBI lediglich eine weitere Initiative aus dem Umfeld dieses Konsortiums genannt werden soll.

eCo Framework

Das Projekt *„eCo Interoperability Framework"* (eco.commerce.net) von CommerceNet weist ebenfalls eine ausgeprägte Geschäftsmodell-Orientierung auf. Abb. 30.11 zeigt ein in diesem Projekt entwickeltes Referenzmodell, das sieben Ebenen umfaßt und auf jeder dieser Ebenen diejenigen Typen identifiziert, die einer Standardisierung bzw. Registrierung bedürfen. XML-DTDs und die entsprechenden Tag-Sets sind lediglich auf den beiden unteren Ebenen angesiedelt.

CBL, cXML

Als Beispiele für Initiativen, die vornehmlich im Bereich der Standardisierung XML-basierter Nachrichtentypen bzw. der auszutauschenden Geschäftsdokumente arbeiten, sind die von Commerce One entwickelte *Common Business Library* (*CBL*, www.commerceone.com), die einen Schema-basierten Ansatz verfolgt, und der DTD-orientierte Ansatz *cXML* (*commerce XML*, www.cxml.org) zu nennen. Obwohl beide Ansätze über das alleinige Bereitstellen von Nachrichtentypen hinausgehen, liegt ihr Schwerpunkt auf den beiden unteren Ebenen des eCo-Modells. Eine Einbettung in die darüberliegende Ebene der Interaktionen findet statt. Beide Ansätze sollen im Rahmen des eCo-Modells unterstützt werden.

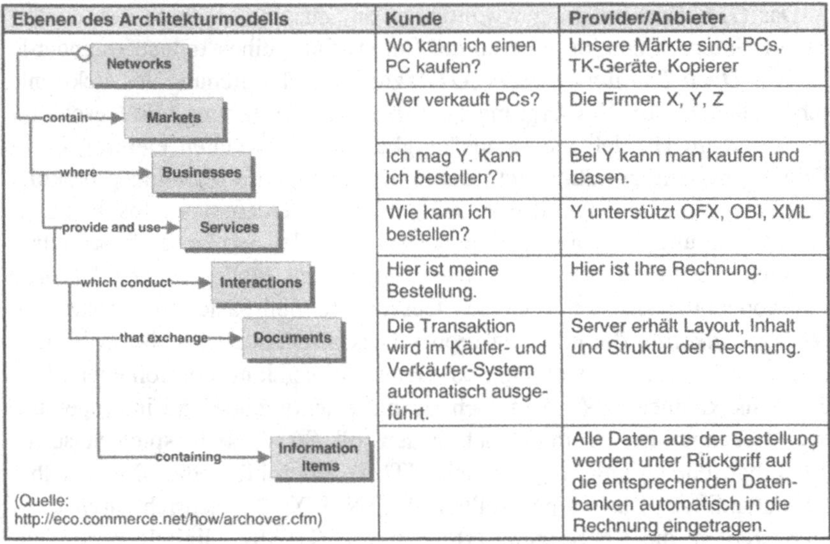

Ebenen des Architekturmodells	Kunde	Provider/Anbieter
	Wo kann ich einen PC kaufen?	Unsere Märkte sind: PCs, TK-Geräte, Kopierer
	Wer verkauft PCs?	Die Firmen X, Y, Z
	Ich mag Y. Kann ich bestellen?	Bei Y kann man kaufen und leasen.
	Wie kann ich bestellen?	Y unterstützt OFX, OBI, XML
	Hier ist meine Bestellung.	Hier ist Ihre Rechnung.
	Die Transaktion wird im Käufer- und Verkäufer-System automatisch ausgeführt.	Server erhält Layout, Inhalt und Struktur der Rechnung.
		Alle Daten aus der Bestellung werden unter Rückgriff auf die entsprechenden Datenbanken automatisch in die Rechnung eingetragen.

Abb. 30.11. eCo-Architektur

BMEcat

Inhaltlich betrachtet in einem ähnlichen Bereich wie cXML, nämlich dem elektronischen Bestellwesen (E-Procurement), ist eine deutsche Entwicklung namens *BMEcat* angesiedelt. Es handelt sich um einen XML-basierten Katalogstandard des Bundesverbandes Materialwirtschaft, Einkauf und Logistik (BME), der in seiner ersten Version im November 1999 verabschiedet wurde und schnell auf große Beachtung gestoßen ist. Der Ansatz unterstützt den Austausch multimedialer Produktkataloge, wobei der Lieferant einem Kunden einen komplett neuen Katalog übermitteln kann oder später lediglich Preise oder Produkte aktualisiert. Der Kunde übermittelt im Gegenzug die Daten zur Bestellabwicklung. Auch bei diesem sehr datenorientierten Ansatz werden wiederum die Interaktionen der darüberliegenden Ebene mitbetrachtet.

Neben der inhaltlichen Arbeit an XML-Nachrichtentypen und den entsprechenden Geschäftsmodellen sind auch die technischen Voraussetzungen zu schaffen, mittels derer die entsprechenden Typen und Modelle verfügbar gemacht werden können. Im eCo-Modell sind beispielsweise auf jeder Ebene des Architekturmodells registrierungsfähige Komponenten vorgesehen, beginnend mit Markt- und Geschäftstypen über Dienst- und Interaktionstypen bis hin zu Dokument- und Datenfeldtypen. Unabhängig von Art und Granularität der registrierungsfähigen Komponenten müssen für deren dv-technische Bereitstellung Repositories unterhalten werden. Auch mit diesem Thema haben sich bereits eine Reihe von Initiativen beschäftigt.

XML/EDI Group

Besonders hervorzuheben sind dabei die Arbeiten der *XML/EDI Group* (www.xmledi.org), die einen Repository-orientierten Ansatz vorstellen und die Bedeutung eines XML-Repositories für XML-EDI-Lösungen deutlich unterstreichen.

Microsoft (Biztalk), OASIS (xml.org), ebXML

Unter den operativ betriebenen Repositories ist neben dem stark von Microsoft geprägten *www.biztalk.org* insbesondere *xml.org* hervorzuheben. Es handelt sich um ein industrielles Web-Portal [108], das eine der aktuellsten und vollständigsten Link-Sammlungen zum Thema XML umfaßt, aber vor allem als Registrierungsinstanz operieren soll. Xml.org wird betrieben von OASIS (Organization for the Advancement of Structured Information Standards), das unter den bislang genannten Industriekonsortien eine besondere Stellung einnimmt. Zielsetzung ist die Förderung eines produktunabhängigen Datenaustauschs, wobei die von OASIS betriebenen Maßnahmen die Arbeit internationaler Standardisierungsorganisationen (z.B. ISO, UN/CEFACT, W3C) mit Blick auf Praktikabilität und einfache Umsetzbarkeit ergänzen sollen. Ein Projekt, an das in dieser Hinsicht hohe Erwartungen geknüpft werden, ist *ebXML* (Electronic Business XML, www.ebxml.org), das OASIS in Zusammenarbeit mit UN/CEFACT (United Nations Centre for Trade Facilitation and Electronic Business, www.unece.org/cefact) seit September 1999 für eine Laufzeit von 18 Monaten betreibt und das zu einer Standardisierung oder zumindest Harmonisierung von XML-Spezifikationen im Umfeld des E-Business beitragen soll. Ob sich die Mission

> „to provide an open XML-based infrastructure enabling the global use of electronic business information in an interoperable, secure and consistent manner by all parties“ [109]

verwirklichen lassen wird, bleibt abzuwarten. Insgesamt wird das Erreichen dieser Zielsetzung einen entscheidenden Einfluß darauf haben, inwieweit sich klassisches EDI durch XML-EDI-Lösungen verdrängen läßt. Ob einzelne Anwendungsbereiche der einen oder der anderen Technologie dauerhaft vorbehalten bleiben können, ist fragwürdig. In Zukunft wird es sicherlich immer deutlicher auf die richtige Kombination an Technologien ankommen, um die gesamte Bandbreite an interorganisationalen Geschäftsvorfällen effizient unterstützen zu können.

---

[108] Unter einem Web-Portal versteht man eine Web-Seite, die als „Eingang“ zum WWW genutzt werden soll. Portale sind entweder themenspezifisch und bieten dann eine möglichst umfassende Sammlung an Hinweisen und Links zu ihrem inhaltlichen Schwerpunkt oder sie sind universell. Universelle Portale basieren meist auf einer Suchmaschine und lassen sich ggf. benutzerspezifisch anpassen.

[109] www.ebxml.org/geninfo.htm

Literaturempfehlungen

DIN (1997): EDIFACT-Syntax: Version 4, Berlin, Wien, Zürich: Beuth.

Fischer, J. (1993): Unternehmensübergreifende Datenmodellierung – der nächste folgerichtige Schritt der zwischenbetrieblichen Datenverarbeitung, in: Wirtschaftsinformatik 35 (1993) 3, S. 241-254.

Frank, U. (1991): Anwendungsnahe Standards der Datenverarbeitung: Anforderungen und Potenatiale – Illustriert am Beispiel von ODA/ODIF und EDIFACT, in: Wirtschaftsinformatik 33 (1991) 2, S. 100-111.

Hansen, H.R. (1996): Klare Sicht am Info-Highway: Geschäfte via Internet & Co., München und Wien: Orac.

Mattes, F. (1999): Electronic Business-to-Business: E-Commerce mit Internet und EDI, Stuttgart: Schäffer-Poeschel.

Merz, M. (1999): Electronic Commerce: Marktmodelle, Anwendungen, Technologien, Heidelberg: dpunkt, S. 313-360.

Neuburger, R. (1994): Electronic data interchange: Einsatzmöglichkeiten und ökonomische Auswirkungen, Wiesbaden: Gabler.

Picot, A., Neuburger, R., Niggl, J. (1993): Electronic Data Interchange (EDI) and Lean Management, in: zfo (1993) 1, S. 20-25.

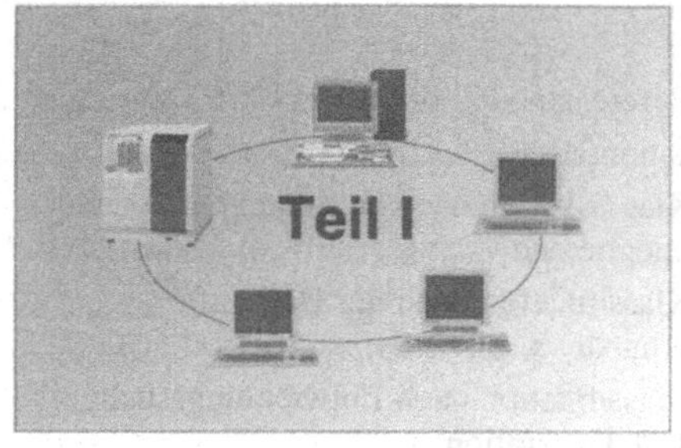

Multifunktionale Kommunikationsanwendungen

Die Vorteile des arbeitsteiligen Produzierens, Wirtschaftens und Forschens werden in einer modernen Volkswirtschaft von den meisten Organisationen genutzt. Die hierdurch bedingte weitgehende Spezialisierung der Arbeitskräfte erfordert eine kooperative und eng aufeinander abgestimmte Zusammenarbeit. Das Arbeitsumfeld der Einzelperson ist zunehmend von anderen Personen, Ressourcen und zeitlichen Vorgaben abhängig. Kommunikationsanwendungen, wie sie in den vorangegangenen Kapiteln dargestellt wurden, bedürfen in diesem Umfeld einer sinnvollen Bündelung und Integration, um hier gezielt Unterstützung zu leisten. Solche multifunktionalen Anwendungen sind derzeit vornehmlich in zwei Bereichen der Informationsverarbeitung, die im folgenden betrachtet werden, anzutreffen: im Workgroup und im Workflow Computing.

Dabei konzentriert sich der erste Bereich auf die Unterstützung von Teamarbeit durch die Bereitstellung von Werkzeugen und gemeinsamen Arbeitsräumen. Im zweiten Bereich hingegen geht es schwerpunktmäßig um die zeitliche und sachlogische Steuerung des Arbeitsflusses über verschiedene Bearbeiter hinweg.

31 Workgroup Computing

Unter *Workgroup Computing* wird ein Teilgebiet der Informationsverarbeitung verstanden, in dem die dv-technische Unterstützung von Gruppenarbeit im Vordergrund steht. Aus einer forschungsorientierten Blickrichtung wird das dem Workgroup Computing übergeordnete Forschungsgebiet häufig mit dem Akronym „CSCW" bezeichnet.

31.1 Computer Supported Cooperative Work

Entstehung

Der Begriff des *„Computer Supported Cooperative Work"* (CSCW) geht auf einen 1984 unter diesem Namen in den USA abgehaltenen Workshop zurück, der historisch betrachtet als das diesen Begriff prägende Ereignis verstanden wird. Als Forschungsdisziplin entwickelt sich CSCW in den 80er Jahren schnell zu einem viel beachteten Gebiet mit eigenständigen Konferenzreihen wie die im 2-Jahres-Rhythmus abgehaltene CSCW oder wie ihr dazu versetzt stattfindendes europäisches Pendant ECSCW.

Je nach Gewichtung der beiden Begriffskomponenten *„computer support"* und *„cooperative work"* und der Blickrichtung einzelner Forscher besteht im Detail Uneinigkeit über die Abgrenzung des Forschungsgebietes und seiner Forschungsgegenstände. Einig ist man sich über den *interdisziplinären* Charakter des Gebietes, in dem ein Zusammenwirken von Informatik, Soziologie, Arbeits-, Wirtschafts- und Kommunikationswissenschaften von herausragender Bedeutung ist. Denn neben der Entwicklung von Werkzeugen für die dv-technische Unterstützung von Gruppenarbeit durch Informatiker, setzt die Tool-Konzeption und deren anschließende Bewertung ein umfassendes Verständnis von Gruppenarbeit voraus.

Begriffsvielfalt

Wenig verwunderlich ist es, daß aus der großen Menge möglicher Arbeitsschwerpunkte und Perspektiven eine Vielfalt an Begriffen für ein und dasselbe Gebiet, für Teilgebiete oder Schwerpunkte hervorgegangen ist. Beispiele hierfür sind: *Computer Aided Team(work) (CAT), Groupware, Group Support Systems (GSS), Co-Technologies, Workgroup Computing, Collaborative* oder *Cooperative Computing.*

Workgroup Computing

Der hier zugrundegelegte Begriff „Workgroup Computing" soll zum einen eine Schwerpunktsetzung auf *informationstechnologische Aspekte* verdeutlichen und zum anderen den komplementären Charakter der für die Unterstützung von Arbeitsgruppen notwendigen Teilfunktionalitäten betonen.

Groupware

Weit verbreitet ist auch der Begriff *„Groupware"*, der allerdings in Abgrenzung zu den Begriffen, die Forschungsgebiete bezeichnen, einen Oberbegriff für die in diesem Gebieten zum Einsatz kommenden IT-Lösungen (Software, ggf. Hardware) darstellt. In der populärwissenschaftlichen Literatur wird der Begriff ein wenig enger gefaßt und eingeschränkt auf *multifunktionale Softwarepakete*, die durch Integration verschiedener Teilfunktionalitäten eine grundlegende, von der spezifischen Fachaufgabe unabhängige Unterstützung von Gruppenarbeit bieten. Mit Blick auf eine stärkere Differenzierung der Begriffe und der zunehmenden Verbreitung dieser Auffassung wird sie auch hier zugrundegelegt. Einzelne typische Teilfunktionalitäten solcher integrativen Groupware-Systeme werden als CSCW-Anwendungen bzw. -Funktionalitäten bezeichnet, auf die im folgenden als potentielle Bausteine von Groupware-Systemen eingegangen wird.

31.2 CSCW-Anwendungen und -Funktionalitäten

Aus der großen Vielzahl von CSCW-Anwendungen soll im folgenden auf eine exemplarische Auswahl eingegangen werden.

E-Mail

Die im Kapitel zu monofunktionalen Anwendungen bereits vorgestellten elektronischen Postsysteme können als CSCW-Anwendung verstanden werden. Über die reine Basisfunktionalität hinausgehend werden im CSCW-Umfeld allerdings verschiedenartige Erweiterungen diskutiert, so z.B. die Unterstützung des Benutzers im Hinblick auf die Beherrschung der *mailbasierten Informationsflut*. Unterstützung kann hier z.B. dadurch geboten werden, daß auf Basis von vordefinierten Regeln eine semi-automatische Verarbeitung eingehender Post vorgenommen wird. Durch Weiterentwicklung dieser Idee kommt man sehr schnell zu Systemen, in denen elektronische Post aufgrund von vordefinierten Vorlagen und Regeln in Abhängigkeit von konkreten Feldinhalten einer systemseitig gesteuerten Weiterleitung unterzogen wird. Der Schritt zu den im nächsten Kapitel behandelten Workflow-Systemen ist dann nur noch ein kleiner. Dies gilt insbesondere dann, wenn dem Gegenstand der Weiterleitung mehr strukturelle Mächtigkeit verliehen wird, z.B. durch Verwendung elektronischer Formulare oder elektronischer Umlaufmappen als Container für zusammengehörige Einzeldokumente.

Konferenzsysteme

Ebenso wie bei elektronischer Post steht bei Konferenzsystemen der Aspekt der Kommunikation von Gruppenmitgliedern untereinander im Vordergrund. Dabei handelt es sich jedoch immer um *synchrone Kommunikation*, die in erster Linie räumliche Entfernung überbrücken soll und üblicherweise nicht nur bilateral erfolgt. Vielmehr werden Kommunikationskanäle zwischen verschiedenen Konferenzteilnehmern eingerichtet, die dann alle gleichzeitig die gesamte Konferenz verfolgen können. Unterschieden werden *text-, audio- und videobasierte Systeme* sowie deren Mischformen.

Textbasierte Konferenzsysteme haben in modernen Büroumgebungen nur noch eine untergeordnete Bedeutung. Relativ großer Beliebtheit erfreut sich in diesem Bereich allerdings noch das als TCP/IP-Anwendung implementierte „chatting" im Internet-Umfeld (Internet Relay Chat, IRC).

Textbasierte Konferenzsysteme

Reine *Audiokonferenzsysteme* und ein Teil der *Videokonferenzsysteme* fallen in den Bereich der Telefonie-Anwendungen[110] und sollen in der telefoniebasierten Form hier nicht betrachtet werden. Diese Technologien ausgrenzend spricht man daher auch häufig von Computerkonferenzen. Computerkonferenzsysteme[111] erfordern neben der softwareseitigen Funktionalität auch spezifische Hardware zur Aufnahme und Wiedergabe der zu übertragenden Audio- oder Videodaten. Nutzte man hierfür noch vor einigen Jahren meist aufwendig eingerichtete Räume (Konferenzstudios mit Kameras, Mikrofonen, Projektionswänden, Monitoren etc.), so ist zu beobachten, daß Computerconferencing-Hard- und Software nunmehr zur Standardausstattung des Büroarbeitsplatzes gehört. Diese Entwicklung betonend spricht man daher oftmals von *„Desktopconferencing"*. Die Funktionalität solcher Systeme basiert üblicherweise auf einer Einteilung der Bildschirmfenster in private und öffentliche Fenster, wobei die Inhalte letzterer von allen Konferenzteilnehmern verfolgt werden. Neben der Darstellung von Videosequenzen des gerade aktiven Kommunikationspartners können in öffentlichen Fenstern parallel dazu Texte und Grafiken übermittelt sowie bearbeitet oder beliebige andere Applikationen ausgeführt werden. Gelegentlich wird gerade diese Form sehr anspruchsvoller Funktionalität auch als *Screen* oder *Application Sharing* bezeichnet. Eine besondere Variante des Application Sharing für die gemeinsame Dokumentenbearbeitung wird von den später zu betrachtenden Gruppeneditoren unterstützt.

Audio- und videobasierte Konferenzsysteme

Als bekanntes Produkt läßt sich im Zusammenhang mit Konferenzsystemen das in der Windows-Welt verbreitete Netmeeting nennen. Es unterstützt alle drei Arten von Konferenzsystemen, um in Abhängigkeit von den technischen Gegebenheiten immer eine sinnvolle Kommunikationsform bieten zu können. Die textbasierte Form kann beispielsweise auch noch bei sehr knappen Systemressourcen oder langsamer Übertragung genutzt werden. Die Audio- und Videofunktionen erfordern hingegen angemessene Bandbreiten, so daß situativ die jeweils geeignete Kommunikationsform gewählt werden sollte. Das System unterstützt darüberhinaus auch einfache Formen des Application Sharing. Konferenzteilnehmer können die an ihren Systemen aktiven Anwendungen den anderen Konferenzteilnehmern zu-

Beispiel: Netmeeting

[110] Siehe z.B. Kap. 22.8.1.

[111] Man beachte, daß der Begriff Computerkonferenz gelegentlich auch für eine textuelle-asynchrone Kommunikationsform, z.B. zur Teilnahme an Diskussionsforen, verwendet wird, und sich im Gegensatz dazu von der synchronen Konferenz (dann als Telekonferenz oder Echtzeitkonferenz bezeichnet) abgrenzt. Im folgenden wird diese Form der asynchronen Kommunikationsfunktionalität allerdings unter dem Begriff Bulletin Board beschrieben, so daß der Begriff Konferenz ausschließlich synchronen Kommunikationsformen vorbehalten bleibt.

gänglich machen und dadurch einen abwechselnden Zugriff ermöglichen. Die beteiligten Benutzer verfolgen synchron die Interaktionen des gerade aktiven Benutzers, dessen Initialen in der Nähe des Mauszeigers angezeigt werden. Die gerade passiven Teilnehmer können auf Wunsch die Kontrolle über die Anwendung übernehmen.

Electronic Meeting Rooms

Im Gegensatz zu Konferenzsystemen, die zur Überwindung räumlicher Barrieren beitragen, geht man bei sog. *Electronic Meeting Rooms (EMR)* davon aus, daß sich die Kommunikationsteilnehmer am selben Ort, nämlich einem spezifisch für diesen Zweck ausgestatteten Sitzungsraum befinden. Die typische Grundausstattung eines solchen Raumes besteht in vernetzten PCs, wobei für jeden Sitzungsteilnehmer ein Arbeitsplatz vorgesehen ist. Darunter kann sich auch ein dedizierter Moderatorenarbeitsplatz mit zentralen Steuerungsfunktionen (auch Facilitator-Station genannt) befinden. Hinzu kommt des weiteren eine zentralen Projektionsvorrichtung, über die allen Teilnehmern gemeinsam Inhalte zugänglich gemacht werden können. Neben spezifischer Hardware sind für EMR-Sitzungen auch softwareseitige Funktionalitäten (*Electronic Meeting Systems, EMS,* Sitzungsunterstützungssysteme) vorgesehen, die beispielsweise den Sitzungsablauf strukturieren (Erstellung einer Agenda, Formulieren von Teil- und Endergebnissen), zur Ideengenerierung, -sammlung und -ordnung beitragen oder eine Alternativenbewertung und Abstimmungsprozesse unterstützen. Neben der Steigerung der Sitzungseffizienz zielen solche Systeme auch auf eine qualitative Veränderung der Beiträge ab, die z.B. durch gezielte Anonymisierung von Teilschritten oder die Schriftform bewirkt werden soll.

GDSS

Geht die Funktionalität von Sitzungsunterstützungssystemen so weit, daß Entscheidungsprobleme unmittelbar unterstützt werden, dann zählt man sie auch zur Gruppe der *Group Decision Support Systeme (GDSS).* GDSS haben ihre Wurzeln in den traditionellen *Entscheidungsunterstützungssystemen* (Decision Support System, DSS), die dv-technische Realisierungen meist quantitativer Entscheidungsverfahren darstellen, z.B. von Optimierungsverfahren, Risikoanalysen, Entscheidungsbaumverfahren etc. DSS können Bestandteil von GDSS sein, indem sie z.B. die individuelle Entscheidung der einzelnen Gruppenmitglieder unterstützen. GDSS bieten jedoch darüber hinaus gehende spezifische Funktionalitäten, die explizit die Entscheidungsfindung in der Gruppe unterstützen, z.B. durch Aggregation von Individualentscheidungen oder Umsetzung von Votierungsalgorithmen. GDSS können auch darauf abzielen, die Unsicherheit im Gruppenentscheidungsprozeß zu reduzieren.

GDSS findet man oftmals als Komponenten von Sitzungsunterstützungssystemen, sie sind aber auch unabhängig von einem EMS einsetzbar. Auch die im folgenden betrachteten Gruppeneditoren sind, insbesondere wenn die Bearbeitung synchron erfolgt, als Teilfunktionalität von EMS anzutreffen.

Gruppeneditoren

In vielen Formen der Gruppenarbeit werden Dokumente (Texte, Zeichnungen, Bilder) gemeinsam erstellt und bearbeitet. Die notwendige Funktionalität für eine solche arbeitsteilige Dokumentenbearbeitung bieten sog. *Gruppeneditoren*. Einfachere Systeme dieser Kategorie unterstützen dabei lediglich die asynchrone Bearbeitung eines gemeinsamen Objektes. Man spricht dann von sog. *Annotationssystemen*, die das Anbringen von Anmerkungen an das Dokument (in textueller und oder gesprochener Form) durch verschiedene voneinander unterscheidbare Bearbeiter erlauben. Des weiteren können Überarbeitungsfunktionen für das Verfolgen der Änderungshistorie hinzukommen. Moderne Textverarbeitungssysteme bieten heute üblicherweise diese Funktionalitäten. Von *Co-Autorensystemen* spricht man, wenn auch spezifische Funktionalitäten für das gleichzeitige Bearbeiten von Dokumenten zur Verfügung gestellt werden. Dazu gehört zum einen, daß Veränderungen an verschiedenen Stellen gleichzeitig vorgenommen werden können, und zum anderen die Möglichkeit des unmittelbaren Verfolgens und Kommentierens von Veränderungen, die ein gerade aktiver Autor vornimmt, durch die anderen am Bearbeitungsprozeß beteiligten Autoren. In dieser Form sind Co-Autorensysteme auch im Umfeld des Desktopconferencings angesiedelt, was am Beispiel von Netmeeting aufgezeigt wurde.

Co-Autorensysteme unterscheiden sich hinsichtlich des Grades und der Strenge der zugrundeliegenden technischen Sperr- und Synchronisationsmechanismen erheblich und sind in dieser Hinsicht auch von der zugrundeliegenden Datenhaltungstechnologie beeinflußt, auf die im folgenden eingegangen wird.

Formen der Datenhaltung

Am Beispiel der Gruppeneditoren wird besonders deutlich, daß ein wesentliches Merkmal von Gruppenarbeit das gemeinsame Bearbeiten von Objekten darstellt. Neben der dafür notwendigen Bearbeitungsfunktionalität sind auch Basistechnologien für die Datenhaltung bereitzustellen. Dabei stellen CSCW-Anwendungen üblicherweise Anforderungen, die von einfacheren Datenhaltungstechnologien nicht erfüllt werden können. Geeignete Kandidaten sind hingegen *objektorientierte* und/oder *multimediale Datenbanksysteme* ergänzt um Mechanismen der *verteilten Datenhaltung* mit Blick auf die räumliche Verteilung der Gruppenmitglieder. Sehr sinnvoll erscheint im Umfeld der Gruppenarbeit auch die Möglichkeit des Verknüpfens von Inhalten durch *Hypertext- oder Hypermediafunktionen*. Das WWW trägt in diesem Sinne der Anforderung an verteilte und vernetzte Datenhaltung in besonderem Maße Rechnung. Internet- und Intranettechnologien werden daher oftmals im CSCW-Umfeld als wichtige Basissysteme benannt.

Dokumentenmanagement

Als weitere Kategorie von Systemen, die in diesem Zusammenhang besonders geeignet erscheinen, sind *Dokumenten-Management-Systeme (DMS)* zu nennen, deren Funktionalität in den letzten Jahren bedeutend mächtiger geworden ist. Neben einer zentralen, für den Benutzer völlig transparenten, unternehmensweit homogenen Ablage von Dokumenten, bieten Dokumenten-Management-Systeme Unterstützung für eine ganzheitliche Betrachtung des gesamten Dokumenten-Lebenszyklus. Dokumente können auf unterschiedliche Weise entstehen bzw. Eingang in das System finden und in unterschiedlichsten Datenformaten vorliegen ((gescannte) Images, textuelle oder multimediale Dokumente etc.). Sie müssen effizient gespeichert und indiziert werden, so daß ein komfortabler Zugriff möglich ist. Dabei sind unterschiedliche Formen des Suchens unter Einsatz von Methoden des Information Retrievals denkbar. Darüber hinaus werden in solchen Systemen Dokumente be- und überarbeitet, freigegeben, weitergeleitet sowie explizit verteilt. Die Weiterleitungs- und Verteilungsfunktionalitäten können so mächtig gestaltet sein, daß typische Eigenschaften von Workflow-Systemen, die im nächsten Kapitel ausführlich behandelt werden, gegeben sind. Des weiteren besteht die Möglichkeit, Dokumente systemseitig mit einer Änderungshistorie zu versehen und einer Versionierung zu unterziehen. Am Ende des Lebenszyklus von Dokumenten müssen Auslagerungsstrategien und Archivierungslösungen zum Einsatz kommen.

Gemeinsamer Informationsraum

Unabhängig von den konkreten, auch in beliebigen anderen Kontexten zum Einsatz kommenden Datenhaltungstechnologien ist es im CSCW-Umfeld von besonderer Bedeutung, die Illusion eines gemeinsamen Informationsraumes zu schaffen, dessen Objekte von räumlich verteilten Personen synchron oder asynchron gemeinschaftlich genutzt werden. Ein besonderer Typus eines gemeinsamen Informationsraumes, mit dem man eine gewisse inhaltliche Strukturierung verbindet, sind sog. Bulletin Board Systeme.

Bulletin Board Systeme

Bei *Bulletin Board Systemen (BB-System)* handelt es sich um spezielle Datenbanken, die nach Themenschwerpunkten organisiert, Beiträge einzelner Benutzer entgegennehmen und einer Vielzahl von Interessenten zur Verfügung stellen. Unterstützt wird also eine *unidirektionale, asynchrone „eins-zu-viele"-Kommunikation*. Man geht üblicherweise davon auf, daß in einem BB-System eine große Anzahl von Themenbereichen mit einer wiederum großen Anzahl von Beiträgen pro Themenbereich verwaltet werden. Dem Endbenutzer müssen daher neben der Funktionalität für das reine Verfassen und Lesen von Mitteilungen auch Hilfsmittel zur Beherrschung der eingehenden Informationsmenge geboten werden. Mit Blick auf dieses Problem kann er daher üblicherweise festlegen, für welche Themenbereiche er sich interessiert und welche Mitteilungen innerhalb eines Themenbereiches von ihm bereits zur Kenntnis genommen wurden.

Beispiel: Usenet

Eine der bekanntesten Applikationen dieser Form ist das *Internet-Usenet* mit einer Vielzahl von News-Servern, die über die ganze Welt verteilt sind und Konferenzen bzw. *Diskussionsforen* zu verschiedensten Themenbereichen vorhalten. Mittels sog. News-Reader auf der Client-Seite, die heute üblicherweise auch in Web-Browser integriert sind, können Nutzer bestimmte Foren abonnieren, die Beiträge in diesen ausgewählten Foren verfolgen und eigene Beiträge absetzen (Posting).

Planungssysteme

Die bislang vorgestellten CSCW-Applikationen und Basistechnologien unterstützen unmittelbar die Ausführung einer Gruppenaktivität. Neben dieser unmittelbaren Duchführungsunterstützung bedürfen gerade in der Gruppe zu erledigende Aufgaben einer guten vorausschauende Koordination. In diesem Sinne werden bestimmte Formen von Planungssystemen als CSCW-Applikationen verstanden. Dazu gehören zum einen *Projektmanagementsysteme*, die der personell-zeitlichen Ablaufplanung von Projektarbeit dienen und beispielsweise Instrumente wie Gantt-Diagramme oder Netzplantechnik unterstützen. Zum anderen gelten als typische Planungsapplikationen im CSCW-Umfeld *Terminmanagementsysteme*. Solche Systeme setzen voraus, daß die individuellen Terminpläne einzelner Personen bis zu einem bestimmten Grade öffentlich oder zumindest ausgewählten anderen Gruppenmitgliedern zugänglich gemacht werden. Grundsätzlich sollen solche Systeme bei der Findung und Vereinbarung gemeinsamer Termine Hilfestellung bieten. Dabei sind unterschiedliche Grade der Automatisierung möglich. Neben dem reinen Ermitteln in Frage kommender Termine, können prioritäten- oder regelgesteuert bereits Termine ausgewählt werden. Möglich ist auch das Führen von Verhandlungen über potentielle Termine auf Grundlage vordefinierter Meldungen. Läßt sich ein Termin finden, nimmt das System üblicherweise den Eintrag in allen betroffenen individuellen Terminkalendern vor, dabei können auch unmittelbar mit solchen Terminen zusammenhängende weitere planerische Schritte angestoßen werden, wie z.B. die Belegung eines Sitzungsraumes, die Reservierung weiterer Ressourcen oder der Aufruf anderer CSCW-Anwendungen. Die Betrachtungsrichtung umkehrend wird die Funktionalität von Terminmanagementsystemen in vielen anderen CSCW-Anwendungen benötigt oder zumindest aus diesen heraus angestoßen.

31.3 Klassifikationsansätze

Versucht man die verschiedenen CSCW-Anwendungen bzw. -Funktionalitäten einer sinnvollen Ordnung zu unterziehen, so sind in der Literatur verschiedene Klassifikationsansätze und Ordnungskriterien zu finden. Im folgenden wird auf eine kleine Auswahl solcher Ansätze eingegangen.

Raum und Zeit

Sehr bekannt ist die in Abb. 31.1 dargestellte Raum-Zeit-Matrix zur Klassifikation von CSCW-Funktionalitäten. Nicht alle Anwendungen lassen sich eindeutig einem Quadranten zuordnen, da diese Zuordnung von ihrer konkreten Ausgestaltung abhängig ist. Als Beispiel lassen sich Gruppeneditoren nennen, die in der Variante von Annotationssystemen asynchrone Arbeit unterstützen, ansonsten auch in anderen Formen existieren. Des weiteren lassen sich Applikationen, die ein räumlich-verteiltes Arbeiten unterstützen, prinzipiell auch immer bei räumlicher Nähe einsetzen. Insbesondere bei asynchroner Arbeit ist es belanglos, ob sich die Bearbeiter am selben oder verschiedenen Orten aufhalten, da sie nie zum selben Zeitpunkt am selben Ort sind. Nahezu alle Applikationen, die Quadrant 4 zugeordnet werden, fallen demnach auch in Feld 3 und umgekehrt.

Zeit(punkt) des Arbeitens \ Ort des Arbeitens		identisch Benachbart	verschieden verteilt
identisch	synchron	① z.B. EMR/EMS	② z.B. Konferenzsysteme
verschieden	asynchron	③	④ z.B. E-Mail, BB-Systeme

Abb. 31.1. Raum-Zeit-Matrix zur Klassifikation von CSCW-Anwendungen

Andere Kriterien

Neben Ansätzen, die Verfeinerungen des relativ groben 4-Quadranten-Schemas vorschlagen, z.B. die Vorhersagbarkeit des Raum- oder Zeitbezuges berücksichtigen, lassen sich eine Reihe weiterer Kriterien finden, die beispielsweise die Kommunikationsarchitektur (Anzahl und Richtung: 1-zu-1, 1-zu-viele, viele-zu-1, viele-zu-viele), die Größe und Organisationsform der Gruppe oder Form und Grad der Unterstützung betreffen.

Art der Zusammenarbeit

Gerade letzteres ist abhängig vom Wesen der Zusammenarbeit in der Gruppe, deren Intensität sehr unterschiedlich sein kann. Oftmals wird hier zwischen Kommunikation, Koordination und Kooperation unterschieden. Bei der *Kommunikationsunterstützung* geht es lediglich um den Austausch von Informationen, die jedoch Grundlage jeglicher Form der Gruppenarbeit ist. Wird eine Aufgabe arbeitsteilig erledigt, besteht Bedarf nach *Koordinationsunterstützung,* um die (ggf. unter Beibehaltung großer Autonomie) individuell erbrachten Teilleistungen sachlogisch wie terminlich miteinander in Einklang zu bringen. Koordination soll Zusammenwirken ermöglichen, setzt aber noch keine Zusammenarbeit i.e.S. voraus. Von solcher spricht man erst dann, wenn Gruppenmitglieder gemeinsame Ziele verfolgen und auch als ganzes Verantwortung für das Ergebnis tragen. In der CSCW-Forschung spricht man in solchen Fällen von *Kooperationsunterstützung*. In diesem Sinne würde man E-Mail-Systeme beispielsweise als Instrument der Kommunikationsunterstützung klassifizieren, Terminmanagementsysteme hingegen tragen vornehmlich zur Koordinations- und Co-Autorensysteme z.B. zur Kooperationsunterstüzung bei.

Neben Systemen, die einzelne Funktionalitäten unterstützen, liegt ein Schwerpunkt des Workgroup Computings auf der Multifunktionalität, d.h. der Bündelung und Integration verschiedener CSCW-Anwendungen. Der Integrationsgedanken steht besonders bei den kommerziellen Groupware-Produkten im Vordergrund.

31.4 Kommerzielle Groupware-Produkte

Unter den kommerziellen Paketen hat in den vergangenen Jahren das Produkt *Lotus Notes/Domino* eine dominierende Rolle eingenommen. Man geht von derzeit ca. 40 Millionen Notes-Benutzern aus. Neben dem integrativen Charakter – es umfaßt viele der zuvor genannten Funktionalitäten in einer sinnvoll aufeinander abgestimmten Form – ist es zudem auch als *Groupware-Plattform* zu verstehen, auf deren Grundlage spezifische Groupware-Anwendungen effizient entwickelt und in die bestehenden Applikationen integriert werden können. Als solche Plattform umfaßt Notes/Domino neben Basisdiensten wie einem Verzeichnis auch betriebssystemnahe Funktionalitäten. Dies ist unter anderem darauf zurückzuführen, daß Notes über alle unterstützen Betriebssysteme hinweg – dies sind nahezu alle gängigen – eine einheitliche Umgebung repräsentieren muß.

Dokumenten-orientierte Datenbank

Das Kernstück von Notes/Domino bildet eine dokumentenorientierte Datenbank, deren grundlegende Informationseinheit ein *Dokument*[112] ist. Im Vergleich zu einem herkömmlichen DBMS entspricht das Dokument (genauer gesagt eine sog. *„Note“*, vgl. auch Abb. 31.2) einem Datensatz, kann aber im Gegensatz zu diesem neben strukturierten Daten, die sich mittels elementarer Datentypen abbilden lassen, auch beliebige andere, insbesondere multimediale Daten aufnehmen. Man spricht dann von Verbund-Dokumenten (Compound Documents). Der strukturelle Aufbau eines Notes-Dokumentes wird über eine Maske definiert (vgl. Abb. 31.2), den eigentliche Inhalt bezeichnet man als „Note“-Objekt, beide zusammen bilden das eigentliche Dokument.

Ansichten und Ordner

Notes-Datenbanken lassen sich als applikationsspezifische Sammlungen von Dokumenten verstehen. Um eine möglichst flexible benutzer- und anwendungsspezifische Ordnung solcher Dokumentsammlungen zu erlauben, stehen innerhalb einer Notes-Datenbank *Ansichten* und *Ordner* zur Verfügung. Mittels dieser Instrumente lassen sich verschiedene Darstellungen von Dokumenten, unterschiedliche Sortierungen und kriterienbasierte Filterungen unter Vermeidung von Redundanz unterstützen. Die dabei gebotenen Strukturierungsmöglichkeiten übersteigen bei weitem die Mächtigkeit von traditionellen Dateisystemen, wie sie im Umfeld von Betriebssystemen für die Dateiverwaltung geboten werden. Auch die Recherche-Funktionalitäten gehen über die üblichen Suchfunktionen hinaus.

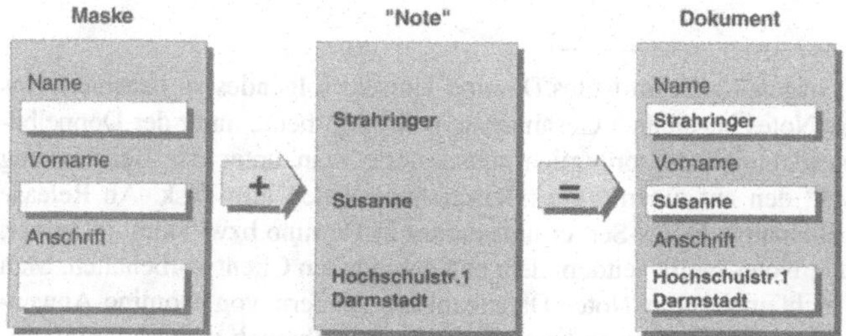

Abb. 31.2. Dokumentenbegriff in Notes/Domino (Quelle: in Anlehnung an Dierker, Sander (1997), S. 27)

[112] Man beachte, daß es sich hier um einen sehr spezifischen Dokumentenbegriff handelt, der nicht mit der Verwendung in Kap. 29 übereinstimmt.

Client-Server-Architektur

Für ein Groupware-System ist es von zentraler Bedeutung, ein möglichst sinnvolles gemeinsames Arbeiten auf Dokumentenbeständen zu ermöglichen. Notes ist daher als *Client-Server-System* konzipiert: Die gemeinsam zu nutzende Datenbank wird auf einem Notes-Server abgelegt, auf den die Anwender über ein Netzwerk (LAN/WAN) oder per Modem/ISDN Zugriff haben und bislang hierfür einen spezifischen Notes-Client nutzen mußten. Sowohl server- wie auch clientseitig werden nahezu alle gängigen Netzwerkprotokolle und Betriebssysteme unterstützt.[113]

Proprietärer Notes-Client

Auf der Clientseite zeichnet sich deutlich ab, daß zunehmend alternative Clients als Frontend nutzbar sein sollen. Die spezifische Besonderheit des Notes-Clients ist allerdings in seiner Multifunktionalität zu sehen: Man kann ihn zum Mailen, Browsen, Verwalten von Terminen und Arbeitsaufgaben sowie als Frontend für jede beliebige Notes-Datenbank benutzen. In dieser Funktionsvielfalt läßt er sich derzeit nicht durch ein einziges Alternativprodukt ersetzen.

Replikation

Bei stark räumlich verteilter Gruppenarbeit ist die Verteilbarkeit einer Notes-Datenbank von besonderer Bedeutung. Der integrierte *Replikationsmechanismus* erlaubt das Verteilen einer Quelldatenbank durch die Bildung sog. *Repliken*, die auf andere Rechner, die miteinander nicht durchgängig verbunden sein müssen, kopiert werden. In gewissen Intervallen findet eine *Synchronisation* mit der Quelldatenbank statt, bei der die zwischenzeitlich entstandenen Inkonsistenzen durch gegenseitigen Abgleich beseitigt werden. Auf diese Weise unterstützt das System auch das mobile Arbeiten ohne permanente Online-Verbindung.

CSCW-Anwendungen

In Notes bereits integriert sind neben der dokumentenorientierten Datenbank als Basiskomponente weitere Kommunikationsanwendungen wie E-Mail und umfangreiche Funktionalität für Terminmanagement und Zeitplanung. War Notes ursprünglich auf asynchrone Gruppenarbeit, insbesondere bei starker räumlicher Verteilung, ausgerichtet, so verfügt es mit der sog. *„Sametime"-Erweiterung* in den jüngeren Versionen auch über ein Konferenzsystem, das angefangen mit einfacher textueller Echtzeitkommunikation auch Application Sharing und Videoconferencing unterstützt.

---

[113] Bzgl. der Namensgebung ist im Notes/Domino-Umfeld folgendes zu beachten. Das ursprünglich als Notes bezeichnet Gesamtsystem firmiert heute unter der Doppelbezeichnung Notes/Domino. Ursprünglich subsumierte man unter der Bezeichnung „Domino-Server" den auf einem Notes-Server betriebenen http-Task. Ab Release 4.5 wurde der ehemalige Notes-Server umbenannt in Domino bzw. Domino-Server. Die Bezeichnung Notes bleibt seitdem dem entsprechenden Client vorbehalten. Man spricht daher nicht mehr von Notes-Datenbanken, sondern von Domino-Anwendungen. Trotz dieser Umfirmierung herrscht im Sprachgebrauch weiterhin ein „Namenswirrwarr". Als Fazit kann man festhalten, daß durch Einführung der Domino-Technologie die serverseitige Öffnung in Richtung Internet-Technologie betrieben wurde und mit zunehmender Bedeutung letzterer dieser Entwicklung durch eine entsprechende Umbenennung Rechnung getragen werden sollte. In vielen Bereichen hat sich jedoch Notes als Oberbegriff oder Kurzbezeichnung für das Gesamtpaket gehalten. Auch im folgenden wird daher vereinfachend von Notes gesprochen.

Entwicklungsplattform

Auf Grundlage der Basiskomponente und diesen Anwendungen können unter Nutzung der integrierten *Entwicklungsumgebung* mit mehr oder weniger Aufwand neue CSCW-Funktionalitäten individuell hinzugefügt werden. Hierfür stehen neben einer einfachen Makro-Sprache, die auch vom Endbenutzer eingesetzt werden kann, eine Script-Sprache für den Notes-Entwickler bereit sowie APIs auf verschiedenen Aggregationsstufen in Form von Programmierschnittstellen z.B. für Visual Basic, C, C++.

Templates

Die Entwicklung einer spezifischen Anwendung basiert üblicherweise auf dem Erstellen einer neuen Datenbank mit den zugehörigen Masken, Ansichten und Ordnern etc. Zur Vereinfachung können dafür auch für bestimmte Applikationstypen vorbereitete *Datenbankschablonen* (sog. *Templates*) unter Anpassung an spezifische Bedürfnisse genutzt werden. Diskussionsforen lassen sich beispielsweise auf diese Weise sehr effizient implementieren. Ähnliches gilt für die gezielte Unterstützung eines Projektteams mit Hilfe eines Templates namens „Team Room".

Add-On-Produkte

Mit zunehmendem Entwicklungsaufwand lassen sich auch Anwendungen mit Workflow-Charakter realisieren, also solche, die Arbeitsabläufe in Gruppen steuern, bis hin zu voll funktionsfähigen Workflow-Management-Systemen, wie sie im nächsten Kapitel vorgestellt werden. Solche Systeme entfernen sich dann meist weit von der Notes-Basisfunktionalität, so daß sie üblicherweise von Drittanwendern als Standardprodukte auf der Notes-Plattform implementiert und Notes-Anwendern als Zusatzprodukte angeboten werden. Ähnliches gilt beispielsweise auch für Projektmanagement-Software, weitergehende Dokumentenmanagement-Funktionalitäten oder für die in jüngster Zeit zunehmend an Popularität gewinnenden Wissensmanagement-Lösungen, auf die abschließend nochmals eingegangen wird.

Internet-Integration

Das ursprünglich als ausgesprochen proprietäres Produkt konzipierte Notes hat sich in den vergangenen Jahren immer deutlicher den *Internet-Standards* geöffnet. Auf Notes-Datenbanken kann inzwischen mit einem Web-Browser zugegriffen werden, der Domino-Server stellt einen eigenständigen, vollwertigen Web-Server dar, das ursprünglich proprietäre Mailsystem, das lediglich einen Gateway-basierten Übergang ins Internet hatte, unterstützt nun auch direkt SMTP, der Verzeichniszugriff ist über LDAP möglich und XML wird bereits in verschiedenen Bereichen genutzt.

Andere Produkte

Obwohl Lotus Notes/Domino als der bekannteste Vertreter integrierter Groupware-Systeme gilt, gibt es mehr oder weniger bedeutende Konkurrenzprodukte. Neben dem zunehmend in Funktionalität zurückfallenden Novell *Groupwise* gilt gegenwärtig insbesondere Microsofts *Exchange 2000* als funktional konkurrenzfähiges Produkt. Der wesentliche Unterschied besteht in dem Zuschnitt und damit auch der Einschränkung von Exchange auf die Windows-Welt. Exchange kann als reines Windows-Produkt folglich auf eine Vielzahl von Betriebssystemfunktionalitäten zurückgreifen wie z.B. das Windows 2000 Active Directory, wohingegen ein entsprechendes Verzeichnis in der Notes-Welt Bestandteil des Groupware-Produktes ist. Zudem impliziert die Nutzung von Exchange eine

Festlegung auch auf weitere Microsoft Produkte wie Office 2000 für die Büroarbeit, den Internet Explorer als Web-Browser oder den Internet Information Server als Web-Server. In dieser Festlegung und Einschränkung sollte der wesentliche Unterschied gesehen werden, nicht etwa in dem Vorsprung des einen oder anderen Produktes hinsichtlich einzelner Funktionalitäten oder Eigenschaften der zugrundeliegenden Entwicklungsplattformen. Dieser etwaige Vorsprung ist zu gering, als daß sich ein Vergleich mit einer Beständigkeit von mehr als einer Versionsgeneration aufstellen ließe.

31.5 Entwicklungsrichtungen

Groupware vs. Intranet

Neben Produkten aus derselben Kategorie sehen sich Groupware-Lösungen gegenwärtig auch der Konkurrenz von Intranet-Lösungen ausgesetzt. Gerade am Beispiel Notes mit dessen Umbau in Richtung Internet-Technologien und Überwindung proprietärer Schranken drängt sich für viele Anwender zunehmend die Frage nach der Abgrenzung bzw. den Einsatzgebieten der Notes-Plattform im Gegensatz zu einer reinen Intranet-Lösung auf. Dabei ist zunächst anzuführen, daß reine Intranet-Lösungen in erster Linie der Bereitstellung von Dokumenten mit vergleichsweise „stabilen" Inhalten dienen, aber kaum Funktionalität für eine direkte Unterstützung von Gruppenarbeit bieten. Diese kann hinzuentwickelt werden, aber sicherlich unter Einsatz erheblichen Aufwands. Aufgrund der Offenheit und der Nutzbarkeit von frei verfügbaren Produkten oder Betriebssystem-Komponenten sind die Einstiegshürden bei einer Intranet-Lösung wesentlich niedriger als bei den vergleichsweise teuren Groupware-Lösungen. Wird ausgereifte Gruppenfunktionalität benötigt, so stellen letztere sicherlich die angemesseneren Lösungen dar. Da sich beide Welten keineswegs mehr gegenseitig ausschließen, sondern auch gut komplementär eingesetzt werden, ist bei einem Einstieg in die eine oder andere Lösung die andere Lösungsvariante langfristig nicht ausgeschlossen, sondern kann ergänzend oder ersetzend berücksichtigt werden.

Web Content Management

Zu beachten ist außerdem, daß im Bereich des Intranets/Internets neue Produkte und Werkzeuge entstehen, z.B. für das Einrichten von *Projekt-Portalen* oder die effiziente Verwaltung von Web-Inhalten (*Web Content Management Systeme*, *WCMS*), die einen Teil der fehlenden Funktionalität bereits ergänzen. Letztere unterstützen beispielsweise die Administration von Web-Inhalten unter Einbeziehung des Entwicklungsprozesses zu publizierender Inhalte. Hierzu gehört auch das (meist räumlich verteilte) gemeinsame Arbeiten auf einem Dokumentenbestand mit den zugehörigen Sperrfunktionalitäten, wobei der Zugriff meist über einen Verzeichnisdienst gesteuert wird. Auch im Bereich der W3C-Standardisierung existiert bereits eine u.a. auch XML nutzende http-Erweiterung unter dem Namen

WebDAV (World Wide Web Distributed Authoring and Versioning) für das asynchrone Web-Authoring im Team.

Als Fazit läßt sich also ein deutlicher Funktionalitätenzuwachs in der Internet/Intranet-Welt, die Gruppenarbeit explizit unterstützt, verzeichnen. Eine vollständige Verdrängung von klassischen Groupware-Produkten ist dennoch nicht zu beobachten.

Knowledge Management

Die jüngste Entwicklung, die dem Markt für Groupware wie auch dem für Dokumentenmanagement einen erneuten Auftrieb verschafft hat, wird derzeit unter dem Schlagwort *„Knowledge Management" (KM)* diskutiert. Zielsetzung dieser sehr heterogenen Klasse an Werkzeugen ist es, die Unternehmensressource Wissen in ihrer Verfügbarkeit und Zugänglichkeit zu fördern. Typische KM-Funktionalitäten firmieren unter Schlagwörtern wie „Gelbe Seiten", „Skill"-Datenbanken, „Who-is-Who"-Listen, Aufstellungen sog. „Best Practices". Sie umfassen zudem mächtige Recherchefunktionalitäten und lassen sich auf Grundlage einer Groupware-Plattform effizient implementieren. Wenig verwunderlich ist daher, daß einige KM-Lösungen auf Groupware-Systemen aufsetzen, so z.B. Raven, die KM-Plattform von Lotus, andere hingegen auf Dokumenten-Management-Systemen basieren. Der in diesem Bereich sehr dynamische Markt ist noch weit entfernt von einer Konsolidierung. Welchen langfristigen Einfluß er auf Groupware-Produkte haben wird, bleibt daher noch abzuwarten.

Workflow Management

Eine weitere Entwicklungsrichtung, die man im Groupware-Markt beobachten kann, ist in der Zusammenführung des Workgroup mit dem Workflow Computing zu sehen. Betrachtet man Workgroup und Workflow Computing als zwei entgegengesetzte Pole eines Spektrums multifunktionaler Systeme zur Unterstützung von Gruppenarbeit, so lassen sich die wesentlichen abgrenzenden Eigenschaften, wie in Abb. 31.3 aufgeführt, charakterisieren. Dabei geht diese Entwicklung von Groupware-Systemen aus, die um Workflow-Funktionalität erweitert werden. Wie im nächsten Kapitel gezeigt wird, verfügen dieses Systeme üblicherweise über die notwendige Basisfunktionalität für das Workflow Computing. Um in die Domäne des Workflow Computings einzudringen, müssen diese eher passiven Systeme allerdings um eine den Arbeitsfluß aktiv steuernde Funktionalität ergänzt werden. Die entgegengesetzte Entwicklungsrichtung, also die Erweiterung von Workflow-Management-Systemen um Groupware-Funktionalität, kann zwar nicht in gleichem Ausmaß beobachtet werden, jedoch zeichnet sich auch diese Annäherung ab und läßt sich als ein Zuwachs an Flexibilität in der Workflow-Steuerung charakterisieren.

Bei der folgenden genaueren Behandlung von Workflow-Systemen werden sich die zunächst unterschiedlichen Schwerpunkte der beiden Systemkategorien, wie sie in Abb. 31.3 charakterisiert sind, deutlich zeigen.

	Workgroup Computing	Workflow Computing
Schwerpunkt/Zielsetzung	möglichst flexible Unterstützung von Gruppenarbeit	möglichst effiziente Steuerung des Arbeitsflusses
Strukturierungsgrad d. Aufgaben	mittel/gering	hoch
Wiederholungsfrequenz	mittel/gering	hoch
Anzahl der Beteiligten	niedrig	hoch
Anbindung an betriebliche DV	selten	häufig
Bedeutung organisatorischer Regeln	niedrig	hoch
Verantwortung für den Kontrollfluß	Gruppe (passives Systeme)	System (aktiv steuerndes System)

Abb. 31.3. Workgroup vs. Workflow Computing
(Quelle: modifiziert nach Hasenkamp, Syring (1994), S. 27)

Literaturempfehlungen

Borghoff, U.M., Schlichter, J.H. (1998): Rechnergestützte Gruppenarbeit: Eine Einführung in verteilte Anwendungen, 2. Auflg., Berlin u.a.: Springer.

Dierker, M., Sander, M. (1997): Lotus Notes 4.6 und Domino: Integration von Groupware und Internet, Bonn und Reading: Addison-Wesley-Longmann.

Hasenkamp, U., Syring, M. (1994): Computer Supported Cooperative Work in Organisationen – Grundlagen und Probleme, in: Hasenkamp, U., Kirn, S., Syring, M., Hrsg., CSCW: Computer Supported Cooperative Work, Bonn, Paris, Reading: Addison-Wesley, S. 15-37.

Krcmar, H. (1992): Computerunterstützung für die Gruppenarbeit – Zum Stand der Computer Supported Cooperative Work Forschung, in: Wirtschaftsinformatik 34 (1992) 4, S. 425-437.

Petrovic, O. (1993): Workgroup Computing- computergestützte Teamarbeit: informationstechnologische Unterstützung für teambasierte Organisationsformen, Heidelberg: Physica, S. 87-121.

Teufel et al. (1995): Computerunterstützung für die Gruppenarbeit, Bonn: Addison-Wesley, S. 9-90, 127-180, 209-241.

32 Workflow Computing

Prozeßorientierte Anwendungssysteme

Workflow Computing bezeichnet ein Gebiet der Informationsverarbeitung, in dem die dv-technische Unterstützung des betrieblichen Arbeitsflusses (Workflow) im Mittelpunkt steht. Im Gegensatz zum Workgroup Computing geht es dabei weniger um die Unterstützung kooperativer Arbeit im Team, sondern vielmehr um die Koordination *arbeitsteiliger Vorgänge* über verschiedene Arbeitskräfte hinweg. Die im Workflow Computing dominierende Technologie sind sog. Workflow-Management-Systeme, mittels derer sich *prozeßorientierte Anwendungssysteme* (Workflow-Anwendungen, Workflow-Systeme) realisieren lassen. Unter Workflow-Management-Systemen kann man veranschaulichend ein Instrument zur Automatisierung von „Arbeitsplänen für das Büro" verstehen.

32.1 Prozeßorientierung als Gestaltungsprinzip für Anwendungssysteme

Neue Technologie

Workflow-Management-Systeme (WFMS) stellen eine neuartige Technologie zur Gestaltung betrieblicher Anwendungssysteme (AWS) dar, die es erlaubt, AWS mit einer aktiven, prozeßorientierten und somit benutzerübergreifenden *Steuerungslogik* zu versehen. Eine typische Workflow-Anwendung bildet einen betrieblichen Ablauf dergestalt dv-technisch ab, daß das Softwaresystem aktiv zur Steuerung des Ablaufes beiträgt. Die an einem Prozeß beteiligten Personen werden üblicherweise systemseitig zur Erledigung von Aufgaben, die Teilschritte im Gesamtablauf darstellen, aufgefordert. Häufig werden auch traditionelle Anwendungen oder Endbenutzersysteme in den Ablauf eingebettet.

Anwendungsszenario

Exemplarisch läßt sich dies am Beispiel einer Kreditbeantragung veranschaulichen: Ein Kunde bespricht mit seinem Kundenberater die für die Kreditbeantragung notwendigen Inhalte. Währenddessen gibt dieser die entsprechenden Informationen in ein „elektronisches Formular" ein. Das die folgenden Schritte steuernde WFMS sorgt dafür, daß die Daten einer Host-Applikation zur Kreditwürdigkeitsprüfung übergeben werden. Die Ergebnisse werden anschließend einem entsprechenden Spezialisten zur Plausibilitätskontrolle vorgelegt. Hat dieser die Plausibilität bestätigt, wird ab einer bestimmten Betragsgrenze der Geschäftsvorfall dem Vorgesetzten des Kundenberaters zur Prüfung und Genehmigung vorgelegt. Je nach

Ergebnis wird ein Schreiben an den Kunden geschickt, der Berater erhält eine entsprechende Rückmeldung.

Organisatorisches Wissen

Die einem solchen Szenario zugrundeliegende Anwendungskonzeption (vgl. Abb. 32.1) setzt voraus, daß in einer Workflow-Anwendung Prozeßlogik explizit hinterlegt ist und zur Laufzeit herangezogen werden kann, um die arbeitsteilige Bearbeitung eines konkreten Prozesses zu steuern. Neben dem eigentlichen *ablauforganisatorischem Wissen* erfordert dies auch eine systemseitige Abbildung *aufbauorganisatorischer Zusammenhänge*, damit Abläufe losgelöst von konkreten Personen beschrieben werden können. Statt dessen muß eine Bezugnahme auf Bearbeiter unter Verwendung ihrer organisatorischen Rollen und zwischen diesen bestehenden aufbauorganisatorischen Relationen erfolgen. In dieser Hinsicht unterscheiden sich Workflow-Anwendungen deutlich von herkömmlichen Softwaresystemen: Sie umfassen zu einem großen Teil organisatorisches Wissen im Sinne von auf- und ablauforganisatorischen Zusammenhängen.

Ein WFMS stellt somit eine *Entwicklungs- und Laufzeitumgebung* für Anwendungssysteme dar, die die Hinterlegung dieses organisatorischen Wissens auf effiziente Weise ermöglicht. Daß dies bei herkömmlicher traditioneller Anwendungsentwicklung ohne WFMS nicht in vergleichbarer Weise möglich ist, zeigt folgende Abgrenzung.

Traditionellen Anwendungsentwicklung

Die Betrachtung von Abläufen oder betrieblichen Prozessen wird bei traditioneller Anwendungsentwicklung zwar nicht vollständig ausgegrenzt, hat jedoch einen völlig anderen Stellenwert. Dies läßt sich auf eine grundlegende Annahme zurückführen.

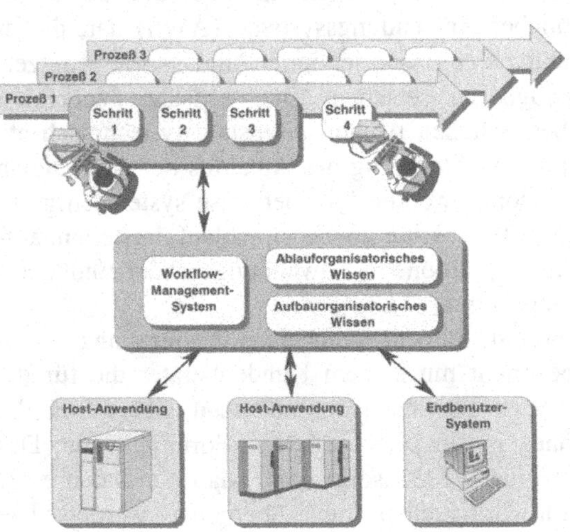

Abb. 32.1. Prozeßorientierte Anwendungssysteme auf Basis eines WFMS

Betrachtet man *Daten*, *Funktionen* und *Abläufe* als die drei wesentlichen Beschreibungsdimensionen von Anwendungssystemen, so kann man in dieser Reihenfolge eine abnehmende Stabilität beobachten. Das Element der betrieblichen Abläufe ist im Vergleich zu Fachfunktionen und Daten jenes Element, das den meisten Änderungen im Zeitablauf unterworfen ist.

Beschreibungsdimensionen von AWS

Geht man von der beschriebenen *Stabilitätshierarchie* aus, so wird deutlich, daß nur durch Ausgrenzen des Ablaufes aus den Anwendungssystemen ein zu schnelles Veralten von Anwendungen verhindert werden kann. Es wird sich erst dann lohnen, eine umfassende Ablaufkomponente mit in die Anwendung einzubeziehen, wenn Implementierungstechniken zur Verfügung stehen, die in diesem Bereich die notwendige Produktivität aufweisen. WFMS bieten in dieser Hinsicht ein hohes Potential.

Stabilitätshierarchie

Der bei der Verwendung von WFMS gewählte Ansatz besteht in einer Schichtung, die eine Trennung der Ablaufsteuerung von den Funktionen erlaubt, so daß diese Komponenten unabhängig voneinander gepflegt werden können. Diese idealtypische Vorstellung läßt sich zwar nicht vollständig verwirklichen, unterscheidet sich jedoch deutlich von dem Ansatz, die Ablaufsteuerung „fest verdrahtet" in der Funktionskomponente von AWS unterzubringen. Dies stellt bei traditioneller Entwicklung die einzige Möglichkeit dar, den ablauforientierten Aspekt einer Anwendung abzubilden.

Ablaufsteuerung als eigenständige Komponente

Eine vergleichbare Entkopplung durch Bildung autonomer Schichten wird bereits seit langem im Bereich von Funktionen und Daten angewandt, wo man mit der Einführung von Datenbank-Management-Systemen (DBMS) Unabhängigkeit der prozeduralen Komponenten von den zugehörigen Datenbeständen (Datenunabhängigkeit) gewährleisten kann. Auch hier wird durch Separierung und Auslagerung ein „Hineincodieren" – in diesem Fall von Datendefinitionen in Programme – vermieden. Abb. 32.2 veranschaulicht die beschriebenen Formen der Entkopplung von Daten und Ablaufinformation vom eigentlichen Anwendungskern.

Prinzip der Entkopplung

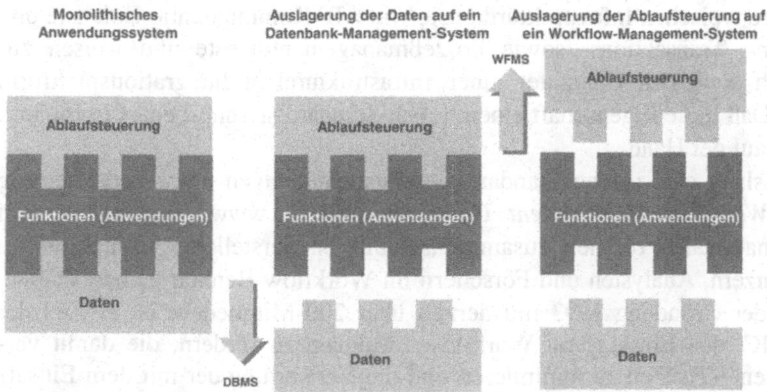

Abb. 32.2. Entkopplung von Systemkomponenten (Quelle: in Anlehnung an Rosemann, zur Mühlen (1996), S. 3)

WFMS vs. WFS

Auch hinsichtlich eines weiteren Aspekts kann eine Analogie zwischen Datenbank- und Workflow-Management-Systemen hergestellt werden. In beiden Fällen handelt es sich, wie der Name betont, um *Verwaltungs*systeme, die zunächst „leere“ Systeme darstellen. Leer bedeutet in diesem Fall, daß es sich um *Werkzeuge* handelt, die erst vom Benutzer mit fachlichem Wissen gefüllt werden müssen, um als Anwendungssystem zu gelten. Ein solches mit fachlichem Wissen ausgestattetes workflowbasiertes System wird auch als Workflow-Anwendung oder *Workflow-System (WFS)* bezeichnet.

Prozeßmodelle

Ähnlich wie im Bereich der Daten *Datenmodelle* unter Verwendung einer entsprechenden Modellierungssprache formuliert und hinterlegt werden müssen, gilt es in einem WFMS zur Definitionszeit *Prozeßmodelle* abzubilden. In Analogie zu Datentypen, die zur Laufzeit instantiiert werden, müssen Prozeßtypen zur Ausführung gelangen. Im Gegensatz zur Instanz eines Datentyps ist eine Prozeßinstanz jedoch nicht persistent, sondern flüchtig.

Ein WFMS stellt also eine Technologie zur Entwicklung und Ausführung prozeßorientierter Anwendungssysteme dar, die darauf beruht, daß die Ablauflogik von Prozessen dv-technisch von anderen Komponenten des AWS separiert wird und somit komfortabel sowie – mehr oder weniger – unabhängig von diesen anderen Komponenten gepflegt werden kann.

Standardisierungsbedarf

Obwohl der Beitrag eines WFMS in bezug auf die Entwicklung von Workflow-Anwendungen in der Isolation der Prozeßinformation im Sinne der Auslagerung in eine autonome Komponente besteht, bedeutet dies zugleich auch, daß vielfältige Möglichkeiten der Reintegration der entkoppelten Komponenten in den Steuerungsfluß gegeben sein müssen. Gerade weil Workflow-Management-Systeme die Integration bestehender Anwendungen in einen übergeordneten Kontrollfluß erlauben (*„Glue“-Technology*, „Integration“-Technology) und somit dv-technisch heterogene Welten miteinander zu verbinden vermögen, siedelt man sie technologisch auch häufig im Bereich der *Middleware* an. Sie benötigen hierfür die für Middleware typischen Infrastrukturdienste wie z.B. Kommunikationsdienste und Daten-, Transaktions- sowie Prozeßmanagementdienste und weisen zugleich auch den Charakter einer infrastrukturellen Integrationsplattform auf. Daß diese Eigenschaft einen hohen Standardisierungsbedarf impliziert, liegt auf der Hand.

Workflow Management Coalition

Bislang sind solche Standardisierungsbemühungen unter Federführung der *Workflow Management Coalition* (*WfMC*, www.wfmc.org), einem internationalen, offenen Zusammenschluß von Herstellern, Absatzmittlern, Benutzern, Analysten und Forschern im Workflow-Bereich zu beobachten. Seit der Gründung 1993 mit derzeit über 200 Mitgliedern ist es Ziel der WfMC, den Einsatz von Workflow-Systemen zu fördern, die damit verbundenen Risiken zu minimieren und die Verwertung der mit dem Einsatz verbundenen weitreichenden Potentiale möglichst effizient zu ermöglichen. Die WfMC ist organisatorisch gegliedert in ein Steuerungs- und ein Technikkomitee, innerhalb derer kleinere Arbeitsgruppen angesiedelt sind, die an der Standardisierung verschiedener Bereiche arbeiten. Zu den ersten Resultaten der Gruppenarbeit zählen ein Glossar im Hinblick auf eine terminologische Standardisierung im Workflow-Umfeld sowie die Definition eines Workflow-Referenzmodells für die Standardisierung von Schnittstellen. Diesem Modell liegt eine grundlegende Gliederung von WFMS-Funktionalitäten zugrunde, die im folgenden zunächst vorgestellt wird.

32.2 Funktionalität und Benutzer von WFMS

Funktions-gruppen

Ein WFMS umfaßt Funktionalitäten, die von verschiedenen Personengruppen zu unterschiedlichen Zeiten benutzt werden. Dies sind wie in Abb. 32.3 dargestellt:

- *„Funktionen zur Definitionszeit"* (build time functions) für die Analyse, Modellierung und Definition von Prozeßtypen sowie
- *„Funktionen zur Ausführungszeit"* (run time functions) für die Steuerung und Kontrolle der Prozeßbearbeitung (run time control functions) und für die Ausführung der einzelnen Teilschritte durch Interaktion mit menschlichen Benutzern und Anwendungssystemen (run time interactions).

Benutzer gruppen

Die genannten Funktionalitäten korrespondieren mit einer Einteilung der typischen Benutzer von WFMS in drei Benutzergruppen (vgl. Abb. 32.4), die sich neben der Nutzung gruppenspezifischer Funktionalitäten auch anhand der Sicht, die sie auf Prozesse haben, voneinander abgrenzen lassen.

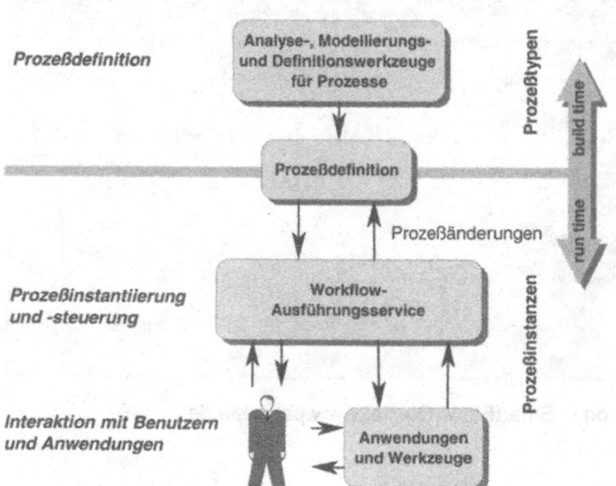

Abb. 32.3. Funktionalitäten eines WFMS

Benutzergruppe	Aufgabe	Sicht	Nutzungszeit
Organisator/Prozeßanalytiker/Programmierer	Prozeßmodellierung und -definition	globale Sicht auf Prozeßtypen	„build time"
Administrator/ Systemverwalter	Überwachung der Prozeßausführung	globale Sicht auf Prozeßinstanzen	↕
Endbenutzer	Bearbeitung einzelner Prozeßschritte	lokale Sicht auf Prozeßinstanzen	„run time"

Abb. 32.4. Benutzergruppen eines WFMS

Am Beispiel eines kommerziellen Workflow-Produktes namens SmartFlow von Paravisia werden die genannten Funktionalitäten exemplarisch veranschaulicht.

Organisator: Prozeßmodellierung und -definition

Benutzer der ersten Gruppe sind für die *Definition der Prozeßtypen* verantwortlich. Hierfür wird ihnen üblicherweise ein graphischer Editor für die Prozeßdefinition zur Verfügung gestellt. Ein solcher Editor ist in Abb. 32.5 beispielhaft dargestellt. Das Ergebnis der Modellierungsaktivität ist immer eine Prozeßdefinition, die von der Laufzeitumgebung des WFMS interpretiert und ausgeführt werden kann. Zu sehen ist im Beispiel eine Prozeßdefinition in Form eines grafischen Prozeßmodells für die Abwicklung von Dienstreisen.

Administrator: Überwachung der Prozeßausführung

Prozeßmodellierer haben immer eine globale Sicht auf Prozesse und bewegen sich auf der Typ-Ebene. Administratoren von WFMS hingegen überwachen Prozesse zur Laufzeit, d.h. daß ihr Hauptaugenmerk im Bereich der Prozeßinstanzen angesiedelt ist. Abb. 32.6 zeigt – als Beispiel für eine WFMS-Komponente zur Überwachung des Prozeßablaufs – eine Darstellung des Bearbeitungszustandes einzelner Prozeßschritte.

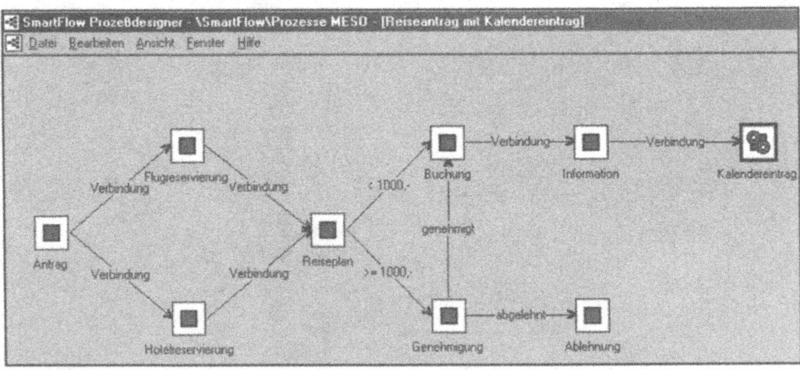

Abb. 32.5. Prozeßdefinition in SmartFlow (Quelle: www.paravisia.de)

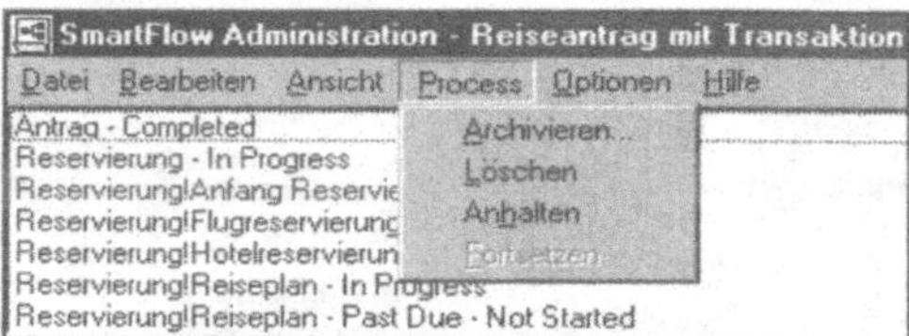

(Quelle: www.paravisia.de)

Abb. 32.6. Übersicht über Prozeßschritte aktiver Prozeßinstanzen in SmartFlow

Endbenutzer: Bearbeitung einzelner Prozeßschritte

Endbenutzer hingegen haben auf Prozesse üblicherweise eine eingeschränkte Perspektive, die die von ihnen zu bearbeitenden Schritte betrifft. Sie arbeiten ausschließlich auf Ebene der Prozeßinstanzen. Abb. 32.7 zeigt die Benutzerinteraktion zur Initiierung des Reiseantrags.

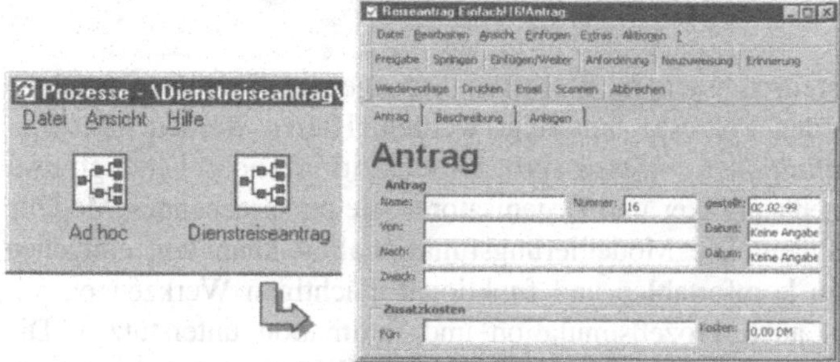

Abb. 32.7. Interaktion mit dem Benutzer in SmartFlow (Quelle: www.paravisia.de)

32.3 WfMC-Referenzmodell für WFMS

Schnittstellenspezifikation

Auf der Interaktion der dargestellten Funktionskomponenten liegt das Hauptaugenmerk des von der WfMC vorgeschlagenen Referenzmodells (vgl. Abb. 32.8). Es gliedert eine WFM-Umgebung in verschiedene *funktionale Komponenten* und beschreibt die zwischen diesen Komponenten existierenden *Schnittstellen*. Im Bereich der Schnittstellen sind die Standardisierungsbemühungen der WfMC angesiedelt.

Zentrale Komponente

Im Zentrum des Referenzmodells steht die *Workflow-Laufzeit- bzw. Ausführungsumgebung* (Workflow Enactment Service). In dieser wird die Prozeßdefinition interpretiert und zur Ausführung gebracht (Prozeßinstantiierung). Der Workflow-Ausführungsservice sorgt für die Steuerung der Teilschritte, indem er gemäß der Prozeßlogik aufzurufende Anwendungen initiiert und Arbeitsaufträge an einzelne Benutzer erteilt. In der Ausführungsumgebung werden einzelne Prozeßinstanzen von sog. Workflow-Engines verwaltet. Die Schnittstelle nach außen bilden das Workflow API (WAPI) und eine Reihe von Austauschformaten. Schnittstellen sind insbesondere zu den folgenden fünf Komponenten notwendig.

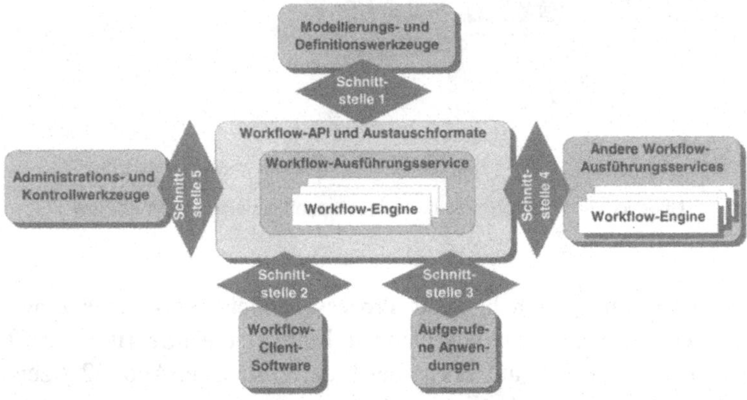

Abb. 32.8. WfMC-Referenzmodell für WFMS (Quelle: in Anlehnung an http://www.aiim.org/wfmc/standards/model2.htm)

Schnittstelle 1

Wie dargestellt müssen in Workflow-Management-Systemen Modelle der zu steuernden Prozesse hinterlegt werden. Hierzu werden *Modellierungs- und Definitionswerkzeuge* (Process Definition Tools) benötigt, mittels derer Prozeßanalytiker und Organisatoren die entsprechenden Modelle entwickeln können. Die Modellierungsfunktionalität kann von einfachen Editoren bis zu komfortablen und funktional-mächtigen Werkzeugen reichen, die z.B. auch Prozeßsimulation und -animation unterstützen. Die Werkzeuge können integrale Komponente eines WFMS sein oder auch als Stand-Alone-Produkt mit breiterem Einsatzspektrum angeboten werden. Letztere weisen meist umfangreiche Modellierungsfunktionalitäten auf, erfordern aber eine explizite Anbindung an WFMS, wenn es nicht zu Modellierungsbrüchen kommen soll. Gefordert wird hier ein Datenaustauschformat für Prozeßdefinitionen, was über die Standardisierung einer sog. Workflow Process Definition Language (WPDL) realisiert werden soll.

Schnittstelle 2

Das Workflow-Management-System präsentiert sich dem Benutzer über eine *Workflow-Client-Software* (Workflow Client Application), die ihm die zu erledigenden Arbeitsschritte mitteilt. Sie kann entweder integraler Bestandteil des WFMS sein oder ist in ein anderes System integriert oder stellt gar selbst ein eigenständiges Softwaresystem dar. Diese Client-Software ist dann nicht integraler Bestandteil des WFMS, wenn z.B. eine unternehmensweit einheitliche Arbeitsplatzumgebung existiert, in die diese Funktionalität integriert wird, oder wenn beispielsweise ein Web-Browser oder ein E-Mail-Client benutzt werden, um den Mitarbeitern die zu erledigenden Arbeitsaufgaben zuzustellen, so daß sie diese in ihren Posteingangskörben antreffen. Im Zentrum der Schnittstelle zwischen Workflow-Engine und Client-Software ist das Konzept der Arbeitsliste angesiedelt, worunter man eine Liste von Arbeitsaufträgen an einen Benutzer (oder eine Gruppe von Benutzern) versteht, deren Einträge von der Workflow-Engine bei der Ausführung von Workflows erzeugt werden. Die Präsentation dieser Arbeitsliste auf Benutzerseite ist also Aufgabe der Client-Software und kann wie beschrieben auf unterschiedliche Weise gelöst werden.

Schnittstelle 3

Die in den Arbeitsschritten eines Workflows zu erledigenden Aufgaben sind oftmals selbst wiederum softwareunterstützt auszuführen. Als *aufrufbare Anwendungen* (Invoked Application) sind z.B. Endbenutzersysteme wie Textverarbeitung oder Tabellenkalkulation denkbar, aber auch betriebswirtschaftliche Anwendungssysteme, wie z.B. eine unternehmensindividuelle Finanzbuchhaltungssoftware oder auch Standardsoftwaresysteme wie SAP R/3. Es ist naheliegend, daß der Aufruf dieser Anwendungen von seiten der Workflow-Engine initiiert und mit den notwendigen Parametern versehen wird und diese auch wieder Daten von den Applikationen zurückerhält.

Da die Menge und Heterogenität der aufzurufenden Anwendungen grundsätzlich sehr groß sein kann, sieht das Modell eine Kapselung dieser Gesamtheit an Schnittstellen in einem sog. *Applikationsagenten* vor, der zumindest in Richtung der Workflow-Engine mit einer einheitlichen Schnittstelle aufwarten kann und auf der anderen Seite eine Vielzahl an Schnittstellen unterstützt. Ein zweites Konzept sieht die Bereitstellung von APIs vor, um zukünftig *workflowfähige Anwendungen* („workflow-enabled application") zu entwickeln, die direkt – also ohne Umweg über einen Applikationsagenten – mit Workflow-Engines kommunizieren können.

Schnittstelle 5

Im Rahmen der *Administrations- und Überwachungswerkzeuge* (Administration & Monitoring Tools) wird wiederum das Ziel verfolgt, eine Vielzahl vom konkreten WFMS unabhängiger Werkzeuge zuzulassen. Mit diesen Werkzeugen kann die Ausführung von Workflows administratorseitig überwacht werden. Des weiteren sind zu Analysezwecken Daten bzgl. der Workflow-Ausführung z.B. über Durchlaufzeiten, Verteilungen über die Zeit, Häufigkeiten usw., bereitzustellen.

Schnittstelle 4

Neben den bislang beschriebenen Schnittstellen wird noch eine weitere im Referenzmodell vorgestellt, die die Zusammenarbeit *verschiedener Workflow-Engines* (Workflow Interoperability) betrifft. Diese Problematik wird im Kapitel über interorganisationelle Workflows genauer betrachtet.

32.4 Klassifikationsansätze

Bereits die bisherigen Ausführungen haben verdeutlicht, daß es eine Vielzahl an Gestaltungsmöglichkeiten für WFMS gibt, was zu einem breiten Spektrum an Varianten dieser Systemkategorie führt. WFMS lassen sich daher nach verschiedensten Kriterien klassifizieren. Einige dieser Klassifikations- und Gestaltungsmöglichkeiten sollen im folgenden vorgestellt werden. Als erstes Kriterium wird der Integrationsgrad betrachtet, was unmittelbar an die Überlegungen im Zusammenhang mit dem WfMC-Referenzmodell anknüpft.

32.4.1 Klassifikation nach dem Integrationsgrad: integrierend vs. integriert

Integrationsgrad

Als *integrierend* lassen sich WFMS bezeichnen, die lediglich WFMS-Basisfunktionalität bereitstellen und möglichst flexible Integrationsmöglichkeiten für zusätzlich WFMS-nahe bzw. anwendungsbezogene Funktionalitäten bieten. In einer Umgebung verschiedener Softwaresysteme wirken sie demnach integrierend. Unter *integrierten* Systemen versteht man Programmpakete, die neben umfangreicher Workflow-Funktionalität auch weitergehende Funktionalitäten aus dem Kommunikationsbereich (E-Mail, Terminkalender, etc.) zur Verfügung stellen. Bei diesen Systemen ist eine Annäherung an die zuvor behandelten Groupware-Systeme zu beobachten.

32.4.2 Klassifikation nach der Herkunft: originär vs. derivativ

Herkunft

Sehr häufig trifft man in der Literatur Klassifikationen nach der Herkunft von WFMS an. Historisch haben sich WFMS meist aus anderen Systemen heraus entwickelt, wobei dieser Systemursprung üblicherweise weiterhin erkennbar bleibt und maßgeblich die grundlegenden Systemeigenschaften bestimmt. Bei Klassifikationsversuchen nach der Systemherkunft wird auf der ersten Stufe üblicherweise zwischen sog. *originären* und *derivativen* Systemen unterschieden, wobei es sich bei letzteren – wie der Name sagt – um diejenigen Systeme handelt, die durch Weiterentwicklung anderer entstanden sind. Bei diesen anderen Systemen kann es sich z.B. handeln um:

- E-Mail-/Bürokommunikationssysteme,
- Groupware-Produkte,
- Dokumenten-Management-/Imaging-Systeme,
- Textverarbeitungs-/Endbenutzersysteme sowie
- operative Anwendungen (z.B. betriebswirtschaftliche Standardsoftware).

Daß dies nicht immer zu einer überschneidungsfreien Klassifikation führt, ist bereits darauf zurückzuführen, daß die genannten Systemkategorien zum Teil schon untereinander schwierig abgrenzbar sind und immer weiter zusammenwachsen. Trotzdem hat die Herkunft einen wesentlichen Einfluß auf eine Vielzahl von Systemmerkmalen. Beispielsweise ist die zuvor betrachtete Eigenschaft integrierender Systeme bei der Ableitung aus Groupware-Produkten fast immer gewährleistet. Die später noch zu betrachtende Software-Architektur ergibt sich bei der Herkunft aus einigen der Bereiche nahezu zwangsläufig. Oftmals werden auch Einteilungen nach Entwicklungsstufen oder Generationen mit der Herkunft in Verbindung gebracht werden.

32.4.3 Klassifikation nach Entwicklungsstadien: 1.-4. Generation

Entwicklungsstadien

Einen Überblick über eine mögliche Einteilung in vier Generationen gibt Abb. 32.9. Die Übersicht macht deutlich, daß es sich bei Systemen der ersten Entwicklungsstufe letztlich noch nicht um WFMS handelt. Heute üblicherweise unter dieser Bezeichnung anzutreffende Systeme stammen meist aus den Generationen zwei oder drei, Systeme, die dem dargestellten WfMC-Referenzmodell genügen, sind der vierten Generation zuzurechnen.

In dv-technischer Hinsicht differenziert man Workflow-Systeme bzgl. des verwendeten Kommunikationsmechanismus und in Abhängigkeit davon auch hinsichtlich der eingesetzten Datenhaltungskomponente. Beide Gebiete betreffen letztlich auch die Frage nach den tatsächlich transportierten Daten. Diese die Software-Architektur betreffenden Aspekte werden im folgenden dargestellt.

	Charakteristische Merkmale
1. Generation: „hard-wired"	▪ kein WFMS i.e.S., sondern prozeßorientiert gestaltete Applikationen ▪ Prozeßinfomation ist fest codiert (unter Verwendung einer herkömmlichen Programmiersprache) und damit entweder völlig statisch oder z.B. durch Parametrisierung innerhalb gewisser Grenzen anpaßbar
2. Generation: explizites Prozeßmodell	▪ Isolation der Prozeßdefinition aus der Applikation ▪ Prozeßdefinitionen werden meist mittels spezifischer Script-Sprachen formuliert
3. Generation: gegenwärtig	▪ generische WFMS-Dienste, andere Applikationen greifen über APIs zu ▪ Integrierbarkeit von Werkzeugen von Drittanbietern ▪ proprietäre Schnittstellen und Austauschformate ▪ meist grafische Prozeßmodellierung ▪ meist Datenbankeinsatz
4. Generation: zukünftig	▪ Client/Server-Architektur ▪ WFMS-Dienste voll integriert in andere Middleware-Dienste ▪ standardisierte Schnittstellen und Austauschformate ▪ Interoperabilität von WFMS

Abb. 32.9. WFMS-Generationen (Quelle: in Anlehnung an Teufel et al. (1995), S. 185)

32.4.4 Klassifikation nach dem Kommunikationsmechanismus: mail- vs. serverbasiert

Kommunikationsmechanismus

Zwischen den Nutzern eines WFMS müssen bestimmte Daten (Arbeitsaufträge, Prozeßdefinitionen, anwendungsspezifische oder kontrollflußrelevante Daten) „transportiert" werden. Technisch relativ einfach ist diese Aufgabe unter Verwendung eines *E-Mail-Systems* zu lösen. Dies hat zudem den Vorteil relativ flexibler Einsetzbarkeit und auch der einfachen Realisierbarkeit interorganisationeller Workflows.[114] Fehler- und Ausnahmebe-

[114] Dies kann auf Basis eines standardisierten oder auch eines proprietären Mailsystems erfolgen. Das zuvor betrachtete SmartFlow beruht beispielsweise auf MS/Exchange.

handlung sind jedoch schwierig, da nicht auf Transaktions- und Recovery-Konzepte zurückgegriffen wird. Datenbankbasierte Systeme hingegen verfügen über solche Funktionalitäten und verwenden als Kommunikationsmechanismus *gemeinsame Datenbereiche*, über die der Datenaustausch ohne einen expliziten Transport erfolgt. Verschiedene Datenhaltungstechnologien können hier mit unterschiedlichen Vor- und Nachteilen zum Tragen kommen. Oftmals ist von Client/Server-Umgebungen auszugehen. Man spricht deshalb auch von einem *serverbasierten* Ansatz im Gegensatz zum *nachrichtenorientierten* („server- vs. message-based"). Im Bereich der DBMS-Technologien kommt verteilten und aktiven Systemen eine bedeutende Rolle zu, in einem standardisierten Umfeld allerdings auch Protokollen wie RDA oder TP.[115] Letztlich kann aber auch über ein einfaches Dateisystem der gemeinsame Datenspeicher realisiert werden.

Grundsätzlich ist mit dem Einsatz eines DBMS allerdings noch nicht festgelegt, welche Informationen dort hinterlegt werden und wann dies geschieht: nur zur Laufzeit oder auch zur Definitionszeit. Bei einigen Systemen wird mit Datenbankeinsatz nur im Bereich der Massendaten gearbeitet, d.h., die zur Laufzeit anfallenden Informationen, vornehmlich Protokollinformationen für die Überwachungs- und Steuerungskomponente des WFMS, werden in einer Datenbank gesammelt. Bei vollständiger Datenbankunterstützung werden auch die zur Definitionszeit erzeugten Informationen in einem DBMS hinterlegt. Dabei handelt es sich vornehmlich um Prozeßdefinitionen (Prozeßmodelle). Je nach Konzeption des WFMS ist jedoch auch in diesem Fall noch eine weitere Differenzierung möglich. Es stellt sich die Frage, wie mit diesen Prozeßdefinitionen zur Laufzeit der entsprechende Prozesse umgegangen wird. Hier unterscheidet man zwei grundsätzliche Ansätze: den sog. Definitionsserver-basierten Ansatz und den replikationsorientierten.

Referenzierung oder Replikation des Prozeßmodells

Beim Definitionsserver-basierten Ansatz werden alle Prozeßdefinitionen auf einem *Definitionsserver* zentral vorgehalten. Wird ein Prozeß zur Ausführung gebracht, so wird der Laufweg der Prozeßinstanz immer wieder durch Rückgriff auf diese zentral und einmalig vorgehaltene Prozeßdefinition bestimmt. Ein solcher Ansatz hat den Vorteil, daß sich Änderungen der Prozeßdefinitionen auch noch auf die sich bereits in Ausführung befindlichen Prozesse auswirken. Hingegen ist die Versionsverwaltung erschwert. Sollen sich Änderungen erst ab einem bestimmten Stichtag auswirken, so müssen verschiedene Prozeßmodelle parallel vorgehalten werden. Wesentlich einfacher läßt sich dieses Problem bei *replikationsorientierten Systemen* handhaben, wo bei Instantiierung ein Replikat der Prozeßdefinition erzeugt wird. Zur Laufzeit arbeitet ein Prozeß dann immer mit seiner lokalen Kopie des Prozeßmodells, ohne daß es zu Rückgriffen auf die zentrale Definition kommt. Obwohl dieses Konzept die Versionsverwaltung vereinfacht, sind Definitionsaktualisierungen nach Prozeßstart

[115] Vgl. Kap. 27.5.

nicht mehr möglich. Ein herausragender Vorteil ist in der größeren Flexibilität des replikationsorientierten Systemansatzes zu sehen. Soll vom definitionsseitig vorgegebenen Ablauf abgewichen werden, so kann die entsprechende Prozeßmodellkopie verändert werden, z.B. durch Hinzufügen oder Weglassen von Schritten, ohne daß dies Auswirkungen auf die zentral hinterlegte Prozeßdefinition und somit alle anderen Prozesse hätte. Die besondere Eignung für nicht vollständig standardisierbare Prozesse ist offensichtlich. Die Frage der Unterstützung von Prozessen unterschiedlicher Standardisierbarkeit steht im Mittelpunkt der folgenden Klassifikation.

32.4.5 Klassifikation nach der Standardisierbarkeit der unterstützen Prozesse: Workflow-Kontinuum

Standardisierbarkeit

Das klassische Einsatzgebiet von WFMS ist im Bereich häufig wiederkehrender Prozesse mit im voraus bestimmbarer Prozeßstruktur und determinierten Arbeitsschritte zu sehen. Mit WFMS läßt sich somit die Bearbeitung von Routinefällen unterstützen. Jedoch schon geringfügige Abweichungen in Einzelfällen können von den meisten Workflow-Management-Systemen nicht auf zufriedenstellende Art gelöst werden. Auch bei anderen Varianten lediglich semi-strukturierter Prozesse ist die Einsetzbarkeit von WFM-Systemen fragwürdig.

Abb. 32.10 zeigt ein Kontinuum von möglichen Prozeßtypen, wobei die ersten beiden Kategorien nicht in die Domäne des Workflow Computings fallen. Die Technologien, die im Bereich von Typ 2 vorherrschend sind, werden als Groupware bezeichnet und gehören in das im vorherigen Kapitel behandelte Gebiet des Workgroup Computings. Bei Typ 4 handelt es sich um die klassische Domäne des Workflow Computings, das sich jedoch in Richtung der Unterstützung auch semi-strukturierter Prozesse weiterentwickelt. Insbesondere Typ 3c) ist heute durch den zuvor als replikationsorientiert beschriebenen Ansatz realisierbar. Auch ein mailbasierter Kommunikationsmechanismus unterstützt Ad-hoc-Modifizierbarkeit.

Produktions- vs. Administrations-WFMS

In der Literatur finden sich weitere mit dem Workflow-Kontinuum-Ansatz vergleichbare Klassifikationsversuche, die sich auf die Standardisierbarkeit der unterstützten Prozesse zurückführen lassen, meist aber in einer weniger feinen Einteilung resultieren. Abb. 32.11 zeigt zwei sehr ähnliche Ansätze, die zu einer Differenzierung von *Ad-hoc-*, *Collaborate-*, *Produktions-* und ggf. *Administrations-Workflow* führen. Collaborate-WFMS decken dabei die im Workflow-Kontinuum im mittleren Bereich angesiedelten Formen ab. Interessant ist hingegen die etwas feinere Unterteilung im Bereich der klassischen WFMS, wo in Abhängigkeit vom Wertschöpfungsgrad der unterstützten Prozesse zwischen Produktions- und Administrations-WFMS differenziert wird. In diesem Sinne wäre beispielsweise ein Kreditantrag bei einer Bank oder die Schadensabwicklung bei einer Versicherung dem Einsatzgebiet von Produktions-Workflow-Management-Systemen zuzuordnen, die Beantragung einer Dienstreise hingegen den Adminstrations-WFMS. Diese einfacheren Systeme basieren meist auf dem Prinzip elektronischer Formularbearbeitung und firmieren gelegentlich auch unter der Bezeichung „low cost / low volume"-WFMS.

Die vorangegangenen Überlegungen und Klassifikationen haben an der einen oder anderen Stelle die Bedeutung einzelner in den vorherigen Kapiteln als monofunktional bezeichneter Anwendungen im Workflow-Umfeld aufgezeigt. Im folgenden soll dieser Aspekt nochmals aufgegriffen werden.

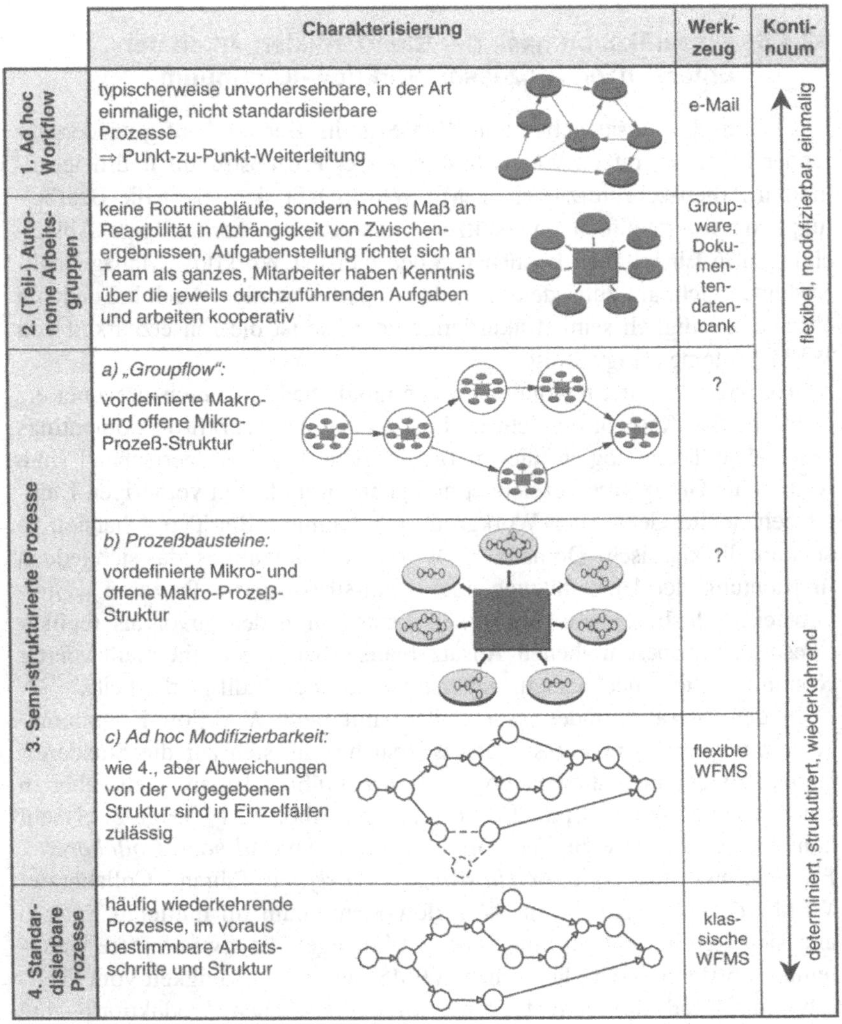

	Charakterisierung	Werkzeug	Kontinuum
1. Ad hoc Workflow	typischerweise unvorhersehbare, in der Art einmalige, nicht standardisierbare Prozesse ⇒ Punkt-zu-Punkt-Weiterleitung	e-Mail	↑ flexibel, modofizierbar, einmalig
2. (Teil-) Autonome Arbeitsgruppen	keine Routineabläufe, sondern hohes Maß an Reagibilität in Abhängigkeit von Zwischenergebnissen, Aufgabenstellung richtet sich an Team als ganzes, Mitarbeiter haben Kenntnis über die jeweils durchzuführenden Aufgaben und arbeiten kooperativ	Groupware, Dokumentendatenbank	
3. Semi-strukturierte Prozesse	*a) „Groupflow":* vordefinierte Makro- und offene Mikro-Prozeß-Struktur	?	
	b) Prozeßbausteine: vordefinierte Mikro- und offene Makro-Prozeß-Struktur	?	
	c) Ad hoc Modifizierbarkeit: wie 4., aber Abweichungen von der vorgegebenen Struktur sind in Einzelfällen zulässig	flexible WFMS	
4. Standardisierbare Prozesse	häufig wiederkehrende Prozesse, im voraus bestimmbare Arbeitsschritte und Struktur	klassische WFMS	determiniert, strukturiert, wiederkehrend ↓

Abb. 32.10. Workflow-Kontinuum (Quelle: in Anlehnung an Nastansky, Hilpert (1994))

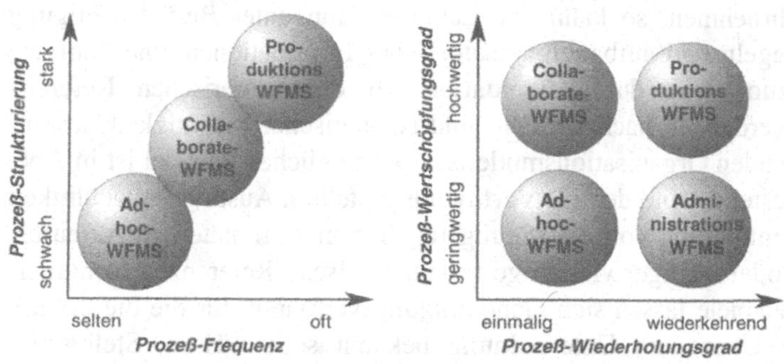

Abb. 32.11. Ad-Hoc-, Collaborate-, Produktions- und Administrations-WFMS (Quelle: Hastedt-Marckwardt (1999), S. 105 f.)

32.5 Bedeutung monofunktionaler Anwendungen

Im Mittelpunkt multifunktionaler Anwendungen steht die Integration verschiedener Funktionalitäten. Einige der zuvor betrachteten monofunktionalen Systeme spielen auch im Umfeld von WFMS eine wichtige Rolle.

Aufruf monofunktionaler Anwendungen

Jegliche Art von Anwendung kann über den im WfMC-Referenzmodell als Schnittstelle 3 beschriebenen Weg von einem Workflow aus aufgerufen werden. Grundsätzlich kommen hierfür fast alle monofunktionalen Anwendungen in Frage, sie nehmen aber in diesem Zusammenhang gegenüber anderen nicht-kommunikationsorientierten Anwendungen keine herausragende Stellung ein.

Nutzung monofunktionaler Anwendungen

Anders stellt sich die Situation dar, wenn auf Grundlage dieser Anwendungen Komponenten des WFMS realisiert werden. Bei mailbasierten WFMS ist dieser Zusammenhang offensichtlich. Aber auch bei den stark datenbankorientierten WFM-Systemen können Protokolle wie RDA oder TP zum Einsatz kommen. Neben dem Kommunikationsmechanismus des Workflow-Systems, der auf Grundlage der genannten Protokolle realisiert sein kann, sind auch Verzeichnisdienste sinnvoll in ein WFMS integrierbar, was im folgenden dargestellt wird.

Hinterlegung aufbauorganisatorischer Informationen

Neben dem eigentlichen ablauforganisatorischem Wissen, das sich in den von einem WFS unterstützten Prozessen manifestiert, ist in einem Workflow-System wie bereits erwähnt aufbauorganisatorisches Wissen zu hinterlegen. Dieses ist notwendig, um im Prozeßmodell eine Entkopplung der auszuführenden Aktivitäten von den eigentlich Bearbeitern (Akteuren) zu ermöglichen und diese Zuordnung erst zur Laufzeit vorzunehmen, wenn die konkrete Datenkonstellation des zugrundeliegenden Geschäftsvorfalls gegeben ist. Um zur Definitionszeit aber dennoch eine Aussage über den potentiellen Bearbeiter eines Prozeßschrittes machen zu können, wird in den meisten Workflow-Systemen das *Rollenkonzept* eingeführt und mit Referenzierungen von Rollen oder anderer aufbauorganisatorischer Einheiten gearbeitet. Wird gleichzeitig hinterlegt, welche Bearbeiter, welche

Rollen wahrnehmen, so kann zur Laufzeit dann unter Berücksichtigung weiterer Regeln und aufbauorganisatorischer Informationen eine konkrete Bearbeiterzuordnung durch Evaluation der organisatorischen Referenz getroffen werden. Je nach Umfang und semantischer Mächtigkeit des zugrundeliegenden Organisationsmodells – ein mögliches Beispiel ist in Abb. 32.12 dargestellt – und der zur Verfügung gestellten Ausdrucksmächtigkeit für die Formulierung von Zuordnungsregeln von Aktivitäten zu Akteuren, sind mehr oder weniger vielfältige organisatorische Referenzen formulierbar. Als Beispiele lassen sich Genehmigungsverfahren, für die die organisatorischen Über- und Unterordnung bekannt sein müssen, Stellvertretungsregelungen bei Abwesenheit oder die Realisierbarkeit eines Vier-Augen-Prinzips für einzelne Prozeßschritte anführen.

Nutzung von Verzeichnisdiensten

Zumindest ein Teil – wenn nicht sogar der gesamte Umfang – dieser Informationen kann in einem Verzeichnissystem hinterlegt werden. In diesem können insbesondere die Akteure und die zugehörigen workflowrelevanten Informationen verwaltet werden, aber auch die Organisationseinheiten in ihrer hierarchischen Anordnung, ebenso beliebige Ressourcen, die im Rahmen der Workflow-Ausführung herangezogen werden müssen. Denkbar ist auch das Vorhalten von Schnittstellen-Spezifikationen anderer Applikationen oder anderer Workflow-Systeme, was zur Unterstützung von Workflow-Interoperabilität, die im nächsten Abschnitt genauer behandelt wird, genutzt werden kann.

Auch wenn Verzeichnisdienste bezüglich der hinterlegbaren Datenstrukturen nicht die Vielfalt einer beliebigen Datenbank bieten können, d.h. ein Datenmodell wie das in Abb. 32.12 exemplarisch gezeigte, beispielsweise wegen der geforderten Baumstruktur nicht direkt implementierbar ist, so bieten sich doch gerade bei mailbasierten Systemen hinsichtlich der Integration von Verzeichnisdienst und Mailsystem große Vorteile. Auch im XML-basierten Internet-Umfeld zeichnen sich mit LDAP und DSML enorme Potentiale ab.

Groupware-Systeme als WFMS-Plattform

Auch im typischen Nutzungsumfeld von Groupware-Systemen werden die in einem Workflow-System benötigten Informationen, z.B. Mitarbeiter mit kommunikationsrelevanten Informationen, An- und Abwesenheitsangaben, Stellvertreterregelungen, Zuordnung von Ressourcen usw. hinterlegt. Zudem integriert ein Groupware-System als multifunktionales System schon selbst eine Vielzahl der auch in einem Workflow-System nutzbaren Anwendungen, wie E-Mail, Datenbankunterstützung, ggf. sogar verteilte Datenbanken, Terminkalenderfunktionalitäten auf Benutzer- und Gruppenbasis sowie eine Vielzahl typischer Endbenutzersysteme. Grundsätzlich stellt daher ein Groupware-System eine geeignete Plattform für WFMS dar. Einige seiner Komponenten können unmittelbar Teilfunktionalitäten des WFMS implementieren, andere hingen können vom WFMS über die WfMC-Schnittstelle 3 aufgerufen werden. In der Praxis finden sich daher z.B. einige Workflow-Produkte auf Lotus Notes/Domino Basis.

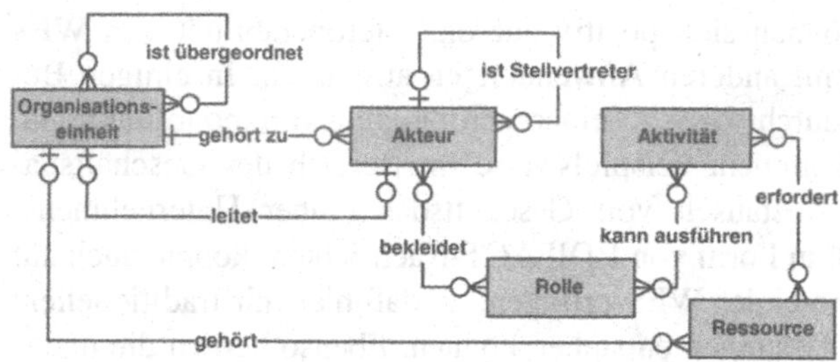

Abb. 32.12. ERD der in einem WFS zu hinterlegenden aufbauorganisatorischen Informationen[116]

Eine ähnliche Argumentation ergibt sich auch für WFMS, die auf Grundlage eines *Enterprise-Resource-Planning-Systems (ERP-System)* implementiert werden. Moderne ERP- bzw. betriebswirtschaftliche Standardsoftware-Systeme verfügen zum einen meist über zumindest rudimentäre Kommunikationsanwendungen, zum anderen sind in den entsprechenden Human-Resource-Moduln (HR)[117] die in aufbauorganisatorischer Hinsicht relevanten Informationen hinterlegt. Des weiteren sind Informationen über die Organisationsstruktur auch aus Gründen der Anpassung der Standardsoftware an die konkreten Unternehmensgegebenheiten notwendig.

ERP-Systeme als WFMS-Plattform

Eine große Bedeutung kommt in diesem Zusammenhang der leichten Integration der aus einem Workflow aufrufbaren Funktionalitäten zu, wenn es sich dabei um die Module bzw. Transaktionen der Standardsoftware handelt. Diese Module lassen sich in einem solchen Umfeld ausgezeichnet in ein WFS einbetten, andere, d.h. außerhalb des ERP-Systems liegende, hingegen schwieriger.

Den im vorherigen Teil behandelten Dokumentenarchitekturen kann im Workflow-Umfeld in folgender Hinsicht eine Bedeutung zukommen.

Dokumente als Anwendungsdaten

Zum einen gehören Dokumentenbearbeitungssysteme zu den von Workflows aufgerufenen Anwendungen. Obwohl in geschlossenen Benutzergruppen hier sicherlich auch eine Einigung auf dieselbe Anwendung möglich ist, kann von dieser Einschränkung abgewichen werden, wenn eine offene Dokumentenarchitektur verwendet wird. Dann ist die Übertragung von Dokumenten im Workflow, die in den einzelnen Schritten bestimmten Formen der Bearbeitung zu unterziehen sind, auch auf Grundlage unterschiedlicher aufzurufender Anwendungen realisierbar. Das aufzurufende Dokumentenbearbeitungssystem könnte sogar bearbeiterspezifisch sein.

Dokumente als Träger für workflow-relevante Daten

Zum anderen können Dokumentenarchitekturen aber auch verwendet werden, um eine Trägerstruktur für die Workflow-relevanten Informationen bereitzustellen, d.h. für solche Informationen, die den Kontrollfluß des Workflows beeinflussen.

[116] Zur Notation des ER-Diagramms s. Abb. 27.1 in Kap. 27.1.1.

[117] Unter HR-Moduln versteht man üblicherweise die Zusammenfassung personalwirtschaftlicher Funktionalitäten.

Beide Aspekte können sich positiv auf die Interoperabilität von WFS untereinander oder mit anderen Anwendungen auswirken. In einigen Bereichen kann es hierdurch sogar zu einer Verdrängung von monofunktionalen Anwendungen kommen, beispielsweise im Bereich des Geschäftsdatenaustauschs. Der Austausch von Geschäftsdaten über Unternehmensgrenzen hinweg, z.B. in Form von EDIFACT-Nachrichten, könnte auch auf Grundlage interoperierender WFS erfolgen, so daß hier mit traditionellem EDI konkurrierende Lösungen entstehen können. Ebenso bergen die unterschiedlichen Möglichkeiten der Web-Anbindung von WFS interessante Anwendungspotentiale. Dieser Themenbereich, insbesondere dort angesiedelte Protokolle und Standardisierungsansätze, sind Gegenstand des folgenden Abschnitts.

32.6 Interorganisationelle Workflows

Wide Area Workflow

Sollen Geschäftsprozesse durchgängig durch Workflow-Systeme unterstützt werden, sind hohe Anforderungen an *Offenheit* und *Interoperabilität* von WFMS zu stellen. Diese Anforderungen ergeben sich insbesondere dann, wenn Geschäftsprozesse von Benutzern außerhalb eines Unternehmens angestoßen werden oder wenn workflowbasierte Geschäftsprozesse verschiedener Unternehmen über Unternehmensgrenzen hinweg gekoppelt werden sollen. Ein weiterer Fall liegt vor, wenn Großunternehmen geographisch verteilt und infrastrukturell heterogen ausgestattet sind und sich Workflows über geographische und dv-technische Grenzen hinweg erstrecken sollen. In all diesen Fällen spricht man von interorganisationellen Workflows oder sog. *Wide Area Workflows*.

Schnittstelle 4

Im WfMC-Referenzmodell wird die Fragestellung der Workflow-Interoperabilität ausführlich behandelt. Vorgesehen für die Kopplung verschiedener Workflow-Systeme ist die Schnittstelle 4. Der Ansatz basiert auf einer Differenzierung verschiedener Interoperabilitätsszenarien, die in Abb. 32.13 dargestellt sind, wovon lediglich Szenario 1 und 2 unterstützt werden sollen.

Um die beschriebenen Formen der Interoperabilität gewährleisten zu können, geht das WfMC-Interoperabilititätsmodell davon aus, daß Prozeßdefinitionen bzw. Teile dieser den beiteiligten Workflow-Engines zuvor bekannt sind oder spätestens zur Laufzeit ausgetauscht werden. Hierbei spielt die WPDL (siehe Schnittstelle 1) eine bedeutende Rolle. Des weiteren muß das Workflow API (WAPI) Funktionen bereitstellen, die zur Laufzeit die Steuerung und Überwachung der verschiedenen Prozeßinstanzen sowie die Übergabe von workflowrelevanten Daten und Anwendungsdaten zwischen diesen respektive den entsprechenden Workflow-Engines erlauben.

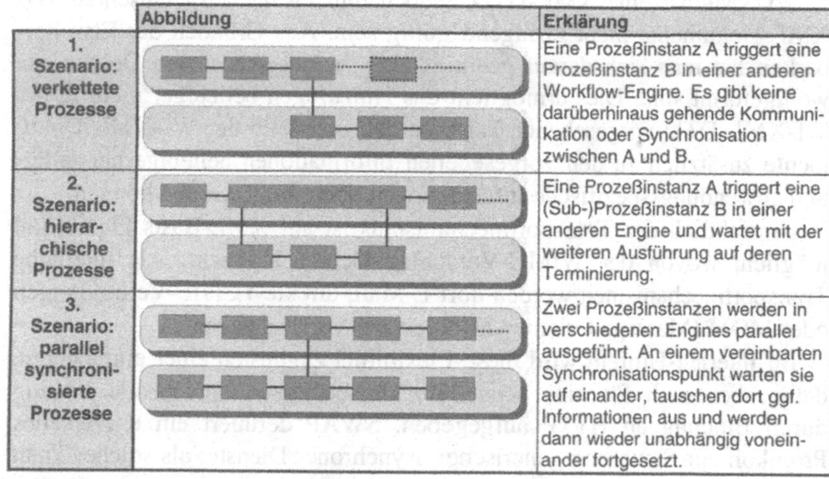

	Abbildung	Erklärung
1. Szenario: verkettete Prozesse		Eine Prozeßinstanz A triggert eine Prozeßinstanz B in einer anderen Workflow-Engine. Es gibt keine darüberhinaus gehende Kommunikation oder Synchronisation zwischen A und B.
2. Szenario: hierarchische Prozesse		Eine Prozeßinstanz A triggert eine (Sub-)Prozeßinstanz B in einer anderen Engine und wartet mit der weiteren Ausführung auf deren Terminierung.
3. Szenario: parallel synchronisierte Prozesse		Zwei Prozeßinstanzen werden in verschiedenen Engines parallel ausgeführt. An einem vereinbarten Synchronisationspunkt warten sie auf einander, tauschen dort ggf. Informationen aus und werden dann wieder unabhängig voneinander fortgesetzt.

Abb. 32.13. Interoperabilitätsszenarien

Abstrakte Spezifikation

Die Spezifikation des WfMC-Ansatzes erfolgt auf zwei Ebenen: in Form einer *abstrakten Spezifikation* der Funktionalität (Interoperability Abstract Specification) und einer oder mehreren alternativen *Realisierungsspezifikationen*, die Festlegungen hinsichtlich der zu verwendenden Protokolle vorsehen können und entsprechend Datentypen, Nachrichten- und Austauschformate festlegen. Es handelt sich also um eine Abbildung der abstrakten Spezifikation auf konkrete Realisierungstechnologien (Protokolle, Codierung etc.). Derzeit gibt es zwei solche *„Bindings"*:

1. seit 1996: WfMC Workflow Standard – *Interoperability Internet e-mail MIME Binding*
2. seit 1999: WfMC Workflow Standard – *Interoperability Wf-XML Binding*

MIME vs. XML

Im ersten Ansatz ist durch die Bindung an MIME der Transportmechanismus zwischen den Workflow-Engines auf SMTP festgelegt. Da es sich dabei um eine asynchrone Form der Kommunikation handelt, die Dauer und der Erfolg der Nachrichtenübermittlung schwer vorhergesagt werden kann, gilt eine Mailverbindung als Basis für die Kommunikation zwischen Workflow-Engines als nicht zuverlässig genug, eine entsprechende Fehlerbehandlung als schwer zu implementieren. Deshalb sind zumindest zwei Alternativen erwähnenswert. Dies ist zum einen der Alternativvorschlag (siehe 2. oben) der WfMC selbst, *Wf-XML*, und das aus dem Internet-Umfeld stammende *SWAP (Simple Workflow Access Protocol)*. Beiden Ansätzen ist gemeinsam, daß sie XML-Dokumente zur Übertragung von Befehlen und Daten zwischen interoperierenden Workflow-Engines zugrundelegen.

Wf-XML

Wf-XML ist eine XML-DTD, jedoch müssen die ausgetauschten Wf-XML-Dokumente nicht zwingend gültig sein. Aus Gründen der Erweiterbarkeit hat man sich darauf geeinigt, daß die ausgetauschten Dokumente wohlgeformt sind. Dies ermöglicht das Hinzufügen beliebiger nicht in der Wf-XML-DTD vorgesehener Tags, so daß innerhalb der Wf-XML Dokumente zusätzlich zu den vorgesehenen Informationen beliebige hersteller- und anwendungsspezifische Informationen übermittelt werden können.

Hinsichtlich des Transportmechanismus ist auf XML-Basis Flexibilität möglich, wovon der WfMC-Vorschlag Gebrauch macht. Als mögliche Transportmechanismen werden dort E-Mail, direkte TCP/IP-Verbindungen oder MOM (Message Oriented Middleware) vorgeschlagen.

SWAP

Im Internet-Umfeld wird diese Flexibilität zugunsten einer einfacheren, dafür aber auch für eine schnellere Umsetzbarkeit sprechende Lösung durch Bindung an HTTP aufgegeben. SWAP definiert ein universelles Protokoll zur Steuerung generischer asynchroner Dienste; als solches kann es sehr gut im Workflow-Umfeld zum Einsatz kommen, ist aber nicht daran gebunden. Ausgangspunkt ist die URL einer Prozeßdefinition. Mittels eines http-Requests an diese Adresse kann eine entsprechende Prozeßinstanz erzeugt werden, die eine eigene Adresse erhält und diese an den ursprünglichen Initiator zurückgibt. Diese Adresse ist Grundlage für den gesamten weiteren Kommunikationsfluß: So kann mittels http-Requests beispielsweise der Status des Prozesses abgefragt werden, die Prozeßinstanz kann zeitweise angehalten und beliebige Daten können (als Input an die Instanz) übergeben oder (als Output von dieser) abgefragt werden. Die Eignung für das Workflow-Umfeld ergibt sich aus der Asynchronität. Die Prozeßinstanz kann eine beliebig lange Zeit zur Ausführung in Anspruch nehmen, der initiierende Prozeß wartet nicht auf das Ergebnis, sondern kann fortgeführt werden. Er kann dabei jederzeit den Status der initiierten Prozeßinstanz abfragen oder aber durch eine sog. Observer-Instanz bei Fertigstellung automatisch benachrichtigt werden. Bei den ausgetauschten SWAP-Nachrichten handelt es sich grundsätzlich um XML-Dokumente. Abb. 32.14 zeigt ein entsprechendes Beispiel.

Die erwähnten Ansätze, SWAP und Wf-XML, befinden sich noch in der Entwicklung, so daß eine Einschätzung der zu erwartenden Verbreitung und Relevanz noch nicht vorgenommen werden kann. Insgesamt ist im Bereich der Workflow-Interoperabilität noch viel Entwicklungs- und Standardisierungsarbeit zu leisten. Gelingt diese, so kann dies dem bislang verhaltenen Erfolg der Workflow-Technologie eine positive Wendung verleihen. Denn erst wenn rechtliche, organisatorische oder technische Grenzen keine unüberwindbaren Hürden bei der Automatisierung von Geschäftsprozessen bilden, und die Vielzahl der in diesem Umfeld zur Verfügung stehenden Technologien im Hinblick auf diese Zielsetzung sinnvoll zusammengeführt werden, können sich die Potentiale einer geschlossenen und durchgängigen Unterstützung der Geschäftsprozeßabwicklung im entscheidenden Umfang entfalten.

```
<swap>
    <interfaces>ProcessInstance</interfaces>
    <key>http://myServer/appl?proc=899</key>
    <validStates>
        <li>open.notRunning</li>
        <li>open.running</li>
    </validStates>
    <data>
        <d:stadt>Darmstadt</d:stadt>
        <d:plz>64289</d:plz>
    </data>
</swap>
```

Abb. 32.14. Beispiel einer SWAP-Nachricht

Literaturempfehlungen

Bolcer, G. A., Kaiser, G. (1999): SWAP: Leveraging the Web To Manage Workflow, in: IEEE Internet Computing 3 (1999) 1, S. 85-88.

Hastedt-Marckwardt (1999): Workflow-Management-Systeme: Ein Beitrag der IT zur Geschäftsprozeß-Orientierung & -Optimierung – Grundlagen, Standards und Trends, in: Informatik-Spektrum 22 (1999), S. 99-109.

Heilmann, H. (1994): Workflow Management: Integration von Organistaion und Informationsverarbeitung, in: HMD 176, S. 8-21.

Müller, B.F., Stolp, P. (1999): Workflow-Management in der industriellen Praxis: vom Buzzword zum High-Tech-Instrument, Berlin u.a.: Springer.

Nastansky, L., Hilpert, W. (1994): The GroupFlow System: A Scalable Approach to Workflow Management between Cooperation and Automation, in: Wolfinger, B., Hrsg., Innovationen bei Rechen- und Kommunikationssystemen, Berlin u.a.: Springer, S. 473-479.

Rosemann, M., zur Mühlen, M. (1996): Ein Lösungsbeitrag von Metadatenmodellen beim Vergleich von Workflowmanagementsystemen, Arbeitsbericht Nr. 48 des Instituts für Wirtschaftsinformatik der Westfälischen Wilhelms-Universität Münster.

Schulze, W., Böhm, M. (1996): Klassifikation von Vorgangsverwaltungssystemen, in: Vossen, G., Becker, J., Hrsg., Geschäftsprozeßmodellierung und Workflow-Management: Modelle, Methoden, Werkzeuge, Bonn und Albany: Internat. Thomson Publ.

Teufel et al. (1995): Computerunterstützung für die Gruppenarbeit, Bonn: Addison-Wesley, S. 181-208.

Weiß, D., Krcmar, H. (1996): Workflow-Management: Herkunft und Klassifikation, in: Wirtschaftsinformattik 38 (1996) 5, S. 503-513.

Abkürzungsverzeichnis

1TR6	1. Technische Richtlinie Nr. 6
A/D	Analog/Digital
AAL	ATM Adaption Layer
AAL5	ATM Abstraction Layer 5
ABM	Asynchronous Balanced Mode
AC	Authentification Center
ACC	Area Communications Controller
ACK	Acknowledgement
ACR	Attenuation to Crosstalk Ratio
AD	Active Directory
ADCCP	Advanced Data Communications Control Protocol
ADDMD	Administration Directory Management Domain
ADM	Adaptive Deltamodulation
ADMD	Administration Management Domain
ADPCM	adaptive Differenz-Pulscodemodulation
ADSL	Asymmetric Digital Subscriber Line
AG	Aktiengesellschaft
agc	Asynchronous Group Communication
AL	ATM Layer *oder* Alignment Field
AM	Amplitudenmodulation
AMI	Alternate Mark Inversion
ANSI	American National Standards Institute
AOL	America Online
API	Application Programming Interface
APNIC	Asia Pacific Network Information Center
ARIN	American Registry for Internet Numbers
ARM	Asynchronous Response Mode
ARP	Address Resolution Protocol
ARPANET	Advanced Research Projects Agency Network
ARQ	Automatic Repeat Request
ASCII	American Standard Code for Information Interchange
ASN.1	Abstract Syntax Notation Number One
ASP	Active Server Pages
AT	Address Translation
AT&T	American Telephone and Telegraph
ATM	Asynchronous Transfer Mode
ATU	ADSL Transmission Unit
ATU-C	ADSL Transmission Unit Central Office
ATU-R	ADSL Transmission Unit Remote Site
AU	Access Unit
AUI	Attachment Unit Interface
AWG	American Wire Gauge
AWS	Anwendungssystem
B2A	Business to Administration
B2B	Business to Business
B2C	Business to Consumer
BA-Size	Buffer Allocation Size
BB	Bulletin Board
BBTAG	Broadband Technical Advisory Group
BCC	Block Check Character
Bd	Baud
BECN	Backward Explicit Congestion Notification
B-ISDN	Breitband ISDN
B-ISUP	Breitband ISDN User Part
Bit/s	Bit pro Sekunde
B-Kanal	Basis-Kanal
BME	Bundesverbandes Materialwirtschaft, Einkauf und Logistik
BNC	Bayonet Navy Connector, British Naval Connector
BOM	Begin of Message
BRD	Bundesrepublik Deutschland
BS	Basisstation
BSC	Binary Synchronous Communication
BSI	British Standards Institute

B-Tag	Beginning Tag
BTX	Bildschirmtext
B-WIN	Breitbandwissenschaftsnetz
BWL	Betriebswirtschaftslehre
BZT	Bundesamt für Zulassungen in der Telekommunikation
CB	Citizen Band
C/R	Command/Response
C/S	Client/Server-System
C2A	Consumer to Administration
CA	Certification Authority
CAP	Carrierless Amplitude and Phase Modulation
CAT	Computer Aided Team(work)
CATV	Cable TV
CBL	Common Business Library
CBT	Computer Based Training
CCE	Configuration Control Element
CCITT	Comité Consultatif International Télégraphique et Téléphonique
ccTLD	Country Code Top Level Domain
CD	Compact Disc
CDATA	Character Data
CDDI	Copper Distributed Data Interface
CDF	Channel Definition Format
CDV	Cell Delay Variation
CE	Communauté Européenne
CEFACT	Centre for Trade Facilitation and Electronic Business
CEN	Comité Européen de la Normalisation
CENELEC	Comité Européen de la Normalisation Electrotechnique
CEPT	Conférence Européenne des Administrations des Postes et des Télécommunications
CERN	Conseil Européen pour la Recherche Nucléaire
CFM	Configuration Management
CGI	Common Gateway Interface
CID	Channel ID
CIR	Committed Information Rate
CLLM	Consolidated Link Layer Management
CLP	Cell Loss Priority
CMIP	Common Management Information Protocol
CML	Chemical Markup Language
CMOT	CMIP over TCP/IP
CMT	Connection Management Task
CN	Corporate Network
COM	Continuation of Message
CORBA	Common Object Request Broker
CPCS	Common Part Convergence Sublayer
CPE	Customer Premises Equipment
CPI	Common Part Indicator
C-Plane	Control Plane
CPN	Customer Premises Network
CR	Carriage Return
CRC	Cyclic Redundancy Check
CSCW	Computer Supported Cooperative Work
CSI	Convergence Sublayer Indication
CSMA/CA	Carrier Sense Multiple Access with Collision Avoidance
CSMA/CD	Carrier Sense Multiple Access with Collision Detection
CSS	Cascading Style Sheet
C-Station	Combined Station
CT	Cordless Telecommunication
CUA	Common User Access
cXML	commerce XML
D/A	Digital/Analog
D/C	DLCI/DL-Core
DA	Destination Address oder Data
DAC	Dual Attachment Concentrator
DANTE	Delivery of Advanced Network Technology to Europe
DAP	Directory Access Protocol
DAS	Dual Attachment Station
Datex-P	Data Exchange Packet Switching
dB	Dezibel
DBMS	Datenbank-Management-System
DCE	Data Communication Equipment
DCS	Digital Cellular System
DDCMP	Digital Data Communication Message Protocol
DE	Discard Eligibility
DEC	Digital Equipment Corporation
DECT	Digital European Cordless Telecommunication
DEDIG	Deutsche EDI-Gesellschaft
DEE	Datenendeinrichtung
DENIC	Deutsches Network Information Center
DFN	Deutsches Forschungsnetz
DFR	Document Filing and Retrieval

DGPS Differential Global Positioning System
DIB Directory Information Base
DIN Deutsches Institut für Normung
DIS Draft International Standard
DISC Disconnect
DISP Directory Information Shadowing Protocol
DIT Directory Information Tree
DIVF Digitale Fernvermittlungsstelle
DIVO Digitale Ortsvermittlungsstelle
DKE Deutsche Kommission für Elektrotechnik
DL Data Link
DLC Data Link Connection *oder* Data Link Control
DLCI Data Link Connection Identifier
DM Disconnected Mode
DMD Directory Management Domain
DMS Dokumenten-Management-Systeme
DMT Discrete Multitone
DN Distinguished Name
DNAE Datennetzabschlußeinrichtung
DNS Domain Name Service, Domain Name System
DoD Department of Defense
DOS Disk Operating System
DPI Dots per Inch
DQDB Distributed Queue Dual Bus
DSA Directory System Agent
DSAP Destination SAP
DSL Digital Subscriber Line
DSML Directory Services Markup Language
DSP Directory System Protocol
DSS Decision Support System
DSS1 Digital Subscriber System No. 1
DSSSL Document Style Semantics and Specification Language
DTAG Deutschen Telekom AG
DTD Document Type Definition
DTE Terminal Equipment
DTP Dateitransferprozeß
DU Data Unit
DUA Directory User Agent
DÜE Datenübertragungseinrichtung
DVI Device Independent File Format
EA Extended Address
EBCDIC Extended Binary Coded Decimal Interchange Code
E-Business Electronic Business
ebXML Electronic Business XML
EC Echo-Cancellation oder European Commission
ECM Entity Coordination Management
ECMA European Computers Manufacturers Association
E-Commerce Electronic Commerce
ED End Delimiter
EDCD UN/EDIFACT Composite Data Element Directory
EDED UN/EDIFACT Data Element Directory
EDI Electronic Data Interchange
EDIFACT Electronic Data Interchange for Administration, Commerce and Transport
EDIM EDI-Message
EDI-MS EDI Message Store
EDI-UA EDI User Agent
EDMD UN/EDIFACT Message Type Directory
EDSD UN/EDIFACT Segment Directory
EE Endeinrichtung
EFCI Explicit Forward Congestion Control
EG Europäische Gemeinschaft
eG eingetragene Gesellschaft
EGP Exterior Gateway Protocol
EIA Electronics Industries Association
EIR Equipment Identification Register
EMD Edelmetall-Motor-Drehwähler
EMR Electronic Meeting Room
EMS Electronic Meeting System
EMV Elektromagnetische Verträglichkeit
EMVG Gesetz über die elektromagnetische Verträglichkeit von Geräten
EN Europanorm
ENQ Enquiry
EOM End of Message
ER Entity Relationship
ERD Entity Relationship Diagram
ERP Enterprise-Resource-Planning-System
ESNet Energy Sciences Network

E-Tag	Ending Tag
ETB	End of Text Block
ETSI	European Telecommunications Standards Institute
ETX	End of Text
EU	Europäische Union
FC	Frame Control
FC	Fibre Channel *oder* Frame Class
FCS	Frame Check Sequence
FDAU	File Access Data Unit
FDDI	Fiber Distributed Data Interface
FDE	Full Duplex Ethernet
FDIS	Final Draft International Standard
FDM	Frequency Division Multiplexing
FEA	Fast Ethernet Alliance
FECN	Forward Explicit Congestion Notification
FIFO	First In First Out
FLP	Fast Link Pulse
FM	Frequenzmodulation
FO	Formatting Object
FOIRL	Fibre Optic Inter Repeater Link
FOSI	Formatted Output Specification Instance
FOTAG	Fiber Optic Technical Advisory Group
FRI	Frame Relay Interface
FRMR	Frame Reject
FR-UNI	Frame Relay User Network Interface
FS	Frame Status
FT	Frame Type
FTAM	File Transfer, Access and Management
FTP	File Transfer Protocol
FTZ	Forschungs- und Technologiezentrum
FV	Festverbindung
FVSt	Fernvermittlungsstelle
G	Giga
GAN	Global Area Network
gc	Group Communication
GDSS	Group Decision Support System
GEA	Gigabit Ethernet Alliance
GEO	Geostationary Earth Orbiter
GFC	Generic Flow Control
GGSN	Gateway GPRS Support Node
GI	Generic Identifier
GmbH	Gesellschaft mit beschränkter Haftung
GMD	Gesellschaft für Mathematik und Datenverarbeitung
GMDSS	Global Maritime Distress and Safety System
GMII	Gigabit Media Independent Interface
GML	Generalized Markup Language
GPRS	General Packet Radio Service
GPS	Global Positioning System
GSM	Global Systems for Mobile Communication
GSS	Group Support System
gTLD	Generic Top Level Domain
G-WIN	Gigabit-Wissenschaftsnetz
HDLC	High Level Data Link Control
HDSL	High-Bit-Rate Digital Subscriber Line
HEC	Header Error Control oder Check
HLR	Home Location Register
HMD	Handbuch der Modernen Datenverarbeitung
HP	Hewlett Packard
HR	Human Resources
HSCSD	High Speed Circuit Switched Data
HTML	Hypertext Markup Language
IAB	Internet Architecture Board
IAE	ISDN-Anschlußeinheit
IANA	Internet Assigned Numbers Authority
IBM	International Business Machines
ICANN	Internet Corporation for Assigned Names and Numbers
ICE	Information and Content Exchange
ICMP	Internet Control Message Protocol
ID	Identifier
IDN	Integriertes Datennetz
IDU	Interface Data Unit
IEC	International Electronical Commission
I-EDI	Interaktives EDI
IEEE	Institute of Electrical and Electronic Engineers
IESG	Internet Engineering Steering Group
IETF	Internet Engineering Task Force

IFIP International Federation for Information Processing
IFL Info Field Length
I-Frame Information Frame
ILL Interlibrary Loan Application
IMAP Internet Message Access Protocol
IMP Interface Message Processor
IMS/DB Information Management System/Database
IN Intelligent Network
IN-Dienst Intelligenter Dienst
Inmarsat International Maritime Satellite Organisation
INOBA Intelligent Node for ISDN Basic Access
INRIA Institut National de Recherche en Informatique et Automatique
IP Internet Protocol
IPM Interpersonal Message
IPX Internetwork Packet Exchange
IRC Internet Relay Chat
IS Informationssystem
ISDN Integrated Services Digital Network
ISLAN Integrated Services LAN
ISO International Standardization Organization
ISOC Internet Society
ISODE ISO Development Environment
IT Informationstechnologie, Informationstechnik
ITU International Telecommunication Union
IuK Information und Kommunikation
JCL Job Control Language
JSP JavaServer Pages
JTM Job Transfer and Management (oder: Manipulation)
kBit/s Kilobit pro Sekunde
KM Knowledge Management
LAN Local Area Network
LAP-B Link Access Procedure Balanced
LAP-D Link Access Procedure on D-Channel
LAP-F Link Access Procedure – Frame Mode
LAP-M Link Access Procedure for Modems
LCF-PMD Low Cost Fibre-PMD
LCS Laboratory for Computer Sciences
LCT Link Confidence Test
LDAP Lightweight Directory Access Protocol
LDIF Lightweight Directory Interchange Format
LED Light Emitting Diode
LEM Ct Link Error Monitor Counter
LEO Low Earth Orbiter
LER Link Error Rate
LF Line Feed
LGN Logische Kanalnummer
LI Length Indicator
LKG Logische Kanalgruppennummer
LLC Logical Link Control
LWL Lichtwellenleiter
M Mega
m milli
MAC Medium Access Control
MAN Metropolitan Area Network
MAPI Messaging Application Programming Interface
MathML Mathematical Markup Language
MAU Medium Access Unit
max. maximal
MBit/s Megabit pro Sekunde
Mbps Megabits per Second
MD Management Domain
MDI Medium Dependent Interface
MEO Medium Earth Orbiter
MH Message Handling
MHS Message Handling System
MHz Mega-Hertz
MIB Management Information Base
MIC Medium Interface Connector
MID Multiplexing Identification
MII Medium Independent Interface
MILNET Military Network
MIME Multipurpose Internet Mail Extension
MIT Massachusetts Institute of Technology
MIT/LCS Massachusetts Institute of Technology/Laboratory for Computer Sciences
MLT Multi Level Transmission
MMF-PMD Multimode-PMD
MMS Manufacturing Message Specification
MNP Microcom Networking Protocol

Modem	Modulator/Demodulator
MOM	Message Oriented Middleware
MPT	Ministry of Post
MS	Mobile Station *oder* Message Store *oder* Microsoft
MSC	Mobile Switching Center oder Master Systems Controller
MSN	Multiple Subscriber Number
MSS	MAN Switching System
MSV	Medium Speed Version
MT	Message Transfer
MTA	Message Transfer Agent
MTBF	Mean Time Between Faults
MTS	Message Transfer System
MUX	Multiplexer
mW	Milliwatt
NAC	Null Attachment Concentrator
NACSIS	National Center for Science Information Systems
NAK	Negative Acknowledgement
NBS	Netzwerkbetriebssystem
NDS	Novell Directory Services
Neg	negotiate
NEO	Medium Earth Orbiter
NEXT	Near End Crosstalk
NIC	Network Information Center
NIF	Neighbour Information Frame
NK	Nachrichtenkopf
NNI	Network Node Interface
NNTP	Network News Transfer Protocol
NOF	No Owner Frame
NRM	Normal Response Mode
NRZ	Non Return to Zero
NRZ-I	Non Return to Zero Inverted
ns	Nanosekunde
N-SAP	Network Service Access Point
NSD	Netzwerk Statistische Datenbank
NT	Network Termination
NVP	Nominal Velocity of Propagation
NVT	Network Virtual Terminal
O/R	Originator/Recipient
OAM	Operations, Administration and Maintenance
OAM F5	OAM-Flow 5
OASIS	Organization for the Advancement of Structured Information Standards
OBI	Open Buying on the Internet
ODA	Office Document Architecture
ODBC	Open Database Connectivity
ODETTE	Organization für Data Exchange by Teletransmission in Europe
ODIF	Office Document Interchange Format
OFX	Open Financial Exchange
OMC	Operations Maintenance Center
OMG	Object Management Group
Opr	operate
OSD	Open Software Description
OSF	Open Systems Foundation oder Offset Field
OSI	Open Systems Interconnection
OTP	Open Trading Protocol
OVSt	Ortsvermittlungsstelle
P	Parity
PA	Präambel
PAD	Packet Assembler Disassembler *oder* Padding-Bytes
PAM	Pulse Amplitude Modulation
PC	Personal Computer
PCDATA	Parsed Character Data
PCL	Printer Control Language
PCM	Pulse Code Modulation *oder* Physical Connection Management
PCMCIA	Personal Computer Memory Card International Association
PCS	Physical Coding Sublayer
PDAU	Physical Delivery Access Unit
PDF	Portable Document Format
PDH	Plesiochrone Digitale Hierarchie
PDU	Protocol Data Unit
PEDI	Protokoll EDI
PEM	Privacy Enhanced Mail
PI	Protokollinterpreter
PIN	Personal Identification Number
PL	Physical Layer
PLP	Packet Layer Protocol
PLS	Physical Signaling
PM	Phasenmodulation
PMA	Physical Medium Access
PMD	Physical Medium Dependent
PMDS	Physical Medium Dependent Sublayer
PMF	Parameter Management Frame
PMI	Physical Medium Independent
PNNI	Protocol for Network Node Interface
POI	Points of Interconnection
PoP	Point of Presence
POP	Post Office Protocol

PPP Point-to-Point-Protocol
PRDMD Private Directory Management Domain
PRMD Private Management Domain
PS PostScript
PSK Phase Shift Keying
P-Station Primary Station
PSTN Public Switched Telephone Network
PT Payload Type
PVC Permanent Virtual Circuit
PVCC Permanent Virtual Channel Connection
QAM Quadraturamplitudenmodulation
QoS Quality of Service
RADSL Rate-Adaptive Digital Subscriber Line
RAF Resource Allocation Frame
RCDATA Replaced Character Data
RDA Remote Database Access
RD-LAP Radio Data Link Access Protocol
RDN Relative Distinguished Name
RDP Remote Desktop Protocol
REJ Reject-Frame
Req request
RFC Request for Comment
RINET Reinsurance and Insurance Network
RIPE NCC Réseaux IP Européens Network Coordination Centre
RLC Widerstand Induktivität Kapazität
RLL Run Length Limited
RMT Ring Management Task
RNR Receive Not Ready
RPOA Recognized Private Operating Agency
RR Receive Ready
RTF Rich Text Format
S/MIME Secure Multipurpose Internet Mail Extension
S/N Signal to Noise Ratio
SA Source Address
SAA System Application Architecture
SABM Set Asynchronous Balanced Mode
SAC Single Attachment Concentrator
SAP Service Access Point
SAR Segmentation and Reassembly

SAS Single Attachment Station
SBENTO Standard Bento Entity for Natural Transport of Objects
SC Subcommittee oder Sequence Count
SCP Service Control Point
SD Start Delimiter
SDH Synchrone Digitale Hierarchie
SDIF SGML Document Interchange Format
SDLC Synchronous Data Link Control
SDQL Standard Document Query Language
SDU Service Data Unit
SEAL Simple Efficient Adaption Layer
SEDAS Standardregelungen einheitlicher Datenaustausch-Systeme
SET Secure Electronic Transaction
S-Frame Supervisory Frame
SGML Standard Generalized Markup Language
SGMP Simple Gateway Monitoring Protocol
SGSN Serving GPRS Support Node
S-HTTP Secure Hypertext Transfer Protocol
SID Station ID
SILS Standard for Interoperability LAN Security
SIM Subscriber Identity Module
SIS Sicherheits-Service für Informationssysteme GmbH
SLD Second Level Domain
SMF-PMD Singlemode-PMD
SMS Short Message Service
SMT Station Management Task
SMTP Simple Mail Transfer Protocol
SN Sequence Number
SNA System Network Architecture
SNAP Subnetwork Access Protocol
SNMP Simple Network Management Protocol
SNP Sequence Number Protection
SNR Signal Noise Relation
SOS Safe our Souls
SPDL Standard Page Description Language
S-Port Single Port
SPX Sequenced Packet Exchange
SQE Signal Quality Error
SQL Structured Query Language

SR Bibliographic Search, Retrieval and Update
SRF Status Report Frame
SRTS Synchronous Residual Time-stamp
SSAP Source SAP
SSCOP Service Specific Connection Oriented Protocol
SSCS Service Specific Convergence Sublayer
SSI Server Side Include
SSL Secure Socket Layer
SSM Single Segment Message
SSP Service Switching Point
S-Station Secondary Station
S-STP Screened Shielded Twisted Pair
ST Straight Tip *oder* Segment Type
STD Standard
STF Start Field
STP Shielded Twisted Pair
STX Start of Text
S-UTP Screened Unshielded Twisted Pair
SVC Switched Virtual Circuit
SVCC Switched Virtual Channel Connection
SW Software
SWAP Simple Workflow Access Protocol
SWIFT Society for Worldwide Interbank Financial Telecommunication
SYN Synchronization
T Tera
TA Terminaladapter
TAE Telekommunikations-anschlußeinheit
TAM Timer Active Monitor
TC Technical Commitee
TC Transmission Convergence
TCP Transmission Control Protocol
TCP/IP Transmission Control Protocol/ Internet Protocol
TDM Time Division Multiplexing
TERENA Trans-European Research and Education Networking Association
THT Time Holding Token *oder* Token Hold Timer
TIA Telecommunications Industries Association
TID Transaction ID
TK Telekommunikation
TKG Telekommunikationsgesetz
TLD Top Level Domain
TLIV Type, Length, Index, Value
TLMAU Telematic Access Unit
TLXAU Telex Access Unit
TNE Timer Noise Event
TP Transaction Processing
TP-PMD Twisted Pair-PMD
TRADACOMS Trading Data Communications Standards
TRMode Timer Restricted Mode
TRT Target Rotation Timer (oder: Time)
T-SAP Transport Service Access Point
TSC Trunked Site Controller
TTRT Target Token Rotation Time
TU Technische Universität
UA User Agent *oder* Unnumbered Acknowledge
UDP User Datagram Protocol
U-Frame Unnumbered Frame
UI Unnumbered Information
UL Underwriter Labs
UMTS Universal Mobile Telecommunications System
UN/CEFACT United Nations Centre for Trade Facilitation and Electronic Business
UN/ECE United Nations Economic Commission for Europe
UNI User to Network Interface
UNO United Nations Organization
UNSM United Nations Standard Message
UNTDED UN Trade Data Element Directory
U-Plane User Plane
URL Uniform Resource Locator
USA United States of America
UTP Unshielded Twisted Pair
UU User-to-User Information
UUI User-to-User Indication
VB Visual Basic
VC Virtual Channel
VCC Virtual Channel Connection
VCI Virtual Channel Identifier
VDA Verband der Deutschen Automobilindustrie
VDE Verband Deutscher Elektrotechniker
VDSL Very-High-Bit-Rate Digital Subscriber Line

VDV Vorbestellte Dauerwählverbindung
VG Voice Grade
VID Version ID
VIM Vendor Independent Messaging
VLR Visitor Location Register
VMD Virtual Manufacturing Devices
VMS Virtual Memory System
VP Virtual Path
VPC Virtual Path Connection
VPI Virtual Path Identifier
VPN Virtuelles Privates Netz
VS Virtual Filestore
vs. versus
VT Virtual Terminal
VTP Virtual Terminal Protocol
W3C WWW-Konsortium
WAN Wide Area Network
WAP Wireless Application Protocol
WAPI Workflow API
WCMS Web Content Management System
WebDAV World Wide Web Distributed Authoring and Versioning
Wf Workflow
WfMC Workflow Management Coalition
WFMS Workflow-Management-System
WFS Workflow-System
WIN Wissenschaftsnetz
WINF Wirtschaftsinformatik
WLAN Wireless LAN
WML Wireless Markup Language
WSAP Wireless Session Protocol
WTP Wireless Transport Protocol
WTS Windows Terminal-Server
WWW World Wide Web
WYSIWYG What You See Is What You Get
XHTML Extensible Hypertext Markup Language
XLink XML Linking Language
XML Extensible Markup Language
XOR exclusive or
XPath XML Path Language
XPointer XML Pointer Language
XSL Extensible Stylesheet Language
XSLT XSL Transformations
zfo Zeitschrift für Organisation

Sachverzeichnis

Druck: Mercedes-Druck, Berlin
Verarbeitung: Stürtz AG, Würzburg

Druck: Mercedes-Druck, B[illegible]
Verarbeitung: Stürtz AG, Würzburg